# Springer-Lehrbuch

# Wolfgang Polasek
# Explorative EDA Datenanalyse

Einführung in die deskriptive Statistik

Zweite, neubearbeitete und erweiterte Auflage

Mit 135 Abbildungen

Springer-Verlag Berlin Heidelberg GmbH

Prof. Dr. Wolfgang Polasek
Universität Basel
Institut für Statistik und Ökonometrie
Petersgraben 51
CH-4051 Basel
Schweiz

ISBN 978-3-540-58394-3     ISBN 978-3-642-57889-2 (eBook)
DOI 10.1007/978-3-642-57889-2

Dieses Werk ist urheberrechtlich geschützt. Die dadurch begründeten Rechte, insbesondere die der Übersetzung, des Nachdruckes, des Vortrags, der Entnahme von Abbildungen und Tabellen, der Funksendungen, der Mikroverfilmung oder der Vervielfältigung auf anderen Wegen und der Speicherung in Datenverarbeitungsanlagen, bleiben, auch bei nur auszugsweiser Verwertung, vorbehalten. Eine Vervielfältigung dieses Werkes oder von Teilen dieses Werkes ist auch im Einzelfall nur in den Grenzen der gesetzlichen Bestimmungen des Urheberrechtsgesetzes der Bundesrepublik Deutschland vom 9. September 1965 in der Fassung vom 24. Juni 1985 zulässig. Sie ist grundsätzlich vergütungspflichtig. Zuwiderhandlungen unterliegen den Strafbestimmungen des Urheberrechtsgesetzes.

© Springer-Verlag Berlin Heidelberg 1988, 1994
Ursprünglich erschienen bei Springer-Verlag Berlin Heidelberg New York 1994

Die Wiedergabe von Gebrauchsnamen, Handelsnamen, Warenbezeichnungen usw. in diesem Werk berechtigt auch ohne besondere Kennzeichnung nicht zu der Annahme, daß solche Namen im Sinne der Warenzeichen- und Markenschutz-Gesetzgebung als frei zu betrachten wären und daher von jedermann benutzt werden dürften.

42/2202-5 4 3 2 1 0 - Gedruckt auf säurefreiem Papier

## Vorwort zur 2. Auflage

Die 1. Auflage der EDA war z.T. als ein Experiment zu betrachten, ob EDA in den Wirtschaftswissenschaften (und im deutschsprachigen Raum) eine Chance hat. Das Manuskript wurde unter grossen Zeitdruck hergestellt, da die Studenten in Basel endlich etwas Schriftliches in der Hand haben wollten. Eine gute EDA lebt mit praxisnahen und überzeugenden Beispielen. Daher werden viele Beispiele in der ersten, wie auch in der jetzigen Auflage, aus Aktualitätsgründen auf den letzten Stand gebracht. Das führte dazu, dass sich einige Druck- und Rechenfehler eingeschlichen hatten und neu einschleichen werden. Auch die Erfahrungen mit den neuen Textprozessoren, die auch Graphiken verarbeiten konnten, waren neu und führten oft zu Abstürzen des Programmes und Verlust von gesamten Files. Trotz Computertechnik, steckt viel Aufwand hinter einem camera-ready Buch, das neue graphische und semi-graphische Methoden vermitteln will.

Noch eine Bemerkung zu Bezeichnungen: Wo es (fast) identische Bezeichnungen im Englischen und Deutschen gibt, bevorzuge ich den deutschen Ausdruck, wie z.B. Stamm&-Blatt für stem and leaf. Ich bin ein überzeugter Anhänger von 'Diversität', d.h. Vielfalt von Bezeichnungen, auch innerhalb dieses Buches, obwohl mir die Mehrheit der Kollegen davon abrät. In meinen Augen sollten Bezeichnungen kurz und prägnant sein und bei Zusammensetzungen sollte es erlaubt sein, den gerade wichtigen Aspekt herauszuheben. Die Sprache in einem wissenschaftlichen Buch ist ein lebendiges und kreatives Gestaltungsmedium und kein linguistischer Hexameter.

Viele Verfahren haben wir versucht in S+ als Funktionen zu etablieren, und wie jeder in der Informatik Branche weiss, sind diejenigen Programmteile, die das Graphik-Interface steuern, die kurzlebigsten. Auch da mussten wir in den letzten Jahren viel ändern. Das Boxplot und das Stamm&Blatt haben sich als flexibelste Methoden der EDA erwiesen. (Ein kleines Detail dazu: So weist der neue 'boxplot'-Befehl in der neuesten Version von S+ bereits 27 Optionen auf.)

Das Buch in der zweiten Auflage ist etwas umfangreicher geworden, was einerseits auf viele kleine Änderungen zurückzuführen ist und andererseits auf zwei grosse Überarbeitungen im Korrelations- und Konzentrationskapitel. Das Buch soll drei Ansprüche erfüllen: Beim erstmaligen Durchlesen soll der explorative Informationsbedarf gestillt werden, beim zweitmaligen Durchlesen soll die Verwandschaft, bzw. die gegenseitige Abhängigkeit von Methoden innerhalb und ausserhalb der EDA klar werden, und beim dritten Lesen sollte man über die detaillierten Bemerkungen weitere Literatur oder sonstige Anregungen finden können.

An dieser Stelle sei vielen kritischen Kommentaren zu meinem Buch gedankt (besonders hervorheben möchte ich dabei meine Basler Mitarbeiter Th. Bucheli, K. Ickstadt, P. Wessa, R. Vonthein, A. Krause und P. Hartmann), und nicht zuletzt denen, die mitgeholfen haben, die neuen Teile in die 2. Auflage des Buches einzuarbeiten: P. Cahenzli, C. Lack, und G. Truniger. L. Schüpbach und R. Westphal haben in grossen Auwand die Camera ready-Version des Buches erstellt, eine nach wie vor von vielen Details ausgezeichnete Arbeit. Auch sei dem Springer-Verlag an dieser Stelle gedankt, vor allem W. Müller, der dieses Projekt tatkräftig unterstützt hat.

W. Polasek, Basel im Mai 1994

## INHALTSVERZEICHNIS

| | |
|---|---:|
| 0. EINLEITUNG | 1 |
| 1. EXPLORATIVE UND DESKRIPTIVE STATISTIK | 3 |

### Teil I  EXPLORATIVE DATENANALYSE — 17

| | |
|---|---:|
| 2. STAMM UND BLATT | 19 |
| 3. RANGMASSZAHLEN | 36 |
| 4. BOX-PLOTS | 52 |
| 5. DATENTRANSFORMATIONEN | 66 |
| 6. STREUDIAGRAMME | 77 |
| 7. REGRESSOGRAMME | 103 |
| 8. ZEITREIHEN | 117 |
| 9. ZWEIWEG-TAFELN | 136 |

### Teil II DESKRIPTIVE STATISTIK — 161

| | |
|---|---:|
| 10. LAGEPARAMETER | 163 |
| 11. STREUUNGSMASSZAHLEN | 186 |
| 12. KORRELATION | 205 |
| 13. UNGLEICHHEIT UND KONZENTRATION | 232 |
| 14. INDEXZAHLEN | 261 |

### Teil III  GRAFISCHE TECHNIKEN — 283

| | |
|---|---:|
| 15. 2-DIMENSIONALE GRAPHIK | 285 |
| 16. 3-DIMENSIONALE GRAPHIK | 306 |
| 17. PROJEKTIONSTECHNIKEN | 319 |
| 18. POSTSKRIPTUM | 327 |
| LITERATURVERZEICHNIS | 335 |
| STICHWORTVERZEICHNIS | 341 |

## 0. EINLEITUNG

Statistik ist eine junge Wissenschaft, die Methoden für empirisches Arbeiten entwickelt. Je nach Sichtweise lassen sich die Methoden in verschiedener Weise gliedern. Im deutschen Sprachraum war seit jeher eine Einteilung in deskriptive (beschreibende) und induktive (schliessende) Statistik beliebt. Explorative Statistik ist ein neuer Zweig von deskriptiven Methoden, der seit den frühen 70er Jahren in Amerika durch J.W. Tukey populär wurde. Angelsächsische Statistik konzentrierte sich seit jeher mehr auf induktive Methoden, und explorative Statistik scheint unter dem Motto zu stehen: Zurück zu einfachen Methoden. "Papier und Bleistift" standen den Büchern von Tukey (1977) und Mosteller und Tukey (1977) als Pate. Neuere Entwicklungen verlagern die Exploration mehr und mehr auf den Computer, nicht zuletzt durch die rapide Entwicklung der Computergraphik und dem Bedürfnis nach explorativen multivariaten Methoden.
In diesem Buch wird der Versuch gemacht, die neuen explorativen Methoden mit den traditionellen deskriptiven Konzepten für den deutschen Sprachgebrauch zu vereinen. (Eine ausgezeichnete Darstellung der traditionellen deskriptiven Statistik findet man in Ferschl (1978).) Ferner ist es ein Charakteristikum der explorativen Statistik, neue Konzepte und Sichtweisen mit einem neuen Vokabular zu verbinden. Ich habe daher versucht, dem englischen Vokabular so gut wie möglich mit deutschen Wörtern nahe zu kommen. Für ein etwaiges Übers-Ziel-Schiessen möchte ich mich jetzt schon beim Leser entschuldigen. Tukey's (1977) bahnbrechendes Buch hat auch im Englischen eine Sprachbarriere aufgebaut; seine Sprachschöpfungen werden daher auch als "Tukey'ish" bezeichnet. Dennoch ist sein Buch, trotz zahlreicher neuer Veröffentlichungen auf dem Gebiet der EDA, nach wie vor eine Fundgrube für originelle Ideen zur Aufbereitung der Statistik.
Ein weiteres Gebiet der Nomenklatur betrifft die Graphik. Obwohl Statistik mit Graphik untrennbar verbunden scheint, gab es bisher wenige Versuche einer systematischen Einführung in dieses Gebiet. Auch hier soll eine Vereinheitlichung des Sprachgebrauchs versucht werden. Mit der Graphik sind auch viele statistische Missbräuche verbunden, und daher habe ich versucht einige Empfehlungen zusammenzustellen.
Explorative Methoden sind neuere Entwicklungen der deskriptiven Statistik, die ihre Ideen hauptsächlich aus dem Konzept der robusten Statistik schöpft. Warum dann nicht gleich robuste Statistik? Das liegt an der (numerischen) Komplexität vieler robuster Verfahren und daher scheint es ein Bedürfnis nach einfachen "Abschneidermethoden" zu geben. Es gibt jedoch Ansichten, die die explorative Statistik losgelöst von der deskriptiven Statistik sehen wollen. Da Statistik ohnehin ein derart unübersichtliches Gebiet ist, scheint es angebracht, statistisches Wissen so gut als möglich in komprimierter Form darzustellen.
Statistik als weitverzweigtes Gebiet ist nicht frei von Methodenstreit und Schulenbildung. Dies trifft auch für den Fall der explorativen Statistik zu. Induktive Statistik hat fast den Status eines Paradigmas erlangt: Vor allem Anfänger unterliegen dem Zwang die neuesten Schätzer oder Tests anwenden zu wollen, ohne sich auf die eigentlichen Fragen ihres empirischen Problems einzustellen (z.B. was ist die geeigneten Grundgesamtheit für die Inferenz). Bei Veröffentlichung in der Medizin und in den Sozialwissenschaften hat man oft den Eindruck, dass zum Produzieren eines 'signifikanten' Resultats jeder Test willkommen ist, der das Überspringen der 5% oder 1% Hürde ermöglicht. Reine deskriptive Darstellungen gelten als unwissenschaftlich oder veraltet. Dies ist nicht immer richtig und gute deskriptive, bzw. grafische Analysen sind zumeist ehrlicher und einfacher verständlich.
Nicht zuletzt erscheinen allen jenen, die mit den unausweichlichen stochastischen Annahmen eines statistischen Tests oder Schätzers wenig einverstanden sind, explorative Methoden eine willkommene Alternative zu komplizierten und oft wenig transparenten induktiven Methoden zu sein. Dennoch scheint mir Tukey's (1977, S.3) Standpunkt nach wie vor Gültigkeit zu besitzen:

*"Exploratory data analysis can never be the whole story, but nothing else can serve as the foundation stone - as the first step."*

(Explorative Datenanlyse kann niemals die ganze Geschichte sein, aber nichts anderes kann als Grundstein dienen - als erster Schritt.)

# 1. EXPLORATIVE UND DESKRIPTIVE STATISTIK

1.1. Was ist Datenanalyse?
1.2. Was ist Statistik?
1.3. Kleiner geschichtlicher Abriss
1.4. Statistik als Lehre von den Verteilungen von Merkmalen
1.5. Klassierte und unklassierte Daten, Datenbanken
1.6. Amtliche Statistik
1.7. Verteilungen erfassen das Phänomen der Unsicherheit
1.8. Statistische Gesamtheiten
1.9. Zum Aufbau des Buches
1.10. Weitere Hinweise

> "Der Inbegriff der wirklichen Sta*a*tsmerkwürdigkeiten eines Reichs, oder einer Republik, macht ihre Staatsverfassung im weiteren Verstande aus: und die Le*h*re von der Staatsverfassung eines oder me*h*rere einzelner Staaten, ist die Statistik (Sta*a*tskunde), oder Sta*a*tsbeschreibung. ...
> Durch die Statistik erlangt man eine Kenntnis von Sta*a*ten und ihren Staatsverfassungen."
> (Gottfried Achenwall, 1781)

Das Eingangszitat zeigt die erstmalige Erwähnung des Begriffs Statistik in der Wissenschaft und es stammt aus dem Buch des Göttinger Universitätsprofessor Gottfried Achenwall, in dem er das Wort Statistik in obiger Form hergeleitet hat. Die kursiv gesetzten *a*'s und *h*'s sind eingefügt worden, um die alte und die neue Schreibweise herauszustreichen.

In diesem ersten Kapitel werden wir uns mit einem ersten Grundlagenproblem beschäftigen: **Statistik oder Datenanalyse?** Es ist von allgemeinen und philosophischen Betrachtungen geprägt, und kann daher von Lesern, die nur an den EDA-Techniken interessiert sind, übersprungen werden. Lediglich die Kapitel 1.4 und 1.5 über Merkmale sind wichtig.

### 1.1. Was ist Datenanalyse?

Kann man Datenanalyse mit Statistik gleichsetzen? Im allgemeinen ja. Im Vorwort beschreiben Hoaglin et al. (1983) das zentrale Thema der EDA als:
> "Look at the data and think about what are you doing".

Demgegenüber könnte man Statistik beschreiben als: Schau zuerst auf die Theorie und wähle dann die geeignete Methode". Datenanalyse ist ein Versuch, ein neutrales Wort für einfache Zahlenmanipulationen zu definieren. Beliebt werden EDA-Methoden z.B. in der Informatik, da Statistik als zu umfassend und theoriebeladen erscheint. Explorative Datenanalyse kommt dieser simplen Sichtweise entgegen und vermeidet mit dem Wort Statistik die Akzeptanzhürde. Obwohl Statistik jung und unbekannt erscheint, übt sie auf potentielle Benutzer nach kurzer Zeit einen eher verwirrenden und komplizierten Eindruck aus. Da aber Statistik im Zeitalter der Massenphänomene zur modernen Allgemeinbildung zählt, soll durch eine neugierig-moderne Bezeichnung, wie sie in "explorativer Datenanalyse" enthalten ist, die Hemmschwelle zur Statistik überwunden werden.

In diesem Buch wird Datenanalyse und EDA als Teilgebiet der deskriptiven Statistik behandelt. Obwohl einige Wissenschaftler gerne einen Unterschied zwischen Datenanalyse und deskriptiver Statistik sehen wollen (vgl. etwa Cox 1982), sind meiner Meinung nach die Unterschiede, falls sie wirklich gibt, (derzeit) zu marginal, als dass sie grosse Einsichten brächten. Die deskriptive Statistik beschäftigt sich mit der Fragestellung:
– Wie kann man eine Verteilung eines Merkmals beschreiben?
während die EDA der Frage nachgeht:

– Was ist an einer Verteilung eines Merkmals bemerkenswert, bzw. explanativ ?
Das Wort explanativ soll in diesem Buch bewusst als technischer Ausdruck der EDA (bzw. deskriptiven Statistik) verwendet werden, als Kontrast zum Wort 'signifikant', das in der induktiven Statistik zum Mitteilen bemerkenswerter Resultate verwendet wird. Explanativ kann sich auf einzelne Merkmalsträger wie auch auf abstraktere Eigenschaften der gesamten Verteilung oder Teile davon beziehen. Daher ist die EDA im Unterschied zur deskriptiver Statistik zum Teil eine analytische zielgerichtete Methode.
Nicht alle EDA Methoden sind explanativ. Es gibt explorative Methoden, die rein beschreibend sind, bzw. nur zu einer 'neutralen' Beschreibung verwendet werden, während durch geschickten Einsatz von robusten, internen Streuungsmassen aus rein explorativen Methoden explanative Darstellungen gemacht werden können. Der neue Begriff 'explanativ' bedeutet, dass bestimmte Merkmalsausprägungen (z.B. Ausreisser) oder Teile der Verteilung oder auch nur bestimmte Masszahlen der Verteilung eher ungewöhnlich sind, d.h. nach einer Erklärung verlangen. Die explorativen Methoden, die zu explanativen Resultaten führen, sind in der EDA zumeist durch leicht handhabbare Konzepte zu ermitteln, sie stehen aber in der Bedeutung klassischen oder induktiven Methoden nicht nach. Viele der 'einfach' gefundenen explanativen Resultate können durch induktive Methoden in signifikante Aussagen übergeführt werden.
Das Konzept eines 'explanativen EDA Resultats' sollte auch nicht mit dem Konzept der kausativen Methoden verwechselt werden. Mit diesen beiden neuen Begriffen möchte ich etwas Struktur in die oft amorph erscheinenden Menge von EDA Methoden bringen. Der Begriff kausativ soll dabei bedeuten, dass eine EDA Methode bereits in ihrer Anlage auf kausale Beziehungen zwischen Merkmalen abzielt. Die Bezeichnung kausativ zielt dabei immer auf die Beziehung von 2 oder mehreren Merkmalen ab und soll dabei bedeuten, dass sie die Fähigkeit zu kausalen Aussagen besitzen, dass aber mit der Gefahr von Scheinkorrelation zu rechnen ist (vgl. dazu auch Kapitel 12). Die endgültige Entscheidung der Kausalität kann nicht durch die Statistik getroffen werden, sondern durch eine weitere substanzwissenschaftliche Begründung. Kausative Ergebnisse sind sicher explanativ, ganz gleich ob sie auf einem begründbaren fachlichen Konnex beruhen oder nur eine Scheinkorrelation vortäuschen. In der Zeitreihenanalyse wurde für die Berechnung des Einflusses zwischen Zeitreihen eigene Kausalitätsmasse vorgeschlagen, wie z.B. die Wiener-Granger Kausalität. Auch hier bedarf es der Rechtfertigung der vor- und nachlaufenden Indikatoren durch die entsprechende Theorie.
Eine Zusammenstellung und einen Überblick über kausativen Methoden der EDA wird im Schlusskapitel 18 gegeben.

## 1.2. Was ist Statistik?

Um es vorweg zu nehmen: Es gibt keine einheitliche Definition! Warum?
Kaum eine Wissenschaft kann so definiert werden, dass die Definition allgemein akzeptiert wird. Zumeist fällt die Abgrenzung schwer. Fliessende Abgrenzungen bedeuten aber, dass die Wissenschaften "im Fluss" sind. Schon die Abgrenzung zu anderen Wissenschaften wird von jedem Menschen wie Wissenschaftler anders gesehen. Auch wenn man den Durchschnitt aller wissenschaftlichen Standpunkte nehmen würde (falls zeitlich möglich), könnte dieser zu klein oder sogar Null sein. Daher ist man wie überall auf Toleranz angewiesen: Man akzeptiert zumindest temporär einen Standpunkt, damit eine Verständigung möglich ist.
Die einfachste, wie fruchtbarste Definition der Statistik scheint mir nach wie vor die folgende zu sein:
**Def. 1.1 Die Statistik** ist die Lehre von den Verteilungen
Das Verteilungskonzept ist der gemeinsame Nenner aller statistischer Verfahren, und je nach der Art und Typ der Verteilung lassen sich leicht weitere Einteilungen treffen:
**Def. 1.2 Teilgebiete der Statistik:**
a) **Die deskriptive Statistik** ist die Lehre von den empirischen Verteilung von Merkmalen.
b) **Die induktive Statistik** (bzw. die statistische Inferenz) ist die Lehre vom Schliessen einer Stichprobe auf die Grundgesamtheit.

c) **Die Wahrscheinlichkeitsrechnung** ist die Lehre von den Verteilungen von Zufallsgrössen.

Bem.: In der Definition der induktiven Statistik wurden absichtlich nicht die Begriffe "Zufallsgrösse" und "Wahrscheinlichkeit" verwendet, da es prinzipiell möglich sein kann, Inferenzaussagen ohne Wahrscheinlichkeitskalkül zu treffen. Bisher dominieren in Theorie und Praxis die Wahrscheinlichkeitskonzepte, und es gibt derzeit kaum praktikable Alternativen. Ausnahmen davon sind Ansätze der Fuzzy-Set Theorie und die Realisationstheorie von Kalman. Kalman (1982) nennt das Vorgehen vieler (induktiver) statistischer Methoden einfach "Präjudiz". Die sogenannte Realisationstheorie, die in der Technik eher Anklang findet, wäre ein Ersatz für die Modellierung von Zusammenhängen zwischen Merkmalen, die alle "Fehler in den Variablen" aufweisen. (Vgl. auch Polasek 1987 und 1993 für eine Diskussion von Empirie und Paradigmen in der Ökonometrie.)

In diesem Buch versuchen wir die deskriptive Statistik, sowie die EDA mit Hilfe der Definition 1.1 und 1.2 unter einem gemeinsamen Aspekt einheitlich darzustellen. Dazu gehört die Bezeichnungsübereinkunft Merkmal-Merkmalsträger-Merkmalsausprägung. Daher versuchen wir alle derzeit gängigen Methoden der Datenmanipulationen unter den Begriff des (i.A. multivariaten und mehrdimensionalen) Merkmals zu stellen.

In der deutschen Sprache sind wir in der glücklichen Lage den relativ neutralen, aber doch sehr umfassenden Begriff des "Merkmals" zu haben und daher vermeiden wir absichtlich das Wort statistische Variable, etc. Das Wort Variable stellt eine zu direkte - deduktive - Verbindung zum mathematischen Funktionsbegriff her, der für Merkmale oder "statistische Variable" nicht zutrifft. Bei statistischen Variablen variiert kein Argument über einen zulässigen Definitionsbereich und ordnet deren Elementen einen Funktionswert zu: Es gibt bei Verteilungen keine feste Zuordnungsvorschrift, die z.B. mit dem mathematischen Funktionsbegriff vergleichbar wäre. Auch in der Wahrscheinlichkeitsrechnung werden Zufallsvariablen mit Hilfe des Abbildungsbegriffes nur die Wahrscheinlichkeiten des Auftretens von Ereignissen bestimmt, aber nicht einige funktionelle Abhängigkeiten für die Realisation der Zufallsvariablen. Ausserdem kann das Phänomen der verstreuten Merkmale einer Verteilung - also unsichere Ereignisse - mathematisch exakt nur über Flächen- und Inhaltsmasse erfasst werden. (Deswegen ist die Mass- und Integrationstheorie die Grundlage der modernen Wahrscheinlichkeitsrechnung.)

In diesem Buch wird der Versuch gemacht, das empirische (tatsächlich erhobene) Merkmal als Angelpunkt aller deskriptiv-statistischer Methodenlehren zu machen. Alle Konzepte werden ohne die Sprache der Wahrscheinlichkeitsrechnung eingeführt oder mit möglichst wenig Bezug dazu erklärt. Die Sinn- und Nutzen-Diskussion für diesen Zugang wird zunächst einmal für das Kapitel 18 aufgehoben, denn es scheint mir gerade die Herausforderung der EDA zu sein, diesen neuen Schritt zu wagen, und damit die Grenzen statistischer Theorie und Praxis neu zu ziehen.

Dies ist ein einführendes Lehrbuch für Universitäten, daher ist eine weitere Abgrenzung angebracht:

*Statistik an den Universitäten* konzentriert sich hauptsächlich auf die Entwicklung von neuen Methoden; Theoretische Konzepte stehen im Vordergrund (vgl. dazu die Geschichte der Entwicklung der Universitätsstatistik in Menges (1982)).

*Statistik im Alltagsverständnis* bedeutet das übersichtliche Darstellen von Zahlen in Form von Tabellen und Grafiken; praktische Gesichtspunkte dominieren die Anwendung.

Die Kombination von Forschung und Lehre fordert von den Universitäten die Weiterentwicklung von Methoden, sowie eine umfassende Darstellung anderswo entwickelter Methoden. Beiden Aspekten soll in diesem Buch Rechnung getragen werden, obwohl der Schwerpunkt sicher mehr im Vorstellen neuer explorativer und (semi-) graphischer Methoden liegt.

## 1.3. Kleiner geschichtlicher Abriss

Als Wissenschaft hat sich die Statistik erst im 20. Jh. etabliert, sie ist daher jung und wenig bekannt. (Im Unterschied zur Informatik, die noch jünger ist, aber spektakulärer in unser Leben eingreift.)

Nun zum Wort STATISTIK: Woher kommt der Name? Der Name Statistik leitet sich von *"Staat"* ab. Als "Staatswissenschaft" war sie traditionell bei den Rechtswissenschaften angesiedelt, in neuerer Zeit bei den Sozial- und Wirtschaftswissenschaften. Ein Staat hat seit jeher zwei statistische Bedürfnisse: Volkszählungen für die Erhebung von Steuern und für die Rekrutierung des Heeres.
Im deutschen Sprachraum beginnt die Statistik mit Martin SCHMEITZEL (Kronstadt 28.5.1679 - Halle 30.7.1747), der Professor der Geschichte, Geographie und Philosophie an den Universitäten Jena und Halle war. Er hielt in Halle 1732 die erste "Statistik"-Vorlesung über "Collegium politico-statisticum". Sein Schüler Gottfried ACHENWALL (Elbing 20.10.1719 - Göttingen 1.5.1772) war der erste Hauptvertreter der sogenannten Universitätsstatistik (als Professor der Rechte und der Politik zu Göttingen). Er schrieb 1781 das Buch "Staatsverfassung der heutigen vornehmsten Europäischen Reiche und Völker". Hier einige Zitate daraus (vgl. Kapitel 4):

"Wenn ich einen einzelnen Staat ansehe: so erblicke ich eine unendliche Menge von Sachen ... Man kann selbige Staatsmerkwürdigkeiten nennen." (Man kann einen Staat physisch, geographisch, ökonomisch, literarisch, kirchlich, etc.)" ... und:

"die Staatslehre lehrt, wie Staaten sein sollen;
die Staatskunde beschreibt, wie sie wirklich sind,
die Staatsgeschichte entdeckt, wie sie das geworden sind. ...
Durch die Statistik erlangt man eine Kenntnis von Staaten und ihren Staatsverfassungen."
(Man beachte dabei wie im Eingangszitat die alte Schreibweise: Stat = Staat, Lere = Lehre.)
Wurde die Statistik daher mit dem modernen Staatswesen begründet? Nein! Die Uranfänge der Statistik lassen sich noch viel früher ansiedeln, sie gehen zurück bis zum Beginn der Schrift. Erste schriftliche Aufzeichnungen scheinen nicht so sehr die gern zitierten Heldenepen gewesen, sondern eher tabellarische Aufzeichnungen wie "Dreifuss ... 5 Stück, ...", wie z.B. in Ventris und Chadwick (1959), denen die Entzifferung der Linear B Schrift des antiken Griechenlands gelang. Müsste daher Statistik eher "Speicheristik" ("supplistics"?) heissen? Dazu haben wir 2 Beispiele aus der Geschichte zusammengestellt.

**Figur 1.1 Linear-B Täfelchen (Ta 641) von Pylos (Mykenische Kultur)**

a) Original

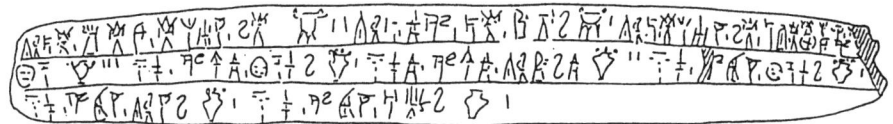

b) Transkription

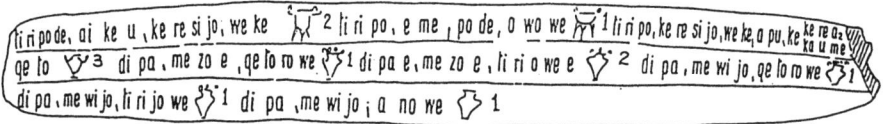

c) Übersetzung (von Ventris und Chadwick)

1. Zeile: 2 Kessel auf Dreifussuntersatz, kretische Arbeit; 1 Kessel auf Dreifussuntersatz, mit einem Fuss, mit einem einzigen Henkel; 1 Kessel auf Dreifussuntersatz, kretische Arbeit, abgebrannt an den Füssen. 2. Zeile: 3 Pithoi; ein grösserer Becher mit 4 Henkeln, 2 grössere Becher mit 3 Henkeln 3. Zeile: kleinerer Becher mit 3 Henkeln; 1 kleiner Becher ohne Henkel.

**Beispiel 1.1 Zeichen im Ton** (vgl. Kuckenburg (1989) 'Von Sprache und Schrift')

Nicht so im Dunkeln verborgen wie der Ursprung der Sprache ist der Ursprung der Schrift. Kuckenburg schildert in seinem Buch ausführlich, wie die Wissenschaftler in jüngster Zeit die Herkunft der Keilschrift aufgedeckt haben. Im Jahr 1958 fiel dem amerikanischem Archäologen A. Leo Oppenheim ein hohler Tonball auf, der in der Mitte des 2. Jahrtausends v. Chr. im Nordirak gebrannt worden war. Im eingravierten Keilschrifttext war von "Steinen für Schafe und Ziegen" die Rede, es folgte eine Aufzählung von 48 Tieren. Und genau 48 Steine hatte man auch in dem Tonball gefunden. Es zeigte sich, dass die verschieden geformten und markierten Steinchen eine Art Buchführung darstellten, vielleicht über einen Viehbestand. Ähnliche "Tonmarken" aus dem Vorderen Orient hat die Archäologin Denise Schmadt-Besserat seit 1969 in Museen der Welt entdeckt, sie fanden sich sogar im Fundgut von Siedlungen des achten vorchristlichen Jahrtausends. Das Tonmarken-System wurde offenbar zur Buchführung "erfunden", als die Menschen der Region vor etwa 10'000 Jahren von der Jagd- und Sammelwirtschaft zu Ackerbau und Viehzucht übergingen. Nun war es nötig, Aussaat und Verbrauch zu planen, die Ernteerträge zu registrieren und den Viehbetrieb zu kontrollieren, und dafür eigneten sich die Tonmarken.

Auf S. 142 liest man: "... Und wo genau gewogen und gemessen wurde, wo riesige Gütermengen die Besitzer wechseln, gelagert und umverteilt wurden, da entstand natürlich auch das Bedürfnis nach leistungsfähigen und differenzierten Methoden der Buchführung und Statistik. Was man brauchte war ein Aufzeichnungssystem, das es nicht nur erlaubte, Zahlen und Mengenangaben zu fixieren, sondern auch Hinweise auf die Art der registrierten Güter (Einheiten Getreide, Stück Vieh usw.) sowie ergänzende Angaben über Lieferant, Empfänger, Ort und Zeitpunkt. Kurz gesagt, es entstand der Bedarf nach einer Schrift. Und bei der Schaffung knüpfte man in Mesopotamien, wo die Schriftentwicklung am frühesten nachweisbar ist, offenbar an älteren und einfacheren 'Buchführungssystemen' an".

Warum die vielen Vorbemerkungen? Um zu erklären, wie sich die moderne Statistik rechtfertigt, und den Umfang der Anwendungen sowie ihren Aufgabenkreis abzustecken. Als "Speicheristik" wäre Statistik im 20. Jh. niemals als eigenständige Wissenschaft akzeptiert worden, höchstens als Hilfswissenschaft.

Die moderne Statistik fusst auf einem viel komplizierteren, fast unlösbaren Problem, dem sogenannten Induktionsproblem. Obwohl sicher älteren Ursprungs, wird die moderne philosophische Begründung des Induktionsproblems D. Hume (1739) zugesprochen.

Ein "Problem" ist es schon deshalb, weil es nicht einmal Übereinstimmung darüber gibt, welche Frage(n) die Lösung des Induktionsproblems beantworten soll. (Geeignete Fragestellungen sind die Kunst aller Wissenschaften). Daher einige Kostproben: Sind alle Schwäne weiss? Warum glauben alle Menschen (und verhalten sich danach), dass jeden Tag die Sonne aufgeht?

Eine "statistische" Antwort darauf ist: Weil wir aus vergangenen Daten gelernt haben! Wir schliessen von zumeist wenigen Daten auf fast alle, ein logisch unlösbares Problem. Und doch hat die Statistik einen Weg gefunden, für ähnliche Fragestellungen brauchbare Ergebnisse für die Alltagspraxis zu liefern. Mit den bisherigen Methoden der Mathematik und Logik ist das Induktionsproblem nicht zu lösen, auch z.B. nicht durch Einführen eines "Induktions-Axioms". In der Mathematik gibt es die sogenannte "vollständige Induktion" lediglich als Beweistechnik, die aber auch zuerst als Peano-Axiom der natürlichen Zahlen definiert werden muss.

Bemerkung: Der Philosoph und Wissenschaftstheoretiker Karl Popper meint, dass das so beschriebene Induktionsproblem für die Menschheit keine gute Fragestellung ist. Popper ist der erste Philosoph, der behauptet, seine Reformulierung des Hume'schen Induktionsproblems lösen zu können (vgl. Popper 1971). Unterstützung für diese Position kommt in letzter Zeit von der evolutionären Erkenntnistheorie, die stark von der modernen Biologie geprägt wird (vgl. Riedl 1980).

## 1.4. Statistik als Lehre von den Verteilungen von Merkmalen

Frage: Wer, was ist wo verteilt? Es verteilen sich

> Merkmale über ... Merkmalsausprägungen.

**Beispiel 1.2 Das Merkmal Haarfarbe über einer Farbskala**

Wer ... welcher Merkmalsträger (die Einheiten einer Gesamtheit); z.B. Studenten
Was ... welches Merkmal; Haarfarbe
Wo ... welche Merkmalsausprägungen; z.B. vorgegebene Farbskala

Dabei stellt sich nun die Aufgabe, den Begriff des Merkmals zu definieren. Da dies mit Begriffen der "Metastatistik" geschieht, bleiben einige Aspekte immer verschwommen, weil Begriffe nur durch weitere Begriffe eingeführt werden können, die selbst präzisiert werden müssen. Daher besteht bei Definitionen immer das Problem des unendlichen Regresses. Viele mathematische und statistische Begriffe können nur teilweise (partiell) definiert werden, einfacher ist es, diese Begriffe indirekt zu definieren, indem man angibt, wie man mit diesen Begriffen rechnen, bzw. sonstwie widerspruchsfrei umgehen kann. (Dasselbe Problem tritt auf, wenn man den Begriff "Wahrscheinlichkeit" zu definieren versucht, vgl. etwa Stegmüller 1972).

**Def. 1.3.a)** Ein **Merkmal** ist eine abstrahierende Eigenschaft von mehreren verschiedenen Beobachtungen (Merkmalsausprägungen), die entweder quantitativ oder qualitativ pro Merkmalsträger erfasst wird. D.h., ein Merkmal besteht aus Merkmalsausprägungen, die an den Merkmalsträgern einer Gesamtheit erfasst werden.
**Def. 1.3.b)** Ein **univariates** oder eindimensionales Merkmal $X$ erfasst nur eine Beobachtung pro Merkmalsträger. Ein **bivariates** $(X_1, X_2)$ Merkmal erfasst zwei Beobachtungen pro Merkmalsträger, und ein **multivariates** $(X_1, X_2, ..., X_n)$ Merkmal erfasst n Beobachtungen pro Merkmalsträger.
**Def. 1.3.c)** Ein **sicheres Merkmal** besitzt nur eine Merkmalsausprägung.

Übereinkunft: Wenn nicht genauer differenziert wird, so werden unter Merkmalen in diesem Buch nur univariate Merkmale verstanden. Merkmale werden mit Grossbuchstaben bezeichnet, und wenn Verwechslungen möglich sind, dann werden sie kursiv gesetzt. Für die Zwecke der statistischen Analyse, d.h. dem Erkennen von Merkmalen zur Quantifizierung von empirischen Vorgängen, kann man das folgende Schema verwenden:

> Gesamtheit → Merkmalsträger → Merkmalsausprägung → Merkmal

Jede erhobene Merkmalsausprägung impliziert eine Klasseneinteilung einer Gesamtheit (vgl. Ferschl 1978, S. 17). Bei n Merkmalsträgern (Beobachtungen) in der Gesamtheit gibt es maximal n Klassen. Das gilt bei Messungen für metrische Merkmale, für Abzählungen bei ordinalen Merkmalen oder für Zuordnungen bei qualitativen Merkmalen. Bei Wiederholungen gibt es entsprechend weniger Klassen, minimal 1 Klasse. Jede Merkmalsausprägung fällt in genau eine Klasse (doppelte oder "fuzzy" Zuordnungen sind nicht möglich), und jedes Element muss klassifizierbar sein, d.h. fällt mindestens in eine

Klasse. Man sagt daher auch: Die Zuordnung von Merkmalsausprägungen in Klassen muss disjunkt und vollständig sein.

**Def. 1.4 Mehrdimensionales Merkmal:** Kann ein Merkmalsträger mit einer Merkmalsausprägungen unter verschiedenen (abstrahierenden) Merkmalstypen oder in verschiedenen Kontexten (Umgebungen) gesehen werden, dann spricht man von einem mehrdimensionale Merkmal.
Bem.: Man beachte den Unterschied zum multivariaten Merkmal: Werden von einem Merkmalsträger mehrere Merkmale (quantitative und qualitative) zugleich erhoben, dann sprechen wir von einem multivariaten Merkmal. Zur Verdeutlichung betrachte man die beiden Beispiele: a) Werden von jeder befragten Person Gewicht und Grösse ermittelt, so spricht man von einem bivariaten Merkmal. Bivariate Merkmale werden in Kapitel 6 und 7 mittels Streudiagrammen genauer untersucht.
b) Das Merkmal Preissteigerung (Inflation) eines Landes (Merkmalsträger) kann mindestens unter 2 Dimensionen gesehen werden: 1) Als Merkmal "Inflation im Zeitablauf" wie z.B. der monatliche Preisindex, oder 2) als Merkmal "Inflation in den OECD-Staaten", wenn Preisindizes verschiedener Länder verglichen werden. Werden beide Dimensionen zusammen erhoben, spricht man von einem zweidimensionalen Merkmal. Weitere Beispiele für zweidimensionale Merkmale sind alle räumliche oder geographische Daten. Zweidimensionale Merkmale werden in Kapitel 9 in 2-Weg-Tafeln genauer analysiert.

**Def. 1.5.a) Einteilung von Merkmalen:** Wir unterscheiden 2 Hauptgruppen von Merkmalen: *Quantitative* und *qualitative* Merkmale. Die quantitativen Merkmale unterteilen wir weiter in
1) **metrische** (beliebige Verhältnisskala, Kardinalskala) und
2) **ordinale** Merkmale (Rangskala).
3) **Qualitative** Merkmale besitzen eine Nominalskala.
Bem.: Manchmal ist es sinnvoll, die ordinalen Merkmale noch weiter in "Intervall-Merkmale" zu untergliedern; haben reine Ordinalmerkmale nur Ordnungseigenschaften, so sind bei intervallskalierten Merkmalen noch Differenzen sinnvoll.

**Def. 1.5.b) Die Urliste** eines Merkmals (einer Gesamtheit von Merkmalsträgern) ist die Menge aller erfassten Merkmalsausprägungen jedes Merkmalsträger.
Die Erfassung von Merkmalen erfolgt an jedem Merkmalsträger und liefert eine Merkmalsausprägung durch Messen, Ordnen und Klassifizieren. Durch den Erfassungsvorgang leiten sich die drei obigen Merkmalstypen ab: Metrisches, ordinales oder qualitatives Merkmal.
In Bezug auf interne Vergleichbarkeit erfasster Merkmale kann man folgende Abstufung treffen: Eine metrische Skala erlaubt die stärksten messbaren Vergleiche, eine ordinale Skala trifft Vergleiche in Grössenstufen, und qualitative Merkmale erlauben gar keine Vergleiche zwischen Merkmalsausprägungen (wohl aber für die Häufigkeiten von Merkmalsausprägungen).
Für Merkmale verwendet man manchmal auch die Bezeichnung statistische Grössen; (den Begriff Variable sollte man eher vermeiden, da das Variable → Funktionswert Schema im Sinne des Funktionsbegriffes nicht zutrifft). Merkmalsausprägungen (in Kurzform M.-ausprägungen) werden auch als Merkmalswerte, Beobachtungen, Daten bezeichnet.

**Beispiel 1.3 Merkmale und Merkmalsausprägungen**

| | |
|---|---|
| Alter ... | Anzahl in Zeiteinheiten (metrisch oder ordinal / Intervall je nach Messgenauigkeit); |
| Gewicht ... | Anzahl in Messeinheiten (metrisch); |
| Noten ... | Bezeichnung kulturell verschieden (ordinal); |
| Farbe ... | Bezeichnung der Farbe (qualitativ). |

Für viele statistische Analysen ist der Merkmalstyp das Hauptkriterium für die geeigneten Untersuchungsmethoden. Auch die EDA-Methoden gliedern sich nach diesen Haupttypen. Daneben gibt es noch weitere Unterscheidungen von Merkmalstypen, die in der deskriptiven Statistik verwendet werden (wie intensionale oder extensionale Merkmale, oder Fluss- oder Bestandsgrössen, vgl. Kapitel 14). Diese haben aber nicht die methodischen Implikationen wie die Einteilung nach metrischen, ordinalen, und qualitativen Merkmalen. Multivariate Methoden erlauben weiters noch die Kombination verschiedener Merkmalstypen.

## 1.5. Klassierte und unklassierte Daten, Datenbanken

Eine erste statistische Tätigkeit besteht vielfach aus einer Gruppierung (Klassierung) der Urliste. Grosse Datenmengen werden (bzw. wurden) nur selten als Urlisten abgespeichert. Neuere Konzepte der Datenbanken (in der Informatik) erlauben ein möglichst effizientes Abspeichern multivariater Daten in Datenbanksystemen. Besonders das sogenannte relationale Schema erlaubt ein einfaches Erstellen von Tabellen bei multivariaten Merkmalen.

**Def. 1.6 Klassierte (Gruppierte) Merkmale** fassen n Beobachtungen in K Klassen zusammen (K < n). Klassierte Merkmale sind vor allem bei ordinalen und qualitativen Merkmalen anzutreffen, da zu erwarten ist, dass mehrere Merkmalsträger dieselbe Merkmalsausprägung besitzen. Daher werden diese Daten durch Listen von der Form $\{(I_k, f_k), k = 1,..., K\}$ veröffentlicht oder abgespeichert.

Tab. 1.1 Bedeutung der Symbole (vgl. dazu auch Abschnitt 15.1):

| | |
|---|---|
| $I_k$ | die k-te Klasse (das k-te Intervall) |
| $f_k$ | die (absolute) Häufigkeit der k-ten Klasse |
| k | den Index der Klasse k = 1, ..., K |
| K | die Anzahl der Klassen |
| n | die Anzahl der Beobachtungen; $n = f_1 + ... + f_K$ |
| $(c_{k-1}, c_k)$ | die Klassengrenzen |
| $x^*_k$ | die Klassenmitten. |

Diese Form kann auch auf metrische Merkmale angewendet werden, wenn man diese von vorhinein in Klassen einteilt. Das kann entweder aus Gründen der zu umfangreichen Urliste geschehen oder aus Gründen der Erhebungstechniken. Z.B. wird Einkommen selten ehrlich auf die Dezimalstelle genau angegeben, eher ist das ehrliche Ankreuzen von Einkommensklassen zu erwarten. Offene Klassen sind am oberen und am unteren Ende einer Verteilung vorzusehen, denn Millionäre wie Bettler geben ungern ihr genaues Einkommen an.
Bestimmte statistische Techniken sind besonders auf klassierte Daten, wie sie hauptsächlich in nicht-experimentellen Wissenschaften, (wie Sozial-, Wirtschafts- und Geschichtswissenschaften) vorkommen, zugeschnitten. Durch Gruppierung geht ein kleiner Teil der Information verloren und manchmal sind Korrekturmöglichkeiten anwendbar. Ein weiteres, noch in Entwicklung befindliches Gebiet der Statistik befasst sich mit fehlenden Werten (missing values) für statistische Modelle (z.B. imputation models, vgl. Rubin et al. 1986).

## 1.6. Amtliche Statistik

Zu modernen Industriestaaten gehören die staatlichen Aufgaben der Datenerfassung von Politik, Wirtschaft und Umwelt. In Deutschland ist es das statistische Bundesamt in Wiesbaden, in Österreich das statistische Zentralamt in Wien und in der Schweiz ist es das Bundesamt für Statistik (derzeit noch Bern, später in Neuenburg). Ohne diese unsichtbarer Tätigkeiten ('Heinzelmännchenarbeit') wäre unsere Gesellschaft viel uninformierter. Entwicklungsländer sind unter vielen Mühen und mit Hilfe von Expertenwis-

sen der UNO dabei, statistische Ämter aufzubauen. Trotz modern gewordener Boykottierungen von statistischen Zählungen - Stichworte sind der 'gläserne Mensch' und Datenschutz - steigt der Bedarf nach mehr statistischer Information stetig.
In der Tabelle 1.2 sind die Tätigkeitsbereiche des Bundesamtes für Statistik aufgeführt.

Tab. 1.2 Bereiche der amtlichen Statistik

1. **Bevölkerungsstatistik** (Bevölkerungsstruktur, Familien- und Haushaltsstruktur, Geburten. Adoptionen, Anerkennungen, Todesfälle, Heiraten, Scheidungen, Wanderungen, Bürgerrechtswechsel, Bevölkerungszenarien)
2. **Raum, Landschaft und Umwelt** (Boden, Klima, Landschaft, Wasser, Luft, Lärm, Abfall, Flora und Fauna)
3. **Erwerbsleben** (Betriebe und Unternehmen, Beschäftigung, Erwerbstätigkeit, Arbeitslose, offene Stellen, Berufsstruktur, Löhne, Arbeitsbedingungen)
4. **Volkswirtschaftliche Gesamtrechnungen** (Volkswirtschaftliche Gesamtrechnung, kantonale Volkseinkommen, Zahlungsbilanz)
5. **Preise** (Preise und Preisindizes für Güter und Dienstleistungen)
6. **Produktion, Handel und Verbrauch** (Unternehmungsrechnungen, Produktion und Umsätze, Aussenhandel, Einkommen und Verbrauch)
7. **Land- und Forstwirtschaft** (Betriebe, Arbeitskräfte, Maschinen, Nutzflächen, Tierbestände, Gartenbau, Wald und Holz, Fischerei)
8. **Energie** (Gesamtenergiebilanz, Produktion und Verbrauch von Energie)
9. **Bau- und Wohnungswesen** (Struktur des Gebäude- und Wohnbestandes, Wohnverhältnisse, Bautätigkeit, Leerwohnungen)
10. **Tourismus** (Angebot und Nachfrage in Hotellerie und Parahotellerie, Reisetätigkeit)
11. **Verkehr** (Fahrzeuge, Verkehrsanlagen, Verkehrsleistungen, Verkehrsunfälle, Strassen- und Eisenbahnrechnung, Verkehrsverhalten)
12. **Geldmenge, Finanzmärkte und Banken** (Bankwesen, Geldmenge, Geldstromrechnung)
13. **Versicherungen** (AHV, IV, Kranken- und Unfallversicherung, Arbeitslosenversicherung, Pensionskassen, Privatversicherungen)
14. **Gesundheit** (Gesundheitszustand, Krankheits- und Todesursachen, Personal, Einrichtungen, Leistungen und Kosten des Gesundheitswesens)
15. **Bildung und Wissenschaft** (Schulen, Hochschulen, Berufs- und Weiterbildung, Forschung und Entwicklung)
16. **Sport, Kultur und Lebensbedingungen** (Sprachen, Konfessionen, kulturelle Aktivitäten und Sport)
17. **Politik** (Nationalratswahlen, Abstimmungen auf Bundesebene, Beteiligung am politischen Leben)
18. **Öffentliche Finanzen** (Einnahmen und Ausgaben von Bund, Kantonen und Gemeinden, Steuerbelastung)
19. **Rechtspflege** (Strafverfolgung, Urteile, Strafvollzug, Rückfälligkeit)

## 1.7. Verteilungen erfassen das Phänomen der Unsicherheit

Wären alle Mensch gleich gross, dann bräuchte man keine Statistik darüber. Die Welt wäre aber etwas uninteressanter, dagegen wäre die menschliche Grösse mit Sicherheit angebbar. Jede Abweichung von der Norm erzeugt eine Verteilung und damit eine Unsicherheit bezüglich des betrachteten Merkmals (z.B. Grösse) eines Items = Merkmalsträger (z.B. Menschen). Statistik beschreibt die Gesamtheit aller Fälle mit geeigneten Masszahlen. Diese Information ist jedoch für den Einzelfall nur mit Unsicherheit anwendbar. Statistik ist somit eine ständige Interaktion zwischen Einzelfall und Gesamtheit, wobei beide Aspekte jeweils definiert werden müssen.
Den Abstraktionsprozess vom Einzelfall zur Gesamtheit nennen wir *Kondensation*. Statistische Aussagen unterliegen einem *Konkretisierungs*prozess, der den Schluss von der Gesamtheit zum Einzelfall rechtfertigt. Z.B.: Der Durchschnittsmensch macht das und

das ..., etc. Dies ist in Figur 1.2 dargestellt: der untere Teil beschreibt den deskriptiv-explorativen Kondensationsvorgang, der obere Teil den Vorgang der Inferenz.
Die Zweiteilung soll bedeuten: In jeder Ansammlung von Daten - auch Kollektiv (v. Mises) oder statistische Masse (Menges 1982) genannt - ist ein Kondensationsvorgang möglich und notwendig. Ergebnisse eines Kondensationsvorganges sind zumeist Parameter wie Mittelwert und Streuung, für die, falls die vorliegende Gesamtheit eine Zufallsstichprobe bildet, Inferenzaussagen möglich sind. Dies soll die fettgedruckte Verbindungslinie anzeigen. Der explorativ-deskriptive (untere) Teil ist immer möglich, während für die Inferenz weitere Annahmen überprüft werden müssen.

**Figur 1.2 Inferenz und Kondensation**

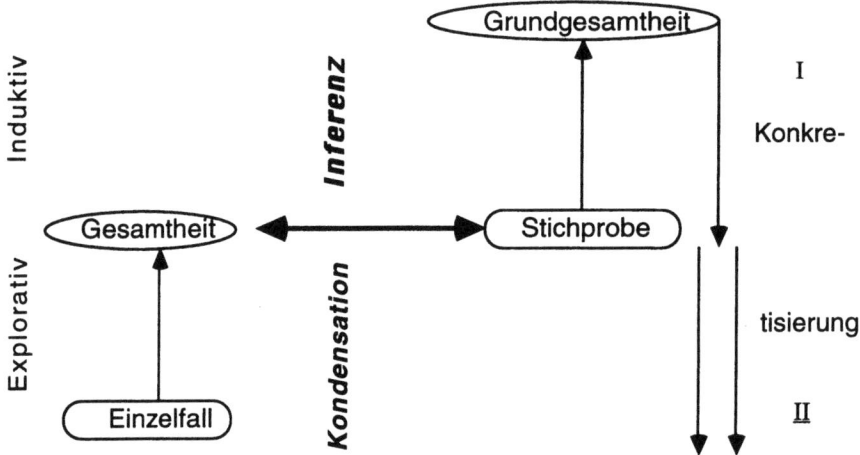

Statistischer Missbrauch kann etwa durch die missverständliche Wahl von Gesamtheit und Einzelfall (Merkmalsträger) erzeugt werden. Daher erfordert sinnvolle Statistik immer die Hinterfragung des datenerzeugenden Prozesses und Rechtfertigungen für die Wahl der Entscheidungen. Die Anwendung von Statistik ist nach wie vor auch für den Experten eine Kunst. Neuere Versuche der Automatisierung von Statistik, wie etwa durch Expertensysteme der Informatik, scheitern nach wie vor an der Komplexität der Fragestellungen und Methoden.
Neben dem Prozess der statistischen Kondensation gibt es den der statistischen Inferenz. Dieser ist die statistische Umsetzung des Induktionsproblems und betrifft die Beziehung zwischen Stichprobe und Grundgesamtheit. Um für diesen Prozess geeignete Aussagen machen zu können, benötigt man den Begriff der Zufälligkeit. Nur wenn die Merkmalsträger der Stichprobe zufällig aus der Grundgesamtheit gewählt wurden (daher der Begriff "Zufallsstichprobe"), kann eine statistische Inferenzaussage gemacht werden. Ansonsten gelten die Aussagen nur approximativ, oder man muss sich auf Deskription beschränken. Inferenzaussagen in der Statistik sind stets Wahrscheinlichkeitsaussagen, statistische Kondensation bewegt sich immer in der Beobachtungssprache.

## 1.8. Statistische Gesamtheiten

Eine statistische Analyse und die dazugehörigen Aussagen beziehen sich bei einem deskriptiven Blickwinkel von Merkmalen auf statistische Gesamtheiten, bei einem induktiven Blickwinkel von Stichproben auf Grundgesamtheiten. Statistische Gesamtheiten werden auch als 'statistische Massen' bezeichnet (Menges 1982) und die Statistik daher auch als 'Lehre von den Massenerscheinungen'. Dabei ist ein weiteres Tripel zur Charakterisierung von Gesamtheiten zu beachten: Eine Gesamtheit muss immer räumlich, sachlich und zeitlich abgegrenzt sein. Z.B. die Einwohner der Schweiz zu einem Stichtag. Die sachliche Abgrenzung des Merkmals 'Einwohner': Die ständige Wohnbevölke-

rung. Die räumliche Abgrenzung des Merkmals: Die Schweiz. Die zeitliche Abgrenzung des Merkmals: Der Stichtag der Volkszählung, 12. Mai 1991.
Die Abgrenzung des Merkmals kann oft sehr schwierig oder auch missverständlich sein und trägt oft zum schlechten Ruf von statistischen Aussagen bei. Klare statistische Aussagen sind - theoretisch - an den mathematischen Mengenbegriff der Gesamtheit gebunden, d.h. man kennt jeden Merkmalsträger der Gesamtheit. Leider ist dies in der Praxis nicht immer leicht zu erreichen, es gibt deshalb schon Ansätze zur 'Fuzzy'-Statistik.
Dies sei am Beispiel der schweizerischen Arbeitskräfteerhebung (SAKE), die seit 1990 in jedem 2. Quartal eines Kalenderjahres durchgeführt wird, erläutert.

---

**Fallbeispiel 1.4 Erwerbstätige in der Schweiz** (aus SAKE-News, 3/93)

"Bei der Definition der Erwerbstätigkeit und Erwerbslosigkeit werden in der SAKE die Empfehlungen des internationalen Arbeitsamtes übernommen.

**Erwerbstätig** sind nach den internationalen Definitionen Personen, die
- in der abgeschlossenen Woche vor der Befragung mindestens eine Stunde gegen Entlohnung gearbeitet haben, sei es selbständig oder unselbständig - oder
- in der abgeschlossenen Woche vor der Befragung nicht gearbeitet haben, aber trotzdem eine formelle Arbeitsbeziehung zu einem Arbeitgeber besitzen (Abwesenheit wegen Krankheit, Ferien etc.) - oder
- als mitarbeitende Familienmitglieder in der abgeschlossenen Woche vor der Befragung im Familienbetrieb gearbeitet haben.

**Erwerbslos** sind alle Personen, die
- in der abgeschlossenen Woche vor der Befragung nicht erwerbstätig waren - und
- in den vier vorangegangenen Wochen eine Arbeit gesucht haben - und
- in dieser Zeit eine oder mehrere Suchaktionen unternommen haben - und
- innerhalb der nächsten vier Wochen eine Stelle antreten können.

**Nichterwerbstätig** sind alle Personen, die
- in der abgeschlossenen Woche vor der Befragung weder erwerbstätig noch erwerbslos waren."

---

Eine gute graphische Veranschaulichung des Abgrenzungsproblems gibt die Figur 1.3.

**Figur 1.3 Terminologie im Bereich Erwerbsleben**

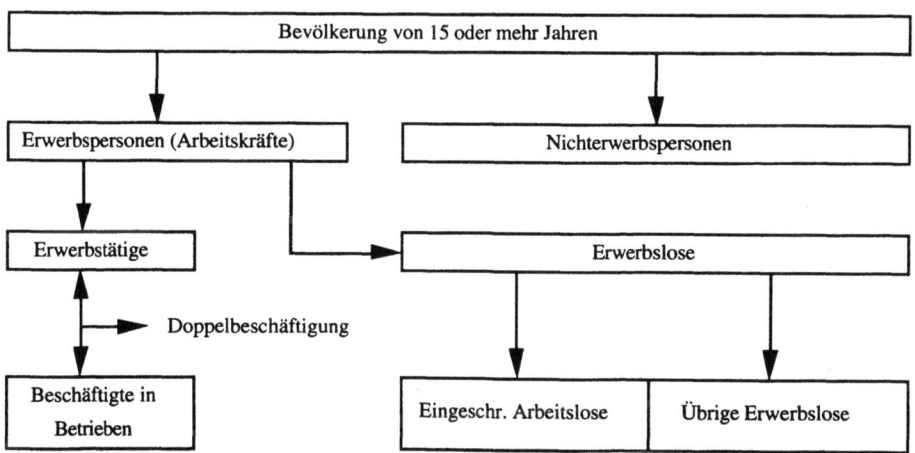

Eine weitere wichtige Einteilung von Gesamtheiten ist die in Bestands- und Bewegungsmassen (bzw. Ereignismassen), in Kapitel 14.3 werden wir diese auch unter dem Namen Bestands- und Stromgrössen kennenlernen. Bestandsmassen sind solche, die zu einem bestimmten Zeitpunkt erhoben werden können, während Bewegungsmassen nur in einem Zeitraum erhoben werden können. So ist z.B. die Wohnbevölkerung eine Bestandsmasse, und die Geburten (oder die Todesfälle) eine Bewegungsmasse, die nur für einen Zeitabschnitt ermittelt werden kann. Volkszählungen oder Gesamterhebungen werden für Bestandsmassen durchgeführt, während Bewegungsmassen oft kontinuierlich, z.B. durch Registrierungsvorschriften, erhoben werden. Mit Hilfe von Bewegungsmassen können Bestandsmassen fortgeschrieben werden. Dies gilt z.B. für die Wohnbevölkerung aufgrund der Einwohnerbewegung (Geburten, Todesfälle und Wanderungen).

## 1.9. Zum Aufbau des Buches

Das Buch ist in 3 Teile gegliedert, von denen der erste die EDA-Techniken beschreibt, der zweite die klassische deskriptive Analyse, und der dritte Teil gibt eine Einführung in zwei- und drei-dimensionale statistische Grafiken.
Der erste Teil des Buches umfasst die Kapitel 2 - 9 und beschreibt die wichtigsten Methoden der EDA. Das 2. Kapitel ist bereits eine wichtige Grundlage für alle weiteren Methoden: Das **Stamm & Blatt** (St&Bl, engl.: stem-and-leaf). Es wird versucht, einen systematischen Aufbau von St&Bl-Techniken zu geben und neuere Entwicklungen miteinzubeziehen. Das Kapitel 3 beschäftigt sich mit den **Rangmasszahlen** einer Verteilung und deren Zusammenfassung in **n-Zahlen-Masse** (n-number summaries). Diese Methoden sind ebenfalls wichtige Bestandteile für spätere Kapitel. In Kapitel 4 werden die grafischen Darstellungen von n-Zahlen-Massen diskutiert, die Klasse der **Box-Plots**. Zusammen mit den St&Bl's sind sie das "Markenzeichen" von explorativen Analysen. Kapitel 5 beschäftigt sich mit dem wichtigen Thema der **Daten-Transformationen** (re-expressions). Schiefe Verteilungen werden mit Hilfe von der "Potenz-Leiter" (ladder of powers) auf eine symmetrische Standardform gebracht. Sie bilden bereits den Übergang zu der nächsten wichtigen Gruppe von EDA-Methoden, den **Streudiagrammen** in Kapitel 6. Daten-Transformationen bilden den Ausgangspunkt für die Analyse von Trends, den Techniken zum Begradigen von Zusammenhängen in Streudiagrammen, und dem **Regressogramm** in Kapitel 7. Streudiagramme sind eine wichtige explorative Vorstufe für Regressionsmethoden der deskriptiven und induktiven Statistik.
Kapitel 8 befasst sich mit einem weiteren wichtigen EDA-Thema, dem Glätten von **Zeitreihen** (data-smoothers). Im Unterschied zu herkömmlichen linearen Filter-Techniken werden sogenannte **nichtlineare Datenglätter** verwendet. In Kapitel 9 werden die **Medianpolierungen** (median polish) zum Glätten von 2-Weg-Tafeln besprochen. Sie sind einfache und z.T. grafisch umsetzbare Methoden der sogenannten Varianzanalyse (ANOVA).
Teil II des Buches umfasst die Kapitel 10-14, die sich mit den traditionellen Methoden der deskriptiven Statistik beschäftigen. Kapitel 10 ist den traditionellen **Lagemassen** gewidmet und beschreibt Mittelwert und weitere Lagemasse, wie das harmonische Mittel, die für spezielle Anwendungen gebraucht werden. Kapitel 11 beschreibt die klassischen **Streuungsmasse**, wie Standardabweichung und Variationskoeffizient, sowie Konstruktionsprinzipien für weitere Streuungsmasse. Weiters werden Schiefe und Wölbung kurz besprochen. Kapitel 12 gibt eine Einführung in die Theorie der **Korrelation**, die auf dem Konzept der statistischen Momente beruht.
Zwei Spezialgebiete der Statistik werden im Kapitel 13, der **Konzentration** und im Kapitel 14, den **Indexzahlen** behandelt. Diese Bereiche werden heute immer mehr der Wirtschaftsstatistik zugerechnet, obwohl ihre grundlegenden Fragestellungen allgemeiner Natur sind.
Teil III des Buches beschäftigt sich mit der statistischen Grafik. Dabei werden wir besonders jene Methoden der statistischen Grafik berücksichtigen, die mit Hilfe des Computers in den letzten Jahren einen grossen Aufschwung erlebt haben. Kapitel 15 befasst sich mit der grafischen Darstellung von Verteilungen, und gibt damit einen Überblick über derzeitig verwendete **2-dimensionale Grafiken**. Kapitel 16 gibt eine kurze Einfüh-

rung in die **3-dimensionale Grafik**, die besonders in den letzten Jahren durch die schnelle Computer-Hardware verbreitet wurden. Schliesslich werden in Kapitel 17 die verschiedenen 3-dimensionalen **Projektionstechniken** kurz erläutert. In einem abschliessenden Kapitel 18 wird versucht, aus den dargestellten Methoden der EDA und deskriptiven Statistik Gemeinsamkeiten für eine Theorie der EDA zu finden.

## 1.10. Weitere Hinweise

Abschnitte, die mit * gekennzeichnet sind, können beim ersten Studium ausgelassen werden. Sie enthalten speziellere Themen, oder verweisen auf Querverbindungen oder sind Vorgriffe, die sonst nur schwer in den Aufbau des Buches hineinpassen.
Die Beispiele sind aus den Vorlesungen entnommen, die ich an der Universität Basel (und Wien) in den letzten Jahren gehalten habe. Daher konzentrieren sie sich sehr auf Schweizer und österreichische Daten. Weitere meistens typische EDA-Beispiele, sind den Büchern von Tukey (1977) und Velleman und Hoaglin (1983) entnommen. Erfreulich ist, dass EDA Methoden immer mehr in die Grundlagenteile der Statistiklehrbücher Eingang finden, wie auch in statistische Programmpakete auf Computern. Damit hat sich eine der ursprünglichen Absichten der EDA erfolgreich verwirklicht, obwohl einige Anwendungsbereiche deutlich hinterherhinken. Eine andere Absicht der Tukey'schen EDA, die kreative Aufbereitung von Datenmaterial, bleibt manchmal etwas im Hintertreffen.
Am Ende jedes Kapitels gibt es zwei zusätzliche Abschnitte. Der eine befasst sich allgemein mit "Programmpaketen" und soll die derzeitige Verfügbarkeit der beschriebenen Methoden auf Computersystemen erklären. Dabei spielt 'S-plus' (Becker et al. 1983) naturgemäss eine Hauptrolle als eine Art "benchmark". Auch wenn in S-plus bestimmte Routinen nicht vorhanden sind, so kann man sie mit Hilfe von 'functions' leicht dazufügen. Andere Programmpakete sind meist nicht so flexibel, daher werden nur diejenigen Programmteile besprochen, die EDA, deskriptive Statistik und Grafik Programme betreffen. Leider kann die Besprechung nicht erschöpfend sein, sie soll nur Überblicke und vereinzelt Beispiele bringen.
Der letzte Abschnitt in jedem Kapitel enthält Aufgaben, wie sie als begleitende Übungen zu einer Vorlesung verwendet werden können. Sie konzentrieren sich auf Schweizer Beispiele.
Für die Zusammenstellung einiger Aufgaben habe ich Dr. Th. Bucheli zu danken, der die Aufgabensammlung in Basel betreute. Auch möchte ich an dieser Stelle Prof. M. Novick gedenken, der mich als erster während meines Iowa-Aufenthaltes 1977 auf die Wichtigkeit dieser neuen statistischen Methoden hinwies. Da EDA-Methoden anfangs eher wie eine Sprachbarriere anmuten, war ich zunächst sehr skeptisch, wie viele andere auch. Das unter M. Novick's Leitung geführte Projekt CADA (computer assisted data analysis) war das erste Programmpaket, das EDA-Methoden dem Studenten interaktiv am Computer zum Lernen und Auswerten anbot.
Zum Schluss hoffe ich, dass dieses Buch über EDA-Methoden etwas dazu beiträgt, das Image der Statistik als "trockene" Wissenschaft abzubauen. Der Leser soll sich überzeugen und sollte auch überzeugt werden, dass auch trockene Zahlen am Papier oder Computer interessante Expeditionen ins Reich der Information erlauben.
Willkommen im Reich der explorativen Informationen und der deskriptiven Statistik!

## 1.11. Aufgaben

Man diskutiere und erkläre einige weitere Aspekte der Statistik:
1) Statistik ist die Grammatik des empirischen Denkens und Arbeitens.
2) Statistik als die Wissenschaft vom Lernen aus Erfahrung.
3) Statistik als Lehre von der unsicheren Information.
4) Statistik als Lehre von der Aufbereitung der Information.
5) Statistik als Kunst der informativen Zusammenfassung.

# TEIL I

# EXPLORATIVE DATENANALYSE

# 2. STAMM UND BLATT

**2.1. Einfache Stamm & Blatt (St&Bl) Darstellungen**
**2.2. Das allgemeine St&Bl**
**2.3. Kodierte St&Bl Darstellungen**
**2.4. Rangliste, Tiefe und Häufigkeiten im St&Bl**
**2.5. Spezielle St&Bl Darstellungen**
**2.6. Qualitatives Stamm&Blatt**
**2.7. Optimale Anzahl von Klassen**
**2.8. Einfache Histogramme**
**2.9. Bivariates oder paarweises St&Bl**

*Da steh' ich nun entlaubter Stamm,*
*(F. Schiller, Wallenstein)*

In der Sprache der Datenanalyse benutzt man das Stamm & Blatt, bzw. St&Bl ("stem and leaf") um einen "Haufen von Daten" schnell übersichtlich darzustellen. ("Scratching down a batch of numbers"). In der Sprache der Statistik bedeutet dies: Die Verteilung eines Merkmals einer Urliste (Gesamtheit) wird semigrafisch dargestellt. Semigrafisch soll bedeuten: Keine rein grafische Umsetzung einer Verteilung, sondern mit Hilfe geschickter Anordnung der Zahlen selbst (z.B. Tabellen), wird ein grafischer Eindruck erweckt. Das St&Bl ist ein typisches abgekürztes EDA-Verfahren, das die traditionellen Verfahren, wie Histogramm und Strichlisten-Tabellen der deskriptiven Statistik, ersetzen kann (vgl. dazu auch Tabelle 2.2).

## 2.1. Einfache Stamm & Blatt Darstellungen (Stem-and-leaf display)

Die Grundidee des St&Bl ist, dass jeder Zahlenwert einer quantitativen Merkmalsausprägung (metrische oder ordinale Merkmale) in einen Stammteil und in einen Blatteil getrennt wird. Die Anzahl der Klassen wird durch symbolhafte Anordnung der Stammteile am Stamm erzeugt. Das St&Bl kann als Verteilungsdarstellung für bestimmte Formen von qualitativen Merkmalen (mit quantitativen Träger) ebenfalls verwendet werden, vgl. Abschnitt 2.4.

Das St&Bl ist eine semigrafische Methode zur Darstellung einer Verteilung mit den folgenden Eigenschaften:
- Mit den Merkmalswerten wird eine diskrete Verteilung erzeugt;
- Die Daten werden (auf "Blattbreite" genau) geordnet;
- Die Merkmalswerte sind ablesbar.

Semigrafisch bedeutet im St&Bl: Der Stamm bildet die x-Achse, die Blätter die semigrafische Anordnung als Anzahl entlang der y-Achse. Die Merkmalsausprägungen (als Blätter) werden selbst dazu verwendet um mit ihrer Darstellung zugleich den grafischen Eindruck der Verteilung wiederzugeben. Man wählt dabei folgende Vorgangsweise:

| Einfaches Stamm&Blatt (St&Bl): |
|---|
| 1) Bestimme den Merkmalsbereich von Minimum zum Maximum |
| 2) Markiere die Einheit über dem Stamm (z.B. 1 = .001) |
| 3) Bestimme die Anzahl der Klassen und Blattbreite |
| 4) Erzeuge den "Stamm" des St&Bl |
| 5) Durch Übertragen der Daten aus der Urliste werden die Blätter des St&Bl gebildet |
| 6) Berechne Häufigkeiten und überprüfe die Gesamtanzahl |
| 7) Kann die Darstellung verbessert werden? (Wenn ja, dann gehe zu 3) |
| 8) Erstelle die Kommunikationsform des St&Bl |

Das Prinzip ist am einfachsten an Zehnerziffern zu erklären: Man bildet aus der Zehnerziffer den Stamm und aus der Einerziffer das Laub. In Beispiel 2.1 ist dies an den Strassenlängen erklärt. Bei der Übertragung der Urliste in ein St&Bl kann man i.A. nicht erwarten, dass sofort die beste Darstellungsform gefunden werden kann. Tukey (1977, S.14ff) unterscheidet daher bei (semi-) grafischen Darstellungen zwei Formen: die Konstruktionsform ("for storage", bzw. Skizze, Entwurf, Erstfassung) und die Kommunikationsform ("to look at", bzw. Endfassung). Die Konstruktionsphase ist immer dann wichtig, wenn man die Daten mit allen verfügbaren Ziffern für später aufheben möchte.

**Beispiel 2.1 Die Erstellung eines einfachen St&Bl für Passstrassen**

Tab. 2.1 a) Länge und Höhe von 24 Schweizer Alpenpassstrassen
(Quelle: Stat. Jahrbuch der Schweiz 1985)

| Name | km-Länge | Passhöhe | Name | km-Länge | Passhöhe |
|---|---|---|---|---|---|
| Pillon | 25 | 1546 | Mosses | 33 | 1445 |
| Forclaz | 38 | 1526 | St.Bernard | 61 | 2469 |
| Simplon | 64 | 2469 | Nufenen | 19 | 2478 |
| Grimsel | 33 | 2165 | Susten | 36 | 2224 |
| Furka | 31 | 2431 | St.Gotthard | 26 | 2108 |
| Oberalp | 31 | 2044 | Klausenpass | 38 | 1948 |
| Sattelegg | 10 | 1190 | Lukmanier | 40 | 1972 |
| Bernardino | 32 | 2065 | Splügen | 30 | 2113 |
| Brünig | 30 | 1008 | Maloja | 49 | 1815 |
| Julier | 16 | 2284 | Albula | 25 | 2312 |
| Bernina | 39 | 2328 | Flüela | 26 | 2383 |
| Umbrail | 13 | 2501 | Ofenpass | 37 | 2149 |

Aus den km-Längen der 24 Schweizer Alpenpassstrassen aus Tab. 2.1.a) soll ein einfaches St&Bl erstellt werden. (Man beachte, dass in Tab. 2.1.a) ein bivariates Merkmal abgetragen ist mit Merkmalsträger Passname und den Merkmalen km-Länge und Passhöhe.) Da alle Zahlen des Merkmals 'km-Länge' zweistellig sind, kann man die Zehnerziffer als Stamm und die Einerziffer als Laub verwenden. Z.B. der Col du Pillon mit 25 km Länge wird in den Stamm 2 und das Blatt 5 getrennt, d.h.

| DATEN | getrennt | in | Stamm | & | Blatt |
|---|---|---|---|---|---|
| 25 | 2 \| 5 | | 2 | und | 5 |

Die Konstruktionsform des St&Bl ist in Tab. 2.1.b) wiedergegeben. Die kleinste Zehnerziffer ist 1 und die grösste 6, damit kann der Stamm von 1 bis 6 erstellt werden (wobei der Fettdruck eine optische Verstärkung ist). Über dem Stamm wird die Einheit zur leichteren Ablesbarkeit der Ziffern angeschrieben. Teil c) zeigt die geordnete Endfassung des St&Bl, d.h. die Kommunikationsform.

Tab. 2.1 St&Bl der Länger Schweizer Passstrassen
b) Konstruktionsform       c) Kommunikationsform (mit geordneten Blättern)

| Einheit | (#) | # | Einheit |
|---|---|---|---|
| 1\|9 = 19 km | | | 1\|9 = 19 km |
| 1 \| 9 0 6 3 | (4) | 4 | 1 \| 0 3 6 9 |
| 2 \| 5 6 5 6 | (4) | 8 | 2 \| 5 5 6 6 |
| 3 \| 8 3 6 1 1 8 2 0 0 9 7 | (12) | (12) | 3 \| 0 0 1 1 2 3 3 6 7 8 8 9 |
| 4 \| 0 9 | (2) | 4 | 4 \| 0 9 |
| 5 \| | | | 5 \| |
| 6 \| 1 4 | (2) | 2 | 6 \| 1 4 |

Bem.: Als Vorgriff auf das Kapitel 2.4 haben wir in den obigen St&Bl's die Häufigkeitsspalte (#) und die Tiefenspalte # (d.i. die beidseitig kumulierte Häufigkeitsspalte) bereits angeführt.

## 2.2. Das allgemeine St&Bl

Die Klasseneinteilung ist das essentiell Neue am St&Bl, daher sollen die grundlegenden Prinzipien genauer erklärt werden. Etwas abweichend von Tukey (1977) bezeichnen wir mit mit Stamm die gesamte Klassenaufteilung und mit "Ast" die jeweilige Klasse. Denn abhängig vom Zahlenspektrum kann der Stammteil in weitere "Äste" aufgespalten werden. Tukey empfiehlt darüberhinaus, den Stamm immer fettgedruckt (oder zweifarbig) anzugeben. Folgende EDA-Konventionen sind charakteristisch für ein St&Bl:

**a) Ein-ästig oder 10-ziffrig**   **c) 5-ästig oder 2-ziffrig**

    5   I "Laub" von Ziffer **0** bis **9**      **5\*** I Laub-Ziffer **0** und **1**
                                          (two, three)    **t** I Laub-Ziffer **2** und **3**

**b) Zwei-ästig oder 5-ziffrig**               (four, five)      **f** I Laub-Ziffer **4** und **5**
                                          (six, seven)     **s** I Laub-Ziffer **6** und **7**

    **5\*** I Laub von Ziffer **0** bis **4**                                    **5•** I Laub-Ziffer **8** und **9**
    **5•** I Laub von Ziffer **5** bis **9**

An diese Konventionen muss man sich nicht sklavisch halten, sie verringern nur den Schreibaufwand (und sind weitverbreitet). Die allgemeine Klasseneinteilung am Stamm kann man mit beliebigen Bindestrichsymbolen angeben, wie **3-5, 6-8**, etc.. Dies ist besonders bei einziffrigen Werten notwendig, da eine Aufspaltung in Stamm und Blatt nicht möglich ist (vgl. Beispiel 2.5). Die St&Bl Technik erfordert gleiche Ziffernanzahl für alle Merkmalsausprägungen, daher sind fehlende Anfangsziffern immer in Nullen aufzufüllen. Eine **0\*** (bzw. **0\*\***, etc.) Klasse ist somit immer für die ersten Werte vorbehalten. Ein **\*** (oder **•**)-Symbol am Stamm ist im St&Bl der universelle Platzhalter: Er gibt somit auch die Blattlänge an; die **t, f,** s-Symbole dienen dabei als Brücke zur nächsten Stammziffer.
Bei positiven und negativen Werten gibt es zwei Null-Klassen: **0\*** enthält alle positiven Werte, die eine führende Null haben, und **-0\*** enthält alle negativen Werte, die eine führende Null haben (vgl. Aufgabe 11.2).
Man sollte darauf achten, dass die so frei gebildeten Klassen gleiche Klassenbreite haben (gleichviele Ziffern abdecken). Sonst muss der "Stamm"-Strich unterbrochen werden um die Änderung der Klassenbreite anzudeuten. Zuviele Unterbrechungen soll man vermeiden, da sonst der semi-grafische Effekt verloren geht. Ein einfaches Histogramm (vgl. Kapitel 2.8) ist dann besser. Eine Ziffer im St&Bl repräsentiert die grafische Zeicheneinheit im Histogramm. (Daher soll man bei gedrucktem St&Bl auf proportionale Schrift verzichten.) Eine Änderung der Klassenbreite bei gleicher Ziffern- (bzw. Blatt-) Grösse verzerrt die durch das Laub aufgespannte Fläche der Verteilung.
Eine laufende Änderung der Klassenbreite ist bei logarithmisch skalierten Stamm gegeben. Eine Log-Skala bietet sich immer dann an, wenn die Merkmalswerte nach 10er Potenzen variieren. Eine gleiche Klassenbreite führt zu ungewollten Längen im St&Bl. Log-skalierte St&Bl erkennt man an steigender Anzahl von *-Platzhaltern und unterbrochenen Stämmen (vgl. Beispiel 2.2).
In einigen Fällen ist es auch notwendig das "Laub" statt einziffrig mehrziffrig zu gestalten. Dieser Fall benötigt mehr Platz, da die Ziffernblöcke durch Beistriche getrennt werden müssen. (Bei 2 und mehr Ziffern ist auch ein Tiefersetzen der zweiten Ziffer möglich.) Dasselbe gilt für qualitative St&Bl, wie etwa in Beispiel 2.7.

### 2.2.1. Abschneiden oder Runden?

Die genauere Methode ist immer das Runden: Von 0-4 wird abgerundet, von 5-9 wird aufgerundet. Dies ist auch bei allen Computerprogrammen der Fall und bietet daher

keine Schwierigkeiten. Händisches Runden ist immer mit Zeitaufwand verbunden, und daher sind Grenzfälle denkbar, in denen man Abschneiden zulassen kann: Bei schnellen händischen Darstellungen oder wenn Details in einer Nebengrafik dargestellt werden (vgl. Tukey 1977, S.4).
Rundungen kann man als weitere Vergrösserung des Urlistenintervalls auffassen. Das Urlistenintervall bei quantitativen Merkmalen ist die Genauigkeit der erhobenen Daten. Jedes quantitative Merkmal kann als Ergebnis eines Mess- oder Zählvorganges angesehen werden. So steht z.B. die Messung 3.74 kg für das Ergebnis eines Messvorganges, der im Intervall 3.735 und 3.745 lag. Das Urlistenintervall hat die Länge 0.01. Wird nun die Zahl 3.74 auf 3.7 gerundet, so vergrössert sich das Urlistenintervall auf 3.75 - 3.65 = 0.1. Ausserdem gilt bei einer Rundung auf 4 kg, dass das Intervall auf 4.5 - 3.5 = 1 angestiegen ist.

**Figur 2.1 Fehler bei Runden und Abschneiden**

**a) gerundetes Urlistenintervall**     **b) abgeschnittenes Urlistenintervall**
(Fehler werden halbiert)                (Fehler bleiben gleich gross)

   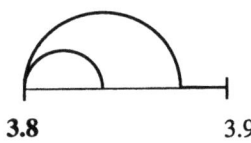

 3.75    **3.8**    3.85          **3.8**           3.9

Beim Abschneiden bleibt die Länge des Urlistenintervalls (in unserem Fall u = 0.1 kg) gleich. Lediglich die Anfangs- und Endpunkte haben sich um die halbe Länge des Urlistenintervalls nach unten verschoben. Ein abgeschnittener Wert 3.8 bedeutet: Jeder Wert zwischen 3.80 und 3.89 war möglich (bei 2-stelliger Ablesegenauigkeit). Runden zentriert die Messung auf die Mitte des Urlistenintervalls, während Abschneiden sie auf das untere Ende verlegt. Daher sind gerundete Werte doppelt so genau, wie abgeschnittene Werte: Der gerundete Wert 3.8 (fettgedruckt in Figur 2.1) kann als Klassenmitte des Urlistenintervalls angesehen werden, und daher ist die maximale Abweichung vom tatsächlichen Wert die halbe Länge des Urlistenintervalls (u/2). Bei gerundeten Werten steht die linke Klassengrenze für das ganze Intervall und man macht im schlechtesten Fall einen Fehler von der gesamten Länge des Urlistenintervalls (vgl. Figur 2.1).
Bem.: St&Bl Darstellungen in anderen Büchern sind im Prinzip alle gleich, sie unterscheiden sich oft durch kleine Details in der Darstellung. Das Stammsymbol I und Platzhalter (*, •) werden oft weggelassen, dafür andere Punkte markiert (vgl. Beispiele 5.2 und 5.3). Auch werden die Einheiten über dem Stamm mehr oder weniger ausführlich erklärt."1 = 1" steht symbolisch für "Die letzte Blattziffer im St&Bl ist eine Einerziffer"; gleichbedeutend dazu ist 1I1 = 11. "1 = 10" steht symbolisch für "Die letzte Blattziffer im St&Bl ist eine Zehnerziffer"; gleichbedeutend dazu ist 1I1 = 110."1 = 0.1" steht symbolisch für "Die letzte Blattziffer im St&Bl ist die erste Nachkommaziffer"; gleichbedeutend dazu ist 1I1 = 1.1.

## 2.3. Kodierte St&Bl Darstellungen

Kann man die Merkmalsträger mit Namen belegen, so kann man interessante Merkmalsausprägungen in einem St&Bl durch eine Kodierung schneller erkennen. Man ordnet dabei jedem Merkmalsträger einen Code zu, der aus einfachen Buchstaben, Abkürzungen oder Symbolen besteht. (Beliebt sind allgemein Codes von Autokennzeichen.)

**Beispiel 2.2 Die Fläche Österreichs nach Bundesländer**
(Quelle: Österr. Statistisches Jahrbuch)

a) Urliste

|  | Code | Fläche in km² |
|---|---|---|
| Burgenland | B | 3 966 |
| Kärnten | K | 9 533 |
| Niederösterreich | N | 19 171 |
| Oberösterreich | O | 11 979 |
| Salzburg | S | 7 154 |
| Steiermark | $ | 16 387 |
| Tirol | T | 12 647 |
| Vorarlberg | V | 2 601 |
| Wien | W | 415 |

b) St&Bl   1 = 100km²

```
W   I 0*    I  4,
K,S,B,V I 0**   I 26, 40, 72, 95
N,$,T,O I 0***  I119,126,164,192
```

Beachte: **0*** steht für die Klasse 0-9, **0**** für 10-99, **0**** ist der Platzhalter für alle Zahlen von 100-999. Die letzte Klasse ist ein Beispiel für das manchmal scherzhaft sogenannte "Abnormale Gesetz der grossen Zahlen". Die Zahlen, besonders grosse Zahlen, neigen dazu, sich beim Einser - oder nur knapp dahinter - anzuhäufen (Tukey 1977, S.15). In diesem Fall kommen die kleinen Werte auch dadurch zustande, weil man eine konstante Fläche, wie das österreichische Bundesgebiet, in 9 Teile zerlegt. Kleine Werte haben bei einer derartigen Aufteilung mehr Möglichkeiten alle Ziffern anzunehmen, während grosse Werte weniger vorkommen und daher mehr kleinere Ziffern haben. Aus dem symmetrisch kodierten St&Bl auf der linken Seite kann man die einzelnen Werte für die Bundesländer sofort ablesen: Niederösterreich ist das grösste, Wien das kleinste, Vorarlberg ist das zweitkleinste Bundesland. Kärnten liegt im mittleren Bereich der Tabelle.

## 2.4. Rangliste, Tiefe und Häufigkeiten im St&Bl

Das St&Bl ist für die Berechnung von Rangmasszahlen und anderer Verteilungsmasszahlen eines Merkmals ein wichtiges Hilfsmittel. Dazu werden im folgenden die Begriffe Rangliste und Tiefe eingeführt.

**Def. 2.1.a) Die Rangliste** (engl.: order statistics) des Merkmals X ist die geordnete Urliste $\{x_{(1)}, ..., x_{(n)}\}$. Dagegen bezeichnen wir mit $\{x_1, ..., x_n\}$ die Urliste von n Beobachtungen eines univariaten quantitativen (metrischen oder ordinalen) Merkmals X.
**Def. 2.1.b) Die Tiefe** jeder Beobachtung einer Urliste $\{x_1,..., x_n\}$ ist das Minimum des auf- und absteigenden Ranges, der ihr durch die Rangliste zugewiesen wird:

$$\text{TIEFE}( x_{(i)} ) = \min ( i, n+1-i ) = \min ( \text{Rang}\uparrow, \text{Rang}\downarrow ).$$

Der aufsteigende Rang (Rang↑) ordnet jeder Merkmalsausprägung seine Position in der Rangliste zu $x_{(i)} \rightarrow i$, der absteigende Rang (Rang↓) die Position in der umgekehrten Rangliste $x_{(i)} \rightarrow n + 1 - i$.
Da durch ein St&Bl die Urliste eines Merkmals X numerisch geordnet wird, kann jeder Merkmalsausprägung eine Rangzahl zugeordnet werden. (Bei gleichen Merkmalsausprägungen, d.h.Wiederholungen wird das Mittel der Ränge verwendet.) Z.B. wird der Urliste {-2, 1, 7} die folgenden Ränge zugeordnet: Rang(-2) = 1, Rang(1) = 2, Rang(7) = 3; und der Urliste {0, 5, 5, 9} die Ränge: Rang(0) = 1, Rang(5) = 2.5 [ wegen (2 + 3)/2 ] und Rang(9) = 4. Beispiel 2.3 zeigt dies an einem konkreten Zahlenbeispiel.
Bem.: Mehrdimensionale Merkmale können nicht so leicht geordnet werden, da erst eine Ordnungsstruktur definiert werden muss. Meist wird jedes Merkmal getrennt geordnet, und die anderen Merkmalsausprägungen folgen dem Merkmalsträger. (Vgl. dazu den Kendall'schen Rangkorrelationskoeffizienten in Kapitel 12.)

**Beispiel 2.3 Studenten nach Schweizer Hochschulen 1991/92**

a) **Urliste** (alphabetisch)  b) **Die Rangliste** mit Rang und Tiefe

| | | Uni | Studenten in 1000 | Rang↑ | Rang↓ | TIEFE |
|---|---|---|---|---|---|---|
| Basel | 7281 | Luz | 0.2 | 1 | 11 | 1 |
| Bern | 9908 | Neu | 2.9 | 2 | 10 | 2 |
| Fribourg | 6919 | EPF | 4.0 | 3 | 9 | 3 |
| Genf | 13098 | StG | 4.4 | 4 | 8 | 4 |
| Lausanne | 7891 | Fri | 6.9 | 5 | 7 | 5 |
| Luzern (Th.) | 183 | Bas | 7.3 | 6 | 6 | 6 |
| Neuchâtel | 2922 | Lau | 7.9 | 7 | 5 | 5 |
| St. Gallen (&PHS) | 4442 | Ber | 9.9 | 8 | 4 | 4 |
| Zürich | 21240 | ETH | 11.2 | 9 | 3 | 3 |
| ETH Zürich | 11244 | Gen | 13.1 | 10 | 2 | 2 |
| EPF Lausanne | 4028 | Zür | 21.2 | 11 | 1 | 1 |

Die **Tiefenspalte** wird *links* neben dem Stamm als kumulierte Tabelle geführt. Der Tabellenkopf ist ein #-Symbol (# steht für Anzahl). Die Tiefenspalte zeigt die kumulierte Anzahl von beiden Enden an (cumulated counts, vgl. Tukey 1977, S.35), bzw. wieviele Werte vom kleinsten (oder grössten) Merkmalswert bis zu der laufenden Klasse vorhanden sind. Bei ungerader Klassenanzahl ist die mittlere Klasse ein in Klammern gesetzter Wert, der die Anzahl der Merkmalswerte der medialen Klasse anzeigt.
Wird eine **Häufigkeitsspalte** benötigt, so wird diese i.A. *rechts* vom St&Bl gebildet. Sie besitzt (#) als Tabellenkopf-Symbol, da alle Häufigkeiten in Klammern gesetzt werden. Das Beispiel 2.1 zeigt diese beiden Spalten in Tab. 2.1.b) and c).

## 2.5. Spezielle St&Bl Darstellungen

Wir unterscheiden eine Konstruktionsphase des St&Bl und die endgültige Darstellungsform. Bei der Darstellungsform wollen wir 3 Vorschläge vorstellen: Das gestutzte, das vergleichbare und das gefaltete St&Bl. Welche Darstellungsform schlussendlich in einer Anwendung verwendet wird, hängt stark vom Problem und den technischen Möglichkeiten ab.

### 2.5.1. Das gestutzte St&Bl

Diese St&Bl-Version ist nur für die Erstellung einer Kommunikationsform (to look at display) eines St&Bl's wichtig. Für manche Verteilungen empfiehlt es sich, nicht den gesamten Merkmals-Bereich durch ein St&Bl abzudecken, sondern nur einen gestutzten, mittleren Bereich (vgl.Velleman und Hoaglin 1981, S.16). Der Grund dafür ist, dass wenige weit entfernte Ausreisser eine einheitliche Klassenwahl erschweren. Dann ist es besser, diese Ausreisser in einer HI- (hi) und LO - (lo) Klasse über und unter dem St&Bl getrennt hinauszuwerfen, um den zentralen Teil mit mehr Klassen detaillierter darzustellen. Dabei ist es günstig, die Werte der HI- und LO-Klasse zu markieren, d.h. mit dem Trägernamen des Merkmals 'partiell' zu kodieren. In Beispiel 2.4 sind dies die Pässe St. Bernhard und Simplon. Die Wahl des Stutzpunktes kann dabei (manchmal automatisch) durch EDA-Methoden getroffen werden (vgl. dazu die Diskussion von Aussen- und Fernpunkten in Kap. 4.2).

**Beispiel 2.4 Gestutztes St&Bl für die Alpenpässe**

```
#       1|1 = 11km
2    1•   | 03
4    1*   | 69
     2•   |
8    2*   | 5566
(7)  3•   | 0011233
9    3*   | 67889
4    4•   | 0
3    4*   | 9

     HI   | 61 (St. Bernhard)
          | 64 (Simplon)
```

## 2.5.2. Vergleichbare (gespiegelte) St&Bl

Oft hat man zwei Verteilungen miteinander zu vergleichen, die einen gemeinsamen Stamm aufweisen. Dann kann man diese spiegelbildlich gegeneinander bilden (engl.: back to back stem-and-leaf in Chambers et al. 1983, S.61). Für einen Vergleich von mehreren Gruppen empfiehlt sich das 'parallele St&Bl'. Auch hier muss die Vergleichbarkeit der Gruppen durch eine gemeinsame Skala (d.h. einen gemeinsamen Stamm) gewährleistet sein. Bei mehreren Gruppen, bzw. vergleichbaren Verteilungen (z.B. bei wiederholten Versuchen in einem Experiment) kann man einmal einen Stamm bestimmen und durch parallele Längsstriche die weiteren Verteilungen als einfache St&Bl angeben (vgl. die Darstellung in Beispiel 2.5).

**Beispiel 2.5 Vergleichbare St&Bl: Laufentalabstimmung im Kanton BL**

Der Vergleich der beiden Abstimmungen in den Gemeinden des Kantons Basel-Land zur Frage der Kantonserweiterung um das Laufental: Ja-Stimmen 1983 (links) und 1991 (rechts).

```
              vergleichbares Stamm und Blatt (2|3 bedeutet 23%)

              1983              Abstimmung              1991
                             |  2. | 3789
                          7| 3. | 012344456899999
                          0| 4. | 00000011112333444555667 8889
              9888775520| 5. | 0011445579
    99887776665544433222221111111000| 6. | 002556789
       9998877755443332221100001| 7. | 00002334
                     7633210| 8. |
                             |  9. |
```

Man sieht, dass auch ohne Angabe der Urliste ein St&Bl bei einfachen Gesamtheiten als Rangliste die Funktion der Urliste übernehmen kann. Der Vergleich der beiden Verteilungen zeigt den zurückhaltenden Stimmungsumschwung von der Abstimmung 1983 zu 1991. War das Laufental 1983 noch bei der Mehrheit der Kantone willkommen, so war dies 1991 nicht mehr der Fall. Die stark positive Haltung resultierte 1983 in einer linksschiefen Verteilung (wenig begeisterte Gemeinden am unteren Ende der Verteilung) während die skeptische Haltung bei der zweiten Abstimmung 1991 zu einer rechtsschiefen Verteilung führt (weniger begeisterte Gemeinden am oberen Ende der Verteilung).
Bem.: Gefaltetes St&Bl: Möchte man die Blätter eines St&Bl nach den Rangmasszahlen ordnen, so kann man ein gefaltetes St&Bl (vgl. Tukey 1977, S.34) wie im nächsten Beispiel verwenden.

**Beispiel 2.6 Gefaltetes St&Bl:** Die Fläche österreichischer Bundesländer

|  | Kodierung |  | 1 = 100km² | Median und Ex | Zwischen- werte | Quartile |
|---|---|---|---|---|---|---|
|  |  | W | \|0\*   \| | 4, |  |  |
| B, | K,S,V | K | \|0\*\*  \| | 95, | 26, 72, | 40, |
| T, | $,O | N | \|0\*\*\*\| | 192, | 119,164, | 126, |

Die Blätter werden dabei nach 3 Kategorien geteilt: Extremwerte und Median, Quartile und die sonstigen dazwischenliegenden Werte. Da die Ordnungsstruktur dabei i.A. verloren geht, leidet die Übersichtlichkeit unter dieser Darstellung, und daher sollte man es nur bei langgestreckten St&Bl (oder grosser Klassenanzahl) verwenden.

## 2.6. Qualitatives St&Bl

Von einem qualitativen Stamm und Blatt sprechen wir dann, wenn die Blätter keine Ziffern sind, sondern Symbole oder Abkürzungen. Einem qualitativen St&Bl liegt ein bivariates Merkmal $(x_i, y_i)$ zugrunde, wobei das ein quantitatives Merkmal (ordinal oder metrisch) sein muss, um den Stamm zu bilden, und das zweite, das eigentliche qualitative Merkmal ist, das das Laub bildet (vgl. Tukey 1977, S. 22ff).

---
Konstrunktion eines qualitativen St&Bl's:
1) Das quantitative Trägermerkmal entscheidet über die Stamm, bzw. Klassenbildung;
2) Das qualitative Merkmal wird (platzsparend und eindeutig) kodiert;
3) Die Kodierung soll möglichst selbsterklärend sein. Daher sind Buchstaben- und Symbol-Codes meistens Nummerncodes vorzuziehen. (Auch Klein- und Grossbuchstaben sind möglich, falls sie leicht unterscheidbar sind.)
---

Beispiel 2.7 zeigt die Konstruktion eines vergleichbares St&Bl für die Lebenserwartung bei Geburt (nach Wainer 1984) für Männer (m) und Frauen (w).

**Beispiel 2.7 Lebenserwartung bei Geburt**

Aus den Daten der Tab. 2.2.a) wurde ein gemeinsamer Stamm für die Lebenserwartung der Männer und Frauen gebildet. Der Stamm ist bei der Klasse 70 abgesetzt, da die Klassenbreite verdoppelt wurde, sowie bei der LO-Klasse. Man beachte, dass Indien das einzige Land ist, in dem die Frauen eine niedrigere Lebenserwartung haben als die Männer.

Tab. 2.2 a) Lebenserwartung bei Geburt

männlich (m) und weiblich (w); Quelle: UN Demographic Yearbook (1980)

| Land | m | w | Land | m | w | Land | m | w |
|---|---|---|---|---|---|---|---|---|
| Japan | 74.2 | 79.8 | England | 70.8 | 76.9 | Island | 73.9 | 79.5 |
| BRD | 70.2 | 76.9 | Norwegen | 72.5 | 79.2 | UdSSR | 64.0 | 74.0 |
| Schweden | 72.8 | 78.8 | Korea | 62.7 | 69.1 | USA | 70.5 | 78.1 |
| Indien | 52.0 | 51.0 | Frankreich | 70.1 | 78.2 | Österreich | 70.1 | 77.3 |
| Schweiz | 70.3 | 76.2 |  |  |  |  |  |  |

b) Gespiegeltes St&Bl mit qualitativer Kodierung nach Merkmalsträger

```
           Männer              10 = 10 Jahre          Frauen
                              | 80  | JAP,ISL
                              | 79  | NOR
                              | 78  | SWE,USA,FRA
                              | 77  | AUT
                              | 76  | ENG,BRD,SUI
                              | 75  |
                       JAP    | 74  | USR
                       ISL    | 73  |
                   SWE,NOR    | 72  |
        SUI,AUT,BRD,ENG,FRA,USA | 71  |
                              | 70  |

                              | 6*  | KOR
                              | 6s  |
                       USR    | 6f  |
                       KOR    | 6t  |

                    IND (52)  | LO  | IND (51)
```

## 2.7. Optimale Anzahl von Klassen

Die optimale Klassenanzahl für ein St&Bl, bzw. Histogramm ist ein altes Problem in der deskriptiven Statistik, sie ist in der EDA jedoch von untergeordneter Bedeutung. Das liegt daran, dass (dem Zugang Tukey's folgend) die optimale Kommunikationsform immer Vorrang vor anderen Prinzipien haben sollte. Die zu kleine Klassenwahl hat ihre physischen Grenzen einfach darin, dass man nur eine bestimmte Anzahl Ziffern pro Zeile (Ast) schreiben kann (i.A. wird es ab 20 Blättern sehr gedrängt), ausserdem hängt es von der Blattbreite ab. Es gibt eher eine Tendenz zu mehreren Klassen, da man durch die Ziffer-Blatt-Darstellung mehr an den numerischen Details interessiert ist, die bei gestreckten St&Bl übersichtlicher werden.

Im Prinzip gibt es 2 Extremfälle in der traditionellen Diskussion um die Klassenwahl, die Wurzelregel und die Logarithmus-Regel (kurz: Log-Regel). Die Wurzelregel geht davon aus, dass n Beobachtungen eines Merkmals in $K = \sqrt{n}$ Klassen mit jeweils $\sqrt{n}$ Stück fallen. Dies entspricht einer Gleichverteilung der n Beobachtungen über die K Klassen. Diese Annahme ist oft unrealistisch, da an beiden Enden die Verteilungen in der Praxis stark abflachen.

Realistischer ist die Annahme einer Dreiecksverteilung, die von einer symmetrischen Verteilungsform ausgeht, d.h. die Gleichverteilung in 2 Dreiecke mit Flächeninhalt n/2 zerlegt. Daraus folgt die "Dreiecksregel" $K = 2\sqrt{n}$, da nun wegen der Flächeninhaltsformel für Dreiecke (Länge mal halbe Höhe) gilt: $K*\sqrt{n}/2 = n$. Die beiden Regeln sind grafisch in Figur 2.2 erklärt.

**Figur 2.2 Motivation für die Klassenzahlregel: Gleich- und Dreiecksverteilung**

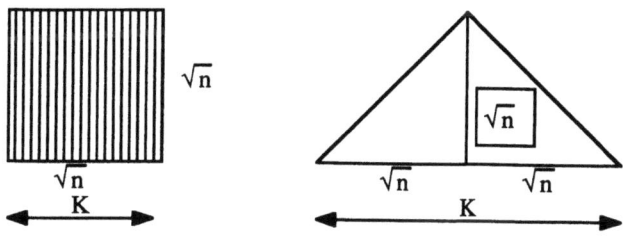

Die Log-Regel geht auf Sturges (1926) zurück, der mit Hilfe von Binomialkoeffizienten argumentierte: z.B. würden sich 16 Beobachtungen auf 5 Klassen im Pascal'schen Dreieck mit Häufigkeiten 1, 4, 6 ,4 ,1 (das sind für K = 4 die Binomialkoeffizienten $\binom{K}{i}$, i = 0, ..., 4) aufteilen. Da die Summe der Binomialkoeffizienten $2^{K-1}$ ist, ergibt sich die Gleichung $2^{K-1}$ = n, und binär logarithmiert folgt nun (K - 1)*1 = $\log_2$ n oder K = 1 + $\log_2$ n. Ein Schönheitsfehler dabei ist, wie auch aus Tab. 2.2 ersichtlich ist, dass beide Regeln zu wenige Klassen für kleine n liefern. Für grosse n dagegen erzeugt die Log-Regel zu wenige Klassen, die Wurzelregel zu viele. In einem Fall wird die Verteilung zu sehr ausgedehnt, im anderen Fall zu sehr gestaucht; beides ist mit Informationsverlust verbunden.

Tab. 2.2 Vergleich von Regeln für die Klassenanzahl
(Sturges - oder binäre Log-Regel, Dreiecksregel, 10er-Log-Regel)

| Beobachtungszahl | Klassenzahl | | |
|---|---|---|---|
| n | $1+\log_2 n$ | $2\sqrt{n}$ | $10\log_{10} n$ |
| 10  | 4.3  | 6.3  | 10.0 |
| 20  | 5.3  | 8.9  | 13.0 |
| 30  | 5.9  | 10.9 | 14.7 |
| 50  | 6.6  | 14.1 | 16.9 |
| 100 | 7.6  | 20.0 | 20.0 |
| 300 | 9.2  | 34.6 | 24.7 |
| 512 | 10.0 | 45.3 | 27.1 |

Gut wäre es, einen Wert zwischen diesen beiden Grenzen zu nehmen, oder sich einer Kompromissformel anzuschliessen wie etwa der 10er-Log-Regel: $10\log_{10}$n. (Zuletzt sei darauf hingewiesen, dass für grosse n manchmal auch die 'Kubik-Wurzelregel' $n^{1/3}$ günstig ist.) Diese heuristischen Regeln gelten in gleicher Weise auch für die Klasseneinteilung beim Histogramm.
Durch die Stamm/Ast Konvention beim St&Bl kann man oft die schwer entscheidbare Frage der Klassenanzahl umgehen, doch bei guten substanzwissenschaftlichen Begründungen sollte man sich nicht durch die 'statistische' Wahl der Klassenanzahl einschränken lassen. Bevor man den Stamm aber zu oft oder unregelmässig spaltet (d.h. die Klassenbreite ändert) empfiehlt es sich, die grössere Klassenanzahl zu wählen. Das Ziel der Aussage bestimmt die Kommunikationsform. Ganz allgemein sollte man im konkreten Fall weniger starren Regeln folgen, sondern mehr die informative Aufbereitung einer Verteilung im Auge haben.

**Beispiel 2.8 Preise für gebrauchte Chevrolets**

Die Urliste der Gebrauchwagenpreise in 1000$ lautet (vgl. Tukey 1977, S.8):
{6,7,7,3,5,7,3,11,16,4,17,17,6,7,9,4,7,5}. Gesucht wird eine gute St&Bl Darstellung.

**a) 15 Klassen**

```
1‖1 = 1
 3 ‖ 33
 4 ‖ 44            b) 8 Klassen
 5 ‖ 55
 6 ‖ 66             1 = 1           c) 5 Klassen
 7 ‖ 77777          t | 33
 8 ‖                f | 4455          1 = 1           d) 2 Klassen
 9 ‖ 9              s | 6677777       3-5 | 334455
10 ‖                • | 9             6-8 | 6677777    1 = 1
11 ‖ 1              l* | 1            9-11 | 91        0* | 33445566777779
12 ‖                t |               12-14 |          1* | 1677
13 ‖                f |               15-17 | 677
14 ‖                s | 677
15 ‖
16 ‖ 6
17 ‖ 77
```

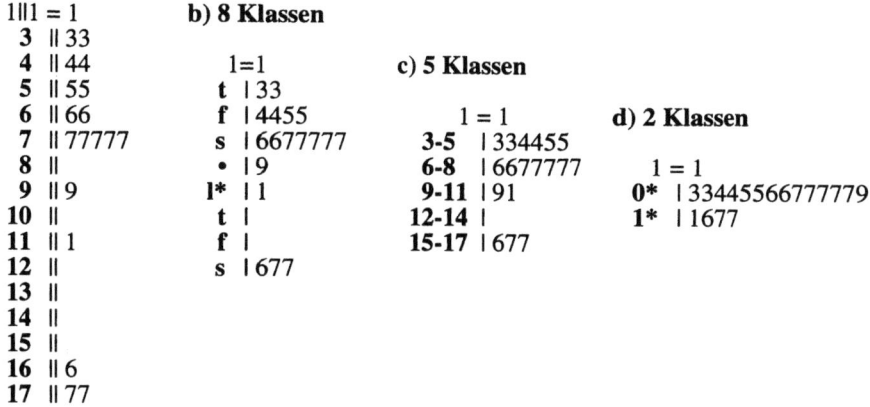

Mit 18 Beobachtungen in Beispiel 2.8 liefert die Sturges-Log-Formel 5, die Wurzelregel 8 und die 10er-Log-Regel 13 Klassen (aus Gründen der ganzen Zahlen am Stamm wurden 15 Klassen = Äste gewählt). Der Extremfall von 2 Klassen, entspräche etwa der Kubik-Wurzelregel $n^{1/3}$. Man erkennt, dass der optische Eindruck einer Verteilung im St&Bl (bezüglich Schiefe und Modalität) sehr von der Klasseneinteilung abhängt.

Bem.: Das erste St&Bl in Beispiel 2.8.a) ist ein sogenanntes kahles St&Bl, da als Blatt die Ziffern des Stamms wiederholt werden. Um dies deutlich zu machen, haben wir das Stammsymbol "|" verdoppelt. Ein kahles St&Bl bietet also nur die 'halbe' Information eines gewöhnlichen St&Bl, da Stamm und Laub zusammenfallen. (Die St&Bl's in Beispiel 2.8 bilden aber kein paralleles St&Bl, da es keinen gemeinsamen Stamm gibt, der einen Vergleich erlaubt.)

### 2.8. Einfache Histogramme

Histogramme sind eine 'vollgrafische' Darstellungstechnik für Verteilungen. Das einfache Histogramm besitzt gleiche Klassenbreiten und soll aus Vergleichsgründen zum semigrafischen St&Bl kurz vorgestellt werden. Ausgehend vom St&Bl kann man ein einfaches Histogramm erhalten, indem man die Blätter im St&Bl durch Einheitsquadrate mit Länge der Klasse ersetzt. Für die St&Bl's in Beispiel 2.8 sind die Histogramme in Figur 2.3 wiedergegeben.

**Figur 2.3 Histogramme für die Gebrauchtwagenpreise der Chevrolets**

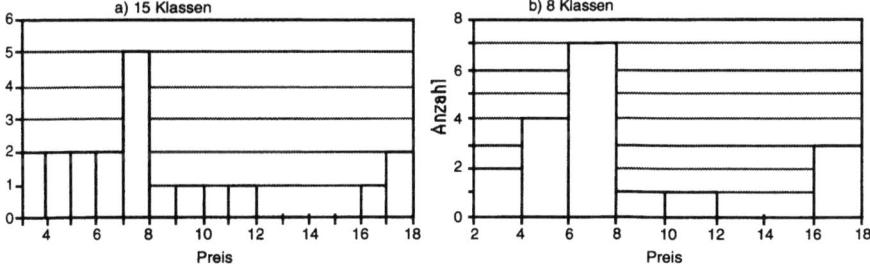

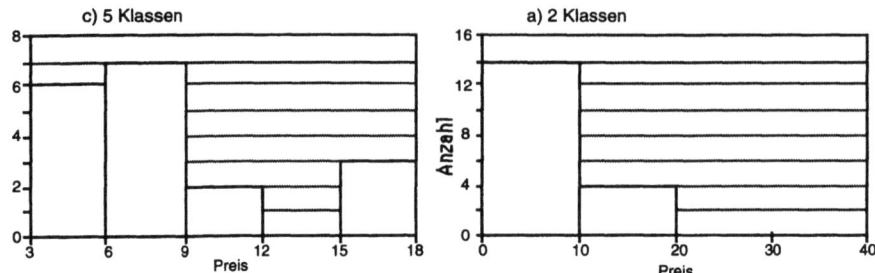

Um die Vergleichbarkeit herzustellen, benötigt man gleiche Skalen in allen Histogrammen, sowohl auf der x- wie der y-Achse. Ansonsten wird der visuelle Eindruck verzerrt. Eine ausführliche Behandlung von Histogrammen gibt es in Kapitel 15.

### 2.9. Bivariates oder paarweises St&Bl

Für 2-dimensionale quantitative Merkmale der Form $(x_i, y_i)$ kann man das Merkmal $X$ (die x-Werte) als Stamm benutzen und als "gemischtes Laub" (mixed leaf) den Laubteil von $x_i$ mit der zugehörigen Merkmalsausprägung $y_i$, $i = 1,...,n$. Diese Darstellung wird in Kapitel 7.5 für Regressogramme benutzt.

### 2.10. Das St&Bl in Programmpaketen

Im allgemeinen werden in Programmpaketen automatische St&Bl, zumeist nach der Log- oder Sturgesformel, mit einziffrigen Laub berechnet. Wenige Programme bieten eine Wahlmöglichkeit betreffend der Klassenzahl und Klassenbreite. Histogramme erlauben oft flexiblere Anwendungen der Klassenzahl. Kodierungen und Vergleiche von St&Bl's sind meistens nicht möglich. Auch kleinere Programmpakete für PC's enthalten bereits St&Bl-Darstellungen, jedoch mit unterschiedlicher Genauigkeit und Ausführlichkeit.
In den Darstellungsformen für das St&Bl sind die Programmpakete oft sehr beschränkt. In Velleman und Hoaglin (1981) sind z.B. Fortran/Basic Programme aufgelistet. Wahlmöglichkeiten betreffend gestutzter St&Bl (mit abgeschnittenen Extremwerten, vgl. auch Boxplots) bestehen selten. Wie weit es (automatischen) Computerprogrammen gelingt, den Interaktionsvorgang von Konstruktions- und Darstellungsform in einem St&Bl zu ersetzen, sei dahingestellt. In allen Fällen wird dies nicht immer leicht möglich sein, daher sind Programme, die verschiedene Optionen zur Konstruktion eines St&Bl bieten, empfehlenswert.
S-plus ist ein Beispiel für ein flexibles St&Bl. Hier lautet der *stem* -Befehl: stem(x, nl, trenn, 2digit, header, Tiefe). Die Parameter bedeuten dabei: nl: 2, 5, oder 10 Äste pro Stamm möglich; 2digit: Wahlmöglichkeit betreffend der Laubbreite; trenn: Position des Trennstrichs für St | Bl. Tiefe (logical): Tiefenspalte-Option.

### 2.11. Diskussion

St&Bl's sind nur bei kleinem Datenumfang (n = 30 bis 50) von Hand aus empfehlenswert, Computerdarstellungen erlauben mehr Beobachtungen; z.B. werden in Tukey (1977, S.73) 219 Vulkane analysiert. Mehr als 20 Werte pro Klasse/Ast werden unübersichtlich. Für viele Beobachtungen (n > 300) ist die Kästchenliste der Strichliste vorzuziehen. Der Unterschied ist aus Tab. 2.3 zu sehen: Das Kästchensystem mit 10 Punkt/Strich Symbolen ist platzsparender.

Tab. 2.3 Strich- und Kästchenliste

| Kästchen | | Strich | Kästchen | | Strich |
|---|---|---|---|---|---|
| • | 1 | I | ⌞∶ | 6 | ⾎ I |
| ∶ | 2 | II | ⌶ | 7 | ⾎ II |
| •∶ | 3 | III | ☐ | 8 | ⾎ III |
| ∶∶ | 4 | IIII | ⊠ | 9 | ⾎ IIII |
| ⁞∶ | 5 | ⾎ | ⊠ | 10 | ⾎ ⾎ |

Das St&Bl bietet folgende Vorteile gegenüber konventionellen Histogrammen oder Stabdiagrammen:

> Vorteile des St&Bl :
> - Es erlaubt Muster (auch numerischer Art) in den Beobachtungen zu erkennen (z.B. Tendenzen zu Gruppierungen oder Häufungen bestimmter Ziffern, Vorhandensein erwarteter oder unerwarteter Merkmalswert).
> - Es erlaubt die Verteilung der Merkmalswerte innerhalb einer Klasse zu sehen.
> - Es erleichtert das Erkennen der Beziehung zwischen Merkmalswert und Merkmalsträger (besonders beim kodierten St&Bl).

Diese Eigenschaften machen das St&Bl besonders bei Residuendiagnose im statistischen Modellbau zu einem wichtigen Instrument. Darüberhinaus sind aus einer grafischen Wiedergabe einer Verteilung folgende Eigenschaften abzulesen:
- Symmetrie oder Schiefe;
- Werte, um die sich Merkmalsausprägungen konzentrieren;
- Wie weit und welcher Art die Werte verstreut sind;
- Mehrgipfeligkeit (Modalität): Neben der Eigenschaft der Symmetrie ist die Ein- oder Multimodalität (Ein- oder Mehrgipfeligkeit) eine wichtige Verteilungseigenschaft. Lage- und Streuungsparameter verlieren ihre einfache Interpretation im Falle von mehrgipfeligen Verteilungen, da sich die Unsicherheit nicht mehr um ein Zentrum konzentriert, sondern auf mehrere.

Durch geeignete Klassenwahl, wie z.B. durch St&Bl Konventionen kann die Modalität etwas beeinflusst werden. (Ein Kritikpunkt der klassischen Statistik, die in diesem Fall Kernschätzer bevorzugt.) Mehrgipfelige Verteilungen sind schwer zu beschreiben, Konventionen dafür gibt es nicht. Man kann mehrgipfelige Verteilungen als geeignete Mischung von eingipfeligen Verteilungen ansehen, doch auch diese Zerlegungen sind explorativ wie induktiv nur schwer in den Griff zu bekommen, bzw. befinden sich derzeit im Entwicklungsstadium.

## 2.12. Programmpakete

Im allgemeinen werden in Programmpaketen automatische St&Bl's, zumeist nach der Log-Regel mit einziffrigen Laub berechnet. Wenige Programme bieten eine Wahlmöglichkeit betreffend Klassenanzahl und Klassenbreite. Histogramme erlauben oft flexiblere Anwendungen. Kodierungen und Vergleiche von St&Bl's sind meistens nicht möglich. Auch kleinere Programmpakete für PC's enthalten bereits St&Bl Darstellungen, jedoch von unterschiedlicher Qualität und Flexibilität.
Bei Computerprogrammen sollte man sich bei semigrafischen Methoden vergewissern, dass die Schriftart, die zur Zahlenausgabe verwendet wird, keine Proportionalschrift ist, sondern jedem Buchstaben und jeder Zahl denselben Platzbedarf zuweist. Dies ist in Beispiel 2.9 des BIP pro Kopf in den OECD Staaten dargestellt.

**Beispiel 2.9** St&Bl: Vergleich des BIP(WK) und BIP(KKP) der OECD 1990

```
                    Tur |  1. |
                        |  2. |
                        |  3. | Tur
                    Jug |  4. |
                        |  5. |
                Por Gri |  6. |
                        |  7. | Gri
                        |  8. | Por
                        |  9. |
                        | 10. | Irl
                        | 11. | Spa
            Irl Spa Nzl | 12. |
                        | 13. | Nzl
                        | 14. |
                        | 15. |  UK Ned Isl Nor
                        | 16. | Aus Ita Bel Fin Aus Dan Swe
                 UK Aus | 17. | Fra Jap
                Ned Ita | 18. | Ger
                    Bel | 19. | Can Lux
                    Aut | 20. |
            Fra Can USA | 21. | Sui USA
                Isl Lux | 22. |
                Ger Jap | 23. |
                        | 24. |
                Nor Dan | 25. |
                    Swe | 26. |
                    Fin | 27. |
                        | 28. |
                        | 29. |
                        | 30. |
                        | 31. |
                        | 32. |
                    Sui | 33. |
```

## 2.13. Aufgaben

1) Man erstelle ein St&Bl für die Einwohner nach Kantonen in Tab. 2.4:
   a) Bevölkerung; b) Zuwachsraten.

Tab. 2.4 Schweizer Bevölkerung nach 26 Kantonen
(im Jahre 1980 und Zunahme in % seit 1970, Quelle Statistisches Jahrbuch der Schweiz)

|  | Code | Bev. | % |  | Code | Bev. | % |
|---|---|---|---|---|---|---|---|
| Zürich | (ZH) | 1122839 | 1.4 | Bern | (BE) | 912022 | -0.4 |
| Luzern | (LU) | 296159 | 2.3 | Uri | (UR) | 33883 | 0.6 |
| Schwyz | (SZ) | 97354 | 5.7 | Obwalden | (OW) | 25865 | 5.5 |
| Nidwalden | (NW) | 28617 | 11.6 | Glarus | (GL) | 36718 | -3.8 |
| Zug | (ZG) | 75930 | 11.7 | Fribourg | (FR) | 185246 | 2.7 |
| Solothurn | (SO) | 218102 | -2.7 | Basel-Stadt | (BS) | 203915 | -13.2 |
| Basel-Land | (BL) | 219822 | 7.3 | Schaffhausen | (SH) | 69413 | -4.7 |
| Appenzell A.R. | (AR) | 47611 | -2.9 | Appenzell I.R. | (AI) | 12844 | -2.1 |
| St. Gallen | (SG) | 391995 | 2.0 | Graubünden | (GR) | 164641 | 1.6 |
| Aargau | (AG) | 453442 | 4.7 | Thurgau | (TG) | 183795 | 0.5 |
| Ticino | (TI) | 265899 | 8.3 | Vaud | (VD) | 528747 | 3.3 |
| Valais | (VS) | 218707 | 6.0 | Neuchâtel | (NE) | 158368 | -6.4 |
| Geneve | (GE) | 349040 | 5.3 | Jura | (JU) | 64986 | 3.4 |

2) Man erstelle ein 1-ziffriges und ein 2-ziffriges St&Bl für Beispiel 2.3.
3) Gibt es eine bessere St&Bl Darstellung für das Beispiel 2.2?
4) Man ermittle ein St&Bl für die Wachstumsraten folgender Schweizer makro-ökonomischer Zeitreihen in Tab. 2.5.

Tab. 2.5 Schweizer Makrodaten

a) Alter Datensatz

| | Zunahme des realen BSP pro Einwohner | Zunahme Beschäftigungsindex in % pro Jahr | Inflationsrate in % pro Jahr, aus Landesindex der Konsumentenpreise | Zunahme der Nominallöhne in % pro Jahr | Zunahme der Reallöhne in % pro Jahr |
|---|---|---|---|---|---|
| 1946 | - | 12.2 | -0.6 | 10.5 | 11.1 |
| 1947 | - | 8.1 | 4.8 | 8.3 | 3.5 |
| 1948 | - | 1.5 | 2.9 | 5.5 | 2.6 |
| 1949 | -5.2 | -5.9 | -0.8 | 1.0 | 1.8 |
| 1950 | 6.1 | -1.8 | -1.7 | 1.0 | 2.7 |
| 1951 | 6.7 | 9.8 | 4.8 | 4.6 | -0.2 |
| 1952 | -0.5 | 1.7 | 2.5 | 2.9 | 0.4 |
| 1953 | 2.6 | 0.1 | -0.7 | 1.4 | 2.1 |
| 1954 | 4.7 | 2.0 | 0.8 | 1.4 | 1.6 |
| 1955 | 5.4 | 4.2 | 0.9 | 2.8 | 1.8 |
| 1956 | 5.3 | 4.5 | 1.5 | 4.0 | 2.5 |
| 1957 | 2.1 | 5.1 | 2.0 | 4.7 | 2.8 |
| 1958 | -3.4 | -2.3 | 1.8 | 3.3 | 1.4 |
| 1959 | 5.2 | -1.2 | -0.7 | 3.2 | 3.8 |
| 1960 | 4.9 | 6.6 | 1.5 | 4.6 | 3.2 |
| 1961 | 5.0 | 6.8 | 1.9 | 6.3 | 4.4 |
| 1962 | 1.9 | 4.6 | 4.3 | 7.3 | 3.0 |
| 1963 | 2.5 | 2.2 | 3.4 | 7.1 | 3.7 |
| 1964 | 3.5 | 1.8 | 3.1 | 7.8 | 4.7 |
| 1965 | 2.4 | -0.8 | 3.4 | 7.3 | 3.9 |
| 1966 | 1.9 | -0.6 | 4.8 | 7.3 | 2.5 |
| 1967 | 2.0 | -0.1 | 4.0 | 6.6 | 2.5 |
| 1968 | 3.0 | 0.3 | 2.4 | 4.8 | 2.4 |
| 1969 | 4.4 | 1.3 | 2.5 | 6.1 | 3.6 |
| 1970 | 5.8 | 0.9 | 3.6 | 9.4 | 5.8 |
| 1971 | 2.7 | 0.9 | 6.6 | 12.6 | 6.0 |
| 1972 | 2.3 | 0.3 | 6.7 | 11.0 | 4.3 |
| 1973 | 2.6 | 0.0 | 8.8 | 12.0 | 3.2 |
| 1974 | 1.4 | -0.8 | 9.8 | 12.2 | 2.4 |
| 1975 | -6.9 | -5.6 | 6.7 | 7.5 | 0.8 |
| 1976 | -0.2 | -4.0 | 1.7 | 2.1 | 0.4 |
| 1977 | 4.0 | 0.1 | 1.3 | 2.4 | 1.1 |
| 1978 | 0.1 | 0.8 | 1.0 | 3.2 | 2.2 |
| 1979 | 2.5 | 0.6 | 3.7 | 3.3 | -0.4 |
| 1980 | 3.6 | 2.0 | 4.0 | 5.4 | 1.4 |
| 1981 | 1.8 | 1.0 | 6.5 | 6.2 | -0.3 |
| 1982 | -1.7 | -1.3 | 5.7 | 7.0 | 1.4 |
| 1983 | 0.9 | -1.3 | 2.9 | 3.7 | 0.8 |
| 1984 | 3.6 | -0.4 | 2.9 | 2.8 | -0.1 |
| 1985 | 3.5 | 0.8 | 3.5 | 3.1 | -0.4 |

b) Neuer Datensatz

| | Zunahme des realen BSP pro Einwohner Preise von 1980 | Beschäftigungs-index nach a) nicht mehr erhältlich | Inflationsrate in % pro Jahr, aus Landesindex der Konsumentenpreise Basis 1980=100 | Nominaler Lohnindex Basis 1939=100 | Realer Lohnindex Basis 1939=100 |
|---|---|---|---|---|---|
| 1985 | 3.0 | | 3.4 | 1323 | 259 |
| 1986 | 0.6 | | 0.8 | 1370 | 267 |
| 1987 | 0.8 | | 1.4 | 1403 | 268 |
| 1988 | 2.8 | | 1.9 | 1452 | 273 |
| 1989 | 1.8 | | 3.2 | 1507 | 274 |
| 1990 | 1.4 | | 5.4 | 1595 | 272 |
| 1991 | -1.2 | | 5.9 | 1706 | 277 |
| 1992 (prov.) | -1.4 | | 4.0 | 1788 | 280 |

5) Bei der Ermittlung des Intelligenzquotienten (IQ) von 100 Kindern ergab sich folgende Urliste:

Tab. 2.6 Intelligenzquotienten

| 75  | 112 | 100 | 116 | 99  | 111 | 85  | 82  | 108 | 85  |
|-----|-----|-----|-----|-----|-----|-----|-----|-----|-----|
| 94  | 91  | 118 | 103 | 102 | 133 | 98  | 106 | 92  | 102 |
| 115 | 109 | 100 | 57  | 108 | 77  | 94  | 121 | 100 | 107 |
| 90  | 93  | 85  | 107 | 80  | 106 | 120 | 91  | 101 | 103 |
| 109 | 100 | 127 | 107 | 112 | 98  | 83  | 98  | 89  | 106 |
| 79  | 117 | 85  | 94  | 119 | 93  | 100 | 90  | 102 | 87  |
| 95  | 109 | 142 | 94  | 93  | 72  | 98  | 105 | 122 | 104 |
| 104 | 79  | 102 | 104 | 107 | 97  | 100 | 109 | 103 | 107 |
| 106 | 96  | 83  | 107 | 102 | 110 | 102 | 76  | 98  | 88  |

Man stelle die Daten in einem Stamm&Blatt-Diagramm (St&Bl) dar und diskutiere das Ergebnis. Wieviele Kinder (absolut und in %) haben einen IQ > 110 resp. < 75?

6) Durch eine St&Bl-Darstellung gewinnt man einen Überblick über die gesamten Zahlenwerte einer Verteilung. Dabei lassen sich auch Rückschlüsse auf die Messmethoden ziehen. Was fällt daher bei den folgenden beiden St&Bl auf (vgl. Velleman und Hoaglin 1981, S.11, 14)?

a) **Pulsschlag** bei 59 Peruanischen Indianer;

Einheit   1|2 ist 12.

```
5* |2
5. |6
6* |00000 04444 444
6. |8888
7* |22222 2224
7. |6666
8* |004
8. |888
9* |2
```

b) **Mittlere Januartemperaturen** in °C für 60 US-Städte

Einheit: 1|2 ist 1.2

```
lo |-111
-6 |6
-5 |00
-4 |44444
-3 |383
-2 |7727722
-1 |611116166
+0 |5500
 1 |616
 2 |7
 3 |38
 4 |444
 5 |55
 6 |
 7 |2272
 8 |8
 9 |4
hi |127,116,194,122,127
```

7) Die nachfolgende Tabelle zeigt die prozentuale Steuerbelastung (Staats- und Gemeindesteuern) der Arbeitseinkommen unselbständig Erwerbender für das Jahr 1983. Basis ist ein Jahreseinkommen von SFr. 50'000.- und als Steuerdomizil ist der Kantonshauptort festgelegt (Quelle: Statistisches Jahrbuch der Schweiz 1984).
  a) Erstellen Sie ein St&Bl für den prozentualen Steuersatz (mit Tiefe und Häufigkeit).
  b) Man kodiere das St&Bl.

Tab. 2.7 Steuerbelastung (SFr. 50'000.--)

| | | | | | |
|---|---|---|---|---|---|
| Zürich | 9.15 | Solothurn | 12.53 | Bern | 11.62 |
| Basel-Stadt | 12.78 | Luzern | 11.95 | Basel-Land | 12.25 |
| Uri | 10.33 | Schaffhausen | 9.64 | Schwyz | 9.54 |
| Appenzell a.Rh. | 9.58 | Obwalden | 10.67 | Appenzell i.Rh. | 10.40 |
| Nidwalden | 8.64 | St. Gallen | 9.55 | Glarus | 10.67 |
| Graubünden | 9.00 | Zug | 7.23 | Aargau | 11.87 |
| Fribourg | 13.93 | Thurgau | 11.20 | Tessin | 11.96 |
| Waadt | 13.98 | Wallis | 13.11 | Neuenburg | 13.63 |
| Genf | 13.49 | Jura | 14.67 | | |

# 3. RANGMASSZAHLEN

3.1. **Extremwerte**
3.2. **Der Median**
3.3. **Quartile**
3.4. **Gefaltete Urlisten (kodierte Faltungen)**
3.5. **Das Pentagramm oder 5-Zahlenmass**
3.6. **Fraktile und Quantile**
3.7. **N-Zahlen-Masse oder Quantigramme**
3.8. **Quantilsmittel**
3.9. **Quantilsdistanzen**

*Mephistopheles: "Der Drudenfuss auf Eurer Schwelle - "*
*Faust: "Das Pentagramma macht dir Pein?"*
*(J.W. Goethe, Faust I)*

Das folgende Kapitel beschreibt die Lage einer Verteilung mit Hilfe von Rangmasszahlen, die über die Teilung der Rangliste definiert werden. Ein Charakteristikum von Rangmasszahlen ist, dass sie nicht den beobachteten Wert einer Merkmalsausprägung berücksichtigen, sondern nur deren relative Position zueinander, unabhängig von deren Abstand. Das mag nach einem etwas groben Verfahren klingen, es ist aber relativ einfach verständlich und zeichnet sich durch grosse Robustheit (Resistenz) aus. Auch die grafische Umsetzung von Rangmasszahlen ist einfach und unkompliziert. Eine theoretische Abrundung erfolgt dann später im Kapitel 10 über Lagemasse einer Verteilung. Wir beginnen mit den 3 einfachsten Typen von Rangmasszahlen, den Extremwerten, Median und Quartilen.

## 3.1. Extremwerte

Jede Urliste $\{x_1, ..., x_n\}$ eines metrischen und ordinalen Merkmals X besitzt ein grösstes und ein kleinstes Element. Diese 'Extremwerte' des Merkmals bilden die einfachsten Rangmasszahlen einer Verteilung. Rangmasszahlen basieren alle auf dem Konzept der geordneten Urliste, die wir Rangliste (order statistics) nennen: $x_{(1)} \leq ... \leq x_{(n)}$. Mit Hilfe der Tiefe, die wir bereits in Abschnitt 2.4. kennengelernt haben, sind die Extremwerte leicht zu definieren.

**Def. 3.1.a)** Die **Extremwerte** (abgekürzt EX) werden mit $x_{min} = Min(X)$ und $x_{max} = Max(X)$ bezeichnet und sind direkt aus der Rangliste ablesbar:

$$x_{min} = x_{(1)}, \quad x_{max} = x_{(n)}.$$

**Def. 3.1.b)** Die **Tiefe der Extremwerte** ist 1, d.h. TIEFE (EX) = 1.

Die Extremwerte können als einfachste Verteilungsmasszahlen angesehen werden, denn sie stecken den Bereich ab, in den alle Merkmalswerte gefallen sind.

## 3.2. Der Median

Der 'mittlere Wert' einer Verteilung ist (bei unimodalen Verteilungen) der wichtigste Lageparameter. Ein Lageparameter misst das Zentrum einer Verteilung. Geht man von der Idealform einer Verteilung aus (Glockenform), dann soll das Zentrum einer Verteilung derjenige Wert sein, um den sich die meisten Werte der Verteilung konzentrieren. Er soll typisch oder repräsentativ für eine Verteilung sein, d.h. die Lage der Verteilung charakterisieren. Bei Verteilungen, die der Glockenform entsprechen, gibt es für die Beschreibung des Zentrums einer Verteilung wenig Probleme. Diese entstehen erst dann, wenn die zu beschreibende Verteilung stark von der Glockenform abweicht.

Der Vergleich mit der Stadt ist dabei bis zu einem gewissen Grad hilfreich. Wie soll man ein Stadtzentrum definieren? Ein Zentrum einer Stadt ist wichtig, das wird jeder bestätigen, der die Distanzangaben auf Strassenwegweisern gesehen hat: 'Zürich 88 km'. Bis wohin wird da gemessen? Bei Städten gibt es oft ein 'historisches Zentrum' und daher ist man weniger von der Verteilung eines Merkmals in einer Stadt (z.B. Einwohner) abhängig. Aber nehmen wir an, es soll von einer neuen Agglomeration 'das Zentrum' bestimmt werden. (Nicht nur Los Angeles hat derartige 'Probleme'.) Wie soll dann das Zentrum definiert werden? Die historische Vorstellung geht davon aus, dass um das Zentrum einer Stadt möglichst viele Einwohner wohnen. Dann ist eine km-Angabe insofern typisch, weil dann - bei glockenförmiger Ausdehnung der Stadt - ein 'durchschnittlicher' Bewohner der Stadt (wenn er aus einer Einwohnerkartei zufällig gezogen wird) - einen Wohnort nahe dem Zentrum haben wird. Ein Zentrum der Stadt ist auch wichtig, wenn dafür geografische Länge und Breite oder die Temperatur angegeben werden soll. Was auch immer, das 'Zentrum einer Verteilung' soll repräsentativ für eine Fragestellung sein. Damit sieht man schon eine wichtige Eigenschaft von Lagemasszahlen oder Lageparametern. Sie sind immer kontextabhängig. Man wird eine einzige Zahl, die alle Facetten eines Problems abdeckt, nie finden. Eine Rechtfertigung für die Verwendung eines bestimmten Masses muss es also immer geben.

Das Stadtbeispiel zeigt auch schön, dass das Zentrum einer zweidimensionalen Verteilung zu finden noch schwieriger ist. Das Problem der geeigneten Beschreibung eines multivariaten Merkmals ist schwierig und daher werden wir uns in den ersten Kapitel dieses Buches nur auf die Beschreibung eindimensionaler Verteilungen beschränken.

**Figur 3.1 Grundlegende Verteilungstypen**

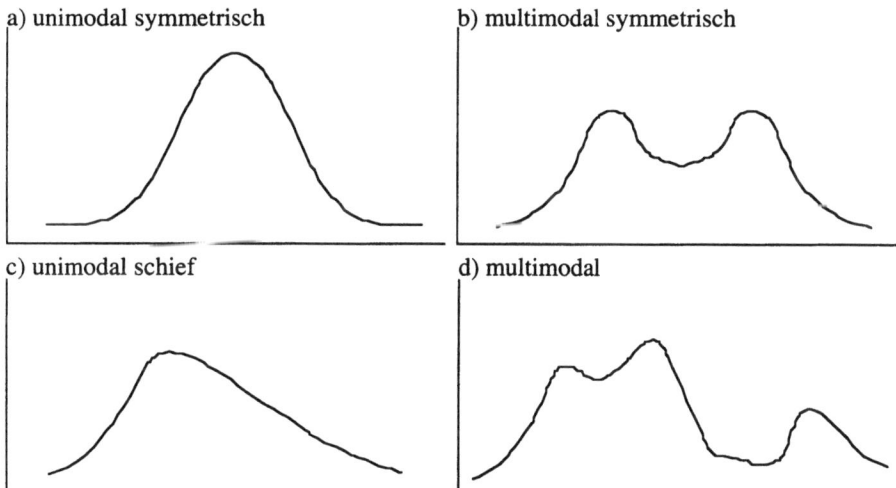

Wenn man das Zentrum einer Verteilung beschreiben will, dann soll die Form der Verteilung in etwa bekannt sein. Ein St&Bl erfüllt diese Aufgabe recht gut. Denn das Zentrum einer Verteilung ist dann schwierig zu beschreiben, wenn die Verteilung schief ist oder wenn sie in mehrere unzusammenhängende Teile zerfällt. Gibt es ein dominierendes Zentrum und darum herum symmetrisch angeordnete kleine Satelliten, dann ist das Problem wieder entschärft. Probleme der Beschreibung gibt es nur dann, wenn das Zentrum nicht dominiert, sondern mehrere Satelliten sich etwa gleich stark konkurrenzieren. Das Zentrum in diesen sogenannten multimodalen (mehrgipfeligen) Verteilungen ist mit einem Lageparameter nur schlecht zu beschreiben. Im Extremfall kann es passieren, dass der Lageparameter, der das Zentrum beschreiben soll, bei zwei gleich grossen Teilverteilungen genau in die Mitte fällt, wo es keine Beobachtung gibt (vgl. Figur 3.1.d). Dann beschreibt das Zentrum einer Verteilung genau das Gegenteil von seiner Absicht. Schiefe Verteilungen kämpfen ebenfalls mit diesem Mess-Problem eines Zentrums. Die

Umgebung eines Mittelwertes (einfachen Durchschnitts) bei einer schiefen (eingipfeligen) Verteilung umfasst weniger Fälle als die des Medians oder Modalwertes. Eine weitere Eigenschaft für die Verwendung einer 'guten Masszahl' einer Verteilung ist ihre Abhängigkeit von schlechten oder wenig verlässlichen Messungen, die etwa durch Übertragungsfehler entstehen. Diese Eigenschaft nennt man in der Statistik Robustheit oder Resistenz. Robustheit bezieht sich dabei mehr auf die theoretischen Wahrscheinlichkeitsverteilungen, während Resistenz der Begriff der deskriptiven Statistik oder EDA ist.

Der weit verbreitete Durchschnitt hat den Nachteil der geringen Resistenz. D.h. ein Fehler in den Beobachtungen allein genügt, um den Wert des Durchschnitts (arithmetisches Mittel) zu verfälschen. Dagegen ist der Median, der als mittleres Element der geordneten Urliste definiert wird, gegen extreme Beobachtungen resistent.

**Def. 3.2.a) Der Median** (Zentralwert, medialer Wert) eines Merkmals (einer Gesamtheit) ist diejenige Lagemasszahl, die eine geordnete Urliste in 2 gleich grosse Hälften teilt: Je 50% der Beobachtungen (der Median selbst nicht eingeschlossen) liegen jeweils oberhalb und unterhalb des Medians. Der Median ist der mittlere (zentrale) Wert einer Rangliste:

$$\text{Med}(X) = \begin{cases} x_{\left(\frac{n+1}{2}\right)} & \text{für n ungerade} \\ \dfrac{\left[x\left(\frac{n}{2}\right) + x\left(\frac{n}{2}+1\right)\right]}{2} & \text{für n gerade} \end{cases}$$

Für gerade n besitzt jeder Wert zwischen $x\left(\frac{n}{2}\right)$ und $x\left(\frac{n}{2}+1\right)$ die Medianeigenschaft, eine Rangliste in zwei gleich grosse Hälften zu teilen. Wir nennen daher diese Menge von Werten 'mediale Klasse' und bezeichnen mit $x\left(\frac{n}{2}\right)$ und $x\left(\frac{n}{2}+1\right)$ die Endpunkte der medialen Klasse.

**Def. 3.2.b) Die Tiefe** des Medians T(Med) beträgt $\frac{n+1}{2}$:

$$T(\text{Med}) = \text{TIEFE}[\text{Med}(X)] = \frac{n+1}{2}.$$

Die Definition der Mediantiefe geht von folgender Überlegung aus: Die Rangliste vergibt n Ordnungszahlen, deren Abstand vom ersten zum letzten (n-ten) Wert n - 1 beträgt. Halbiert man diese Distanz und zählt sie zur ersten Rangzahl, dann erhält man die Tiefe des Medians:

$$\text{TIEFE}(\text{Med}) = 1 + \text{halbe Rangzahlendistanz} = 1 + \frac{n-1}{2} = \frac{n+1}{2}.$$

Diese Tiefenformel gilt für alle Beobachtungsgrössen n ($\in \mathbb{N}$), d.h. für ungerade n ist der Median eindeutig, für gerade n existiert eine mediale Klasse vom Wert $x\left(\frac{n}{2}\right)$ bis $x\left(\frac{n}{2}+1\right)$. Jeder Wert der medialen Klasse erfüllt die Definition des Medians. Aus Symmetriegründen wählt man den Mittelpunkt (willkürlich) als Lagemass des Medians, vgl. Figur 3.2.

**Figur 3.2 Der Median für gerade n**

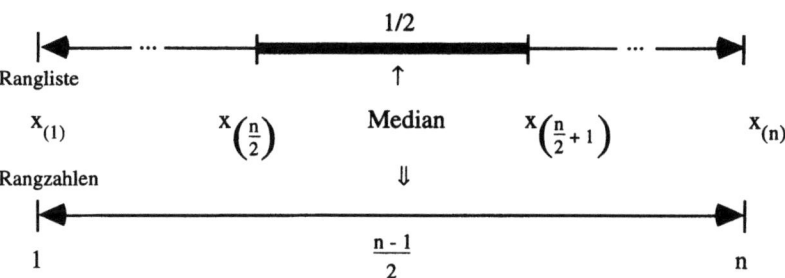

Man beachte, dass die TIEFE des Medians T(Med) auch als Mittelwert der Rangzahlen i = 1, ..., n interpretiert werden kann. Wir wollen nun eine weitere wichtige Eigenschaft des Medians diskutieren und definieren dazu:

**Def. 3.3** Wir nennen eine Masszahl einer Verteilung **Masszahlenselektor**, wenn der Wert der Masszahl eine tatsächliche Beobachtung der Urliste ist.

Für ungerade n ist der Median ein Masszahlenselektor, d.h. der Median (als mittleres Lagemass) nimmt den Wert einer tatsächlich beobachteten Merkmalsausprägung an. Diese Eigenschaft haben i.A. nur wenige statistische Masse (das arithmetische Mittel fast nie). Für die gerade Beobachtungsanzahlen n ist der Median nur dann ein Masszahlenselektor, wenn die Endpunkte der medialen Klasse gleiche Merkmalsausprägungen besitzen, d.h. wenn gilt

$$x\left(\frac{n}{2}\right) = x\left(\frac{n}{2}+1\right).$$

Die Eigenschaft eines Masszahlenselektors erleichtert oft die Interpretation von Masszahlen (eine durchschnittliche Familiengrösse von 2.438576 Personen ist daher nicht möglich), sie garantiert aber nicht die Eindeutigkeit. Eine eindeutige Interpretation des Medians ist dann nicht möglich, wenn mehrere Merkmalsausprägungen der Verteilung denselben numerischen Wert aufweisen, der als Median auftritt.

### 3.3. Quartile ("Viertel" oder "Angelpunkt")

Weitere wichtige Rangmasszahlen zur Charakterisierung einer Verteilung sind die Quartile, bzw. Viertel oder Angelpunkte (quartiles, forth, hinges). Quartile sind seit jeher in der deskriptiven Statistik beliebt gewesen, daher scheint es sinnvoll bei der Bezeichnung zu bleiben. Die Quartile teilen zusammen mit dem Median eine Verteilung in 4 Viertel. Das obere Quartil wird mit $Q^4$ bezeichnet, das untere mit $Q_4$, beide zusammen werden mit Q4 angesprochen.

**Def. 3.4.a) Die Quartile** sind diejenigen Lagemasszahlen einer Verteilung, bei der 1/4 der Werte unterhalb (bzw. oberhalb) des unteren (oberen) Quartils liegen, und 3/4 oberhalb (bzw. unterhalb).

**Def. 3.4.b) Die Tiefe der Quartile** TIEFE(Q4), bzw. T(Q4) wird iterativ aus der Tiefe des Medians definiert:

$$\text{TIEFE}(Q4) = 1 + \frac{[\text{TIEFE}(X_{Med})]}{2}.$$

Dabei bedeutet [z] den ganzzahligen Teil einer Zahl z, d.h. die Nachkommastellen werden vernachlässigt. In der Informatik wird diese Funktion auch Integerfunktion genannt. Quartile können daher als der Median der oberen und unteren Hälfte einer Verteilung angesehen werden. Die iterative Tiefenbestimmung garantiert, dass diese Teilung der Verteilung von Hälften in Viertel nach demselben Schema vorgenommen werden, wie zuerst beim Median. Drei Quartile teilen die Verteilung in 4 'Quartilsklassen'. Das mittlere Quartile fällt mit dem Median zusammen, in der EDA interessiert man sich hauptsächlich für das untere und obere Quartil, denn zwischen diesen beiden Masszahlen (d.h. Lagemasszahlen einer Verteilung) liegen die inneren 50% einer Verteilung.
Ergibt die Berechnung der Mediantiefe $T(Q_4)$ eine ungerade Zahl, dann sind die Quartile eindeutig bestimmbar. Bei gerader Mediantiefe treten (wie zuvor beim Median) 'halbe Quartilstiefen' auf, d.h. es gibt eine quartile Klasse zwischen zwei Merkmalswerten. Jeder Wert in dieser quartilen Klasse erfüllt die Eigenschaft des Quartils, nämlich den oberen (oder unteren) Teil einer Verteilung in zwei gleich grosse Hälften zu teilen. Aus dieser quartilen Klasse wird in der EDA durch das iterative Tiefekonzept der Mittelpunkt der quartilen Klasse als Quartilswert definiert. Andere Möglichkeiten der Quartilsdefinition werden in Kapitel 10 besprochen.
Noch eine Bemerkung zur Berechnung der Quartile: Die Rangliste des Merkmal $X$ mit n Merkmalsausprägungen wird durch den Median in zwei Teile geteilt. Die obere Hälfte der Rangliste bezeichnen wir mit $X_{ob.d.Med} = \{x_{(h)}, .., x_{(n)}\}$, die untere Hälfte mit $X_{unt.d.Med} = \{x_{(1)}, ..., x_{(h)}\}$. Der Index h bei ungeraden n ist h = (n+1)/2, und beträgt h = n/2 bei geraden n. Ist der Median ein Masszahlenselektor, dann gehört er zu den beiden Hälften des geteilten Merkmals, ist er es nicht, dann gehört er zu keiner der beiden Hälften. Mit dem Konzept der geteilten Ranglisten können wir die Berechnnung der Quartile auf die der Mediane zurückführen:

$$Q_4 = \text{Med}(X_{unt.d.Med}), \quad \text{und} \quad Q^4 = \text{Med}(X_{ob.d.Med}).$$

Damit kann zur Berechnung der Quartile die Medianformel herangezogen werden.

Bem.: Tukey's h-Notation oder der "h-Kalkül".
Treten bei der Median- und Tiefenberechnung halbe Werte auf, so schlägt Tukey (1977, S. 5) vor, anstatt 0.5 ein h (für "halbe") an die Zahl anzuhängen. Das ist etwas kürzer, verstellt nicht die Sicht auf das Wesentliche (zuviele Kommas und Dezimalpunkte verwirren) und informiert zugleich über die Herkunft des 0.5-Wertes. Bei der Berechnung eines ganzzahligen Wertes ergibt sich der weitere Vorteil, dass wegen [h] = 0 das $h$ einfach weggelassen, bzw. ignoriert werden kann. Z.B. für n = 24 ergibt sich für die Tiefen von Median und Quartile:

$$\text{TIEFE}(\text{Med}) = \frac{1+24}{2} = 12.5 = 12h; \quad \text{und} \quad \text{TIEFE}(Q_4) = \frac{1+[12h]}{2} = \frac{1+12}{2} = 6.5 = 6h.$$

### 3.4. Gefaltete Urlisten (kodierte Faltungen)

Mit Hilfe der Mediane und Quartile können Verteilungen in Form von geordneten Urlisten (Ranglisten) übersichtlich dargestellt werden, indem man an den Quartilen und am Median die Urliste faltet (abknickt). Gefaltete Urlisten sind entweder als einfache Zahlentabellen (in senkrechter oder waagerechter Form), oder auch (Spiegel-)kodiert möglich (vgl. Tukey 1977, S. 33ff "folded form"). Die gefaltete Urliste ist eine weitere semigraphische Methode: Durch die geschickte Anordnung der Zahlen selbst wird Information bezüglich der Verteilung implizit mitgeteilt. Das nächste Beispiel 3.2 vergleicht die BIP pro Kopf in OECD Ländern nach Wechselkursen und Kaufkraftparitäten in einer weiteren gefalteten Liste.

**Beispiel 3.2 Gefaltete Listen OECD Länder 1990: Vergleich des BIP in Wechselkursen (WK) und Kaufkraftparitäten (KKP), pro Einwohner in US $**

|    | Land         | BIP(WK) | BIP(KKP) | Name         |
|----|--------------|---------|----------|--------------|
| 1  | Schweiz      | 33085   | 21449    | USA          |
| 2  | Finnland     | 27527   | 20997    | Schweiz      |
| 3  | Schweden     | 26652   | 19340    | Luxemburg    |
| 4  | Dänemark     | 25478   | 19120    | Kanada       |
| 5  | Norwegen     | 24953   | 18291    | Deutschland  |
| 6  | Japan        | 23822   | 17634    | Japan        |
| 7  | Deutschland  | 23536   | 17431    | Frankreich   |
| 8  | Luxemburg    | 22895   | 16867    | Schweden     |
| 9  | Island       | 22875   | 16765    | Dänemark     |
| 10 | USA          | 21449   | 16620    | Österreich   |
| 11 | Kanada       | 21418   | 16453    | Finnland     |
| 12 | Frankreich   | 21105   | 16405    | Belgien      |
| 13 | Österreich   | 20301   | 16021    | Italien      |
| 14 | Belgien      | 19303   | 15951    | Australien   |
| 15 | Italien      | 18921   | 15921    | Norwegen     |
| 16 | Niederlande  | 18676   | 15851    | Island       |
| 17 | Australien   | 17282   | 15766    | Niederlande  |
| 18 | UK           | 16985   | 15720    | UK           |
| 19 | Neuseeland   | 12656   | 13258    | Neuseeland   |
| 20 | Spanien      | 12609   | 11792    | Spanien      |
| 21 | Irland       | 12131   | 10659    | Irland       |
| 22 | Griechenland | 6505    | 8389     | Portugal     |
| 22 | Portugal     | 6085    | 7349     | Griechenland |
| 23 | Jugoslawien  | 4262    | 3316     | Türkei       |
| 25 | Türkei       | 1896    | •        | Jugoslawien  |

**Beispiel 3.1 Studenten an österreichischen und Schweizer Universitäten**
(Daten aus Beispiel 2.3 und 3.9)

Einheit: 1 = 100 Studenten

```
                    Kgf Bok                    WUW Inn
            VMd              TUG       TUW         Gra
        MUL              Lin  Szb                Wie       [Summe = 1609]
Ö [n = 12]
         17               87   99              589
              22    76              138              218
                 28  49                    155 193


                     27  29                86  91
              21          52        65             114
         02                  63                176     [Summe = 726]
CH [n = 11]
        Luz              Lau                 Zür
            Neu              Fri       Bas         Gen
                 EPF  StG                  Ber ETH
```

In Beispiel 3.1 werden die Studierenden an österreichischen und Schweizer Universitäten als kodierte und gefaltete Liste (kodierte Faltung) verglichen.
An den beiden Enden der Faltung wurde die Anzahl der Universitäten und die Merkmalssumme (diese nur dann, wenn es bei intensionalen Merkmalen sinnvoll ist, wie in diesem Fall die Gesamtanzahl der Studenten) in eckigen Klammern angegeben, damit keine Verwechslung mit den gefalteten Werten entsteht. (Die unterstrichenen Werte sind Anrainer, die in Kapitel 4.2 erklärt werden. Dies ermöglicht weitere Informationen über die Verteilung in einer gefalteten Urliste unterzubringen.) Da es in der Schweiz eine

Hochschule weniger gibt, wird der Median eindeutig angenommen (Lausanne mit 6.300 Studenten). Um die gleich grosse Darstellungen herzustellen, wurde an der Medianstelle die Faltung gestreckt. Diese Darstellung (sie ist auch senkrecht in Tabellenform möglich) erlaubt die individuelle Vergleichbarkeit zweier etwa gleich grosser Urlisten. Sie versteckt aber eher die extremen Merkmalswerte (vgl. dazu Beispiel 2.5), eine Eigenschaft, die alle Darstellungen besitzen, die nur die Ränge einer Verteilung benutzen.

### *3.4.1. Proportional gefaltete Urlisten

Gefaltete Urlisten stellen die Beobachtungen nach ihrem Rang geordnet dar. Möchte man die Unterschiede zwischen den Rängen hervorheben, benötigt man eine "proportionale Faltung" nach einem Massstab. Dafür eignet sich der Stamm eines St&Bl's, welcher den Ausgangspunkt aller proportionaler Darstellungen bildet. Man benötigt dabei möglichst viele Klassen (ähnlich wie beim gefalteten St&Bl in Kap. 2.5), denn ab 4 Blättern pro Klasse wird es schon unübersichtlich.
Bei der proportionalen Faltung der Schweizer Einwohner nach Kantonen in Beispiel 3.3 haben wir das Hoch- und Tieferstellen von Zahlen (und Codes) zur besseren Übersicht verwendet. Bei der medialen Klasse 1••, die mit 4 Blättern überbesetzt ist, wurde eine Leerzeile eingeschoben. Die Klasse der extremen Beobachtungen wurde mit HI bezeichnet (dabei könnte man die Klasse der Aussenpunkte mit "hi", die der Fernpunkte mit "HI" bezeichnen und die Fernpunkte mit Fettdruck hervorheben, vgl. Kap. 4.2) und zur besseren Proportionalität mit Leerzeilen abgesetzt.

**Beispiel 3.3 Proportional gefaltete Urliste der Einwohner nach Kantonen**

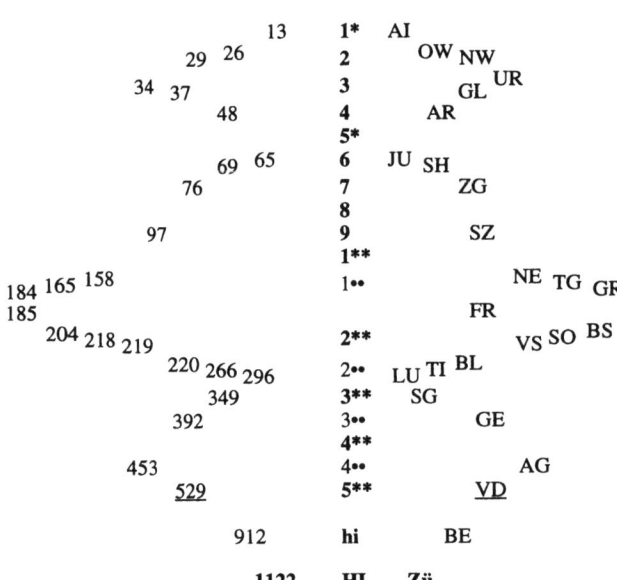

### *3.4.2. Kodierte proportionale Faltungen

Schliesslich kann man codierte und proportionale Faltungen zu einem proportionalen Vergleich kombinieren. In Beispiel 3.4 ist die Lebenserwartung bei Geburt mit einer kodierten Faltung proportional verglichen.

**Beispiel 3.4 Lebenserwartung bei Geburt 1980**

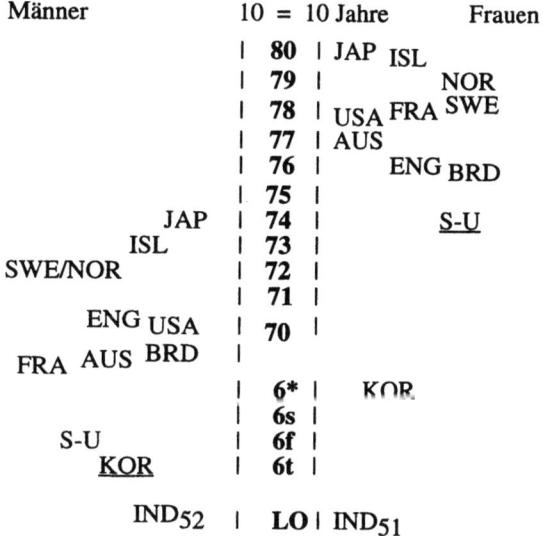

Die Daten und der Stamm stammen aus Beispiel 2.7. Eine zusätzliche Zeile wurde nach der 70-Jahresklasse eingeschoben (plus I-Symbol), da das untere quartile Intervall für Männer in eine Klasse gefallen war und die Darstellung sonst zu gedrängt würde. (Bem.: Als Vorgriff auf das nächste Kapitel sind die Anrainer wieder unterstrichen und die Fernpunkte in der Extremalklasse wurden mit dem Merkmalswert indiziert.)

### 3.5. Das Pentagramm oder 5-Zahlenmass

Die bisherigen Ausführungen dienen dazu, eine Verteilung kurz und einfach zu beschreiben. Die einfachste Beschreibung ist die durch die beiden Extremwerte: "Die Verteilung von X reicht von $x_{min}$ bis $x_{max}$" oder durch den Median; besser ist natürlich eine Kombination der beiden, resultierend in einem 3-Zahlenmass oder Trigramm. Dadurch wird die Verteilung durch ein Lagemass (Median) und durch ein grobes Streuungsmass (Spannweite) charakterisiert. Eine Trigramm-Beschreibung einer Verteilung lautet: Die Verteilung von X erstreckt sich von Min(X) bis Max(X) und der mittlere Wert ist Med(X).

**Beispiel 3.5 Pentagramm** der Schweizer Alpenstrassen (vgl. Beispiel 2.1)

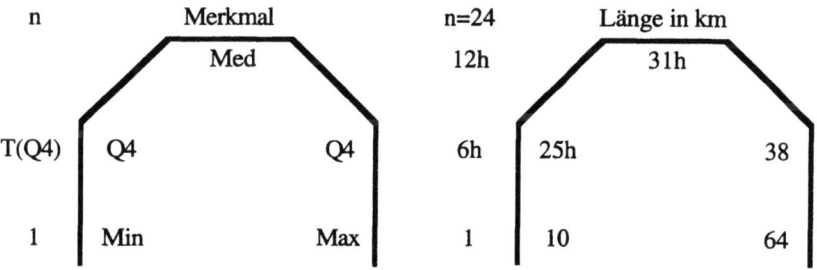

Dies ist sicher nützlich, aber informativer ist ein 5-Zahlenmass oder Pentagramm (5-number summary), das aus Median, Extremwerten und Quartilen gebildet wird. Neben der obigen Aussage "Die Verteilung von X erstreckt sich von Min(X) bis Max(X), und der mittlere Wert ist Med(X)" kann man nun ausserdem argumentieren: "Und 50% der Merkmalswerte liegen zwischen dem unteren und oberen Quartil, oder ausserhalb". Mit diesen 5 Lagemasszahlen kann man gut Verteilungen charakterisieren und vergleichen. Die Bezeichnung "Pentagramm" geht auf die charakteristische 5-eckige Anordnung zurück. Als erste Spalte vor dem Pentagramm steht die Anzahl n, die Tiefe T(**Q4**) der Quartile und 1 für die Tiefe der Extremwerte.

**Beispiel 3.6 Kodiertes Pentagramm**: Studenten nach Schweizer Hochschulen
(WS 84/85)

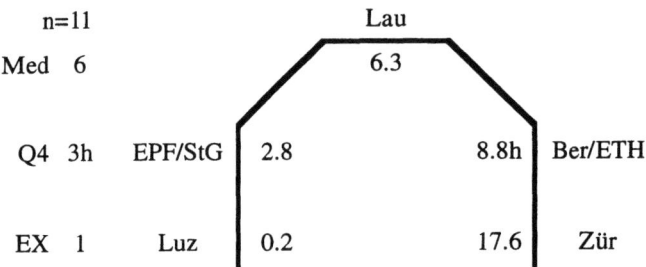

Am 'Aussenkreis' des Pentagramms kann man zur leichteren Interpretation eine Kodierung auftragen, wie etwa beim 'kodierten Pentagramm' im nächsten Beispiel.

### 3.6. Fraktile und Quantile

Als Verallgemeinerung von den Rangmasszahlen Median und Quartil definiert man allgemein Quantile, bzw. Fraktile. Allgemein unterscheidet man in der Statistik nicht zwischen Quantilen und Fraktilen. Für die Zwecke der EDA wollen wir aber die Quantile als spezielle 'ganzzahlige' Fraktile definieren.

### Def. 3.5 Quantile und Fraktile

a) **Ein $\alpha$-Fraktil $Q_\alpha$** ist eine Rangmasszahl eines Merkmals X. Es ist ein Lagemass, bei dem $\alpha$ Prozent (= $100\alpha$) der Merkmalswerte unterhalb $Q_\alpha$ liegen und $(1 - \alpha)$ Prozent (= $(1 - \alpha)100$) der Werte oberhalb von $Q_\alpha$. $\alpha$ ist dabei eine Zahl (der Anteil) zwischen 0 und 1 (bzw. 0 und 100 in Prozent).

b) **Ein Quantil $Qp = Q_{1/p}$** ist ein Fraktil $Q_\alpha$ des Merkmals $X$ mit $\alpha = 1/p$, d.h. bei dem $p = 1/\alpha$ eine ganze Zahl ist.

c) **Die Tiefe** eines Quantils ist $T(Qp) = n/p$, die eines Fraktils ist $T(Q_\alpha) = n\alpha$.

*Beachte:* Ist das Fraktil $Q_\alpha$ oder das Quantil **Qp** kein Masszahlenselektor, d.h. fällt das Quantil nicht auf einen beobachteten Merkmalswert $x_i$, dann gibt es eine p-quantile Klasse. Aus Gründen der Einfachheit definiert man wieder den Mittelpunkt der p-quantilen Klasse als **Qp**. (In diesen Fällen kann man auch Tukey's h-Notation verwenden.)

Tab. 3.1 Gebräuchliche Quantilsbezeichnungen für $0 < \alpha < 1$:

| Qp | $\alpha = 1/p$ | Name | Anwendungen |
|---|---|---|---|
| Q3  | 1/3  | TERZILE    | selten |
| Q4  | 1/4  | QUARTILE   | häufig in EDA |
| Q5  | 1/5  | QUINTILE   | bei Einkommensverteilungen |
| Q6  | 1/6  | SEXTILE    | selten |
| Q7  | 1/7  | SEPTILE    | selten |
| Q8  | 1/8  | OKTILE     | EDA |
| Q10 | 1/10 | DEZILE     | bei Einkommensverteilungen |
| Q16 | 1/16 | HEXADEZILE | EDA |

Es gibt 2 Terzile, 3 Quartile, 4 Quintile, usw., aber dafür 3 Terzilklassen, 4 Quartilsklassen, ... Alle **Qp** Quantile teilen eine Verteilung in 1/p Quantilsklassen, falls 1/p ganzzahlig ist. Die Anwendungen der Quantile bei den Einkommensverteilungen wird in Kapitel 13 in der Konzentrationsmessung noch weiter erklärt.
Bem.: Quantile bei klassierten Daten. Quantile sind beliebte Lagemasszahlen der deskriptiven Statistik und finden besonders bei Einkommens- und Steuererhebungen Anwendungen. Da oft, wegen nach oben und unten offenen Klassen, das arithmetische Mittel nicht berechnet werden kann, behilft man sich mit ausgewählten Quantilen zur Beschreibung (vgl. Figur 3.2) der Verteilung. Liegen die Daten nur in klassierter Form vor, dann ist die Berechnung von Quantilen nur durch lineare Interpolation (vgl. Kapitel 10) möglich.

### 3.7. N-Zahlen-Masse oder Quantigramme

Als Verallgemeinerung der Pentagramme definieren wir n-Zahlen-Masse, die man wegen der Zusammenfassung von Quantilen auch Quantigramme (engl.: n-number summaries) nennen kann. n-Zahlen-Masse verwenden spezielle Quantile, die durch ein fortgesetztes Halbierungsverfahren gewonnen werden. Wegen diesem "Bisektions"-Verfahren wollen wir diese speziellen Rangmasszahlen **Bi-Quantile** (letter values) nennen. Die schematische Darstellung wird in der Figur 3.3 ersichtlich, denn jedes Bi-Quantil teilt das vorangegangene äusserste biquantile Intervall in die Hälfte.

**Figur 3.3 Konstruktion von Bi-Quantilen**

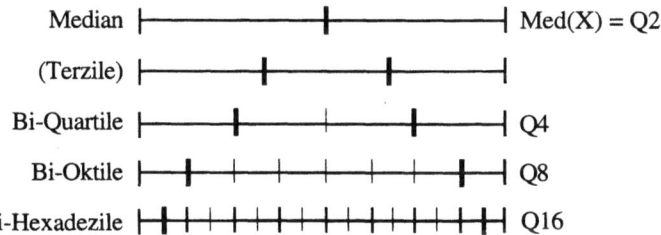

Die Idee dabei ist, dass bei einer grossen Gesamtheit (grösser werdenden Anzahl von Merkmalswerten) die Informationen an den Enden der Verteilung immer interessanter werden. Der Grund für die englische Bezeichnung "Buchstabenwerte" liegt in der alphabetisch absteigenden Bezeichnung von Median, Forth, Eight, etc.. Wir nennen diese den Buchstabencode der Bi-Quantile. Die Fläche, die durch ein Bi-Quantil jeweils nach oben oder unten abgeschnitten wird, nennen wir *Restfläche* (tail area). Ein Vergleich der deskriptiven (deutschen) und (englischen) EDA Notation gibt Tab. 3.2.
Die Tabelle 3.2 kann als Weiterführung des Teilungsprinzips, das in Figur 3.1 dargestellt wurde, angesehen werden. Die erste Spalte gibt die Anzahl der Quantile an, die in

einem Quantigramm eingetragen werden. Die zweite Spalte gibt das $p = 2^i$ des neu dazu kommenden Bi-Quantils im i-ten Quantigramm (n = (1+2i)-Zahlenmasses) an. Die dritte Spalte gibt die Namen, bzw. die Namensvorschläge an. Die vierte Spalte gibt die Kodierungen (Codes) der Bi-Quantile an, so wie sie von Tukey (1977) als 'letter values' definiert wurden. Die letzten Spalten geben die Prozentzahlen an, bei denen die Bi-Quantile berechnet werden und wieviel Prozent der Beobachtungen bei Gleichverteilung ausserhalb (d.h. unterhalb und oberhalb) der beiden Bi-Quantile liegt.

Tab. 3.2 Bi-Quantile (letter values)

| n-Z.M. | $p=2^i$ | Bi-Quantil | Name | Kode | Fraktil $\alpha = 1/p$ | %-ausserhalb der Bi-Quantile |
|---|---|---|---|---|---|---|
| 3  | $2^1$    | Med   | Median          | M | $\frac{1}{2}$ = 0.5       |       |
| 5  | $2^2$    | Q4    | Quartil (Forth) | F | 1/4 = 0.25                | 50.0% |
| 7  | $2^3$    | Q8    | Oktil (Eight)   | E | 1/8 = 0.125               | 25.0% |
| 9  | $2^4$    | Q16   | Hexadezil       | D | 1/16 = 0.0625             | 12.5% |
| 11 | $2^5$    | Q32   | Quint-exil      | C | 1/32 = 0.03125            | 6.3%  |
| 13 | $2^6$    | Q64   | Sext-exil       | B | 1/64 = 0.015625           | 3.1%  |
| 15 | $2^7$    | Q128  | Sept-exil       | A | 1/128 = 0.0078125         | 1.6%  |
| 17 | $2^8$    | Q256  | Okt-exil        | Z | 1/256 = 0.00390625        | 0.8%  |
| 19 | $2^9$    | Q512  | Nona-exil       | Y | 1/512 = 0.001953125       | 0.4%  |
| 21 | $2^{10}$ | Q1024 | 1Kilo-mil       | X | 1/1024 = 0.0009765625     | 0.2%  |

Tab. 3.3 Wichtige n-Zahlenmasse (Quantigramme) für n = 1, 3, 5 ...

| Name | Konstruktion | Quantigramm |
|---|---|---|
| 1-Zahlen Mass | Median |  |
| 3-Zahlen Mass | 1-Z.M. und Extremwerte | (Trigramm) |
| 5-Zahlen Mass | 3-Z.M. und Quartile | (Pentagramm) |
| 7-Zahlen Mass | 5-Z.M. und Oktile | (Septagramm) |
| 9-Zahlen Mass | 7-Z.M. und Hexadezile | (Nonagramm) |
| n-Zahlen Mass | (n-2)-Z.M. und $Q(p = \frac{1}{n-1})$, die $2^{n-1}$-Bi-Quantile | |

Von der Anzahl der Beobachtungen n hängt es ab, wieviele Bi-Quantile man berechnen kann. Als Faustregel kann gelten, dass zwischen dem Extremwert und dem letzten Bi-Quantil mindestens eine Beobachtung liegen soll. In Tab. 3.3 sind die ersten 5 n-Zahlenmasse rekursiv definiert. Als alternative Bezeichnung verwenden wir die "-gramm"-Notation. Analog dem kodierten Pentagramm kann man kodierte n-Zahlenmasse verwenden. Dies vor allem dann, wenn die Kodierung leicht verständlich ist.

### 3.8. Quantilsmittel

Ein einfaches, aber wichtiges Instrument zur Beurteilung der Schiefe, d.h. die Abweichung von der Symmetrie einer Verteilung sind die Quantilsmittel (mid-summaries). Sie sind leicht aus einem n-Zahlenmass abzuleiten und werden wie folgt definiert.

**Def. 3.6 Das Quantilsmittel** $Mid(Q_p)$ wird definiert als Durchschnitt der Bi-Quantile, d.h. dem oberen Bi-Quantil $Q^p$ und dem unterem Bi-Quantil $Q_p$.

$$Mid(Q_p) = \frac{Q^p + Q_p}{2}.$$

Wichtige Spezialfälle sind:

Median: $\quad\quad\quad\quad\text{Med}(X) = \text{Mid}(\mathbf{Q2})$

Quartilsmittel: $\quad\quad\quad\quad\text{Mid}(\mathbf{Q4}) = \dfrac{Q^4 + Q_4}{2}$

Oktilsmittel: $\quad\quad\quad\quad\text{Mid}(\mathbf{Q8}) = \dfrac{Q^8 + Q_8}{2}$

Hexadezilsmittel: $\quad\quad\quad\quad\text{Mid}(\mathbf{Q16}) = \dfrac{Q^{16} + Q_{16}}{2}$

Extremmittel: $\quad\quad\quad\quad\text{Mid}(\mathbf{EX}) = \dfrac{\text{Max} + \text{Min}}{2}$

Bem: Das Extremmittel (engl.: midrange) Mid(**EX**) wird manchmal 'Mittelpunkt' genannt.

### 3.8.1. Explorative Schiefemasse

Quantilsmittel sind "dynamische" Masszahlen zur Schiefebeurteilung. Dynamisch kann man sie deshalb nennen, weil sie mit Hilfe von Bi-Quantilen gebildet werden, die von der Anzahl der Beobachtungen abhängen. Die Anzahl der Midquartile hängt also von n ab, und damit die Beurteilung der Schiefe. Die Schiefe wird anstatt üblicherweise (vgl. Kapitel 11.6 ) aus einer Masszahl explorativ durch eine "biquantile Masszahlenfolge" beurteilt. Man unterscheidet folgende drei Schiefetypen:

a) Sind alle Quantilsmittel (in etwa) gleich, dann ist die Verteilung (in etwa) **symmetrisch:**

$$\text{Med} = \text{Mid}(\mathbf{Q4}) = \text{Mid}(\mathbf{Q8}) = \ldots = \text{Mid}(\mathbf{EX})$$

b) Werden die Quantilsmittel immer grösser, dann ist die Verteilung **rechtsschief:**

$$\text{Med} < \text{Mid}(\mathbf{Q4}) < \text{Mid}(\mathbf{Q8}) < \ldots < \text{Mid}(\mathbf{EX})$$

c) Werden die Quantilsmittel immer kleiner, dann ist die Verteilung **linksschief:**

$$\text{Med} > \text{Mid}(\mathbf{Q4}) > \text{Mid}(\mathbf{Q8}) > \ldots > \text{Mid}(\mathbf{EX})$$

**Beispiel 3.7 Kodiertes 11-Zahlenmass für Schweizer Alpengipfel**
(Quelle Stat. Jahrbuch der Schweiz)

|  |  |  |  | Ti-Sv |  |  |  |
|---|---|---|---|---|---|---|---|
| n | 106 |  |  | 32.41 |  |  |  |
| Med | 53h |  |  |  |  |  | Mid |
| Q4 | 27 | DM | 29.7 |  | 37.0 | Bm | 33.3h |
| Q8 | 14 | Mä | 26.5 |  | 40.8 | Sh | 33.8h |
| Q16 | 7h | Ni/Br | 23.8 |  | 42.4h | Fi/Zi | 33.1 |
| Q32 | 4 | Ob | 21.1 |  | 44.5 | Do | 32.8 |
| Ex | 1 | Fr | 19.2 |  | 46.3 | Du | 32.7 |

Kodierungen: Fr ... Fronalpstock (SZ)   Ob ... Oberbauenstock   Ni ... Niesen
Br ... Brisen   Mä ... Männlifluh   DM... Dent du Morcles   Ti ... Titlis
Sv ... Silvrettahorn   Bm ... Balmhorn   Sh ... Schreckhorn   Do ... Dom
Fi ... Finsteraarhorn   Zi ... Zinalrothorn   Du ... Dufourspitze

Explorative Schiefemasse haben jedoch einen Nachteil: Die Schiefe hängt sehr von extremen Beobachtungen ab. Deshalb muss man in gewissen Fällen eine Entscheidung treffen, ob extreme Beobachtungen in der Schiefe-Exploration miteinbezogen werden oder nicht: Dies führt zu gestutzten Schiefemassen (wie etwa das gestutzte St&Bl). Die Schiefebeurteilung kann dabei nicht allein auf dem n-Zahlenmass beruhen, sondern man soll dabei die gesamte Verteilung, am besten in Form eines St&Bl's oder Histogramms (auch der transformierten Werte, vgl. Kapitel 5), betrachten.
Ein gutes Beispiel dafür sind die Schweizer Einwohner nach Kantonen (vgl. Aufgabe 3.11.4). Ist die Verteilung links- oder rechtsschief? Man beachte dabei, dass logarithmische Skalen im St&Bl daher auch täuschen können. Trotzdem bekommt man einen besseren Einblick in die Form einer Verteilung mittels explorativen Schiefemassen, als mit einer Schiefemasszahl allein.
Interessanterweise ist die Verteilung erstaunlich symmetrisch (während die 219 Vulkane in Tukey 1977, S. 73 schief sind). Als Masszahlen zur Schiefe wurden die Quantilsmittel berechnet. Bis auf einen Sprung, der nach dem Median auftritt, zeigen sie eine leichte fallende Tendenz.

### 3.9. Quantilsdistanzen

Aus den Quantilen einer Verteilung lassen sich auch einfache Streuungsmasszahlen (Dispersionsmasszahlen) ableiten.

**Def. 3.7 (Inter-) Quantilsdistanzen** sind der Abstand zwischen oberen und unteren Bi-Quantil:

$$\Delta Q_p = Q^p - Q_p.$$

Wichtige Spezialfälle sind:

a) Spannweite (range):   $\text{Range} = \Delta EX = \text{Max} - \text{Min}$ ;

b) Interquartilsdistanz (h-spread):   $\Delta Q_4 = Q^4 - Q_4$.

Quantilsdistanzen sind etwas schlechter interpretierbar als Quantilsmittel, da sie kaum direkte Anwendung haben. Die Interquartilsdistanz ist ein wichtiges Mass zur Beurteilung von extremen Beobachtungen und zur Herleitung der resistenten Standardabweichung, ein Bindeglied zur klassischen (und deskriptiven) Statistik (vgl. Kapitel 4.5). Am leichtesten ist die Spannweite zu intrepretieren. Sie ist implizit Bestandteil jedes Quantigramms (n-Zahlenmasses): Ein Vergleich der Quantile eines Quantigramms ist daher immer eine implizite Abschätzung der Streuung einer Verteilung.

Es ist dabei interessant anzumerken, dass die Stichprobeneigenschaften der Spannweite sehr schlecht sind: Sie beruht auf den extremen Beobachtungen, Masszahlen, bzw. Teilen der Verteilung, die im allgemeinen wenig verlässlich geschätzt werden können, da sie im seltenen Teil einer normalen Verteilung vorkommen. Die Spannweite ist daher mehr ausreisseranfällig als alle anderen Interquantilsdistanzen. Deshalb wird auch zur Berechnung der resistenten Standardabweichung die Interquartilsdistanz herangezogen.

### 3.10. Programmpakete

Nur wenige Programmpakete unterstützen n-Zahlenmasse (S-plus ist die Ausnahme). Gefaltete Darstellungen sind meistens nicht möglich, explorative Schiefemasse müssen selber berechnet werden.

Die Quartilsbestimmung mit Hilfe der Tiefe ist nur in der EDA gebräuchlich, viele Programmpakete verwenden - auch in ihrem deskriptiven Teil - andere Definitionen. Deshalb kann die deskriptive Darstellung des gleichen Datensatzes von Programmpaket zu Programmpaket in Details, wie z.B. bei den numerischen Werten von Quartilen, abweichen. Werden die Quartile unterschiedlich berechnet, dann sind auch die Interquartilsdistanzen unterschiedlich und die daraus abgeleiteten Masszahlen. (Vgl. dazu Tab. 3.4 der verschiedenen Quartilsdefinitionen aus Frigge et al. (1989).)

Tab. 3.4 Quantilsdefinitionen von $Q_\alpha$ ($0 < \alpha < 1$)

Wir gehen von der Rangliste $x_{(1)} \leq ... \leq x_{(n)}$ aus und der Zerlegung $n\alpha = j + \beta$, wobei j die nächst kleinere ganze Zahl ist und $\beta$ der Rest, der zwischen Null und 1 liegt: $0 \leq \beta < 1$.

Def. 1 Empirische Verteilungsfunktion mit Durchschnittsbildung (vgl. SAS, SPSS, Statgraphics):

$$Q_\alpha = \begin{cases} \frac{x_{(i+1)} + x_{(i)}}{2} & \text{falls } n\alpha = i \\ x_{(i)} & \text{falls } i - 1 < n\alpha < i \end{cases}.$$

Def. 2 Die Beobachtung, die am nächsten bei $n\alpha$ liegt (SAS):

$$Q_\alpha = x_{(i)},$$

wobei der Index i die nächst kleinere ganze Zahl von $n\alpha + 0.5$ ist (bzw. i = INT($n\alpha$ + 0.5) ist der ganzzahlige Teil der Zahl $n\alpha + 0.5$).

Def. 3 Über die empirische Verteilungsfunktion (SAS):

$$Q_\alpha = x_{(i)} \quad \text{falls } \beta = 0,$$
$$Q_\alpha = x_{(i+1)} \quad \text{falls } \beta > 0.$$

Def. 4 Gewichteter Durchschnitt zu $x_{((n+1)\alpha)}$ (vgl. S+, SAS Univariate, ISP):

$$Q_\alpha = (1 - \beta)x_{(i)} + \beta x_{(i+1)},$$

wobei $(n+1)\alpha = i + \beta$ und $x_{(n+1)} = x_{(n)}$ ist.

Def. 5 Gewichteter Durchschnitt für $x_{(n\alpha)}$ (SAS):

$$Q_\alpha = (1-\beta)x_{(i)} + \beta x_{(i+1)}, \text{ wobei } n\alpha = i + \beta \text{ und } x_{(0)} = x_{(1)} \text{ ist.}$$

Def. 6 "Ideale" oder Computer-Quantile: Quantilsbestimmung nach Hoaglin und Iglewicz (Hoaglin 1987):

$$Q_\alpha = (1-\beta)x_{(i)} + \beta x_{(i+1)}, \text{ wobei } n\alpha + 5/12 = i + \beta \text{ und } x_{(0)} = x_{(1)} \text{ ist.}$$

Def. 7 Quantilsbestimmung nach Cleveland (1985). Mit $n\alpha + 0.5 = i + \beta$ und $x_{(0)} = x_{(1)}$ ist

$$Q_\alpha = (1-\beta)x_{(i)} + \beta x_{(i+1)}.$$

Def. 8 Quantilsbestimmung über die Tiefe nach Tukey (1972), bzw. Viertel und Angelpunkte (vgl. Minitab, Systat)

$$Q_\alpha = (1-\beta)x_{(i)} + \beta x_{(i+1)},$$

wobei $i = \text{INT}[n\alpha]$, die nächst kleinere ganze Zahl von $n\alpha$ ist, und $\beta$ aus der Mediantiefe $n/2 = k + \beta$ bestimmt wird (es gilt die Randwerteregel $x_{(0)} = x_{(1)}$, bzw. $x_{(T+1)} = x_{(T)}$).
Bem.: Die Indexbestimmung (über die Tiefe) kann auch über folgende Formel berechnet werden:

$$n\alpha + 0.75 = i + \beta \quad \text{und} \quad x_{(0)} = x_{(1)} \text{ ist.}$$

Bem.: Weitere theoretische Ausführungen zur "genauen" Bestimmung der Tiefe von Quantilen findet man in Hoaglin et al. (1983). Zumeist sind diese verschiedenen Unterscheidungen von Quantilsberechnungen für die Praxis eher unbedeutend. Dem Benutzer von Programmpaketen fällt dies nur dann auf, wenn die Box-Plots verschiedener Programme nicht übereinstimmen oder die Markierung extremer Beobachtungen anders ausfallen. Für deskriptive und EDA-Darstellungen ist das fortgesetzte Teilungs-, bzw. "Bisektions"-Verfahren, das auf dem Faltungskonzept beruht, einfach und informativ genug, wie man sich aus der gefalteten Urlisten-Darstellung in Beispiel 3.1 überzeugen kann.

## 3.11. Aufgaben

1) Man erstelle ein kodiertes Pentagramm für die Schweizer Kantone (Beispiel 2.9):
   a) nach Einwohner; b) Zuwachsraten.
2) Man ermittle explorative Schiefemasse für die österreichischen (Beispiel 3.8) und Schweizer Studenten (Beispiel 2.3).
3) Erstelle eine gefaltete Urliste für die Alpenpässe (Beispiel 3.9).
4) Man erstelle explorative (und auch gestutzte) Schiefemasse für die Einwohner nach Kantonen (Beispiel 2.9): a) nach Einwohner; b) nach Zuwachsraten.
5) Vergleiche die Alpenpässe mit den Passwegen mit n-Zahlen-Massen (Beispiel 3.9).
   a) km-Länge; b) Höhe in m; c) erstelle eine proportional gefaltete Urliste.

Tab. 3.5 Schweizer Passwege

| Name | km-Länge | Höhe in m | Name | km-Länge | Höhe in m |
|---|---|---|---|---|---|
| Gemmi | 16 | 2322 | Rawil | 30 | 2429 |
| Sanetsch | 25 | 2251 | Grosse Scheidegg | 22 | 1962 |
| Kleine Scheidegg | 14 | 2061 | Sefinenfurke | 12 | 2612 |
| Hahnenmoos | 11 | 1956 | Jochpass | 30 | 2207 |
| Pas de Chevil | 30 | 2038 | Col de Jaman | 13 | 1512 |
| Col de Ferret | 39 | 2537 | Monte-Moro-Pass | 20 | 2868 |
| San Giacomo | 25 | 2313 | Lötschenpass | 20 | 2690 |
| Surenenpass | 26 | 2291 | Pragel | 29 | 1550 |
| Chrüzlipass | 19 | 2347 | Panixerpass | 28 | 2407 |
| Kistenpass | 22 | 2730 | Kunkelpass | 12 | 1357 |
| Scalettapass | 29 | 2606 | Strelapass | 13 | 2350 |
| Gruobenpass | 19 | 2232 | Septimer | 11 | 2310 |
| Stallerberg | 12 | 2579 | Greinapass | 32 | 2357 |
| Glaspass | 12 | 1846 | Valserberg | 10 | 2504 |
| Pass da Costainas | 13 | 2251 | Fuorcla Surlej | 10 | 2755 |
| Passo del Naret | 19 | 2438 | Passo Campolungo | 15 | 2318 |

# 4. BOX-PLOTS

4.1. Einfache Box-Plots
4.2. Zonen und Zäune
4.3. Punktierte Box-Plots
4.4. Proportionale Box-Plots
4.5. Gekerbte Box-Plots
*4.6. Box-Plots und Streudiagramme
*4.7. Box-Plot einer Normalverteilung

> *"Bilder der EDA sollen uns ihre Botschaft aufzwingen"*
> *(Tukey 1977)*

## 4.1. Einfache Box-Plots

Box-Plots sind eine grafische Umsetzung eines 5-Zahlenmasses (Pentagramms). Eine Verteilung wird damit einfach und anschaulich gut erfasst. Als Zeichen der zunehmenden Beliebtheit können die vielen Erweiterungen und Variationen der Box-Plot-Technik angesehen werden.

**Def. 4.1** Das **einfache Box-Plot** ist die Transformation eines 5-Zahlenmasses (Pentagramms) in ein grafisches Verteilungssymbol. Die Bestandteile eines einfachen Box-Plots (engl.: box-and-whisker plot) sind:

– Eine Skala (parallel zur Hauptachse des Box-Plots).
– Ein Rechteck ("Box") von unteren Quartil $Q_4$ zum oberen Quartil $Q^4$.
– Ein Querstrich auf der Höhe des Medians und den Extremwerten.
– Eine Verbindungsgerade von der Mitte der Box zu den Querstrichen der Extremwerte.

**Figur 4.1 Box-Plot der Schweizer Alpenpassstrassen**

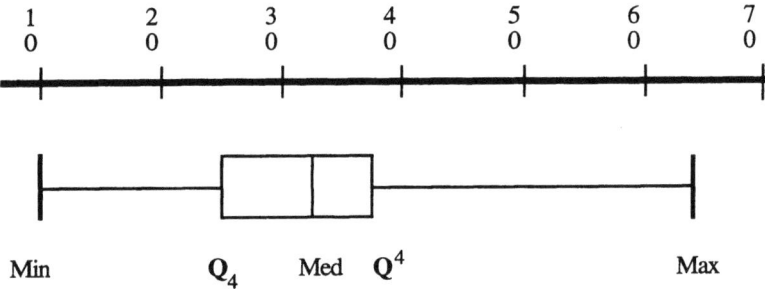

Figur 4.1. zeigt das Box-Plot der Schweizer Alpenpässe (vgl. die Daten in Beispiel 2.1), das aus dem Pentagramm des Beispiel 3.5 konstruiert wurde. Ein derartiges Box-Plot zeichnet sich durch folgende Eigenschaften aus:
• Es ist grafischer als ein St&Bl.
• Die Mitte der Verteilung (genau 50%) wird betont.
• Extreme Beobachtungen können markiert und identifiziert werden.
• Die Interquartilsdistanz (ein einfaches Streuungsmass) kann leicht abgelesen werden.
• Es eignet sich gut zum Vergleich von Verteilungen.
• Die Schiefe der Verteilung ist explorativ zu erkennen.

Bem.: Eine grafische Umsetzung des n-Zahlenmasses (Quantigramms) kann man als folgende Erweiterung des Box-Plots ansehen. Die weiteren Bi-Quantile werden in den Verbindungsgeraden (den whiskers, bzw. Schnurrbärten) als weitere Querstriche abgetragen.

## 4.2. Zonen und Zäune

Zum Erkennen oder Markieren von extremen Beobachtungen benötigt man (Verteilungs-) interne Vergleichsmasszahlen, wie z.B. Streuungsmasse (vgl. Kapitel 11). Ein einfaches exploratives und resistentes Streuungsmass ist die Interquartilsdistanz. Zur Bestimmung der Frage, ob extremen Beobachtungen explanativ sind (d.h. einer Klärung bedürfen, ob sie als Ausreisser einer Verteilung zu qualifizieren sind), berechnet man die sogenannten **Zäune** (fences). Man unterscheidet dabei zwei Arten von Zäunen, die inneren und die äusseren, wobei deren Berechnung über **Zonen** erfolgt.

**Def. 4.2.a) Innere Zäune** $f_u^o$ (inner fences) liegen 1.5 mal der Länge der Interquartilsdistanz ausserhalb der Quartile:

$$f_u = Q_4 - \frac{3}{2} * \Delta Q4, \qquad f^o = Q^4 + \frac{3}{2} * \Delta Q4.$$

**b) Die äusseren Zäune** $F_u^o$ (outer fences) liegen 3 mal der Länge der Interquartilsdistanz ausserhalb der Quartile:

$$F_u = Q_4 - 3 * \Delta Q4, \qquad F^o = Q^4 + 3 * \Delta Q4.$$

**c) Eine Zone** $= \frac{3}{2} \Delta Q4$ (engl. step, bzw. Stufe) ist eine Masszahl, mit der man sich den Rechenaufwand der Zäune etwas vereinfachen kann. Deshalb gilt für die Berechnung der inneren und äusseren Zäune in kompakter Schreibweise:

$$f_u^o = Q_4^4 \pm 1*\text{Zone} \qquad \text{und} \qquad F_u^o = Q_4^4 \pm 2* \text{Zone}.$$

An diese grundlegenden Definitionen schliesst sich folgende Klassifikation von extremen Beobachtungen an:
Als **Aussenpunkte** (out) definieren wir alle Merkmalswerte <u>zwischen</u> inneren und äusseren Zäunen.
**Fernpunkte** (far out) sind alle Merkmalswerte ausserhalb der äusseren Zäune.
**Die Anrainer** oder der Zonenrand (adjacent values) sind die äussersten Punkte (Minimum und Maximum, d.h. betragsmässig grössten Merkmalswerte) <u>innerhalb</u> der inneren Zäune. Zur Berechnung der inneren und der äusseren Zäune, sowie der Aussen- und Fernpunkte verwenden wir das "Zaun-o-gramm" oder "Zonogramm" (fenced letter values). Der schematischer Aufbau wird in Figur 4.2 gezeigt.

**Figur 4.2 Schematisches "Zaun-o-gramm"**

| Zäune | Zone | | Anrainer | $A^o$ |
|---|---|---|---|---|
| innere | $f_u$ | $f^o$ | | $A_u$ |
| # | $\#_1$ | $\#_2$ | aussen | |
| äussere | $F_u$ | $F^o$ | | |
| # | $\#_3$ | $\#_4$ | fern | |

Dabei sind $\#_1$ die Anzahl der unteren Aussenpunkte, $\#_2$ die Anzahl der oberen Aussenpunkte, $\#_3$ die Anzahl der unteren Fernpunkte und $\#_4$ die Anzahl der oberen Fernpunkte. $A_u$ und $A^o$ sind die unteren und oberen Anrainer.

### 4.2.1. Interpretation von Zonen und Zäunen

Mit Hilfe der Zäune kann eine Verteilung in 'konzentrische Zonen' eingeteilt werden. Die Kernzone erstreckt sich bis zu den Quartilen. Bei den Quartilen beginnt die Aussenzone, deren grösster Merkmalswert der Anrainer sein kann. Ausserhalb der Anrainer liegt die zweite Zone, die Fernzone. Die Zonen einer Verteilung dienen dazu, die extremen Beobachtungen einer Verteilung mit einem einfachen Raster zu beschreiben.
Bei einer Gleichverteilung wird eine Verteilung durch die 4 Quartile in vier gleichlange Klassen geteilt, die man als Quartilsklassen bezeichnen kann. Die halbe Interquartilsdistanz ist damit die Klassenlänge der Quartilsklassen. Der Abstand von Quartil zum Median ist genau so gross wie der Abstand von Quartil zum Extremwert. Die zweifache Interquartilsdistanz ist dann genauso gross wie der 'Range', die gesamte Spannweite der Verteilung. Dieser Fall ist bei normalen Verteilungen, die in der idealen Anschauung immer symmetrisch und glockenförmig sind, eher selten. Daher kann man mit Hilfe der EDA die Abweichung einer gegebenen Verteilung von der Idealform einer Verteilung erforschen.
Bei einer Gleichverteilung ist der innere Zaun gleich dem Extremwert, und damit fast gleich dem Anrainer. Der innere Zaun ist damit die Distanz vom Zentrum einer Verteilung, die einer Spannweite einer Gleichverteilung entspricht.

**Beispiel 4.2 Zauntableau der Schweizer Alpenpässe** (Daten aus Beispiel 2.1)

Aus dem Pentagramm (vgl. Beispiel 3.5) berechnet man sich die Interquartilsdistanz $\Delta Q4 = 38 - 25.5 = 12.5$ und daraus die Zonengrösse **Zone** $= 3 * 12.5 / 2 = 37.5 / 2 = 18.75$. Damit kann das Zauntableau (Zaun-o-gramm) in folgender Form erstellt werden:

|   | Zone | 18.8 | Anrainer: | 49 |
|---|------|------|-----------|-----|
| f | 6.7  | 56.8 |           |     |
|   | xxx  | zwei | aussen    |     |
| F |      | 75.5 |           |     |
|   |      | xxx  | fern      |     |

**Beispiel 4.3 Die BIP's der OECD 1990 im Vergleich** (Daten aus Beispiel 3.2)

a) Das BIP zu Wechselkursen (WK): Die Interquartilsdistanz beträgt $\Delta Q4 = 23536 - 12656 = 10880$. Die Zonengrösse ist nun **Zone** $= 3 * 10880 / 2 = 3 * 5440 = 16320$. Der obere innere Zaun ist $f^o = 34416$ und der untere ist $f_u = 1776$. Damit gibt es keine Extrempunkte. Das Zauntableau (Zaun-o-gramm) hat daher folgende Form:

**Figur 4.3 Zauntableaus für den BIP-Vergleich der OECD Staaten 1990**

a) Wechselkurse (WK)

|   | Zone | 16320 | Anrainer: | - |
|---|------|-------|-----------|---|
| f | 1776 | 34416 |           |   |
|   | xxx  | xxx   | aussen    |   |
| F |      |       |           |   |
|   |      |       | fern      |   |

b) Kaufkraftparitäten (KKP)

|      |   | Zone | 4565  | Anrainer: | 10659 |
|------|---|------|-------|-----------|-------|
|      | f | 9924 | 22098 |           | Irl   |
| P/Gr |   | zwei | xxx   | aussen    |       |
|      | F | 5359 |       |           |       |
| Tur  |   | eins |       | fern      |       |

b) Das BIP zu Kaufkraftparitäten (KKP): Die Interquartilsdistanz beträgt $\Delta Q4$ = 17532.5 - 14489 = 3043.5. Die Zonengrösse ist dann **Zone** = 3* 3043.5 / 2 = 4565.25. Der obere innere Zaun ist $f^o$ = 22097.75 und der untere ist $f_u$ = 9923.75; der untere äussere Zaun ist $F_u$ = 5358.5. Damit gibt es einen unteren Aussenpunkt (Griechenland) und einen unteren Fernpunkt (Türkei). Das Zauntableau (Zaun-o-gramm) ist in Figur 4.3.b) zu sehen.

## 4.3. Punktierte Box-Plots

Die grafische Umsetzung eines Pentagramms und eines Zaun-o-gramms ist das punktierte Box-Plot. Damit lassen sich die extremen Beobachtungen einer Verteilung auch grafisch leichter identifizieren und, wenn nötig und es die Übersicht nicht beeinträchtigt, auch mit Kodierungen versehen.

Den Unterschied von einfachen und punktierten Box-Plots zeigt das nächste Beispiel der Schweizer Alpenpässe (Daten aus Beispiel 2.1).

**Beispiel 4.4 Box-Plots Schweizer Alpenpässe**

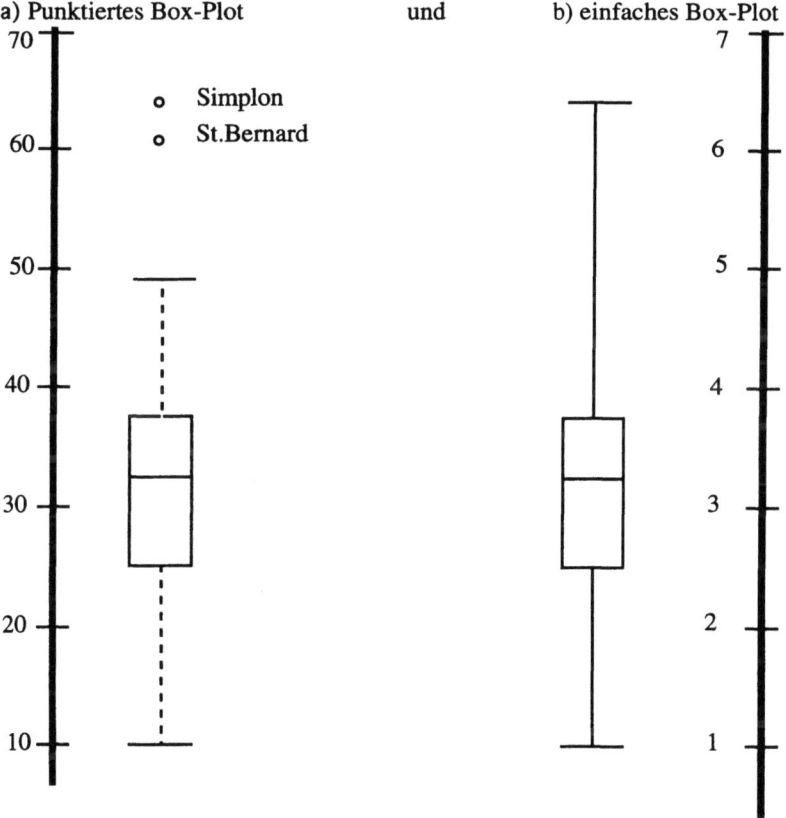

**Def. 4.3 Punktierte Box-Plots** weisen folgende Bestandteile auf: (Die ersten beiden Konstruktionspunkte sind gleich dem einfachen Box-Plot):

1) Eine Skala, die parallel zur Hauptachse des Box-Plots verläuft.
2) Ein Rechteck ("Box") von unteren Quartil $Q_4$ zum oberen Quartil $Q^4$.
3) Ein Querstrich auf der Höhe des Medians und den Anrainern.
4) Eine <u>gestrichelte</u> Verbindungsgerade von der Mitte der Box zu den Querstrichen der Anrainer.
5) Markiere und beschrifte die Aussenpunkte mit o-Symbolen (oder Kleinbuchstaben).
6) Markiere und beschrifte die Fernpunkte, z.B. mit •-Symbolen (bzw. mit Grossbuchstaben), jedoch verschieden von Punkt 5).

Aber welche Werte sollen markiert werden? Hier einige Richtlinien für allgemeine Markierungen (vgl. Tukey 1977 S. 47): Anrainer, Aussenpunkte mit Kleinbuchstaben, Fernpunkte mit Grossbuchstaben; nur leicht verständliche Abkürzungen (Codes). Eine voll markierte und eine schlanke Variante der Box-Plots zeigt Figur 4.4.

**Figur 4.4 Parallele Box-Plots des BIP pro Kopf in der OECD 1990**
für Wechselkurse (WK) und Kaufkraftparitäten (KKP)

a) **Boxplot mit allen Daten markiert**     b) **Raster Box-Plots nach Tufte**

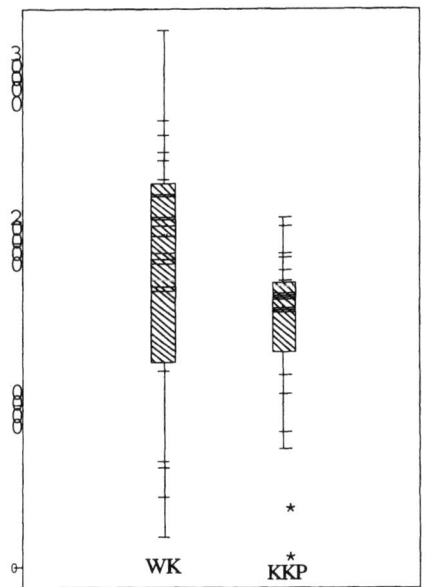
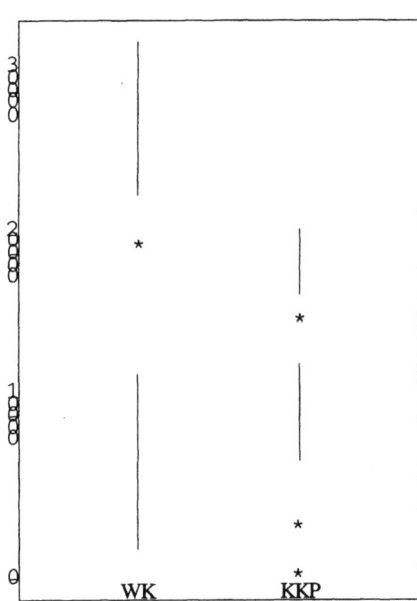

Die 'Raster'- Box-Plots nach Tufte (1983) sind eigentlich 1-dimensionale Box-Plots, die keine Fläche mehr zur Darstellung der inneren 50% benötigen, sondern sich mit Zwischenraum begnügen, der allein durch den Median als markierter Punkt unterteilt wird.
Bem.: Frigge et al. (1989) unterscheiden 8 mögliche Definitionen zur Bestimmung von Quartilen in Box-Plots, die in Kapitel 10 angeführt sind.

### 4.4. Proportionale Box-Plots

Proportionale Box-Plots benötigt man zum Vergleich von Verteilungen, wenn die Verteilungen verschiedene Anzahl von Beobachtungen besitzen.

**Beispiel 4.5 Schüler pro Lehrer Verhältnis in England**

Aus einer Umfrage der Sunday-Times vom 6.12.1981 an "unabhängigen Schulen" in England wird folgendes Ergebnis berichtet: 720 private (secondary) Schulen wurden angeschrieben, 560 Antworten wurden erhalten, davon wurden 438 zur Auswertung herangezogen. Die Schulen wurden in 4 Gruppen eingeteilt und nach der Anzahl der Schüler pro Lehrer ausgewertet:

| 115 | Bubenschulen, | 56 | Bubenschulen mit zugelassenen Mädchen, |
| 67 | Gemischte Schulen, | 200 | Mädchenschulen, |

**Figur 4.5 Einfacher Box-Plot Vergleich**

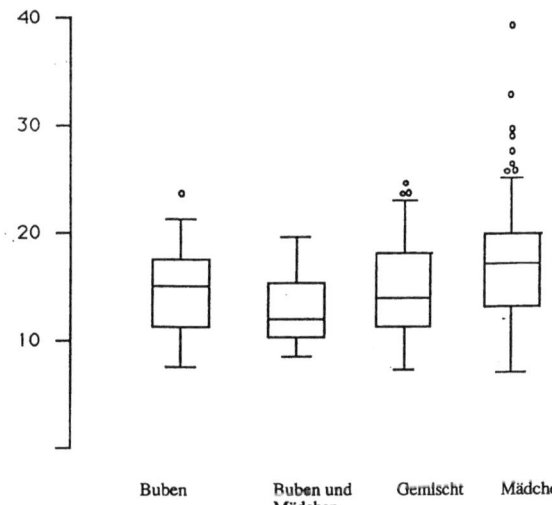

(Schüler pro vollbeschäftigten Lehrer, Beispiel 4.4)

**Figur 4.6 Proportionaler Box-Plot Vergleich** (Breite proportional zu $\sqrt{n_i}$)

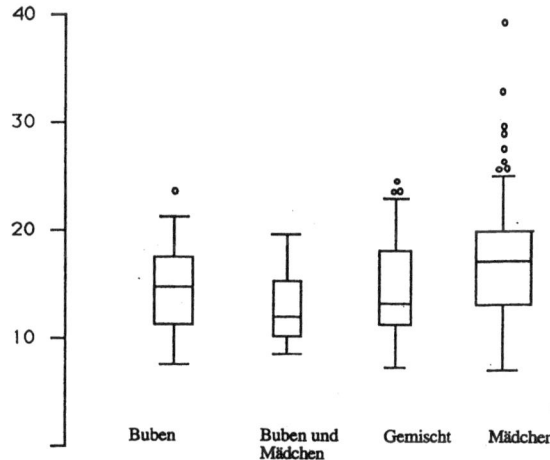

Einen einfachen punktierten Box-Plot Vergleich der 4 Gruppen (Verteilungen) zeigt Figur 4.5. Dabei wurde die unterschiedliche Anzahl von Schulen pro Gruppe nicht berücksichtigt. Dies ist jedoch in einem proportionalen Box-Plot Vergleich grafisch möglich, indem man die Breite der Box im Box-Plot proportional zu $\sqrt{n_i}$ macht, wobei $n_i$ die Anzahl der Beobachtungen (i = 1,..., 4) pro Gruppe ist.
Zur Rechtfertigung der Wurzelregel kann man anführen (vgl. Tukey 1977 S. 555 ff):
a) Der Flächeninhalt $n_i$ der Box ist zugleich eine Masszahl für die Gruppenanzahl;
b) $\sqrt{n_i}$ ist eine nützliche Transformation für Zähldaten.
In Figur 4.5 sind die proportionalen Box-Plots wiedergegeben. Man sieht deutlich, dass die Mädchenschulen den Grossteil der (Privat-) Schulen ausmachen, und dass es wenige Bubenschulen mit zugelassenen Mädchen gibt, die den besten Lehrer/Schüler-Quotienten aufweisen.

## 4.5. Gekerbte Box-Plots (notched box-plots)

Gekerbte Box-Plots sind eine resistente (robuste) Vergleichsmethode von zwei oder mehreren Verteilungen, die in ihrer Methodik bereits eine Brücke zur induktiven Statistik schlagen. Ausgangspunkt sind oft Experimentieranordnungen, in denen eine Kontrollgruppe mit einer Experimentgruppe verglichen wird. Die Frage, die es zu beantworten gilt ist dann die, ob die Lage der beiden Verteilungen, z.B. der Median verschieden ist, oder ob die Unterschiede einfach auf Zufallsschwankungen zurückzuführen sind. Einfache Box-Plot können darauf keine Antwort geben, da diese wesentlich von der Anzahl der Beobachtungen abhängt. Ein Box-Plot mit 10 Werten wird sicher mehr schwanken als einer mit 1000 Beobachtungen, und damit auch das zugehörige Lagemass.
Gekerbte Box-Plots geben durch ihre Kerbenlängen Aufschluss darüber wie sehr der Median einer Verteilung in Abhängigkeit von der Anzahl der Beobachtungen n und der Streuung in der Verteilung schwanken kann. Die Kerbenlängen werden durch folgende Intervalle um den Median bestimmt:

$$\text{Kerbenintervall} = [\text{Med} \pm 1.55 * \Delta Q4 / \sqrt{n}].$$

Dabei ist die Interquartilsdistanz und die Konstante 1.55 gleich und lässt sich approximativ aus einem Vergleich zur Normalverteilung (vgl. Abschnitt 4.6) herleiten. Die **resistenten Standardabweichung** $\sigma^*$ definiert man mit 75% der Länge der Interquartilsdistanz (zur Rechtfertigung siehe Huber 1980)

$$\sigma^* = \frac{3}{4} \Delta Q4.$$

Der Wert 3/4 lässt sich folgendermassen erklären: $\sigma^* = \frac{3}{4} * \Delta Q4 \approx \Delta Q4/1.35$, wobei 1.35 die Länge der Interquartilsdistanz der Standard-Normalverteilung ist, vgl. Tab 4.1. Die Standardabweichung $\sigma$ spielt bei der Normalverteilung (siehe 5.7) eine grosse Rolle, da in einem 2 $\sigma$ - Intervall (um den Mittelwert) etwa 95% aller Beobachtungen liegen. Ein resistentes 2 $\sigma^*$ Intervall für den Median erhält man nun approximativ durch 2 $\sigma^*$ = $\frac{3}{2} * \Delta Q4$. Für gekerbte Box-Plot werden diese Intervalle als (positive und negative) Kerben um den Median in einem Box-Plot eingezeichnet.

**Def. 4.4 Die Konstruktion eines gekerbten St&Bl:**
1) Erstelle ein punktiertes Box-Plot.
2) Berechne die resistente Standardabweichung.
3) Berechne die Kerbenlänge:

a) für den Mittelwert $\quad \sigma_{Ave} = 1.5 \dfrac{\Delta Q4}{\sqrt{n}}$; b) für den Median $\quad \sigma_{Med} = 1.25\, \sigma_{Ave}$.

4) Erstelle das Kerbenintervall in den Box-Plots.

Die Kerbenintervalle sollten entweder um den Mittelwert oder den Median gebildet werden. Das Kerbenintervall um den Median ist etwa 25% grösser als das Intervall um den Mittelwert. In der Praxis nimmt man meistens das kleinere Intervall um den Mittelwert, was eigentlich nicht richtig ist, weil es zu klein ist, d.h. die Variabilität unterschätzt.

**Beispiel 4.6 Regenfall durch Wolkensähen** (cloud-seeding)

Von 52 Wolken wurden 26 zufällig ausgewählt und mit Silberoxyd dotiert (vgl. Chambers et al. 1983, S.61ff und Simpson et al. 1975). Die Daten der Experimentier- und Kontrollgruppe, die aber kein bivariates Merkmal bilden, sind:

| Kont | Exp | Kont | Exp | Kont | Exp | Kont | Exp |
|---|---|---|---|---|---|---|---|
| 1202.6 | 2745.6 | 830.1 | 1697.8 | 372.4 | 1656.0 | 345.5 | 978.0 |
| 321.2 | 703.4 | 244.3 | 489.1 | 163.0 | 430.0 | 147.8 | 334.1 |
| 95.0 | 302.8 | 87.0 | 274.7 | 81.2 | 274.7 | 68.5 | 255.0 |
| 47.3 | 242.5 | 41.1 | 200.7 | 36.6 | 198.6 | 29.0 | 129.6 |
| 28.6 | 119.0 | 26.3 | 118.3 | 26.1 | 115.3 | 24.4 | 92.4 |
| 21.7 | 40.6 | 17.3 | 32.7 | 11.5 | 31.4 | 4.9 | 17.5 |
| 4.9 | 7.7 | 1.0 | 4.1 | | | | |

**b) Die einfachen Box-Plots** der logarithmierten Werte

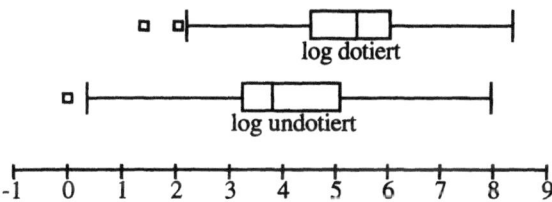

**c) Gekerbte Box-Plots**

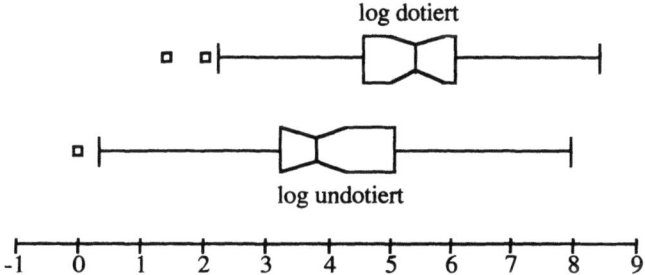

Als explanative Resultate lassen sich die beiden punktierten Box-Plots folgendermassen interpretieren. Würden sich die beiden Boxen im einfachen Box-Plot nicht überlappen, so könnte man sofort den Schluss ziehen, dass Wolkendotierungen die Regenmenge vermehren. Die resistenten Kerbenlängen ersetzen nun die Interquartilsdistanz als ein verfeinertes Messinstrument für die Variabilität des Medians. Wie man nun leichter aus den gekerbten Box-Plots erkennen kann, überlappen sich die Kerben in den beiden Verteilungen nicht, und daher kann der Schluss gezogen werden, dass die Regenvermehrung nicht allein auf Zufall zurückzuführen ist.

Bem.: Ist das resistente 2σ*-Intervall länger als die Quartilsdistanz, dann gibt es die "invertierte" Form des gekerbten Box-Plot, wie z.B.:

## *4.6. Box-Plots und Streudiagramme

Bivariate Merkmale sind der Ausgangspunkt von Box-Plots in Streudiagrammen. Obwohl Streudiagramme erst in Kapitel 6 ausführlich behandelt werden, wollen wir hier schon 2 interessante Typen von Box-Plots vorstellen.

### 4.6.1. Gekreuzte Box-Plots (Rangefinder Box-plots)

Bei einem gekreuzten Box-Plot werden, für jedes Merkmal getrennt, kreuzweise die univariaten Box-Plots übereinander gelegt. Anstatt die mittlere "Box" voll abzubilden, schlagen Becketti und Gould (1987) vor, nur eine verkürzte "Kreuz"-Form darzustellen: Ein Kreuz mit Schnittpunkt im Medianzentrum (Med(X), Med(Y)), wobei die Achsenlänge jeweils die Interquartilsdistanz beträgt. Parallel dazu mit selber Länge und Breite werden als Querstriche die jeweiligen Anrainer markiert.
Gekreuzte Box-Plots dienen zum Auffinden von bivariaten Fern- und Aussenpunkten. Gleichzeitig können durch die Rand-Box-Plots die univariaten Fern- und Aussenpunkte dargestellt werden. Trotzdem stellen gekreuzte Box-Plots keine bivariate Box-Plotmethode dar, bei der simultan in beiden Dimensionen Fern- und Aussenpunkte bestimmt werden, wie etwa beim 'Convex Hull Peeling'. Bivariate Box-Plots sind schwierig eindeutig zu definieren.

**Figur 4.7 Schweizer Alpenpassstrassen nach Länge und Passhöhe**
mit Box-plots der beiden Randverteilungen

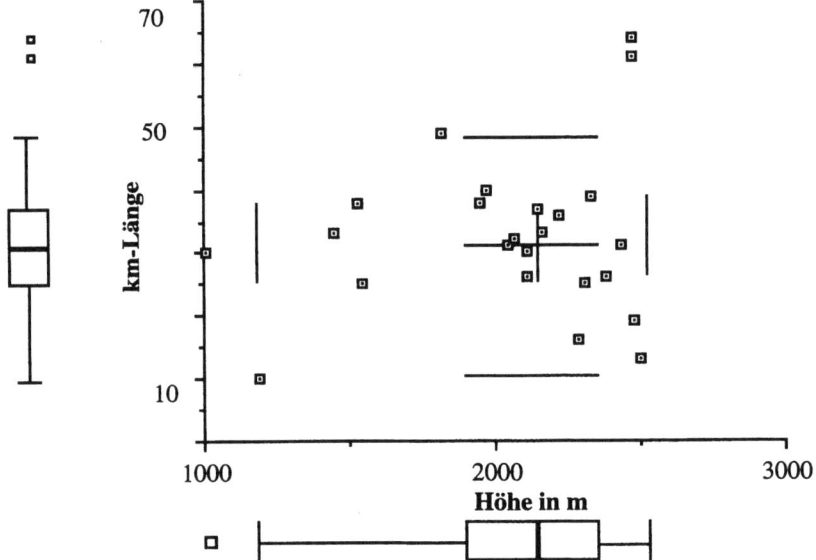

In Figur 4.7 ist ein Streudiagramm mit den (marginalen) Rand-Box-Plots neben den Achsen abgebildet. Die getrennte Darstellung der beiden Merkmale in einem bivariaten Streudiagramm nennt man Randverteilungen, die univariaten Box-Plots dazu heissen daher Rand-Box-Plots. Man sieht damit besser die Konstruktionsprinzipien für das gekreuzte Box-Plot. Wie im univariaten Box-Plot fallen die beiden 60km-Pässe aus der "gekreuzten Box"; daneben ist noch der 10 km Pass Satellegg ein unterer Extremwert.

### 4.6.2. Kreuz-und-quer Box-Plots

Eine weitere kombinierte Darstellung von einem Streudiagramm und einem Box-Plot ist das sogenannte 'Kreuz-und-quer Box-Plot' (vgl. Rosenbaum 1989). Die Idee dabei ist, dass neben der bivariaten und univariaten Darstellung der Merkmale auch deren Differenz als Box-Plot senkrecht auf der 45-Grad Geraden dargestellt wird. Eine nicht ganz optimale Darstellung, die in S-plus programmiert wurde, zeigt Figur 4.8. Das Streudiagramm enthält die 45-Grad Gerade, und ausserdem ist die Differenz der JA-Stimmen (in %-Punkten) in den beiden Wahlgängen (1983 und 1989, vgl. Tab 7.1.a) in der linken unteren Ecke als quergestelltes Box-Plot abgebildet. Man sieht deutlich, dass der Median der Differenzen über der 45-Grad Geraden liegt, die jetzt die Null-Basis Gerade der Differenzen bildet.

**Figur 4.8 Das Kreuz-und-quer Box-Plot der Laufentalabstimmung**

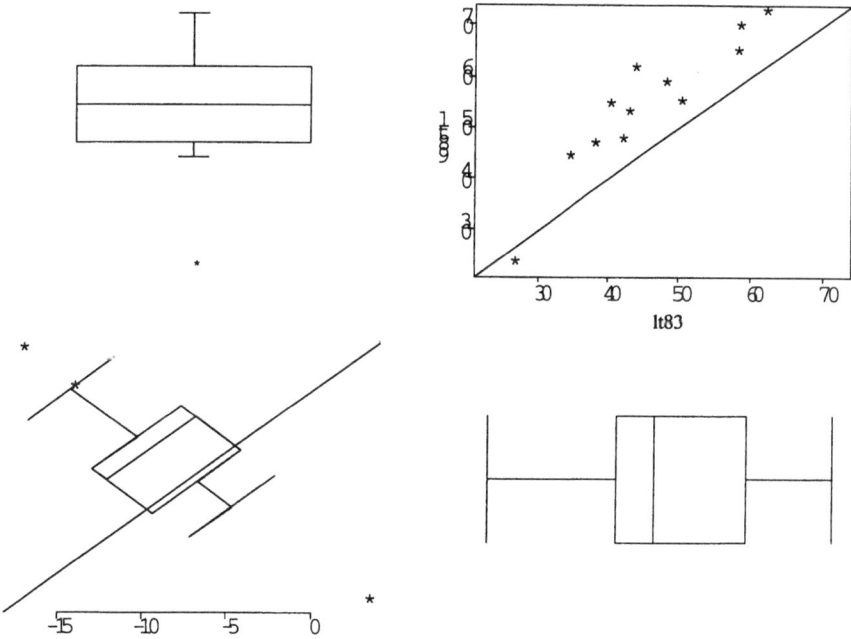

### *4.7. Box-Plot einer Normalverteilung

Viele EDA-Methoden nehmen Bezug auf die Normalverteilung. Obwohl es das Ziel resistenter EDA-Methoden ist, von den Annahmen der Normalverteilung wegzukommen, so ist dennoch die Normalverteilung die wichtigste Referenzverteilung: So könnte Statistik aussehen, wenn wirklich alles ideal verteilt wäre.

**Figur 4.9 Die Standard-Normalverteilung N(0,1)**

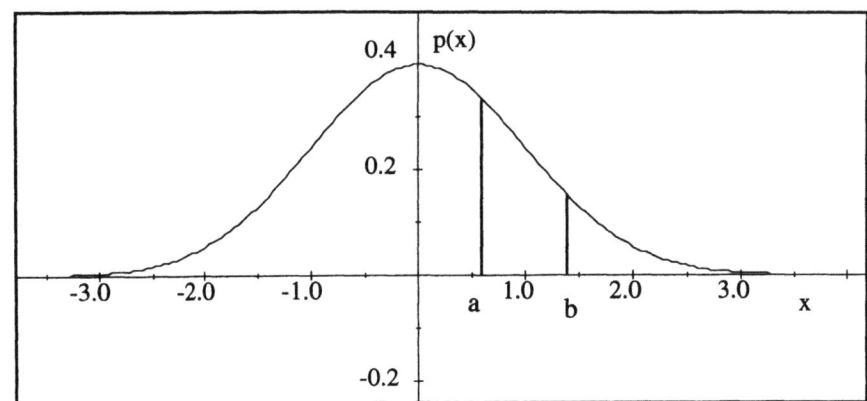

Die Standard-Normalverteilung (oder auch Gauss-Verteilung oder Gauss'sche Glockenkurve) wird mit N(0,1) bezeichnet. Sie berechnet sich nach der Formel

$$p(x) = \frac{1}{\sqrt{2\pi}} e^{-\frac{x^2}{2}}$$

und der Graph der Funktion ist in Figur 4.9 wiedergegeben.
Dabei repräsentiert die Fläche die Wahrscheinlichkeit und es gilt die Normierung:

$$\int_{-\infty}^{\infty} p(x)\, dx = 1 \ .$$

Da die Verteilung symmetrisch ist, fallen Mittelwert, Median und Modalwert (häufigster Wert) zusammen. Bei der Standard-Normalverteilung ist der Mittelwert 0 und die Varianz 1. Die Standardabweichung $\sigma = 1$ ist die Stelle der Wendepunkte (d.h. an dieser Stelle verändert sich die Krümmung der Glockenkurve). Die Wahrscheinlichkeit zwischen zwei beliebigen Punkten a und b wird nach der Formel

$$\Pr(a < X \leq b) = \int_a^b p(x)\, dx$$

berechnet. Dabei steht Pr für Wahrscheinlichkeit (probabilitas, probability) und X ist die Zufallsgrösse. Die Integration ist in geschlossener Form nicht möglich, und daher sind entweder numerische Integration am Computer, oder das Nachschlagen in mehr oder weniger detaillierten Normalverteilungs-Tabellen notwendig. Jedes klassische Statistik/Wahrscheinlichkeits-Buch besitzt im Anhang derartige Tabellen. (EDA-Bücher i.A. jedoch nicht.) Die wichtigsten Bi-Quantile und Quantilsdistanzen der Standard-Normalverteilung sind in Tab. 4.1 zusammengestellt.

Tab. 4.1 Bi-Quantile und Quantilsdistanzen für die Standard-Normalverteilung

| i | Bi-Quantile $Q_p=Q2^i$ | $1/p$ % | $\Delta Q_p$-Distanzen | $\Delta Q_p/2$ |
|---|---|---|---|---|
| 2 | **Q4** | 25.0 | 1.349 | 0.675 |
| 3 | **Q8** | 12.5 | 2.301 | 1.15 |
| 4 | **Q16** | 6.3 | 3.068 | 1.534 |
| 5 | **Q32** | 3.1 | 3.726 | 1.863 |
| 6 | **Q64** | 0.2 | 4.308 | 2.154 |
| 7 | **Q128** | 0.78 | 4.836 | 2.418 |
| 8 | **Q256** | 0.39 | 5.320 | 2.660 |
| aussen | $f_u^o$ | 0.349 | 5.4 | 2.70 |
| fern | $F_u^o$ | $10^{-6}$ | 9.444 | 4.722 |

Die erste Spalte ist die Nummer des Bi-Quantils mit der Bezeichnung (**Qp**) in der 2. Spalte. Die %-Spalte gibt den %-Satz an, den das Bi-Quantil nach aussen hin abschneidet. Die vierte Spalte enthält die Länge der Inter- oder Bi-Quantilsdistanzen $\Delta Q_p$. Die letzte Spalte '($\Delta Q_p)/2$' gibt die Lage des oberen Bi-Quantils in einer Normalverteilung mit Mittelwert 0 und Varianz 1 an (vgl. Figur 4.6). Z.B. liegen die Quartile bei jeweils ±0.675 (d.h. sie sind symmetrisch zum Ursprung). Die beiden letzten Zeilen von Tab. 4.1 geben die Lage der Aussen- und Fernpunkte an, die wie folgt berechnet werden. Die resistente Standardabweichung beträgt $\sigma^* = \frac{3}{4} \Delta Q4 = \frac{3}{4} * 1.349 = 1.01175$ und die Zaungrösse ist **Zone** = 3/2 * $\Delta Q4$ = 3/2 * 1.349 = 2.0235.
Die Berechnung der Zäune nach Def. 4.2 ergibt für den inneren Zaun:

$$f_u^o = Q_4^4 \pm \textbf{Zone} = [\pm .675 \pm 2.0235] = [\pm 2.70].$$

Der Anteil der Aussenpunkte bei einer Normalverteilung beträgt somit 0.698 %. Der äussere Zaun lautet:

$$F_u^o = Q_4^4 \pm 2* \textbf{Zone} = [\pm .675 \pm 4.047] = [\pm 4.722].$$

Der Anteil der Aussenpunkte bei einer Normalverteilung beträgt 0.000 002 358 (2 tausendstel Promille), ist also unter "normalen Umständen" vernachlässigbar klein. Ausserhalb von ± 3 Standardeinheiten liegen praktisch keine Punkte der Normalverteilung. Das ist aus Tab. 4.1 gut ersichtlich, denn bereits der Aussenpunkt liegt jenseits des **Q256** Bi-Quantils.
Man sieht somit, dass "normale" Annahmen in der induktiven Statistik keine Aussen- und Fernpunkte berücksichtigen. Oft kommen diese Punkte bei Statistiken des täglichen Gebrauchs vor, wie wir in Beispiel 4.3 und 4.4 gesehen haben. Eine Box-Plot Darstellung der Tab. 4.1 gibt Figur 4.10:

**Figur 4.10 Box-Plot der Standardnormal N(0,1)-Verteilung**

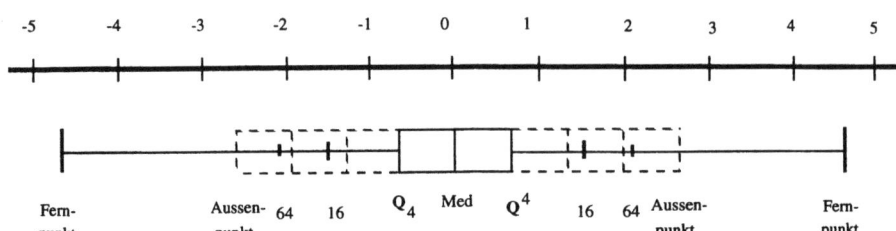

## 4.7. Programmpakete

Einfache, z.T. auch punktierte Box-Plots sind jetzt in fast allen neuen Versionen von Statistik-Programmpaketen enthalten. Meistens ist auch ein Vergleich von mehreren Gruppen und Verteilungen möglich. Es ist jedoch ratsam bei neuen Programmen einen einfachen Test durchzuführen. Oft stimmt die Skala nicht (sie fehlt sogar teilweise), Extremwerte und Anrainer werden manchmal falsch markiert, sogar die "Box"-Länge entspricht gelegentlich nicht der Quartilsdistanz, wenn z.B. Box-Plots für spezielle Anwendungen adaptiert worden sind. Die Aussen- und Fernpunkte müssen meist selbst markiert werden, (grafisch werden sie in Programmen fast nie unterschieden); Zaun-ogramme, Anrainer und resistente Standardabweichung sind selten als Ergebnisse erhältlich, eher sind sie indirekt aus Grafiken ablesbar.

Proportionale, gekerbte und gekreuzte Box-Plots gibt es (fast) nicht in kommerziellen Anwendungen. So haben wir eine 'S-function' erstellt, die für gekreuzte Box-Plots eine der beiden Varianten liefert (vgl. Figur 4.11).

In Velleman und Hoaglin (1981, S. 73ff) wurde der Vorschlag gemacht, statt Kerben in den Box-Plots, die resistenten $2\sigma^*$-Intervalle mit runden Klammern zu markieren. Dies ist bei einfachen Programmen günstig, die keinen Plotter ansprechen.

Manchmal werden neben den Medianen auch die Mittelwerte in einer Box mit einem Symbol markiert (z.B. mit ∆ in Figur 4.3). Es empfiehlt sich daher, immer den Unterschied herauszufinden (vgl. dazu auch die Bemerkungen im Postskriptum).

**Figur 4.11 Gekreuzte Box-Plots: Eigene Darstellung mit S-plus**

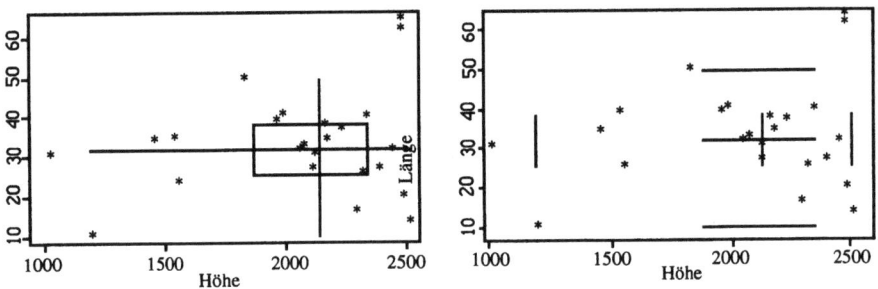

## 4.8. Aufgaben

1) Man erstelle vergleichende Box-Plots für die Universitäten in Beispiel 2.5.
2) Man erstelle vergleichende Box-Plots für die Lebenserwartung in Beispiel 2.6.
3) Man vergleiche die Höhen und km-Länge zwischen den Passstrassen (Beispiel 2.1) und den Passwegen in Beispiel 3.9.
4) Erstelle ein Zauntableau für die 'Ausreisser-Daten' von Grubbs: {2.02, 2.22, 3.04, 3.23, 3.59, 3.73, 3.94, 4.05, 4.11, 4.13} und ein gekerbtes Box-Plot.

5) Man erstelle ein gekerbtes Box-Plot für die Benchmark-Daten von Frigge et al. (1989): {53,56,75,81,82,85,87,89,95,99,100} und vergleiche es mit einem einfachen Histogramm wie in Figur 4.11, dem Output von JMP, das man als Box-und-Rauten-Plot bezeichnen kann.

**Figur 4.12 Box-und-Rauten-Plot der Frigge Daten**

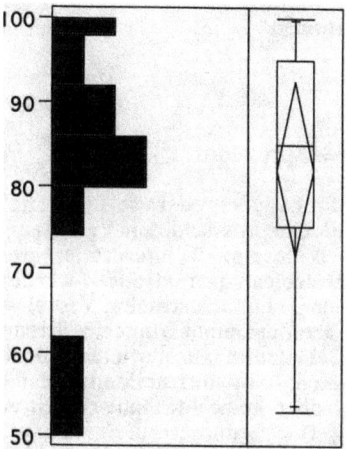

Bem.: Für die Berechnung der Raute wurde der Mittelwert (82) und die 2σ-Intervalle, d.h. 82 ± 4.7 = [92.5, 71.5] verwendet (σ = 15.6).

# 5. DATENTRANSFORMATIONEN

5.1. Daten-re-formationen
5.2. Die Potenzleiter
5.3. Transformations-Regeln
5.4. Zehn Logarithmier (Log)-Regeln
5.5. Die Box-Cox Transformation
5.6. Reziprok-Transformationen

> *Mobilisiere jedes grafische Element,*
> *vielleicht auch wiederholte Male, um*
> *die Daten zu zeigen.*
> *(Tufte, 1982)*

## 5.1. Daten-re-formationen ("re-expressions")

Wozu braucht man Datentransformationen oder "re-formierte" Verteilungen? Um die Fehlinterpretationen (Manipulationen) von schiefen Verteilungen zu vermeiden. Einfache Transformationen sind auch ein einfach interpretierbares Mass zur Angabe der Schiefe von Verteilungen. Datentransformationen werden in der EDA häufig angewandt, weil man entweder Transformationen, die eine univariate Verteilung symmetrisch machen sucht, oder Zusammenhänge in Streudiagrammen begradigen möchte (vgl. Kapitel 6.5). Der Grund ist darin zu suchen, dass symmetrische Verteilungen einfacher zu erklären, bzw. mitzuteilen und leichter interpretierbar sind. Symmetrische Verteilungen erlauben keine Manipulationen von Lageparametern, wie Mittelwert, Median und Modalwert.
Daher sind Datentransformationen für univariate Verteilungen immer symmetriesuchende Transformationen. Nur die Enden einer Verteilung können gestreckt oder gestaucht werden. Es ist jedoch nicht möglich, aus eingipfeligen (unimodalen) mehrgipfelige Verteilungen zu erzeugen oder umgekehrt. Weitere Anwendungsmöglichkeiten gibt es für Streudiagramme im nächsten Kapitel. Das nächste einführende Beispiel 5.1 soll die Problematik der schiefen Verteilungen demonstrieren.

**Beispiel 5.1 "Gute Gegend" oder "Fast jeder ist unter dem Durchschnitt"**

Auf Wohnungssuche in einem Schweizer Kanton interessieren Sie sich für ein Objekt in einer "guten Gegend". Der Makler im Realitätenbüro versichert Ihnen, dass aufgrund der statistischen Erhebung in diesem Bezirk das Jahreseinkommen im Durchschnitt bei SFr. **105.000.-** liegt.
Sie geniessen die gute Gegend ein Jahr, bis Sie plötzlich durch neue Steuermassnahmen aufgeschreckt werden: Die Einkommenssteuer (und andere lokale Abgaben) sollen erhöht werden. In einer lokalen Stellungsnahme wird darauf hingewiesen, dass aufgrund der letzten statistischen Erhebung wenige davon betroffen sein werden, denn das mittlere Einkommen (Median) läge nur bei SFr. **70.000.-**.
Etwas verwundert nehmen Sie dies zur Kenntnis und werden nur wenig später durch eine weitere Nachricht verschreckt. Die Gas- und Strompreise, wie weitere Tarife sollen erhöht werden. Spontan bildet sich eine Bürgerinitiative und weist auf die wenig rosige Lage vieler Einwohner in Ihrem Bezirk hin. Aufgrund der letzten statistischen Erhebung in diesem Bezirk läge der Modalwert der Einkommen (d.h. das häufigste Einkommen) bei **SFr. 35.000.-**, daher wäre jede weitere Belastung der Einwohner unmöglich. Da die meisten Leute, ja knappe 50%, nur knapp SFr. 3000.- pro Monat verdienen, trifft die Erhöhung gerade die Ärmsten in diesem Bezirk!
Leben Sie nun in einer "guten Gegend", oder hat jemand die "letzten statistischen Erhebung in diesem Bezirk" verfälscht wiedergegeben? Ein Statistiker wird zu Rate gezogen und er stellt fest: Alle Mittelwerte sind richtig! Wieso?!

Stecken Tricks, Manipulation, Zauberei oder einfach nur Statistik dahinter; wohnen Sie jetzt in einer guten oder einer schlechten Gegend? Schauen Sie sich die Daten in Tab.. 5.1 an:

Tab. 5.1 Jahres-Einkommen in einer "guten Gegend"

| Einkommen | Anzahl | Lagemass |
|---:|---:|---|
| 810.000 | 10 | |
| 300.000 | 10 | |
| 175.000 | 20 | |
| 105.000 | 10 | ← Mittelwert |
| 90.000 | 30 | |
| 75.000 | 40 | |
| 70.000 | 10 | ← Median |
| 35.000 | 120 | ← Modalwert |
| Summe | 250 | |

Wie man aus der Tabelle ersieht, haben wir es mit einer extrem schiefen Verteilung zu tun. 210 von 250 Einwohner (84%) liegen unter dem Durchschnitt. Das erklärt den Untertitel dieses Beispiels.
Der Median liegt sehr nahe beim Modalwert, und der Mittelwert wird durch den einen Grossverdiener in der Verteilung weit nach aussen verschoben. Schiefe kann daher leicht durch wenige extreme Beobachtungen erzeugt werden, und schiefe Verteilungen eignen sich daher gut zu Manipulationen oder "statistischen Lügen".

## 5.2. Die Potenzleiter ("ladder of powers")

Die Klasse von Transformationen, die in der EDA zur Anwendung kommen, nennt man "Potenzleiter". Sie hat die einfache Form Trans$\{y_i\}$ = $\{y_i{}^p\}$, i = 1, ..., n. p ist die 'Potenz', d.h. der Exponent der Potenzleiter, und die wichtigsten Transformationen sind - kommentiert - in Tab. 5.2 angeführt und die dazugehörigen Grafiken befinden sich in Figur 5.1.

Tab. 5.2 Transformationen der Potenzleiter (ladder of powers)

| p | Transformation | Name | Hinweise |
|---|---|---|---|
| ... | | hohe p's | selten |
| 3 | $y^3$ | Kubik | Hohe Exponenten sind selten |
| 2 | $y^2$ | Quadrat | häufig |
| 1 | y | "Roh-Daten" | |
| $\frac{1}{2}$ | $\sqrt{y}$ | Wurzel | häufig |
| 0 | logy | Log's | sehr häufig |
| $-\frac{1}{2}$ | $-1/\sqrt{y}$ | Reziproke Wurzel | |
| -1 | $-1/y$ | Kehrwerte | negative Vorzeichen erhalten die Ordnung |
| -2 | $-1/y^2$ | Reziproke Quadrate | |
| ... | | negative p's | selten |

## 5.3. Transformations-Regeln

Welchen Effekt haben Transformationen für den Zahlenvergleich? Zwei Richtungen sind dabei zu unterscheiden: Das Hinaufklettern und das Hinabklettern auf der Potenzleiter.

**Figur 5.1 Die Transformationen der Potenzleiter:** $y^p$ für $p \in \{-2,-1,0,1,2\}$
($y^0$ steht für die Transformation $1 + \log y$, vgl. Def. 5.1).

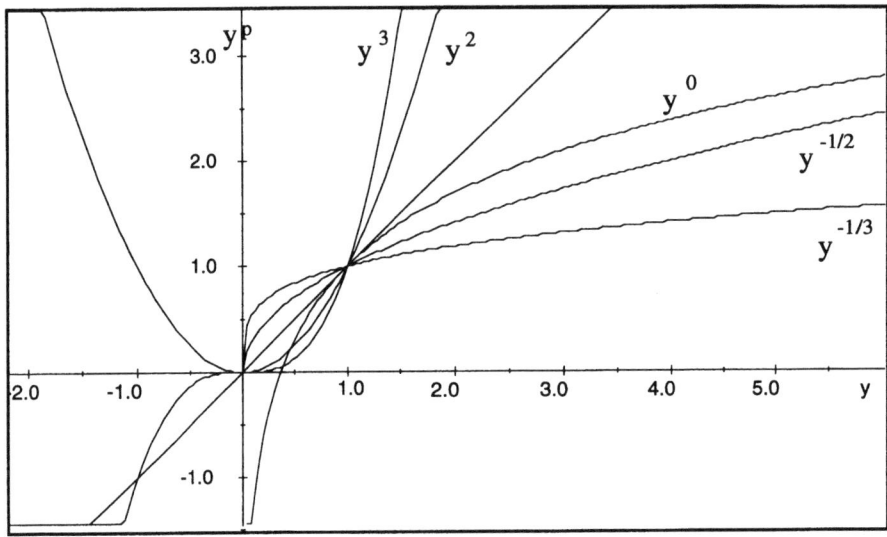

### 5.3.1. Hinaufklettern

Hinaufklettern auf der Potenzleiter bedeutet z.B., dass wir von $y \rightarrow y^2 \rightarrow y^3$ ... etc. gehen, oder auch "zurück": $\frac{-1}{y^2} \rightarrow \frac{-1}{y} \rightarrow \log y$. Das ist dann der Fall, wenn eine linksschiefe Verteilung symmetrisch gemacht werden soll. Der Unterschied zwischen *grossen* Zahlen wird verstärkt, der Unterschied zwischen *kleinen* Zahlen verkleinert.

Tab. 5.3 Die 46 schwersten Erdbeben des 20. Jh. (Quelle: Die Presse, Sept.1985)

| Jahr | Land | Stärke | Tote | Jahr | Land | Stärke | Tote |
|------|------|--------|------|------|------|--------|------|
| 06 | USA (Frisco) | 8.3 | 452 | 06 | Chile | 8.6 | 20000 |
| 08 | Italien | 7.5 | 83000 | 15 | Italien | 7.5 | 29980 |
| 20 | China | 8.6 | 100000 | 23 | Tokio | 8.3 | 99330 |
| 27 | China | 8.3 | 200000 | 32 | China | 7.6 | 70000 |
| 33 | Japan | 8.9 | 2990 | 34 | Indien | 8.4 | 10700 |
| 35 | Indien | 7.5 | 30000 | 39 | Chile | 7.9 | 30000 |
| 39 | Türkei | 8.3 | 28000 | 46 | Japan | 8.4 | 2000 |
| 48 | Japan | 7.3 | 5131 | 49 | Ekuador | 6.8 | 6000 |
| 50 | Indien | 8.7 | 1530 | 53 | Türkei | 7.2 | 1200 |
| 56 | Afganistan | 7.7 | 2000 | 57 | Iran | 7.1 | 2000 |
| 57 | Iran | 7.4 | 2500 | 60 | Marokko | 5.8 | 12000 |
| 60 | Chile | 8.3 | 5000 | 62 | Iran | 7.1 | 12230 |
| 63 | Jugoslawien | 6.0 | 1100 | 66 | Türkei | 6.9 | 2520 |
| 68 | Iran | 7.4 | 12000 | 70 | Türkei | 7.4 | 1068 |

| 70 | Peru      | 7.7 | 66794  | 72 | Nicaragua  | 6.2 | 5000 |
| 72 | Iran      | 6.9 | 5057   | 74 | Pakistan   | 6.3 | 5200 |
| 75 | Türkei    | 6.8 | 2312   | 76 | Italien    | 6.5 | 946  |
| 76 | Guatemala | 7.5 | 22778  | 76 | Filippinen | 7.8 | 8000 |
| 76 | Kolumbien | 7.9 | 800    | 76 | Türkei     | 7.9 | 4000 |
| 76 | China     | 8.2 | 800000 | 77 | Rumänien   | 7.5 | 1541 |
| 78 | Iran      | 7.7 | 2500   | 80 | Algerien   | 7.2 | 4800 |
| 80 | Italien   | 7.3 | 4500   | 82 | Nordjemen  | 6.0 | 2800 |
| 83 | Türkei    | 7.1 | 1300   | 85 | Mexiko     | 7.8 | 3000 |

## 5.3.2. Hinabklettern

Hinabklettern auf der Potenzleiter bedeutet z.B. $y \to \log y \to \frac{-1}{y}$. Das ist dann der Fall, wenn eine rechtsschiefe Verteilung symmetrisch gemacht werden soll. Der Unterschied zwischen *grossen* Zahlen wird gedämpft, der Unterschied zwischen *kleinen* Zahlen betont. Dies ist an einem kleinem Zahlenbeispiel leicht zu sehen:

**Beispiel 5.2 Branchen-Umsätze**

Die Umsätze (in Mio) von 7 Firmen einer Branche seien **x** = (30, 50, 130, 200, 250, 700, 1000). Es gibt eher mehrere kleinere Umsätze und wenig grosse. Eine Log-Transformation ist somit angebracht: ln **x** = (3.4, 3.9, 4.87, 5.3, 5.52, 6.55, 6.9). Die zugehörigen St&Bl's der Umsätze sind:

|         |        | a) Original        |       | b) Log's      |
|---------|--------|--------------------|-------|---------------|
| Einheit |        | 1 = 10             |       | 1 = 0.1       |
|         |        | 0**I03 = 30;       |       | t I34 = 3.4   |
| Klasse  |        |                    |       |               |
| 00-10:  | 0**    | 03,05,13           | t     | 34,39         |
| 20-30:  | t      | 20,25              | f     | 49,53,55      |
| 40-50:  | f      |                    | s     | 65,69         |
| 60-70:  | s      | 70                 |       |               |
| 80-90:  | 0•     |                    |       |               |
| 100-110:| 10**   | 00                 |       |               |

**Beispiel 5.3 Hinabklettern auf der Potenzleiter**

**a) Histogramm der Originaldaten:** Anzahl der Todesopfer bei Erdbeben im 20. Jh.

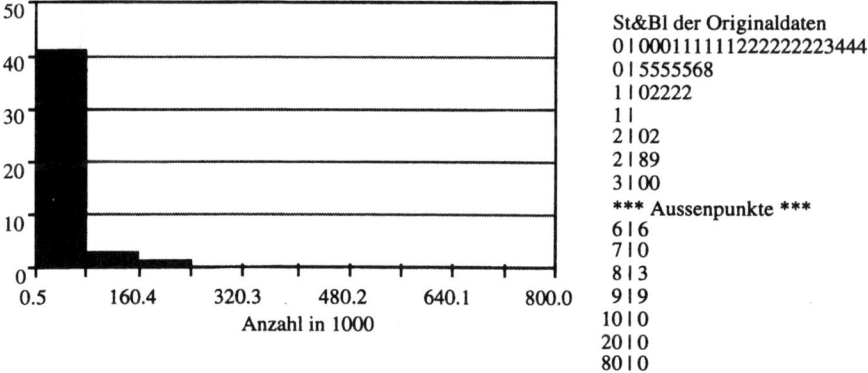

St&Bl der Originaldaten
0 I 000111111222222223444
0 I 5555568
1 I 02222
1 I
2 I 02
2 I 89
3 I 00
*** Aussenpunkte ***
6 I 6
7 I 0
8 I 3
9 I 9
10 I 0
20 I 0
80 I 0

### b) Log-Transformation

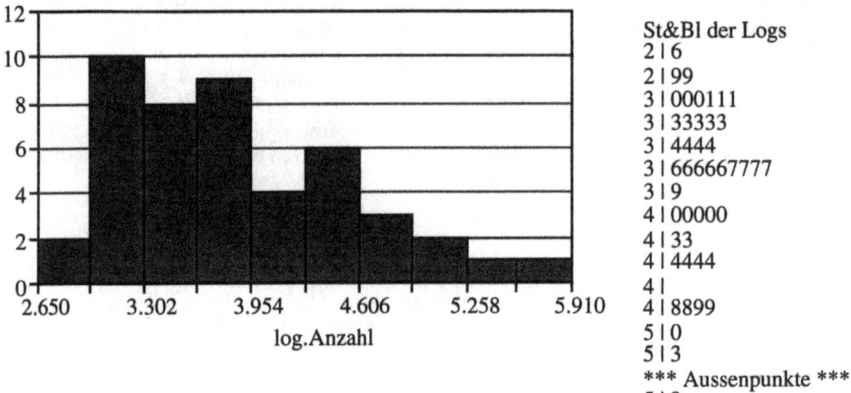

St&Bl der Logs
2 | 6
2 | 99
3 | 000111
3 | 33333
3 | 4444
3 | 666667777
3 | 9
4 | 00000
4 | 33
4 | 4444
4 |
4 | 8899
5 | 0
5 | 3
\*\*\* Aussenpunkte \*\*\*
5 | 9

### c) Inverse (Reziprok-) Transformation

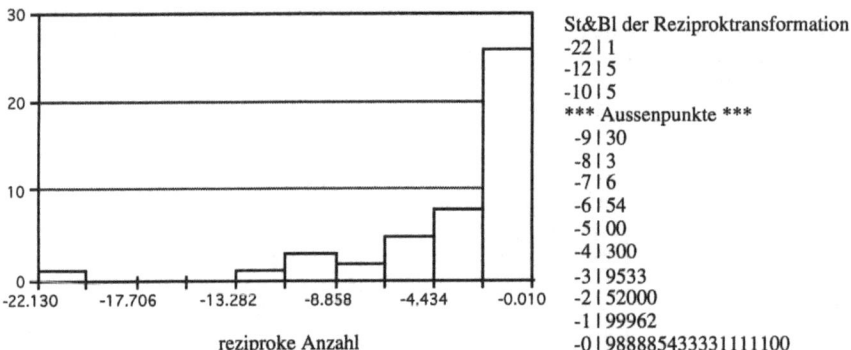

St&Bl der Reziproktransformation
-22 | 1
-12 | 5
-10 | 5
\*\*\* Aussenpunkte \*\*\*
-9 | 30
-8 | 3
-7 | 6
-6 | 54
-5 | 00
-4 | 300
-3 | 9533
-2 | 52000
-1 | 99962
-0 | 988885433331111100

Man sieht also, wie die Verteilung von rechtsschief auf symmetrisch re-formiert wird. In Beispiel 5.3 wird eine typische Sequenz für symmetriesuchende Daten-Transformationen gezeigt: Die Originaldaten (die Anzahl der Erdbebenopfer in Tab. 5.3) sind sehr rechtsschief, daher versucht man es zunächst mit der Log-Transformation (Beispiel 5.3.b). Auch diese liefert noch eine rechtsschiefe Verteilung, daher geht man eine weitere Stufe tiefer, zur Reziproktransformation (in Beispiel 5.3.c). Diese Verteilung ist nun aber schon linksschief, daher muss man auf der Potenzleiter wieder nach oben klettern, vgl. Kapitel 3.3.

### 5.3.3. Potenztransformation mittels n–Zahlen-Mass

Man kann sich die Darstellungen der gesamten Verteilungen verkürzen, indem man explorative Schiefemasse in n-Zahlen–Massen verwendet. In Figur 5.2 sind die Septagramme der Original- und der transformierten Verteilungen des Beispiels 5.3 mit den Quartilsmitteln mid(**Qp**) abgebildet. Man sieht deutlich die ansteigende Tendenz der Quartilsmitteln in den Original- und den logarithmierten Daten. Die inverse Transformation hingegen zeigt die Linksschiefe durch ihre monoton fallende Tendenz.

**Figur 5.2 Explorative Schiefe in Septagrammen der Erdbebenopfer**

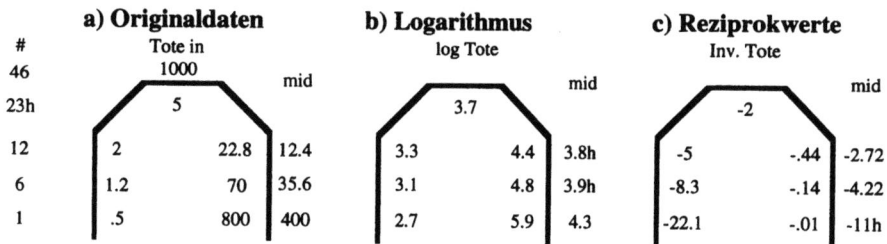

### 5.3.4. Hinaufklettern auf der Potenzleiter

In Beispiel 5.4 ist nun die gegenläufige Bewegung auf der Potenzleiter notwendig, denn die inverse Transformation führte uns bei der Schiefesuche zu weit nach unten. Da die Log's rechtsschief sind, versuchen wir es beim Hinaufsteigen der Potenzleiter mit der Hälfte des Intervalls, d.h. mit der inversen Quadratwurzel (Beispiel 5.4.a). Auch diese Verteilung ist noch linksschief, daher ist eine weitere Stufenverkleinerung notwendig, die inverse Kubikwurzel (Beispiel 5.4.b). Diese liefert nun eine annähernd symmetrische Verteilung.

**Beispiel 5.4 Erdbebenopfer: Symmetrie-suchende Potenztransformation**

**a) Inverse Quadratwurzel-Transformation**

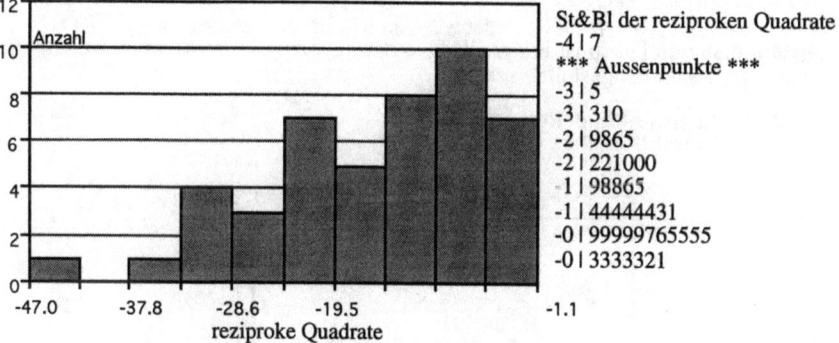

**b) Inverse Kubikwurzel-Transformation**

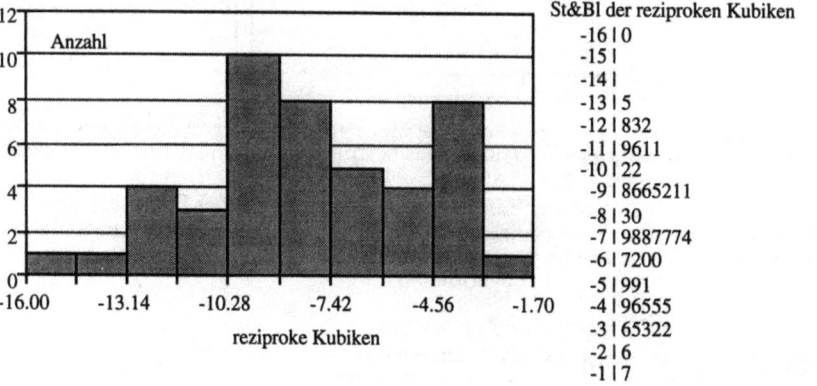

Das gleiche Ergebnis bekommt man, wenn man statt der gesamten Verteilung die Quantilsdistanzen der Septagramme untersucht. In Figur 5.3 sind, in Fortsetzung von Figur 5.2, die explorativen Schiefemasse angegeben. Man sieht deutlich, dass die inverse Quadratwurzeln noch eine linksschiefe Quantilsmittel-Folge liefert (Figur 5.3.a), jedoch die inversen Kubikwurzeln weisen keinen einheitlichen Trend in den Quantilsmitteln mehr auf (Figur 5.3.b). Bis auf das Extremmittel (-8.8) liegen alle Quantilsmittel nahe beisammen. Es ist bemerkenswert, dass die Anzahl der Erdbebenopfer derartig sensitiv auf Schiefetransformationen auf der Potenzleiter reagiert.

**Figur 5.3 Explorative Schiefe-Korrektur mittels Septagrammen**

| | a) Inverse Quadratwurzel | | | b) Inverse Kubikwurzel | | |
|---|---|---|---|---|---|---|
| n=46 | $y^{-1/2}$ Transformation | | | $y^{-1/3}$ Transformation | | |
| 23h | -14 | | -mid | -7.8 | | -mid |
| 12 | -47 | -6.6 | -26.8 | -10.2 | -4.9 | -7.6 |
| 6 | -22 | -3.8 | -12.9 | -11.9 | -3.5 | -7.7 |
| 1 | -29 | -1.1 | -15h | -16 | -1.7 | -8.8 |

## 5.4. Zehn Logarithmier (Log)-Regeln

Das Logarithmieren von Daten ist in der EDA so häufig, dass einige wichtige Regeln in diesem Abschnitt zusammengestellt wurden:

**Figur 5.4 Die Log-Funktion** $\log x = \int_{1}^{x} \frac{1}{u}\, du$.

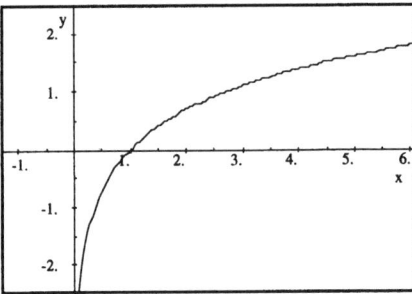

1) Log's sind tabelliert, denn die Funktion ist als bestimmtes Integral der oberen Grenze wie in Figur 5.4. definiert.

2) Log's gibt es zu verschiedener Basis: Log's mit unterschiedlicher Basis sind zueinander proportional, d.h. unterscheiden sich nur durch eine multiplikative Konstante. Es gilt die folgende 'Kettenregel für Logarithmen':

$$\log_c b = \log_c a * \log_a b.$$

Z.B. $\log_{10} b = \log_{10} e * \log_e b = 0.4343\ \ln b$ oder
$\log_e b = \log_e 2 * \log_2 b \Rightarrow \ln b = \ln 2 * ldb = 0.693\ ldb$.

3) Log's zur Basis 10 heissen auch dekadischer Logarithmus: $\log_{10} = \log$.
   Die inverse Funktion lautet: $x = 10\wedge(\log x) = 10^{\log x}$.
   Speziell gilt: ..., log .001 = -3, log 0.1 = -1, log 1 = 0, log 10 = 1, log 100 = 2, ...

4) Log's zur Basis e heissen auch natürlicher Logarithmus: $\log_e = \ln$.
   Die inverse Funktion lautet: $x = \exp(\ln x) = e^{\ln x}$.

5) Log's zur Basis 2 heissen auch Logarithmus dualis: $\log_2 = \text{ld}$.
   Die inverse Funktion lautet: $x = 2\wedge(\text{ld}x) = 2^{\text{ld}x}$.

6) Log's sind nur für positive (reelle) Zahlen definiert.
   (Bei negativen Zahlen nimmt man oft den log |x|, dann ist die inverse Funktion bis auf das Vorzeichen nicht mehr eindeutig.)

7) Folgende Funktionswerte der Log-funktion sind interessant:

   $\log(1) = 0$, $\quad \lim_{x \to \infty} \log x = \infty$, $\quad \lim_{x \to 0} \log x = -\infty$.

8) Der Log eines Produktes ist die Summe der Log's: $\quad \log(x*y) = \log x + \log y$.

9) Der Log eines Quotienten ist die Differenz der Log's: $\log\left(\dfrac{x}{y}\right) = \log x - \log y$.

   Es gilt daher als Spezialfall: $-\log x = \log\left(\dfrac{1}{x}\right)$

10) Der Log einer Potenz reduziert sich auf eine Multiplikation des Log's der Basis mit dem Exponenten:

    $$\log x^p = p \log x.$$

## *5.5. Die Box-Cox Transformation

Eine wichtige Datentransformation wurde von Box und Cox (1964) vorgeschlagen, sie ist die theoretische Grundlage der Potenzleiter.

**Def. 5.1 Die Box-Cox-Transformation** wird für folgende Bereiche definiert:
a) **für positive Zahlen** mit einparametrigen Transformationsparameter q:

$$y^{(q)} = \frac{y^q - 1}{q}.$$

b) **für negative Zahlen** mit zwei reellen Parametern m und q:

$$y^{(q,m)} = \frac{(y+m)^q - 1}{q} \qquad \text{für } y > -m.$$

Da mit m eine untere Grenze gewählt werden muss, ist die Box-Cox Transformation für negative Zahlen eher unbeliebt. In beiden Fällen wird für q = 0 die stetige Ergänzung definiert:

$$y^{(q)} = \log y, \text{ bzw. } y^{(q, m)} = \log(y + m).$$

Zu Vergleichszwecken wird eine 1 zur Transformation y(q) oder y(q, m) gezählt, wie etwa in Figur 5.1. Damit wird erreicht, dass die gesamte Kurvenschar durch den Punkt (1,1) geht.

*Bem: Nach der Regel von de l'Hopital kann man bei unbestimmten Ausdrücken der Form "0/0" im Zähler und Nenner getrennt differenzieren:

$$\lim_{\theta \to 0} \frac{y^\theta - 1}{\theta} = \text{"}\frac{0}{0}\text{"} = \lim_{\theta \to 0} \frac{y^\theta * \log y}{1} = \log y.$$

## 5.6. Reziprok-Transformationen

Die inversen oder Reziprok-Transformationen 1/y verwendet man hauptsächlich zur Auswertung von Zeitlängen, Verweildauern, etc. (vgl. auch das harmonisches Mittel in Kap. 10). Der Grund liegt darin, dass bestimmte Abläufe beliebig lang (∞) dauern können, und sie durch Umkehrung auf 0 reduziert werden. Beispiele dazu sind:

a) Der Einsturzzeitpunkt von Gebäuden nach einem Erdbeben (nicht alle müssen zugleich zusammenbrechen, einige bei Nachbeben oder noch später);
b) Der Tod von Viren bei Antibiotikabehandlung (einige Arten sind resistent und überleben, d.h. t→∞);
c) Lernzeiten bei Tierversuchen (z.B. Mäuse im Labyrinth: es gibt schnelle und verirrte Tiere).

**Beispiel 5.5 Laufzeiten von Ratten** (Tukey 1977, S.77, nach einem Experiment von Hall 1934)

Am zweiten Versuchstag wurden folgende Zeiten von "Start" bis "Sektion 2" gemessen, wobei die Zeiten in Zehntelsekunden mit 1000 multipliziert und die reziproke Zeiten als $\frac{10'000}{t}$ berechnet wurden.

a) Die Zeiten- und deren Reziprokwerte

| Ratte Versuch i | 1 | | 2 | | 3 | | 4 | |
|---|---|---|---|---|---|---|---|---|
| | $y_i$ | $\frac{10'000}{y_i}$ | $y_i$ | $\frac{10'000}{y_i}$ | $y_i$ | $\frac{10'000}{y_i}$ | $y_i$ | $\frac{10'000}{y_i}$ |
| 1 | 76 | 132 | 119 | 84 | 108 | 93 | 56 | 179 |
| 2 | 127 | 79 | 186 | 54 | 39 | 256 | 70 | 143 |
| 3 | 261 | 38 | 93 | 108 | 65 | 154 | 81 | 123 |
| 4 | 137 | 73 | 224 | 45 | 29 | 345 | 57 | 175 |
| 5 | 47 | 213 | 128 | 78 | 35 | 286 | 46 | 217 |

b) Parallele St&Bl für die Originalwerte y

1 = 0.001 Zehntelsekunden

| | | | | | |
|---|---|---|---|---|---|
| kurz | 0* | | | 334 | |
| | 0• | 58 | 9 | 7 | 56678 |
| | 1* | 34 | 23 | 1 | |
| | 1• | | 9 | | |
| | 2* | | 2 | | |
| lang | 2• | 6 | | | |

c) Parallele St&Bl für die Reziprokwerte

$$\text{Einheit } 1 = \frac{1000}{\text{Sekunden}} \text{ bzw. } 0 | 4 \text{ bedeutet } 0.0004 \text{ Sekunden}$$

```
langsam   0*  | 4
          0•  | 78      | 588      | 9
          1*  | 3       | 1        | 5       | 24
          1•  |         |          |         | 88
          2*  | 1       |          | 69      | 2
schnell   2•  |

          H|              |(35)
```

Aus dem parallelen St&Bl für die Originalwerte sieht man deutlich ein heterogenes Rattenverhalten: Ratte 1 und 2 streuen mehr als Ratte 3 und 4; Ratte 3 war am schnellsten und Ratte 4 war aussergewöhnlich beständig in ihren Laufzeiten. Das St&Bl für die Reziprokwerte zeigt bezüglich der Streuung der 4 Ratten ein viel homogeneres Bild, eine Ausnahme ist lediglich Ratte 3. Beachte, dass die Reziprokwerte der Laufzeiten direkt als *Schnelligkeit* interpretierbar sind: grosse reziproke Werte bedeuten 'schnell', oder in Originalwerten 'kurze Zeiten', und langsam (auf der reziproken Skala) bedeutet lange Zeiten (auf der Originalskala).

### 5.7. Programmpakete

Fast alle Programmpakete bieten derzeit einfache Transformationen von Verteilungen. Explorative Schiefemasse werden nicht angeboten, sie müssen selbst erstellt werden. (n-Zahlen-Masse sind in Programmpaketen eher selten zu finden.)

### 5.8. Aufgaben

1) Man suche eine Transformation für die Schweizer Einwohner nach Kantonen (Beispiel 2.9).
2) Man suche eine Symmetrie-Transformation für die Einkommen in Beispiel 5.1.
3) Man suche eine Symmetrie-Transformation für die Erdbebenstärke in Beispiel 5.2.
4) Man bilde 3 Gruppen von Erdbebendaten: a) Europa, b) Amerika c) Asien. Ist die symmetriesuchende Transformation für die Todesopfer in allen Gruppen gleich?
5) Welche Transformation gilt für das BIP pro Kopf der afrikanischen Länder in Tab. 5.4?

Tab. 5.4 BIP pro Kopf in Sub-Sahara-Afrika (Quelle: Economist und World Bank 1993)

| | | | | | | | |
|---|---|---|---|---|---|---|---|
| Mozambique | 60 | | Burkina Faso | 290 | | Guinea | 510 |
| Sudan | 100 | * | Zambia | 290 | | Mauretania | 530 |
| Somalia | 100 | * | Mali | 300 | | Lesotho | 590 |
| Eritrea | 110 | | Niger | 300 | | Angola | 600 * |
| Ethiopia | 110 | | Zaire | 300 | | Côte d'Ivoire | 670 |
| Tanzania | 110 | | Nigeria | 320 | | Senegal | 780 |
| Uganda | 170 | | Eq. Guinea | 330 | | Cameroon | 820 |
| Sierra Leone | 180 | | Kenya | 330 | | Djibouti | 925 * |
| Guinea Bissau | 210 | | Liberia | 359 | * | Congo | 1030 |
| Burundi | 210 | | Gambia | 390 | | Swaziland | 1080 |
| Malawi | 210 | | Togo | 400 | | Namibia | 1610 |
| Chad | 220 | | Benin | 410 | | South Africa | 2670 |
| Madagascar | 230 | | C.A.R. | 410 | | Botswana | 2790 |
| Rwanda | 250 | | Ghana | 450 | | Gabon | 4450 |

\* Letzte Schätzungen

6) Welche Transformation gilt für die Höhe von Wasserfällen in Tab. 5.5?

Tab. 5.5 Höhe von Wasserfällen (Quelle: Brockhaus, 18. Auflage)

| Name | Land | Meter | Name | Land | Meter |
|---|---|---|---|---|---|
| Angel Fall | Venezuela | 978 | Yosemite-Fall | USA | 739 |
| Sutherland | Neuseeland | 571 | Tugela | Südafrika | 540 |
| Roraima | Guayana | 457 | Kalambo | Tansania | 427 |
| Gavarnie | Frankreich | 420 | Krimmler-Fäl. | Österreich | 380 |
| Giessbachfälle | Schweiz | 300 | Staubachfall | Schweiz | 298 |
| Mardalsfoss | Norwegen | 297 | Vettifoss | Norwegen | 275 |
| Gersoppa | Indien | 252 | Kaieteur | Guayana | 226 |
| Velino | Italien | 180 | Vöringfoss | Norwegen | 163 |
| Triberger Fälle | BRD | 163 | Tosa (Toce) | Italien | 160 |
| Tequendama | Kolumbien | 147 | Ilja Muromez | UdSSR | 141 |
| Yellowstone | USA | 127 | Ruancana | Angola | 120 |
| Sete-Quedas | Paraguay/Bras | 117 | Huskvarnaa | Schweden | 114 |
| Viktoria | Rhodesien | 110 | Teverone | Italien | 108 |
| Gastein | Österreich | 85 | Krka | Jugoslawien | 85 |
| Montmorency | Kanada | 82 | Paulo-Alfonso | Brasilien | 81 |
| Churchill | Kanada | 76 | Pissevache | Schweiz | 75 |
| Iguassu | Argentinien/Br. | 69 | Niagara | USA | 60 |
| Niagara | Kanada | 48 | Stanley | Zaire | 45 |
| Rheinfall | Schweiz | 24 | | | |

# 6. STREUDIAGRAMME

6.1. Einfache Streudiagramme
6.2. Bruchpunkt und Resistenz von Skizzen
6.3. Die Schärfe einer Skizze
6.4. Manuelles Anpassen von Geraden
6.5. Lineare und nichtlineare Trends
6.6. Stückweise Trendbestimmungen
6.7. Begradigen von Zusammenhängen
6.8. Zusammenfassung und Diskussion

*Trends sind die Windrichtungen der Gedanken*
*(R. Boller)*

## 6.1. Einfache Streudiagramme

Die bisherigen Kapitel haben sich mit einem (bzw. univariaten) Merkmal beschäftigt, d.h. jeder Merkmalsträger besitzt eine Merkmalsausprägung. Dabei haben wir gesehen, wie man die Verteilung eines Merkmals grafisch (Box-Plot) und semi-grafisch (St&Bl, Faltungen, n-Zahlenmasse) erfassen kann, mit welchen Lage- und Streuungsparametern man sie beschreiben kann und wie man Merkmale transformiert, um sie besser verarbeiten zu können.

Nun befassen wir uns mit zweidimensionalen (bivariaten metrischen) Merkmalen, d.h. jeder Merkmalsträger i besitzt zwei Merkmalsausprägungen $x_i$ und $y_i$ (z.B. jeder Mensch besitzt die Merkmale Grösse und Gewicht).

Eine Fragestellung, die in Figur 6.1 zu einem Streudiagramm führt, lautet: Wie hängt die Länge von Passstrassen in der Schweiz von der Höhe der Pässe ab? In Figur 6.1.a) haben wir auf der x-Achse die Passhöhen aufgetragen und auf der y-Achse die km-Länge. (Der Merkmalsträger Passstrasse hat zwei Merkmalsausprägungen: Passhöhe und km-Länge.)

**Figur 6.1 Streudiagramm: Schweizer Alpenpässe nach Länge und Höhe**

a) Streudiagramm

b) **Quadratische Anpassung** der Strassenlänge (ohne Ausreisser)

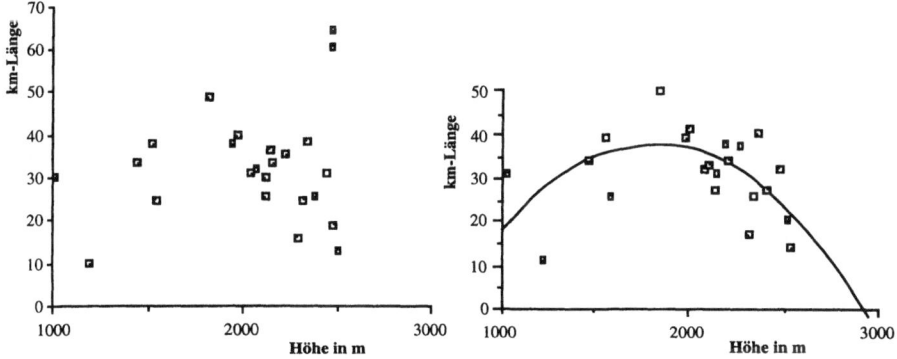

Bemerkenswert ist, dass es offenbar keinen Zusammenhang gibt: Die beiden univariaten extremen Punkte Simplon und St. Bernhard sind auch im Streudiagramm extreme Beobachtungen, und es ist eher ein geknickter Verlauf erkennbar: Passstrassen mit geringen und grossen Passhöhen haben eher kurze Strassenlängen, während Pässe zwischen 1800 und 2200 Metern eher lange Strassen aufweisen. In Figur 6.1.b) wurden die beiden extremen 60km Passstrassen weggelassen und eine quadratische Funktion (eine Parabel) angepasst. Man beachte, dass die quadratische Extrapolation ergibt, dass Passstrassen über 3000m keine (oder negative) Strassenlänge aufweisen würden. Dies ist ein gutes Beispiel dafür, dass Zusammenhänge, die durch die Daten selbst suggeriert werden, nicht immer die besten aus substanzwissenschaftlicher Sicht sein müssen. Die Parabel scheint den gekrümmten Trend der Punktwolke gut zu beschreiben, aber als Erklärungsmodell kommt sie höchstens als stückweise Anpassung in Betracht. Damit wird eine weitere Dimension im Modellbau eröffnet: Ist dieses Phänomen vielleicht dadurch zustande gekommen, dass man etwas bei der Datenerhebung übersehen hat? (Hinweis: Wie kommt man zur Messung von Strassenlängen der Alpenpässe?)

Bivariate Merkmale können als Streudiagramme (scatter-plots) grafisch in Ebenen (im $R^2$) als Punkte $(x_i, y_i)$, $i = 1, ..., n$, dargestellt werden. Ein Merkmal, meistens das verursachende, wird auf der x-Achse aufgetragen, das zweite 'abhängige' Merkmal auf der y-Achse. Jeder Punkt repräsentiert einen Merkmalsträger $i$, $i = 1, ..., n$, der auch eine Kodierung besitzen kann. Daher können 2-dimensionale Merkmale in einem Streudiagramm auch Punktwolke genannt werden. Streudiagramme können entweder zur reinen Beschreibung oder Exploration einer Punktwolke dienen, oder bereits von der Fragestellung her kausal gerichtete Zusammenhänge aufzeigen. Ist ein zeitabhängiges Merkmal oder eine Zeitreihe beobachtet worden, d.h. die Punkte $\{(t, y_t), t = 1, ..., T\}$, dann sprechen wir von Trenddiagrammen und die Zeitvariable t ist gleichzeitig das kausale Merkmal, das den Zeitverlauf des Merkmals Y (die abhängige Variable) beschreibt. Streudiagramme sind ein grundlegendes Analyseinstrument auch für mehrdimensionale Merkmale (vgl. Kapitel 16 oder Cleveland and McGill 1984). Statistische Kommunikation geht meistens über Papier oder Bildschirm, in beiden Fällen stehen nur 2 Dimensionen zur Verfügung. Auch wenn das zugrundelegende Phänomen höherdimensional ist, so müssen die wesentlichen Charakteristika oft in 2 Dimensionen, in der EDA wie in den anderen Bereichen der Statistik, zumeist mit Hilfe von Streudiagrammen, dargestellt werden.

### 6.1.1. Kodierte Streudiagramme

Von einem kodierten Streudiagramm oder allgemein, einem symbolischen Streudiagramm (engl.: symbolic scatter plot) spricht man dann, wenn statt den Punkten die Kodierungen (Codes) der Merkmalsträger als grafisches Plotsymbol verwendet wird. Für ökonomische Zeitreihen ist die Kodierung mit dem Merkmalsträger Zeit (Jahr, Quartal, Monat, ...) oft aufschlussreich, wie etwa in Figur 6.2.a). Dabei haben wir die Streudiagramme am Knickpunkt getrennt, der etwa bei 2000m Höhe liegt, und einfache Durchschnittsgeraden eingezeichnet. (Durchschnittsgerade sind keine resistenten EDA-Methoden, jedoch weit verbreitet und in fast allen Computerprogrammen vorhanden. Die Zahlen in Klammern (R = ...) geben den quadrierten Korrelationskoeffizienten an, ein Mass zwischen 0 und 1, das die Stärke eines Zusammenhanges misst (vgl. Kapitel 12). Die resistente Geradenanpassung wird in Kapitel 7.1 erklärt. Beide Diagramme liefern einen positiven Anstieg, jedoch ist der Anstieg bei Pässen über 2000m nur halb so gross; dies ist auf den Einfluss der beiden Ausreisser zurückzuführen.

Mit einer vollen Kodierung macht das Streudiagramm einen unübersichtlichen Eindruck, wie Figur 6.2.c) zeigt. Es sind dazu noch die Durchschnittsgeraden mit und ohne den extremen Beobachtungen Simplon und St. Bernhard eingezeichnet (R = 0.03). Kodierungen sind nur bei wenigen Beobachtungen sinnvoll, da sich sonst die Symbole überlagern. Bei vielen Daten empfiehlt sich daher eine *partielle* Kodierung: Nur interessante Beobachtungen, zumeist Aussen- und Fernpunkte, werden markiert.

**Figur 6.2 Schweizer Alpenpässe nach Höhe und Länge**

Kodierungen (Codes): Br: Brünig, SE: Sattelegg, CM: Col des Mosses, CF: Col de la Forclaz, CP: Col Pillon, Mj: Maloja, KP: Klausenpass, LM: Lukmanier.

a) Kodiertes Streudiagramm  b) Einfaches Streudiagramm
   (bis 2000m Höhe)            (über 2000m)

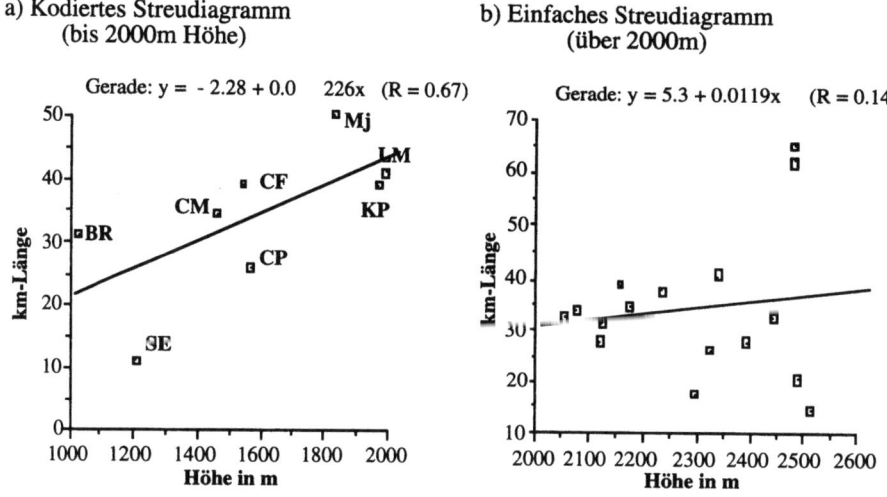

**Figur 6.2.c) Schweizer Alpenpässe: voll kodiert**

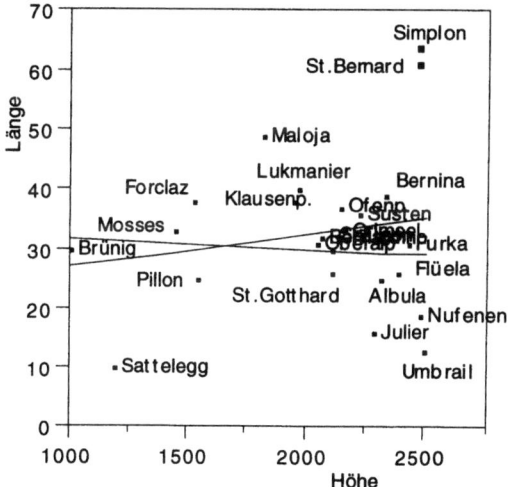

## 6.2. Bruchpunkt und Resistenz von Skizzen

Streudiagramme dienen in erster Linie dazu, den Zusammenhang von zwei Merkmalen zu beschreiben. Eine derartige statistische Beschreibung nennen wir Skizze, und die Stabilität der Skizze (die Methoden zur deren Erstellung) misst man mit Hilfe des Bruchpunktes.

Im allgemeinen ist man an *Form* und *Stärke* von Zusammenhängen in Streudiagrammen und an deren einfacher Beschreibung interessiert. Die einfachste Beschreibung der Form

von Zusammenhängen erfolgt durch Geraden, die daher weit verbreitet sind. Die Stärke von Zusammenhängen wird durch den (resistenten) Korrelationskoeffizienten gemessen, der in Kapitel 7.2 beschrieben wird.
Skizzen (statistische Modelle) können aufgrund verschiedener Methoden, Prinzipien oder Modellbau-"Philosophien" hergestellt werden. Daher ist es wichtig, Skizzen von verschiedener Qualität vergleichen zu können. Eine wichtige Qualitätseigenschaft von Skizzen ist deren Resistenz bezüglich extremen Beobachtungen, die mit Hilfe des Bruchpunktes gemessen wird. Wir führen eine einfache Definition des Bruchpunktes ein, und verweisen auf die genaue Definition des Bruchpunktes (engl.: break down point), die in der Theorie der robusten Statistik verwendet wird (vgl. Donoho und Huber 1983, und Hampel 1974).

**Def. 6.1.a) Der Bruchpunkt** einer Skizze ist der kleinste Prozentsatz von Beobachtungen, sodass eine Veränderung dieser Punkte die Skizze beliebig gross werden lassen kann.

**Def. 6.1.b) Resistente Verfahren** der Statistik (EDA) sind solche, die einen hohen Bruchpunkt besitzen. Statistische Verfahren mit hoher Resistenz garantieren wenig Sensitivität bezüglich Ausreisser.

*Bem.: Die mathematische Formulierung des Bruchpunktes lautet:

$$\text{break}_n(S, x) = \min\left[\frac{m}{n} : \sup\{S(x)\} = \infty, \, x \in M\right]$$

Dabei ist $x$ die Gesamtheit (bzw. die Urliste) vom Umfang n, $M$ die Menge aller möglichen Gesamtheiten vom Umfang n, $S(x)$ die zu untersuchende Skizze (allgemein die statistische Masszahl oder Methode) und m die Anzahl der Punkte die in $x$ ausgetauscht werden. Die Schreibweise $\text{break}_n(S,x)$ soll andeuten, dass der Bruchpunkt von der Beobachtungsanzahl n, der vorliegenden Gesamtheit $x$ und der Skizze (bzw. Masszahl) S abhängt.
Diese etwas kompliziert aussehende Definition ist notwendig, da die einfachere "Der Prozentsatz von Punkten, die man beliebig verändern kann, ohne die Skizze zu verändern" nicht exakt ist. So z.B. hat a) das arithmetische Mittel den Bruchpunkt 0 (wegen $\lim_{n \to \infty} \text{break}_n(\overline{x}) = 0$), da man keine Beobachtung ändern kann, ohne den Mittelwert zu ändern; b) Der Median hat den Bruchpunkt $(n-1)/n$, also knapp unter 50%, da man fast die Hälfte aller Beobachtungen ändern kann, ohne den Median zu ändern.

## 6.3. Die Schärfe einer Skizze

Für das Anpassen einer Geraden an eine Punktwolke verwendet man ein weiteres wichtiges Idiom der EDA: Es lautet (Tukey 1977, S.125 u. 134ff):

|  | DATEN = | FIT | plus | RESIDUEN; |
|---|---|---|---|---|
| oder | DATEN = | SKIZZE | plus | ABWEICHUNG; |
| oder | DATEN = | ANPASSUNG | plus | REST. |

Jede Beobachtung (jeder Merkmalswert) wird additiv zerlegt in einen systematischen Teil (FIT, ANPASSUNG) und dem Rest (RESIDUUM, REST). Die Residuen (engl.: residuals, error, noise) bilden, obwohl sie vernachlässigbar klingen, einen wichtigen Teil in der Erstellung von guten Modellen und Datenanalysen. Residuen sind ein wichtiges Instrument um die *Güte einer Anpassung* zu überprüfen oder um sonstige *Diagnosen* für die Daten und Modelle zu erstellen, (vergleichbar mit dem Teleskop eines Astronomen oder dem Lackmuspapier eines Chemikers).

FIT steht für jegliche statistische oder EDA-Methode, die eine Beschreibung der Daten liefert, und kann als das deskriptive Gegenstück zur klassischen Schätzung in der Statistik angesehen werden. Man kann den FIT auch als eine "Skizze" betrachten. Eine Skizze ist immer eine unvollständige Beschreibung eines Sachverhaltes. Jeder Merkmalsträger in einer Gesamtheit ist durch eine Skizze beschreibbar, die ihn in der Umgebung der Gesamtheit gleichartig macht. Da jedoch jede Merkmalsausprägung verschieden ist, kann sie nur durch das Residuum (bzw. individuellen Abweichungen), das auf seine charakteristischen Eigenheiten Rücksicht nimmt, vollständig beschrieben werden. (Vgl. dazu auch die Diskussion um Kondensation und Konkretisierung in Figur 1.1: Eine Skizze enthält die kondensierte Information, während das Residuum, das die individuelle Anpassung ermöglicht, den umgekehrten Konkretisierungsvorgang erlaubt. Mit der Berechnung der Skizze können nun die Residuen berechnet werden:

$$\text{RESIDUEN} = \text{DATEN minus SKIZZE}.$$

Je **homogener** die Daten (des Merkmals der Gesamtheit) sind, desto präziser und schärfer wird die Skizze. Bei homogenen Daten beschreibt die Skizze sehr gut die Eigenschaften (fast) aller Merkmalsausprägungen, und die Residuen brauchen nur wenig die individuellen Abweichungen zu erklären.

Sind die Daten jedoch **inhomogen**, dann gibt es ein Dilemma: a) Es gibt eine ungenaue, bzw. unscharfe Skizze für alle Beobachtungen, und damit werden die individuellen Abweichungen relativ gross. b) Oder man macht die Skizze relativ genau für eine knappe Mehrheit der Daten, und lässt für die Minderheit der Daten grosse individuelle Abweichungen zu. Wir sprechen in diesem Fall von einer Schärfe höheren Grades.

Der erste Zugang beruht auf dem Konzept des Durchschnitts und bildet (bisher in der Statistik) die Grundlage von vielen klassischen Methoden. Der letztere Zugang wird von EDA-Methoden bevorzugt und ist mit dem Konzept des hohen Bruchpunktes verbunden (vgl. Donoho und Huber 1983). In beiden Fällen kommt der Definition der Gesamtheit eine grosse Bedeutung zu. Durch geeignete Selektion von Daten kann man meistens die Gesamtheit sehr homogen und damit die Skizze präzise machen. Ob eine derartige Auswahl von Daten gerechtfertigt ist, bleibt der Substanzwissenschaft überlassen.

**Def. 6.2 Die Skizze** $S = S(X) = \{S(x_1), ..., S(x_n)\}$ eines univariaten Merkmals $X$ ist eine einfache, aber unvollständige Beschreibung der Daten (bzw. Urliste oder Gesamtheit) $x = \{x_1, ..., x_n\}$ für eine bestimmte Fragestellung. Die Skizze eines multivariaten Merkmals $X_1, X_2, ..., X_n$ kann eine kausale oder nicht-kausale Beschreibung der Daten $\mathbf{X} = \{\mathbf{x}_1, ..., \mathbf{x}_n\}$ sein. Kausal ist die multivariate Skizze der Daten, d.h. die Zusammenfassung der Daten in einem EDA-Modell dann, wenn ein Merkmal, z.B. $X_1$ mit Hilfe der anderen Merkmale $X_2, ..., X_n$ beschrieben wird. (In diesem Fall kann man auch von einer bedingten Skizze sprechen.)

Nicht-kausal ist eine multivariate Skizze der Daten $\mathbf{X}$, wenn alle n Merkmale gemeinsam, ohne Auszeichnung eines bestimmten Merkmals, beschrieben werden.

**Beispiel 6.1 Durschschnittsalter von Hörer**

Als Beispiel einer univariaten Skizze betrachten wir das Durschschnittsalter der Hörer einer Vorlesung. Dabei kann die Skizze ('das Modell für einen Lageparameter') der Median sein, jeder Studierende wird - grob vereinfachend - mit dem Medianalter beschrieben, natürlich eine Approximation, deren Güte durch die Residuen von dieser Skizze beurteilt werden kann. Die Merkmalsbeschreibung ist dann Medianalter plus Residuum zum tatsächlichen Alter:

$$x_i = \text{Med}(X) + r_i.$$

Je homogener die Hörerschaft ist, desto besser wird der Median das Alter jedes Einzelnen beschreiben, ein älterer Hörer weicht natürlich mehr von der 'Skizze' $S(X) = \{S(x_1), ..., S(x_n)\}$, d.h. dem 'Median'-Alter Med$(X) = S(X)$ ab. Mit $|r_i| = |S(x_i) - x_i|$, $i = 1, ..., n$,

bezeichnen wir die Absolutwerte der zugehörigen Residuen, $\{r_{(1)}, ..., r_{(n)}\}$ die Residuen-Rangliste der Gesamtheit der Residuen $\{r_1, ..., r_n\}$ und $R_{abs}$ die Summe der Absolutbeträge der Residuen $R_{abs} = |r_1| + |r_2| + ... + |r_n|$.
Eine wichtige Frage bei der Erstellung und beim Vergleich von Skizzen ist die Genauigkeit der Aussage. Je weniger die Daten um eine Skizze streuen, desto schärfer ist die Aussage einer Skizze, je grösser die Streuung ist, desto unschärfer oder ungenauer ist die Skizze. Die Genauigkeit, bzw. die Schärfe einer Skizze wird über die Residuen $r_i$ ermittelt: Residuen = Skizze - Daten oder

$$r_i = S(x_i) - x_i, \quad i = 1, ..., n.$$

**Def. 6.3.a) Die Durchschnitts- oder Ø-Schärfe** (Null-Schärfe) ist der durchschnittliche absolute Fehler der einzelnen Beobachtungen von der Skizze:

$$\text{Schärfe} = \frac{R_{abs}}{n} = \frac{|r_1| + ... + |r_n|}{n}.$$

Als nächstes kann man die einstufige Schärfe (bzw. die Schärfe ersten Grades) als den durchschnittlichen absoluten Fehler ohne den grössten Fehler definieren:

$$1 - \text{Schärfe} = \frac{R - \max\{|r_1|, ..., |r_n|\}}{n - 1} = \frac{|r|_{(1)} + ... + |r|_{(n-1)}}{n - 1}.$$

**Def. 6.3.b) Die k-stufige Schärfe** ist definiert als

$$k\text{-Schärfe} = \frac{R - k\text{-}\max\{|r_1|, ..., |r_n|\}}{n - k} = \frac{|r|_{(1)} + ... + |r|_{(n-k)}}{n - k}, \quad 1 \leq k < n.$$

**Def. 6.3.c)** Die Schärfe als Funktion vom **Schärfegrad** k nennen wir **Schärfekurve**. Die Schärfe- oder Trash-Kurve lautet (TRASH: trimmed residual absolute sharpness):

$$\text{TRASH}(k) = \frac{1}{n - k} \sum_{i=1}^{n-k} |r|_{(i)}, \quad k = 0, ..., n.$$

(Die k-stufige Schärfe kann auch als einseitiger getrimmter Mittelwert angesehen werden, vgl. Kapitel 10.1.) Die Schärfekurve hat eine wichtige Aufgabe in der EDA-Modellwahl: Man wählt jene Skizze, deren Schärfekurve schneller gegen Null geht. Dieses rekursive Auswahlkriterium ist dann zu empfehlen, wenn es nach anderen Kriterien gleich gute EDA-Skizzen geben sollte.
Bem.: Die Schärfekurve kann als Konzentrationsmass (vgl. Kapitel 13) der absoluten Residuen angesehen werden. Bei einem Vergleich von zwei Skizzen wählt man diejenige, deren Residuenverteilung stärker konzentriert ist, d.h. die absolute Residuensumme $R_{abs}$ konzentriert sich eher auf wenige Merkmalsträger. Gleichmässige, aber im Mittel grosse absolute Residuen (obwohl sie im Durschnitt 0 sind), ergeben eine unschärfere Skizze.
Die nächsten zwei ausführlichen Beispiele sollen die Konzepte der Skizze und Schärfe zunächst für univariate Merkmale erläutern:

**Beispiel 6.2 Was ist ein mittleres Einkommen? (oder: Lagemasse als Skizze)**

Gegeben seien 4 Einkommen: {5, 6, 7 und 22} und gesucht wird eine "Skizze" für die (mittlere) Lage der Merkmalswerte. Das Problem, das es zu lösen gilt, ist: Wie soll man diese 4 Einkommen mit einem Lagemass am besten gemeinsam beschreiben? Mit Hausverstand betrachtet, gibt es offensichtlich 3 Beobachtungen, die nahe beieinander liegen, und eine, die stark abweicht.

a) **Der Durchschnitt als Lagemassskizze:** Der Mittelwert der 4 Einkommen beträgt 40/4 = 10 und die Residuen sind {-5,-4, -3, 12}. Der Mittelwert als Skizze ist relativ ungenau: Kein Merkmalswert liegt in der Nähe, die individuellen Abweichungen sind relativ gross. Der einzige Vorteil liegt darin, dass die Summe aller Abweichungen von der Skizze 0 ist.

b) **Der Median als Lagemassskizze:** Der Median der 4 Einkommen beträgt 6.5 und die Residuen lauten {-1.5, -0.5, 0.5, 15.5}. Der Median gibt also eine sehr genaue Skizze der 3 nahe beieinander liegenden Daten und liefert eine etwas grössere Abweichung für den Ausreisser.

c) **Eine manuelle Skizze:** Es scheint vernünftig zu sein, als Skizze den mittleren Wert der homogenen Gruppe zu wählen: Als Lagemass wählen wir 6 mit den Residuen {-1, 0, 1, 16}. Man sieht, dass die Hausverstandsanalyse besser mit dem Median übereinstimmt als mit dem Durchschnitt.

Welche Skizze der Lage ist nun besser, der Wert 6, 6.5 oder 10? Ohne weitere Information ist diese Entscheidung nur schwer zu treffen. Sind zufällig die kleineren Werte beobachtet worden, und liegen andere Werte eher um die 20, dann ist die Durchschnittsbetrachtung besser. Ist jedoch der Wert 22 ein untypischer, dann ist der Median besser.

**Beispiel 6.3 Das mittlere Einkommen: Ein Vergleich mit der Schärfekurve** (Residuenanalyse):

Man sieht, dass die Residuen immer ein aufschlussreiches Bild über die Qualität der Skizze geben. Ferner können wir das Schärfemass nach Def. 6.3 berechnen, d.h. einen Vergleich des Durchschnittsfehlers mit sukzessiven Weglassen der grössten Residuen.

1) Für den **Durchschnitt** ergibt sich die Residuenrangliste {3, 4, 5, 12}. Die einfache oder Ausgangsschärfe beträgt 24/4 = 6 (tausend Franken) und die gesamte Schärfekurve lautet: {6, 4, 3.5, 3}. Der grösste Fehlerbeitrag eines Residuums beträgt 12/24 = 50% der absoluten Residuensumme und zeigt damit eine hohe Konzentration der absoluten Residuensumme auf ein Element an.

2) Der **Median** liefert die Residuenrangliste {0.5, 0.5, 1.5, 15.5} mit der Schärfekurve {4.5, 0.83, 0.5, 0.5}. Der maximale Fehlerbeitrag ist nun 15.5/18 = 86.1%; auf die restlichen Werte entfällt daher ein durchschnittlicher Fehleranteil von 13.9 /3 = 4.6%.

3) Die **manuelle Skizze** erzeugt die Residuenrangliste: {0, 1, 1, 16} und die Schärfekurve {4.5, 0.66, 0.5, 0.5}. Der grafische Vergleich der Skizzen mittels der Schärfekurve ist in der nächsten Figur 6.3 zu sehen.

**Figur 6.3 Vergleich der Lageparameter mit den Schärfekurven**

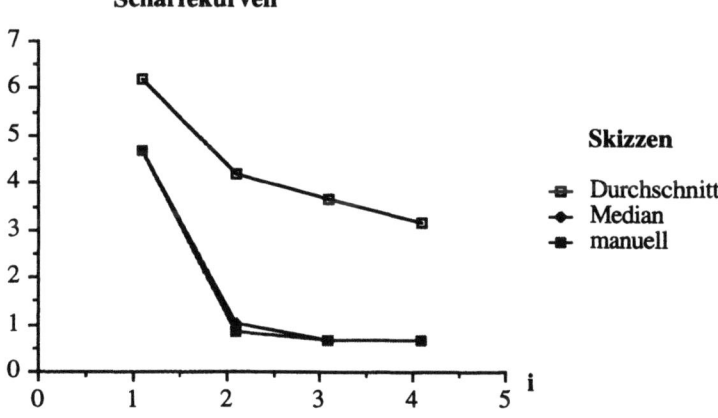

Man beachte, dass die manuelle Skizze (eine 'Hausverstandsanalyse') eine geringfügig bessere Schärfekurve besitzt wie der Median. Der Durchschnitt beschreibt nur zu 50% die gemeinsame Gruppe (oder 17.3% Fehler pro Beobachtung), während die Medianskizze relativ genau ist: 14% der Residuenabweichungen verteilen sich (zur Beschreibung der individuellen Abweichungen) auf alle anderen Daten bis auf den grössten (bzw. 4.6% pro Beobachtung).

### 6.3.2. Schärfevergleich bei Geradenanpassungen

Bevor wir in Beispiel 6.4 die obige Analyse für den Zusammenhang in Streudiagrammen verallgemeinern, wollen wir kurz auf die Berechnung einer Durchschnittsgeraden eingehen.

**Def. 6.4 Die Durchschnittsgerade**, bzw. die einfache Regression im bivariaten Streudiagramm wird mit der Kleinsten-Quadrate-Methode bestimmt. Die Schätzformeln der Koeffizienten der Kleinsten-Quadrate-Geraden $y = a + bx$ lauten: $b = Cov(X,Y)/Var(X)$ und $a = \bar{y} - b\bar{x}$, wobei die Kovarianz $Cov(X,Y)$ und die Varianz $Var(X)$ im Kapitel 11 erklärt werden. Da man bei Trenddiagrammen die Zeitachse beliebig zentrieren kann, d.h. man wählt den Zeitindex t so, dass X den Mittelwert $\bar{x} = 0$ hat, vereinfacht sich die Berechnung von b und a sehr:

$$b = \frac{\sum_{j=1}^{n} x_i y_i}{\sum_{j=1}^{n} x^2_i} \quad \text{und} \quad a = \bar{y}.$$

Ohne näher auf die Herleitung der Durchschnittsmethode einzugehen, sei an dieser Stelle erwähnt, dass die Durchschnittsgerade $y_i = a + bx_i$ die Eigenschaft besitzt, die Residuenquadrate zu minimieren (die sogenannte Methode der kleinsten Quadrate), wobei gleichzeitig die Durchschnitte der Residuen 0 sind.

**Beispiel 6.4 Skizzenvergleich in einem Streudiagramm**

In Tabelle 6.1 sind 6 Merkmalspaare $(x_i, y_i)$, $i = 1, \ldots, 6$ wiedergegeben, für die eine Skizze gefunden werden soll. (Die Punkte sind so gewählt, dass 4 Werte auf der $x = y$ Geraden liegen und 2 Werte davon nach oben verschoben auf der $y = 40 + x$ Geraden.)

Tab. 6.1 Geradenanpassung: Durchschnittsmethode und manuelle Methode

| Beobachtungen | | a) Durchschnittsgerade und Residuen | | b) Manuelle Residuen | |
|---|---|---|---|---|---|
| | | Gerade | Residuen | Gerade | Residuen |
| $y_i$ | $x_i$ | $24 + 0.8x_i$ | $y_i - 24 - 0.8x_i$ | $y_i = x_i$ | $y_i - x_i$ |
| 60 | 20 | 40 | 20 | 20 | 40 |
| 20 | 20 | 40 | -20 | 20 | 0 |
| 40 | 40 | 56 | -16 | 40 | 0 |
| 100 | 60 | 72 | 28 | 60 | 40 |
| 80 | 80 | 88 | -8 | 80 | 0 |
| 100 | 100 | 104 | -4 | 100 | 0 |
| abs. Residuen Summe = $R_{abs}$ | | | 96 | | 80 |

a) Eine Geradenanpassung mit der **Durchschnittsmethode** ist in Figur 6.4.a) abgebildet. Man sieht, dass die Durchschnittsgerade zwischen den beiden Gruppen von Punkten einen Ausgleich herzustellen versucht: Sie beginnt etwas höher und neigt sich dann mehr den äusseren Punkten nach unten zu. Das ergibt einen Anstieg von 0.8 und insgesamt den FIT $y_i = 24 + 0.8x_i$, der als Durchschnitts-Skizze in der 3. Spalte von Tabelle 6.1 berechnet ist. Figur 6.4.a) zeigt das Streudiagramm der Daten und die Durchschnittsskizze. Die Residuen der Durchschnittsskizze sind in der 4. Spalte von Tabelle 6.1 berechnet und in Figur 6.4.b) als Streudiagramm ($y_i$, $r_i$) wiedergegeben. Die letzte Zeile zeigt die Summe der Absolutbeträge der Residuen.

**Figur 6.4.a) Durchschnittsgerade     b) Residuen**

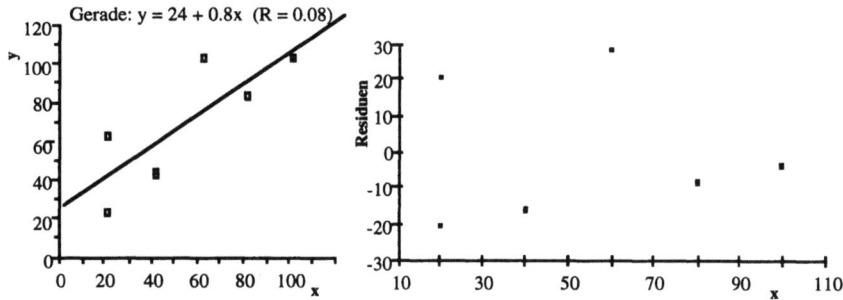

**Figur 6.4.c) Mediangerade     und     d) Residuen**

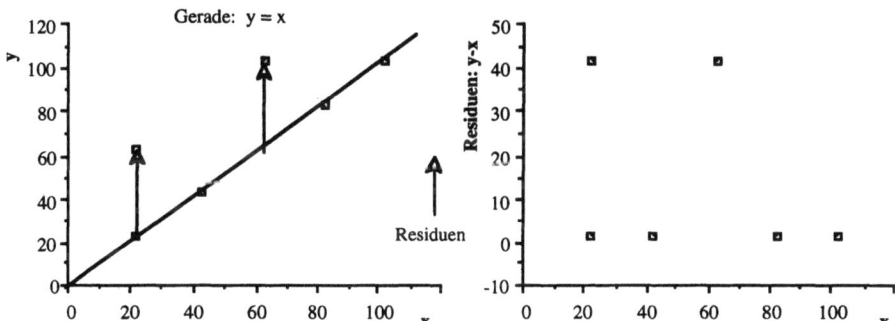

b) Die **manuelle Beschreibung** ist in Figur 6.4 durchgeführt. Da eine Verallgemeinerung der Median-Schätzmethoden für Geraden in Streudiagrammen rechentechnisch sehr aufwendig ist (vgl. Rousseeuw 1984), kann man daher einfache manuelle Methoden auch in diesem Fall empfehlen. Eine Mediangerade ist mit dem Auge in Figur 6.4.c) angepasst, und die zugehörigen Residuen wurden in der 5. Spalte von Tabelle 6.1 berechnet und in Figur 6.4.d) abgebildet. Man erkennt deutlich das Punktemuster der beiden Geraden als bei den Durchschnittsresiduen.

**Beispiel 6.5 Die Berechnung der Schärfekurve der Einkommen**

Mit der Residuenanalyse wollen wir die 'Gretchenfrage' jeder statistischen Modellwahl stellen: Wie gut sind die beiden Skizzen? Dazu berechnen wir die Schärfekurve nach Def. 6.3 jeder Skizze des Streudiagramms: Die **Durchschnitts- oder Ø-Schärfe** beträgt

bei der Durchschnittsgeraden: $(96 - 28)/5 = 13.6$;

bei der manuellen Geraden: $\left(1 - \frac{40}{80}\right)/5 = (1 - 0.5)/5 = 0.5/5 = 10$.

Die **2-stufige** Schärfe beträgt

bei der Durchschnittsgeraden: $\left(1 - \frac{48}{96}\right)/5 = (1 - 0.50)/4 = 0.50/4 = 12.5\%$;

bei der Mediangeraden: $\left(1 - \frac{80}{80}\right)/5 = (1 - 1)/5 = 0\%$.

Die gesamte Schärfekurve lautet für die Durchschnittsgerade {16, 13.6, 12, 9.3, 6, 4}, und für die Mediangerade {13, 8, 0, 0, 0, 0}. Wiederum ist die manuelle Anpassung (vom Mediantyp) die bessere Skizze, im Falle der 2-Schärfe ist die Beschreibung sogar fehlerfrei. Die gesamte Schärfekurve für Median und Durchschnitt ist in Figur 6.5 abgebildet.
Eine schematische Berechnung der Schärfekurve mit Hilfe der kumulierten Residuenrangliste ist in der nächsten Tabelle angeführt.

Tab. 6.2 Schärfe: Vergleich von Durchschnitts- und manueller Methode

| | a) Durchschnittsgerade | | | b) Manuelle Regression | | |
|---|---|---|---|---|---|---|
| | geordnete Residuen | | Residuen kumuliert | | TRASH-Kurve | | umgekehrte Reihenfolge |
| i | $r_i$ | $r_i$ | $\sum_{j=1}^{i} r_{(j)} = R_{(i)}$ | $\sum_{j=1}^{i} r_{(j)} = R_{(i)}$ | $\frac{R_{(i)}}{i}$ | $\frac{R_{(i)}}{i}$ | |
| 1 | 4  | 0  | 4  | 0  | 4    | 0  | 6 |
| 2 | 8  | 0  | 12 | 0  | 6    | 0  | 5 |
| 3 | 16 | 0  | 28 | 0  | 9.3  | 0  | 4 |
| 4 | 20 | 0  | 48 | 0  | 12   | 0  | 3 |
| 5 | 20 | 40 | 68 | 40 | 13.6 | 8  | 2 |
| 6 | 28 | 40 | 96 | 80 | 16   | 13 | 1 |
| $R_{abs}$ = |Summe| | | | | | | |

**Figur 6.5. Schärfevergleich für die Geradenskizzen**

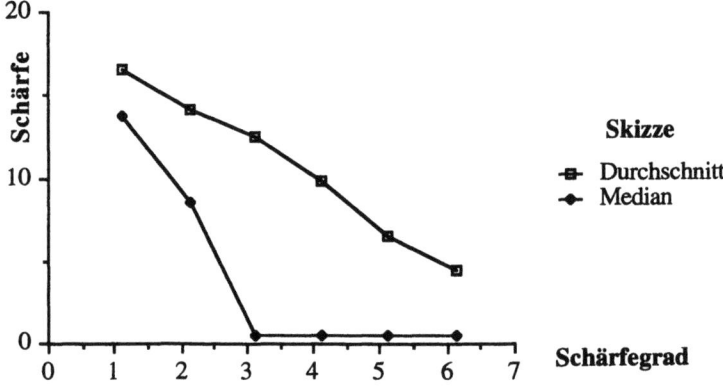

### 6.2.3. Was ist ein Ausreisser?

Ohne den Kontext zu kennen ist die Bezeichnung extreme Beobachtung, bzw. Aussen- oder Fernpunkt eine neutralere Beschreibung als Ausreisser. Die Bezeichnung 'Ausreisser' impliziert, dass diese Beobachtungen nicht zu einer Verteilung gehören, und eher durch Irrtum zustande gekommen sind. Dies muss nicht immer so sein, denn gerade die extremen Beobachtungen können die interessanteste Information beinhalten. Sie vermitteln Rückschlüsse auf die Erhebungsart und Definiton eines Merkmals, bzw. auf den Zusammenhang von Merkmalen. Nur wenn man weitere substanzwissenschaftliche Information besitzt, sollte man das Wort Ausreisser verwenden. Vorsichtige Wortwahl wie Aussen- oder Fernpunkt erleichtert auch den Interaktionsprozess zwischen Statistiker und Anwender. Sind die Pässe Simplon und St. Bernhard in Figur 6.1 als Ausreisser zu betrachten? Auf den ersten Blick scheint es so, doch sieht man sich den Zusammenhang genauer an, dann zeigt gerade der Unterschied zwischen Geraden- und quadratischer Anpassung, dass der einfache Zusammenhang Strassenlänge und Passhöhe offenbar nicht die richtige und erwartete Information wiedergibt. Die relative Passhöhe wäre ein besseres Vergleichsmerkmal. Die meisten Passstrassen gehen zwar über hohe Passhöhen, aber besitzen einen hochgelegenen Anfangspunkt. Daher dürften Simplon und St. Bernard eher die richtigen Strassenlängen vermitteln, wenn man hohe Pässe von geringer Ausgangshöhe überschreiten möchte. Die genaue Analyse der Ausreisser bringt in diesem Fall einen wertvollen Aufschluss über die erhobenen Merkmale.

### 6.4. Manuelles Anpassen von Geraden

Die manuelle Geradenanpassung geht davon aus, dass mit 2 Punkten $(x_1, y_1)$ und $(x_2, y_2)$ aus einem Trenddiagramm eine Gerade bestimmt werden kann. Die zu bestimmende Geradenformel lautet $y = a + bx$, wobei a das absolute Glied (auch Achsenabschnitt oder Konstante genannt, engl. intercept) und b der Anstieg (engl. slope) ist. Man nennt auch a und b die zu bestimmenden (schätzenden) Regressionsparameter. Bei der manuellen Geradenanpassung werden a und b mit zwei geeignet gewählten Punkten durch die Punkt-Anstiegsform berechnet:

$$(1) \qquad b = \frac{y_2 - y_1}{x_2 - x_1}, \qquad \text{und} \qquad a = y_1 - b\, x_1.$$

Bem.: Wie man durch Einsetzen von a leicht sieht, ist die noch einfachere Darstellung der Punkt-Anstiegsgeraden durch $y = y_1 + b(x - x_1)$ möglich, d.h. in dieser Form braucht man nur den Anstieg b zu berechnen.
Allgemeine Mediananpassungen von Geraden sind numerisch aufwendig, daher empfiehlt sich folgendes iteratives Verfahren zur Bestimmung von "Median-Typ-Geraden" (Tukey 1977, S.137ff): Man beginnt mit einer Anfangsgeraden und analysiert deren Residuen um eventuelle Verbesserungen an der ersten vorläufigen Anpassung durchzuführen. Für diese stufenweise resistente Anpassung einer Geraden benötigt man nun einfache Rechentechniken, wie das Addieren von Geraden.
Sei $\{(x_i, y_i), i = 1, ..., n\}$ die Menge der Datenpunkte in einem Streudiagramm und $y_i = a + b\, x_i + r_i$ die erste Zerlegung in eine Skizze, d.h. in die vorläufig angepasste manuelle Gerade $a + b\, x_i$, die durch die Wahl von 2 Punkten gebildet wurde, und den Residuen, die durch

$$(2) \qquad r_i = y_i - (a + b\, x_i) \qquad i = 1, ..., n,$$

berechnet werden. Mit Hilfe dieser Residuen wird nun zur Diagnose der ersten vorläufigen Anpassung das Residuen-Plot erstellt, das als weiteres Streudiagramm der Form $\{(x_i, r_i), i = 1, ..., n\}$ erstellt wird. Dies unterscheidet sich vom ursprünglichen Streudiagramm nur dadurch, dass statt den $y_i$ die Residuen $r_i$ auf der y-Achse abgetragen werden. Die Residuendiagnose besteht nun darin, dass man versucht, eine etwaige weitere manuelle Gerade an die Residuen anzupassen. Ist dies nicht möglich, da die Residuen

keinen Trend mehr aufweisen und ein zufälliges Muster bilden, dann ist die manuelle Geradenanpassung beendet.
Weisen die Residuen einen Trend auf, so kann durch die Diagnose der Residuen eine Korrekturgerade $r_i = A + B\,x_i + R_i$ wie zuvor erstellt werden. Diese neuerliche Geradenanpassung bedeudet, dass nun unter 'mikroskopischer' (Residuen-) Betrachtung die ersten Residuen $r_i$ in eine neuerliche Residuen-Skizze (A + B $x_i$) und einen weiteren Rest ($R_i$) aufgespalten werden. Man kann nun insgesamt die verbesserte (revidierte) manuelle Gerade (Skizze) berechnen, indem man die neue Korrekturgerade in die erste Gerade einsetzt:

(3) $\quad y_i = a + b\,x_i + r_i = a + b\,x_i + A + B\,x_i + R_i$
$\quad\quad\quad = (a + A) + (b + B)\,x_i + R_i\,.$

Die revidierten Residuen der verbesserten neuen Gerade lauten:

(4) $\quad R_i = r_i - (A + B\,x_i) = y_i - (a + A) + (b + B)\,x_i\,.$

Dieses Verfahren (2) - (4) wird solange wiederholt, bis die Residuendiagnose befriedigend ausfällt. Das nächste Beispiel soll dies kurz erläutern.

**Beispiel 6.6 Manuelle Geradenanpassung**

In Figur 6.6.a) haben wir eine Gerade an die Bevölkerungsentwicklung der Schweiz mit der Hand angepasst. Die Geradenformel durch die Punkte 1950 ($P_1$) und 1980 ($P_2$) wurde mit folgendem Tabellenschema berechnet: In der 3. Spalte ("Diff.") werden in den Zeilen der Jahre, die vorher gewählt wurden, zunächst die Differenzen $y_2 - y_1$ und $x_2 - x_1$ berechnet. In der 4. Spalte werden dazu die Geradenparameter $a = y_1 - b\,x_1$ (die Konstante) und $b = \dfrac{y_2 - y_1}{x_2 - x_1}$ (der Anstieg) bestimmt. Mit a und b kann man nun in der vorletzten Spalte den FIT = $a + b\,x_i$ und in der letzten Spalte die Residuen $r_i = y_i - (a + b\,x_i)$, $i = 1, ..., n$ berechnen.

Tab. 6.3.a) Vorläufige Geradenanpassung

| Jahr $x_i$ | Bev. $y_i$ | Diff. | a: Konst. b: Anstieg | FIT | Residuen |
|---|---|---|---|---|---|
| 1941 | 4.266 |       |        | 4.220 | 0.046  |
| 1950 | 4.715 | 1.651 | -102.6 | 4.715 | 0.000  |
| 1960 | 5.429 |       |        | 5.265 | 0.164  |
| 1970 | 6.270 |       |        | 5.816 | 0.454  |
| 1980 | 6.366 | 30    | 0.055  | 6.366 | 0.000  |
| 1990 | 6.873 |       |        | 6.916 | -0.043 |
|      |       |       |        |       | 0.621  |

Die Residuendiagnose aus Figur 6.6.b) ergibt, dass zuviele Residuen positiv sind, und somit nicht einem Zufallsschema folgen. Daher erscheint eine leichte Korrektur angebracht, so z.B. ist eine einfache Möglichkeit dadurch gegeben, dass man die Gerade durch das Jahr 1941 gehen lässt. Nun hat man zwei Möglichkeiten zur Berechnung dieser neuen Geraden. Entweder man wiederholt den Anpassungsvorgang wie in Teil a) oder man passt eine Residuengerade an, wie in Tab. 6.3.b) gezeigt wird.

Tab. 6.3.b) Residuendiagnose und Geradenanpassung

| Jahr $x_i$ | Residuen $r_i$ | Diff. | A: Konst. B: Anstieg | R-FIT | Residuen $R_i$ | finalen a,b |
|---|---|---|---|---|---|---|

| Jahr | | | | | | |
|---|---|---|---|---|---|---|
| 1941 | 0.046 | -0.0463 | 2.35062 | 0.046 | 0.000 | -102.646 |
| 1950 | 0.000 | | | 0.036 | -0.036 | |
| 1960 | 0.164 | | | 0.024 | 0.140 | |
| 1970 | 0.454 | | | 0.012 | 0.442 | |
| 1980 | 0.000 | 39 | -0.0012 | 0.000 | 0.000 | 0.054 |
| 1990 | -0.043 | | | -0.012 | -0.031 | |
| Summe abs. | 0.621 | | | | 0.5153 | |
| Summe | | | | | 0.6495 | |

Man bestimmt dazu wieder die Differenzen der Koordinaten der gewählten neuen Punkte und berechnet die Geradenparameter A und B der Residuen. Der Residuen-FIT ist in der Spalte 'R-FIT' aufgelistet und der Rest, die neuen Residuen $R_i$, in der nächsten Spalte. Die Addition der Geradenparameter aus Tab. 6.3.a) und Tab. 6.3.b) ergibt die 'finalen', endgültigen Geradenparameter, die in der letzten Spalte angeführt sind.

**Figur 6.6 Iterative Geradenanpassung für die Schweizer Bevölkerung**

**a) Vorläufige Gerade**   **b) Vorläufige Residuen**

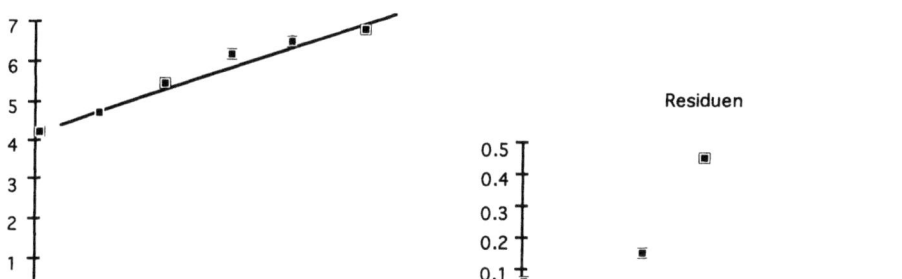

Die endgültigen Residuen sind in Figur 6.6.c) gegeben. Man sieht, dass die 3 mittleren Jahrzehnte 1960, 1970 und 1980 nach oben abweichen, wobei 1970 die grösste Abweichung aufweist. Durch Runden der Parameter sind die Residuen durch die durchgelegten Punkte nicht immer gleich 0. (Als resistentes Diagnosemass für einen waagrechten Verlauf der Residuen kann man auch den resistenten Korrelationskoeffizienten aus Kap. 7.3 verwenden.)

Die Durchschnittsgerade hat für dieses Beispiel die Form: y = -101.5 + 0.05454x'. Sie ist der manuellen Geradenanpassung sehr ähnlich, und die Residuen unterscheiden sich kaum, wie man aus Figur 6.6.d) sieht.

**Figur 6.6.c) Endgültige Residuen**   **d) Residuen der Durchschnittsgerade**

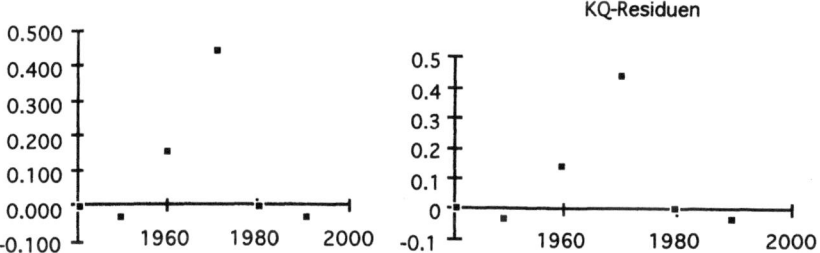

## 6.5. Lineare und nichtlineare Trends

Eine wichtige Aufgabe von Streudiagrammen ist die Trendbestimmung. Trends sind Verlaufsbestimmungen von Punktfolgen im Zeitablauf: Die x-Achse ist dabei der Merkmalsträger und die y-Achse das zu beschreibende Merkmal; man kann sie auch Trend-Diagramme nennen, besonders dann, wenn man die Punkte miteinander verbindet, was den optischen Eindruck verbessern kann. In diesem Abschnitt wollen wir lineare mit nichtlinearen Trends an Hand eines demografischen Beispiels vergleichen.
Das nächste Beispiel ist auch eine ausführliche Demonstration dieses iterativen Modellbaus, an Hand der österreichischen Bevölkerungsentwicklung in einem Streudiagramm, bei denen die zuvor entwickelten Techniken für Geradenanpassungen zur Anwendung kommen.

Tab. 6.4 Bevölkerungsentwicklung in Österreich (aufgeteilt in 3 Perioden)

| Jahr | Bev. | Jahr | Bev. | Jahr | Bev. |
|---|---|---|---|---|---|
| 1527 | 1500 | 1830 | 3477 | 1923 | 6535 |
| 1600 | 1800 | 1840 | 3650 | 1934 | 6760 |
| 1700 | 2100 | 1850 | 3880 | 1939 | 6653 |
| 1754 | 2728 | 1857 | 4076 | 1951 | 6934 |
| 1780 | 2970 | 1869 | 4498 | 1961 | 7074 |
| 1790 | 3046 | 1880 | 4963 | 1971 | 7492 |
| 1800 | 3064 | 1890 | 5417 | 1981 | 7555 |
| 1810 | 3054 | 1900 | 6004 | | |
| 1821 | 3202 | 1910 | 6648 | | |

**Figur 6.7.a) Einwohner-Trend 1527 -1981**  **b) Residuen 1527 -1981**
mit Durchschnittsgeraden    von der Durchschnittsgeraden

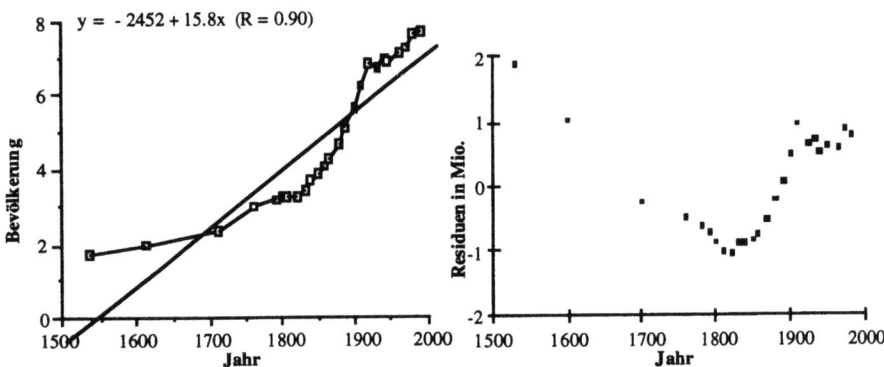

**Beispiel 6.7 Erstellung eines Trends für die Einwohner Österreichs**

In Tabelle 6.3 ist die Bevölkerungsentwicklung in Österreich (heutiges Bundesgebiet) nach den Ergebnissen der Volkszählungen im Zeitraum von 1523 -1980 abgebildet und in Figur 6.7.a) als einfaches Trenddiagramm wiedergegeben.
Eine Durchschnittsgerade ist dem Trenddiagramm überlagert, das Tukey (1977, S.144) auch "little thought-version" (ein sogenanntes "Schmalspur-Plot") nennt. Dass diese Anpassung schlecht ist, sollte man spätestens bei der Diagnose der Residuen in Figur 6.7.b) erkennen: Die Residuen weisen grosse Schwingungen auf und bilden keine Zufallsfolge. Eine nicht modellierte funktionale Abhängigkeit scheint vorhanden zu sein, von welcher Form, ist aber unklar. Durch genaueres Modellieren (einer genaueren Skizze) sollte es möglich sein, die Skizze zu verschärfen, d.h eine genauere Trend-Aussage zu machen.

Der relativ glatte Verlauf der Bevölkerung lässt die Vermutung zu, dass ein Polynom 4. Grades eine bessere Anpassung liefert. (Viele Programmpakete bieten eine einfache Polynomschätzung.) Die Anpassung in Figur 6.8.a) sieht zunächst besser aus, die Residuenanalyse in Teil b) enttäuscht aber wie zuvor. Die Skala der Residuen hat sich zwar halbiert, aber die wellenförmige Bewegung der Residuen lassen keinen Schluss auf eine Zufallsfolge zu, eine befriedigende oder gar abschliessende Anpassung scheint das Polynom 4. Grades nicht zu sein.

**Figur 6.8 Polynomskizzen für Österreich**

a) Polynom 4. Grades  b) Residuen des Polynom 4. Grades

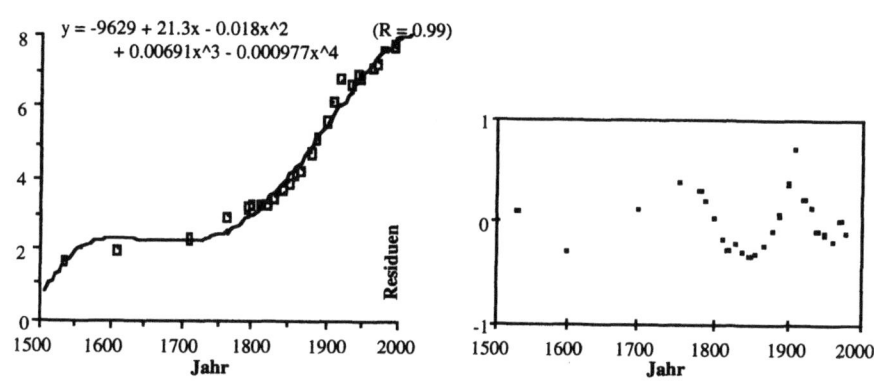

Wenn wir zwischen diesen beiden Skizzen wählen müssten, dann hilft uns die zuvor entwickelte Technik der Schärfekurven weiter. Der Schärfevergleich der Bevölkerungsentwicklung hat folgende Form. Wir sehen klar, dass der lineare Trend sehr schlecht ist. Wir haben eine dritte Skizze in den Schärfevergleich mitaufgenommen, den stückweisen linearen Trend, der im nächsten Abschnitt erklärt wird. Von diesen sieht man klar, dass er noch einmal eine deutliche Anpassungsverbesserung bringt.

**Figur 6.9 Schärfevergleich der Bevölkerungsskizzen Österreichs**

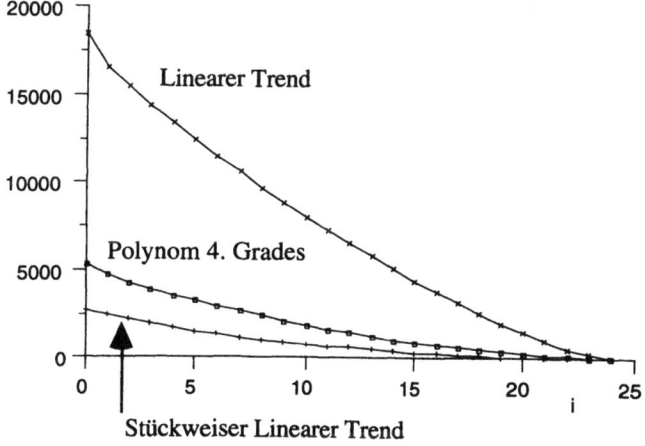

## 6.6. Stückweise Trendbestimmungen

Ein häufiger Fehler bei Analysen von Trends besteht darin, dass man eine gemeinsame Funktion für den gesamten Zeitraum finden möchte. Das ist nur in den seltensten Fällen möglich, und daher ist eine stückweise (manuelle) Anpassung viel besser. Sie erlaubt auch in vielen Fällen die einfachere Kommunikation der Resultate als komplizierte Funktionen.

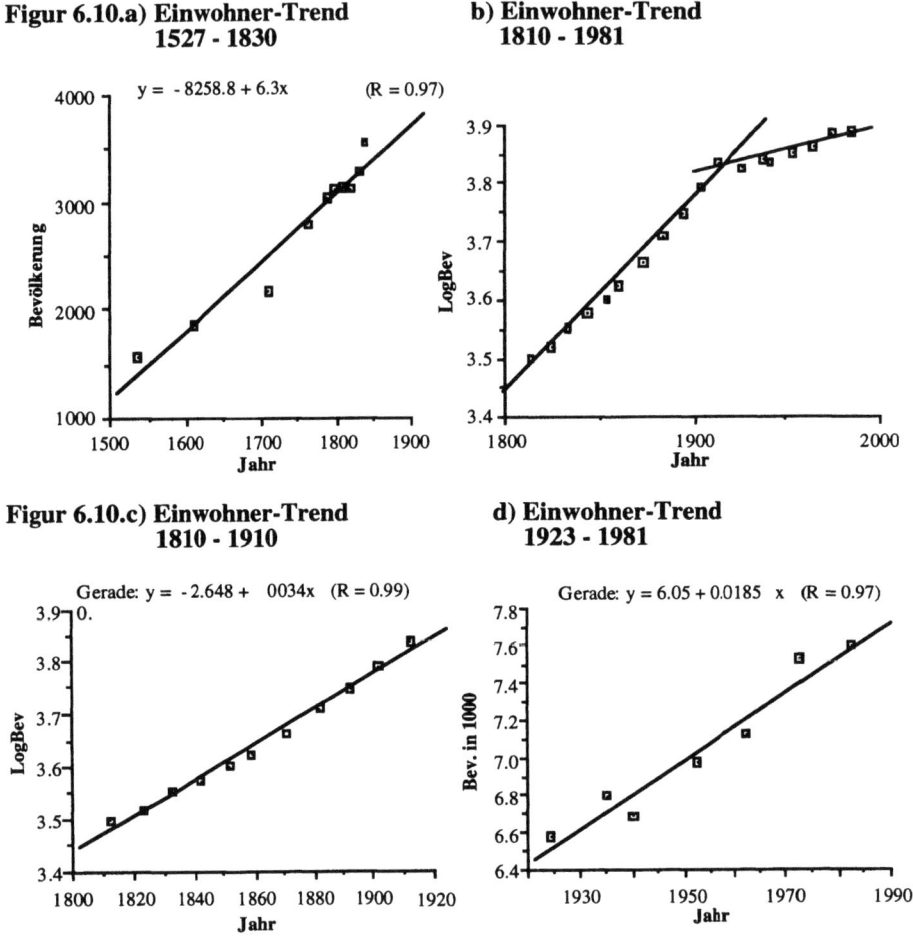

**Figur 6.10.a) Einwohner-Trend 1527 - 1830**  **b) Einwohner-Trend 1810 - 1981**

**Figur 6.10.c) Einwohner-Trend 1810 - 1910**  **d) Einwohner-Trend 1923 - 1981**

Schon aus Figur 6.7.a) kann man erkennen, dass es mindestens 3 verschiedene Perioden der Bevölkerungsentwicklung gibt (dies ist auch in Tab. 6.4 durch die Dreiteilung wiedergegeben). Daher werden in Figur 6.10.a) und b) zunächst zwei Perioden, 1527 - 1830 und 1810 -1981, getrennt wiedergegeben. Aus Figur 6.10.b) erkennt man, dass die zweite Periode ebenfalls geteilt werden muss, da der 1. Weltkrieg eine entscheidende Zäsur im Bevölkerungswachstum bildet. Da bereits das Trenddiagramm in Fig 6.7.a) ein exponentielles Wachstum im 19. Jahrhundert erwarten lässt, haben wir bereits die logarithmierte Bevölkerung in Figur 6.10.b) verwendet. Mit der Hand wurden 2 Geraden für diese Perioden skizziert, und man sieht, dass dies gut zu den Nachkriegsjahren passt, jedoch nicht zur Entwicklung im 19. Jahrhundert.
Daher wurden in Figur 6.10.c) und 6.10.d) einfache Durchschnittsgeraden für die Perioden 1527-1830 und 1923-1981 gebildet. Aus den Residuen in Figur 6.11.a) und b) er-

kennt man, dass die Beschreibung der Originaldaten durch Geraden in diesem Zeitraum akzeptable Ergebnisse bringt. Ein Logarithmieren der Daten im 20. Jh. ist nicht notwendig, die Residuen der Log's wurden in Beispiel 6.4 behandelt und Figur 6.11.d) wiedergegeben: Sie weisen das gleiche Muster auf.
Die Residuen der Log-Geraden in Figur 6.11.d) sind nicht befriedigend, daher muss nach besseren Methoden eine Begradigung in Streudiagrammen erfolgen. Dies geschieht im nächsten Abschnitt.

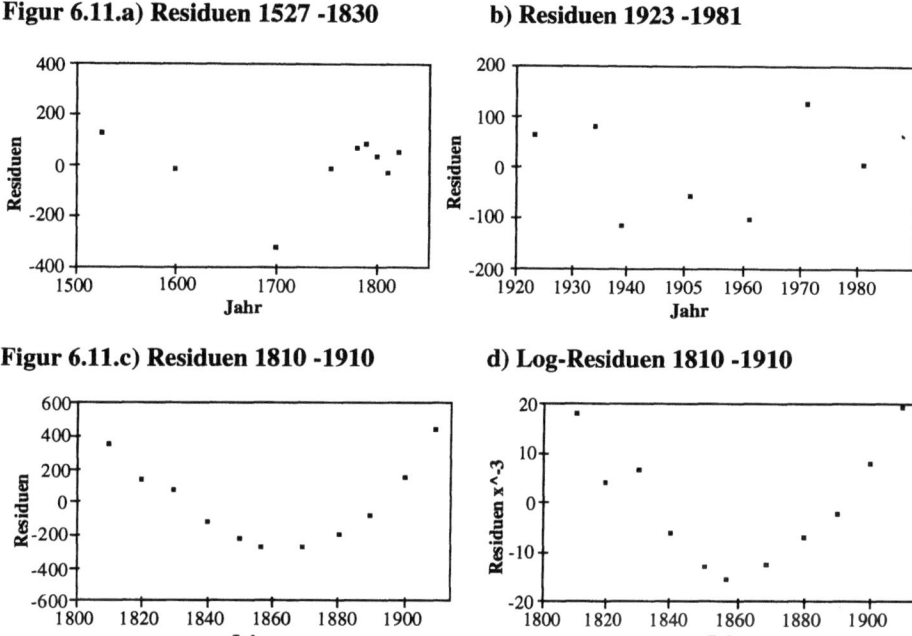

**Figur 6.11.a) Residuen 1527 -1830**     **b) Residuen 1923 -1981**

**Figur 6.11.c) Residuen 1810 -1910**     **d) Log-Residuen 1810 -1910**

### 6.7. Begradigen von Zusammenhängen

Das Begradigen (engl. straightening) von Zusammenhängen in Streudiagrammen erfolgt durch die Potenzleiter. In Kapitel 5 verwendeten wir 'Daten-re-formationen' zur Symmetrisierung von Verteilungen, nun zu Begradigungen von gekrümmten Punktwolken. Dabei unterscheidet man vier Fälle der Krümmung, die in Figur 6.12 gezeigt werden. Prinzipiell erhält man Begradigungen durch Potenztransformation eines der beiden Merkmale, oder beider Merkmale gemeinsam. Aus Zeit- und Interpretationsgründen wird man oft nur ein Merkmal transformieren, zumeist das Response- (abhängige) Merkmal.
Figur 6.12 zeigt die 4 Fälle der Krümmung mit den jeweiligen x- oder y-Transformation zu deren Begradigung auf der Potenzleiter.
a) negativ konkav: Entweder y hinauf$\{y, y^2, y^3, ...\}$ oder x hinunter$\{x, \log x, -1/x, ...\}$;
b) positiv konkav: Entweder y hinauf$\{y, y^2, y^3, ...\}$ oder x hinauf$\{x, x^2, x^3, ..\}$;
c) negativ konvex: Entweder x hinauf $\{x, x^2, x^3, ...\}$ oder y hinunter$\{y, \log y, -1/y, ...\}$;
d) positiv konvex: Entweder x hinunter$\{x, \log x, -1/x, ...\}$ oder y hinunter$\{x, \log x, -1/x, ...\}$.

Zur mnemotechnischen Hilfe kann man sich den Fächer aus 'Pfeil-Winkel' merken, den man an die schematische Krümmung (z.B. mit Hilfe dreier Punkte) anlegt. Die Pfeile weisen jeweils in die beiden Richtungen, in der man auf der Potenzleiter auf- oder absteigen muss. Hier eine kurze Liste der wichtigsten Transformationen:

Name                    Exponent   oder prüfe folgenden Bereich der Exponenten

1) Log's                       0
2) Wurzeln                     $1/2$        $\{-1, -1/2, 0, 1/2, 2\}$
3) Kehrwerte                   -1
4) Reziproke Wurzeln           $-1/2$

**Figur 6.12 Begradigungen von monotonen Krümmungen**

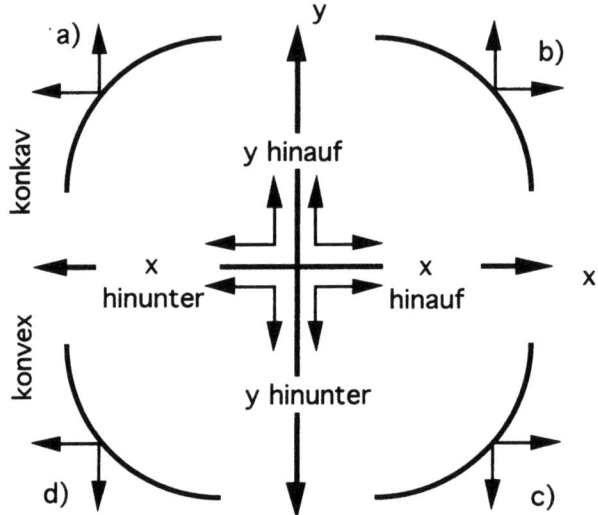

Ob eine Transformation erfolgreich war, sieht man entweder sofort (auf Makroebene) oder erst nach dem Studium der vorläufige Residuen, auf Mikroebene. Erste Transformationsvorschläge kann man mit den gesamten Punktwolken durchführen, oder man verwendet ein abgekürztes 3-Punkte-Verfahren und vergleicht den linken mit dem rechten Anstieg.

### 6.6.1. Begradigung durch y-Transformation

Die geeignete Transformation g(y) für die Begradigung eines Zusammenhanges in einem Streudiagramm findet man durch (wiederholte Anwendung) folgender 3 Schritte:

1) Wähle 3 Punkte und bestimme aus den Streudiagrammen das Krümmungsverhalten:

$P_1: (x_1, y_1)$,              $P_2: (x_2, y_2)$,              $P_3: (x_3, y_3)$;

2) Wähle eine geeignete Transformation g und bestimme die y-transformierten Punkte:

$(x_1, g(y_1))$,      $(x_2, g(y_2))$,      $(x_3, g(y_3))$;

3) Vergleiche den linken $b_L$ und den rechten Anstieg $b_R$:

$$b_L = \frac{g(y_2) - g(y_1)}{x_2 - x_1} \sim b_R = \frac{g(y_3) - g(y_2)}{x_3 - x_2}$$

Dabei bedeutet das Äquivalenzsymbol ~, dass die beiden Anstiege etwa gleich sein sollten.

Bem.: Man kann auch folgende grafische Methode zur interaktiven Begradigung am Computer wählen. Neben den Endpunkten wählt man einen mittleren Punkt der monoton gekrümmten Punktwolke und verbindet die drei Punkte. Nun wird eine Transformation $g(y)$ solange gesucht, bis die 2 Verbindungsstrecken im transformierten Streudiagramm auf einer Geraden liegen.

**Beispiel 6.8 Begradigung des Bevölkerungstrends in Österreich (19. Jh.)**

Wir zeigen, wie mit Hilfe eines Anstiegsvergleichs die geeignete Potenztransformation zum Begradigen eines Zusammenhanges gewählt werden kann. Dazu wählen wir die 3 (fast äquidistante) Punkte 1810, 1860 und 1910:

$$(1810, 3054), \quad (1857, 4076), \quad (1910, 6648).$$

a) Anstiegsvergleich der Log-Transformation:

$b_L = (3.610 - 3.485)/47 = 0.125/47 = 2.66; \quad b_R = (3.823 - 3.610)/53 = 0.213/53 = 4.02.$

b) Anstiegsvergleich der Reziprok-Transformation:

$b_L = (-2.45 + 3.27)/47 = 0.82/47 = 1.74/100; \quad b_R = (-1.5 + 2.45)/53 = 0.95/53 = 1.79/100$

Bem.: Wären die 3 Punkte im obigen Beispiel genau äquidistant, so könnte man sich die Division durch die Länge des Abstandes ersparen. Man braucht bei gleichen Abstand nur noch die Differenzen der transformierten Werte vergleichen. Dies führt in obigem Beispiel zum selben Ergebnis, da sich die Abstände nur geringfügig unterscheiden.
Der Anstiegsvergleich zeigt deutlich, dass der Logarithmus zu wenig begradigt. Daher gehen wir eine Stufe weiter nach unten und probieren die inverse Transformation. Die Geradenanpassung in Figur 6.13.a) ergibt ein sehr gutes Resultat, was man auch am Korrelationskoeffizienten mit Wert 1 erkennen kann.

**Figur 6.13 Bevölkerungstrend 1810-1910 in Österreich**

a) **Reziprok-Transformation** und b) **Residuen**

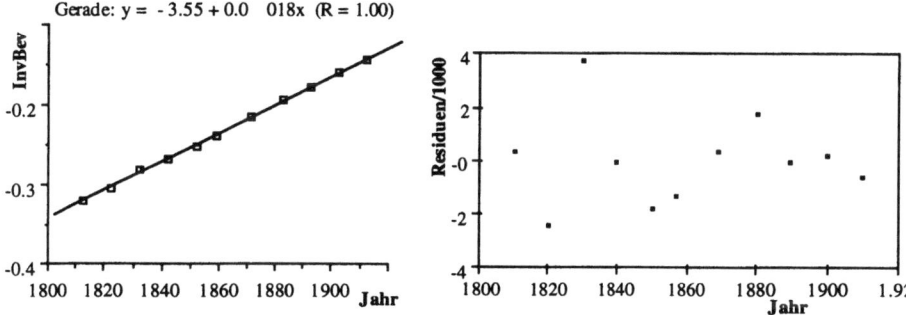

Die Residuen liefern kein verbesserbares Muster mehr und daher können wir die Trendanalyse beenden. Bemerkenswert ist das kleinste Residuum von 1820. Ist das noch auf den Einfluss der napoleonischen Kriege zurückzuführen? Aber bereits 1830 findet man ein stark positives Residuum, ebenso 1880. Man beachte die gedämpfte Schwingung in den Residuen, die aber kaum zu modellieren sein dürfte und braucht, da der Korrelationskoeffizient bereits Wert 1 hat.
Es ist interessant zu bemerken, dass Österreich im 19. Jh. ein stärkeres Bevölkerungswachstum aufzuweisen hat, als die USA. Eine gleichartige Analyse in Tukey (1977) liefert für die USA eine Log-Transformation und eine jährliche Wachstumsrate von 2.8%.

In Österreich im 19. Jh. ist das Wachstum selbst eine Funktion der Zeit und hat im Durchschnitt stetig zugenommen (vgl. dazu die fast perfekte inverse Gerade in Figur 6.13.a).

### 6.6.2. Begradigung durch x-Transformation

Analog den Transformationsregeln aus Figur 6.12 kann man natürlich auch die x-Achse (in Trenddiagrammen die Zeitachse) transformieren, um eine Begradigung in einem Streudiagramm herbeizuführen. Dies ist bei Trenddiagrammen jedoch selten, da eine transformierte Zeitskala viel schwieriger zu interpretieren ist, als das transformierte Response-Merkmal. Ein derartiges Beispiel für eine Trend-Begradigung findet sich in Tukey (1977, S.176ff). Die Vorgangsweise ist analog der y-Transformation:

1) Wähle 3 Punkte und bestimme aus den Streudiagrammen das Krümmungsverhalten:

$$P_1: (x_1, y_1), \quad P_2: (x_2, y_2), \quad P_3: (x_3, y_3);$$

2) Wähle eine geeignete Transformation g, und bestimme die x-transformierten Punkte:

$$(g(x_1), y_1), \quad (g(x_2), y_2), \quad (g(x_3), y_3);$$

3) Vergleiche den linken und den rechten Anstieg

$$b_L = \frac{y_2 - y_1}{g(x_2) - g(x_1)} \quad \sim \quad b_R = \frac{y_3 - y_2}{g(x_3) - g(x_2)}$$

### 6.8. Zusammenfassung und Diskussion

Abschliessend wollen wir die stückweise lineare Trendanpassung der österreichischen Bevölkerungsentwicklung vom 16. - 20. Jh. zusammenfassen (vgl. Figur 6.14).

**Figur 6.14 Stückweise lineare Trendanpassung der österr. Bevölkerung**
a) 16. - 18. Jh.         b) 19. Jh.

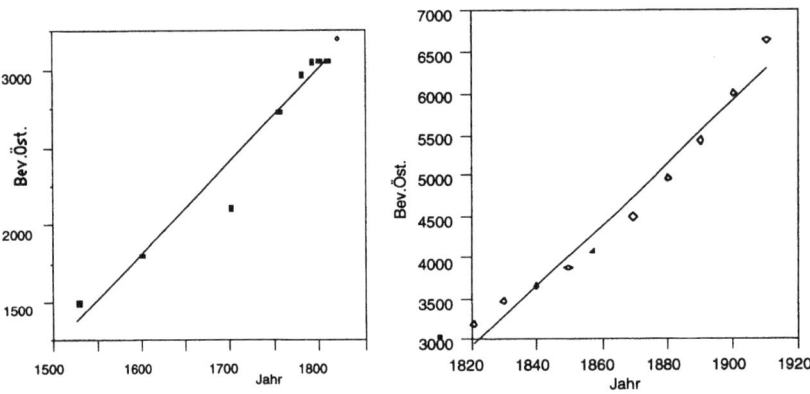

Wie man bereits grafisch gut erkennen kann, ist die lineare Anpassung in allen 3 Trendabschnitten recht gut (Figuren 6.14 a) - c)). Das $R^2$ ist im ersten Abschnitt 0.95, im zweiten Segment 0.96 und im dritten 0.96. Die Anstiege in den drei Segmenten betragen 5.96, 37.3 und 18.2 tausend Personen pro Jahr. Diese Anstiege kann man als durchschnittliche Bevölkerungszunahme pro Jahr in den jeweiligen drei Abschnitten interpretieren. Im Mittelalter gab es etwa 6000 Leute mehr pro Jahr, im 20. Jahrhundert hat sich dieser Zuwachs auf das 3-Fache gesteigert (etwa 18.000). Die jährliche Zunahme war im

19. Jahrhundert am stärksten, wo er etwas mehr als doppelt so gross wie heute war (37.300 Personen).

**Figur 6.14 .c) Trend im 20. Jh.**   **d) Schärfevergleich im 19. Jh.**

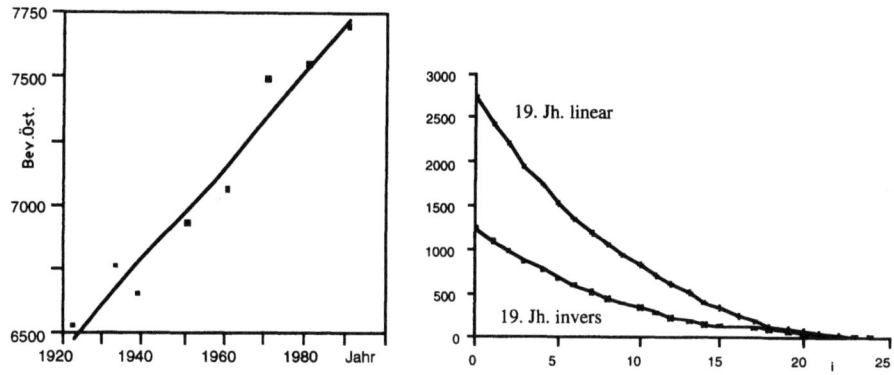

### 6.8.1. Zusammenfassung der Trendanalyse der österreichischen Bevölkerung

Rekapitulieren wir kurz die Beispiele 6.7 und 6.8 vom Standpunkt der EDA-Philosophie. Wir haben eine geeignete Gesamtheit gewählt, die Volkszählungsergebnisse in Österreich 1523-1981 und die EDA-Technik der stückweisen Trend-Anpassung einfacher Durchschnittsgeraden (die den Bruchpunkt 0 besitzt). Die erste Skizze für den gesamten Zeitraum in Figur 6.7 ergab ein eher unbefriedigendes Ergebnis; in der Folge konnte die Skizze durch eine Teilung in 3 Regime insgesamt verschärft werden. Die (Residuen-) Diagnose der Skizze für das 19. Jh. ergab jedoch eine ungenaue Beschreibung der Bevölkerungsentwicklung, daher wurde die EDA-Technik Begradigen von Streudiagrammen gewählt. Diese lieferte schiesslich ein zufriedenstellendes Ergebnis. Eine Veränderung des Bruchpunktes war nicht notwendig, da es keine Ausreisserprobleme gab. Die Kommunikationsform der demografischen Trendanalyse besteht aus den Anpassungen in den 3 Zeiträumen mit Reziprokform für den mittleren Zeitraum. Figur 14.c) zeigt den Schärfevergleich für das 19. Jh., wo eine inverse Potenzleiter-Transformation eine deutlich bessere Anpassung liefert.

**Figur 6.15 Zuwachsraten der Bevölkerung Österreichs**
 **a) Insgesamt: 1523-1981**   **b) im 19. und 20. Jh.**

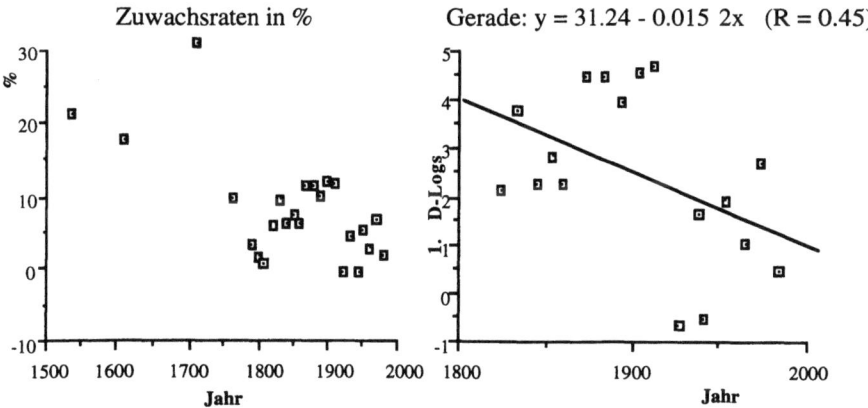

Zuletzt stellen wir uns die Frage: Ist die Trendanalyse und Aussage insgesamt genau genug? Haben wir alternative Möglichkeiten zur Darstellung der Bevölkerungsentwicklung? Wählen wir als Gesamtheit die Zuwachsraten $x_i\% = (x_i - x_{i-1}) / x_{i-1}$, so bietet sich ein Bild wie in Figur 6.15. (Zuwachsraten können auch als erste Differenz des Logarithmus gebildet werden: $x_i\% = \log x_i - \log x_{i-1}$.)
Man sieht deutlich die beiden Gruppen von Zuwachsraten, jeweils im 19. und 20. Jahrhundert. Legt man eine "gedankenlose" (Schmalspur-) Gerade hindurch, so gewinnt man den Eindruck einer fallenden Tendenz der Zuwachsraten (die Durchschnittsgerade ist y = 31.24 - 0.015 x). Getrennt betrachtet liefern jedoch beide Gruppen einen steigenden Trend der Zuwachsraten in jedem Jahrhundert. Dies kann auch mit Hilfe sogenannter Dummy-Variable in der Berechnung der Durchschnitts- oder Regressionsgeraden berücksichtigt werden. Eine Dummy-Variable ist eine 0/1-Variable mit Wert 0 für die Zeit vor 1910 und Wert 1 für die Zeit danach, und bedeutet einfach, dass es zwei konstante Glieder in der Geradenformel gibt, aber nur einen gemeinsamen Anstieg. (Diese Unterscheidung eines Zusammenhanges bei möglicher Existenz von 2 Gruppen ist auch Gegenstand der partiellen Korrelation.)
Das Resultat der Geradenanpassung ist ein gemeinsamer positiver Anstieg, b = 0.027, und dass sich die Absolutglieder um den Wert -4.9 für die beiden Perioden unterscheiden. Es stellt sich nun die Frage, welche Darstellung des Bevölkerungstrends besser ist. Das erfolgt wieder über die Berechnung der Schärfekurve der Skizze.
Streudiagramme sind wichtige Techniken zur Modellierung von Zusammenhängen und benötigen bereits das gesamte Spektrum der Modellbauphilosophie in der EDA. Skizzen in Trend- und Streudiagrammen werden nach folgenden Prinzipien erstellt:

Tab. 6.5 Allgemeine Modellbauprinzipien

1) Wähle eine geeignete Skalierung der Achsen um den Zusammenhang im Streudiagramm annähernd linear zu machen.
2) Erstelle eine vorläufige Anpassung, bzw. Skizze und überprüfe an Hand der ersten (vorläufigen) Residuen, ob die Skizze verbessert werden kann. Die Residuen sollen einen zufälligen Charakter ohne erkennbaren Trend haben.
3) Studiere die vorläufigen Residuen auf einer zumeist vergrösserten Skala, um genauer das restliche Verhalten "unter der Lupe" zu analysieren.
4) Verschärfe die Skizze oder erstelle die Kommunikationsform des Streudiagramms.

## 6.8.2. Modellierung in Streudiagrammen

Der Zusammenhang von Merkmalsausprägungen wird durch Skizzen beschrieben, wobei die Skizze die Information einer Merkmalsausprägung, zumeist das, was auf der x-Achse aufgetragen wird, verwendet. Dieses (X-) Merkmal wird daher auch Faktor oder unabhängiges Merkmal genannt. Das (Y-) Merkmal, das beschrieben werden soll, wird auf der y-Achse aufgetragen und wird Response- (abhängiges) Merkmal genannt. Wir sprechen dann auch von einer (methodisch) kausalen Skizze oder einem Zusammenhang, da die Einflussrichtung von Merkmal X nach Merkmal Y geht (X->Y). Die Residuen stehen senkrecht zur x-Achse des 'Einfluss-Faktors', dem unabhängigen Merkmal. Analysen von Streudiagrammen können also verschiedene Ergebnisse liefern, je nachdem welches Merkmal als Einflussrichtung gewählt wird. Zumeist wird die Einflussrichtung durch die Fragestellung vorgegeben, wie z.B. in Beispiel 6.1. Die Höhe beeinflusst die Strassenlänge von Pässen; die Umkehrung ist nicht sinnvoll.
Es gibt jedoch Merkmalskombinationen, bei denen die Einflussrichtung nicht vorgegeben ist, wie etwa bei einigen ökonomischen Anwendungen (vgl. Beispiel 7.2, die Phillipskurve: Beeinflusst die Inflation die Arbeitslosenrate, oder die Arbeitslosenrate die Inflation?).
In diesen Fällen empfiehlt es sich, beide Analyserichtungen durchzuführen. Eine "empirische" Entscheidung ist dann durch den Vergleich der Genauigkeit der beiden Beschreibungen (Skizzen) möglich: Man wählt jene Richtung als empirisch-kausal, die die genauere Skizze liefert. Die eigentliche Kausalitätsentscheidung bleibt immer der Sub-

stanzwissenschaft überlassen. Statistik ist immer nur ein Werkzeug unserer Vorstellungen, um die Theorie mit der Empirie zu überprüfen. Sie bildet die "Grammatik" unseres empirischen Denken und kann damit substanzwissenschaftliche Theorien beeinflussen, jedoch nicht ersetzen. Trotz statistischer Evidenz bleibt die Kausalitätsfrage immer ein Primat der Substanzwissenschaft.

Das Kausalitätsproblem gibt es in besonderer Weise in der induktiven Statistik als Inferenzproblem. Nur werden etwas andere statistische, vor allem wahrscheinlichkeitstheoretische Methoden herangezogen. Da Einflussrichtungen sehr schwach sein können, kann durch Zufall eine Einflussrichtung "umkippen". Durch geeignete Spezifikation von Vorinformation (z.B. starkes Festhalten an bisherigen Vorstellungen) können "unglaubliche" Ergebnisse verworfen werden.

### 6.8.3. Iterativer EDA-Modellbau

In Figur 6.16 ist ein Schema angegeben, wie man mit EDA-Methoden Daten modellieren kann.

**Figur 6.16 Iterativer EDA-Modellbau**

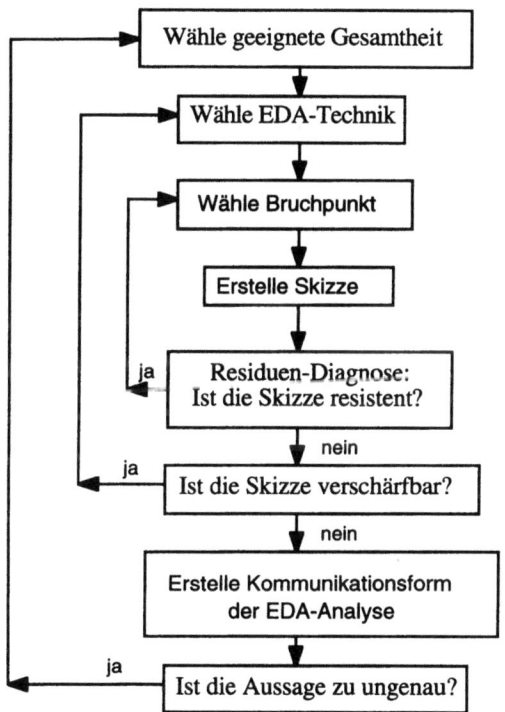

Die folgenden 8 Punkte erklären dieses Schema von oben nach unten und erläutern die Prinzipien dieser statistischen Modellierung. Obwohl der iterative Modellbau in der Praxis sicherlich schon immer verwendet wurde, so hat es dennoch lange Zeit gedauert bis zu einer statistischen Formulierung. Box und Jenkins (1970) waren die ersten, die diesen Vorgang explizit zur "Box-Jenkins" Methode von autoregressiven integrierten Moving-Average (ARMA) Zeitreihenmodellen vorschlugen. Der Erfolg in der Praxis gab dieser Modellbau-Philosophie recht, und die EDA-Methoden folgen auf breiten Band diesem Prinzip; ebenso hat Box (1980) dies als allgemeines Modellbauprinzip für Inferenzmethoden vorgeschlagen. Bei Inferenzmethoden gibt es das Problem, dass wiederholte statistische Analyse einer Stichprobe zu sehr den Zufallscharakter erschöpfen kann, d.h.

es werden künstliche Ergebnisse (Artefakte, vgl. Kriz 1984) produziert, die sich nur aus einer einzigen Stichprobe ableiten lassen, aber i.a. den Schluss auf die Gesamtheit verzerren. Dies ist auch bei EDA-Methoden möglich, wenn sie auf Stichproben angewandt werden. Bei Analysen einer Grundgesamtheit (wie z.b. das Wahlergebnis an einem Wahltag) kann dies nicht passieren.

1) *Die Wahl der Gesamtheit.* Jeder statistischen Analyse liegt eine Menge von Daten zugrunde, die wir in Kapitel 1 Gesamtheit (Kollektiv) genannt haben. Oft wird die Gesamtheit eine Stichprobe sein, in diesem Fall sind auch wahrscheinlichkeitstheoretische Schlüsse möglich. Für EDA-Analysen, wie für alle deskriptiven Analysen genügt die Definition einer geeigneten Gesamtheit. Man beachte dabei, dass durch die Auswahl einer geeigneten Gesamtheit die Aussagen bereits sehr beeinflusst werden können.

2) *Die Wahl einer (geeigneten) EDA-Technik.* Auch hier ist in den seltensten Fällen eine eindeutige Entscheidung möglich, daher ist eine stufenweise Anpassung meistens notwendig. Man beginnt mit der Methode, die man am besten beherrscht und die möglichst einfach ist und geht sodann, falls notwendig, auf kompliziertere Methoden über. Auch hier gilt das (heuristische) Prinzip der Sparsamkeit oder Parsimonie: Bei "gleich guter" statistischer Darstellung (was ebenfalls immer definiert werden sollte) wird eher das einfache Modell gewählt.

3) *Die Wahl des Bruchpunkts* der statistischen Methode. Ausgehend von der erwarteten Anzahl extremer Beobachtungen muss eine Entscheidung getroffen werden, wie sehr man extreme Beobachtungen in die Beschreibung einbeziehen will. Extreme Beobachtungen können bei Experimenten oft sehr aufschlussreich sein, sie sind aber wegen hoher Kosten nur schwierig und in kleiner Anzahl erhältlich. (Extreme Beobachtungen sind in der statistischen Theorie der Versuchsplanung (engl.: experimental design) beliebte 'Design'-Punkte.)
Auch hier sollte man sich zu Beginn von der Einfachheit leiten lassen. Manchmal sind Methoden mit hohem Bruchpunkt, manchmal solche mit niedrigem Bruchpunkt, einfacher anzuwenden. Besonders in Computerpaketen sind oft klassische Durchschnittsmethoden, obwohl numerisch aufwendig, schnell anzuwenden, während einfache Medianmethoden (derzeit noch) grossen grafischen Aufwand erfordern.

4) *Die vorläufige Skizze.* Mit diesen Spezifikationen erstellt man die erste, vorläufige Skizze, die einer Reihe von Diagnosen unterworfen wird. Es ist die allgemeine Aufgabe der Statistik Techniken zur Modell- und Skizzenerstellung zu entwickeln.

5) *Diagnose des Bruchpunkts.* Die erste Diagnose betrifft die Frage der Resistenz: War der Bruchpunkt gut gewählt? Zerstören einige zweifelhafte Beobachtungen eine genauere Aussage? In diesem Fall ist es immer günstig, die Urliste zu überprüfen, ob etwa ein Datenfehler bei der Eingabe unterlaufen ist. Wenn dies nicht zutrifft, soll man nicht davor zurückschrecken, den gesamten Datenerhebungsprozess zurückzuverfolgen. Dies mag in den meisten Fällen sehr aufwendig sein, erleichtert aber die Verlässlichkeit der statistischen Aussagen. Der Datenerhebungsprozess wird oft bei der Planung im vornhinein falsch eingeschätzt: Der Zeitaufwand wird meist unter-, die erwartete Qualität der Daten überschätzt. Viele statistische Aussagen werden bereits in diesem Stadium vorentschieden, ohne dass dies den späteren Auswertern und Anwendern bewusst ist.
Daher sollte man bereits der Planung von Stichproben Statistiker, oder erfahrene Leute der Datenerhebung beiziehen (dies muss nicht immer zusammenfallen, da sich viele akademische Statistiker mit spezialisierten oder zu theoretischen Problemen befassen), um zu grosse negative Überraschungen zu vermeiden.
Die Entscheidung, ob eine bestimmte Beobachtung ein Ausreisser ist, kann letztendlich wieder nur von der Substanzwissenschaft entschieden werden. Mit statistischen Methoden können nur extreme Beobachtungen festgestellt werden. Dies muss bei der Entscheidung über den Bruchpunkt alles mitberücksichtigt werden. Entweder man

hat es wirklich mit Ausreissern zu tun, oder man hat eben eine neue Entdeckung gemacht. In der Geologie liefern oft seltene Lagerstätten die gerade interessanteste Information.

6) *Diagnose der Schärfe*. Die zweite Diagnose betrifft die Schärfe einer Skizze: Sind die Residuen gross, entdeckt man irgendwelche weiteren Muster, die in einer besseren Skizze, d.h. Modellbeschreibung, untergebracht werden können? Auch die stückweise Anpassung von Modellen fällt in diesen Bereich, da man dadurch i.A. die Anpassungsgüte verbessern kann. Die Schärfe misst eben die durchschnittliche Erklärungsgüte ohne Einbeziehung der extremen Beobachtungen. Man muss aber dabei in Betracht ziehen, dass zuviele stückweise Erklärungen das Prinzip der Sparsamkeit verletzen. Im Extremfall wäre ein Modell (Skizze) für jede Beobachtung möglich, doch dies ist nicht der Sinn einer statistischen Analyse als Form der kondensierten Information vom Einzelfall zur Gesamtheit. Einzelfallbeschreibungen entsprechen der sogenannten "anekdotischen" Beschreibung, die immer Schärfe 0 hat. Daher muss die Schärfe mit dem Prinzip der Parsimonie abgewogen werden, die Rechtfertigung dafür liefert wiederum der Substanzwissenschaftler.

7) *Die Kommunikationsform*. Sind die beiden ersten Diagnosen positiv verlaufen, dann kann man die Endfassung der EDA-Analyse erstellen. Sie hat die Aufgabe, die erforschte statistische Information möglichst direkt und mit wenig Aufwand darzustellen. Eine gute Grafik ist dabei mehr wert als 1000 Worte. Aussagen sollten nicht zu kompliziert sein, sondern weiteres Interesse stimulieren. Sie wird nicht immer den gesamten Ablauf des Modellbaus wiedergeben müssen, jedoch sind genauere Erklärungen machmal notwendig. Ein gutes Marketing erhöht die Attraktivität der Statistik.

Besonders bei der grafischen Wiedergabe, sind oft weniger Details notwendig, als bei der Erstfassung oder der Konstruktion der Skizze. Auch hier kann man an dieser Stelle nur allgemeine Empfehlungen geben, gute Zusammenfassungen hängen sicherlich von der Erfahrung des Modellbauers und dessen Fähigkeiten ab, Information möglichst verlustfrei mitzuteilen. Dieses sogenannte Reporting-Problem ist ein allgemeines Problem vieler empirischer Wissenschaften und es ist derzeit wenig befriedigend gelöst. Zumeist geht es um die optimale Darstellung dreier Gebiete: Die Fragestellung unter Einbeziehung aller Vorinformation, der methodische Zugang und dessen Rechtfertigung, sowie zuletzt die Darstellung der Resultate und deren kritische Würdigung. Die Kurzform lautet dazu:

Problem --> Methoden --> Resultate.

Da viele Forscher über heterogenes Vorwissen verfügen, unterschiedliche Methoden bevorzugen, sowie in der Darstellung der Ergebnisse kaum einheitliche Gewichtungen treffen, ist es nicht immer leicht einen befriedigenden kleinsten gemeinsamen Nenner zu finden.

8) *Diagnose der Fragestellung*. Schliesslich verbleibt immer eine letzte allgemeine Diagnose und Rechtfertigung: War die gewählte Gesamtheit eine geeignete für die Fragestellung? Gibt es bessere Erhebungsmethoden, klarere Abgrenzungen, weitere Datenbestände? Manchmal kann mit den vorhandenen Daten, sowie mit anderen Zugängen noch besser eine Gesamtheit gebildet werden. Oft wird es so sein, dass man die gewonnen Erfahrungen für die nächste ähnliche Analyse verwenden können wird. Für Grossuntersuchungen gibt es daher sogenannte "Pilotstudien" (pilot studies), die genau die Aufagbe haben, vor der Gesamtanalyse eine Art Generalprobe durchzuführen: Wo erwartet man Schwierigkeiten bei der Datenerhebung, wo treten interessante oder weniger wichtige Fragen auf, auf welche Probleme muss man sonst noch Rücksicht nehmen?

Diese 8 Probleme des Modellbaus sind allgemeiner Natur, besonders die Fragen der Modell-Diagnosen. In der EDA werden sie nur mit möglichst einfachen Mitteln behandelt und beantwortet. Inferenzmethoden verwenden Wahrscheinlichkeitsaussagen, sind meist technisch anspruchsvoller, was aber nicht heissen muss, dass man unbedingt andere Resultate erhält. Der EDA-Zugang erhebt ja den Anspruch, diesen Aussagen komplexerer Methoden mit einfachen Mitteln möglichst nahe zu kommen. Es hängt schliesslich vom Geschick des Anwenders ab, wie weit man diesen Zielen nahe kommt.

### 6.9. Programmpakete

Fast alle Statistik Programmpakete bieten Streudiagramme an, jedoch mit unterschiedlicher Qualität. Die flexibelsten Systeme sind derzeit S-plus und JMP, in denen man kodierte Streudiagramme leicht erzeugen kann.
Durchschnittsgeraden (Regressionen) und Streudiagramme sind in vielen Programmpaketen zu finden. Diese geben aber oft nur standardisierten Output, und sind auch schwerfällig im Weiterbearbeiten von Output und Grafiken. Zum Anpassen von resistenten Geraden in Streudiagrammen (manuelle Gerade) sind die meisten Programmpakete nur ungenügend geeignet. Ein elegantes Selektionieren von Punkten und eine umfassende Residuendiagnose bieten derzeit JMP und S-plus. Der Trend zu allgemeinen Datenglättern, wie z.B. Kernschätzer und Splines (vgl. Chambers (1979) oder Friedman und Stützle (1984) hält weiter an.
Die Mediananpassung von Geraden ist rechen- und damit zeitintensiv, und effiziente Algorithmen sind ein Gebiet der Forschung. Spezielle Median-Geraden werden im 'Progress'-Programm (auch auf PC's, vgl. Rousseeuw 1984) berechnet.

### 6.10. Aufgaben

1) Man erstelle kodierte Streudiagramme für die Erdbebendaten nach Kontinenten aus Tab. 5.2.
2) Erstelle a) kodierte Streudiagramme für die Schweizer Passwege (Beispiel 3.9), b) eine Skizze für das Streudiagramm Höhe und Länge.
3) Man berechne die umgekehrte Y → X Skizze in Beispiel 6.3 und vergleiche die Resultate.
4) Man berechne die Zuwachsraten von Transformationen der Potenzleiter für p = -1, -1/2, 0.
5) Erstelle eine Skizze für die Bevökerungsentwicklung Österreichs in Zuwachsraten (Beispiel 6.3).
6) Führe eine Trendanalyse für die Schweizer Bevökerungsentwicklung in Tabelle 6.6. für a) Originalwerte, und b) Zuwachsraten durch.

Tab. 6.6 Bevölkerung der Schweiz (in 1000)

| Jahr | Bev. | Jahr | Bev. | Jahr | Bev. | Jahr | Bev. |
|---|---|---|---|---|---|---|---|
| 1880 | 2832 | 1900 | 3315 | 1910 | 3753 | 1920 | 3880 |
| 1930 | 4066 | 1941 | 4266 | 1950 | 4715 | 1960 | 5429 |
| 1970 | 6270 | 1980 | 6366 | 1990 | 6874 | | |

7) Man analysiere die Residuen und Schärfe der quadratischen Skizze der Schweizer Alpenpässe in Figur 6.1.b).

# 7. REGRESSOGRAMME

**7.1. Resistente Gerade**
**7.2. Resistente Korrelation**
**7.3. Parallele Box-Plots**
**7.4. Einfache Regressogramme**
**7.5. Biquantile-Regressogramme**
**7.6. Autoregressogramme**

> *"Dinge sind korreliert (con, relata), falls sie so miteinander bezogen oder verbunden sind, dass wenn es eines gibt, dann gibt es das andere, und wenn es eines nicht gibt, dann gibt es das andere nicht."*
> *(Jevons 1874)*

## 7.1. Resistente Gerade

Die resistente Gerade kann man auch als "3-Schnitt Median-Gerade" (3-group resistant line, in Hoaglin et al. (1983b) S.242ff) von Streudiagrammen bezeichnen. Ihre Ursprünge sind sehr alt (Quennouille 1972 beschreibt sie schon), doch zu neuen Ehren gelangt sie in der EDA. Wie der Name schon sagt, soll diese Gerade, im Unterschied zur Durchschnittsgeraden einen grossen Bruchpunkt haben, d.h. möglichst wenig von extremen Beobachtungen beeinflusst werden. Sie ist besser als die manuelle Anpassung, aber muss zumeist über Residuendiagnose weiter verbessert werden, was zur polierten resistenten Geraden führt. Die resistente Gerade ist eine kausale Methode (vgl. Kap. 6.3) und daher gibt es je nach Einflussrichtung je eine Anpassung.

### 7.1.1. Einfache resistente Gerade

Die Konstruktion der Geraden y = a + bx erfolgt ausgehend von einem Streudiagramm:

1) Man unterteilt ein Streudiagramm in drei gleichgrosse Gruppen (wenn die Anzahl nicht durch 3 teilbar ist, bildet man 3 balancierte Gruppen).

2) Man bilde jeweils die Gruppenmediane, bzw. Medianzentren $(\bar{x}_j, \bar{y}_j) = (\text{Med }\{x_i\}_j, \text{Med }\{y_i\}_j)$, $j \in \{L, M, R\}$, wobei die Med $\{x_i\}_j$ die Mediane der 3 Gruppen (Links, Mitte, Rechts) bezeichnen:

| Links | Mitte | Rechts |
|---|---|---|
| $(\bar{x}_L, \bar{y}_L)$ | $(\bar{x}_M, \bar{y}_M)$ | $(\bar{x}_R, \bar{y}_R)$ |

3) Bestimme den Anstieg der Geraden durch die beiden *äusseren* Gruppenmediane:

$$b_{rst} = (\bar{y}_R - \bar{y}_L) / (\bar{x}_R - \bar{x}_L)$$

4) Die Konstante a wird als Mittelwert der 3 Gruppengeraden (das sind die Geraden, die mit Hilfe der Punkt-Anstiegsform mit gemeinsamen Anstieg durch die 3 Medianpunkte gebildet werden):

$a_{rst} = (a_L + a_M + a_R)/3$    mit $a_j = \bar{y}_j - b\bar{x}_j$,    $j \in \{L, M, R\}$.

**Beispiel 7.1 Die 'Laufental-Abstimmungen' in der Schweiz**

Durch die Schaffung des neuen Kantons 'Jura' im Jahr 1979, der vom Kanton Bern abgetrennt wurde, entstand eine Exklave des Kantons Bern, das sogenannte Laufental. 1983 sollten sich daher die 13 Gemeinden des Laufentals entscheiden, ob sie beim Kanton Bern bleiben wollen oder zum Kanton Basel-Land wechseln. Diese Abstimmung musste 1989 aus juristischen Gründen wiederholt werden und brachte einen anderen Ausgang als 1983, nämlich das 'JA' zu Basel-Land.
Die Ergebnisse der beiden Wahlgänge der Laufental-Abstimmungen 1983 und 1989 sind in Tab. 7.1.a angegeben. Mit Hilfe einer resistenten Geraden zwischen dem Prozentsatz der 'JA' Stimmen von 1983 und 1989 (JA83 bzw. JA89), wollen wir eine einfache "Wahlanalyse" durchführen:

Tab. 7.1.a Die beiden 'Laufental-Abstimmungen' 1983 und 1989

|  | JA83 | JA89 | Stib83 | Stib89 | p83 | p89 | W1 | W2 | W3 | Weit | Prot | Code |
|---|---|---|---|---|---|---|---|---|---|---|---|---|
| Blauen | 52.8 | 61.6 | 92.2 | 91.2 | 3.3 | 3.8 | 12 | 47 | 41 | 5 | 8.1 | Bla |
| Brislach | 33.7 | 43.7 | 93.3 | 95.3 | 6.8 | 7.6 | 8 | 61 | 31 | 5 | 12.4 | Bri |
| Burg i.L. | 47.4 | 57.6 | 89.9 | 87.0 | 1.4 | 1.4 | 5 | 41 | 54 | 8 | 30.5 | Bur |
| Dittingen | 61.4 | 71.7 | 93.6 | 93.1 | 4.6 | 4.6 | 5 | 55 | 40 | 6 | 10.6 | Dit |
| Duggingen | 43.3 | 60.6 | 89.7 | 96.0 | 6.2 | 6.3 | 7 | 45 | 48 | 1 | 32.6 | Dug |
| Grellingen | 57.3 | 64.0 | 88.2 | 91.8 | 8.8 | 8.5 | 2 | 61 | 37 | 2 | 15.2 | Gre |
| Laufen | 37.3 | 45.9 | 93.6 | 93.5 | 29.5 | 29.2 | 2 | 56 | 42 | 7 | 17.4 | Lau |
| Liesberg | 42.4 | 51.8 | 95.5 | 95.6 | 8.7 | 8.1 | 4 | 64 | 32 | 9 | 10.0 | Lie |
| Nenzlingen | 57.6 | 69.0 | 95.6 | 96.8 | 2.1 | 2.3 | 14 | 47 | 39 | 3 | 8.8 | Nen |
| Röschenz | 49.5 | 54.2 | 93.3 | 93.8 | 9.3 | 9.4 | 5 | 57 | 39 | 8 | 7.3 | Rös |
| Roggenburg | 26.0 | 22.8 | 98.0 | 92.5 | 1.8 | 1.7 | 20 | 45 | 34 | 10 | 22.0 | Rog |
| Wahlen | 39.6 | 53.8 | 94.6 | 94.9 | 7.4 | 7.1 | 7 | 64 | 29 | 7 | 10.4 | Wah |
| Zwingen | 41.3 | 46.6 | 93.0 | 93.0 | 10.2 | 10.0 | 2 | 63 | 35 | 4 | 13.4 | Zwi |

Tab. 7.1.b Abkürzungen (Kodierung) der Variablennamen in:

---

JA83: Ja-Stimmen 1983

JA89: Ja-Stimmen 1989

Stib83 und Stib89: Stimmbeteiligung 1983 bzw. 1989

p83 und p89: Bevölkerungsanteil der Gemeinden 1983 bzw. 1989

W1: Beschäftigte in Land und Forstwirtschaft (in%)

W2: Beschäftigte in der Industrie (in%)

W3: Beschäftigte in Dienstleistungen (in%)

Weit: Ordinale Entfernung von Basel

Prot: Anteil der reformierten Einwohner (in%)

---

**Die Berechnung der resistenten (3-Schnitt-Median) Geraden.**
Die JA-Stimmen der Laufentalabstimmung 1989 (JA89) werden in einem Streudiagramm auf der y-Achse und die JA-Stimmen von 1983 auf der x-Achse abgetragen. Nun erfolgt die Dreiteilung des Streudiagramms senkrecht zur x-Achse. Da es 13 Gemeinden gibt, muss eine balancierte Teilung durchgeführt werden, d.h. 4:5:4, die mittlere Gruppe erhält eine Beobachtung mehr. (Bei 14 Beobachtungen erhält die mittlere Gruppe eine Beobachtung weniger: 5:4:5. Dieses Schema kann man bei jeder Anzahl verwenden, die nicht durch drei teilbar ist, wobei man die Modulo(3) Funktion verwenden kann.)
Zunächst bestimmen wir den Anstieg. Dazu benötigen wir die Medianzentren der linken und der rechten Gruppe. Diese Gruppen bestehen aus je 4 Beobachtungen und es müssen für das X-Merkmal (1983) und das Y-Merkmal (1989) die Mediane aus den getrennten

Ranglisten jeweils als Mittelpunkt der dritten und vierten Beobachtung berechnet werden. Die 5 Konstruktionsschritte lauten:

1) linkes Medianzentrum

1983: $\tilde{x}_L = \dfrac{x_{Bri} + x_{Lau}}{2} = \dfrac{33.7 + 37.3}{2} = 35.5,$

1989: $\tilde{y}_L = \dfrac{y_{Bri} + y_{Lau}}{2} = \dfrac{43.7 + 45.9}{2} = 44.8.$

2) rechtes Medianzentrum

1983: $\tilde{x}_R = \dfrac{x_{Gre} + x_{Nen}}{2} = \dfrac{57.6 + 57.3}{2} = 57.45,$

1989: $\tilde{y}_R = \dfrac{y_{Gre} + y_{Nen}}{2} = \dfrac{64 + 69}{2} = 66.5.$

3) Der Anstieg der resistenten Geraden ist daher

$$b_{rst} = \dfrac{\tilde{y}_R - \tilde{y}_L}{\tilde{x}_R - \tilde{x}_L} = \dfrac{66.5 - 44.8}{57.45 - 35.5} = 0.99 \approx 1.$$

4) Der Achsenabschnitt der resistenten Geraden berechnet sich aus

$$\begin{aligned} a_L &= 44.8 - 35.5 = \phantom{0}9.3 \\ a_M &= 54.2 - 43.3 = 10.9 \\ a_R &= 66.5 - 57.5 = \underline{\phantom{0}9.0} \\ & \phantom{= 66.5 - 57.5 =\ } 28.2 \end{aligned}$$

und der Durchschnitt ergibt $a_{rst} = \dfrac{a_L + a_M + a_R}{3} = \dfrac{28.2}{3} = 9.4$.

(Der Median der mittleren Gruppe ist gleichzeitig der Median aller Beobachtungen:

$$(\tilde{x}_M, \tilde{y}_M) = (\text{Med}(X), \text{Med}(Y)) = (x_{Dug}, y_{Rös}) = (43.3, 54.2).)$$

**Figur 7.1 Grafische Bestimmung der resistenten Geraden**

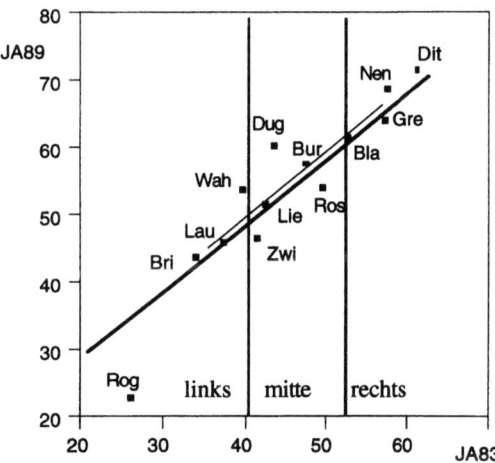

5) Damit lautet die resistente (d.h. die gegen Ausreisser immunisierte) Gerade $y = a_{rst} + b_{rst} x$

$$JA89 = 9.4 + 1*JA83.$$

Sie bietet die einfachste Interpretation der Abstimmungsergebnisse: Der neue JA-Stimmenanteil (JA89) erklärt sich aus dem alten (JA83) plus einem generellen Stimmungsumschwung im Ausmass von 9.4%-Punkten. Figur 7.1 zeigt, wie die resistente Gerade grafisch bestimmt werden kann. Die gestrichelte Linie ist der Anstieg durch die äusseren Medianzentren und die resistente Gerade geht durch den verschobenen y-Achsenabschnitt 20 + 9.4% = 29.4%.

### 7.1.2. Polierte Resistente Gerade

Die Polierung einer resistenten Geraden (polishing the fit) erfolgt über iterative Verbesserung. Diese Methode kommt einer Mediananpassung sehr nahe, ist aber rechenintensiv und daher nur am Computer einfach möglich. Dabei geht man wie folgt vor:

1) Start: Setze k = 0. Man bestimmt die resistente Ausgangsgerade wie in Abschnitt 6.1.

   $g_0: y = a_0 + b_0 x$ .

2) Man berechne die Residuen der k-ten Iteration

   $r^{(k)} = y - a_0 - b_0 x$ .

3) Residuendiagnose: Eine resistente Gerade $h_k$ wird an die k-ten Residuen angepasst:

   $h_k: r^{(k)} = a^*_k + b^*_k x$ .

4) Ist $b^*_k \neq 0$, so wird die laufende Geradenformel $g_k$ korrigiert:

   $g_k = g_{k-1} + h_k$.

5) Die Schritte 2) - 4) werden solange wiederholt, bis $b^*_k = 0$ ist, d.h. die (resistente) Residuengerade einen Anstieg 0 hat. Die ist äquivalent mit der Bedingung

   $Med_L\{y_i - a - b x_i\} = Med_R\{y_i - a - b x_i\}$,

d.h. die Mediane der Residuen in den beiden Aussengruppen sind gleich.
*Bem.: Diese Iterationsmethode kann in einigen Fällen verbessert werden, wenn die Konvergenz wegen Oszillation lange dauern sollte. Daher kann folgender Punkt eingeschoben werden:
4a) Korrektur bei Überschiessen: Haben zwei aufeinanderfolgende Anstiege der Diagnose-Korrekturgeraden verschiedenes Vorzeichen, d.h. gilt $b^*_k \cdot b^*_{k-1} < 0$ dann ist mit einer langwierigen Iteration zu rechnen. In diesem Fall empfiehlt es sich, das Überschiessen zu korrigieren: Statt des berechneten Korrekturanstiegs aus der Residuengeraden, verwendet man einen etwas geschrumpften Anstieg:

   $b^*_{k,neu} = b^*_k \cdot b^*_{k-1} / (b^*_k - b^*_{k-1})$   für $b^*_k \cdot b^*_{k-1} < 0$ .

Beachte, dass der Reduktionsfaktor $f = b^*_{k-1} / (b^*_k - b^*_{k-1})$ immer zwischen -1 und 0 liegt. Daher wird der neue Anstieg $b^*_{k,neu}$ immer mit entgegengesetzten Vorzeichen berechnet und gleichzeitig betragsmässig etwas geschrumpft. (Der Wert f = -1 wird angenommen, wenn entweder $b^*_k = 0$ ist oder wenn $b^*_{k-1} \to \pm\infty$. Der Wert f = 0 wird angenommen, wenn entweder $b^*_{k-1} = 0$ ist oder wenn $b^*_k \to \pm\infty$, d.h. beliebig gross wird.)

## 7.2. Resistente Korrelation

Die Korrelation ist das statistische Konzept zur Messung der Stärke des Zusammenhanges zwischen zwei Merkmalen in einem Streudiagramm (d.h. genaugenommen: bivariat erhobene quantitativen Merkmale mit einem Merkmalsträger). Ein Korrelationskoeffizient r ist ein normiertes Mass für den *linearen* Zusammenhang zwischen zwei Merkmalen und liegt zwischen -1 und +1 ($-1 \leq r \leq 1$). Alle Korrelationskoeffizienten, ganz gleich wie sie berechnet werden, folgen dem Interpretationsschema in Figur 7.2:

**Figur 7.2 Extremfälle des (linearen) Korrelationskoeffizienten**
**a) perfekt negativ     b) keine      c) perfekt positiv**

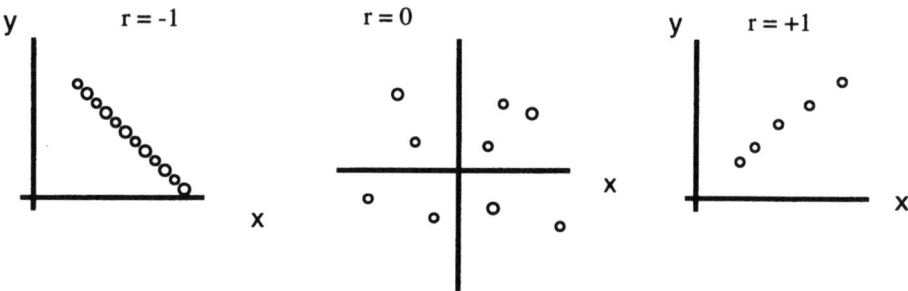

**Def. 7.1 Der resistente Korrelationskoeffizient** $r_{rst}$ ist ein modifizierter Abzählquotient von Beobachtungen eines Streudiagramms, das in Medianquadranten geteilt wurde. $r_{rst}$ basiert auf einen Vorschlag von Blomquist (1950), der von Raveh und Schwarz (1985) durch den Sinus modifiziert wurde.

1) Unterteile ein Streudiagramm mit n Punkten in die 4 Medianquadranten (bzw. errichte ein neues Achsenkreuz im Medianzentrum (Med X, Med Y) des Streudiagramms).

2) Bestimme die Anzahl der Punkte $n_{SW}$ und $n_{NO}$ im unteren linken sowie im oberen rechten Quadranten und bilde deren Summe $n^+$. Alle Punkte auf den Medianlinien werden halb gezählt.

3) Berechne den resistenten Korrelationskoeffizienten in (360°) Gradmass als

$$r_{rst} = \sin\left[\left(\frac{n^+}{n} - 0.5\right) * 180°\right].$$

Bem.: Der resistente Korrelationskoeffizient kann als Sinus-transformierter Fechner'scher Korrelationskoeffizient der Medianabweichungen angesehen werden (vgl. Kapitel 13). Die Sinusberechnung ist genauso im Radiantmass möglich: $r = \sin[(n^+/n - 0.5)*\pi]$. Da Quotient $n^+/n$ zwischen 0 und 1 liegt, liegt $n^+/n - 0.5$ zwischen -1/2 und 1/2. Durch die Sinustransformation im Intervall $(0, \pi)$, bzw. $(0, 180°)$ reduziert sich dieses auf das Intervall $-\pi/2$ und $\pi/2$ und damit erkennt man auch, dass r zwischen -1 und 1 liegen muss (vgl. Figur 7.3).

**Figur 7.3 Die Sinusfunktion** im Intervall $(-\pi/2, \pi/2)$

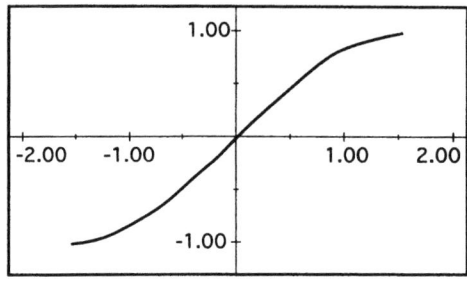

### 7.2.1. Korrelation und Skalierung

Cleveland et al. (1982) beschreiben ein interessantes Phänomen, das bei der Betrachtung von Punktwolken auftritt. Dieselbe Punktwolke bei verkleinerten Massstab gibt den Eindruck einer geringen Korrelation wieder, bei vergrösserter Skalierung den einer starken Korrelation. Dies ist in Figur 7.4 dargestellt.

**Figur 7.4 Optische Täuschung der Stärke einer Korrelation**
  a) **normale Skalierung**          b) **vergrösserte Skalierung**

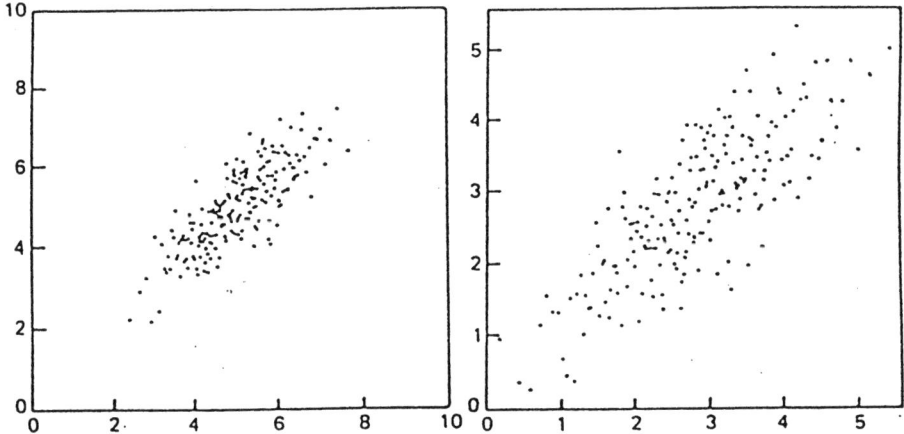

**Beispiel 7.2 Die Schweizer Laufentalabstimmung**

Wie stark hängt der JA-Stimmenanteil von der Distanz von Basel ab? Auf der x-Achse wird eine ordinale Distanz aufgetragen, d.h. Abstand 1 ist der nächste Ort zu Basel und der Abstand 10 der weiteste. Auf der y-Achse ist der JA-Stimmenanteil von 1989 abgetragen.

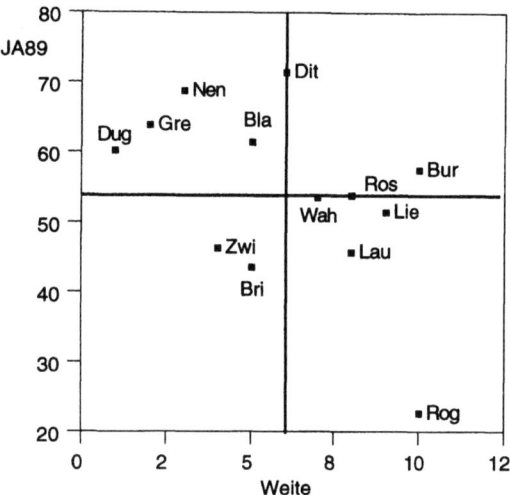

Zur Berechnung des resistenten Korrelationskoeffizienten unterteilen wir das Streudiagramm mit 25 Punkten an den jeweiligen Medianen in die vier Medianquadranten des x- und des y-Merkmals (Med X = 6 = $x_{Dit}$, Med Y = 54.2 = $y_{Rös}$) und bestimmen die Anzahl der SW/NO-Punkte. Alle Punkte, die auf die Mediangeraden fallen, werden halb gezählt: 2 + 2 (3 ganze + 2 halbe) = 4. Der Anteil dieser Punkte ist q = 4/13 = 0.307 und der resistente Korrelationskoeffizient beträgt nach Def. 7.1:

$$r_{rst} = \sin(0.31 - 0.5)*180° = \sin(-0.29)*180° = \sin(-52.20°) = -0.70.$$

Der resistente Korrelationskoeffizient ist mit -0.79 relativ stark. Die Durchschnittsgerade für diese Punktwolke hat die Form y = 67.2 - 2.2 x und der einfache Korrelationskoeffizient (vgl. Kapitel 12) ist ebenfalls -0.51. (Der Zusammenhang ist in der zweiten Abstimmung etwas stärker geworden r = -0.45 und $r_{rst}$ = -0.35.)

## 7.3. Parallele Box-Plots

Eine weitere Methode zur Darstellung von zweidimensionalen Verteilungen in einem Streudiagramm sind parallele Box-Plots. Dies ist eine Vorstufe für kausale EDA-Methoden. (Alle univariaten Darstellungen sind kausalfreie Methoden.) Man unterteilt dazu die x-Achse in etwa gleichgrosse Intervalle und erstellt für jedes Intervall das Box-Plot des y- (Response) Merkmals. Wird ein Merkmal (X) festgehalten, und betrachtet man die Variation des zugehörigen bivariaten Y-Merkmals (mit selben Merkmalsträger), so spricht man in der Statistik in diesem Fall von bedingten Verteilungen.

**Beispiel 7.3 Die österreichische Konsumfunktion**

Die Daten der österreichischen Konsumfunktion (reale Zuwachsraten des jährlichen Konsums und Bruttoinlandproduktes) sind in Tab. 7.2 aufgelistet. Dabei ist die vierte Spalte "Kategorie" eine qualitative Variable, die angibt, in welche Klasse die jeweilige jährliche Beobachtung fällt. In dem Fall der Konsumfunktion haben wir Klassenbreiten von 2%-Punkten angenommen. In Figur 7.5 sind die parallelen Box-Plots für diese Klasseneinteilung wiedergegeben. (Einige Computerprogramme haben die Option Merkmale nach weiteren Kategorien mit parallelen Box-Plots auszudrucken, was in diesem Fall gemacht wurde).

Tab. 7.2 Reale Wachstumsraten des österr. Konsums und BIP

| Jahr | BIP% | C% | Kategorie | Jahr | BIP% | C% | Kategorie |
|---|---|---|---|---|---|---|---|
| 55 | 11.5 | 11.2 | 6 | 56 | 6.2 | 6.2 | 4 |
| 57 | 5.8 | 3.8 | 4 | 58 | 3.7 | 6.3 | 3 |
| 59 | 3.1 | 4.9 | 3 | 60 | 8.6 | 6.5 | 5 |
| 61 | 5.3 | 5.1 | 4 | 62 | 2.4 | 3.3 | 2 |
| 63 | 4.1 | 5.5 | 3 | 64 | 6.0 | 3.4 | 4 |
| 65 | 2.9 | 5.0 | 2 | 66 | 5.6 | 4.2 | 4 |
| 67 | 3.0 | 3.5 | 2 | 68 | 4.5 | 3.9 | 3 |
| 69 | 6.3 | 2.9 | 4 | 70 | 7.1 | 4.2 | 5 |
| 71 | 5.1 | 6.7 | 4 | 72 | 6.2 | 6.1 | 4 |
| 73 | 4.9 | 5.4 | 3 | 74 | 3.9 | 3.0 | 3 |
| 75 | -0.4 | 3.2 | 1 | 76 | 4.6 | 4.5 | 3 |
| 77 | 4.4 | 5.7 | 3 | 78 | .5 | -1.6 | 1 |
| 79 | 4.7 | 4.6 | 3 | 80 | 3.0 | 1.5 | 2 |
| 81 | -0.1 | .3 | 1 | 82 | 1.0 | 1.5 | 1 |
| 83 | 2.1 | 5.0 | 2 | 84 | 2.0 | -0.8 | 2 |
| 85 | 3.0 | 2.4 | 2 | 86 | 1.8 | 2.6 | 2 |
| 87 | 0.8* | 2.1* | 1 | | * Prognose | | |

**Figur 7.5.a) Parallele Box-Plots für die Konsumfunktion**

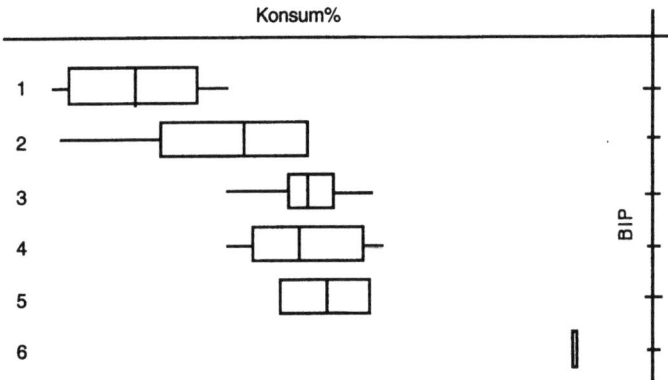

Eine weitere bessere Darstellung von parallelen Box-Plots sind zentriert proportionale parallele Box-Plots. Dabei werden die parallelen Box-Plots über den jeweiligen Klassenmedianen des Faktors (X-Merkmals) errichtet. Proportional zu deren Anzahl von Beobachtungen in jeder Klasse wie in Abschnitt 4.3. Figur 7.6.b) zeigt die parallelen Box-Plots für die österreichische Konsumfunktion.

**Figur 7.5.b) Zentriert-proportionale Box-Plots** der österreichischen Konsumfunktion

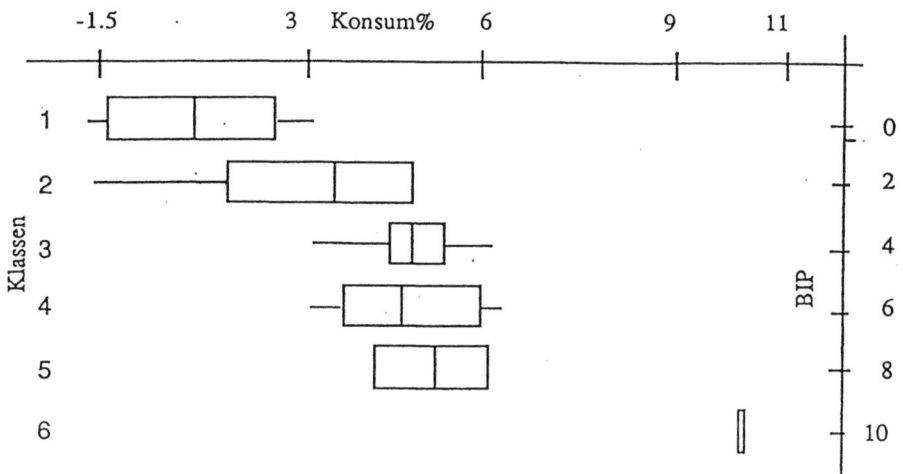

Zum Vergleich zeigt Figur 7.7 die parallele Box-Plot Darstellung der realen Schweizer Konsumfunktion. Die Durchschnittsgerade ist C = 1.135 + 0.520 BIP. In der Schweiz ist keine starke Abweichung von der Linearität zu beobachten.

**Figur 7.6 Die schweizerische Konsumfunktion**

a) Streudiagramm mit Durchschnittsmethode       b) parallele Box-Plots

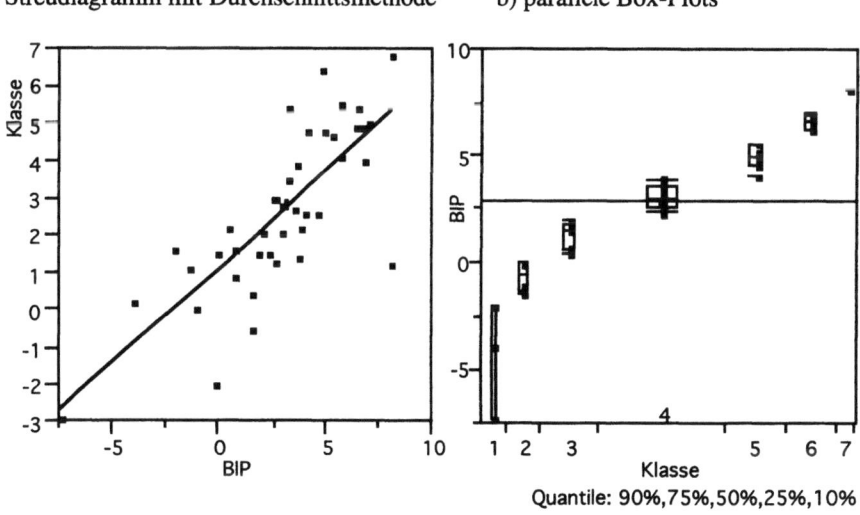

### 7.4. Einfache Regressogramme

Einfache Regressogramme kann man als geglättete Median-Verbindungslinie auffassen, die mit Hilfe paralleler Box-Plots erstellt wurden. Während die resistente Gerade eine Gerade durch ein Streudiagramm legt, wird beim Regressogramm die Lage der bivariaten Verteilung mit Hilfe der Mediane der bedingten Verteilungen beschrieben. Das Ergebnis ist nicht länger eine Gerade, sondern eine stückweise Verbindung der bedingten

Lagemasse. In der klassischen Durchschnittsbetrachtung fallen die beiden Aspekte, Gerade und bedingte Lagemasse zusammen, und bilden die Durchschnittsgerade (die aus der Minimierung der Residuenquadrate berechnet wird).
Durch die Folge von bedingten Lagemassen kann natürlich die Verbindung sehr ungeglättet aussehen, daher wird die Folge der bedingten Mediane resistent geglättet. Für die resistente Glättung verwendet man ebenfalls einen Median, den sogenannten laufenden Median der Ordnung 3 (running median of span 3). Dieser ist sehr einfach von Hand aus zu berechnen, und wird allgemein in der EDA zur Datenglättung (data smoothers) herangezogen. Eine einmalige Glättung nennen wir *gleitende* Medianglättung und die wiederholte Glättung, bis sich keine Änderung in der Glättung ergibt, *laufende* Medianglättung (vgl. Kapitel 8).
Beispiel 7.5 zeigt die Medianglättung für die österreichische Konsumfunktion. Zunächst haben wir in Figur 7.7.a) ein bivariates St&Bl gebildet. Die jeweiligen Mediane und Quartile sind unterstrichen.
In Figur 7.7.b) ist ein einfaches Regressogramm abgebildet. Dabei entspricht jeder Ast einer Klasse und rechts neben dem St&Bl sind die dazugehörigen Medianberechnungen durchgeführt. Dabei bezeichnet Med($x_k$) den Median des X-Stammes im St&Bl (linker Teil des bivariaten Blattes) und Med($y_k$) den Median der Y-Blätter (rechter Teil des bivariaten Blattes). 3R{$y_k$} ist die laufende Medianglättung der zweiten Spalte. Sie wird solange fortgesetzt, bis sich die Glättung nicht mehr ändert. Da dies in der Regel nach wenigen Schritten der Fall ist, werden die sich nach einer Glättung noch verändernden Werte in weiteren Spalten (lokal) weitergeführt.

**Beispiel 7.5 Medianglättung für die österreichische Konsumfunktion**

**Figur 7.7.a) Bivariates St&Bl von C% und BIP% (1955-83)**

1|1 = 1.1%

```
-0 |  (4, 3.2),(1, 0.3)
 0 |  (5, -1.6)
 1 |  (0, 1.5)
 2 |  (1, 5.0),(4, 3.3),(9, 5.0)
 3 |  (0, 1.5),(0, 3.5),(1, 4.9),(7, 6.3),(9, 3.0)
 4 |  (1,5.5),(4,5.7),(5,3.9),(6,4.5),(7,4.6),(9,3.0)
 5 |  (1, 6.7),(3, 5.1),(6, 4.2),(8, 3.8)
 6 |  (0, 3.4),(2, 6.1),(2, 6.2),(3, 5.1)
 7 |  (1, 4.2)
 8 |  (6, 6.5)

11 |  (5,11.2) ... Fernpunkt
```

**Figur 7.7.b) Einfaches Regressogramm BIP% → C% (1955-83)**

| Einheit 1 | 1 = 1.1% | Medianpolierung Med($x_k$) | Med($y_k$) | 3R{$y_k$} | | |
|---|---|---|---|---|---|---|
| -0 | (4, 3.2),(1, 0.3) | -0.2h | 1.7h | | | |
| 0 | (5, -1.6) | 0.5 | -1.6 | 1.5 | | |
| 1 | (0, 1.5) | 1.0 | 1.5 | 1.5 | | |
| 2 | (1, 5.0),(4, 3.3),(9, 5.0) | 2.2h | 4.1h | 3.5 | | |
| 3 | (0, 1.5),(0, 3.5),(1, 4.9),(7, 6.3),(9, 3.0) | 3.1 | 3.5 | 4.1h | | |
| 4 | (1, 5.5),(4, 5.7),(5, 3.9),(6,4.5),(7,4.6),(9,3.0) | 4.5h | 5.0 | 4.6h | | |
| 5 | (1, 6.7),(3, 5.1),(6, 4.2),(8, 3.8) | 5.4h | 4.6h | 4.7h | 4.6 | |
| 6 | (0, 3.4),(2, 6.1),(2, 6.2),(3, 5.1) | 6.2 | 4.7h | 4.6h | 4.7 | |
| 7 | (1, 4.2) | 7.1 | 4.2 | 4.7h | | |
| 8 | (6, 6.5) | 8.6 | 6.5 | 6.5 | | |
| 11 | ( 5, 11.2) ... Aussenpunkt | 11.5 | 11.2 | | | |

## 7.5. Biquantile Regressogramme

Eine weitere wichtige Erweiterung von resistenten Geraden und einfachen Regressogrammen sind die biquantilen Regressogramme, bzw. die 'Quantilstreifen-Regression', die auf einen Vorschlag von Tukey (1977, S. 283) beruht. Der Nachteil der parallelen Box-Plots liegt in der willkürlichen Klasseneinteilung entlang der x-Achse. Eine natürliche Klasseneinteilung erreicht man aber durch Berechnung der Bi-Quantile des Faktors X. Für ein biquantiles Regressogramm erstellt man daher zuerst ein geeignetes n-Zahlen-Mass und bildet variable Klassen mit den Bi-Quantilen als Klassengrenzen. Die Anzahl der Klassen richtet sich dabei nach der Anzahl der Datenpunkte n im Streudiagramm. Die letzte Klasse sollte aber mindestens 3 Punkte beinhalten, da sonst nicht der Median berechnet werden kann. Möchte man die bedingte Verteilung auf Quantile genau berechnen, dann sind mindestens 5 Punkte in der letzten Klasse notwendig. Ein Regressogramm ist eine kausale Methode zwischen dem Merkmal X und Y. Daher schreiben wir dafür auch kurz: $X \rightarrow Y$ (lies: X beeinflusst Y) oder $Y = f(X)$ (Y ist eine Funktion von X).

**Def. 7.5. Das biquantile Regressogramm** erfordert folgende Konstruktionsschritte:
1) Erstelle ein *bivariates St&Bl* für das bivariate Merkmal (X,Y). Aus dem Faktor X (dem kausalen Merkmal) wird der Stamm gebildet, und das Laub ist bivariat und besteht aus der letzten Ziffer des X-Merkmals (wie beim gewöhnlichen St&Bl). Das Laub ist bivariat, und der zweite Teil des Blattes besteht aus der zugehörigen Merkmalsausprägung des Response (Y).
2) Bilde ein n-Zahlenmass des Merkmal (= Regressions-Faktors) X.
3) Aus dem n-Zahlenmass werden geschrumpfte *biquantile Klassen* gebildet. Dabei werden die Bi-Quantile je um eine 'halbe Einheit', d.h. um die halbe Länge des Urlistenintervalles nach innen geschrumpft, sodass nur h-Werte (Tukey's h-Kalkül) vorkommen. Bestehende h-Werte von Bi-Quatilen bleiben gleich. Nur der Median wird nach aussen gerundet.
4) Bilde die Häufigkeiten der Datenpunkte in jeder biquantilen Klasse.
5) Berechne die Response- oder *Y-Mediane* für jede biquantile Klasse.
6) Glätte die Responsemediane mittels laufendem 3-spannigen Median solange, bis sich keine Änderung in der Glättung ergibt.

In Beispiel 7.6 wird die österreichische Konsumfunktion mit Hilfe des biquantilen Regressogramms berechnet. Dazu wird ein Septagramm des BIPs erstellt und durch 'h-Schrumpfung' die biquantilen Klassen gebildet.

**Beispiel 7.6 Biquantiles Regressogramm BIP% $\rightarrow$ C% (österr. Konsumfunktion)**

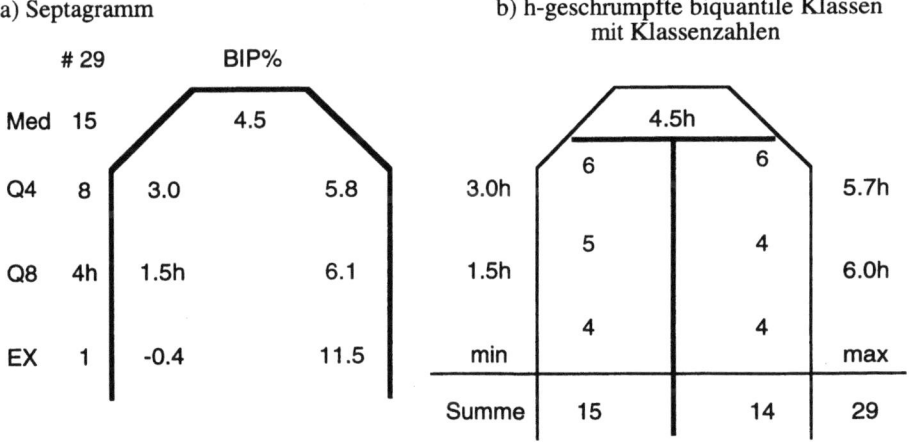

c) Das bivariate St&Bl

| Anzahl | 1 I | 1 = 1.1% | | Med($x_k$) | Med($y_k$) | 3R{$y_k$} | |
|---|---|---|---|---|---|---|---|
| | -0 I | (1,0.3),(4,3.2) | | | | | |
| 4 | 0 I | (5,-1.6) | | 0.2 | 0.9 | | |
| | 1 I | (0,1.5) **Q8** | | | | | |
| 5 | 2 I | (1,5.0),(4,3.3),(9,5.0) | | 2.9 | 3.5 | 3.5 | |
| | 3 I | (0,1.5),(0,3.5) **Q4** | | | | | |
| | 3 I | (1,4.9),(7,6.3),(9,3.0) | | 4.0 | 5.2 | 4.5h | |
| 6 | 4 I | (1,5.5),(4,5.7),(5,3.9) | **Med** | | | | |
| | 4 I | (6,4.5),(7,4.6),(9,3.0) | | | | | |
| 6 | 5 I | (1,6.7),(3,5.1),(6,4.2) **Q4** | | 5.0 | 4.5h | 5.2 | 4.9 |
| 4 | 5 I | (8,3.8) | | | | | |
| | 6 I | (0,3.4),(2,6.1),(2,6.2) **Q8** | | 6.1 | 4.9h | 4.9 | 5.2 |
| | 6 I | (3,5.1) | | | | | |
| | 7 I | (1,4.2) | | | | | |
| 4 | 8 I | (6,6.5) | | 7.8 | (5.3) | | |
| | I | | | | | | |
| | 11I | ( 5,11.2) ... Aussenpunkt | | | | | |

**b) Biquantiles Regressogramm C = f (BIP)**

Die erste Spalte 'Anzahl' in Beispiel 7.7.b gibt die Anzahl der Merkmalsausprägungen pro Bi-Quantilsklasse an. Die Bi-Quanitle sind im bivariaten Stamm&Blatt fett herausgehoben und trennen gegebenenfalls einen Ast in zwei Teile. Von jeder Klasse werden mit Med($x_k$) die Mediane des Merkmals X und mit Med($y_k$) die Mediane des Merkmals Y in der k-ten Klasse erhoben. 3R{$y_k$} bezeichnet die laufende Mediänglättung der Spanne 3 der Y-Mediane (vgl. Kapitel 8). Das graphische Ergebnis des medianpolierten Regressogramms ist in Figur 7.8 wiedergegeben.

**Figur 7.8 Regressogramm - Funktion für C = f(Y)**

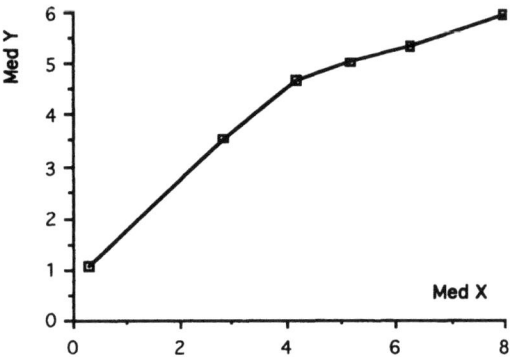

Als ein weiteres Beispiel für Regressogramme haben wir die Phillipskurve aus Beispiel 7.2 auf 2 verschiedene kausale Arten berechnet. Figur 7.9.a) gibt das Regressogramm in der Richtung Al = f (Preise) wieder, während Figur 7.9.b) dies für die umgekehrte Richtung Preise = f (Al) zeigt. Durch die Bildung der Bi-Quantile erstreckt sich die Regressogrammkurve nicht über den gleichen Bereich, sondern hängt von den Medianzentren der Bi-Quantilsklasse ab. Wie in der klassischen Regressionsanalyse können die beiden 'Regressions'kurven (bedingte Medianfunktion) beträchtlich voneinander abweichen. Die stückweise lineare Regressogrammfunktion erweist sich dabei als flexible Technik. (Man lege die beiden Kurven z.B. übereinander.)

**Figur 7.9 Regressogramme der Phillipskurve**
a) Regressogramm Al = f (Preise)   b) Regressogramm Preise = f (Al)

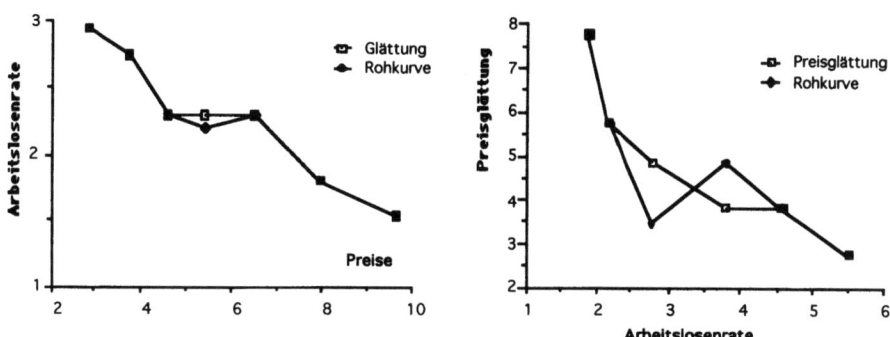

### 7.6. Autoregressogramme

Autoregressogramme sind Regressogramme von Zeitreihendaten. Zeitreihen sind Beobachtungen eines Merkmals im Zeitablauf. Der Merkmalsträger ist dabei immer eine bestimmte gleichlange (äquidistante) Zeiteinheit, wie Jahre, Monate, Tage. Zeitreihen besitzen eine dynamische Struktur im Zeitablauf, die durch Autoregressogramme modelliert (skizziert) werden kann. Dabei genügt es schon oft die Zeitreihe um eine Periode zu verzögern. Man spricht dann von einer 'gelagten' Zeitreihe oder einfach dem "Lag 1" der Zeitreihe. Autoregressogramme werden analog den einfachen Regressogrammen gebildet, und es ist der Einflussfaktor (das kausale X-Merkmal) das um 1 verzögerte Merkmal.

**Beispiel 7.8 Autoregressogramm für Konsum C% real**

| Einheit  1 = 1% | | Med($x_k$) | Med($y_k$) | 3R{$y_k$} |
|---|---|---|---|---|
| -1 | (6, 4.6) | 6 | 4.6 | 4.6 |
| -0 | (8, 5.0) | - | - | |
| *** Aussenpunkt *** | | | | |
| 0 | (3, 1.5) | 3 | 1.5 | 2.6h |
| 0 | | | | |
| 1 | | 5 | 2.6h | 2.6h |
| 1 | (5, .3),(5,---) | | | |
| 2 | | 9 | 4.2 | 4.2 |
| 2 | (9, 4.2) | | | |
| 3 | (0, 3.2),(2, <u>4.5</u>),(3, 5.5),(<u>4,</u> 5.0) | 4 | 4.5 | 4.5 |
| 3 | (5, 3.9),(8, 6.3),(9, 2.9) | | | |
| 4 | (2,3.5),(2,6.7) | 5 | 5.7 | 4.5 |
| 4 | (<u>5, 5.7</u>),(6, 1.5),(9, 6.5) | | | |
| 5 | (0, -.8),(0, 4.2),(1, <u>3.3</u>),(4, 3.0) | 4 | 3.3 | 5.1 |
| 5 | (5, 3.4),(7, -1.6) | | | |
| 6 | (1, 5.4),(2, 3.8),(<u>3,</u> 4.9) | 3 | 5.1 | 5.1 |
| 6 | (5, <u>5.1</u>),(7, 6.1) | | | |
| *** Aussenpunkt *** | | | | |
| 11 | (2, 6.2) | 2 | 6.2 | 6.2 |

In Beispiel 7.8 ist das Autoregressogramm des realen österreichischen Konsums (jährliche Wachstumsraten) berechnet.
Bem.: Eine Erweiterung der einfachen Autoregressogrammen sind biquantile Autoregressogramme. Jedoch sind explorative Techniken in der Zeitreihenanalyse eher selten.

## 7.7. Programmpakete

Computerprogramme unterstützen zwar parallele Box-Plots und einfache (aber keine bivariaten) St&Bl's, daher müssen alle weiteren Schritte eines Regressogramms selbst programmiert werden. Das betrifft auch die Modellierung mit Schärfekurven.

## 7.8. Aufgaben

1) Man berechne a) eine resistente Gerade und b) den resistenten Korrelationskoeffizienten für den Zusammenhang Erdbebenstärke und Todesopfer in Tab. 5.2.
2) Berechne den resistenten Korrelationskoeffizienten für Beispiel 7.1.
3) Man vergleiche, welche Skizze die schärfere Beschreibung der Konsumfunktion liefert: Das $C = f(Y)$ oder das $C = f(C_{-1})$ Regressogramm.
4) Welche Skizze liefert eine schärfere Beschreibung der Phillipskurve: Das Regressogramm $Al = f$ (Preise) oder Preise = f (Al).
5) Man berechne ein Autoregressogramm für die VPI Österreichs in Tab. 7.2.
6) Berechne einen Zusammenhang für den Benzinverbrauch in der Schweiz:

Tab. 7.3 Jährlicher Bezinverbrauch in der Schweiz (in 1000t)

| Jahr | Bleifrei | Super |
|------|----------|-------|
| 1984 | 0 | 3087 |
| 1985 | 243 | 2815 |
| 1986 | 621 | 2576 |
| 1987 | 898 | 2400 |
| 1988 | 1250 | 2179 |
| 1989 | 1566 | 1973 |
| 1990 | 1885 | 1817 |
| 1991 | 2215 | 1641 |
| 1992 | 2590 | 1405 |

7) Man gehe der Frage nach, welche weitere Einflussfaktoren für die zweite Abstimmung (JA-Stimmen 1989) ausschlaggebend waren.
8) Zeichne ein kodiertes Streudiagramm der prozentualen Steuersätze pro Kanton für die Jahreseinkommen von SFr. 50'000.-- und SFr. 100'000.-- (Aufgabe 7 in Kapitel 2 und 7 in Kapitel 3)
9) Für den Zinssatz (i%) der Regierungsanleihen und die Inflationsrate (p) per Ende 1986 in verschiedene Länder:

Tab. 7.4 Zinssätze und Inflationsraten

| Land | i | p | Land | i | p |
|------|-----|------|------|------|------|
| Kanada | 9.5 | 4.2 | USA | 8.7 | 1.9 |
| Japan | 4.9 | 0.6 | Australien | 16.4 | 9.1 |
| Frankreich | 8.7 | 3.5 | Grossbritannien | 9.9 | 3.4 |
| Schweiz | 4.3 | 0.8 | Irland | 11.1 | 3.8 |
| Belgien | 8.9 | 1.3 | Italien | 10.5 | 5.9 |
| Dänemark | 10.8 | 3.7 | Portugal | 20.8 | 11.8 |
| Schweden | 10.3 | 4.2 | Österreich | 7.3 | 1.7 |
| Neuseeland | 16.5 | 10.0 | | | |

a) Zeichne ein kodiertes Streudiagramm und b) Passe den Daten eine manuelle Gerade an (Hinweis: x = Inflationsrate und y = Zinssatz). Welche Schwierigkeiten treten auf? Gibt es mehrere sinnvolle Möglichkeiten?

10) a.) Man berechne eine Phillipskurve für die Schweiz 19661-1993 (in Tab. 7.4 und 9.3).
b) Die Phillipskurve (Phillips 1959) unterstellt einen (negativen) Zusammenhang von Verbraucherpreisindex (VPI) und Arbeitslosenrate (Al) in einem Land. Wie stark ist die Korrelation?

# 8. ZEITREIHEN

**8.1. Kodierte Zeitreihen**
**8.2. Lineare Datenglätter**
**8.3. Nichtlineare Datenglätter**
**8.4. Laufende Mediane**
**8.5. Anwendung: Konjunkturelle Wendepunktdatierung**
**8.6. Verfliessung**
**8.7. Spezielle Gättregeln**

*Die Zeit: teilt - heilt - eilt*
*(Sprichwort)*

## 8.1. Kodierte Zeitreihen

Zeitreihen sind Merkmale im Zeitablauf mit dem Merkmalsträger "Zeit". Dabei kann "Zeit" jede periodische Zeiteinheit bedeuten, wie Jahr, Monat, Stunde, etc.. Für die grafische Darstellung von Zeitreihen empfehlen sich daher kodierte Diagramme, wobei die Kodierungen (oder Codes) Symbole sein sollen, die die Periodizität der Zeitreihe erkennen lassen. Einige dieser einfachen Kodierungen sind:

| Periode | Symbole | Bemerkungen |
|---|---|---|
| vierteljährlich | 1, 2, 3, 4 | für jedes Quartal eines Jahres; |
| monatlich | 1, 2, 3, ..., 0, A, B | für jeden Monat eines Jahres; |
| jährlich | 1, 2, ..., 0 | für jedes Jahr einer Dekade; |
| allgemein: Saison S | 1, 2, ..., S | Symbol = mod(t,S), t = 1, ..., T. |

mod(t, S) ist die Modulofunktion, die jeweils den Rest einer ganzzahligen Division (der Zahl t durch den Divisor S) liefert. Ist die Periode der Saison S grösser als 10, so verwendet man weitere alphabetische Buchstabencodes (grosse wie kleine). T ist die Länge der Zeitreihe.

**Figur 8.1 Kodierte Zeitreihe der realen Wachstumsraten des Schweizer BIP**
**a) Mit Plotsymbolen pro Dekade    b) mit Endziffern der Jahre**

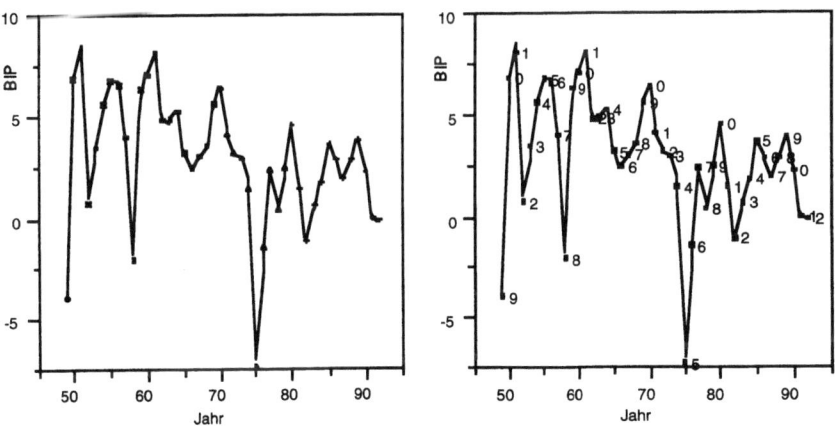

In Figur 8.1 ist die reale Wachstumsrate des Schweizer BIP (vgl. Tab. 8.2) mit zwei verschiedenen Kodierungen der Jahressymbole wiedergegeben.

## 8.2. Lineare Datenglätter

Lineare Datenglätter können auf allgemeine Datenfolgen angewandt werden, so z.B. um eine Zeitreihe in einen glatten Teil und den Rest zu zerlegen. Das allgemeine Modellbau-Prinzip der EDA, d.h. Daten = Skizze plus Rest, in der Sprache der explorativen Zeitreihenanalyse übertragen, lautet nun

$$\text{DATEN} = \text{GLATTE plus RAUHE}$$

(engl.: DATA = SMOOTH plus ROUGH). In der Zeitreihenanalyse wird von der Skizze noch zusätzlich gefordert, dass sie glatt sein soll. Dabei wird Glattheit durch eine Folge von lokalen Modellen ausgedrückt, die miteinander verbunden sind. Indem man eine Fensterlänge oder Spanne m vorgibt, und das Fenster jeweils um eine Beobachtung weiter verschiebt, erhält man einen fortlaufenden Zusammenhang der Glättung.
Lineare Datenglätter (in der Technik auch Filter genannt) sind Glättprozeduren, die auf dem arithmetischen Mittel aufbauen. Sie werden daher auch gleitende Durchschnitte (moving averages) genannt, und werden auf zwei Arten definiert.
**Def. 8.1.a) Die einseitige (kausale) Form eines gleitenden Durchschnitts** einer Zeitreihe $\{x_t\}$, $t = 1, ..., T$, mit Spanne m lautet:

$$\tilde{x}_t = \sum_{j=1}^{m} a_j x_{t-j} , \quad t = m+1, m+2, ..., T.$$

Dabei sind die $a_1, a_2, ..., a_m$ die Gewichte des gleitenden Durchschnitts und $\{\tilde{x}_t\}$ ist die Glättung der Zeitreihe. Die Bezeichnung als "kausaler" Glätter (Filter) ist deshalb gerechtfertigt, weil nur vergangene Beobachtungen zur Durchschnittsbildung herangezogen werden. Für Prognosezwecke, z.B. bei kurzfristigen Zeitreihen der Betriebswirtschaftslehre, im Marketing, etc. wird die einseitige, d.h. die 'Prognoseform' der gleitenden Durchschnitte verwendet.
**Def. 8.1.b) Symmetrische Form des gleitenden Durchschnitts:** Für die Darstellung allgemeiner Trends oder Zerlegungen von Zeitreihen ist eine symmetrische Definition von gleitenden Durchschnitten naheliegend. Ist die Spanne m = 2n + 1 eine ungerade Zahl, dann ist

$$\tilde{x}_t = \sum_{j=-n}^{n} a_j x_{t+j}, \quad t = n+1, ..., T-n.$$

Daher nennt man diese Form auch symmetrischen oder nicht-kausalen Glätter (Filter). Im Gegensatz zu der einseitigen Form müssen bei der symmetrischen Form zwei weitere Punkte beachtet werden: 1. die Endwerteglättungen und 2. die Zuordnung der Glättung bei ungerader Glättspanne m. (Beachte: Die symmetrische Definition ist nicht kausal, da sie zukünftige Werte miteinbezieht.)
Bei ungerader Spanne m ist die Glättung zentriert, während bei gerader Spanne eine Zuordnung an die Endpunkte des mittleren Intervalls notwendig ist. Kann eine Zeitreihe um m/2 Werte an beiden Enden verlängert werden (vgl. Endwerteregel), dann ist eine Glättung über den gesamten Beobachtungszeitraum t = 1, ..., T möglich.
Nun wollen wir folgende Übereinkunft bezüglich Abkürzungen von Datenglättern treffen: Mit **Sm** (für engl.: smoother) wird allgemein ein beliebiger Glätter bezeichnet, der auf eine Zeitreihe $\{x_t\}$ angewandt wird. Dies hat dann folgendes Aussehen:

$$\{\tilde{x}_t\} = \text{Sm}\{x_t\}.$$

Lineare Filter erfüllen die folgende Linearitätsbedingung:

$$\text{Sm}\{a\,x_t + b\,y_t\} = a\,\text{Sm}\{x_t\} + b\,\text{Sm}\{y_t\},$$

wobei a und b beliebige reelle Zahlen sein können. Soll z.B. der Durchschnitt von zwei Zeitreihen geglättet werden, dann kann entweder der Durchschnitt $\{(x_t + y_t)/2\}$ geglättet werden, oder man berechnet den Durchschnitt der Glättungen, falls die geglätteten Zeitreihen $\{x_t\}$ und $\{y_t\}$ auch einzeln benötigt werden.

### 8.2.1. Zusammengesetzte Datenglätter

Lineare Datenglätter waren zu Beginn des 20.Jh. ein beliebtes Thema in der deskriptiven Statistik, und aus dieser Zeit stammen noch komplizierte Vorschläge für Gewichtungsschemata von gleitenden Durchschnitten. Ein Konstruktionsprinzip für diese Gewichte (wie sie noch in Kendall 1973 zu finden sind) bilden die zusammengesetzten Datenglätter. Dieses Prinzip der wiederholten Glätter, oder "Glätter in Serie", ist in Figur 8.2 als Black-Box Diagramm dargestellt: Das Endprodukt eines Glättvorganges wird wieder geglättet. Dieses Prinzip wird bei den nichtlinearen Datenglättern der EDA wieder aufgegriffen.

**Figur 8.2 Glätter in Serie** oder zusammengesetzte Glätter

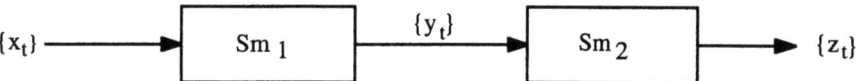

Ein (historisches) Beispiel für derartig zusammengesetzte lineare Glätter ist der 15-punktige Spencer Durchschnitt:

**Beispiel 8.1 Der 15-punktige Spencer Durchschnitt**

Dieser gleitende Durchschnitt war früher bei langen Zeitreihen verbreitet und hat das folgende, etwas schwer zu durchschauende Gewichtungsschema:

$$\text{SPENCER}_{15} = [-3, -6, -5, 3, 21, 46, 67, 74, ....] / 320.$$

Dabei ist 320 die Summe der Gewichte, und die Punkte bedeuten die symmetrische Fortsetzung der Gewichte für die Symmetrieform des Glätters. Dieser Spencer Durchschnitt kann als Zusammensetzung von 4 arithmetischen Glättern beschrieben werden, wobei wir mit arithmetischen Glättern verallgemeinerte gleitende Durchschnitte bezeichnen wollen:

$$\text{SPENCER}_{15} = \overline{4}\ \overline{4}\ \overline{5}\ P,$$

$\overline{4}$ ist der gleitende Durchschnitt mit Spanne 4 und $\overline{5}$ der mit der Spanne 5, d.h. alle Gewichte sind gleich, während ein arithmetischer Glätter beliebige Gewichte haben kann, wie etwa P als ein spezieller Glätter der Form

$$P = \left[-\tfrac{3}{4}, \tfrac{3}{4}, \tfrac{1}{3}, \tfrac{3}{4}, -\tfrac{3}{4}\right], \qquad \overline{4} = \left[\tfrac{1}{4}, \tfrac{1}{4}, \tfrac{1}{4}, \tfrac{1}{4}\right]$$

### 8.3. Nichtlineare Datenglätter (nonlinear data smoothers)

Nichtlineare Datenglätter fassen in der EDA alle Typen von Glätter zusammen, die nicht auf den klassischen Filtermethoden beruhen. Die wichtigsten Anwendungen von nichtlinearen Datenglättern sind die Medianglätter, die mit einfachen Zahlen angegeben werden, die die Spanne anzeigen: 3, 53E, 3R, 3RSSH, "5RSSH,twice", etc.. Auch die Buchstaben stehen (einer weiteren Tukey-Symbolik folgend) für spezielle Glättregeln, die später noch erklärt werden. Als erstes definieren wir einfache Medianglätter.

**Def. 8.2.a) Der gleitende Median von ungerader Spanne** $m = 2n + 1$, wobei n eine natürliche Zahl ist ($n \in N$), lautet

$$z_t(m) = \text{Med}\{x_{t-n}, \ldots, x_t, \ldots, x_{t+n}\}, \qquad t = 1, \ldots, T.$$

**Def. 8.2.b) Zusammengesetzte gleitende Mediane** sind wiederholte Anwendungen von Medianglättern beliebiger Spanne und bilden folgendermassen eine Glättvorschrift:

$$Sm_1 * Sm_2 = Sm_2\{Sm_1\{x_t\}\}.$$

Analog zu zusammengesetzten Funktionen wird die Glättvorschrift '$Sm_1 * Sm_2$' von links nach rechts (von aussen nach innen) abgearbeitet.

**Beispiel 8.2 53-Glättung**

Die 53$\{x_t\}$ Glättung ist ein zusammengesetzter gleitender Median und bedeutet: Zuerst auf die Originalzeitreihe $\{x_t\}$ einen 5-spannigen Median anwenden, und sodann mit den soeben geglätteten Daten einen 3-spannigen Median berechnen:

1. Glättung: $x_t^{(1)} = 5\{x_t\}$ plus 2. Glättung: $x_t^{(2)} = 3\{x_t^{(1)}\}$
= Zusammengesetzte Glättung: $53\{x_t\} = 3\{5\{x_t\}\}$.

Bem.: Einige nichtlineare Datenglätter besitzen die schwächere Bedingung der Skaleninvarianz: $Sm\{ax_t + b\} = a\, Sm\{x_t\} + b$.

**8.3.1. Geradspannige gleitende Mediane**

Ungeradspannige Mediane produzieren Glätter, die oft nicht 'glatt' genug für bestimmte Zwecke sind. Medianglätter, die resistent und glatt, aber dafür keine Datenselektoren sind, wurden von Velleman (1975) vorgeschlagen: Sie bestehen aus zwei aufeinanderfolgenden geradspannigen Medianen. Dabei wird der Glättwert einer geraden Spanne dem Mittelwert des Zeitperiodenintervalls zugeordnet. Ist die zweite Glättung wieder geradspannig, so zentriert man die gesamte Glättung wieder auf die ursprünglichen Erhebungszeitpunkte. Die einfachste geradspannige Glättung, die die Zentrierung wieder herbeiführt, ist ein 2-spanniger Durchschnitt oder Median, und wird in der nächsten Definition zusammengefasst.

**Def. 8.3.a) Der geradspannige gleitende Median der Ordnung** (mit $m = 2n$ und $n \in N$) lautet:

$$z_{t+1/2} = \text{Med}\{x_{t-n+1}, \ldots, x_t, \ldots, x_{t+n}\}, \qquad t = 1, \ldots, T.$$

Der Index $t + 1/2$ bedeutet, dass das Resultat der Glättung dem Mittelwert des Zeitintervalls $(t, t+1)$ zugeordnet wird. Der einfachste Fall, einen geradspannigen gleitenden Median wieder zu zentrieren, ist eine wiederholte geradspannige Glättung in Serie, wobei der zweite Glätter die kleinste gerade Spanne 2 besitzt.

**Def. 8.3.b) Der zusammengesetzte geradspannige gleitende Mediane '2n2' lautet:**

$$z_t = [\text{Med}\{x_{t-n}, \ldots, x_t, \ldots, x_{t+n-1}\} + \text{Med}\{x_{t-n-1}, \ldots, x_t, \ldots, x_{t+n}\}] / 2, \qquad t = 1, \ldots, T.$$

Der erste Glätter des zusammengesetzten Glätters '2n2' hat die gerade Spanne $m = 2n$, wobei n eine natürliche Zahl ist ($n \in N$), und der zweite Medianglätter des zusammengesetzten Glätters '2n2' besitzt die Spanne 2.

Weitere Beispiele für zusammengesetzte geradspannige gleitende Mediane sind: 42, 84, '12'642. Das Hochkomma zwischen Ziffern verwenden wir um zwei- und mehrziffrige Spannen zu unterscheiden. So ist die Länge 12 bei geradspannigen monatlichen Datenglättern eine beliebte Glättspanne und die Länge 13 bei ungeradspannigen monatlichen Datenglättern um eine ganze Saison auszugleichen.

**Beispiel 8.3 Basler Index der Konsumentenpreise 1979-1992: 3R-Glättung**

Aus dem statistischen Jahrbuch von Basel-Stadt (S. 164) haben wir als Zeitreihe $\{x_t\}$ die Zuwachsrate des Preisindex am Jahresende (d.h. Dezemberwerte) zusammengestellt:

| t | $x_t$ | $z_t$ | 2. Glättung |
|---|---|---|---|
| 1979 | 4.7 | – | 4.7 |
| 1980 | 4.1 | \ | 4.7 |
| 1981 | 6.6 | / | 5.5 |
| 1982 | 5.5 | – | 5.5 |
| 1983 | 2.6 | / | 2.7 |
| 1984 | 2.7 | – | 2.7 |
| 1985 | 3.0 | \ | 2.7 |
| 1986 | 0.0 | / | 1.7 |
| 1987 | 1.7 | – | 1.7 |
| 1988 | 2.1 | – | 2.1 |
| 1989 | 5.5 | – | 5.5 |
| 1990 | 5.0 | \ | 5.5 |
| 1991 | 5.7 | \ | 5.0 |
| 1992 | 3.8 | – | 3.8 |

$z_t = 3\{x_t\}$ steht für die erste gleitende Medianglättung und wie man sieht, ist für die 3R Glättung kein zweiter Glättdurchgang notwendig. Die Verbindungslinien in der dritten Spalte geben an, welche Originalwerte als 3R-Glättwerte auftreten. Dies ist eine direkte Folge der Datenselektorfunktion des 3R.

**8.4. Laufende Mediane (running medians)**

Eine wichtige Klasse von zusammengesetzten gleitenden Medianen sind die laufenden Mediane. Dabei wird keine feste Anzahl von Glättungen vorgeschrieben, sondern man glättet solange, bis sich die Glättung nicht mehr ändert.
**Def. 8.4. 3R: Laufende Mediane der Spanne 3.** Ausgehend von der Zeitreihe $\{x_t\}$ wird der 3R iterativ definiert: Eine Zeitreihe wird solange geglättet, bis sich die Glättung nicht mehr ändert. Das zeigt folgendes Flussdiagramm:

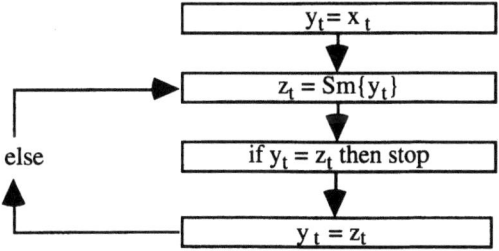

Die Konvergenz kann nicht garantiert werden, da es einfache Beispiele gibt, bei denen eine wiederholte Glättung nicht konvergiert (so z.B. konvergiert die alternierende Folge $\{-1, 1, -1, 1, ...\}$ nicht).

Ungeradspannige Medianglätter sind sogenannte "Datenselektoren", d.h. die Glättung besitzt die Selektor-Eigenschaft (vgl. Abschnitt 3.2), die man folgendermassen beschreiben kann:

$$Sm\{x_t\} = x_{t+j} \text{ für ein } t \in T,$$

wobei $T = \{1,2, ..., T\}$ die Indexmenge der Zeitreihe $\{x_t\}$ ist. D.h. als Glättung einer Datenfolge (Zeitreihe) tritt nur eine tatsächliche Beobachtung auf. Wie man leicht sieht, sind alle ungeradspannige zusammengesetzte laufende oder gleitende Mediane Datenselektoren, d.h. sie besitzen die Selektoreigenschaft.

### 8.4.1. Mäandertabellen (zick-zacks)

Um Ergebnisse von Glättungen übersichtlich darzustellen, empfiehlt Tukey eine Endfassung (Kommunikationsform) in Form von Mäandertabellen (zick-zacks). Dabei kann man allgemein so vorgehen, dass man Zahlen statt in einer Spalte auf 3 Spalten aufgeteilt wiedergibt, wobei das Einteilungskriterium in die 3 Spalten variieren kann. Mäandertabellen sind also eine semi-grafische Technik, und bei einfachen und kurzen Medianglättern empfiehlt sich folgende Darstellung, (etwas abweichend von Tukey 1977) die jedoch nicht immer einheitlich durchführbar ist.

Lineare oder Filterglättungen sind kaum als Mäandertabellen darstellbar, da sie keine "Plateauphasen" oder Terrassen bilden (vgl. Abschnitt 8.6). Geht sich eine top-down Anordnung nicht aus, so probiere man einen unteren Beginn (bottom-up).

Tab. 8.1 Schema einer Mäandertabelle (Mäanderanordnung)

|  |  | MITTE |  |
| --- | --- | --- | --- |
| UNTEN |  |  |  |
| UNTEN |  |  |  |
|  |  |  | OBEN |
|  |  |  | ... |
|  |  |  | OBEN |
|  |  | MITTE |  |
|  |  | MITTE |  |
|  |  | ... |  |

Mäandertabellen eignen sich besonders zum Vergleich von Medianglättern aufgrund verschiedener Glättungen oder mehrerer Zeitreihen. So werden in Figur 8.2 die Schweizer Konsum- und BIP-Wachstumsraten mit Hilfe von laufenden Medianen der Spanne 3 geglättet. Die erste Spalte gibt das laufende Jahr an, gefolgt von der BIP-Wachstumsrate. Als 1. Glättung ist in der dritten Spalte der erste Durchlauf von 3R-Glättungen angeführt, und man sieht, dass nur noch an wenigen Stellen eine weitere Glättung notwendig ist, damit das laufende 3R-Verfahren konvergiert. Deshalb ist die Spalte der 2. Glättung nur dort aufgefüllt, wo sich das Ergebnis der 1. Glättung ändert. In der Mäandertabelle ist die Glättung dreistufig zur besseren Übersichtlichkeit wiedergegeben. Die zweite Hälfte der Tab. 8.2 zeigt die 3R-Glättung für die Wachstumsraten des Konsums.

Tab. 8.2 Wachstumsraten des Konsums und BIPs in der Schweiz

| Konsum | 3R | Mäander | | BIP | 3R | | Mäander | | Jahr |
|---|---|---|---|---|---|---|---|---|---|
| 0.2 | 0.2 | 0.2 | | -3.9 | -3.9 | | -3.9 | | 49 |
| 4.0 | 1.2 | 1.2 | | 6.9 | 6.9 | | | 6.9 | 50 |
| 1.2 | 1.2 | 1.2 | | 8.1 | 6.9 | | | 6.9 | 51 |
| 0.9 | 1.2 | 1.2 | | 0.8 | 3.5 | 3.5 | | | 52 |
| 2.7 | 2.7 | 2.7 | | 3.5 | 3.5 | 3.5 | | | 53 |
| 4.1 | 4.0 | | 4.0 | 5.6 | 5.6 | | 5.6 | | 54 |
| 4.0 | 4.1 4.0 | | 4.0 | 6.8 | 6.6 | | | 6.6 | 55 |
| 4.9 | 4.0 | | 4.0 | 6.6 | 6.6 | | | 6.6 | 56 |
| 2.6 | 2.6 | 2.6 | | 4.0 | 4.0 | 4.0 | | | 57 |
| 1.6 | 2.6 | 2.6 | | -2.1 | 4.0 | 4.0 | | | 58 |
| 4.9 | 4.9 | | 4.9 | 6.3 | 6.3 | | 6.3 | | 59 |
| 5.0 | 5.0 | | 5.0 | 7.0 | 7.0 | | | 7.0 | 60 |
| 6.8 | 6.4 | | 6.4 | 8.1 | 7.0 | | | 7.0 | 61 |
| 6.4 | 6.4 | | 6.4 | 4.8 | 4.8 4.9 | | 4.9 | | 62 |
| 4.8 | 4.8 | | 4.8 | 4.9 | 4.9 | | 4.9 | | 63 |
| 4.7 | 4.7 | | 4.7 | 5.3 | 4.9 | | 4.9 | | 64 |
| 3.5 | 3.5 | | 3.5 | 3.2 | 3.2 | 3.2 | | | 65 |
| 3.0 | 3.0 | 3.0 | | 2.5 | 3.1 | 3.1 | | | 66 |
| 2.9 | 3.0 | 3.0 | | 3.1 | 3.1 | 3.1 | | | 67 |
| 3.9 | 3.9 | | 3.9 | 3.6 | 3.6 | | 3.6 | | 68 |
| 5.5 | 5.4 | | 5.4 | 5.6 | 5.6 | | | 5.6 | 69 |
| 5.4 | 5.5 5.4 | | 5.4 | 6.4 | 5.6 | | | 5.6 | 70 |
| 4.8 | 5.4 | | 5.4 | 4.1 | 4.1 | | 4.1 | | 71 |
| 5.4 | 4.8 | | 4.8 | 3.2 | 3.2 | | 3.2 | | 72 |
| 2.8 | 2.8 | | 2.8 | 3.0 | 3.0 | | 3.0 | | 73 |
| -0.5 | -0.5 | -0.5 | | 1.5 | 1.5 | | 1.5 | | 74 |
| -2.9 | -0.5 | -0.5 | | -7.3 | -1.4 | -1.4 | | | 75 |
| 1.1 | 1.1 | 1.1 | | -1.4 | -1.4 | -1.4 | | | 76 |
| 3.0 | 2.2 | | 2.2 | 2.4 | 0.4 | | 0.4 | | 77 |
| 2.2 | 2.2 | | 2.2 | 0.4 | 2.4 | | 2.4 | | 78 |
| 1.3 | 2.2 | | 2.2 | 2.5 | 2.5 | | | 2.5 | 79 |
| 2.6 | 1.3 | | 1.3 | 4.6 | 2.5 | | | 2.5 | 80 |
| 0.4 | 0.4 | 0.4 | | 1.5 | 1.5 | | 1.5 | | 81 |
| 0.0 | 0.4 | 0.4 | | -1.1 | 0.7 | 0.7 | | | 82 |
| 1.6 | 1.5 | | 1.5 | 0.7 | 0.7 | 0.7 | | | 83 |
| 1.5 | 1.5 | | 1.5 | 1.8 | 1.8 | | 1.8 | | 84 |
| 1.4 | 1.5 | | 1.5 | 3.7 | 2.9 | | | 2.9 | 85 |
| 2.8 | 2.1 | | 2.1 | 2.9 | 2.9 | | | 2.9 | 86 |
| 2.1 | 2.1 | | 2.1 | 2.0 | 2.9 | | | 2.9 | 87 |
| 2.1 | 2.1 | | 2.1 | 2.9 | 2.9 | | | 2.9 | 88 |
| 2.2 | 2.1 | | 2.1 | 3.9 | 2.9 | | | 2.9 | 89 |
| 1.5 | 1.5 | | 1.5 | 2.3 | 2.3 | | 2.3 | | 90 |
| 1.5 | 1.5 | | 1.5 | 0. | 0. | 0. | | | 91 |
| -2.0 | -2.0 | -2.0 | | -0.1 | -0.1 | -0.1 | | | 92 |

**Figur 8.3 Wachstumsraten des Konsums und BIPs und deren 3R-Glättung**
a) BIP (Schweiz)  b) Konsum (Schweiz)

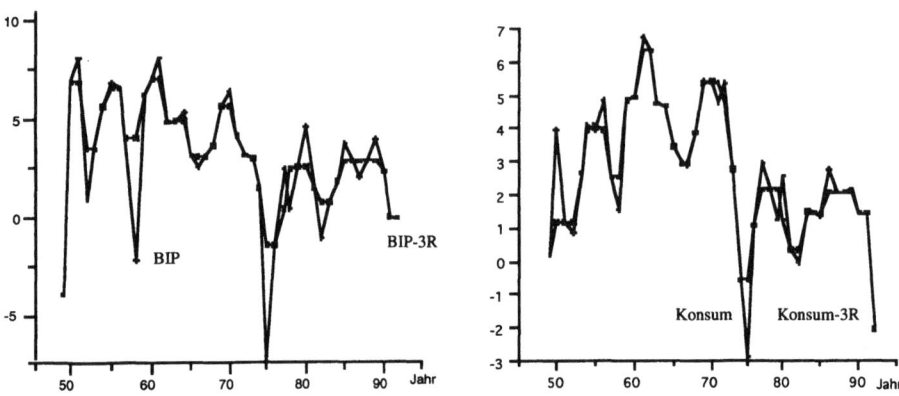

**Figur 8.4 Wachstumsraten des Konsums und BIPs und deren 3R-Glättung**
a) BIP (Österreich)  b) Konsum (Österreich)

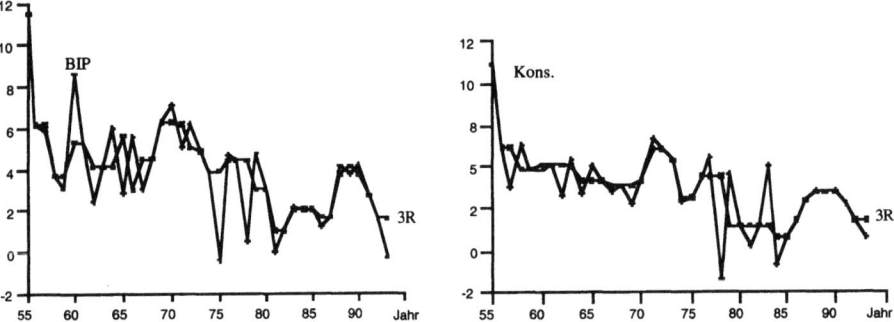

**Figur 8.5 Der Vergleich der 3R-Glätter Konsum, BIP**

a) Schweiz  b) Österreich

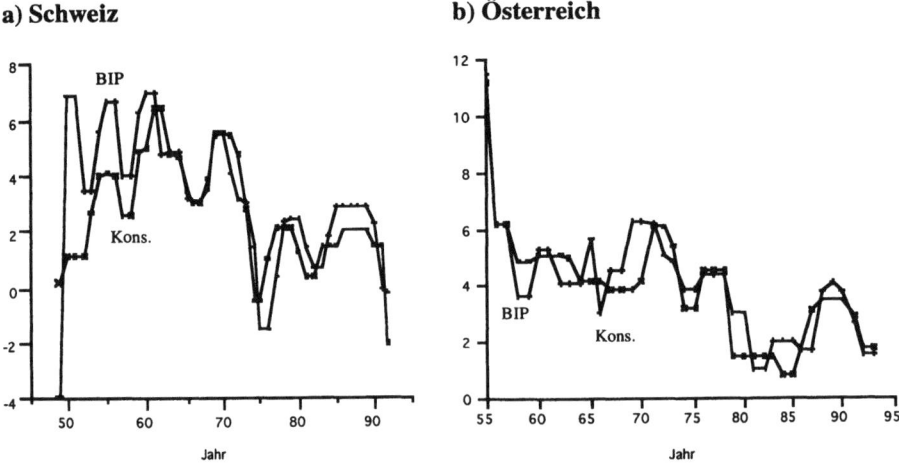

Tab. 8.3 Laufende Median Glättung der österreichischen Konsum- und BIP-Wachstumsraten

**a) BIP-Wachstumsraten**  **b) Konsum-Wachstumsraten**

| Jahr | BIP | 1.Gl. | 2.Gl. | Mäander | | Konsum | 1.Gl. | 2.Gl. | Mäander | |
|---|---|---|---|---|---|---|---|---|---|---|
| 55 | 11.5 | 11.5 | | | 11.5 | 11.2 | 11.2 | | 11.2 | |
| 56 | 6.2  | 6.2  | | 6.2 | | 6.2  | 6.2  | | | 6.2 |
| 57 | 5.8  | 5.8  | | 5.8 | | 3.8  | 6.2  | | | 6.2 |
| 58 | 3.7  | 3.7  | | 3.7 | | 6.3  | 4.9  | | | 6.2 |
| 59 | 3.1  | 3.7  | | 3.7 | | 4.9  | 4.9  | | 5.1 | |
| 60 | 8.6  | 5.3  | | | 5.3 | 4.9  | 5.1  | | 5.1 | |
| 61 | 5.3  | 5.3  | | | 5.3 | 5.1  | 5.1  | | | |
| 62 | 2.4  | 4.1  | | 4.1 | | 3.3  | 5.1  | | | |
| 63 | 4.1  | 4.1  | | 4.1 | | 5.5  | 3.4  | 5.0 | 5.0 | |
| 64 | 6.0  | 4.1  | | 4.1 | | 3.4  | 5.0  | 4.2 | 4.2 | |
| 65 | 2.9  | 5.6  | 4.1 | 4.1 | | 5.0  | 4.2  | | 4.2 | |
| 66 | 5.6  | 3.0  | 4.5 | 4.5 | | 4.2  | 4.2  | | 4.2 | |
| 67 | 3.0  | 4.5  | | 4.5 | | 3.5  | 3.9  | 3.9 | 3.9 | |
| 68 | 4.5  | 4.5  | | 4.5 | | 3.9  | 3.5  | 3.9 | 3.9 | |
| 69 | 6.3  | 6.3  | | | 6.3 | 2.9  | 3.9  | | 3.9 | |
| 70 | 7.1  | 6.3  | | | 6.3 | 4.2  | 4.2  | | 4.2 | |
| 71 | 5.1  | 6.2  | | 6.2 | | 6.7  | 6.1  | | | 6.1 |
| 72 | 6.2  | 5.1  | | 5.1 | | 6.1  | 6.1  | | | 6.1 |
| 73 | 4.9  | 4.9  | | 4.9 | | 5.4  | 5.4  | | 5.4 | |
| 74 | 3.9  | 3.9  | | 3.9 | | 3.0  | 3.2  | | 3.2 | |
| 75 | -0.4 | 3.9  | | 3.9 | | 3.2  | 3.2  | | 3.2 | |
| 76 | 4.6  | 4.4  | | | 4.4 | 4.5  | 4.5  | | | 4.5 |
| 77 | 4.4  | 4.4  | | | 4.4 | 5.7  | 4.5  | | | 4.5 |
| 78 | .5   | 4.4  | | | 4.4 | -1.6 | 4.6  | | | 4.5 |
| 79 | 4.7  | 3.0  | | 3.0 | | 4.6  | 1.5  | | 1.5 | |
| 80 | 3.0  | 3.0  | | 3.0 | | 1.5  | 1.5  | | 1.5 | |
| 81 | -0.1 | 1.0  | | 1.0 | | .3   | 1.5  | | 1.5 | |
| 82 | 1.0  | 1.0  | | 1.0 | | 1.5  | 1.5  | | 1.5 | |
| 83 | 2.1  | 2.0  | | 2.0 | | 5.0  | 1.5  | | 1.5 | |
| 84 | 2.0  | 2.0  | | 2.0 | | -0.8 | 0.8  | | 0.8 | |
| 85 | 2.0  | 2.0  | | 2.0 | | 0.8  | 0.8  | | 0.8 | |
| 86 | 1.5  | 1.7  | | 1.7 | | 2.6  | 2.6  | | 2.6 | |
| 87 | 1.7  | 1.7  | | 1.7 | | 3.1  | 3.1  | | 3.1 | |
| 88 | 4.1  | 3.8  | | | 3.8 | 3.6  | 3.5  | | | 3.5 |
| 89 | 3.8  | 4.1  | 3.8 | | 3.8 | 3.5  | 3.6  | 3.5 | | 3.5 |
| 90 | 4.2  | 3.8  | | | 3.8 | 3.6  | 3.5  | | | 3.5 |
| 91 | 2.7  | 2.7  | | 2.7 | | 2.9  | 2.9  | | 2.9 | |
| 92 | 1.6  | 1.6  | | 1.6 | | 1.8  | 1.8  | | 1.8 | |
| 93 | -0.3 | 1.6  | | 1.6 | | 0.8* | 1.8  | | 1.8 | |
| 94 | 1.6* | -    | | | | 1.9* | -    | | | |

\* vorläufig oder Prognose

## 8.5. Anwendung: Konjunkturelle Wendepunktdatierung

Glättungen mit laufenden Medianen liefern weniger glatte Kurvenverläufe, sondern eher das "Skelett" oder "Gerüst" einer Zeitreihe. Dies mag für bestimmte Zwecke eine zu grobe Struktur liefern, für andere kann sie wiederum sehr nützlich sein. In diesem Abschnitt soll gezeigt werden, dass eine derartige Glättstruktur mit scharfen Kanten für Wendepunktdatierungen von konjunkturellen Zeitreihen verwendet werden kann.

Bevor wir das zugrunde liegende Wendepunktkonzept an diese Technik anpassen, sollen sechs Eigenschaften der laufenden Medianglättung diskutiert werden.

**a) Resistenz:** Gibt es in einer Zeitreihe extreme einzelne Beobachtungen, dann werden sie durch die Medianglättung ausgebügelt. Längere extreme Abschnitte von Beobachtungen werden nur dann ignoriert, wenn sie kürzer als die halbe Spanne des Medianglätters sind. Diese Eigenschaft kann als Resistenz bezeichnet werden, da sie eine schnelle Bestimmung der Ausreisser erlaubt. Dies ist eine Folge des hohen Bruchpunkts des Medians. In Figur 8.6.a wird dieses Ausbügeln extremer Spitzen gezeigt.

**Figur 8.6 Resistenz und Monotonie**
  a) Ausreisser werden ausgebügelt   b) Monotone Abschnitte bleiben ungeglättet

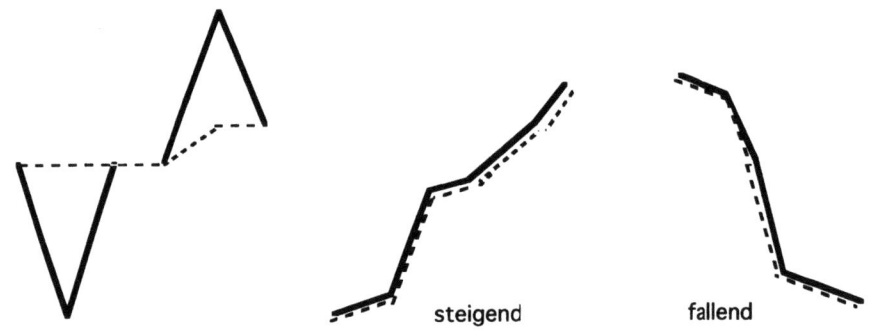

**b) Monotone Dominanz:** In einer bestimmten Weise mögen Medianglätter Extremsituationen. Einerseits werden Ausreisser komplett ignoriert, andererseits werden dominante monotone Abschnitte gar nicht geglättet. Gibt es monoton steigende oder fallende Abschnitte in einer Zeitreihe, so stimmen die geglätteten Werte mit den ursprünglichen Werten überein. Dieses "Hinweggehen" von monotonen Sequenzen kann man als "Glätten, nur wo es notwendig ist", bezeichnen. Die beiden derartigen typischen Fälle sind in Figur 8.6.b) dargestellt.

**c) Plateaubildungen:** Oszillierende Zeitreihen (d.h. alle zyklischen Phänomene, wie auch Wachstumsraten) besitzen obere und untere Umkehrpunkte in Form von Dreiecks-Folgen. Alle derartigen oberen und unteren Spitzen werden durch Medianglätter in Plateaus mit Mindestlänge 2 verwandelt. Diese 4 Arten von Plateaubildungen sind in Figur 8.7 gezeigt.

**Figur 8.7 Plateaubildungen an den Umkehrpunkten**

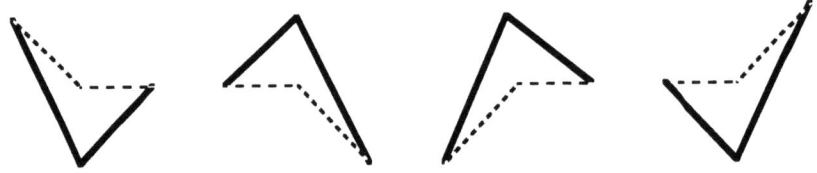

**d) Terrassen oder Zwischenplateaus:** Plateaus treten nicht nur an den Umkehrpunkten einer Zeitreihe auf, sondern auch in der Mitte. Diese Zwischenplateaus können dann in 3 Typen eingeteilt werden: Plateaus mit Bergtendenz, Plateaus mit Taltendenz und neutrale Plateaus. Diese sind in Figur 8.8 grafisch wiedergegeben. Strenge Kriterien für diese Einteilung gibt es natürlich nicht.

**Figur 8.8 Terrassen**
a) mit Berglage          b) neutral          c) mit Tallage

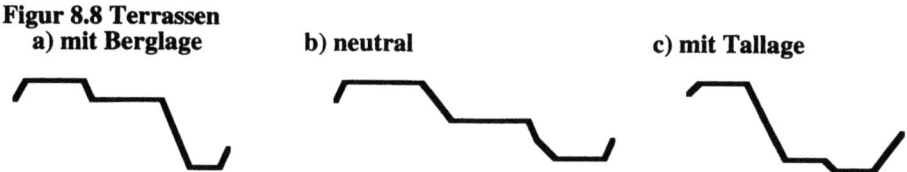

e) **Verschiebungs- und Vertauschungseffekte:** Treten in einer sonst monotonen Entwicklung (vgl. Eigenschaft b) kurze Unterbrechungen dieser monotonen Sequenz auf, so kommt es zu einem einfachen Vertauschen dieser Werte in der geglätteten Zeitreihe. Wieder hängt es von der Spanne des Glätters ab, wie viele gegenläufige Punkte auf diese Art ausgetauscht werden können. In Figur 8.9.a) wird diese Situation für einen gegenläufigen Punkt bei einem 3-spannigen Glätter gezeigt.
Zu einem Verschiebungseffekt kommt es dann, wenn es eine kurze gegenläufige Entwicklung knapp vor einer Plateauphase gibt. In diesem Fall schiebt die Glättung die Plateauphase künstlich um eine Periode hinaus und der lokale Tiefpunkt wird zu einem Glättungspunkt in der monotonen Sequenz in Richtung zu dieser Plateauphase. Verschiebungs- und Vertauschungseffekte sind in ihrer Wirkungsweise sehr ähnlich, sie erhalten aber durch ihren Kontext eine andere Interpretation.
Bei einem Vertauschungseffekt werden zwei benachbarte Punkte in einer unterbrochenen monotonen Sequenz vertauscht, bei einem Verschiebungseffekt sind drei benachbarte Punkte involviert.

**Figur 8.9 Verschiebungs- und Vertauschungseffekte**

a) Vertauschungseffekte          b) Verschiebungseffekt

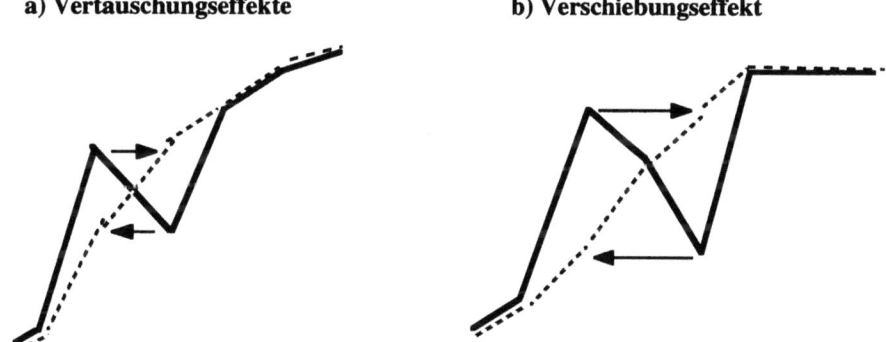

f) **Einfache Interpretierbarkeit:** Durch die Selektoreigenschaft des Medians sind die Glättwerte aller ungeradspannigen Medianglätter leicht interpretierbar. Bei einfachen Glättern können alle Glättwerte zurückverfolgt werden. Ein bestimmtes Jahr in einer Plateauphase kann als "typisches" Jahr für die gesamte Periode angesehen werden. Darüber hinaus lassen sich Plateauphasen leicht in Mäandertabellen darstellen.

Eine Anwendung der laufenden Mediane auf die Wendepunktdatierung von Schweizer und österreichischen Zeitreihen gibt Figur 8.10. Die ersten beiden Spalten gibt die Konjunkturentwicklung an Hand des BIP (reales Bruttoinlandsprodukt) und realen Konsums in Österreich wieder, die nächsten beiden dieselben Varibalen in der Schweiz.
Die Wendepunktdatierung erfolgt über die Plateauphasen der Entwicklung der Wachstumsraten, deren Endpunkte jeweils als Beginn und Ende einer "Anspannungsphase" oder "Durchstartephase" angesehen werden kann. (Nicht alle Konzepte der Wendepunktdatierung verwenden Wachstumsraten, aber auf Niveaugrössen ist die Mediandatierung nicht anwendbar.) Anspannungsphasen sind in einem Rechteck eingeschrieben, Zwischenphasen sind mit einer Geraden charakterisiert. Lange Wachstumsphasen in den

Nachkriegsjahren haben dazu geführt, dass die Konjunkturdatierung öfters mehrere obere Wendepunkte definieren musste. Im Gegensatz dazu war es leicht den unteren Wendepunkt zu finden, da die Talphasen im Vergleich zu den Anspannungsphasen sehr kurz waren. Dies ist auch bei allen Medianglättungen der Zeitreihen deutlich zu sehen. Daneben sieht man am Anfang der 60er Jahre und mit Einsetzen der Ölkrise 1975 den sogenannten 'Synchronisationseffekt' der Konjunkturphasen.

**Figur 8.10 Median-Plateaus: Konsum und BIP in Österreich und der Schweiz**

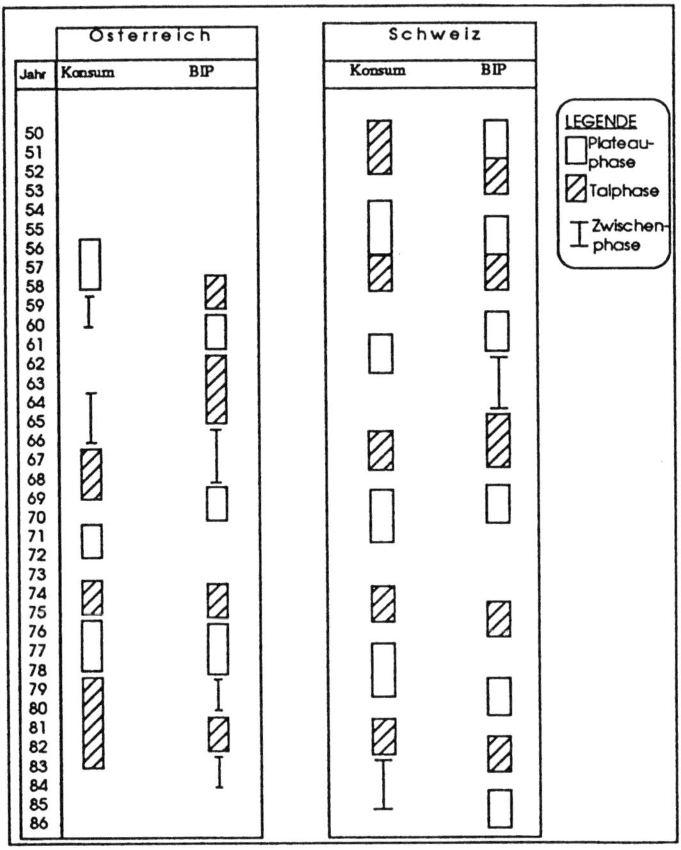

## 8.6. Verfliessung (blurring the smooth)

Die Glättung einer Zeitreihe ist das Produkt einer lokalen Datenzusammenfassung mittels eines Lagemasses. Ein bestimmter Datenglätter ist also ein mehr oder weniger kompliziert gewähltes Lagemass, der aber nicht die Streuung berücksichtigt. Eine einfache Methode, die Residuenstreuung in einer Glättung miteinzubeziehen, ist das sogenannte Verfliessen einer Glättung. Eine verfliesste Glättung verwendet statt Punkten als Plotsymbol Intervalle. Statt der Glättung als Punktfolge, wird die verfliesste Glättung als Folge von gleichlangen Strecken wiedergegeben, die die mittlere Residuengrösse angibt. Dies kann als grafische Umsetzung der Schärfe angesehen werden. Scharfe Glättungen (Skizzen) haben kurze Verfliessungen, unscharfe Glättungen haben lange Verfliessungen. Dabei definiert man die Breite der Verfliessung (Blurr) wie folgt:

**Def. 8.5 Verfliessung einer Glättung.** Ausgehend von einer geglätteten Zeitreihe Sm $\{x_t\}$, $t = 1, ..., T$ werden die absoluten Residuen der Glättung mit $r_t^* = |x_t - Sm\{x_t\}|$ berechnet. Dann ist Blurr das Mass für die Schärfe der Glättung, der über die Grösse der Residuen gemessen wird:

$$BLURR = Med\{r_t^*\} = MAD\{x_t - Sm\{x_t\}\}.$$

MAD steht dabei für die absolute mediale Abweichung (median absolute deviation, vgl. Kapitel 11.3). Bei der Berechnung des Medians schlägt Tukey vor, alle Residuen mit Wert 0 dabei nur halb zu zählen. Man beachte, dass der Blurr kein Mass der lokalen Rauhheit der Glättung ist, sondern ein globales, da er aus der gesamten Zeitreihe berechnet wird.

Beispiel 8.4 zeigt eine verfliesste Glättung für den Regenfall in Los Angeles. (Die Daten befinden sich in Tab. 8.4.)

**Beispiel 8.4   100 Jahre Regenfall in Los Angeles 1880 - 1980**

**a) 53R-Glättung**

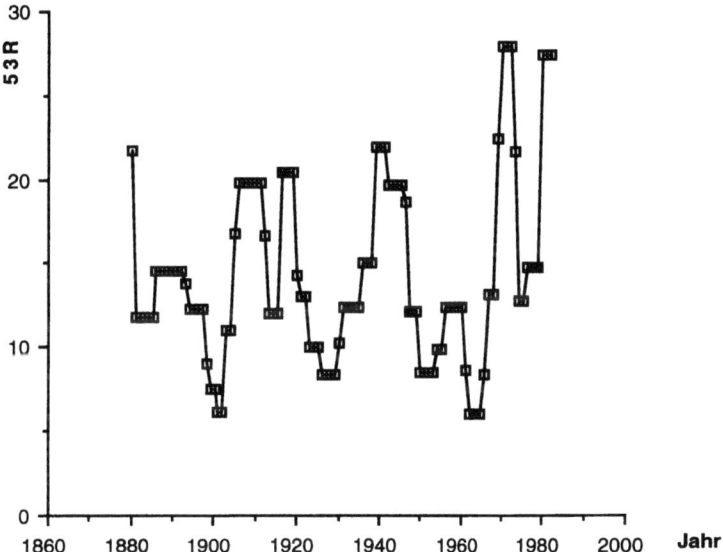

## b) Verfliesste 53R- Glättung

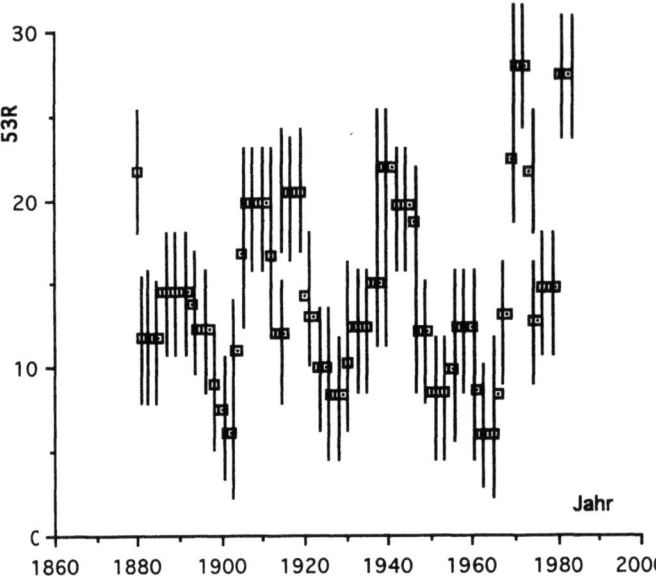

## 8.7. Spezielle Glättregeln

Die "**Hanning**" **oder H-Prozedur** ist eine lineare Glättprozedur mit Länge 3, die die Gewichte 1/4, 1/2, 1/4 besitzt. Tukey leitet den Namen vom österreichischen Meteorologen Julius v. Hann ab. Einfacher erhält man die Hanning Glättung, indem man 2 mal hintereinander den Durchschnitt 2 bildet: H = 2{2} = 22. Die Hanning-Prozedur wird, wenn überhaupt, in der EDA-Glättung immer am Schluss verwendet. Die Idee dabei ist, dass man mit Medianglätter zwar gut die extremen Spitzen einer Zeitreihe eliminieren kann, aber es bleiben oft zu grobe Resultate übrig, die mit einem einfachen linearen Filter, wie es Hanning ist, besser geglättet werden können. Es wird sozusagen ein Finish an die nichtlineare Glättung angelegt.

**Beispiel 8.5 Gleitende Durchschnitte des Basler Preisindexes**

Für die jährlichen Daten des Basler Index der Konsumentenpreise wollen wir Berechnung des gleitenden Durchschnitts demonstrieren. Die erste Spalte enthält als Zeitindex t die Jahreszahlen, und $x_t$ in der zweiten Spalte sind die Inflationsraten (die Veränderung des Basler Preisindex). Die Glättung $\overline{2} = \left(\frac{1}{2}, \frac{1}{2}\right)$ in der 3. Spalte steht für eine einfache geradspannige Glättung, dem gleitendenden Durchschnitt oder Median der Spanne 2:
$$\overline{x}_t = \frac{x_t + x_{t-1}}{2}.$$
Die Hanning-Glättung H = $\overline{2}\,\overline{2}$ = 22 in der 4. Spalte besteht aus einer 2-maligen einfachen Glättung. Durch Einsetzen der vorigen Formel erhält man das Gewichtsschema $\overline{x}_t = \frac{1}{4}x_{t-1} + \frac{1}{2}x_t + \frac{1}{4}x_{t+1}$. Der gleitende Durchschnitt der Spanne 3 lautet $\overline{3} = [\frac{1}{3}, \frac{1}{3}, \frac{1}{3}]$, bzw. $z_t = (x_{t-1} + x_t + x_{t+1}) / 3$ und ist zum Vergleich in der letzten Spalte abgetragen. Der erste und der letzte Wert der Hanning-Glättung ist kursiv gesetzt, da er eine spezielle Glättregel wiedergibt. Nimmt man die 3-spannige Formel, so kann kein Glättwert

für 1979 und 1992 berechnet werden. Verwendet man die 2x2 Glättung, so kann als Approximation für den ersten und letzten Wert des ersten Glättdurchgangs (d.h. $z_{1/2}$ und $z_{T-1/2}$), die ersten und letzten Beobachtungen genommen werden. Das führt zu einer speziellen Glättregel:

$$z_T^E = \frac{x_T + z_{T-1/2}}{2} = \frac{1}{4}x_{T-1} + \frac{3}{4}x_T \text{ bzw. } z_1^E = \frac{x_1 + z_{1/2}}{2} = \frac{1}{4}x_2 + \frac{3}{4}x_1.$$

Tab. 8.4 Gleitende Durchschnitte und die "Hanning"-Glättung H

| Jahr t | Zeitreihe $x_t$ | Gleitender Durchschnitt $z_t = \overline{2}\ x_t$ | Hanning-Glättung $H = \overline{2}\ \overline{2}$ | Gleitender Durchschnitt $\overline{3}$ |
|---|---|---|---|---|
| 1979 | 4.7 |  | 4.55 |  |
|  |  | 4.4 |  |  |
| 1980 | 4.1 |  | 4.88 | 5.13 = (4.7+4.1+6.1)/3 |
|  |  | 5.35 |  |  |
| 1981 | 6.6 |  | 5.7 | 5.4 |
|  |  | 6.05 |  |  |
| 1982 | 5.5 |  | 5.05 | 4.9 |
|  |  | 4.05 |  |  |
| 1983 | 2.6 |  | 3.35 | 3.6 |
|  |  | 2.65 |  |  |
| 1984 | 2.7 |  | 2.75 | 2.77 |
|  |  | 2.85 |  |  |
| 1985 | 3.0 |  | 2.18 | 1.9 |
|  |  | 1.5 |  |  |
| 1986 | 0 |  | 1.18 | 1.57 |
|  |  | 0.85 |  |  |
| 1987 | 1.7 |  | 1.38 | 1.27 |
|  |  | 1.9 |  |  |
| 1988 | 2.1 |  | 2.85 | 3.1 |
|  |  | 3.8 |  |  |
| 1989 | 5.5 |  | 4.65 | 4.2 |
|  |  | 5.25 |  |  |
| 1990 | 5.0 |  | 5.30 | 5.4 |
|  |  | 5.35 |  |  |
| 1991 | 5.7 |  | 5.05 | 4.83 |
|  |  | 4.75 |  |  |
| 1992 | 3.8 |  | 4.28 |  |

## 8.7.1. Die Endwerteregel E

Ein einfacher EDA-Glätter lässt die Endpunkte unverändert, d.h. es werden nur die Endwerte der Zeitreihe fortgeschrieben. Braucht man am Ende der Zeitreihe Werte für bestimmte Glättungen, so werden immer wieder die letzten Werte verwendet. Eine andere Möglichkeit bietet sich bei langspannigen Glättern an: Gegen das Ende der Zeitreihe hin kann man die Spanne systematisch verkleinern. Tukey schlägt folgende Formel als Endwerteregel vor, die mit E bezeichnet wird.

**Def. 8.6. Endwerteregel E.** Ist die Spanne des Glätters grösser als 3, so reduziert man an den Enden der Zeitreihe die Glättspanne, bis man die Spanne 3 erreicht hat. Um nun für den ersten und den letzten Wert jeweils einen Median der Spanne 3 berechnen zu können, benötigt man jeweils einen weiteren Prognosewert. Die prognostizierten Werte laufen auf ein Gewichtungsschema der bereits geglätteten Werte hinaus.

Sei $\{x_1, ..., x_T\}$ die Originalzeitreihe und $\{z_1, ..., z_T\}$ die geglättete Zeitreihe, dann lautet die Endwerteregel für den **ersten** und den **letzten Wert** der Zeitreihe:

$$z_1 = \text{Med}\{3z_2 - 2z_3, x_1, z_2\} \quad \text{und} \quad z_T = \text{Med}\{3z_{T-1} - 2z_{T-2}, x_T, z_{T-1}\}.$$

wobei $z_2$ und $z_3$ die ersten geglätteten und $z_{T-1}$ und $z_{T-2}$ die letzten geglätteten Werte sind.

Das Gewichtungsschema für die erste Beobachtung $x_0$ und die letzte $x_T$ wird durch eine lineare Extrapolation hergeleitet: Man verwendet dabei den 2. und den 3. Wert um nach rückwärts zu interpolieren, bzw. den vorletzten Wert (zum Zeitpunkt T - 1) und den drittletzten Wert (zum Zeitpunkt T - 1) um den letzten Wert durch Vorwärtsinterpolation zu ermitteln. In Figur 8.11 ist dies schematisch dargestellt. Die beiden Extrapolationsgeraden haben die Form

$$g(t) = z_2 + \frac{z_3 - z_2}{3 - 2}(t - 2) = 3z_2 - 2z_3 + (z_3 - z_2)t,$$

$$h(t) = z_{T-1} + \frac{z_{T-1} - z_{T-2}}{(T-1) - (T-2)}(t - (T-1)).$$

und die 2-Schritt Prognose für $x_0$ und $x_{T+1}$ ergeben die extrapolierten Werte

$$\hat{x}_0 = g(-2) = z_2 - 2(z_3 - z_2) = 3z_2 - 2z_3,$$

$$\hat{x}_{T+1} = h(2) = z_{T-1} + 2(z_{T-1} - z_{T-2}) = 3z_{T-1} - 2z_{T-2}.$$

Einsetzen dieser Werte liefert $z_1 = \text{Med}\{\hat{x}_0, x_1, z_2\}$ und $z_T = \text{Med}\{\hat{x}_{T+1}, x_T, z_{T-1}\}$ und damit die Endwerteregel.

**Figur 8.11 Graphik der Endwerteregel**

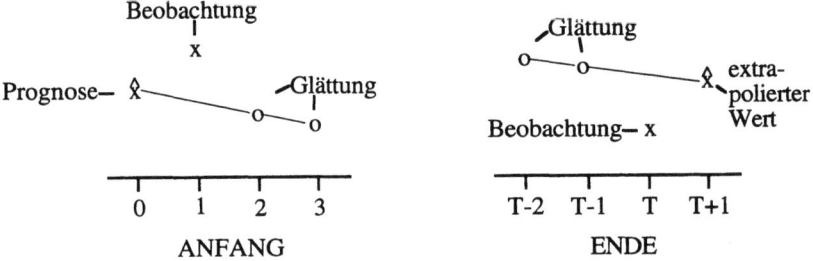

**Beispiel 8.6 Endwerteregel**

a) Für die Schweizer Konsum und BIP-Reihe aus Tabelle 8.2 ergibt sich
BIP: $z_{86} = \{3.0, 1.5, 1.5\} = 1.5$; Konsum: $z_{86} = \{2.7, 2.7, ....\} = 2.7$.
Die ... bedeuten: falls bereits die 2 geglätteten Werte gleich sind, so braucht man den dritten Wert nicht mehr zu berechnen.

b) Die Endwerteregel E für den Basler Index der Konsumentenpreise:
Die Berechnung des ersten Wertes mit Hilfe der Regel E lautet:

$$z_1 = \text{Med}\{(3z_2 - 2z_3), x_1, z_2\} = \text{Med}\{(3*4.7 - 2*5.5), 4.7, 4.7\}$$
$$= \text{Med}\{3.1, 4.7, 4.7\} = 4.7.$$

Setzen wir für T = 1992 in $z_T$ = Med $\{3z_{T-1} - 2z_{T-2}, x_T, z_{T-1}\}$, so erhalten wir für den letzten Wert als Glättung

$$z_{92} = \text{Med } \{3z_{91} - 2z_{90}, x_{92}, z_{91}\} = \text{Med } \{(3 * 5.0 - 2 * 5.5, 3.8, 5.0) = 4.0 .$$

### 8.7.2. Die Spaltungs-Prozedur ("splitting") SS

Sind Medianglättungen zu grob oder zu rauh, so schlägt Tukey für eine glattere 3R-Glättung eine splitting-Prozedur vor. Sie soll die typischen Plateauphasen, die bei einer 3R-Glättung entstehen, abrunden. Dazu werden die Plateauphasen in der Mitte gespalten und wie nach der obigen Endwerteregel E extrapoliert. Aus den neuen Werten wird die splitting-Glättung bestimmt.

**Beispiel 8.7 3RSS:** 'splitting' bzw. gespaltener laufender Median der Länge 3

| Original | 3R | Spaltung oben | unten | Vereinigte Glättung | Endgültige Glättung |
|---|---|---|---|---|---|
|  |  | 468 |  |  |  |
|  | 468 |  |  | 468 | . |
|  |  | 382 |  |  |  |
|  | 382 |  |  | 382 | . |
|  |  | 210 |  |  |  |
|  | 334 |  |  | 334 | . |
| splitting | --- | --- | --- | --- | --- |
|  | 334 |  |  | 334 | . |
|  |  |  | 333 |  |  |
|  | 359 |  |  | 359 | . |
|  |  |  | 359 |  |  |
|  | 372 |  |  | 372 | . |
|  |  |  | 382 |  |  |

Mit Hilfe der Endwerteregel E werden folgende obere und untere Prognosen erstellt:

      obere:                           untere:

210 = 382 - 2(468 - 382)      333 = 359 - 2( 272 - 359).

Die Glättung mit Hilfe der Endwerteregel lautet:

      obere:                           untere:

334 = Med (382, 334, 210)     334 = Med (334, 359, 333).

Bem: Es gibt auch die Glättvariante 3RSSH: Dabei wird zuerst 3R, dann die Spaltregel (mit oberer und unterer Endwerteregel), und schliesslich die Hanning Prozedur angewandt.

### 8.7.3. Aufrauhen (re-roughening) und Verdoppeln (twicing) einer Glättung.

Jeder Datenglätter unterliegt der Zerlegungsformel

               DATEN = FIT plus RESIDUEN,

bzw.

DATEN = GLATTE plus RAUHE.

Wenn die Medianglätter zu grob wirken, d.h. zuviel von einer Zeitreihe wegglätten, dann kann man die Glättung wieder "aufrauhen". Eine einfache Möglichkeit zum Überprüfen ob zuviel Struktur weggehobelt wurde, ist das Glätten der Residuen:

RESIDUEN = REST-GLATTE plus REST-RAUHE.

Ergeben die Residuen eine nichtverschwindende Glättung, so kann die neue Glättung zu der ursprünglichen Glättung wieder addiert werden:

FIT = GLATTE plus REST-GLATTE .

Die endgültige Glättung (der FIT oder das GLATTE) besteht aus der ersten Glättung plus der Residuenglättung. Prinzipiell kann man für die Residuenglättung einen anderen Glätter verwenden als für die erste Glättung. Doch einfacher ist es, in Interpretation wie Schreibweise, denselben Glätter zu verwenden. In diesem Fall spricht man einfach von "twicing" (Verdoppeln).
Die Schreibweise für diese Glättregeln sind: a) 3R, twice, bzw. 3R, doppelt.

### 8.8. Programmpakete

Nichtlineare Datenglätter findet man in allen EDA-Programmpaketen. Einige der Spezialregeln sind oft nicht implementiert. Mäandertabellen werden als Endfassung i.a. nicht angeboten.

### 8.9. Aufgaben

1) Man glätte und bestimme die Wendepunkte der folgenden Schweizer makroökonomischen Zeitreihen.
2) Man vergleiche 3R und 5R Glättungen für die Regenfalldaten in Los Angeles (Tab. 8.4).
3) Wieviele Regen- und Trockenperioden gab es in den letzten 100 Jahren in Los Angeles?

Tab. 8.5 Regenfall in Los Angeles 1878-1980 (in Zoll, Quelle: L.A. Times)

| 1878 | 21.26 | 79 | 11.35 | 1880 | 20.34 | 81 | 13.13 |
|------|-------|----|-------|------|-------|----|-------|
| 82   | 10.40 | 83 | 12.11 | 84   | 38.18 | 85 | 9.21  |
| 86   | 22.31 | 87 | 14.05 | 88   | 13.87 | 89 | 19.28 |
| 1890 | 34.84 | 91 | 13.36 | 92   | 11.85 | 93 | 26.28 |
| 94   | 6.73  | 95 | 16.11 | 96   | 8.51  | 97 | 16.86 |
| 98   | 7.06  | 99 | 5.59  | 1900 | 7.91  | 01 | 16.29 |
| 02   | 10.60 | 03 | 19.32 | 04   | 8.72  | 05 | 19.52 |
| 06   | 18.65 | 07 | 19.30 | 08   | 11.72 | 09 | 19.18 |
| 1910 | 12.63 | 11 | 16.18 | 12   | 11.60 | 13 | 13.42 |
| 14   | 23.65 | 15 | 17.05 | 16   | 19.92 | 17 | 15.26 |
| 18   | 13.86 | 19 | 8.58  | 1920 | 12.52 | 21 | 13.65 |
| 22   | 19.66 | 23 | 9.59  | 24   | 6.67  | 25 | 7.94  |
| 26   | 17.56 | 27 | 17.76 | 28   | 9.77  | 29 | 12.66 |
| 1930 | 11.52 | 31 | 12.53 | 32   | 16.95 | 33 | 11.88 |
| 34   | 14.55 | 35 | 21.66 | 36   | 12.07 | 37 | 21.44 |
| 38   | 23.43 | 39 | 13.07 | 1940 | 19.21 | 41 | 32.76 |
| 42   | 11.18 | 43 | 18.17 | 44   | 19.22 | 45 | 11.59 |
| 46   | 11.65 | 47 | 12.66 | 48   | 7.22  | 49 | 7.99  |
| 1950 | 10.60 | 51 | 8.21  | 52   | 26.21 | 53 | 9.46  |
| 54   | 11.99 | 55 | 11.94 | 56   | 16.00 | 57 | 9.54  |

| | | | | | | | |
|---|---|---|---|---|---|---|---|
| 58 | 21.13 | 59 | 5.58 | 1960 | 8.18 | 61 | 4.85 |
| 62 | 18.79 | 63 | 8.38 | 64 | 7.93 | 65 | 12.68 |
| 66 | 20.44 | 67 | 22.00 | 68 | 16.58 | 69 | 27.47 |
| 1970 | 7.7 | 71 | 12.32 | 72 | 7.17 | 73 | 21.26 |
| 74 | 14.92 | 75 | 14.35 | 76 | 7.22 | 77 | 12.31 |
| 78 | 33.4 | 79 | 19.67 | 1980 | 26.98 | | |

4) Man finde geeignete Medianglättungen für die Bevölkerung in Basel-Stadt in Tab. 8.6.

Tab. 8.6 Bevölkerung in Basel-Stadt

| | | | |
|---|---|---|---|
| 1779 | 15040 | 1900 | 109161 |
| 1815 | 16674 | 1910 | 132276 |
| 1835 | 21219 | 1920 | 135976 |
| 1837 | 22199 | 1930 | 148063 |
| 1847 | 25787 | 1941 | 162105 |
| 1850 | 27170 | 1950 | 183543 |
| 1860 | 37915 | 1960 | 206746 |
| 1870 | 44122 | 1970 | 212857 |
| 1880 | 60550 | 1980 | 182143 |
| 1888 | 69809 | 1990 | 175257 |

**Figur 8.12 Jährlicher Regenfall in Los Angeles**

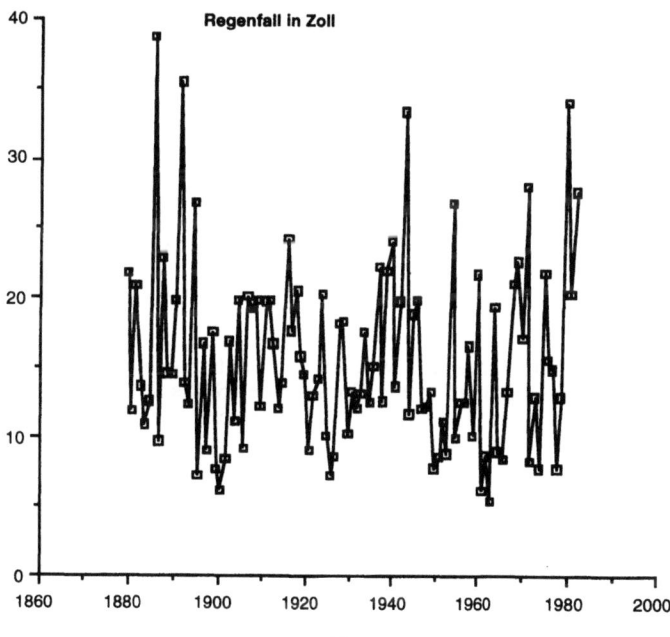

# 9. ZWEIWEG-TAFELN

9.1. Einweg-Tafeln
9.2. Zweiweg-Tafeln
9.3. Die Technik der Medianpolierung
9.4. Residuenanalyse und Effektebewertung
9.5. Die Interpretation der Fit-Tabelle
9.6. Modell (Additivitäts-) Diagnose
9.7. Multiplikative und transformierte Tabellen
*9.8. Saisonbereinigung

> *"Diese Zahlen sind Fenster zu einer anderen Welt"*
> *(Clara C. Park an Oliver Sacks)*

## 9.1. Einweg-Tafeln (One-way tables)

Die Problemstellung von Ein- und Zweiwegtafeln sei an Hand der beiden Beispiele 9.1 und 9.2 demonstriert. Sie sind eine Verallgemeinerung von parallelen Box-Plots (vgl. Abschnitt 4.3).

**Beispiel 9.1 Vergleich von Maschinenproduktionen**

Von 3 Maschinen soll das Merkmal Produktionsmenge verglichen werden, da es Fluktuationen auf Grund der Bedienung und anderer Einflüsse gibt. Um die Zufallseinflüsse zu kontrollieren, wurden die Messungen an 5 Tagen vorgenommen. Die Messergebnisse sind in der Tab. 9.1 zusammengestellt: In der vorletzten Spalte befindet sich der Zeilenmedian, der in der Urlistentabelle auch unterstrichen wurde. Die letzte Spalte zeigt den Mittelwert zu Vergleichszwecken.

Tab. 9.1 Vergleich von Maschinenmessungen

| Maschine | \multicolumn{5}{c}{Tag} | Median | Mittelwert |
|---|---|---|---|---|---|---|---|
| | 1 | 2 | 3 | 4 | 5 | | |
| 1 | 48.4 | 49.7 | 48.7 | <u>48.5</u> | 47.4 | 48.5 | 48.6 |
| 2 | 56.1 | <u>56.3</u> | 56.9 | 57.6 | 55.1 | 56.3 | 56.4 |
| 3 | 52.1 | 51.1 | <u>51.6</u> | 52.1 | 51.1 | 51.6 | 51.6 |

Die Frage, die statistisch beantwortet werden soll, lautet: Arbeiten die Maschinen "im Mittel" gleich oder verschieden? In die Sprache der Statistik übersetzt bedeutet dies: Stammen die Messungen der 3 Maschinen aus 3 verschiedenen Verteilungen oder nur aus einer? Bzw. stammen die Merkmale Produktionsmenge der Maschinen 1, 2, 3 aus 3 Gesamtheiten oder nur aus einer?
Als Antwort kann man folgende Vorgangsweise wählen:
a) Überlappen sich die 3 Verteilungen (paarweise) nicht, dann gibt es 3 verschiedene Verteilungen, d.h. die Maschinen arbeiten verschieden.
b) Überlappen sich die Verteilungen, dann kann man gekerbte Box-Plots (vgl. Abschnitt 4.3) zum Medianvergleich heranziehen. Es liegt nur eine Verteilung vor, wenn sich alle Kerbenintervalle überschneiden. Überschneiden sich zwei Verteilungen, aber liegt die dritte davon getrennt, dann gibt es offenbar 2 Verteilungen. Zwei Maschinen arbeiten etwa gleich, die dritte verschieden.
Der Vergleich der Messungen aus Tab. 9.1 wurde mit einem St&Bl in Figur 9.1 durchgeführt:

**Figur 9.1 Paralleler St&Bl - Vergleich**

```
                        Maschine
Stamm:       1             2              3
  47        7
  48        4 5 7
  49        7
  50
  51                                    1 1 6
  52                                    1 1
  53
  54
  55                     1
  56                     1 3 9
  57                     6
```

Da sich die Verteilungen nicht überlappen, arbeiten die Maschinen verschieden. Nun betrachten wir in Beispiel 9.2 eine zweite Untersuchung, die etwas später erhoben wurde.

**Beispiel 9.2 Arbeitsleistung von drei Maschinen**

| Maschine | 1 | 2 | Tag 3 | 4 | 5 | Zeilen-Median |
|---|---|---|---|---|---|---|
| 1 | 51.7 | 53.0 | 52.0 | <u>51.8</u> | 51.0 | <u>51.8</u> |
| 2 | 52.1 | <u>52.3</u> | 52.9 | 53.6 | 51.1 | <u>52.3</u> |
| 3 | 52.8 | 51.8 | <u>52.3</u> | 52.8 | 51.8 | <u>52.3</u> |

Die Zeilenmediane in obiger Tabelle sind unterstrichen.

**Figur 9.2 Vergleich mit parallelen St&Bl und Box-Plots**

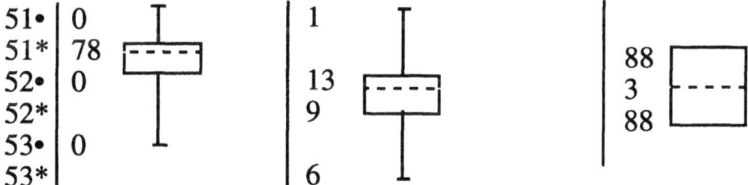

```
51•  0
51*  78
52•  0
52*
53•  0
53*
```
```
     1
     
     13
     9
     
     6
```
```
     
     88
     3
     88
```

In diesem Beispiel 9.2, das als paralleles St&Bl und Box-Plot in Figur 9.2 dargestellt ist, überlappen sich alle 3 Verteilungen, daher arbeiten die Maschinen in etwa gleich. Man beachte aber, dass sich die Interquartilsbereiche der ersten beiden Verteilungen nicht überlappen, daraus kann man schliessen, dass sich die ersten beiden Tage etwas unterscheiden.

## 9.2. Zweiweg-Tafeln (Two-way tables)

Ein 2-dimensionales Merkmal (vgl. Def. 1.5) kann in Form eines Rechteckschemas angeschrieben werden. Jede Seite dieses Rechteckschemas, d.h. Spalten wie Zeilen, erlaubt die erfasste Merkmalsausprägung aus der Sicht des Zeilen-Merkmals oder des Spalten-Merkmals anzusehen. Man spricht daher auch von einer Zweiweg-Tafel, und schreibt die Beobachtungen kurz als

$$\{y_{ij}\}, i = 1, ..., M, \text{ und } j = 1, ..., N,$$

oder in Matrixform als

$$Y = \begin{bmatrix} y_{11} & y_{12} & \cdots & y_{1M} \\ y_{21} & y_{22} & \cdots & y_{2M} \\ \cdots & & \cdot & \cdot \\ y_{N1} & y_{N2} & \cdots & y_{NM} \end{bmatrix}$$

Weitere Bezeichnungsweisen sind Kontingenztafel oder einfach MxN-Tafel. M ist die Anzahl der Merkmalsausprägungen des Zeilenmerkmals, und N die Anzahl für das Spaltenmerkmal. Beispiele für derartige Zweiweg-Tafeln sind: a) Der Preisindex nach Ländern (M Spalten) und Jahren (N Jahre). b) Anzahl der Menschen nach Religion (M Konfessionen) und Kanton (N Kantone). c) Die Überlebenszeit in Jahren bei einem Test von M Medikamenten an N Versuchspersonen.
Die Problemstellung sei wieder an einem Maschinenbeispiel demonstriert. Nun haben wir 3 Maschinen, die jeweils von 5 Spezialisten in abwechselnder Reihenfolge bedient werden.

**Beispiel 9.3 Arbeitsleistung von drei Maschinen**
Die Problemstellung sei an einem weiteren Maschinenbeispiel in Tabelle 9.2 demonstriert.

**Tab. 9.2. Arbeitsleistung als Zweiweg-Tafel**

| Maschine | Spezialisten | | | | | Zeilen-Median | Zeilen-Mittelwert |
|---|---|---|---|---|---|---|---|
| | 1 | 2 | 3 | 4 | 5 | | |
| 1 | <u>56.7</u> | 45.7 | *48.3* | 54.6 | 37.7 | *48.3* | 48.6 |
| 2 | 64.5 | 53.4 | *54.3* | 57.5 | 52.3 | *54.3* | 56.4 |
| 3 | 56.7 | <u>50.6</u> | <u>49.5</u> | <u>56.5</u> | <u>44.7</u> | <u>50.6</u> | 51.6 |
| Median | 56.7 | 50.6 | 49.5 | 56.5 | 44.7 | **53.4** | |
| Spaltenweiser Mittelwert | 59.3 | 49.9 | 50.7 | 56.2 | 44.9 | | **52.2** |

Nun haben wir 3 Maschinen, die jeweils von 5 Spezialisten in abwechselnder Reihenfolge bedient werden. Dabei sind die jeweiligen Zeilenmediane (mittlere Produktionsmenge pro Maschine) kursiv gesetzt, und die Spaltenmediane (mittlere Produktionsmenge pro Spezialist) sind unterstrichen. Die Zeilen- und Spaltenmittelwerte wurden wieder zu Vergleichszwecken angeführt. Die fettgedruckten Zahlen sind Mittelwert und Median der gesamten Tabelle.
Die möglichen Fragestellungen in dieser Zweiweg-Tafel sind:
a) Arbeiten die 3 Maschinen verschieden, bzw.
   gibt es 3 Leistungs-Verteilungen an jeder Maschinen oder nur eine?
b) Arbeiten die 5 Spezialisten unterschiedlich, bzw.
   gibt es 5 verschiedene Verteilungen für jeden Spezialisten oder nur eine?
c) Arbeitet jeder Spezialist an jeder Maschine verschieden, bzw. gibt es in der 2-dimensionalen Verteilung additive Effekte, die in einen Maschinen- und in einen Spezialisten-Effekt zerlegbar sind?

Bem.: Die Fragestellung c) ist jedoch mit einer Beobachtung pro Zelle schwer zu beantworten: Hätte man Wiederholungen in jeder Zelle, dann könnte man 15 Verteilungen miteinander vergleichen. (Das wäre ein 3-dimensionales Merkmal: In komplizierteren Varianzanalysemodellen kann man zusätzlich sogenannte "Interaktionen" oder multiplikative Effekte zwischen Zeilen- und Spaltenmerkmal ermitteln.)

Die Analyse der Spalten- und Zeilen-Mediane des Beispiels 9.3 ergibt: Die Mediane (Mittelwerte) der Spezialisten streuen mehr als die der Maschinen. Daher wird die Modellierung der Variation der Spezialisten besser zur Erklärung der Gesamtvariation beitragen, als die der Maschinen: Spezialist wird ein wichtigerer (Erklärungs-) Faktor sein als Maschine. Ferner sieht man, dass die Spezialisten 1 und 4 effizienter arbeiten als die anderen drei.

### 9.2.1. Analyse von Zweiweg-Tabellen mittels Einweg-Tafeln

Am Beispiel der effektiven Arbeitszeit in Stunden pro Jahr für die grössten 3 Industrieländer wollen wir den Unterschied zwischen univariaten Analysen und einer zweidimensionalen Analyse einer Zweiweg-Tafel in Tabelle 9.3 demonstrieren. Das zweidimensionale Merkmal Jahres-Arbeitszeit wurde über die Dimension Industrieländer (mit Merkmalsausprägungen Japan, BRD und USA) und über die Dimension Zeit (mit Merkmalsausprägungen 1970, 1975, 1980, 1985 und 1987) erhoben.

Tab. 9.3 Effektiven Arbeitszeit als Zweiweg-Tafel

|       | 1970 | 1975 | 1980 | 1985 | 1987 |
|-------|------|------|------|------|------|
| Japan | 2252 | 2035 | 2140 | 2148 | 2144 |
| BRD   | 1885 | 1737 | 1688 | 1639 | 1619 |
| USA   | 1930 | 1914 | 1918 | 1959 | 1947 |

Wie kann man ein zweidimensionales Merkmal mit den bisherigen explorativen Methoden, bzw. mit Einweg-Tabellen darstellen? Im ersten Schritt erstellen wir ein vergleichbares St&Bl des zweidimensionalen Merkmals für die Zeilen bzw. Länder (auch Querschnittsanalyse genannt) und für die Spalten, bzw. Zeit (auch Längsschnittsanalyse genannt).

a) Querschnittsanalyse

Vergleichbares St&Bl, $22 \mid 5_2$ = 2252 Jahresarbeitsstunden

|        |           | Land |                              |
|--------|-----------|------|------------------------------|
| Stamm: | **JAP**   | **BRD** | **USA**                   |
| 22     | $5_2$     |      |                              |
| 21     | $4_0\ 4_8\ 4_4$ |  |                              |
| 20     | $3_5$     |      |                              |
| 19     |           |      | $3_0\ 1_4\ 1_8\ 5_9\ 4_7$    |
| 18     |           | $8_5$ |                             |
| 17     |           | $3_7$ |                             |
| 16     |           | $8_8\ 3_9\ 1_9$ |                   |

Da die 4-stellige Stundenzahl für Vergleichszwecke bis zur letzten Stelle interessante Informationen enthält, haben wir neben dem 2-ziffrigen Stamm auch ein 2-ziffriges Blatt gewählt und die letzte Ziffer tiefgestellt.

b) Längsschnittsanalyse

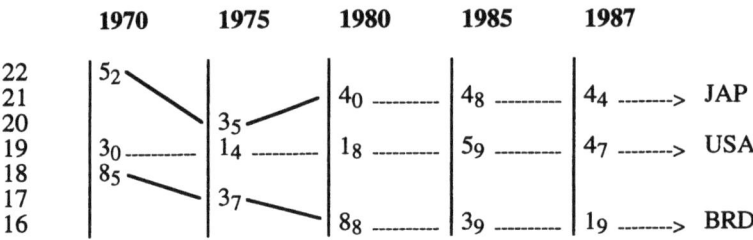

Man sieht, dass sich in der Querschnittsanalyse die effektiven Arbeitszeiten stark unterscheiden, während die Längsschnittsanalyse einen unterschiedlichen Trend für jedes Land ergibt. Die USA weisen eine konstante Entwicklung auf, die BRD hat die effektive Arbeitszeit am stärksten gesenkt, Japan folgt dieser Entwicklung gemässigter. Im Konjunkturtal 1975 hatte Japan einen stärkeren Rückgang zu verzeichnen, der dann wieder wett gemacht wurde. Alle Länder verzeichnen einen konstanten Trend in den 80'er Jahren.
Im nächsten Abschnitt wenden wir uns der Frage zu, ob diese beiden (univariaten bzw.) Einzelanalysen zu einer gemeinsamen Analyse kombiniert werden können.

### 9.2.2. Gemeinsam (additive) Zerlegung von Zweiweg-Tafeln

Um der 2-dimensionalen Fragestellung in der Verteilung in der Zweiweg-Tafel gerecht zu werden, wird folgendes additives (oder lineares) Modell zur Bestimmung der Effekte in jeder Dimension vorgeschlagen:

$$\text{DATEN} = \frac{\text{GEMEINSAMER}}{\text{Effekt}} + \frac{\text{ZEILEN}}{\text{Effekt}} + \frac{\text{SPALTEN}}{\text{Effekt}} + \text{RESIDUEN}$$

oder

$$Y_{ij} = m + a_i + b_j + R_{ij}.$$

Die Medianpolierung ist ein iteratives Verfahren, dass die Daten der Ausgangstabelle $\{Y_{ij}\}$, $i = 1, ..., N$, $j = 1, ..., M$, in die obige Zerlegungstabelle transformiert. Schematisch in Tabellenform schreiben wir auch

$$\{Y_{ij}\} = \left[\begin{array}{c|c} \{R_{ij}\} & a_i \\ \hline b_j & m \end{array}\right]$$

Dabei ist m der gemeinsame Effekt (z.B. der Gesamtmedian), $a_i$ ist das i-te Element des Zeileneffekts **a** für die N Zeilen, $b_j$ ist das j-te Element des Spalteneffekts **b** für die M Spalten und $R_{ij}$ sind die individuellen Abweichungen von diesem Zerlegungsschema, bzw. die Residuen. Eine schematische Darstellung dieser Aufteilung gibt Figur 9.3 .

**Figur 9.3 Die Zerlegung von Zweiweg-Tafeln**

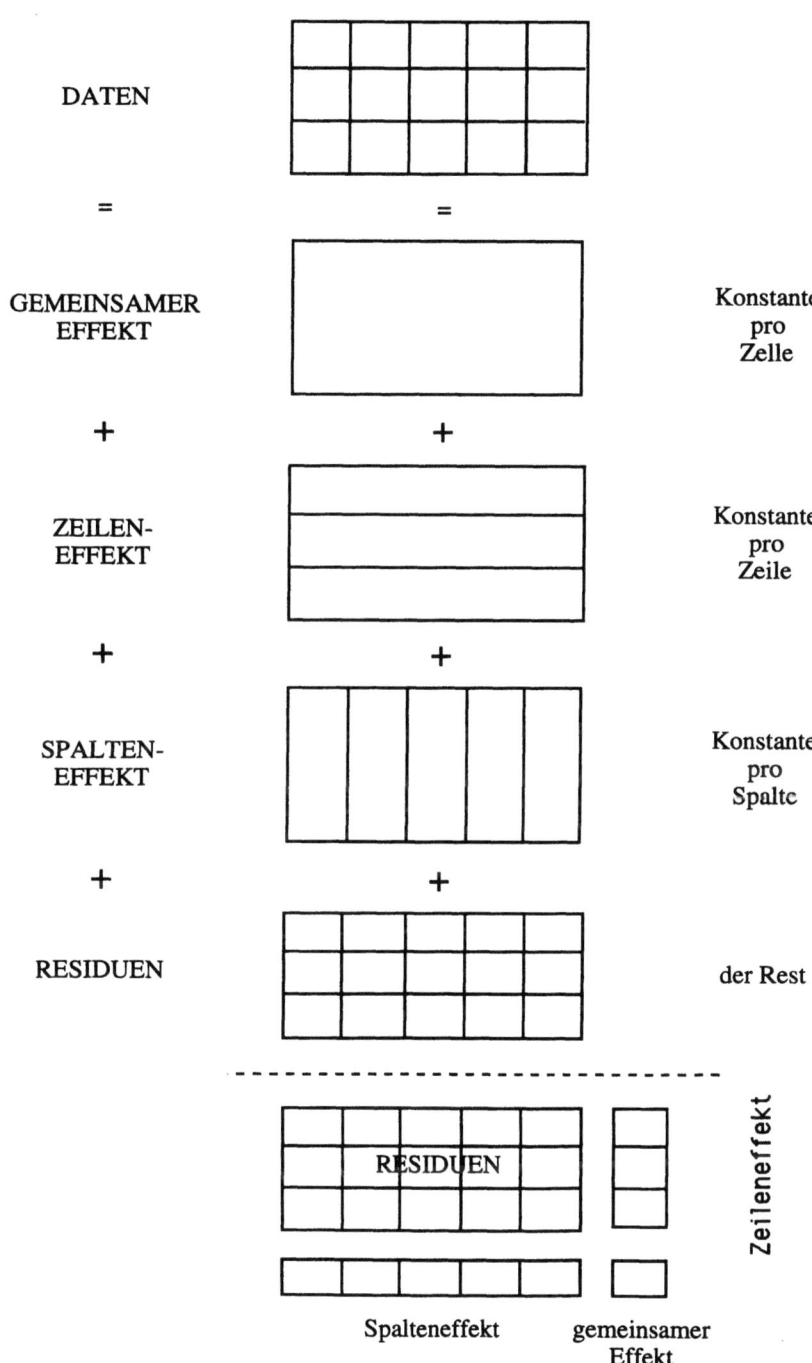

Man beachte dabei, dass der Zeileneffekt als Spalte geschrieben wird und der Spalteneffekt als Zeile.

Bevor wir auf die Technik der Medianpolierung eingehen, wollen wir an einem Beispiel zeigen, wie eine Medianpolierung zu interpretieren ist.

**Beispiel 9.4 Ergebnis der Medianpolierung der effektiven Arbeitszeit**

**a) Die gesamte Zerlegungstabelle**
Die Zweiweg-Tafel der effektiven Arbeitszeit in Stunden pro Jahr (vgl. Tab. 9.3)

|       | 1970 | 1975 | 1980 | 1985 | 1987 |
|-------|------|------|------|------|------|
| Japan | 2252 | 2035 | 2140 | 2148 | 2144 |
| BRD   | 1885 | 1737 | 1688 | 1639 | 1619 |
| USA   | 1930 | 1914 | 1918 | 1959 | 1947 |

wird umgeformt zu folgender additiven Zerlegungstabelle:

|       | 1970 | 1975 | 1980 | 1985 | 1987 | $a_i$ |
|-------|------|------|------|------|------|-------|
| Japan | 0    | -83  | 0    | 0    | 0    | 214   |
| BRD   | 85   | 61   | 0    | -57  | -73  | -238  |
| USA   | -108 | 0    | -8   | 25   | 44   | 0     |
| $b_j$ | 108  | -16  | -4   | 4    | 0    | 1930  |

Die Zerlegungstabelle, in die obige Zerlegungsformel übersetzt, bedeutet:

$$Y_{ij} = m + a_i + b_j + R_{ij},$$
$$= 1930 + (214,-238,0)_i + (108,-16,-4,4,0)_j + R_{ij}, \quad i=1...,5 \quad j=1,...,5.$$

Dabei bedeutet $a_i = (214,-238, 0)_i$, d.h. dass das i-te Element des Zeileneffekts **a**, und $b_j = (108,-16,-4,4,0)_j$ das j-te Element des Spalteneffekts **b** sind.

**b) Die Effektzerlegung jedes einzelnen Elements**
Die Jahresarbeitszeit in Japan 1975, das (1,2)-te Element der Tabelle, ist darstellbar als

$$Y_{12}(=2035) = 1930 + (189,-230,0)_1 + (108,-16,-4,4,0)_2 + R_{12}$$
$$= 1930 + 189 - 16 - 68 = 2035.$$

(Diese erste Zerlegung ergibt sich bei einem zeilenweisen Beginn der Medianpolierung.) Eine Medianpolierung erlaubt keine eindeutige Zerlegung einer Ausgangstabelle. So ist z.B. die folgende Zerlegung ebenfalls möglich:

$$Y_{12}(=2035) = 1955 + (189,-230,0)_1 + (108,-41,-37,4,0)_2 + R_{12}$$
$$= 1955 + 189 - 41 - 68 = 2035.$$

Diese zweite Zerlegung ergibt sich bei einem spaltenweisen Beginn der Medianpolierung. Bem.: a) Diese Zerlegung in 3 Effekte von einer Beobachtung in einer Zweiwegtafel kann natürlich keine eindeutige sein. Daher hat man viele Freiheiten in der Zerlegung (Beurteilung), was ein gemeinsamer Effekt, Spalten- oder Zeileneffekt ist. Die Forderung der Zentrierung der Effekte reduziert diese potentiellen Möglichkeiten.
b) Spalten- und zeilenweiser Beginn sind im Prinzip gleichberechtigte Techniken. Es müssen weitere Modellwahlkriterien herangezogen werden, um zwischen verschiedenen Zerlegungen entscheiden zu können.
Die Technik der Medianpolierung ist nun im folgenden Abschnitt beschrieben.

## 9.3. Die Technik der Medianpolierung

Die Medianpolierung ist eine iterative Methode zur Zerlegung von Zweiweg-Tafeln durch Zeilen- und Spaltenmediane. Das Ziel ist die resistente Anpassung eines linearen (additiven) Modells an eine Zweiweg-Tafel $\{Y_{ij}, i=1, ..., N, j = 1, ..., M\}$.

**Figur 9.4.a) Schema der Medianpolierung bei zeilenweisem Beginn**

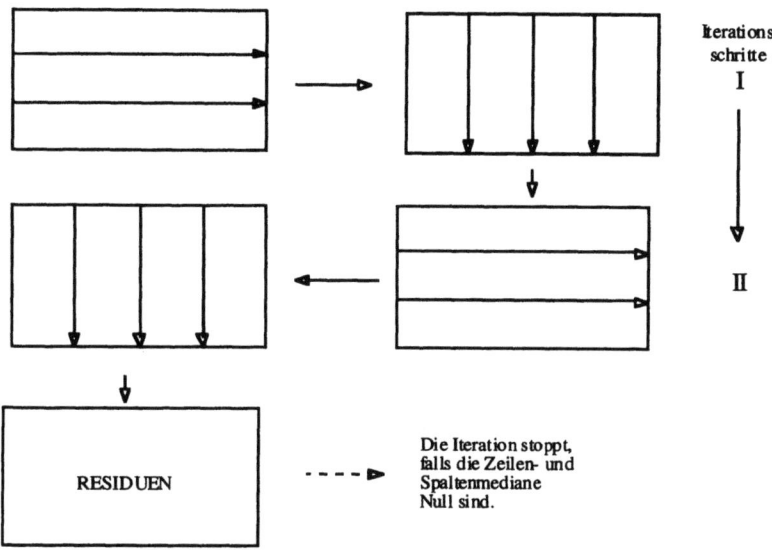

**b) Medianpolierung bei spaltenweisem Beginn**

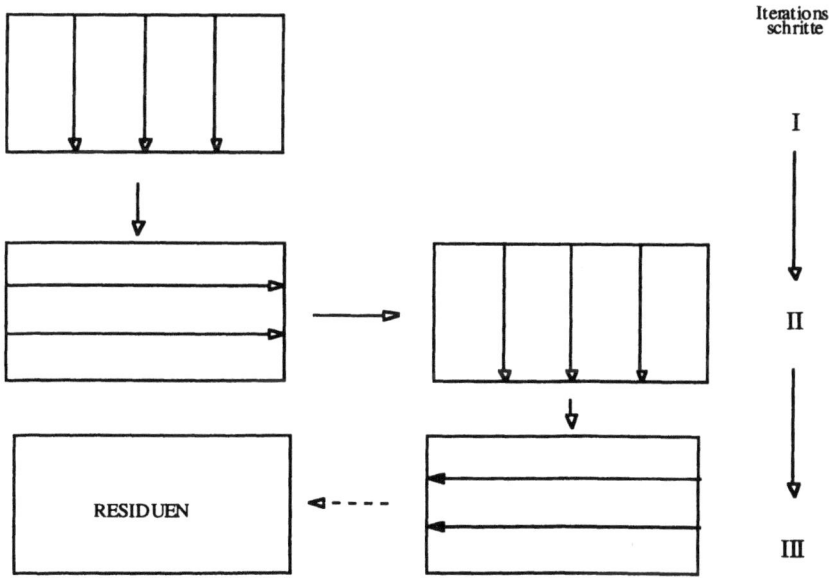

Die Vorgangsweise zur Bestimmung der Effekte ist eine iterative und dauert solange, bis alle Zeilen- und Spaltenmediane der Residuen Null sind. Die erzielte Lösung muss nicht eindeutig sein, und die Konvergenz kann auch lange dauern. In diesem Fall bricht man ab, wenn der grösste Residuenmedian pro Spalte und Zeile kleiner als das halbe Urlistenintervall ist. Im Extremfall kann auch keine Konvergenz erreicht werden, wenn z.B. die Iteration zwischen 2 Häufungspunkten hin und her springt. Es gibt zwei Möglichkeiten zur Berechnung der Medianpolierung, die in Figur 9.4 schematisch dargestellt sind.

**Beispiel 9.5 Medianpolierung der effektiven Arbeitszeit**

**a) Medianpolierung bei zeilenweisem Beginn**

1) Die Ausgangstabelle lautet:

|        | 1970 | 1975 | 1980 | 1985 | 1987 |
|--------|------|------|------|------|------|
| Japan  | 2252 | 2035 | 2140 | 2148 | 2144 |
| BRD    | 1885 | 1737 | 1688 | 1639 | 1619 |
| USA    | 1930 | 1914 | 1918 | 1959 | 1974 |

2) Die Ausgangstabelle wird um jeweils zwei Zeilen und Spalten erweitert um die Mediane und Effekte berechnen zu können. In der ersten Hilfsspalte werden die Zeilenmediane berechnet. Die Zeilenmediane (Z.Median) werden von der Ausgangstabelle subtrahiert.

|           | 1970 | 1975 | 1980 | 1985 | 1987 | Z.Median | Z.Effekt |
|-----------|------|------|------|------|------|----------|----------|
| Japan     | 108  | -109 | -4   | 4    | 0    | 2144     |          |
| BRD       | 197  | 49   | 0    | -49  | -69  | 1688     |          |
| USA       | 0    | -16  | -12  | 29   | 44   | 1930     |          |
| Sp.Median |      |      |      |      |      |          |          |
| Sp.Effekt | 0    | 0    | 0    | 0    | 0    |          | 1930     |

3) Berechne die Spaltenmediane (Sp.Median) und subtrahiere sie von der vorigen Tabelle. Der Spaltenmedian der 'Z.Mediane' wird der vorläufige gemeinsame Effekt und die Abweichungen davon zum vorläufigen Zeileneffekt (Z.Effekt).

|           | 1970 | 1975 | 1980 | 1985 | 1987 | Z.Median | Z.Effekt |
|-----------|------|------|------|------|------|----------|----------|
| Japan     | 0    | -93  | 0    | 0    | 0    |          | 214      |
| BRD       | 89   | 65   | 4    | -53  | -69  |          | -242     |
| USA       | -108 | 0    | -8   | 25   | 44   |          | 0        |
| Sp.Median | 108  | -16  | -4   | 4    | 0    |          |          |
| Sp.Effekt |      |      |      |      |      |          | 1930     |

4) Berechne erneut die Zeilenmediane, auch von der Hilfszeile 'Sp.Median'. Da der Median der Hilfszeile 0 ist, können die Spaltenmediane in die Zeile der Spalteneffekte (Sp.Effekt) übernommen werden. Da auch die anderen Zeilenmediane alle Null sind, ist die Medianpolierung (d.h. die Iterationen bei zeilenweisem Beginn) beendet.

|           | 1970 | 1975 | 1980 | 1985 | 1987 | Z.Median | Z.Effekt |
|-----------|------|------|------|------|------|----------|----------|
| Japan     | 0    | -93  | 0    | 0    | 0    | 0        | 214      |
| BRD       | 85   | 61   | 0    | -57  | -73  | 0        | -238     |
| USA       | -108 | 0    | -8   | 25   | 44   | 0        | 0        |
| Sp.Median |      |      |      |      |      |          |          |
| Sp.Effekt | 108  | -16  | -4   | 4    | 0    |          | 1930     |

5) Da alle Spalten- und Zeilenmediane Null sind, brauchen die Spalten- und Zeileneffekte nicht korrigiert zu werden. (Die fortlaufende Korrektur erfolgt in jeder Iteration durch das Addieren der neu gefundenen Spalten- und Zeilenmediane zu den jeweili-

gen Effekten.) Durch Weglassen der Hilfszeilen und -spalten erhält man die der Medianpolierung.

Es ist weiterhin zu überprüfen, ob die Spalten- und Zeileneffekte zentriert sind, d.h. der Median sollte Null sein. Sollte dies nicht der Fall sein, so kann die Zentrierung der Effekte ohne Veränderung der Residuentabelle vorgenommen werden.

**b) Medianpolierung bei spaltenweisem Beginn**

1) Die Ausgangstabelle ist dieselbe wie zuvor.

|       | 1970 | 1975 | 1980 | 1985 | 1987 |
|-------|------|------|------|------|------|
| Japan | 2252 | 2035 | 2140 | 2148 | 2144 |
| BRD   | 1885 | 1737 | 1688 | 1639 | 1619 |
| USA   | 1930 | 1914 | 1918 | 1959 | 1974 |

2) Die Ausgangstabelle wird um jeweils zwei Zeilen und Spalten erweitert um die Mediane und Effekte berechnen zu können. In der ersten Hilfszeile werden die Spaltenmediane berechnet. Die Spaltenmediane werden von der Ausgangstabelle subtrahiert.

|           | 1970 | 1975 | 1980 | 1985 | 1987 | Z.Median | Z.Effekt |
|-----------|------|------|------|------|------|----------|----------|
| Japan     | 322  | 121  | 222  | 189  | 170  |          |          |
| BRD       | -45  | -177 | -230 | -320 | -355 |          |          |
| USA       | 0    | 0    | 0    | 0    | 0    |          |          |
| Sp.Median | 1930 | 1914 | 1918 | 1959 | 1974 | 1930     |          |
| Sp.Effekt |      |      |      |      |      |          |          |

3) Berechne die Spaltenmediane und subtrahiere sie von der vorigen Tabelle. Der Spaltenmedian der 'Z.Mediane' wird der vorläufige gemeinsame Effekt und die Abweichungen davon werden zum vorläufigen Zeileneffekt.

|           | 1970 | 1975 | 1980 | 1985 | 1987 | Z.Median | Z.Effekt |
|-----------|------|------|------|------|------|----------|----------|
| Japan     | 133  | -68  | 33   | 0    | -19  | 189      |          |
| BRD       | 185  | 53   | 0    | -90  | -125 | -230     |          |
| USA       | 0    | 0    | 0    | 0    | 0    | 0        |          |
| Sp.Median |      |      |      |      |      |          |          |
| Sp.Effekt | 0    | -16  | -12  | 29   | 44   | 0        | 1930     |

4) Berechne erneut die Spaltenmediane, auch von der Hilfsspalte 'Z.Median'. Da die Mediane der Hilfszeile nicht alle 0 sind, können die Spaltenmediane in die Zeile der Spalteneffekte übernommen werden. Da auch die anderen Zeilenmediane alle Null sind, ist die Medianpolierung (d.h. die Iterationen bei zeilenweisen Beginn) beendet.

|           | 1970 | 1975 | 1980 | 1985 | 1987 | Z.Median | Z.Effekt |
|-----------|------|------|------|------|------|----------|----------|
| Japan     | 0    | -68  | 33   | 0    | 0    | 0        | 214      |
| BRD       | 52   | 53   | 0    | -90  | -106 | 0        | -238     |
| USA       | -133 | 0    | 0    | 0    | 19   | 0        | 0        |
| Sp.Median | 133  | 0    | 0    | 0    | -19  |          |          |
| Sp.Effekt | 0    | -16  | -12  | 29   | 44   | 0        | 1930     |

5) Da alle Spalten- und Zeilenmediane Null sind, brauchen die Spalten- und Zeileneffekte nicht korrigiert zu werden. (Die fortlaufende Korrektur erfolgt in jeder Iteration durch das Addieren der neu gefundenen Spalten- und Zeilenmediane zu den jeweiligen Effekten.) Durch Weglassen der Hilfszeilen und -spalten erhält man diejenigen der Medianpolierung.

Es ist weiterhin zu überprüfen, ob die Spalten- und Zeileneffekte zentriert sind, d.h. der Median sollte Null sein. Ist dies nicht der Fall, so kann die Zentrierung der Effekte ohne Veränderung der Residuentabelle vorgenommen werden.

## 9.4. Residuenanalyse und Effektebewertung

Dieser Abschnitt diskutiert die Analyse der Residuen einer Medianpolierung und die Bewertung sowie die Interpretation der berechneten Effekte.

### 9.4.1. Die Summe der absoluten Residuen (SAR)

Die Skizze in einer Zweiweg-Tafel ist eine additive Zerlegung in gemeinsamen Effekt, Zeilen- und Spalteneffekt. Um die Skizze möglichst resistent zu machen, wird die Summe der Absolutabweichungen (die absoluten Residuen) minimiert. Diese Summe der absoluten Residuen (SAR) ist definiert als

$$SAR = \sum_{i=1}^{N} \sum_{j=1}^{M} \left| y_{ij} - (m + a_i + b_j) \right|.$$

Das Ziel einer Medianpolierung ist die Minimierung der Residuentabelle R

$$R = (r_{ij}) = y_{ij} - m - a_i - b_j$$

unter der Nebenbedingung

$$\underset{j}{\text{Med}}(r_{ij}) = 0 \quad \text{für jedes } i = 1,\ldots, N$$

und

$$\underset{i}{\text{Med}}(r_{ij}) = 0 \quad \text{für jedes } j = 1,\ldots, M.$$

Diese Bedingung ist notwendig für ein Minimum der SAR, aber nicht hinreichend. Daher ist man in der Regel auf heuristische Suchverfahren angewiesen, und wenn man eine Lösung erreicht hat, dann überprüft man, ob man in einer Umgebung dieser Lösung noch bessere Ergebnisse erzielen kann. Der Erfolg dieses Verfahrens hängt ganz von der "Gutmütigkeit" des zu minimierenden Problems ab; denn es kann natürlich Probleme geben, bei denen die lokalen Minima weit weg vom globalen Minimum liegen.
Aus diesem Grunde beginnt man bei einer Medianpolierung einmal mit zeilenweiser Minimierung und dann mit spaltenweiser Minimierung. Man nimmt dann das Ergebnis, das die kleinere absolute Residuensumme (SAR) aufweist.

**Beispiel 9.6 Residuenanalyse und Effektebewertung**

**a) Residuentafel der effektiven Arbeitszeit (bei spaltenweisem Beginn)**

|       | 1970 | 1975 | 1980 | 1985 | 1987 |
|-------|------|------|------|------|------|
| Japan | 0    | -68  | 33   | 0    | 0    |
| BRD   | 52   | 53   | 0    | -90  | -106 |
| USA   | -133 | 0    | 0    | 0    | 19   |

Aus der Residuentabelle der Medianpolierung der effektiven Arbeitszeit (bei zeilenweisem Beginn) ist die Absolutsumme der Residuen berechenbar: Sie beträgt 554 und damit ist die mittlere absolute Abweichung 554/15 = 36.9. Da wir eine robuste Medianpolierung durchgeführt haben, müssen wir damit rechnen, dass wir grössere Residuen als sonst erhalten, da wir im medialen Fit eher auf eine gerechte Verteilung der Vorzeichen der Residuen abzielen, als auf deren Grösse. Daher ist eine auf die Medianpolierung abgestimmte Methode der Residuenanalyse zu empfehlen, wie z.B. die resistente Standardabweichung. Dazu erstellen wir zuerst das St&Bl und berechnen die Quartile:

**b) St&Bl der Zweiweg-Residuen**

n = 15, Median = 0. Die Quartile sind -32.5 und 12.5 (bzw. -57, 25)

Einheit     -1 : $0_8$ ist -108

                 -1 : $0_8$
                 -0 : $9_37_35_7$
                 -0 : $0_8$
                   0 : $zzzzzz2_54_4$
                   0 : $6_18_5$

**c) Das Pentagramm der zeilenweisen Residuen**

Die W-Form des Pentagramms lautet ($-108, -32h, 0, 12.5, 85$).
Die resistente Standardabweichung der Residuen beträgt 0.75*(12.5+32.5) = 33.75, d.h. die Anpassungsgüte, bzw. die Abstände der Beobachtungen vom Fit, im additiven Zerlegungsmodell, beträgt durchschnittlich 33.75 Arbeitsstunden. Die resistente Standardabweichung verwenden wir zur Abschätzung der Unterschiede in den Zeilen- und Spalteneffekten. Ist der (absolute) Unterschied zwischen zwei Effekten grösser als das Doppelte der resistenten Standardabweichung, dann kann der Unterschied als praktisch relevant angesehen werden. Ist er kleiner, dann sind die Unterschiede eher auf Zufallseffekte zurückzuführen, ist er deutlich grösser, dann steigt auch die Zuversicht zu den gefundenen Effekten.
Die 'kritische' Effektgrösse beträgt nach dem Resistenzkriterium 2x33.75 = 67.5 Arbeitsstunden. Das bedeutet, dass die Zeileneffekte zwischen den Ländern deutlich vorhanden sind ('Signifikant' wird dafür in der induktiven - d.h. auf Wahrscheinlichkeitsrechnung beruhenden - Statistik verwendete Ausdruck sein). Dagegen sind fast alle Spalteneffekte, d.h. der Zeiteffekt über die letzten 20 Jahre nicht überzeugend, mit Ausnahme des ersten Jahres 1970. Das mag etwas verblüffen, da wir allgemein davon ausgehen, dass der technische Fortschritt in den letzten Jahren in Arbeitszeitverkürzung sich niedergeschlagen hat. Das ist zwar für Deutschland allein deutlich abzulesen (in einer univariaten Betrachtung), jedoch in der (multivariaten) 3-Länder-Analyse wird der Effekt durch die USA und Japan, die diese Entwicklung nicht gleichermassen mitgemacht haben, überdeckt. Der Preis für dieses inhomogene Verhalten ist der wenig ausgeprägte Zeiteffekt und einzelne relativ grosse Residuen, die sich auch in einer grossen resistenten Standardabweichung auswirken.

Tab. 9.4. Modelldiagnose bei zeilenweisem Beginn

a) Effektebewertung: Die fettgedruckten Effekte sind explanativ.

|       | 1970 | 1975 | 1980 | 1985 | 1987 | Z.Effekt |
|-------|------|------|------|------|------|----------|
| Japan | 0    | -68  | 33   | 0    | 0    | **189**  |
| BRD   | 52   | 53   | 0    | -90  | -106 | **-230** |
| USA   | -133 | 0    | 0    | 0    | 19   | **0**    |
| Sp.Effekt | **108** | -41 | -37 | 4 | 0 | 1955 |

b) Residuentafel der effektiven Arbeitszeit (bei zeilenweisem Beginn)

|       | 1970 | 1975 | 1980 | 1985 | 1987 |
|-------|------|------|------|------|------|
| Japan | 0    | -93  | 0    | 0    | 0    |
| BRD   | 85   | 61   | 4    | -57  | -73  |
| USA   | -108 | 0    | -8   | 25   | 44   |
| Sp.Effekt | 108 | -16 | -4 | 4 | 0 |

c) St&Bl der zeilenweisen Residuen

N = 15;  Median = 0, Tiefe(Q4) = 4h; die Quartile sind -34, 9.5

Einheit     -1 : $3_3$ ist -133

            -1 : $330_6$
            -0 : $90_68$
            -0 :
             0 : zzzzzzz1$9_33$
             0 : $5_25_3$

Man beachte, dass es jeweils 4 positive und 4 negative Residuen gibt, und die beiden Quartile mit dem Nullpunkt gemittelt werden. Die resistente Standardabweichung ist $\sigma_{res} = 0.75\,(9.5 + 34) = 32.75$. Damit ergibt sich ein ähnliches Bild wie vorhin, d.h. die Differenzen der Zeilen-, bzw. Ländereffekte sind grösser als das Doppelte der resistenten Standardabweichung $2\sigma_{res} = 65.25$, während die Spalten-, d.h. Zeiteffekte es nicht sind.

c) Das Pentagramm der spaltenweisen Residuen lautet in W-Form:
(-133\,-34,/0\,9.5,/53).

Wie wir gesehen haben, ist die Summe der absoluten Residuen bei spalten- und zeilenweisem Beginn dieselbe: 554, daher kann eine Modellwahl aufgrund dieses Kriteriums nicht durchgeführt werden. In dieser "Patt"-Situation schlagen wir vor, die Schärfekurve der Residuen, wie in Figur 9.5 zum Vergleich der beiden Möglichkeiten heranzuziehen.

**Figur 9.5 Schärfevergleich der Medianpolierungen (Jahres-Arbeitszeit)**

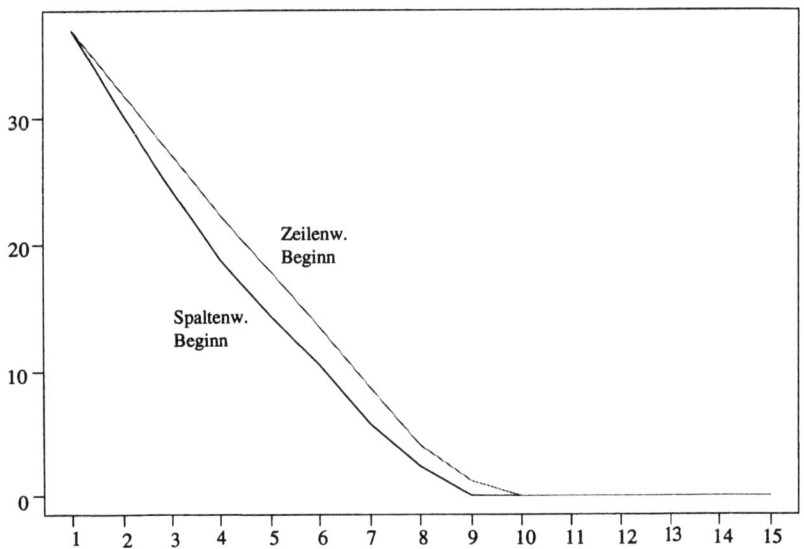

Die Schärfekurve zeigt einen deutlichen Vorsprung zugunsten des spaltenweisen Beginns. Die Schärfekurve der Spalten erreicht auch zuerst die x Achse, was auf eine Null mehr in den Residuen zurückzuführen ist.

## 9.5. Die Interpretation der Fit-Tabelle

Neben der Zerlegungstabelle erlaubt auch die Fit-Tabelle eine geeignete Interpretation der Medianpolierung.

**Def. 9.2 Die Fit-Tabelle einer Medianpolierung:** Aus den drei geschätzten Effekten der Medianpolierung, m, $a_i$, $b_j$, berechnet man den 'Fit', bzw. die Anpassung einer Medianpolierung als

$$\hat{Y}_{ij} = m + a_i + b_j, \quad i = 1, ..., N, \quad j = 1, ..., M,$$

die man am besten als Fit-Tabelle $\{\hat{Y}_{ij}\}$ darstellt.

Für das obige Beispiel der Zerlegung der effektiven Arbeitszeit lauten die Fit-Tabellen:
a) Bei zeilenweisem Beginn:

$$\hat{Y}_{ij} = 1930 + (214, -238, 0)_i + (108, -16, -4, 4, 0)_j =$$

|       | 1970 | 1975 | 1980 | 1985 | 1987 |
|-------|------|------|------|------|------|
| Japan | 2252 | 2128 | 2140 | 2148 | 2144 |
| BRD   | 1800 | 1676 | 1688 | 1696 | 1692 |
| USA   | 2038 | 1914 | 1926 | 1934 | 1930 |

Diese Fit-Tabelle, die man leicht aus $\{\hat{Y}_{ij}\} = \{Y_{ij}\} - \{R_{ij}\}$ berechnet, ergibt als vergleichbares, paralleles St&Bl umgesetzt das folgende Bild:

Tab. 9.5 Längsschnittanalyse der Fit-Tabelle (Zeilen-Beginn)

```
         1970    1975    1980    1985    1987

22      |5₂     |       |       |       |
21      |       |2₈     |4₀     |4₈     |4₄       JAP
20      |3₈     |       |       |       |
19      |       |1₄     |2₆     |3₄     |3₀       USA
18      |0₀     |       |       |       |
17      |       |       |       |       |
16      |       |7₆     |8₈     |9₆     |9₂       BRD
```

Die fettgedruckten Zeilenwerte geben den medialen Zeileneffekt m + b an (das ist die Zeile mit dem 0-Effekt in der Ergebnistabelle), während die kursiv gedruckten Zahlen die Spalteneffekte m + a (das ist die Spalte mit dem 0-Effekt in der Ergebnistabelle) kennzeichnen. Der einzige fett und kursiv gedruckte Zahlenwert ist daher der gemeinsame Effekt m. Der grafische Vergleich der Zeiteffekte bestätigt das Bild der Effekteanalyse aus dem vorigen Abschnitt.

b) Bei spaltenweisem Beginn lautet die Fit-Tabelle:

$$\{\hat{Y}_{ij}\} = m + a + b = 1955 + (189, -230, 0)_i + (108, -41, -37, 4, 0)_j =$$

|       | 1970 | 1975 | 1980 | 1985 | 1987 |
|-------|------|------|------|------|------|
| Japan | 2252 | 2103 | 2107 | 2148 | 2144 |
| BRD   | 1833 | 1684 | 1688 | 1729 | 1725 |
| USA   | 2063 | 1914 | 1918 | 1959 | 1955 |

Tab. 9.6 Längsschnittanalyse der Fit-Tabelle (Paralleles St&Bl bei Spalten-Beginn)

|    | **1970** | **1975** | **1980** | **1985** | **1987** |     |
|----|----------|----------|----------|----------|----------|-----|
| 22 | $5_2$    |          |          |          |          |     |
| 21 |          | $0_3$    | $0_7$    | $4_8$    | $4_4$    | JAP |
| 20 | **$6_3$**|          |          |          |          |     |
| 19 |          | $1_4$    | $1_8$    | $5_9$    | $5_5$    | USA |
| 18 | $3_3$    |          |          |          |          |     |
| 17 |          |          |          | $2_9$    | $2_5$    | BRD |
| 16 |          | $8_4$    | $8_8$    |          |          |     |

Wie zuvor geben die fettgedruckten Zeilenwerte den medialen Zeileneffekt m + **b** an (das ist die Zeile mit dem 0-Effekt in der Ergebnistabelle), während die kursiv gedruckten Zahlen die Spalteneffekte m + *a* (das ist die Spalte mit dem 0-Effekt in der Ergebnistabelle) kennzeichnen. Der fett und kursiv gedruckte Zahlenwert ist daher der gemeinsame Effekt m.

Eine grafische Darstellung der Fit & Residuentabelle gibt die nächste Figur 9.6.a) für zeilenweisen Beginn und Figur 9.6.b) für zeilenweisen Beginn.

**Figur 9.6.a)  Fit&Residuen Plot der Jahres-Arbeitszeit**
  ('Twoway'-Plot aus S+, zeilenweiser Beginn)

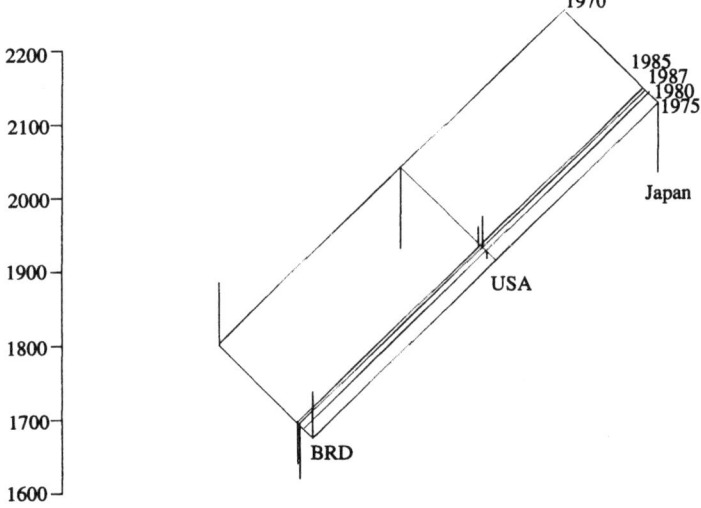

**Figur 9.6.b) Fit&Residuen Plot der Jahres-Arbeitszeit**
('Twoway'-Plot aus S+, spaltenweiser Beginn)

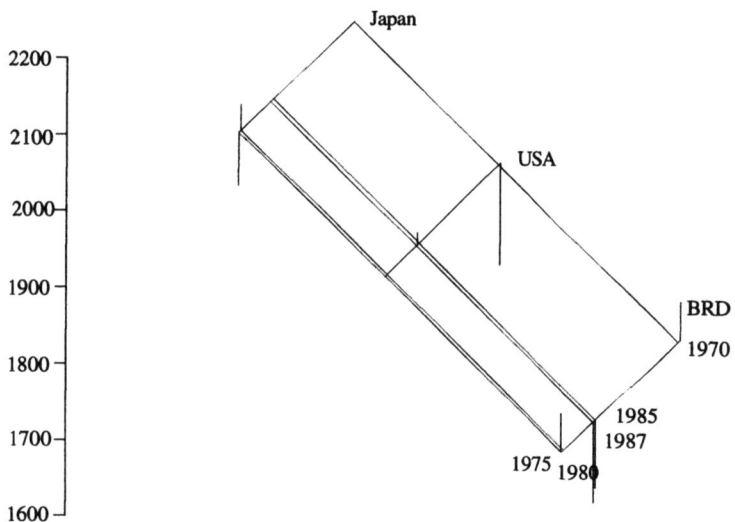

In beiden Figuren sieht man deutlich die weit auseinander liegenden Ländereffekte und die nahe beinander liegenden Jahreseffekte, bis auf das Jahr 1970. Die Residuen sind als positive und negative vertikale Abstände zu sehen.

**\*9.5.1. Zum Vergleich: Die Tabellenzerlegung aufgrund der Varianzanalyse**

In einem Vorgriff auf induktive und lineare Regressionsmethoden wollen wir die Ergebnisse der obigen Medianpolierung mit der Varianzanalyse vergleichen. Dabei wollen wir uns auf den (ungewohnten) deskriptiven Teil der (Zweiweg-) Varianzanalyse konzentrieren. Es ergibt sich folgende Tabelle:

Tab. 9.7.a) Zerlegungs-Tabelle der Varianzanalyse

|  | 1970 | 1975 | 1980 | 1985 | 1987 | Z.Effekt |
|---|---|---|---|---|---|---|
| Japan | 16.2 | -73.8 | 11.2 | 19.2 | 27.2 | 213.5 |
| BRD | 79.4 | 58.4 | -10.6 | -59.6 | -67.6 | -216.7 |
| USA | -95.6 | 15.4 | -0.6 | 40.4 | 40.4 | 0 |
| Sp.Effekt | 92. | -35. | -15. | -15. | 0 | 1930.3 |

Es ist interessant, dass die Effekte fast dieselben wie beim zeilenweisen Beginn sind. Die absoluten Residuen sind 615.6 und damit ist die durchschnittliche Abweichung 41.04, also grösser, wie von uns erwartet. Die Standardabweichung der Residuen ist 68.5 und damit ebenfalls in der Nähe der resistenten Standardabweichung der EDA. Die Fit-Tabelle der Varianzanalyse lautet $\{\hat{Y}_{ij}\}$:

Tab. 9.7.b) FIT-Tabelle der Varianzanalyse

|  | 1970 | 1975 | 1980 | 1985 | 1987 |
|---|---|---|---|---|---|
| Japan | 2235.8 | 2108.8 | 2128.8 | 2128.8 | 2116.8 |
| BRD | 1805.6 | 1678.6 | 1698.6 | 1698.6 | 1686.6 |
| USA | 2025.6 | 1898.6 | 1918.6 | 1918.6 | 1906.6 |

Tab. 9.7.c) Die Ergebnisse der Varianzanalyse in JMP hat das folgende Aussehen:

| ANOVA: |
| --- |
| $R^2 = 0.93$, Root Mean Square Error = 68.5, $\overline{y}$ = 1930.3. |

| Parameter Schätzungen | | |
| --- | --- | --- |
| **Term** | **Koeffizient** | **Std. Error** |
| Intercept | 1930.3 | 17.69 |
| Name[BRD-USA] | -216.7 | 25.01 |
| Name[Japan-USA] | 213.5 | 25.01 |
| Jahr[1970-1987] | 92.0 | 35.37 |
| Jahr[1975-1987] | -35.0 | 35.37 |
| Jahr[1980-1987] | -15.0 | 35.37 |
| Jahr[1985-1987] | -15.0 | 35.37 |

### 9.6. Modell- (Additivitäts-) Diagnose

Die Additivitäts-Diagnose ist ein wichtiges Instrument um die Güte einer Medianpolierung zu überprüfen. Dabei unterscheiden wir 2 Arten von Nicht-Additivitäten:
**a) Isolierte Nicht-Additivität:** Von isolierter Nicht-Additivität spricht man dann, wenn Ausreisser in den Residuen auf ungewöhnliche Zelleneffekte hinweisen. Die Nicht-Additivität kann kaum durch statistische Modellierung in den Griff bekommen werden.
**b) Systematische Nicht-Additivität:** Systematische Nicht-Additivität kann aber mit Hilfe der Potenztransformation auf ein additives Modell in den transformierten Werten zurückgeführt werden (vgl. Kapitel 5 Potenzleiter und Daten-re-formationen). Die systematische Nicht-Additivität wird mit Hilfe von Effekt-geordneten Medianpolierungstabellen auf Vorzeichenmuster (wie in Figur 9.7) in den Residuen überprüft. Ferner kann man mit Diagnoseplots die geeignete Potenztransformation ermitteln, was im nächsten Abschnitt besprochen wird.

**Figur 9.7 Residuendiagnose zu Additivität**

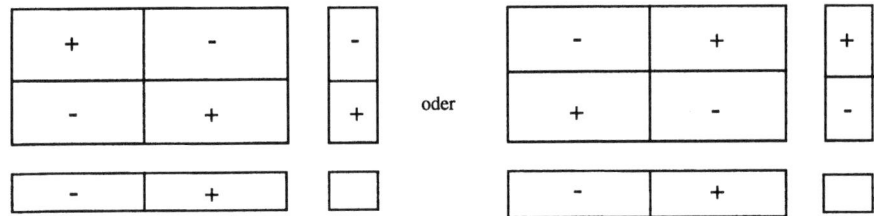

Bem.: Als Alternative zu diesem Vorgehen bieten sich sonst nur gezielte alternative Modelle an, wie etwa die Erweiterung des additiven Modells durch einen Interaktionsterm von Zeilen- und Spalteneffekt:

$$\{Y_{ij}\} = m + a_i + b_j + a_i b_j + \{R_{ij}\},$$

Eine weitere Alternative ist ein multiplikatives Modell der Form

$$\{Y_{ij}\} = m \, a_i \, b_j \, \{R_{ij}\},$$

das einfacher als additives Modell in den Logarithmen geschrieben werden kann:

$$\log\{Y_{ij}\} = \log m + \log a_i + \log b_j + \log\{R_{ij}\},$$
$$= M + A_i + B_j + \log\{R_{ij}\}.$$

**Beispiel 9.7 Olympische Laufzeiten der Männer** (Einheit in Zehntelsekunden)

a) Die Zweiweg-Tafel der Originalwerte

| Jahr | 100m | 200m | 400m | 800m | 1500m |
|------|------|------|------|------|-------|
| 1948 | 103  | 211  | 462  | 1092 | 2298  |
| 1952 | 104  | 207  | 459  | 1092 | 2252  |
| 1956 | 105  | 206  | 467  | 1077 | 2212  |
| 1960 | 102  | 205  | 449  | 1063 | 2156  |
| 1964 | 100  | 203  | 451  | 1051 | 2181  |
| 1968 | 99   | 198  | 438  | 1043 | 2149  |
| 1972 | 101  | 200  | 447  | 1059 | 2163  |

b) Das Ergebnis der Medianpolierung

| Jahr   | 100m | 200m | 400m | 800m | 1500m | Effekt |
|--------|------|------|------|------|-------|--------|
| 1948   | -10  | -4   | 0    | 18   | 104   | 11     |
| 1952   | -6   | -5   | 0    | 21   | 61    | 8      |
| 1956   | -11  | -12  | 2    | 0    | 15    | 14     |
| 1960   | 0    | 1    | -2   | 0    | -27   | 0      |
| 1964   | 0    | 1    | 2    | -10  | 0     | -2     |
| 1968   | 10   | 7    | 0    | -7   | -21   | -13    |
| 1972   | 3    | 0    | 0    | 0    | -16   | -4     |
| Effekt | -347 | -247 | 0    | 612  | 1732  | 451    |

Eine Diagnose, ob das additive Modell adäquat ist, oder ob man auf ein multiplikatives Modell übergehen soll, wird an Hand der geordneten Effekten-Tabelle durchgeführt. Die Nicht-Additivität diagnostiziert man an folgendem Residuenmuster in der polierten Median-Tabelle, wie es in Figur 9.7 dargestellt ist. Weist die Hauptdiagonale das eine Vorzeichenmuster (in etwa) auf und die Nebendiagonale das andere, wobei die Effekte in dieselbe Richtung zeigen, dann gibt es offenbar einen systematischen Fehler, der durch etwaige nicht-additive Zerlegungen besser modelliert werden kann.

In Tabelle 9.8 erkennt man gut die blockdiagonale Struktur der Vorzeichen, und daher ist das additive Modell als ungünstig zu diagnostizieren. Im nächsten Abschnitt wird nun die Methode der Diagnoseplots vorgestellt, mit der man die beste Transformation der Originaldaten findet, für die das additive Modell gut passt. Eine bessere Anpassung sollte natürlich auch die absolute Residuensumme (SAR) von derzeit 376 verbessern.

Tab. 9.8 Nach Effekten geordnete Medianpolierung der olympischen Gewinnzeiten

| Jahr   | 100m | 200m | 400m | 800m | 1500m | Effekt |
|--------|------|------|------|------|-------|--------|
| 1968   | 10   | 7    | 0    | -7   | -21   | -13    |
| 1972   | 3    | 0    | 0    | 0    | -16   | -4     |
| 1964   | 0    | 1    | 2    | -10  | 0     | -2     |
| 1960   | 0    | 1    | -2   | 0    | -27   | 0      |
| 1952   | -6   | -5   | 0    | 21   | 61    | 8      |
| 1948   | -10  | -4   | 0    | 18   | 104   | 11     |
| 1956   | -11  | -12  | 2    | 0    | 15    | 14     |
| Effekt | -347 | -247 | 0    | 612  | 1732  | 451    |

## 9.7. Multiplikative und transformierte Tabellen

Hat die Additivitäts-Diagnose kein befriedigendes Ergebnis erbracht, dann muss nach einer geeigneten Potenztransformation gesucht werden, die eine gute additive Medianpolierung liefert. Dies geschieht mit Hilfe der sogenannten Vergleichswerte (comparison values), die mit den Residuen in einem Streudiagramm, dem "Diagnose-Plot" (diagnostic plot), aufgetragen werden.

**Def. 9.3.a) Die Residuen einer Medianpolierung sind**

$$\text{RESIDUEN} = \text{DATEN} - \text{GEMEINSAMER Effekt} - \text{ZEILEN Effekt} - \text{SPALTEN Effekt}$$

bzw.

$$r_{ij} = y_{ij} - m - a_i - b_j$$

**Def. 9.3.b) Die Vergleichswerte $c_{ij}$ definiert man als**

$$\text{VERGLEICHSWERT} = \frac{\text{ZEILEN-Effekt} * \text{SPALTEN-Effekt}}{\text{GEMEINSAMER-Effekt}}$$

bzw.

$$c_{ij} = \frac{a_i * b_j}{m} \quad i = 1, \ldots, N, \, j = 1, \ldots, M.$$

wobei m der gemeinsame Effekt ist.

### 9.7.1 Die Bestimmung der Potenztransformation

Eine einfache Methode, die geeignete Potenztransformation zu bestimmen, ist die Anpassung einer Geraden an die Punktwolke des Diagnoseplots (vgl. Hoaglin 1983a, bzw. System S+). Man bestimmt die Steigung b der Geraden $r_{ij} = a + b\,c_{ij}$, wobei $c_{ij}$ die Vergleichswerte und $r_{ij}$ die Residuen sind. Der Exponent der Potenzleiter ergibt sich aus p = 1 - b, wobei b geeignet gerundet werden soll. Dabei kann man sich für die nächste sinnvolle Rundung auch von inhaltlichen Gesichtspunkten leiten lassen, damit die Interpretation leichter wird. Die Geradenanpassung erfolgt dabei nach den Regeln, wie wir sie im Kapitel 6 über Streudiagramme besprochen haben: Die resistente oder die Durchschnittsgerade sind je nach Vorhandensein von extremen Werten gute Startpunkte.
Die wichtigsten Potenztransformationen sind die folgenden (analog zu Tab. 5.2):

Tab. 9.9 Potenztransformationen im Diagnoseplot

| b | p = 1- b | Formel | Bezeichnung |
|---|---|---|---|
| 2 | -1 | $\frac{1}{y}$ | Reziprokwerte |
| 1 | 0 | $\log y$ | Logarithmen |
| 1/2 | 1/2 | $\sqrt{y}$ | Quadratwurzeln |
| 0 | 1 | $y$ | Originalwerte |
| -1 | 2 | $y^2$ | Quadrate |

**Beispiel 9.8 Diagnose des multiplikativen Modells** der olympischen Laufzeiten

Die Vergleichswerte der olympischen Laufzeiten sind in Tab. 9.11 wiedergegeben. Dabei berechnet sich z.B. der erste Wert 10.1 aus (-13)(-349)/451. Das Diagnoseplot ist in Figur 9.8 abgebildet. Man sieht zwar einige extreme Werte, doch eine einfache Durchschnittsgerade durchgelegt, zeigt einen Anstieg von 0.95, gerundet also 1. Damit ergibt eine multiplikative Tabelle (Tabelle in den Logarithmen) die günstigste Transformation. In Tab. 9.12.a) wurden die logarithmierten Werte der olympischen Laufzeiten berechnet und die dazugehörigen Ergebnisse der Medianpolierung finden sich in Tab. 9.12.b).

Tab. 9.10 Vergleichswerte der olympischen Laufzeiten

| Jahr | 100m | 200m | 400m | 800m | 1500m | Effekt |
|---|---|---|---|---|---|---|
| 1968 | 10.1 | 7.1 | 0 | -17.6 | -49.9 | -13 |
| 1972 | 3.1 | 2.2 | 0 | -5.4 | -15.4 | -4 |
| 1964 | 1.5 | 1.1 | 0 | -2.7 | -7.7 | -2 |
| 1960 | 0 | 0 | 0 | 0 | 0 | 0 |
| 1952 | 6.2 | -4.4 | 0 | 10.9 | 30.7 | 8 |
| 1948 | -8.5 | -6.0 | 0 | 14.9 | 42.2 | 11 |
| 1956 | -10.8 | -7.7 | 0 | 19.0 | 53.8 | 14 |
| Effekt | -349 | -247 | 0 | 612 | 1732 | 451 |

**Figur 9.8 Diagnose-Plot der olympischen Laufzeiten**

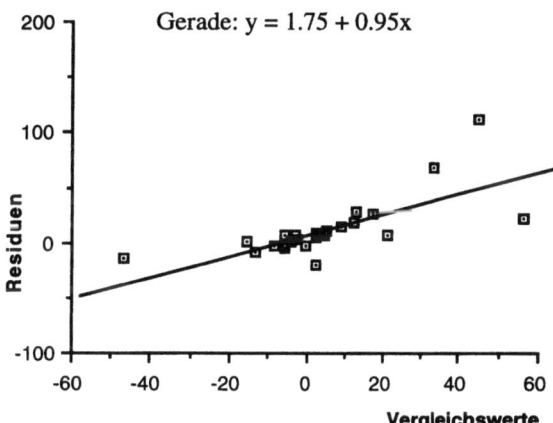

Tab. 9.11.a) Logarithmen der olympischen Laufzeiten

| Jahr | 100m | 200m | 400m | 800m | 1500m |
|---|---|---|---|---|---|
| 1948 | 1.013 | 1.324 | 1.665 | 2.038 | 2.361 |
| 1952 | 1.017 | 1.316 | 1.662 | 2.038 | 2.353 |
| 1956 | 1.021 | 1.314 | 1.669 | 2.032 | 2.345 |
| 1960 | 1.009 | 1.312 | 1.652 | 2.027 | 2.334 |
| 1964 | 1.000 | 1.307 | 1.654 | 2.022 | 2.339 |
| 1968 | 0.996 | 1.297 | 1.641 | 2.018 | 2.332 |
| 1972 | 1.004 | 1.301 | 1.650 | 2.025 | 2.335 |

b) Ergebnisse der Medianpolierung der Logarithmen der olympischen Laufzeiten

| Jahr | 100m | 200m | 400m | 800m | 1500m | Z-Effekt |
|---|---|---|---|---|---|---|
| 1948 | -6 | 4 | 0 | 0 | 6 | 11 |
| 1952 | 0 | -2 | -1 | 2 | 0 | 9 |
| 1956 | 8 | 0 | 10 | 0 | -4 | 5 |
| 1960 | 1 | 3 | -2 | 0 | -10 | 0 |
| 1964 | -3 | 3 | 5 | 0 | 0 | -5 |
| 1968 | 0 | 0 | 0 | 3 | 0 | -12 |
| 1972 | 0 | -4 | 0 | 2 | -5 | -4 |
| S-Effekte | -646 | -345 | 0 | 373 | 690 | 1654 |

Man sieht, dass die Zeileneffekte nun viel besser mit der zeitlichen Abfolge übereinstimmen, lediglich die Olympiade 1968 in Mexiko bleibt ein starker "Vorzieheffekt". Die Residuen haben keine Blockdiagonalstruktur in den Vorzeichen, und die grössten Abweichungen treten 1956 im 400m Lauf auf (extrem schlechtes Ergebnis) und 1960 im 1500m Lauf (extrem gutes Ergebnis).
Ist nun die log-Medianpolierung besser als die Medianpolierung der ursprünglichen Daten? Diese Frage beantwortet man wieder mit der SAR, nach dem man die angepassten logarithmierten Werte entlogarithmiert, d.h. exponiert hat:

Tab. 9.12 Ent-Logarithmierte Medianpolierung der olympischen Laufzeiten

| Jahr | 100m | 200m | 400m | 800m | 1500m | Z-Effekt |
|---|---|---|---|---|---|---|
| 1948 | 104.5 | 208.9 | 462.4 | 1091.4 | 2264.6 | 1.026 |
| 1952 | 104.0 | 208.0 | 460.3 | 1086.2 | 2254.2 | 1.021 |
| 1956 | 103.0 | 206.1 | 456.0 | 1076.5 | 2233.6 | 1.012 |
| 1960 | 101.9 | 203.7 | 450.8 | 1064.1 | -2208.0 | 1.000 |
| 1964 | 100.7 | 201.4 | 445.7 | 1052.0 | 2182.7 | 0.989 |
| 1968 | 99.1 | 198.2 | 438.5 | 1035.1 | 2147.8 | 0.973 |
| 1972 | 100.9 | 201.8 | 446.7 | 1054.4 | 2187.8 | 0.991 |
| S-Effekte | -0.226 | 0.452 | 1.000 | 2.360 | 4.898 | 450.817 |

Die Residuensumme beträgt 354.64 und daher ist die Log-Polierung besser als die ursprüngliche (SAR = 376, eine Verbesserung um etwa 6%). Eine weitere Diagnose für die Güte der Anpassung ist das Diagnoseplot mit den Vergleichswerten. Analog zu vorhin mit den Originaldaten berechnen wir die Vergleichswerte mit den logarithmierten Werten. Ist die Diagnosegerade flach, dann ist das Ergebnis akzeptierbar. Dass dieser so ist, zeigt die nächste Figur.

**Figur 9.9 Diagnoseplot der Vergleichswerte der Log-Medianpolierung**

(Residuen und Log-Vergleichswerte)

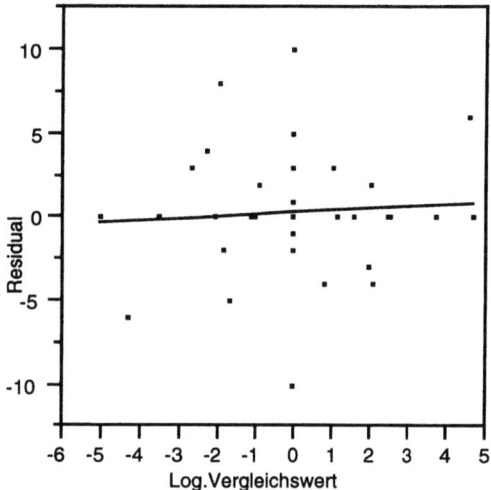

*9.8. Saisonbereinigung

In der Zeitreihenanalyse gibt es analog zu den Zerlegungen von Zweiweg-Tafeln ein additives und ein multiplikatives Modell. Dabei werden die Zeitreihenwerte in einen Trend, eine Saisonfigur (oder zyklische Komponente) und dem Residiuum zerlegt:

DATEN = Gemeinsamer + Trend + Saison + Rest
         Effekt        Effekt   Effekt

$\{Y_{ij}\}$ = m + $T_i$ + $S_j$ + $\{R_{ij}\}$, $i = 1, ..., N,$
$j = 1, ..., M.$

Der Rest $\{R_{ij}\}$ wird auch irreguläre Komponente oder Störterm genannt. Die zyklische Komponente kann allgemein in der Makroökonomie aus einer Saisonkomponente und einer Konjunkturkomponente bestehen. Dabei wird aber die nicht immer realistische Annahme unterstellt, dass eine Konjunkturkomponente einer konstanten Periodizität unterliegt, wie z.B. 4 Jahre.
Von Saisonbereinigung sprechen wir dann, wenn die Saisonkomponente von der Zeitreihe subtrahiert wird.

**Beispiel 9.9 Die Vierteljahresumsätze eines Getränkeverkäufers (vgl. Bol 1993).**

| Jahr \ Quartal | 1 | 2 | 3 | 4 |
|---|---|---|---|---|
| 90 | 5 | 8 | 10 | 6 |
| 91 | 7 | 12 | 12 | 8 |
| 92 | 9 | 12 | 14 | 10 |
| 93 | 9 | 12 | 16 | 10 |

**Figur 9.10 Die saisonale Medianpolierung**

| Jahr \ Quartal | 1 | 2 | 3 | 4 | Zeit-Effekt |
|---|---|---|---|---|---|
| 90 | 0 | 0 | 0 | 0 | -3 |
| 91 | 0 | 2 | 0 | 0 | -1 |
| 92 | 0 | 0 | 0 | 0 | 1 |
| 93 | 0 | 0 | 2 | 0 | 1 |
| Saison-Effekt | -2 | 1 | 3 | -1 | 10 |

Die Zerlegungstabelle lautet:

$$Y_{ij} = m + T_i + S_j + \{R_{ij}\},$$
$$= 10 + (-3,-1,1,1)_i + (-2,1,3,-1)_j + R_{ij}, \quad i = 1, ..., 4, \quad j = 1, ..., 4.$$

Dabei bedeuten $T_i = (214,-238, 0)_i$, das i-te Element des Zeiteffekts T und $S_j = (-2,1,3,-1)_j$ das j-te Element des Saisoneffekts S. Die glatte Komponente besteht einfach aus Glatte $(Y_{ij}) = m + T_i = 10 + (-3,-1,1,1)_i$, eine Saisonbereinigung aus $Y_{ij} - S_j$.

Die Saisonbereinigung mit Hilfe der Durchschnittsmethode ist in Bol (1993) erklärt. Die Figur zeigt die Werte der Zeitreihe mit ihren Schätzungen der Medianpolierung. Man beachte, dass die Saisonbereinigung mit Hilfe der Medianpolierung ein wenig 'glattes' Resultat liefern kann. Eine Hanning Prozedur kann die Ecken der Medianglättung etwas verringern. Die glatte Komponente ist:

| Jahr \ Quartal | 1 | 2 | 3 | 4 |
|---|---|---|---|---|
| 90 | 7 | 7 | 7 | 7 |
| 91 | 8 | 8 | 8 | 8 |
| 92 | 11 | 11 | 11 | 11 |
| 93 | 11 | 11 | 11 | 11 |

**Figur 9.11 Die saisonale Medianpolierung**

a) Zeitreihe plus glatte Komponente     b) Zeitreihe und Saisonbereinigung

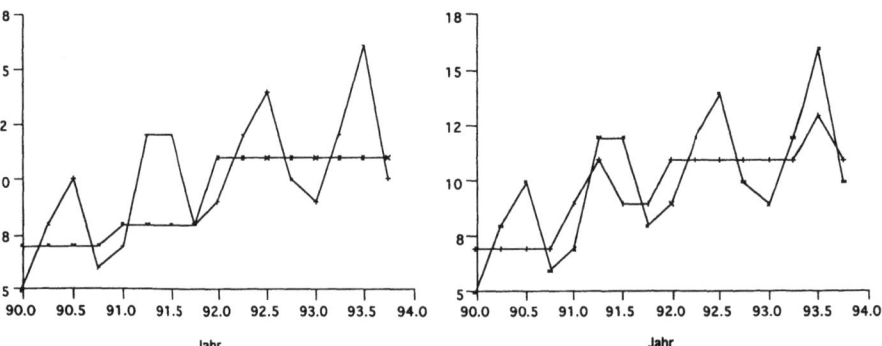

## 9.9. Computerprogramme

Die Medianpolierung findet immer mehr Eingang in kleinere und grössere Programmpakete. Dabei ist auch eine grafische Darstellung der Medianpolierung möglich. Falls nur eine Beginnvariante vorhanden sein sollte, und man möchte beide Darstellungsformen (zeilen- und spaltenweisen Beginn), so kann man sich durch einen Trick helfen: Man berechnet die Medianpolierung mit der Original- und der transponierten (gestürzten) Tabelle. Die Diagnoseinstrumente findet man dagegen selten. Vergleichswerte und Diagnoseplots müssen daher selbst erstellt werden.

## 9.10. Aufgaben

1) Berechne eine Medianpolierung für das Maschinenbeispiel 9.3.
2) Berechne eine Medianpolierung für die Deflatoren der makroökonomischen Zeitreihen in Beispiel 14.1.
3) Berechne eine Medianpolierung für die Daten der Bevölkerungsbewegung in Tab. 14.6.
4) Berechne eine Medianpolierung für die Schweizer Inflationsrate nach Quartalen. Gibt es eine Saisonfigur?

Tab. 9.13 Schweizer Inflationsrate nach Quartalen

| Jahr | Quartale | | | |
|---|---|---|---|---|
| | I | II | III | IV |
| 1981: | -0.4 | -0.3 | 0.1 | 0.7 |
| 1982: | 1.1 | 1.2 | 1.4 | 1.6 |
| 1983: | 2.1 | 2.1 | 2.4 | 3.6 |
| 1984: | 4.2 | 4.8 | 5.7 | 5.8 |
| 1985: | 6.0 | 6.4 | 7.6 | 8.6 |
| 1986: | 1.5 | 0.8 | 0.6 | 0.1 |
| 1987: | 0.9 | 1.1 | 1.8 | 2.0 |
| 1988: | 1.7 | 2.1 | 1.9 | 1.8 |
| 1989: | 2.3 | 2.9 | 3.1 | 4.4 |
| 1990: | 5.0 | 4.9 | 5.8 | 5.9 |
| 1991: | 5.9 | 6.2 | 6.1 | 5.3 |
| 1992: | 4.8 | 4.4 | 3.6 | 3.4 |
| 1993: | 3.5 | 3.5 | 3.5 | 2.7 |

5) Beachten Sie die folgenden Geldmengenzuwachsraten (M1 gegen Vorjahresende):

Tab. 9.14 Geldmengenzuwachsraten

| Jahr | CH | BRD | USA |
|---|---|---|---|
| 1982: | 4.0 | 7.4 | 10.0 |
| 1983: | 12.5 | 8.5 | 9.1 |
| 1984: | 5.1 | 8.7 | 6.4 |
| 1985: | 6.5 | 6.7 | 12.0 |
| 1986: | 2.3 | 8.2 | 16.7 |

a) Führen Sie mit Hilfe der parallelen Box-Plots einen Vergleich durch.
b) Passen Sie den Daten ein lineares (additives) Modell an.

# TEIL II

# DESKRIPTIVE STATISTIK

# 10. LAGEPARAMETER

**10.1.** Arithmetisches Mittel
**10.2.** Getrimmte Mittelwerte
**10.3.** Geometrische Mittelwerte
**10.4.** Median und Quantile für klassierte Merkmale
**10.5.** Modalwerte (mode)
**10.6.** Harmonisches Mittel
**10.7.** Potenzmittelwerte

*Ein Mass in Ehren kann keiner verwehren*
*(Volksmund)*

Dieses Kapitel gibt eine Einführung in die klassischen deskriptiven Lagemasszahlen einer (univariaten) Verteilung. Lagemasszahlen oder Lageparameter (location parameters) messen das Zentrum bzw. die 'zentrale Tendenz' (central tendency) einer Verteilung. Eine Verteilung beschreibt das Auftreten der verschiedenen Merkmalsausprägungen einer Verteilung und ein Lageparameter soll eine Antwort auf die Frage geben, "Was ist denn der typische, der charakteristischte, der 'mittlere zentrale' Wert einer Verteilung", in dessen Nähe sich z.B. die meisten anderen Merkmalsausprägungen befinden.

Dieses Kapitel ist als Ergänzung zum explorativen Teil diese Buches gedacht, der sich fast ausschliesslich mit dem Median als Lageparameter einer Verteilung beschäftigt hat. Es soll alle jene Mittelwert-Konzepte der deskriptiven Statistik beschreiben, die für empirische Fragestellungen, besonders in den Sozial- und Wirtschaftswissenschaften, in Frage kommen. Es sind dabei einige darunter, die nicht zu oft in der Praxis vorkommen, aber in den wenigen Fällen, wo sie gebraucht werden, wichtige Lösungskonzepte bilden. Ferner werden die Lageparameter unter dem Gesichtspunkt der Resistenz bzw. Robustheit betrachtet und das Konzept des Bruchpunktes von Lagemasszahlen wird beschrieben.

Wichtiger als die genaue Berechnung von Dezimalstellen bei einem Lageparameter ist die Anwendung und Adäquatheit des geeigneten Konzepts. Wie immer hängt die Genauigkeit der berechneten Lagemasszahl von der Fragestellung ab. Aber als Faustregel kann man bei Messungen die halbe Länge des Urlistenintervalls anführen. Das Urlistenintervall ist dabei die letzte signifikante Stelle, mit der eine Messung durchgeführt wird. So ist bei der üblichen Messung der Körpergrösse die Angabe auf cm genau, d.h. das Urlistenintervall beträgt 1 cm. Bei Zeitmessungen in Sekunden ist es 1 Sekunde, bei Zählungen ist das Urlistenintervall 1. Nur bei transformierten Werten kann keine generelle Regel angegeben werden, es soll so genau (in transformierten Werten) gerechnet werden, dass die rücktransformierte Lagemasszahl die Genauigkeit des halben Urlistenintervalls besitzt.

> Daher beachte die Faustregel: Die Rechengenauigkeit aller Lagemasszahlen von (untransformierten) metrischen Merkmalen beträgt immer nur die Hälfte des Urlistenintervalls!

## 10.1. Arithmetische Mittel

Seien $x_1, ..., x_n$ die Merkmalsausprägungen einer Verteilung mit n Beobachtungen, dann können folgende drei Typen von Mittelwerten gebildet werden:

**Def. 10.1.a)** Das (einfache) **arithmetische Mittel oder der einfache Durchschnitt** eines Merkmals $X$ mit n Merkmalsausprägungen lautet:

$$\bar{x} = \frac{1}{n}(x_1 + x_2 + .... + x_n) = \frac{1}{n}\sum_{i=1}^{n} x_i$$

b) **Das gewogene arithmetische Mittel oder der gewogener Durchschnitt** mit positiven normierten Gewichten mit Summe 1, d.h. $\alpha_i > 0$ und $\alpha_1 + \alpha_2 + ... + \alpha_n = 1$, ist definiert als

$$\overline{x} = \alpha_1 x_1 + \alpha_2 x_2 + .... + \alpha_n x_n = \sum_{i=1}^{n} \alpha_i x_i$$

c) **Das arithmetische Mittel mit allgemeinen Gewichten** $g_i > 0$ und positiver Gewichtssumme $g_1 + g_2 + ... + g_n > 0$ ist definiert als

$$\overline{x} = \frac{g_1 x_1 + g_2 x_2 + .... + g_n x_n}{g_1 + g_2 + .... + g_n} = \frac{\sum_{i=1}^{n} g_i x_i}{\sum_{i=1}^{n} g_i}.$$

Setzt man

$$\alpha_i = g_i / \sum_{i=1}^{n} g_i$$

so kann man das arithmetische Mittel mit allgemeinen Gewichten zurückführen auf das gewogene arithmetische Mittel.

Bem.: a) Für den einfachen Durchschnitt eines Merkmals X verwenden wir auch die Schreibweise $\text{Ave}(X) = \text{Ave}\{x_i\} = \overline{x}$ und für gewogene Durchschnitte $\text{Ave}_{gew}\{x_i\}$.

b) Der Bruchpunkt jedes arithmetisches Mittel ist 1, d.h. eine extreme Beobachtung allein kann das arithmetisches Mittel beliebig verändern.

**Beispiel 10.1 Durchschnitte von Durchschnitten:** ein gewogener arithmetischer Mittelwert

Der Durchschnittslohn in 2 Abteilungen einer Firma beträgt 3860 Franken in Abteilung A mit 5 Mitarbeitern und 3470 Franken in Abteilung B mit 8 Mitarbeitern. Man berechne den Durchschnittslohn der beiden Abteilungen. Der Gesamtdurchschnitt ist ein gewogenes arithmetisches Mittel, bei denen die Anzahl der Mitarbeiter die Gewichte bilden: $g_1 = 5$ und $g_2 = 8$. Die jeweiligen Abteilungsdurchschnitte übernehmen die Aufgabe der Beobachtungen. Das gewogene arithmetische Mittel lautet in diesem Fall

$$\overline{x} = \frac{g_1 \overline{x}_1 + g_2 \overline{x}_2}{g_1 + g_2}$$

und der Durchschnittslohn der beiden Abteilungen beträgt somit (3860 * 5 + 3470 * 8) /(5 + 8) = 3620 Franken.

*Bem.: Es kann dabei das sogenannte Simpson- (oder Aggregations-) Paradoxon auftreten, benannt nach Th. Simpson (1710-1761):
Gegeben seien 2 (gepaarte) Gesamtheiten A und B, die beide in Teilgesamtheiten $A_1, ..., A_n, B_1, ..., B_n$ untergliedert sind. Ist der Mittelwert der aggregierten Gesamtheit von A grösser als in B, obwohl in den Teilgesamtheiten alle Mittelwerte von A kleiner als in B sind, dann liegt das Simpson-Paradoxon vor.

**Beispiel 10.2 Simpson-Paradoxon**

| Altersklasse | lebende Geistliche | gestorbene Geistliche | Todesrate | lebende Bergarbeiter | gestorbene Bergarbeiter | Todesrate |
|---|---|---|---|---|---|---|
| < 50 | 100 | 10 | 0,10 | 600 | 800 | 0,13 |
| ≥ 50 | 900 | 540 | 0,60 | 400 | 280 | 0,70 |
| Summe bzw. Durchschnitt | 1000 | 550 | 0,55 | 1000 | 360 | 0,36 |

"Die altersspezifischen Todesraten der Bergarbeiter sind in allen (beiden) Altersklassen höher als die der Geistlichen, und trotzdem ist die rohe (gesamte) Todesrate der Bergarbeiter niedriger als die der Geistlichen (Simpson-Paradoxon). Woran liegt das? Der Struktureffekt (Bergarbeiter sind jünger), der dahingehend wirkt, dass die rohe Todesrate der Bergarbeiter kleiner sein müsste als die der Priester, wirkt dem echten Unterschied in der Sterblichkeit (Todesraten der Bergarbeiter in allen Altersklassen grösser) entgegen." (Vgl. Lippe S. 307)

### 10.1.1. Mittelwerte von klassierten Daten

Eine wichtige Darstellungsform deskriptiver Statistiken, speziell im Zeitalter vor dem Computer, waren Urlisten in Tabellenform, bzw. klassierte Daten. Elektronische Datenträger erlauben das Speichern von beliebig langen und vielen Urlisten, auf Papier sind übersichtliche Tabellen besser. Eine Urliste kann man mathematisch mit einem Vektor oder als Menge $\{x_1, x_2, ... , x_n\}$ bezeichnen, während ein klassiertes Merkmal mit K Klassen entweder als Paar in der Form $\{(I_k, f_k), k = 1, .., K\}$, oder als $\{(x_k^*, f_k), k = 1, ...., K\}$ beschreiben kann. Dabei ist $x_k^*$ die Klassenmitte des Intervalls $I_k = [c_{k-1}, c_k]$, d.h. $x_k^* = (c_{k-1} + c_k)/2$ und es gibt K+1 Klassengrenzen.

Sind die kleinste ($c_0$) und grösste Klassengrenze ($c_K$) nicht bekannt (oder wird aus Datenschutzgründen nicht bekannt gegeben), dann sollte zumindest die Klassenmittenform $(x_k^*, f_k)$ angebbar sein. Nur dann sind die Mittelwert und darauf aufbauende Masszahlen berechenbar. Fehlen die Informationen bezüglich den Randklassen, aber ist n bekannt, dann können noch getrimmte Mittelwerte und der Median berechnet werden.

Es gilt, dass die Summe der absoluten Häufigkeiten die Anzahl der Beobachtungen ergibt:
$$n = f_1 + f_2 + ... + f_K .$$

Ist bei einem klassierten Merkmal mit K Klassen zu jeder Klassenmitte $x_k^*$ die Häufigkeit $f_k$ bekannt, dann ist der klassierte Mittelwert der gewogene Durchschnitt der Paare $(x_k^*, f_k), k = 1, ...., K$:

$$\bar{x} = \frac{f_1 x_1^* + f_2 x_2^* + .... + f_K x_K^*}{f_1 + f_2 + .... + f_K} = \frac{1}{n} \sum_{k=1}^{K} f_k x_k^*$$

Mit relativen Häufigkeiten lautet das arithmetische Mittel

$$\bar{x} = p_1 x_1^* + p_2 x_2^* + .... + p_K x_K^* = \sum_{k=1}^{K} p_k x_k^*$$

wobei die $p_k$ die relativen Häufigkeiten durch $p_k = f_k / n$, (k = 1, ...., K) gegeben sind.

Bei klassierten Daten ist der Mittelwert genaugenommen nicht das gewöhnliche Mittel der n Merkmalsausprägungen (Ave{$x_i$}), sondern das gewogene Mittel der K Klassenmitten $x_k^*$(Ave{$x_k^*$}). Es soll daher nicht verwundern, dass klassierte Mittelwerte beträchtlichen Schwankungen ausgesetzt sein können, wenn die Klasseneinteilung variiert. Diesen Effekt, die Sensitivität des klassierten Mittelwertes bezüglich der Anzahl der Klassen K, wollen wir im Beispiel 10.3 demonstrieren.

**Beispiel 10.3 Mittelwerte der Preise der gebrauchten Chevrolets**

In Beispiel 2.8 wurden die 18 Preise von gebrauchten Chevrolets mit Hilfe eines St&Bl in Klassen eingeteilt. Berechnen wir nun für diese Klasseneinteilung den Mittelwert bei klassierten Daten. Dabei ist zu beachten, dass der Mittelwert der Urliste, die bereits auf Tausenderziffern gerundet ist, mit dem Mittelwert der ersten Klasseneinteilung (15 Klassen) zusammenfällt:

**a) Der unklassierte Mittelwert** beträgt

$$\bar{x} = \frac{1}{18}(x_1 + x_2 + \ldots + x_{18}) = \frac{1}{18}\sum_{i=1}^{18} x_i = 141/18 = 7.8$$

Durch die Rundung wird das metrische Merkmal Gebrauchtwagenpreis zu einem diskreten, bzw. Zählmerkmal. Für die 8 und 5 (rechtsoffenen) Klassen lautet die Berechnung des klassierten Mittelwertes wie folgt: $x_k^*$ sind die Klassenmitten, $f_k$ die absoluten Häufigkeiten und die $F_k$ die kumulierten Häufigkeiten, d.h. $F_k = f_1 + f_2 + \ldots + f_k$ für k = 1, ..., K.

**b) 8 Klassen** (mit Breite $b_k = b = 2$)   **c) 5 Klassen** (mit Breite $b_k = b = 3$)

| k | Klassen-grenzen $[c_{i-1}, c_i)$ | Klassen-mitten $x_k^*$ | Häuf. $f_k$ | $x_k^* f_k$ | kum. Häuf. $F_k$ | Klassen-grenzen $[c_{i-1}, c_i)$ | Klassen-mitten $x_k^*$ | Häuf. $f_k$ | $x_k^* f_k$ | kum. Häuf. $F_k$ |
|---|---|---|---|---|---|---|---|---|---|---|
| 1 | **2**-4 | 2.5 | 2 | 5 | 2 | **3**-6 | 4.5 | 6 | 27 | 6 |
| 2 | **4**-6 | 4.5 | 4 | 18 | 6 | **6**-9 | 7.5 | 7 | 52.5 | 13 |
| 3 | **6**-8 | 6.5 | 7 | 45.5 | 13 | **9**-12 | 10.5 | 2 | 21 | 15 |
| 4 | **8**-10 | 8.5 | 1 | 8.5 | 14 | **12**-15 | 13.5 | 0 | 0 | 15 |
| 5 | **10**-12 | 10.5 | 1 | 10.5 | 15 | **15**-18 | 16.5 | 3 | 49.5 | 18 |
| 6 | **12**-14 | 12.5 | 0 | 0 | 15 | Summe | | 18 | 150 | |
| 7 | **14**-16 | 14.5 | 0 | 0 | 15 | | | | | |
| 8 | **16**-18 | 16.5 | 3 | 49.5 | 18 | | | | | |
| | Summe | | 18 | 137 | | | | | | |

Die Mittelwerte lauten in diesen Klassierungen

$$\bar{x}_{8-Kl} = 137/18 = 7.6 \quad \text{und} \quad \bar{x}_{5-Kl} = 150/18 = 8.3.$$

**d) 2 Klassen** (mit Breite $b_k = b = 10$)

| Klasse k | Grenzen $[c_{k-1}, c_k)$ | $x_k^*$ | $f_k$ | $x_k^* f_k$ |
|---|---|---|---|---|
| 1 | **0**-10 | 5 | 14 | 70 |
| 2 | **10**-20 | 15 | 4 | 60 |
| | Summe | | 18 | 130 |

Im Falle von 2 Klassen beträgt der klassierte Mittelwert $\bar{x}_{2\text{-Kl}} = 130/18 = 7.2$.
Graphisch kann man dieses Ergebnis wie folgt darstellen:

**Figur 10.1 Klassenbedingte Streuung von klassierten Mittelwerten**

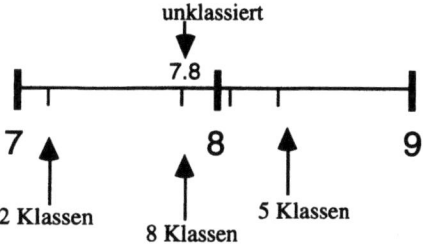

Man sieht, dass die Mittelwerte der klassierten Daten in einem Bereich variieren, der grösser als das Urlistenintervall ist. Ferner ist ein Genauigkeitstrend zu erkennen: Je weniger fein die Klasseneinteilung ist, desto weiter liegt der klassierte Mittelwert vom unklassierten entfernt.

### 10.1.2. Eigenschaften des Mittelwertes

a) **Minimumseigenschaft:** Das arithmetische Mittel minimiert die Quadratsumme der Abweichungen von den einzelnen Beobachtungen $x_1, ..., x_n$:

$$\sum_{i=1}^{n}(x_i - \bar{x})^2 = \operatorname*{Min}_{a} \sum_{i=1}^{n}(x_i - a)^2$$

Unter allen reellen Zahlen a ist der Mittelwert $\bar{x}$ derjenige Wert, der die Quadratsumme der Abweichungen von a am kleinsten macht.

b) **Abweichungsneutralität:** Die Summe der Abweichungen vom Mittelwert ist Null:

$$\sum_{i=1}^{n}(x_i - \bar{x}) = 0$$

c) **Lineare Transformationen:** Werden alle Beobachtungen $x_i$ linear transformiert $y_i = a + b\,x_i$, wobei a und b beliebige Konstanten sein können, dann ist der Mittelwert der so transformierten Werte einfach

$$\bar{y} = a + b\,\bar{x},$$

bzw. Ave(Y) = a + b Ave(X). Das gilt auch für gewogene Mittelwerte.

### 10.2. Getrimmte Mittelwerte

Eine Lagemasszahl, die zwischen Median und Mittelwert liegt, ist der sogenannte getrimmte Mittelwert (trimmed mean). Die Idee des getrimmten Mittelwertes ist eine ganz einfache: Man ordnet alle Beobachtungen, lässt die grössten und kleinsten weg, und berechnet den Mittelwert nur von den mittleren Beobachtungen. In der Praxis wird dieses Prinzip bei Benotungen durch eine Jury in Sportveranstaltungen (Eiskunstlauf, Skispringen) verwendet.

**Def. 10.2 Der gewöhnliche α% getrimmter Mittelwert (trimmed mean)**
eines quantitativen Merkmals X, wobei $x_{(1)} \leq \ldots \leq x_{(n)}$ die geordneten Beobachtungen (Rangliste) sind, lautet

$$\overline{x}_\alpha = \frac{1}{n - 2[\alpha n]} \sum_{i=[\alpha n]}^{n-[\alpha n]} x_{(i)} .$$

Dabei bedeutet $[\alpha n]$ die nächst kleinere ganze Zahl von $\alpha n$ und $[\alpha n]$ entspricht der Integerfunktion (ganzzahlige Teil) aus Kapitel 3.3: $[\alpha n] = \text{INT}(\alpha n)$. Mit anderen Worten, je $\alpha\%$ der Beobachtungen werden an beiden Enden der Verteilung weggelassen und von den restlichen $(1 - 2\alpha)\%$ Beobachtungen wird der gewöhnliche Mittelwert berechnet.

Bem.: Interpolationsregel für kleine n und falls $[\alpha n]$ keine ganze Zahl ist empfiehlt sich auch folgende Interpolation mit $p = 1 + [\alpha n] - \alpha n$ :

$$\overline{x}_\alpha = \frac{1}{n(1 - 2\alpha)} \left( p\, x_{([\alpha n]+1)} + x_{([\alpha n]+2)} + \ldots + x_{(n-[\alpha n]-1)} + p\, x_{(n-[\alpha n])} \right)$$

Der Bruchpunkt des getrimmten Mittelwertes ist $\alpha n$. Das getrimmte Mittel ist dann gut zu verwenden, wenn man weiss, dass ein bestimmter Prozentsatz der Beobachtungen fehlerhaft ist, oder schlecht erhoben wurde.

**\*10.2.1 Getrimmte Mittelwerte als gewogenes arithmetisches Mittel**

Jeder getrimmte Mittelwert kann als gewogenes arithmetisches Mittel angesehen werden, bei dem die ersten und letzten Gewichte der Rangliste Null gesetzt werden. Ist **x** der Vektor der Rangliste (geordnete Urliste) $\mathbf{x} = (x_1, \ldots, x_n)'$ und $\mathbf{1}_n = (1, \ldots, 1)'$ der Vektor mit n Einsern, dann kann der gewöhnliche Mittelwert als

$$\overline{x} = \mathbf{1}_n' \mathbf{x} / n$$

berechnet werden. Dabei kann $n = \text{sum}(\mathbf{1}_n)$, d.h. als Summe der Gewichte im Gewichtsvektor $\mathbf{1}_n$ angesehen werden. Das getrimmte Mittel ist ein gewogener Mittelwert, wobei die Gewichte am Anfang und am Ende der Rangliste auf 0 oder einen Wert zwischen 0 und 1 gesetzt werden. Dabei gilt folgende Vorschrift: die $[\alpha n]$ ersten und die $[\alpha n]$ Werte im Gewichtsvektor werden 0 gesetzt und das Gewicht der Beobachtung $[\alpha n] + 1$ und $n - [\alpha n] - 1$ ist $p = 1 + [\alpha n] - \alpha n$: $\mathbf{g} = (0, \ldots, 0, p, 1, \ldots, 1, p, 0, \ldots, 0)'$

$$\overline{x}_\alpha = \mathbf{g}' \mathbf{x} / \text{sum}(\mathbf{g}) .$$

Analog kann man getrimmte Mittelwerte mit allgemeinen (positiven) Gewichten $\mathbf{g} = (g_1, \ldots, g_n)'$ definieren. Wegen $g_n \geq 0$ ist $g = \text{sum}(\mathbf{g}) \geq 0$ und das gewogene Mittel von $\mathbf{x} = (x_1, \ldots, x_n)'$ lautet

$$\overline{x}_{gew} = \mathbf{g}' \mathbf{x} / \text{sum}(\mathbf{g}) .$$

**Def. 10.3 Der gewogene α-getrimmte Mittelwert** $\overline{x}_{gew,\alpha}$ eines Merkmals X mit geordneten Beobachtungen (Rangliste) $x_{(1)} \leq \ldots \leq x_{(n)}$ und dem Gewichtsvektor $\mathbf{g} = (g_1, \ldots, g_n)'$ mit $g_i \geq 0$ ist eine Erweiterung der Def. 10.2.a). $\overline{x}_{gew,\alpha}$ ist ein gewogener Mittelwert, bei dem $\alpha\%$ der Gewichte am Anfang und am Ende der Rangliste auf 0 getrimmt werden. Dabei wählt man folgendes Vorgehen: Bestimme den unteren (linken) Trimmungsindex durch $G_{l-1} \leq [\alpha g] \leq G_l$ und den oberen (rechten) Trimmungsindex durch $G_r \le g - [\alpha g] \le G_{r+1}$, wobei die $G_j$ die kumulierten Gewichte $G_j = g_1 + g_2 + ... + g_j$ für $j = 1, ..., n$ sind. Die l-1 ersten Werte und die Gewichte von r+1 bis zum letzten Wert im Gewichtsvektor **g** werden 0 gesetzt. Das Gewicht der l-ten Beobachtung wird von $g_l$ auf $G_l - [\alpha g]$ reduziert und das Gewicht der r-ten Beobachtung $g_{r-1}$ auf $G_{r-1} - g - [\alpha g]$. Der neue Gewichtsvektor hat die Form

$$\mathbf{g^*} = (0, ..., 0, G_l - [\alpha g], g_{l+1}, ..., g_{r-1}, G_{r-1} - g - [\alpha g], 0, ..., 0)'.$$

Der $\alpha$-getrimmte Mittelwert mit allgemeinen Gewichten wird normiert durch die Summe der Gewichte im Vektor **g\***:

$$\overline{x}_{gew,\alpha} = \mathbf{g^{*'}} \mathbf{x} / sum(\mathbf{g^*}).$$

**Beispiel 10.4 Getrimmte Mittelwerte**

**a) Das 10% getrimmte Mittel** ist bei 10 Beobachtungen der Durchschnitt der (mittleren) Merkmalswerte, von denen der grösste un der kleinste weggelassen wurde:

$$\overline{x}_{10\%} = \frac{1}{8} \sum_{i=2}^{9} x_{(i)}.$$

Gegeben sind die folgenden 10 Kontrollmessungen einer Fabrik (vgl. auch Beispiel 11.2) geordnet als Rangliste {1.1, 1.6, 2.1, 2.6, 3.1, 3.7, 4.2, 4.8, 5.8, 32.7}:

$$\overline{x}_{10\%} = \frac{1}{8} \sum_{i=2}^{9} x_{(i)} = 27.9/8 = 3.5.$$

Zum Vergleich, der gewöhnliche Mittelwert beträgt $\overline{x} = 61.7/10 = 6.17$.

**b) Das 5% getrimmte Mittel** lautet wegen $[\alpha n] = [0.05*10] = [0.5] = 0$, und daher ist $p = 1 + [\alpha n] - \alpha n = 1 + 0 - 0.5 = 0.5$:

$$\overline{x}_{5\%} = \frac{1}{9} (0.5\, x_{(1)} + \sum_{i=2}^{9} x_{(i)} + 0.5\, x_{(10)}).$$

Für die 10 Kontrollmessungen beträgt das 5% getrimmte Mittel $\overline{x}_{5\%} = (27.9 + 0.5*1.1 + 0.5*32.7)/9 = 44.8/9 = 5.0$. Es ist weniger resistent als das 10% getrimmte Mittel, es liegt damit näher am gewöhnlichen Mittel (6.2) als am 5% getrimmten Mittel.

**c) Der 16.6% oder 1/6-getrimmte Mittelwert** der Gebrauchtwagenpreise von Chevrolets ist:

$$\overline{x}_{16.6\%} = \frac{1}{12} \sum_{i=4}^{15} x_{(i)} = 81/12 = 6.75.$$

Dieser liegt um tausend Dollar unter dem gewöhnlichen Mittelwert und sogar etwas unterhalb des Medians (Med = 7). Diese Art von ganzzahligen Indexgrenzen, bzw. das Weglassen einer kleinen (absoluten) Anzahl von grössten und kleinsten Beobachtungen erlaubt einen variablen $\alpha\%$ Trimmungssatz.

## 10.3. Geometrische Mittelwerte

Seien $x_1, ..., x_n$ positive ($x_i > 0$) Merkmalsausprägungen einer Verteilung mit n Beobachtungen, dann können folgende drei Typen von geometrischen Mitteln (engl: geometric mean) gebildet werden:

**Def. 10.4.a) Das gewöhnliche geometrische Mittel G eines positiven Merkmals X** lautet

$$G = \sqrt[n]{x_1 x_2 ... x_n} = \sqrt[n]{\prod_{i=1}^{n} x_i}$$

Einfacher ist der Logarithmus (entweder der dekadische oder natürliche, vgl. Kap. 5) des gewöhnlichen geometrischen Mittel zu berechnen:

$$\log G = \frac{1}{n}(\log x_1 + \log x_2 + .... + \log x_n) = \frac{1}{n} \sum_{i=1}^{n} \log x_i$$

Das gewöhnliche geometrische Mittel erhält man durch Entlogarithmieren, bzw. Exponieren: $G = 10^{\wedge}(\log G)$ oder $G = \exp(\ln G)$.

**Def. 10.4.b) Das gewogene geometrische Mittel G** mit positiven Gewichten $\alpha_i > 0$ und normierter Summe 1, d.h. $\alpha_1 + \alpha_2 + ... + \alpha_n = 1$, ist definiert als

$$G = x_1^{\alpha_1} x_2^{\alpha_2} ... x_n^{\alpha_n} = \prod_{i=1}^{n} x_i^{\alpha}$$

Leichter ist wieder das logarithmierte arithmetische Mittel zu berechnen:

$$\log G = \alpha_1 \log x_1 + \alpha_2 \log x_2 + .... + \alpha_n \log x_n = \sum_{i=1}^{n} \alpha_i \log x_i$$

**Def. 10.4.c) Gewogenes geometrisches Mittel mit allgemeinen Gewichten** mit beliebig positiven Gewichten $g_i > 0$, d.h. positiver Summe $g_1 + g_2 + ... + g_n > 0$, ist definiert als

$$\log G = \frac{g_1 \log x_1 + g_2 \log x_2 + .... + g_n \log x_n}{g_1 + g_2 + .... + g_n} = \frac{\sum_{i=1}^{n} g_i \log x_i}{\sum_{i=1}^{n} g_i}$$

Eine wichtige Anwendung vom geometrischen Mittel sind durchschnittliche Wachstumsraten im Zeitablauf. Gegeben sei eine Zeitreihe $z_0, z_1, ..., z_n$ und gesucht werde die durchschnittliche Wachstumsrate. Dazu berechnen wir zuerst die prozentualen Änderungen $p_t = (z_t - z_{t-1}) / z_{t-1}$ für $t = 1, ..., n$, und daraus die Wachstumsfaktoren $r_t = (1 + p_t)$, bzw. $r_t = z_t / z_{t-1}$.
Die durchschnittliche Wachstumsrate $p_{Geom}$ wird über die durchschnittlichen Wachstumsfaktoren $r_G = r_{Geom}$ berechnet, und soll folgende Eigenschaft haben:

$$z_n = z_0 \cdot r_G \cdot \ldots \cdot r_G = z_0 \cdot r_G^n.$$

Vom Ausgangswert $z_0$ ausgehend soll sich nach n-maligen Anwenden der durchschnittlichen Wachstumsrate der Endwert der Zeitreihe $z_n$ ergeben. Dieser Endwert der Zeitreihe $z_n$ kann aber auch aus den empirischen Wachstumsfaktoren bestimmt werden:

$$z_n = z_0 \cdot r_1 \cdot \ldots \cdot r_n.$$

Durch den Vergleich der beiden Endwerte erhalten wir nun die Beziehung

$$(r_{Geom})^n = r_1 \ldots r_n$$

oder als n-te Wurzel

$$r_{Geom} = \sqrt[n]{r_1 \ldots r_n}.$$

Dies ist das geometrische Mittel der Wachstumsfaktoren. Der durchschnittliche Prozentsatz ergibt sich daraus einfach als

$$r_{Geom} = 1 + p_{Geom} \rightarrow p_{Geom} = r_{Geom} - 1.$$

**Def. 10.4.d) Die Berechnung des geometrischen Mittels bei Zeitreihen.** Aus der definierenden Eigenschaft des geometrischen Mittels, d.h. $z_n = z_0 \cdot r_{Geom}^n$ ist die inverse Beziehung zur Berechnnung leicht ablesbar:

$$r_{Geom} = \sqrt[n]{z_n/z_0}.$$

Diese Berechnungsformel besagt, dass man eigentlich keinen 'Mittelwert' zu berechnen braucht, sondern dass die Kenntnis des ersten und des letzten Wertes genügt. (Das loggeometrische Mittel ($\log r_{Geom}$) ist der n-te Teil der 'zeitlichen Spannweite der Logs', d.h. $\log r_{Geom} = (\log z_n - \log z_0)/n$; die zeitliche Spannweite muss nicht mit der tatsächlichen Spannweite $\log \max\{z_n\} - \log \min\{z_0\}$ übereinstimmen.)

Bem.: Der Logarithmus von Wachstumsraten kann als Differenz der logarithmierten (Original-) Werte berechnet werden:

$$\ln\left(\frac{x_t - x_{t-1}}{x_{t-1}} + 1\right) = \ln\left(\frac{x_t}{x_{t-1}}\right) = \Delta \ln x_t$$

wobei $\Delta x_t = x_t - x_{t-1}$ bedeutet.

Im nächsten Beispiel 10.5, das ein typisches Anwendungsbeispiel des geometrischen Mittels bildet, werden die zwei Berechnungsarten mit Zahlen erklärt.

**Beispiel 10.5 Durchschnittliche Wachstumsraten**

In 6 Jahren hat sich der Umsatz einer Firma wie Tab. 10.1 entwickelt. Man berechne eine durchschnittliche Wachstumsrate für die 5 Jahresperiode.

Tab. 10.1 Umsatzentwicklung einer Firma

| Jahr t | Umsatz $z_t$ | Periode | Prozent- satz $p_t$ | Wachstums- faktoren $r_t$ | og $r_t$ |
|---|---|---|---|---|---|
| 92 | 100 | | | | |
| 93 | 110 | 92/93 | +10 | 1.1 | 0.041 |
| 94 | 115.5 | 93/94 | + 5 | 1.05 | 0.022 |
| 95 | 138.6 | 94/95 | +20 | 1.2 | 0.079 |
| 96 | 131.67 | 95/96 | − 5 | 0.95 | −0.022 |
| 97 | 144.84 | 96/97 | +10 | 1.1 | 0.041 |
| | | | | Produkt = 1.4484 | Summe = 0.161 |

a) Mit allen Beobachtungen: Werden aus den Wachstumsfaktoren die Logarithmen gebildet, so ergibt der Durchschnitt der Logarithmen log $r_{Geom} = \Sigma$ log $r_t / 5 = 0.161/5 = 0.0322$. Das geometrisches Mittel erhält man durch die inverse Funktion des Logarithmierens, dem Exponenzieren, und es beträgt $r_{Geom} = 10\wedge(\log r_{Geom})$, wobei $10\wedge x = 10^x$ bedeutet, da wir 10er Logarithmen verwendet haben. Im Falle natürlicher Logarithmen erhält man das geometrische Mittel als $r_{Geom} = \exp(\ln r_{Geom})$, wobei $\exp(x) = e^x$ für die Exponential (e-) Funktion steht.
Aus dem geometrischen Mittel der Wachstumsfaktoren, i.e.

$$r_{Geom} = 10\wedge(0.0322) = 1.0769$$

lässt sich die durchschnittliche Wachstumsrate entweder direkt ablesen oder formal durch

$$p_{Geom} = 100 (r_{Geom} - 1) = 7.69\%$$

berechnen. Das durchschnittliche Wachstum des Umsatzes in den letzten 5 Jahren war daher 7.69 %.
b) Viel schneller ist die Berechnung mit den Anfangs- und Endwerten *der Zeitreihe* $\{z_t\}$ aus Tab. 10.1.:

$$r_{Geom} = \sqrt[n]{z_n/z_0} = \sqrt[5]{144.84/100} = 1.0769.$$

c) Zum Vergliech, das arithmetische Mittel beträgt in diesem Fall

$$\bar{p} = (10 + 5 + 20 - 5 + 10) / 5 = 8.0 .$$

Dies ist jedoch für durchschnittliche Wachstumsraten im Zeitablauf nicht wünschenswert, bzw. zulässig. Denn angenommen, wir hätten im Jahr 1992 einen Umsatz von 100 gehabt, dann hätten sich folgende (hypothetische oder geglättete) Umsatzzahlen wie in Spalte 4 von Tab. 10.2 ergeben:

| Periode | Tatsächlicher Umsatz % Wachstum | (Rate) | Niveau | Umsatz geglättet geometrisch 7.69 | arithmetisch 8.0 |
|---|---|---|---|---|---|
| 92/93 | +10 | (1.1) | 110. | 107.69 | 108.0 |
| 93/94 | + 5 | (1.05) | 115.5 | 115.97 | 116.64 |
| 94/95 | +20 | (1.2) | 138.6 | 124.89 | 125.97 |
| 95/96 | − 5 | (0.95) | 131.67 | 134.49 | 136.05 |
| 96/97 | +10 | (1.1) | 144.837 | 144.84 | 146.93 |

Spalte 5 gibt die durchschnittliche Umsatzentwicklung an, wenn die durchschnittliche geometrische Wachstumsrate pro Jahr angewendet wird, und Spalte 6 die durchschnittliche Umsatzentwicklung, wenn die durchschnittliche arithmetische Wachstumsrate pro Jahr angewendet wird. Man sieht, dass der letzte tatsächliche Umsatz 144.8 von der geometrischen Rate ebenfalls erreicht wird, während die letzte Umsatzzahl auf Grund der arithmetischen Wachstumsrate mit 146.9 zu hoch liegt (weil die arithmetische Wachstumsrate grösser ist).

Bem: Wären die 5 Prozentzahlen in Beispiel 10.5 Wachstumsraten von 5 verschiedenen Firmen im selben Jahr, dann wäre die Berechnung des arithmetischen Mittelwerts zulässig. Als allgemeiner Lageparameter einer Verteilung wird das geometrische Mittel jedoch wenig verwendet. Es ist implizit bei der Regression in semi-logarithmischen (semi-log) Regressionsmodellen zu finden, wie der nächste Abschnitt zeigt.

### *10.3.1. Das geometrische Mittel und semi-log Regressionen

Wir betrachten eine Zeitreihe $y_1, ..., y_T$ mit T positiven ($y_i > 0$) Beobachtungen. Es soll ein exponentielles Trendmodell (bzw. ein logarithmiertes Trendmodell), bzw. eine lineare Regression auf die Zeit t der Form

$$\log y_t = a + bt, \quad t = 1, ..., T,$$

geschätzt werden. Zur einfacheren Berechnung wird die Zeitvariable zentriert, d.h. es soll $\bar{t} = 0$ gelten. Das erreichen wir dadurch, dass wir den Zeitindex symmetrisch um Null wählen. Für ungerade T wählen wir $t = -n, ..., 0, ..., n$, mit $n = (T-1)/2$ und für gerade T wählen wir die Indexfolge $t = -n, ..., -1, 1, ..., n$, (ohne Null) mit $n = T/2$. In beiden Fällen ist der Durchschnitt über die Zeit 0, d.h. $\bar{t} = 0$ und die Varianz ist durch die Formel $Var(t) = \sum_{t=-n}^{n} t^2 = n(n+1)(2n+1)/3$ gegeben (wegen der Beziehung $\sum_{t=1}^{T} t^2 = T(T+1)(2T+1)/6$). Dann lautet das logarithmierte Trendmodell:

$$\log y_t = a + bt, \quad t = -n, ..., n.$$

Der Anstieg ist durch die Formel

$$b = \frac{Cov(\log y_t, t)}{Var(t)} = \frac{\sum_{t=1}^{T} t \log y_t}{n(n+1)(2n+1)/3}$$

gegeben und für den Achsenabschnitt a gilt aus der Beziehung $Ave(\log y_t) = a + b \, Ave(t)$,

$$a = \overline{\log y_t} = \log G, \quad bzw. \quad G = 10^a,$$

wobei G für das geometrische Mittel der Zeitreihe $G = Geom\{y_t\} = \overline{y}_{Geom}$ steht. Die geschätzten Werte des Trendmodells sind $\log \hat{y}_t = a + bt$, bzw.

$$\hat{y}_t = e^{a+bt} = e^a e^{bt}, \quad t = -n, ..., n,$$

bzw.

$$\hat{y}_t = Ge^{bt} = Gr^t \quad \text{mit} \quad r = e^b.$$

Bei zentrierter Zeit ergibt sich deshalb für den mittleren Wert der Zeitreihe $\hat{y}_0 = G$ und ausgehend vom geometrischen Mittel kann nun die geschätzte Anpassung (der Fit) wie folgt berechnet werden. Man bestimmt den Wachstumsfaktor $r = e^b$ und daher sind die benachbarten angepassten Werte $y_{\pm 1} = G\, e^{\pm b} = G\, r^{\pm 1}$, bzw. $y_1 = Gr$ und $y_{-1} = G/r$. Analog sehen die weiteren angepassten Werte aus: $y_{+k} = Gr^k$ und $y_{-k} = G/r^k$, $k = 1,\ldots, n$. Die geschätzten Werte bewegen sich vom geometrischen Mittel auf- oder abwärts.

**Beispiel 10.6 Durchschnittliches Bevölkerungswachstum in der Schweiz**

In der ersten Spalte ist das Jahr der Volkszählung wiedergegeben, in der zweiten die Bevölkerung, mit dem Log der Bevölkerung in der dritten Spalte. Die vierte Spalte gibt die (zentrierte) Anzahl der Dekaden wieder. In der 5. Spalte wird der Anstieg b berechnet und die sechste Spalte gibt den Wachstumsfaktor wieder. Die vorletzte Spalte zeigt die Anpassung in den normalen Zahlen und die letzte die Residuen.

| Jahr | Bev. | ln(Bev) | t | t*$y_t$ | $r^t$ | G*$r^t$ | Residuen |
|---|---|---|---|---|---|---|---|
| 1941 | 4.266 | 1.45 | -2 | -2.90 | 0.805 | 4.301 | -0.035 |
| 1950 | 4.715 | 1.55 | -1 | -1.55 | 0.897 | 4.794 | -0.079 |
| 1960 | 5.429 | 1.69 | 0 | 0.00 | 1.000 | 5.344 | 0.085 |
| 1970 | 6.27 | 1.84 | 1 | 1.84 | 1.115 | 5.957 | 0.313 |
| 1980 | 6.366 | 1.85 | 2 | 3.70 | 1.242 | 6.640 | -0.274 |
| *1990* | *6.873* | *1.93* | *3* | *5.78* | *1.385* | *7.401* | *-0.528* |
| Summe | 27.046 | 8.38 | 0 | 1.09 | | | |
| | | ln G = | | b = | | G = | |
| Mittel | 5.409 | 1.676 | | 0.1086 | | 5.344 | |
| Varianz | 0.8614 | 0.031 | | | | | |

$$r = e^b = 1.11$$

Das geometrische Mittel ist $G = \exp(1.676) = 5.344$. Die kursiv und fett gesetzte Zeile ist bei der Berechnung nicht eingegangen. Sie dient der Prognose der Bevölkerung der Schweiz im Jahre 1990. Die durchschnittliche Wachstumsrate hat seit 1941 etwa 11% pro Dekade betragen, daher wurde für 1990 eine Bevölkerung von 7.401 Millionen extrapoliert. Tatsächlich waren es aber nur 6.873 Millionen, das ergibt einen Fehlbetrag (d.h. Residuum) von 528.000 Einwohnern. In Figur 10.2 ist die Schweizer Bevölkerung grafisch abgebildet.
Bem.: Berechnet man nach dem gleichen Schema die Bevölkerung von 1950 - 1990 und extrapoliert für das Jahr 2000, so ergibt sich eine Wachstumsrate von 7.8% pro Dekade und 7.6 Mio. Einwohner im Jahr 2000.

**Figur 10.2 Die Bevölkerung der Schweiz**

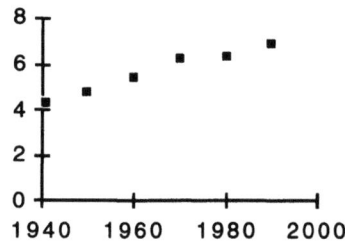

## 10.4. Median und Quantile für klassierte Merkmale

Der Median wurde für diskrete und unklassierte Merkmale bereits in Abschnitt 3.2 definiert. Für klassierte Merkmale kann der Median über die empirische Verteilungsfunktion wie folgt definiert werden.

**Def. 10.5 Der Median eines klassierten Merkmals** X wird allgemein über die empirische Verteilungsfunktion $F_X(x)$ (vgl. Abschnitt 15) definiert. Der Median ist der Wert der inversen Verteilungsfunktion $F_X^{-1}$ an der Stelle 1/2:

$$\text{Med}(X) = F_X^{-1}(0.5).$$

Diese Definition ist theoretisch einfach, in der Praxis für klassierte Merkmale bedeutet sie, dass der Median in einer bestimmten Klasse, der medialen Klasse m, liegt. Den Index m der medialen Klasse bestimmt man durch die Ungleichung

$$F_{m-1} \leq \frac{n}{2} \leq F_m, \text{ mit } F_k = f_1 + \dots + f_k.$$

Bem: Sind die $P_m = F_m / n$ die kumulierten relativen Häufigkeiten, dann kann man den Index m auch aus der Ungleichung $P_{m-1} \leq 1/2 \leq P_m$ bestimmen.

Die praktische Berechnung des Medians erfolgt über die folgende Interpolationsformel: Bei klassierten Merkmalen ( $x_k^*$, $f_k$ ), k = 1, ... , K, liegt der Median in der medialen Klasse m, und wird auf Grund der Anzahl der Beobachtungen in dieser Klasse linear interpoliert:

$$\text{Med}(X) = c_{m-1} + (\frac{n}{2} - F_{m-1}) \frac{b_m}{f_m}.$$

Dabei bedeutet:
- n     die Anzahl der Beobachtungen,
- m     der Index der medialen Klasse,
- $c_{m-1}$     die untere Klassengrenze der medialen Klasse,
- $b_m$     die Klassenbreite der medialen Klasse,
- $f_m$     die absolute Häufigkeit der medialen Klasse,
- $F_{m-1}$     die absolute (kumulierte) Summenhäufigkeit der "vor-medialen" Klasse.

Eine graphische Veranschaulichung der obigen Interpolationsformel für den Median bei klassierten Daten gibt Figur 10.3.

### Figur 10.3 Median bei klassierten Daten

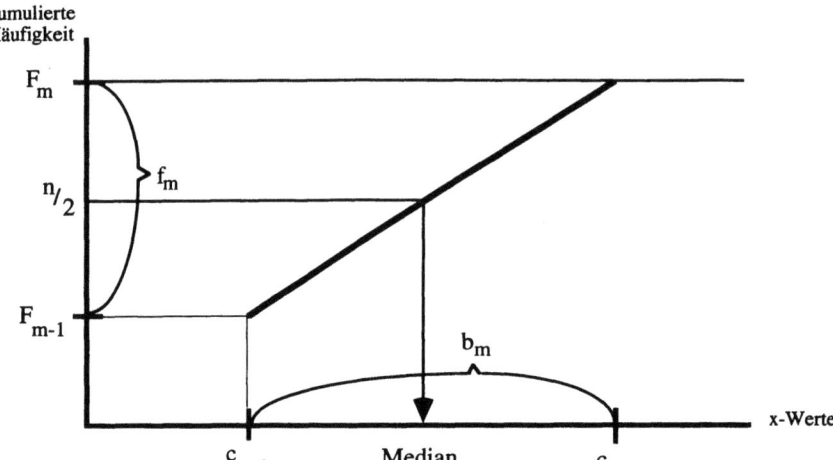

Bem.: Es erstaunt, dass zur Bestimmung der medialen Klasse nicht die Tiefe des Medians T(Med) = (n+1)/2 verwendet wird, sondern n/2. Das hat damit zu tun, dass bei klassierten Daten die unterste Klassengrenze $c_0$ nicht mit der kleinsten Beobachtung Min = x(0) zusammenfallen muss. Dadurch entfällt die Motivation den Median über die Tiefe, d.h. als die halbe Spannweite vom kleinsten bis zum grössten Wert zu definieren. Für den Fall, dass $c_0$ = x(0) gilt, ist die Verwendung der Tiefe zur Bestimmung der medialen Klasse bei klassierten Daten gerechtfertigt. Dieselbe Empfehlung gilt für die Bestimmung der p-quantilen Klasse.

### 10.4.1. Die Standardabweichung des Medians

Die Standardabweichung des Medians, St.D.(Median) bzw. $\sigma_{Med}$, beträgt asymptotisch

$$\text{St.D.(Median)} = \sigma_{Med} = \sigma \sqrt{\frac{\pi}{2n}} = 1.25 \frac{\sigma}{\sqrt{n}},$$

wobei Median der Med(X) und $\sigma$ die Standardabweichung der Verteilung X mit n Beobachtungen ist. $\pi$ = 3.14 erklärt sich durch die Dichte der Normalverteilung an der Stelle des Medians. Eine resistente Standardabweichung des Medians erhält man, indem man $\sigma$ durch die resistente Standardabweichung $\sigma^*$ ersetzt:

$$\sigma^*_{Med} = \sigma^* \sqrt{\frac{\pi}{2n}} = 1.25 \frac{\sigma^*}{\sqrt{n}}.$$

Die Standardabweichung des Median kann man nun z.B. zur Konstruktion von gekerbten Boxplots verwenden, wobei die Kerbe im Median zentriert ist.

**Beispiel 10.7 Standardabweichung des Medians**

Aus Beispiel 4.3 berechnen wir die resistente Standardabweichung des BIP pro Kopf der n = 25 OECD Staaten als $\sigma^* = 0.75 * 10880 = 8160$ und die Standardabweichung des Medians als $\sigma^*_{Med} = 1.25 \frac{\sigma^*}{\sqrt{n}} = 1.25 * 8160 / 5 = 2040$ ($ zu Wechselkursen).

**Def. 10.6. p-Quantil für klassierte Merkmale**

Bezeichnen wir mit $F_X(x)$ die empirische Verteilungsfunktion des Merkmals X, dann ist das p-Quantil $Q_p$ mit $0 \leq p \leq 1$ der Wert der inversen Verteilungsfunktion an der Stelle p:

$$Q_p = F_X^{-1}(p).$$

Den Index q der p-quantilen Klasse bestimmt man analog zum Median-Index:

$$F_{q-1} \leq p n \leq F_q, \quad \text{mit} \quad F_q = f_1 + \ldots + f_q.$$

und das p-Quantil wird gleichermassen interpoliert:

$$Q_p = c_{q-1} + (np - F_{q-1}) \frac{b_q}{f_q}.$$

Dabei haben die verwendeten Symbole dieselbe Bedeutung wie vorhin.
Bem.: Die Extremwerte sind bei klassierten Daten nur dann bestimmbar, wenn die unterste und oberste Klasse nicht offen ist. D.h. bei K Klassen muss gelten $c_0 \neq -\infty$ und $c_K \neq \infty$, dann ist

$$x_{min} = c_0 \quad \text{und} \quad x_{max} = c_K,$$

ansonsten existieren die Extremwerte nicht.

**Beispiel 10.7 Klassierter Median und Quartile**

Mit verschiedenen Klassierungen der gebrauchten Chevrolet-Preise (vgl. Beispiel 2.8) wollen wir die Berechnungen von Median und Quartilen vergleichen.
a) **Der Median** (mit der Tiefe 9h) der unklassierten Daten beträgt 7, d.h. 700 $. Mit Hilfe der Tabellen aus Beispiel 10.2 können nun die klassierten Mediane berechnet werden. Im Falle der 8 Klassen ist die Klassenbreite der medialen Klasse $b_m = 2$, und der Median beträgt

$$\text{Med}(X) = c_{m-1} + (\frac{n}{2} - F_{m-1}) \frac{b_q}{f_q} = 6 + (\frac{18}{2} - 6) \frac{2}{7} = 6 + \frac{6}{7} = 6.9.$$

Im Falle der 5 Klassen ($b_m = 3$):

$$\text{Med}(X) = c_{m-1} + (\frac{n}{2} - F_{m-1}) \frac{b_q}{f_q} = 6 + (\frac{18}{2} - 6) \frac{3}{7} = 6 + \frac{9}{7} = 7.3;$$

und im Falle der 2 Klassen ($b_m = 10$):

$$\text{Med}(X) = c_{m-1} + (\frac{n}{2} - F_{m-1}) \frac{b_q}{f_q} = 0 + (\frac{18}{2} - 0) \frac{10}{14} = \frac{90}{14} = 6.4.$$

Auch hier sieht man wieder (vgl. Figur 10.4), dass mehr Klassen die genaueren Ergebnisse liefern.

**Figur 10.4 Klassenbedingte Streuung von klassierten Medianen**

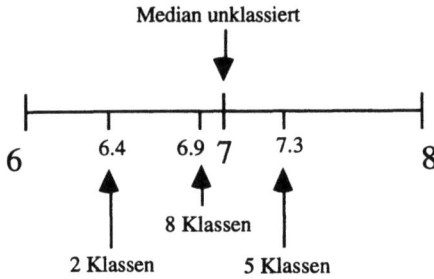

b) **Die Quartile** für die 5-Klassen-Einteilung liegt das untere Quartil in der ersten Klasse (d.h. der Index der quartilen Klasse ist q = 1):

$$Q_{.25} = c_0 + (\frac{18}{4} - F_0) \frac{b_1}{f_1} = 3 + (4.5 - 0) \frac{3}{6} = 3 + 2.25 = 5.25.$$

Das obere Quartil liegt in der dritten Klasse (d.h. q = 3):

$$Q_{.75} = c_3 + (\frac{18}{4} - F_2) \frac{b_3}{f_3} = 9 + (14.5 - 13) \frac{3}{2} = 9 + 2.25 = 11.25.$$

### 10.5. Modalwerte (mode)

**Def. 10.7 Der Modalwert oder Modus** eines beliebigen Merkmals ist die Merkmalsausprägung des häufigsten Wertes:

$$Mod(X) = x_k^* \quad \text{falls} \quad x_k^* = \max \{ f_k, k = 1, ...., K \},$$

d.h. das Maximum der Häufigkeiten $f_k$ ist eindeutig. Gibt es mehrere Stellen mit gleicher maximaler Häufigkeit $f_{max} = f_k$, dann existiert kein Modalwert. In diesem Fall ist die Verteilung multimodal bei gleichhohen Modalwerten.
Bem.: Der Modalwert ist bei metrischen Variablen nur bei Klassierungen berechenbar. Mod(X) ist dann die Klassenmitte der häufigsten Klasse, falls er eindeutig ist. Denn theoretisch kann bei jeden metrischen Merkmalen der Messprozess beliebig genau gemacht werden, und damit wird ein mehrmaliges Auftreten der gleichen Messung unwahrscheinlich (fast unmöglich). Erst bei Aggregationen (Klassierung) oder ungenauen Messungen (Rundungsfehler) sind Mehrfachbeobachtungen möglich.

**Figur 10.5 Klassenbedingte Streuung von klassierten Modalwerten**

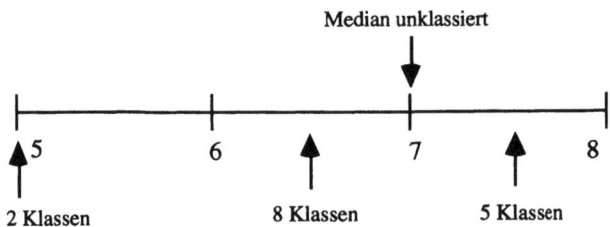

Folgende Modalwerte der Chevroletdaten bei verschiedener Klassierung sind in Figur 10.5 wiedergegeben.

a) unklassiert: Mod = 7, b) bei 8 Klassen: $Mod_{8-Kl} = 6.5$ ;

c) 5 Klassen: $Mod_{5-Kl} = 7.5$, d) 2 Klassen: $Mod_{2-Kl} = 5$.

**Beispiel 10.8 Konfession in der Schweiz 1980 und 1990**

a) **Wohnbevölkerung** der Schweiz nach Konfessionen in 1000

| | Protestantisch | Römisch-katholisch | Christkatholisch | Ostkirchlich | Isrealitisch | Mohammedan | Ohne Konfession | Total |
|---|---|---|---|---|---|---|---|---|
| 1980: | 2822.3 | 3030.1 | 16.6 | 37.2 | 18.3 | 56.6 | 478.7 | 6365.5 |
| 1990: | 2747.8 | 3172.3 | 11.7 | 71.5 | 17.6 | 152.2 | 510.9 | 6873.7 |

b) **Schweizer Bürger** nach Konfession

| | Protestantisch | Römisch-katholisch | Christkatholisch | Ostkirchlich | Isrealitisch | Mohammedan | Ohne Konfession | Total |
|---|---|---|---|---|---|---|---|---|
| 1980: in 1000 Personen | 2730.1 | 2364.7 | 15.7 | - | 12.2 | - | 298.3 | 5421.0 |
| 1990 in Prozent: | 47.3 | 43.3 | 0.2 | 0.2 | 0.2 | 0.1 | 6.7 | 5800.5 |

Der Modalwert ist bei qualitativen Merkmalen als einfaches Lagemass auch berechenbar, wie in Beispiel 10.8 gezeigt wird. Religionsbekenntnis ist ein qualitatives Merkmal, daher kann höchstens der Modalwert als Lagemass herangezogen werden. Die häufigste Konfession der Schweizer (Staatsbürger) ist die protestantische nimmt man aber die Schweizer Wohnbevölkerung, so ist es die röm.-katholische. Je nachdem, wie man die "Religion in der Schweiz" als Gesamtheit abgrenzt, erhält man ein anderes Ergebnis (vgl. auch Beispiel 16.3).

## 10.6. Harmonische Mittel (harmonic mean)

Auf den ersten Blick scheint das harmonische Mittel ein Exot unter den Lagemasszahlen zu sein. Erstaunlich ist dann doch die Einsatzmöglichkeit des harmonischen Mittels, auch in den Wirtschaftswissenschaften. Wie bei den anderen Lagemasszahlen können folgende drei Typen von harmonischen Mittel gebildet werden:

**Def. 10.8.a) Das gewöhnliche harmonische Mittel** eines quantitativen Merkmals X ist der inverse Durchschnitt der Reziprokwerte der n positiven Merkmalsausprägungen $x_1 > 0, ..., x_n > 0$ einer Verteilung:

$$H = \frac{n}{\left(\frac{1}{x_1} + \frac{1}{x_2} + .... + \frac{1}{x_n}\right)} = \frac{n}{\sum_{i=1}^{n} \frac{1}{x_i}}$$

Eine einfachere Berechnung erfolgt daher über das inverse harmonische Mittel

$$\frac{1}{H} = \frac{1}{n}\left(\frac{1}{x_1} + \frac{1}{x_2} + \ldots + \frac{1}{x_n}\right) = \frac{1}{n}\sum_{i=1}^{n}\frac{1}{x_i}$$

Noch kürzer kann man dafür schreiben $H^{-1} = \text{Ave}\{x_i^{-1}\}$.

**Def. 10.8.b) Das gewogene harmonische Mittel** mit positiven normierten Gewichten mit Summe 1, d.h. $\alpha_i > 0$ und $\alpha_1 + \alpha_2 + \ldots + \alpha_n = 1$, ist definiert als

$$H = \frac{1}{\alpha_1/x_1 + \alpha_2/x_2 + \ldots + \alpha_n/x_n} = \frac{1}{\sum_{i=1}^{n}\alpha_i/x_i}$$

**Def. 10.8.c) Gewogenes harmonisches Mittel mit allgemeinen Gewichten** $g_i > 0$ und positiver Gewichtssumme $g_1 + g_2 + \ldots + g_n > 0$ ist definiert als

$$H = \frac{\sum_{i=1}^{n} g_i}{\sum_{i=1}^{n} g_i/x_i}$$

Für das harmonische Mittel gilt folgende Neutralitätseigenschaft:

$$\sum_{i=1}^{n}\left(\frac{1}{x_i} - \frac{1}{\overline{\overline{x}}}\right) = 0.$$

**Beispiel 10.9 Durchschnittsgeschwindigkeiten**

Auf einer Strecke von 60 km werden mit einem Auto 30 km mit 30 km/h und die restlichen 30 km mit 90 km/h gefahren. Man berechne die Durchschnittsgeschwindigkeit. Versuchen wir zuerst eine einfache Lösung: ein gewogenes arithmetisches Mittel: 30/2 + 90/2 = 60 km/h. Wenn die Durchschnittsgeschwindigkeit 60 km/h beträgt, dann benötigt man für die 60 km lange Strecke nur 1 Stunde. Das kann aber keine sinnvolle Durchschnittsgeschwindigkeit sein, denn da wir die ersten 30 km mit 30 km/h gefahren sind, haben wir bereits 1 Stunde für die erste Hälfte gebraucht. Von einer sinnvollen Durchschnittsgeschwindigkeit soll gefordert werden, dass sie dieselbe Zeit benötigt, wie die Summe der Zeiten für die beiden Fahrstrecken. Daher ist folgender Ansatz sinnvoll:

**a) Spezieller harmonischer Ansatz:** Die Fahrzeit auf der ersten Strecke war 1 Stunde, auf der zweiten Strecke 20 Minuten. Daher war die gesamte Fahrdauer 1 Stunde und 20 Minuten (1h20') oder 4/3 Stunden. Aus der Beziehung

WEG = GESCHWINDIGKEIT mal ZEIT, bzw. $w = v * t$,

kann man nun die Länge des Weges (60km) und die benötigte Zeit einsetzen (4/3 Stunden) und erhält die Durchschnittsgeschwindigkeit:

$$v = \frac{w}{t} = \frac{60}{(4/3)} = 3 * 307\,2 = 45.$$

Die Durchschnittsgeschwindigkeit beträgt also 45 km/h.

**b) Allgemeiner harmonischer Ansatz:** Der wesentliche Faktor bei der Durchschnittsgeschwindigkeit ist die Zeit, die in der Angabe nicht explizit vorkommt. Daher muss sie durch die physikalische Gleichung indirekt ermittelt werden. Im ersten Streckenteil gilt die Beziehung $w_1 = v_1 t_1$ und daraus folgt für die benötigte Zeit $t_1 = w_1 / v_1$ und allgemein $t_i = w_i / v_i$, $i = 1, ..., n$. Dabei bedeutet n die Anzahl der Elemente (in unserem Fall die verschieden Streckenabschnitte), $t_i$ die benötigte Zeit, $w_i$ der zurückgelegte Weg und $v_i$ die gefahrene Geschwindigkeit.

Die Durchschnittsgeschwindigkeit $V_{harm}$ soll nun der Beziehung gehorchen

$$\text{Durchschnittsgeschwindigkeit} = \frac{\text{Gesamtweg}}{\text{Gesamtzeit}} \quad \text{bzw.} \quad V_{Harm} = \frac{W}{T},$$

wobei W den Gesamtweg (die gesamte Streckenlänge) und T die gesamte Zeit bezeichnet. $T = t_1 + t_2 + ... + t_n$ kann aus der Angabe indirekt berechnet werden, und durch Einsetzen der Grössen W und T in die obige Formel ergibt sich

$$\overline{V} = \frac{W}{T} = \frac{\sum_{i=1}^{n} w_i}{\sum_{i=1}^{n} w_i / v_i}$$

Dies ist jedoch gerade die Formel des gewogenen harmonischen Mittels mit allgemeinen Gewichten. Mit den Zahlen des obigen Beispiels erhalten wir:

$$\overline{V} = \frac{\sum_{i=1}^{n} w_i}{\sum_{i=1}^{n} w_i / v_i} = \frac{30 + 30}{\frac{30}{30} + \frac{30}{90}} = \frac{60}{4/3} = 45$$

Die Durchschnittsgeschwindigkeit beträgt 45 km/h und ergab sich als harmonischer Durchschnitt der einzelnen Geschwindigkeiten mit den Weglängen als allgemeine Gewichte.

Weitere Anwendungsgebiete des harmonischen Mittels sind z.B. Durchschnittspreise bei Budgetbeschränkungen oder wenn ein gleicher Wert über alle Merkmalsträger sichergestellt sein soll. Dann gilt etwa Preis*Menge = Budget (bzw. p*m = b), und daher für den

$$\text{Durchschnittspreis} = \text{Gesamtbudget/Gesamtmenge} = \frac{B}{W} \quad \text{Oder auch}$$

Preis*Verbrauchsmenge = Verkaufswert (p*m = w), und daher für den

$$\text{Durchschnittspreis} = \frac{\text{Gesamtwert}}{\text{Gesamtmenge}} = \frac{W}{M}.$$

## 10.7. Potenzmittelwerte

Wir betrachten $x_1, ..., x_n$ positive ( $x_i > 0$ ) Merkmalsausprägungen einer Verteilung mit n Beobachtungen. Dann ist das Potenzmittel eine Verallgemeinerung aller bisherigen Mittelbildungen. Einfachheitshalber wollen wir nur das gewogene Potenzmittel beschreiben.

**Def. 10.9 Das Potenzmittel der Ordnung r** mit normierten Gewichten $\alpha_i > 0$ ist definiert als

$$M_r = \left(\alpha_1 x_1^r + \alpha_2 x_2^r + \ldots + \alpha_n x_n^r\right)^{\frac{1}{r}} = \left(\sum_{i=1}^{n} \alpha_i x_i^r\right)^{\frac{1}{r}}$$

Die wichtigsten Spezialfälle des Potenzmittels sind in folgender Tabelle zusammengestellt.
Dabei sind die $\{x_1, \ldots, x_n\}$ positive Merkmalsausprägungen des Merkmals X, und r ein ganzzahliger Exponent.

Tab. 10.3 Wichtige Potenzmittel

| Exponent r | Bezeichnung $M_r$ | Name |
|---|---|---|
| $+\infty$ | $M_\infty = \text{Max}\{x_i\}$ | Maximum |
| 2 | $M_2 = \text{Quad}\{x_i\}$ | quadratisches Mittel |
| 1 | $M_1 = \text{Ave}\{x_i\}$ | arithmetisches Mittel |
| 0 | $M_0 = \text{Geom}\{x_i\}$ | geometrisches Mittel |
| -1 | $M_{-1} = \text{Harm}\{x_i\}$ | harmonisches Mittel |
| $-\infty$ | $M_{-\infty} = \text{Min}\{x_i\}$ | Minimum |

Aus dem Potenzmittel lassen sich folgende Spezialfälle ableiten:

a) **Das geometrische Mittel** erhält man durch Grenzübergang für $r \to 0$.

$$\lim_{r \to 0} \left(\alpha_1 x_1^r + \alpha_2 x_2^r + \ldots + \alpha_n x_n^r\right)^{\frac{1}{r}} = x_1^{\alpha_1} x_2^{\alpha_2} \ldots x_n^{\alpha_r}$$

b) **Maximum und Minimum** erhält man durch den Grenzübergang $r \to \pm \infty$:

$$\lim_{\rho \to -\infty} M_r = \text{Min}\{x_1, x_2 \ldots, x_n\} \quad \text{und} \quad \lim_{\rho \to \infty} M_r = \text{Max}\{x_1, x_2 \ldots, x_n\}$$

Zwischen den Lagemasszahlen des Potenzmittels besteht folgende Ordnungsrelation:

$$\text{Min} \leq \text{Harm} \leq \text{Geom} \leq \text{Ave} \leq \text{Quad} \leq \text{Max},$$

bzw.

$$M_{-\infty} \leq M_{-1} \leq M_0 \leq M_1 \leq M_2 \leq M_\infty.$$

Ganz allgemein wollen wir Lageparameter, die die zentrale Tendenz einer Verteilung messen (englisch: central tendency) mit 'Cent' abkürzen. Cent ist demnach eine Abbildung von der Gesamtheit in die reellen Zahlen, da nur für metrische Variable sinnvoll von einer zentralen Tendenz gesprochen werden kann. Damit muss jeder 'Cent' zwischen dem kleinsten und grössten beobachteten Wert liegen. Aus der Sicht der explorativen Datenanalyse sollte ein 'Cent' leicht berechenbar, leicht interpretierbar und resistent gegenüber extremen Beobachtungen sein.

### 10.6.1 Quadratische Mittel

Ein erster Anwendungsfall des Potenzmittelwerts ist der Fall mit Exponent 2, das quadratische Mittel.

**Def. 10.10.a)** **Das quadratisches Mittel** von n Merkmalsausprägungen $x_1, ..., x_n$ einer Verteilung des quantitativen Merkmals X ist definiert als

$$Q = \sqrt{\frac{1}{n}\left(x_1^2 + x_2^2 + .... + x_n^2\right)} = \sqrt{\frac{1}{n}\sum_{i=1}^{n} x_i^2}$$

**Def. 10.10.b)** **Das gewogene quadratische Mittel** mit positiven normierten Gewichten mit Summe 1, d.h. $\alpha_i > 0$ und $\alpha_1 + \alpha_2 + ... + \alpha_n = 1$, ist definiert als

$$Q = \sqrt{\alpha_1 x_1^2 + \alpha_2 x_2^2 + .... + \alpha_n x_n^2} = \sqrt{\sum_{i=1}^{n} \alpha_i x_i^2}$$

und analog definiert man das gewogene quadratische Mittel mit allgemeinen Gewichten.

Bem.: Das quadratische Mittel wird als Lagemasszahl einer Verteilung nicht verwendet, jedoch dient es zur Konstruktion der Standardabweichung, das als quadratisches Mittel der Mittelwertabweichungen definiert ist (vgl. Abschnitt 11. 3).

### 10.8. Programmpakete

In allen Programmpaketen berechnen die wichtigsten Lagemasszahlen, wie Mittelwerte, Median und Quartile. Wird die Urliste eingegeben, so werden die unklassierten Masszahlen berechnet. Klassierte Datenerfassungen sind möglich und man trifft unterschiedlichen Bedienungskomfort an. Getrimmte Mittelwerte, harmonische oder Potenzmittel sind selten direkt abrufbar, sondern müssen entsprechend den Möglichkeiten selbst berechnet werden. Grosse Unterschiede sind bei der Berechnung von Quartilen möglich. Bereits in Tabelle Tab. 3.4 wurde gezeigt, welche verschiedenen Möglichkeiten es derzeit gibt Quartile zu beschreiben.

### 10.9. Aufgaben

1) Ein Fahrzeug erreicht auf verschiedenen Streckenabschnitten die folgenden Durchschnittsgeschwindigkeiten:

| Streckenlänge | Durchschnitts-geschwindigkeit (km/h) | Streckenlänge | Durchschnitts-geschwindigkeit (km/h) |
|---|---|---|---|
| 50 | 70 | 10 | 30 |
| 20 | 50 | 40 | 90 |
| 60 | 40 | 15 | 25 |
| 5 | 10 | | |

Man berechne die Durchschnittsgeschwindigkeit auf der Gesamtstrecke.

2) a) In 5 Jahren wurden folgende Produktivitätssteigerungen in einem Land gemessen: 10%, 8%, -2%, 15%, 12%. Man berechne den Durchschnitt.
b) Wie lautet der Durchschnitt, wenn diese Prozentzahlen von 5 verschiedenen Ländern stammen?

3) Die Konsumentenpreise sind 1950-1992 in Deutschland um 256% gestiegen und in Italien um 1900%. Man vergleiche die durchschnittliche Inflationsrate in beiden Ländern.
4) Ein Basler Autofahrer tankt im Dreiländereck Schweiz, Deutschland und Frankreich zu den folgenden Literpreisen (p) und Wechselkursen (w):

|     |     | p    | w             |
| --- | --- | ---- | ------------- |
| CH  | sFr | 1.15 |               |
| BRD | DM  | 1.35 | 0.92 sFr/DM   |
| FRA | FF  | 5.14 | 0.25 sFr/FF   |

Berechne einen durchschnittlichen Literpreis a) wenn man in allen Ländern die gleiche Menge (10l) tankt, und b) wenn man in allen Ländern den gleichen Frankenbetrag (SFr 10.-) ausgibt.

5) a) Warum sind Trimmungen für das geometrische und harmonische Mittel weniger sinnvoll?
b) Man definiere das gewogene standardisierte Mittel und führe es auf das gewogene Mittel zurück.

6) Man zeige mit der Regel von de l'Hopital: Das geometrische Mittel erhält man durch Grenzübergang für $r \to 0$ aus dem Potenzmittelwert $M_r$.

7) Man zeige $r_{Geom} = \exp(\text{Ave}\{\Delta \ln x_t\})$.

8) Man berechne die klassenbedingte Streuung der Quartile der Chevroletdaten (Beispiel 10.1) und stelle sie graphisch dar.

9) Für die 35 Verwaltungsbezirke der BRD sind in Tab. 10.4 die Einwohner und die Bevölkerungsdichte angegeben.
a) Man berechne Median und Mittelwert der Einwohner und der Bevölkerungsdichte;
b) Man berechne ein 5% und 10% getrimmtes Mittel.

Tab. 10.4 Einwohner und Bevölkerungsdichte in der BRD

| Bezirk | Einwohner in 1000 | Bev. Dichte in km² | Bezirk | Einwohner in 1000 | Bev. Dichte in km² |
| --- | --- | --- | --- | --- | --- |
| Schleswig-Holstein | 2494 | 159 | Hamburg | 1794 | 2382 |
| Hannover | 1537 | 234 | Hildesheim | 964 | 185 |
| Lüneburg | 1066 | 97 | Stade | 624 | 93 |
| Osnabrück | 780 | 126 | Aurich | 404 | 129 |
| Braunschweig | 861 | 276 | Oldenburg | 845 | 155 |
| Bremen | 723 | 1790 | Düsseldorf | 5626 | 1022 |
| Köln | 2412 | 602 | Aachen | 1016 | 328 |
| Münster | 2402 | 333 | Detmold | 1737 | 268 |
| Arnsberg | 3721 | 480 | Darmstadt | 4033 | 339 |
| Kassel | 1349 | 147 | Koblenz | 1354 | 167 |
| Trier | 482 | 89 | Rheinhessen Pfalz | 1809 | 265 |
| Nordwürttemberg | 3496 | 330 | Nordbaden | 1910 | 373 |
| Südbaden | 1868 | 188 | S-Wtbg-Hohenzollern | 1622 | 161 |
| Oberbayern | 3243 | 198 | Niederbayern | 1012 | 94 |
| Oberpfalz | 956 | 99 | Oberfranken | 1116 | 149 |
| Mittelfranken | 1485 | 195 | Unterfranken | 1181 | 139 |
| Schwaben | 1489 | 146 | Saarland | 1120 | 436 |
| Berlin (West) | 2122 | 4421 | | | |

10) Man vergleiche den Euro-Frankensatz mit den Bundesobligationen: Wo war der durchschnittliche Ertrag höher?

Tab. 10.5 Zinssätze in der Schweiz

| Jahr | Euro-Frankensatz (3-Monate) | | Bundesobligationen | |
|---|---|---|---|---|
|  | nominell | real | nominell | real |
| 1988 | 3.1 | 1.2 | 4.0 | 2.1 |
| 1989 | 6.9 | 3.7 | 5.2 | 2.0 |
| 1990 | 8.8 | 3.3 | 6.4 | 1.0 |
| 1991 | 8.1 | 2.1 | 6.2 | 0.4 |
| 1992 | 7.8 | 3.6 | 6.4 | 2.3 |

11) Berechnen Sie mit Hilfe der nachfolgenden Daten die exportgewichtete Wechselkurszuwachsrate des SFr. für 1968:

Tab. 10.6 Wechselkurs, Exportanteil

| Land | USA | CAN | GB | F | BRD | I | NL | JAP |
|---|---|---|---|---|---|---|---|---|
| Wechselkurs (%) | 20.8 | 19.9 | 21.4 | 6.8 | 0.0 | 1.6 | 0.3 | 1.1 |
| Exportanteil (%) | 9.4 | 0.1 | 7.8 | 9.1 | 20.9 | 7.8 | 2.2 | 3.3 |

# 11. STREUUNGSMASSZAHLEN

**11.1. Die Varianz und Standardabweichung**
**11.2. Getrimmte Varianz und Standardabweichung**
**11.3. Das Gini-Mass**
**11.4. Weitere Streuungsmasszahlen**
**11.5. Entropie**
**11.6. Momente**
**11.7. Schiefe**
**11.8. Wölbung**

Dieses Kapitel behandelt das Phänomen der Streuung einer Verteilung, auch Dispersion genannt, und diskutiert die wesentlichen Masszahlen der Streuung. Ferner werden noch die Verteilungsmasszahlen Schiefe und Wölbung besprochen.

Das Phänomen der Streuung bezieht sich auf *quantitative* Merkmale und befasst sich mit der Tatsache, dass Merkmale mit gleichen Lageparametern verschieden verteilt und ausgebreitet sein können. Die Streuung hängt natürlich von der gewählten Messeinheit ab, daher spricht man auch von Streuungs- oder Skalierungsparameter.

Streuungsmasszahlen sind damit ein Mass der *Unsicherheit* im Bereich der Merkmalsausprägungen. Sichere Merkmale haben Streuung Null, wie jede 1-Punkt Verteilung. Je grösser die Streuung, desto unschärfer ist die Beschreibung aller Merkmale durch einen Lageparameter. Eine wirtschaftliche Bedeutung haben Streuungsmasszahlen in der Qualitätssicherung. Gute Produkte weichen nur wenig von der Norm ab, d.h. streuen nur wenig um den vorgegebenen Zielwert. Schlechte Qualität erkennt man oft an grossen Streuungen im Produktionsvorgang.

In den Finanzmärkten haben die Streuungsmasszahlen in den letzten Jahren sehr an Bedeutung gewonnen. Während die Veränderungen von Wechselkursen, Zinssätzen und Kursnotierungen auf effizienten Märkten nicht prognostizierbar sind, so beobachtet man doch Perioden mit grösseren und kleineren Schwankungen. Diese Veränderlichkeit der Varianz in bestimmten Perioden wird auch Volatilität genannt. Volatile Zeitreihen spiegeln ein höheres Risiko, aber damit auch potentiell höhere Gewinnchancen wieder.

Lage- und Streuungsphänomene sind dann relevant, wenn Verteilungen miteinander verglichen werden.

**Figur 11.1 Vergleich von (symmetrischen) Verteilungen**

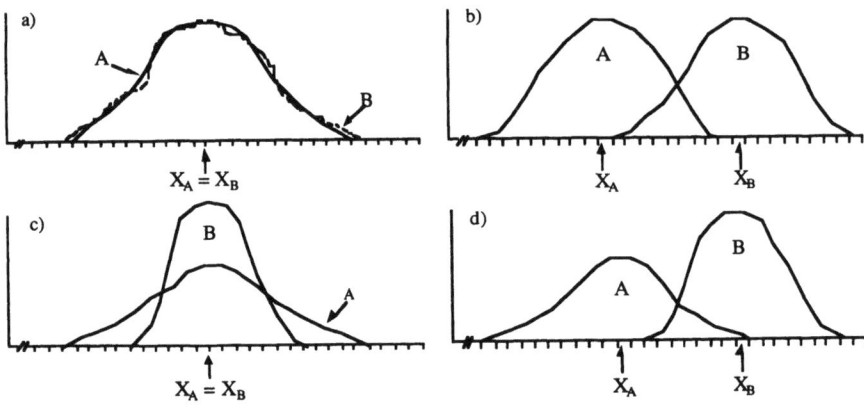

Figur 11.1 zeigt die 4 Möglichkeiten der Kombination von unimodalen, symmetrischen Verteilungen: a) gleiche Lage und Streuung, b) ungleiche Lage und gleiche Streuung, c) gleiche Lage und ungleiche Streuung, d) ungleiche Lage und ungleiche Streuung.

## 11.1. Die Varianz und Standardabweichung

Die Varianz ist mit dem Mittelwert und dem Median einer der wichtigsten Masszahlen der Statistik. Ihre Bedeutung leitet sich auch aus der Normalverteilung ab, deren Streuungsparameter sie ist.

**Def. 11.1.a) Die (deskriptive) Varianz** $\sigma^2$ ist das arithmetische Mittel der quadrierten Abweichungen vom Mittelwert:

$$\sigma^2 = \frac{1}{n} \sum_{i=1}^{n} (x_i - \overline{x})^2.$$

Wegen der Minimaleigenschaft des Mittelwertes (vgl. Abschnitt 10.1.1) ist die Varianz der kleinste mittlere quadratische Abstand unter allen quadratischen Abständen von einer beliebigen Zahl.
In der induktiven Statistik wird ein sogenannter Stichproben- (bzw. erwartungstreuer) Schätzer der Varianz verwendet, der sich von der deskriptiven Varianz durch den Nenner 1/(n-1) unterscheidet. Diesen Varianzschätzer nennt man daher auch Stichprobenvarianz und wird fast ausschliesslich mit $s^2$ bezeichnet.

**Def. 11.1.b) Die Stichproben-Varianz** $s^2$ eines Merkmals X lautet

$$s^2 = \frac{1}{n-1} \sum_{i=1}^{n} (x_i - \overline{x})^2.$$

$s^2$ wird oft auch als deskriptives Mass verwendet, durch den kleineren Nenner ist die Stichprobenvarianz das grössere Varianzmass, d.h. es gilt $s^2 > \sigma^2$. Es besteht die Beziehung $(n-1)s^2 = n\sigma^2$, wodurch man ein Mass in das andere überführen kann. Der Unterschied zwischen den beiden Varianzen macht sich nur bei kleinem n bemerkbar. Daher empfiehlt sich immer ein genaues Überprüfen der verwendeten Software oder Computerprogramme, vor allem wenn man verschiedene Ergebnisse vergleichen möchte.

**Def. 11.2 Die Standardabweichung** eines Merkmals X ist die Wurzel der Varianz und lautet

$$\sigma_X = \sqrt{\sigma^2_X} = \sqrt{\frac{1}{n} \sum_{i=1}^{n} (x_i - \overline{x})^2}.$$

Die Standardabweichung hat als quadratische Mittel der Abweichungen vom Mittelwert (vgl. Kap. 10) dieselbe Dimension wie die der Beobachtungen (bzw. des Merkmals X). Analog zur Varianz bezeichnen wir mit dem griechischen $\sigma$ die Standardabweichung der Gesamtheit und mit s die Standardabweichung einer Stichprobe, die aus schätztechnischen Gründen kein einfaches quadratisches Mittel der n Beobachtungen ist, sondern ein gewogenes mit Gewichten $g_i = (n-1)/n$. Wenn keine Unterscheidungen zwischen Merkmalen notwendig sind, schreibt man kürzer $\sigma_X = \sigma$.
Zur Berechnung der Varianz verwendet man oft den sogenannten Steiner'schen Verschiebungssatz (J. Steiner 1796 - 1863 war ein Schweizer Mathematiker):

$$\sigma^2 = \frac{1}{n} \sum_{i=1}^{n} x_i^2 - \overline{x}^2$$

Der Beweis ist eine gute Übung im Summenrechnen:

$$\sum_{i=1}^{n} (x_i - \overline{x})^2 = \sum_{i=1}^{n} \left( x_i^2 - 2 x_i \overline{x} + \overline{x}^2 \right)$$

$$= \sum_{i=1}^{n} x_i^2 - 2 \overline{x} \sum_{i=1}^{n} x_i + n \overline{x}^2$$

$$= \sum_{i=1}^{n} x_i^2 - 2 \overline{x} \, n \overline{x} + n \overline{x}^2$$

$$= \sum_{i=1}^{n} x_i^2 - n \overline{x}^2$$

Dividiert man die letzte Gleichung durch n, so erhält man die Behauptung. Der allgemeine Steiner'sche Verschiebungssatz lautet für beliebige Abweichungsquadrate von einem Wert $a \in \mathbb{R}$:

$$\sum_{i=1}^{n} (x_i - a)^2 = \sum_{i=1}^{n} \left( x_i^2 - \overline{x}^2 \right) + n (\overline{x} - a)^2$$

Für a = 0 erhält man die obige Spezialisierung. (Im Kapitel 12 wird diese Beziehung als Spezialfall der Momentenzerlegung verdeutlicht.)

### 11.1.1. Die Varianz der klassierten Daten

Liegen klassierte Daten $(I_k, f_k)$, k = 1, ..., K (mit $n = f_1 + f_2 + ... + f_K$) vor, dann kann die Varianz (approximativ) durch folgende Formel mittels den Klassenmitten $x_k^*$ berechnet werden:

$$\sigma_X^2 = \frac{1}{n} \sum_{k=1}^{K} f_k (x_k^* - \overline{x})^2 = \frac{1}{n} \sum_{k=1}^{K} f_k x_k^{*2} - \overline{x}^2$$

Statt den absoluten Häufigkeiten $f_k$ kann man auch die relativen Häufigkeiten $p_k = f_k / n$ verwenden. Dann lautet die Varianz:

$$\sigma_X^2 = \sum_{k=1}^{K} p_k (x_k^* - \overline{x})^2 = \sum_{k=1}^{K} p_k x_k^{*2} - \overline{x}^2$$

Der Index X gibt die Varianz des betrachteten Merkmals an, und der zweite Teil der Formel ist die Berechnung mittels des Verschiebungssatzes. Approximativ ist die Berechnung deswegen, weil bei metrischen Merkmalen nicht mehr alle Merkmalsausprägungen zur Berechnung herangezogen werden, sondern nur mehr die Klassenmitten. Die Berechnung der Varianz erfolgt für $(x_k^*, f_k)$, k = 1, .., K, jedoch sind die $x_k^*$ keine diskreten Merkmalsausprägungen mehr, sondern Klassenmitten, die stellvertretend für alle Merkmalsausprägungen in einer Klasse stehen.

Bem.: Daher kann die Standardabweichung bei klassierten Daten als gewogenes quadratisches Mittel der Klassenmitten angesehen werden:

$$\sigma_{Klass} = Quad_{gew}\{x_k^*\}.$$

Klassenbildungen sind in einem gewissen Sinn statistische Rundungen. Den dabei auftretenden Fehler ("Rundungsfehler") kann man mit der sogenannten Sheppard'schen Korrektur berichtigen.

**Def. 11.3 Die Sheppard'sche Korrektur** beträgt bei gleicher Klassenbreite $b_k = b$, $k = 1, .., K$, eines klassierten Merkmals X $b^2/12$ und die korrigierte Varianzformel lautet damit:

$$\sigma_{*,\,korr.}^2 = \frac{1}{n}\sum_{k=1}^{K} f_k\left(x_k^* - \bar{x}\right)^2 - \frac{b^2}{12}$$

Bem.: Sheppard'sche Korrekturen gibt es auch für höhere (nur gerade) Momente. Allgemein sind heute Sheppard'sche Korrekturen nicht mehr so wichtig, da man mit Computern und Datenbanken immer mehr auf Speicherung der gesamten Urliste übergeht. Der Faktor $b^2/12$ kann als Varianz einer Gleichverteilung in einem Intervall mit der Breite b angesehen werden.

### 11.1.2. Der Variationskoeffizient

Varianzen und Standardabweichungen sind dimensionsbehaftete Grössen, sie besitzen die Dimension des Merkmals, und eigenen sich daher schwer zum Vergleich von verschieden dimensionierten (skalierten) Merkmalen. Für diese Werte verwendet man den Variationskoeffizienten, der die Dimension der Messung eliminiert. Das Konstruktionsprinzip dabei lautet:

$$\text{Variationskoeffizient} = \frac{\text{Streuungsmass}}{\text{Lagemass}}.$$

Der wichtigste Variationskoeffizient verwendet Mittelwert und Varianz und lautet daher

$$v = \frac{\sigma}{\bar{x}} \quad \text{für} \quad \bar{x} \neq 0$$

Ist das Lagemass 0, so kann kein Variationskoeffizient berechnet werden. Auch ein Lagemass in der Nähe von 0 macht den Variationskoeffizienten schon instabil. Das nächste Beispiel demonstriert die Anwendung des Variationskoeffizienten zum Streuungsvergleich.

**Beispiel 11.1 Streuungsvergleich zweier Gesamtheiten**

Die Körpergrössen von zwei afrikanischen Volksgruppen sollen miteinander verglichen werden. Die statistischen Masszahlen sind in der nächsten Tabelle wiedergegeben.

| Volk | Mittelwert | Standardabweichung | Variationskoeffizient |
|---|---|---|---|
| Pygmäen | 150 | 10 | 1/ 15 = 0.066 |
| Massai | 180 | 10 | 1/ 18 = 0.055 |

Welche der Körpergrössen der beiden Volksgruppen besitzt die grössere Streuung? Da die Standardabweichung in beiden Fällen gleich gross ist, würde man eine gleich grosse Streuung vermuten. Die Massai werden aber im Durchschnitt grösser bei gleicher Standardabweichung, daher machen sie einen homogeneren Eindruck. Das drückt sich auch im kleineren Variationskoeffizienten v aus: Die durchschnittliche Variation beträgt bei den Massai 5.5% des Mittelwertes, während es bei den Pygmäen 6.6% sind.

Bem.: Der Variationskoeffizient ist auch in der Konzentrationrechnung von grosser Bedeutung (vgl. Kapitel 13).

### 11.2. Getrimmte Varianz und Standardabweichung

Analog dem getrimmten Mittelwert (vgl. Def. 10.2) kann man eine getrimmte Standardabweichung berechnen. Da man durch Weglassen der extremen Beobachtungen die Varianz verkleinert, benötigt man einen Anpassungsfaktor A (adjustment factor), der vom Trimmungsprozentsatz $\alpha$ abhängt. Die Auswahl des Trimmungssatzes ist daher direkt mit der Wahl des Bruchpunktes verbunden.

**Def. 11.4 Die $\alpha$% getrimmte Varianz** eines Merkmals X ist gegeben als

$$\sigma^2_\alpha = \frac{A(\alpha)}{n - 2[\alpha n]} \sum_{i=[\alpha n]}^{n-[\alpha n]} (x_{(i)} - \overline{x}_\alpha)^2,$$

wobei $A = A(\alpha)$ der Anpassungsfaktor ist, der von $\alpha$ abhängig ist. Der Anpassungsfaktor gibt an, um welchen Faktor die getrimmte Varianz vergrössert werden muss um den Verlust von $2\alpha$% Beobachtungen auszugleichen. Die Anpassungsfaktoren bestimmt man durch die Formel (vgl. Huber 1980)

$$A(\alpha) = 1 - 2\alpha - 2Q_{1-\alpha} f(Q_{1-\alpha}),$$

wobei f(x) die Dichte und $Q_{1-\alpha}$ das $(1 - \alpha)$-Quantil der Standard-Normalverteilung N(0,1) ist. Für einige $\alpha$ haben wir die Trimmungssätze in der nächsten Tabelle 11.1 zusammengestellt.

Tab. 11.1 Anpassungsfaktoren für Trimmungssätze von $\alpha = 1$% bis $\alpha = 30$%.

| Stamm | 1 | 2 | 3 | 4 | 5 | 6 | 7 | 8 | 9 | 10 |
|---|---|---|---|---|---|---|---|---|---|---|
| 0 | 1.17 | 1.31 | 1.46 | 1.62 | 1.78 | 1.96 | 2.16 | 2.37 | 2.60 | 2.86 |
| 1 | 3.14 | 3.45 | 3.80 | 4.18 | 4.61 | 5.10 | 5.65 | 6.27 | 6.97 | 7.77 |
| 2 | 8.68 | 9.74 | 10.95 | 12.37 | 14.02 | 15.96 | 18.26 | 21.01 | 24.30 | 28.30 |

So ist für $\alpha = 5$% ist der Anpassungsfaktor $A(\alpha) = 1.78$, für $\alpha = 10$% ist $A(\alpha) = 2.86$. Der Bruchpunkt der $\alpha$%-getrimmten Varianz oder Standardabweichung ist $\alpha$%. (Anpassungsfaktoren für die Standardabweichung kann man auch angeben; sie sind die Wurzel der Anpassungsfaktoren für die Varianz.) Die Berechnung der getrimmten Varianz und Standardabweichung ist im folgenden Beispiel dargestellt.

**Beispiel 11.2 Kontrollmessungen einer Fabrik**

Die 10 Messungen sind bereits als Rangliste angeführt:

| Einheit i | Wert $x_{(i)}$ | Mittelwert-Abweichung | getrimmte Abweichung | getrimmte Quadrate | Quadrate $(x_i - \overline{x})^2$ |
|---|---|---|---|---|---|
| 1 | 1.1 | -5.1 | (-2.4) | - | 26.01 |
| 2 | 1.6 | -4.6 | -1.9 | 3.61 | 21.16 |
| 3 | 2.1 | -4.1 | -1.4 | 1.96 | 16.81 |
| 4 | 2.6 | -3.6 | -0.9 | 0.81 | 12.96 |
| 5 | 3.1 | -3.1 | -0.4 | 0.16 | 9.61 |
| 6 | 3.7 | -2.5 | 0.2 | 0.04 | 6.25 |
| 7 | 4.2 | -2.0 | 0.7 | 0.49 | 4.0 |
| 8 | 4.8 | -1.2 | 1.3 | 1.69 | 1.44 |
| 9 | 5.8 | -0.4 | 2.3 | 5.29 | 0.16 |
| 10 | 32.7 | 26.5 | (29.2) | - | 702.25 |
| Summe | 61.7 | -0.1 | -0.1 | 14.05 | 800.65 |
| Mittelwert | $\overline{x} = 6.2$ | 0 | $\overline{x} = 3.5$ | | |

Beachte, dass die Summe der Abweichungen vom Mittelwert -0.1 ist, im Gegensatz zur theoretisch ableitbaren Eigenschaft der Abweichungsneutralität. Dies ist der Rundungsfehler, der durch das Aufrunden von $\overline{x} = 6.17$ auf 6.2 zustande gekommen ist. Der getrimmte Mittelwert ist somit

$$\overline{x}_{10\%} = \frac{1}{8} \sum_{i=2}^{9} x_{(i)} = 27.9/8 = 3.5.$$

und die getrimmte Varianz beträgt wegen $[\alpha n] = 10*0.1 = 1$ und der vorletzten Spalte in Beispiel 11.2:

$$\sigma^2_{10\%} = \frac{2.86}{n-2} \sum_{i=2}^{n-1} (x_{(i)} - \overline{x}_{10\%})^2 = \frac{2.86*14.05}{8} = 5.02,$$

die getrimmte Standardabweichung $\sigma_{10\%} = \sqrt{5.02} = 2.24$. Im Vergleich dazu beträgt die resistente Standardabweichung:

$$\sigma^* = \frac{3}{4} Q4_\Delta = \frac{3}{4} [x_{(8)} - x_{(3)}] = \frac{3}{4} (4.8 - 2.1) = \frac{3}{4} 2.7 = 2.025.$$

## 11.3. Das Gini-Mass

Streuungsmasszahlen, die alle Abstände berücksichtigen, sind zwar theoretisch ansprechend, aber in der Praxis selten zu finden. Das ist weniger auf die aufwendigere Berechnung zurückzuführen, die ja n (n-1)/2 Paare von Beobachtungen erfordert, sondern auf die schwierige Verallgemeinerung in mehrere Dimensionen (z.B. bivariate und zweidimensionale Merkmale) und kompliziertere Modelle. Das bekannteste Mass für dieses 'intuitive Mass' der Streuung ist das Gini-Mass.

**Def. 11.5 Das einfache Gini-Mass**, auch Gini's mittlere Differenz genannt (engl.: Gini mean difference) ist ein Mittelwert der Absolutabstände aller Paare von Beobachtungen:

$$\sigma_{Gini} = \frac{2}{n(n-1)} \sum_{i<j}^{n} |x_i - x_j|, \qquad \text{für} \quad 1 \leq i \leq j \leq n.$$

Dieses Mass wurde vom italienischen Statistiker Gini 1912 über "Variabilität und Mutabilität" vorgeschlagen, es gibt aber frühere Vorschläge 1869 von Jordan und 1876 von Helmert in den "Astronomischen Nachrichten". Das Gini-Mass kann entweder über die Absolutabstände der $n^2$ Paare von Differenzen oder als gewogene Summe der Rangliste berechnet werden:

$$\sigma_{Gini} = \frac{1}{n^2} \sum_{i=1}^{n} \sum_{j=1}^{n} |x_i - x_j| = \frac{2}{n(n-1)} \sum_{i=1}^{n} (2i - n - 1) x_{(i)}.$$

In der 'Ranglistenform' muss der Divisor n(n-1) lauten, da die n Vergleiche jeder Beobachtung mit sich selbst per definitionem Null sind und daher in der Mittelbildung nicht berücksichtigt werden kann. Die zweite Formel (Schema 1) ist ein gewogenes Mittel der Rangliste der $x_{(j)}$ mit den Gewichten $g_j = f_j \, 2i - 1 - n)$.
Bem.: Man kann zeigen, dass das Gini-Mass bei Normalverteilungen asymptotisch proportional zur Varianz ist: $\sigma_{Gini} = \frac{2n}{(n-1)} \sigma^2_X$. Damit kann man auch ein (angenähertes) α-getrimmtes Gini-Mass definieren:

$$\sigma_{Gini,\alpha} = \frac{2n}{(n-1)} \sigma^2_{X,\alpha}.$$

Dabei ist $\sigma^2_{X,\alpha}$ die deskriptive (unkorrrigierte) α getrimmte Varianz.

**Def. 11.6 Das klassierte Gini-Mass,** d.h. das Gini-Mass für klassierte Merkmale lautet

$$\sigma_{Gini} = \frac{2}{n(n-1)} \sum_{j=1}^{K} f_j \sum_{i=1}^{K} f_i |x^*_i - x^*_j| \quad \text{für} \quad 1 \leq i \leq j \leq K.$$

$$= \frac{2}{n(n-1)} \sum_{j=1}^{K} f_j \, x^*_{(j)} (2F_j - f_j - n).$$

Die zweite Formel (Schema 2) ist ein gewogenes Mittel der Rangliste der Klassenmitten $x^*_{(j)}$ mit den Gewichten $g_j = f_j (2F_j - f_j - n)$, wobei die $F_j = f_1 + ... + f_j$ die kumulierten Häufigkeiten sind.
Bem.: a) Es gilt folgende Neutralitätseigenschaft bei Paardifferenzen:

$$\sum_{i<j}^{n} (x_i - x_j) = \sum_{i=1}^{n} \sum_{j=1}^{n} (x_i - x_j) = 0.$$

In dieser Eigenschaft gleicht das Gini-Mass der Standardabweichung.
b) Das Gini-Mass kann als spezielles gewogenes Mittel der Absolutabweichungen vom Median dargestellt werden:

$$\sigma_{Gini} = \text{Ave}_{gew} \{|x_{(i)} - \text{Med}\{x_i\}|\} = \frac{2}{n(n-1)} \sum_{i=1}^{n} (n - 2i + 1) |x_{(i)} - \text{Med}\{x_i\}|,$$

wobei die Gewichte in der ersten Hälfte negative und in der zweiten Hälfte positive Werte annehmen: $g_i = n - 2i + 1$, $i = 1, ..., n$. Das Gini-Mass wird in der Praxis nur selten angewendet. Trotz der Verwendung von Absolutbeträgen besitzt es keine hohe Resistenz, da der Durchschnitt der Absolutbeträge gebildet wird. Der Bruchpunkt des Gini-

Masses ist trotz Verwendung von Absolutabweichungen Null, da eine ∞-Beobachtung in der Durchschnittsbildung genügt um das Gini-Mass ∞ zu machen. Daher liegt es nahe, eine robuste Definition eines mittleren Abstandsmasses zu definieren.

**Def. 11.7 Das Midi-Mass** ist eine resistente Version des Gini-Masses, das (analog dem MAD) als medialer absoluter Abstand aller n(n-10)/2 Abstandspaare definiert wird:

$$\sigma_{Midi} = Med_{i>j} \{|x_{(i)} - x_{(j)}|\}.$$

Der Bruchpunkt des Midi-Masses ist der des Medians, also fast 50%. Daher ist aus Resistenzüberlegungen das Midi-Mass dem Gini-Mass vorzuziehen.

**Beispiel 11.3 Das Gini- und Midi-Mass für diskrete Merkmale**

**a) unklassiertes Berechnungsschema:** Gegeben seien die Noten von 6 Studenten: {3,4,4,5,5,5}. Zur übersichtlichen Berechnung des Gini - Masses ordnet man die Beobachtungen in Tabellenform - z. B. vom grösstem zum kleinsten Wert - wie folgt:

Tab. 11.2.a) Die Gini Abstands-Tabelle:

|   | 5 | 5 | 5 | 4 | 4 | 3 | Summe |
|---|---|---|---|---|---|---|-------|
| 5 | 0 | 0 | 0 | 1 | 1 | 2 | 4 |
| 5 |   | 0 | 0 | 1 | 1 | 2 | 4 |
| 5 |   |   | 0 | 1 | 1 | 2 | 4 |
| 4 |   |   |   | 0 | 0 | 1 | 1 |
| 4 |   |   |   |   | 0 | 1 | 1 |
| 3 |   |   |   |   |   | 0 | 0 |
| Total |   |   |   |   |   |   | 14 |

In die Hauptdiagonale trägt man die 0 ein; das sind die Differenzen jeder Beobachtung mit sich selbst. Nun braucht man nur das obere Dreieck mit den Abständen zu berechnen. In der Summenspalte trägt man die Zeilensummen ein und ermittelt das Total in der rechten unteren Ecke. Das Gini-Mass ist daher

$$\sigma_{Gini} = \frac{2}{6 \cdot 5} \, 14 = 0.93.$$

Das Midi-Mass ist aus der Abstandstabelle als ein (kahles) St&Bl berechenbar:

Tab. 11.2.b) St&Bl der Abstandstabelle mit Häufigkeiten

Einheit1 || 1 = 1        ($f_i$)

| 0 || 0000        (4)
| 1 || 11111 111   (8)      Daher ist $\sigma_{Midi} = 1$.
| 2 || 222         (3)

Die Spalte der absoluten Häufigkeiten ergibt die Anzahl der Paare: $n(n-1)/2 = f_1 + ... + f_K$. Dabei ist K die Anzahl der Klassen, die man aus der Anstandstabelle mit dem St&Bl bildet.

Die Summation $\sum_{i<j} z_{ij}$ bedeutet, dass nur über das obere Dreieck der (Abstands-) Matrix $\{z_{ij} = |x_i - x_j|, i = 1, ..., n; j = 1, ..., n\}$ summiert werden muss. Da die Abstandsmatrix **Z**

={$z_{ij}$} symmetrisch ist, gilt $\sum\limits_{i<j} z_{ij} = \sum\limits_{i>j} z_{ij}$. Das $\sigma_{Gini}$ besagt, dass der durchschnittliche Notenabstand zwischen den $\binom{6}{2} = 15$ Notenpaaren 0.93 beträgt.

**b) Klassiertes Berechnungsschema:** Da die Benotungsskala als diskretes Merkmal aufgefasst werden kann, ist folgende Klassierung möglich: {($x_k^* = x_k, f_k$), k = 1, ..., 3}. Folgende Berechnungstabelle ist zweckmässig:

Tab. 11.3.a) Allgemeines Schema:

| Häufig-keiten | i | $f_1$ ......... $f_n$ | | erste Hilfsgrösse | zweite Hilfsgrösse |
|---|---|---|---|---|---|
| j | Merkmal | $x_{(1)}^*$ | $x_{(k)}^*$ | $d_j = \sum\limits_i f_i z_{ji}$ | $D_k = \sum\limits_j f_j d_j$ |
| $f_1$ | $x_{(1)}^*$ | | | $d_1$ | $D_1 = f_1 d_1$ |
| : | : | $\|x_i - x_j\| = \{z_{ij}\}$ | | : | : |
| $f_k$ | $x_{(k)}^*$ | | | $d_k$ | $D_k = f_k d_k$ |
| | | | | | $\sum D_j = D$ |

Tab. 11.3.b) Speziell gilt für die Daten des Beispiels 11.3:

| $f_j$ | i | 3 | 2 | 1 | | |
|---|---|---|---|---|---|---|
| j | $x_i$ | 5 | 4 | 3 | $d_j$ | $D_j$ |
| 3 | 5 | 0 | 1 | 2 | 2+2=4 | 3*4=12 |
| 2 | 4 | | 0 | 1 | 1 | 2*1 |
| 1 | 3 | | | 0 | 0 | 0 |
| Total | | | | | | D=14 |

Das klassierte Gini - Mass berechnet sich daher folgendermassen:

$$\sigma_{Gini} = \frac{2}{n(n-1)} \cdot D = \frac{2}{5 \cdot 6} \cdot 14 = 0.93 \text{ mit } n = f_1 + f_2 + ... + f_k \text{ und}$$

$$D = \sum_j f_j d_j \text{ und } d_j = \sum_{i>j} |x_i - x_j|.$$

**2) Das klassierte Gini-Mass:** Die Berechnung als gewöhnliche (unklassierte) gewogene Rangliste nach Schema 1 lautet:

| i | $x_{(i)}$ | $g_i = 2i - 7$ | $g_i \cdot x_{(i)}$ |
|---|---|---|---|
| 1 | 3 | -5 | -15 |
| 2 | 4 | -3 | -12 |
| 3 | 4 | -1 | -4 |
| 4 | 5 | 1 | 5 |
| 5 | 5 | 3 | 15 |
| 6 | 5 | 5 | 25 |
| | | | D = 14 |

Die Berechnung als klassierte gewogene Rangliste nach Schema 2 lautet:

| k | $x_k$ | $f_k$ | $F_k$ | $2F_k$ | $g_k = 2F_k - f_k - n$ | $f_k \cdot x_k$ | $f_k \cdot x_k \cdot g_k$ |
|---|---|---|---|---|---|---|---|
| 1 | 3 | 1 | 1 | 2 | -5 | 3 | -15 |
| 2 | 4 | 2 | 3 | 6 | -4 | 8 | -16 |
| 3 | 5 | 3 | 6 | 12 | 0 | 15 | 45 |
| Summe | | 6 | | | | | D = 14 |

Analog zu vorher ist das klassierte Gini-Mass ist $\sigma_{Gini} = \frac{14}{15} = 0.93$.

### 11.3.1. Das Midi-Mass für klassierte Merkmale

Damit der Median berechnet werden kann, müssen die $z_{ij}$ in der Abstandstabelle in eine Rangliste gebracht werden. Bei klassierten Daten ist dies ebenfalls eine klassierte Tabelle. Für die Häufigkeiten $h_{ji}$ der Paardifferenzen $z_{ij}$ gibt es folgende Regel zur Berechnung:
a) ausserhalb der Hauptdiagonalen (j > i) beträgt die Häufigkeit $h_{ij} = f_i * f_j$;
b) auf der Hauptdiagonalen, d.h. für $z_{ij} = 0$, i = 1, ... k. In jeder Klasse gibt es $(f_i - 1)!$ Paarvergleiche, daher ist die Gesamtzahl $h_{ij} = (f_1 - 1)! + ... + (f_n - 1)!$.

Tab. 11.4 Das klassierte Midi-Mass

| $z_{ij}$ | Komponenten | $h_{ij}$ |
|---|---|---|
| 0 | 0! + 1! + 2! | 3 |
| 1 | 2 * 3 + 2 | 8 |
| 2 | 3 | 3 |
| | Summe = 14 | |

Das Midi-Mass ist als Median der Tiefe 7h definiert und beträgt $\sigma_{Midi} = 1$.

### 11.4. Weitere Streuungsmasszahlen

Weitere Streuungsmasszahlen folgen drei Konstruktionsprinzipien: Masszahlen mit Hilfe von Ranglisten, aller Abstände und zweistufigen Abständen. Diese werden in den folgenden drei Abschnitten besprochen.

### 11.4.1. Streuungsmasszahlen aufgrund Ranglisten

Streuungsmasszahlen, die auf dem Abstand zweier Ranggrössen (order statistics) beruhen, haben wir bereits in der EDA kennengelernt. Sie sind in der EDA deshalb so beliebt, weil sie aus n-Zahlen-Massen leicht ermittelt werden können, und weil sie gegenüber extremen Beobachtungen unempfindlich sind. Da der Bruchpunkt von Rangmasszahlen hoch ist, wird auch der Bruchpunkt der daraus abgeleiteten Streuungsmasszahlen hoch. Beispiele dafür sind:

a) Spannweite (range): Range = Max - Min;

b) Quantilsdistanz: $\Delta Q_p = Q^p - Q_p$;

c) Semi-Quantilsdistanz: $Semi(Q_p) = \frac{Q^p - Q_p}{2}$.

Wichtige Spezialfälle sind die Quartilsdistanz $\Delta Q4 = Q^4 - Q_4$ und die Semi-Quartilsdistanz $\text{Semi}(Q4) = (Q^4 - Q_4)/2$.

Bei klassierten Daten gelten die obigen Definitionen ebenfalls, lediglich die Spannweite, bzw. der Range, ist wegen der oft eingeschränkten Beobachtbarkeit der extremen Klassen schwieriger (d.h. ungenauer) berechenbar: $\text{Range} = c_{K+1} - c_0$.

Sollten die extremen Klassen offen sein, die Klassenmitten $x^*_k$ aber bekannt, dann muss die Spannweite eigentlich geschätzt werden; sie kann auch approximativ als Range = $x^*_K - x^*_1$ angegeben werden. Die Spannweite ist das Streuungsmass, das am meisten von Ausreissern beeinflusst wird. Sie kann daher als einfachstes Plausibilitätsmass für Ausreisser angesehen werden, da wegen (allgemeiner oder fachspezifischer) Vorinformation die Spannweite eines Merkmals oft leicht abschätzbar ist: Die menschliche Körpergrösse liegt etwa zwischen 50-200 cm; alle Werte darunter oder darüber deuten auf Ausreisser hin.

### 11.4.2. Zweistufige Streuungsmasszahlen

Zweistufige Streuungsmasszahlen eines Merkmals X verwenden die Abstände zu Lagemasszahlen, die wir im folgenden mit $\text{Cent}\{X_i\} = \text{Cent}\{x_i\}$ bezeichnen wollen. In der ersten Stufe wird das geeignete Lagemass bestimmt, und in der zweiten Stufe das Lagemass für die Residuen der ersten Stufe. Dieses Konstruktionsprinzip ist in der Statistik weit verbreitet, und daher gibt es viele Streuungsmasszahlen, die auf verschiedene Kombinationen von Lagemasszahlen der ersten und zweiten Stufe beruhen.

**Def. 11.8 Zweistufige Streuungsmasszahlen** für ein Merkmal X sind definiert als

$$\text{Streuungsmass} = \text{Cent}_2\{|x_i - \text{Cent}_1\{x_i\}|\},$$

wobei $\text{Cent}_1$ für das Lagemass der ersten und $\text{Cent}_2$ für das Lagemass der zweiten Stufe steht. Die wichtigsten zweistufigen Streuungsmasszahlen werden im folgenden kurz aufgelistet. Dabei verwenden wir als Bezeichnung für Absolutabweichungen immer $D_{ave}(x_i) = |x_i - \text{Ave}\{x_i\}| = |x_i - \bar{x}|$ und für Medianabweichungen $D_{Med}(x_i) = |x_i - \text{Med}\{x_i\}|$.

a) Die **Standardabweichung**

$$\sigma_X = \sqrt{\frac{1}{n}\sum_{i=1}^{n}(x_i - \bar{x})^2} = \text{Quad}\{|x_i - \bar{x}|\}.$$

b) Die durchschnittliche **Absolutabweichung**

$$d_{\bar{x}} = \frac{1}{n}\sum_{i=1}^{n}|x_i - \bar{x}| = \text{Ave}\{|x_i - \text{Ave}\{x_i\}|\}$$

c) Die durchschnittliche **Medianabweichung** $(\text{Med}(X) = \tilde{x})$ ist definiert als

$$d_{\tilde{x}} = \frac{1}{n}\sum_{i=1}^{n}|x_i - \tilde{x}| = \text{Ave}\{|x_i - \text{Med}\{x_i\}|\}$$

d) Der **MAD**, bzw. die mediale Medianabweichung (median absolut deviation = MAD)

$$D_{\tilde{x}} = \text{Med}\left\{\left| x_i - \text{Med}\{x_i\} \right|\right\}$$

Bem.: Man kann aufgrund des MAD ebenfalls eine resistente Standardabweichung berechnen: $\sigma_{*, \text{MAD}} = 1.48 * \text{MAD}$. Da diese aufwendiger ist als die mit Hilfe der Interquartilsdistanz, wird sie in der Praxis selten verwendet. Der MAD ist eine relativ beliebte Masszahl der Streuung in der EDA.

e) Die **maximale Absolutabweichung** lautet

$$d_{\text{max}} = \text{Max}\{|x_i - \overline{x}|\}.$$

Genauso könnte man eine maximale Medianabweichung definieren. Diese ist aber nicht interessant, da der Median die Grösse der extremen Beobachtung nicht berücksichtigt. Alle so definierten Streuungsmasszahlen haben bis auf den MAD den Bruchpunkt 0, da sie Durchschnitte in irgendeiner Form verwenden. Der MAD als zweimalige Medianabweichung hat daher einen Bruchpunkt von knapp 50%.
Die obigen Streuungsmasszahlen besitzen folgende zwei Eigenschaften:
1) *Ordnungseigenschaft* (Cauchy-Ungleichung):

$$d_{\text{max}} \geq \sigma_X \geq d_X \geq \text{MAD} \geq 0.$$

2) *Invarianzeigenschaft*: Werden die Merkmale linear transformiert, d.h. $y_i = a + bx_i$, i = 1, ..., n, dann gilt für alle Durchschnittsmasse auf der zweiten Stufe

$$d_{\text{cent}}\{Y\} = |b| \, d_{\text{cent}}\{X\}.$$

Bem.: Man beachte, dass $d_{\text{max}}$ etwa in der Grössenordnung von einer halben Spannweite liegt: Semi(Range) = (max - min)/2. Damit ist über die obige Ungleichung für Streuungsmasse die Abschätzung der Standardabweichung einer Verteilung über die Spannweite (vgl. 11.3.1) möglich.
Eine axiomatische Begründung für die Konstruktion von Streuungsmasszahlen findet man in von der Lippe (1993).

## 11.5. Entropie

Für qualitative und klassierte quantitative Merkmale kann man die Entropie als Streuungsmass (und auch Konzentrationsmass, vgl. Kapitel 13) verwenden. Die Entropie wird seit Boltzmann hauptsächlich in der Physik als Informationsmass verwendet, aber die Entropie kann auch als Schätzkriterium in der induktiven Statistik verwendet werden, das sogenannte Maximum-Entropie Kriterium.
Das Konzept der Entropie impliziert, dass häufige Beobachtungen wenig Information, aber seltene Beobachtungen viel Information in sich tragen. Daher berechnet man die Entropie mit relativen Häufigkeiten und verwendet den binären Logarithmus "lb" (vgl. Log.-Regeln in Abschnitt 5.4).

**Def. 11.9 Die deskriptive Entropie** für klassierte Daten $(I_k, f_k)$, k = 1, .., K mit n = $f_1$ + $f_2$ + ... + $f_K$ und $p_k = f_k/n$ wird nach Boltzmann mit B bezeichnet:

$$B = \sum_{k=1}^{K} p_k \, \text{lb} \, \frac{1}{p_k} = - \sum_{k=1}^{K} p_k \, \text{lb} \, p_k$$

Man beachte, dass die Entropie als durchschnittliches Informationsmass aufgefasst werden kann: $B = \text{Ave}_{\text{gew}}\{\text{Info}_k\}$, wobei mit $\text{Info}_k = \text{lb} \, p_k$ die Information der k-ten Klasse

eines klassierten Merkmals gemeint ist. Bei der Entropie wird als Informationsmass der binäre Logarithmus der relativen Häufigkeiten $p_k$ verwendet.
Statt des binären Logarithmus kann man auch den Logarithmus zu einer anderen Basis verwenden. Nach den Log-Regeln in Kapitel 5 kann man diesen gegebenenfalls umrechnen. Bei einem Vergleich von Streuungen bei Verteilungen mit gleicher Klassenanzahl spielt die Basis des Logarithmus keine Rolle. Bei unterschiedlicher Klassenanzahl kann man die normierte Entropie verwenden (vgl. Kapitel 13), womit die Basis des Logarithmus nicht relevant wird.

---

Die Eigenschaften der Entropie sind:

a) Die Entropie ist ein beschränktes Mass, sie liegt zwischen $0 < B < lb\ K$. Die Entropie ist 0 (bzw. der untere Grenzwert wird angenommen) für eine Einpunktverteilung, d.h. wenn es keine Unsicherheit gibt, sondern maximale Sicherheit. lbK, wobei K die Klassenanzahl ist, wird für die Gleichverteilung in K Klassen angenommen.

b) Die Entropie wächst mit der Anzahl der Klassen K. Man interpretiert dies damit, dass mit wachsenden Alternativen die Unsicherheit steigt.

---

**Beispiel 11.4 Entropie der Religionsverteilung** (1980) in der Schweiz

| | Entropie: Wohnbevölkerung | | | | Entropie: Schweizer | | | |
|---|---|---|---|---|---|---|---|---|
| i | $n_i$ | $p_i$ | $\log(p_i)$ | $p_i*\log(p_i)$ | $n_i$ | $p_i$ | $\log(p_i)$ | $p_i*\log(p_i)$ |
| 1 | 2822.3 | 0.443 | -0.814 | -0.361 | 2730.1 | 0.504 | -0.685 | -0.345 |
| 2 | 3030.1 | 0.476 | -0.742 | -0.353 | 2364.7 | 0.436 | -0.830 | -0.362 |
| 3 | 16.6 | 0.003 | -5.809 | -0.017 | 15.7 | 0.003 | -5.809 | -0.017 |
| 4 | 18.3 | 0.003 | -5.809 | -0.017 | 12.2 | 0.002 | -6.215 | -0.012 |
| 5 | 478.7 | 0.075 | -2.590 | -0.194 | 298.3 | 0.055 | -2.900 | -0.160 |
| Summe | 6366 | 1.000 | | -0.942 | 5421 | 1.000 | | -0.896 |

Welche der beiden Verteilungen streut weniger? (vgl. Beispiel 10.4)
Die Entropie der Wohnbevölkerung beträgt $B_{Wb} = 0.942$ und die der Schweizer $B_{Ch} = -0.896$. Damit streut die Religionsverteilung unter den Schweizern weniger; wie man aus den Zahlen in diesem Fall auch sieht, konzentrieren sie sich mehr um die Protestanten.
Unter der Wonhnbevölkerung nähert sich die Religionsverteilung mehr an eine Gleichverteilung an, bei der die Entropie das Maximum $\log(K)$ mit $K = 4$ erreichen würde.

### 11.5.1. Kreuzentropie (cross-entropy)

Die Kreuzentropie kann man zum Vergleich zweier diskreter Verteilungen verwenden. Sie kann auch als Distanzmass zweier Verteilungen angesehen werden. Die Kreuzentropie wird in der Informationstheorie "Kullback-Leibler" Information genannt.

**Def. 11.10 Die Kreuzentropie (oder "Kullback-Leibler" Information)** zweier diskreter oder klassifizierter Merkmale (*P* und *Q*) mit gleicher Klassenanzahl K und den relativen Häufigkeiten $\mathbf{p} = (p_1, p_2,..., p_K)$ und $\mathbf{q} = (q_1, q_2,..., q_K)$ ist definiert als

$$I(\mathbf{p}/\mathbf{q}) = \sum_{k=1}^{K} p_k \log\frac{p_k}{q_k}$$

Die Kreuzentropie als (durchschnittliches) Informationsmass besitzt die folgenden Eigenschaften:

a) $I(\frac{p}{q}) \geq 0$ für alle Verteilungen (Häufigkeits-Vektoren) **p** und **q**;

b) $I(\frac{p}{q}) = 0$ für gleiche Verteilungen **p** = **q**;

c) $I(\frac{p}{q}) \neq I(\frac{p}{q})$; d.h. die Kreuzentropie ist nicht symmetrisch in **p** und **q**.

## 11.6. Momente

Momente sind Verallgemeinerungen der Varianzformel, in dem man statt den quadrierten Abweichungen noch weitere Potenztransformationen zulässt. Dabei unterscheiden wir 3 Typen von Momenten:

### Def. 11.11 Momente

**a) Das zentrale Moment der Ordnung s**

$$\mu_s = \frac{1}{n}\sum_{i=1}^{n}(x_i - \bar{x})^s = \frac{1}{n}\sum_{k=1}^{K}f_k(x_k - \bar{x})^s$$

**b) Das gewöhnliche Moment der Ordnung s**

$$\mu'_s = \frac{1}{n}\sum_{i=1}^{n}x_i^s = \frac{1}{n}\sum_{k=1}^{K}f_k\, x_k^s \quad \text{für } s = 0, 1, 2, \ldots$$

**c) Das absolute Moment** der Ordnung s wird in Bezug auf eine reelle Zahl a definiert:

$$\tilde{\mu}_s = \frac{1}{n}\sum_{i=1}^{n}|x_i - a|^s = \frac{1}{n}\sum_{k=1}^{K}f_k|x_k - a|^s \quad \text{für } s = 0, 1, 2, \ldots$$

Bem.: Für klassierte Daten gelten die obigen Formeln, indem man jedesmal jede Klasse mit deren absoluten Häufigkeit $f_k$, k = 1, ..., K gewichtet.
Zentrale und absolute Momente kann man auf die gewöhnlichen Momente zurückführen, ähnlich dem Steiner'schen Verschiebungssatz. Momente können ausserdem zu einer momenterzeugenden Funktion zusammenfasst werden, und es besteht damit die Möglichkeit, eine Verteilung allein durch Momente zu charakterisieren. Dies ist jedoch bis auf Ausnahmen im allgemeinen nur schwer möglich und findet in der induktiven Statistik Anwendungen. In der deskriptiven Statistik werden nur das 3. und 4. Moment als Masszahlen für Schiefe und Wölbung verwendet.
*Bem.: Für die Berechnung der höheren Momente gelten folgende Verschiebungssätze:
a) Für zentrierte Momente:

$$m_r' = \sum_{j=0}^{r}\binom{r}{j} m_{r-j}\,(m_1')^j.$$

Dies ist eine rekursive Beziehung zwischen zentrierten und nicht zentrierten Momenten. Speziell gilt für das zweite Moment $m_2' = m_2 + (m_1')^2 = m_2 + \bar{x}^2$.
b) Für nicht-zentrierte Momente gilt die umgekehrte Momentenbeziehung

$$m_r = \sum_{j=0}^{r} \binom{r}{j} m_{r-j}'(-m_1')^j.$$

Der Steiner'sche Verschiebungssatz ist ein Spezialfall dieser Formel: $m_2 = m_2' - (m_1')^2$.
c) Mit Hilfe dieser rekursiven Formel können die $\alpha$-getrimmten höheren Momente definiert werden indem man auf die $\alpha$-Trimmung von Mittelwert und Varianz zurückgreift.

**Def. 11.12 Das $\alpha$-getrimmte gewöhnliche Moment** der Ordnung s lautet:

$$m'_{r,\alpha} = \frac{1}{n - 2[\alpha n]} \sum_{i=[\alpha n]}^{n-[\alpha n]} x_{(i)}^r.$$

Für kleine n kann man wieder die Interpolationsregel verwenden.

## 11.7. Schiefe (skewness)

Wie wir bereits in der EDA gesehen haben, sind nicht alle Verteilungen schön unimodal und symmetrisch, daher werden Abweichungen von der Symmetrie mit verschiedenen Schiefemasszahlen gemessen. Dabei gibt es 3 verschiedene Konstruktionsprinzipien für Schiefemasszahlen: Entweder sie verwenden Momente oder Quantile oder sie werden aus Lagemasszahlen abgeleitet.

**Def. 11.13 Der Momentenkoeffizient der Schiefe** (nach R.A. Fisher) $\gamma_1$ ist definiert als standardisiertes drittes zentrales Moment (d.h. ein Quotient mit der dritten Potenz der Standardabweichung im Nenner)

$$\gamma_1 = \frac{\mu_3}{\sigma^3} = \frac{\frac{1}{n} \sum_{i=1}^{n} (x_i - \overline{x})^3}{\sigma^3}$$

Für einfache Merkmale ist das 3. zentrale Moment und die Standardabweichung

$$\mu_3 = \frac{1}{n} \sum_{i=1}^{n} (x_i - \overline{x})^3, \qquad \text{und} \qquad \sigma = \sqrt{\frac{1}{n} \sum_{i=1}^{n} (x_i - \overline{x})^2},$$

und für klassierte Merkmale lauten die Masszahlen in Zähler und Nenner:

$$\mu_3 = \frac{1}{n} \sum_{k=1}^{K} f_k (x^*_k - \overline{x})^3 \qquad \text{und} \qquad \sigma = \sqrt{\frac{1}{n} \sum_{k=1}^{K} f_k (x^*_k - \overline{x})^2}.$$

Für $\gamma_1$ sind alle reelle Zahlen möglich: $-\infty \leq \gamma_1 \leq \infty$. Für die Interpretation der Schiefe gelten die folgende Einteilungen: Ist $\gamma_1 > 0$, dann ist die Verteilung rechtsschief, für $\gamma_1 < 0$ ist sie linksschief und für $\gamma_1 = 0$ ist sie symmetrisch. Dieser Schiefekoeffizient hat den Bruchpunkt 0.

**Def. 11.14 Der α-getrimmte Schiefekoeffizient** (der α-getrimmte Momentenkoeffizient der Schiefe) $\gamma_{1,\alpha}$ ist definiert als standardisiertes drittes α-getrimmtes zentrales Moment

$$\gamma_{1,\alpha} = \mu_{3,\alpha} / \sigma\alpha^3.$$

Dabei ist $\sigma_\alpha$ die α-getrimmte Standardabweichung und $\mu_{3,\alpha}$ das α-getrimmte 3. Moment, das aus dem Verschiebungssatz für Momente berechnet werden kann:

$$\mu_{3,\alpha} = \mu'_{3,\alpha} - 3\,\overline{x}_\alpha \mu'_{2,\alpha} - 2\,\overline{x}_\alpha^3.$$

Bem.: Die Berechnung über die Trimmungsformel

$$\mu_{3,\alpha} = \frac{A_2(\alpha)}{n - 2[\alpha n]} \sum_{i=[\alpha n]}^{n-[\alpha n]} (x_i - \overline{x}_\alpha)^3,$$

benötigt einen weiteren Anpassungsfaktor $A_2(\alpha)$, der schwierig zu berechnen ist.

### 11.7.1. Aus Lagemassen abgeleitete Schiefemasszahlen

Da bei schiefen Verteilungen die Lagemasszahlen Mittelwert, Median und Modus nicht zusammenfallen, liegt es nahe, deren gegenseitige Lage als Schiefemasse zu verwenden.

**Def. 11.15 Die beiden Pearson'schen Schiefekoeffizienten lauten:**

$$Sk_1 = \frac{\overline{x} - \text{Mod}}{\sigma} \qquad Sk_2 = \frac{3(\overline{x} - \text{Med})}{\sigma}.$$

Je nach Gestalt der Verteilung werden die Koeffizienten folgendermassen gebraucht: Die erste Schiefemasszahl ist nur dann anwendbar, wenn die Verteilung unimodal ist, d.h. der Modus existiert. Die zweite Schiefemasszahl $Sk_2$ sollte dann verwendet werden, wenn der Modus nicht berechnet werden kann; sie liegt im Intervall $-3 \leq Sk_2 \leq 3$.
Sind die Schiefemasszahlen $Sk_1$ und $Sk_2$ positiv, so ist die Verteilung rechtsschief, sind sie negativ, so ist sie linksschief; Symmetrie liegt bei einem Schiefemass 0 vor.

### 11.7.2. Schiefemasszahlen mit Quantilen

Schiefemasszahlen können aus den Quantilen einer Verteilung abgeleitet werden. Dabei folgt man folgenden Konstruktionsprinzip:

$$\text{Quantil-Schiefemass} = \frac{\text{Dist(Quantil-Lagemass)}}{\text{Quantil-Streuungsmass}}$$

wobei die Bezeichnung 'Dist(Quantil-Lagemass)' bedeutet, dass eine geeignete Distanz auf Grund von Quantil-Lagemassen verwendet werden kann.

**Def. 11.16 Bi-Quantilskoeffizient der Schiefe.** Sind $Q^p = Q(1-p)$ und $Q_p = Q(p)$ die Bi-Quantile (d.h. das grösste und das kleinste der $Q_p$-Quantile) einer Verteilung, dann lautet der p-quantile Schiefekoeffizient $Sk_p$ für $0 < p < 1/2$:

$$Sk_p = \frac{Q^p + Q_p - 2\text{Med}}{Q^p - Q_p} = \frac{\text{Mid}(Qp) - \text{Med}}{\text{Semi}(Qp)},$$

wobei Mid(Qp) das p-Quantilsmittel und Semi(Qp) = ΔQp/2 die mittlere, d.h. halbe Bi-Quantilsdistanz ist. Der Abstand des Medians vom p-Quantilsmittel wird mit der halben Bi-Quantilsdistanz, bzw. mittleren oder Semi-Quantilsdistanz, in Verhältnis gesetzt. $Sk_p$ liegt im Intervall $-1 \leq Sk_p \leq 1$. Es gilt wie bei den vorigen Schiefemasszahlen, dass Rechtsschiefe bei einem positiven und Linksschiefe bei einem negativen Koeffizienten vorliegt. Der p-quantile Schiefekoeffizient $Sk_p$ kann daher als standardisierter Abstand des Quantilsmittel vom Median aufgefasst werden. Speziell lautet z.B. der Quartilskoeffizient der Schiefe:

$$Sk_4 = \frac{Q^4 + Q_4 - 2\text{Med}}{Q^4 - Q_4} = \frac{\text{Mid}(Q4) - \text{Med}}{\text{Semi}(Q4)}.$$

**Beispiel 11.5 Quantilskoeffizient der Schiefe**
Die Schiefe der Verteilung des Volkseinkommens pro Kopf der Schweizer Kantone 1990 (Quelle: Bundesamt für Statistik) soll mit Hilfe des Quantilskoeffizienten der Schiefe berechnet werden. Dazu erstellen wir aus der Rangliste der Kantone ein Septagramm und berechnen die Schiefekoeffizienten nach der Formel $Sk_p$ = (Mid(Qp) - Med)/ Semi(Qp).

Tab. 11.5.a) Volkseinkommen pro Kopf der Schweizer Kantone 1990
(Stat. Jahrbuch 1993)

| App. Inn. | 29.8 | Freiburg | 35.6 |
|---|---|---|---|
| Wallis | 30.1 | Graubünden | 35.7 |
| Jura | 30.6 | Bern | 36.3 |
| Obwalden | 30.7 | Solothurn | 36.7 |
| Uri | 32.1 | Waadt | 38.1 |
| Thurgau | 32.4 | Aargau | 38.3 |
| Tessin | 33.1 | Nidwalden | 38.9 |
| Luzern | 33.8 | Basel-Land | 40.3 |
| App. Auss. | 34 | Glarus | 44.3 |
| Neuenburg | 34.4 | Zürich | 53.1 |
| Schwyz | 34.5 | Genf | 53.4 |
| St. Gallen | 35.1 | Basel-St. | 57.6 |
| Schaffhaus | 35.4 | Zug | 67.7 |

Tab.11.5.b) Septagramm und explorative Berechnung der Schiefekoeffizienten $Sk_p$

| | n =26 Tiefe | $Q_p$ | Kode | $Q^p$ | Kode | Mid (Qp) | Semi (Qp) | Mid-Med | $Sk_p$ |
|---|---|---|---|---|---|---|---|---|---|
| Med | 13h | | | 35.5 | (SH/FR) | 36. | 5.8 | 0.5 | 0.09 |
| Q4 | 7 | 33.1 | (TI) | 38.9 | (NW) | 41.9 | 22.4 | 6.4 | 0.29 |
| Q8 | 4 | 30.7 | (OW) | 53.1 | (ZH) | 48.75 | 37.9 | 13.25 | 0.35 |
| Ex | 1 | 29.8 | (AI) | 67.7 | (ZG) | | | | |

Aus Tab.11.5.a) kann man leicht das n-Zahlen-Mass erstellen und die Quantilsmittel Mid(Qp), sowie die Semi-Quantilsdistanzen Semi(Qp) berechnen. Die aus dem Septagramm abgeleiteten Schiefemasszahlen $Sk_p$ (in der letzten Spalte von Tab.11.5.b) zeigen deutlich ein Ansteigen der Schiefe mit grösser werdenden Bi-Quantilen.
Bem.: Einfache Methoden der EDA verwenden die Mid-Quantile (Bi-Quantilsmittel) als dynamische Schiefemasszahlen alleine. (Es fehlt die Normierung durch eine Streuungs-

masszahl.) Die Abschätzung der Schiefe durch die Bi-Quantilsmittel kann somit als einfache dimensionsbehaftete Folge von Schiefekoeffizienten angesehen werden.

### 11.8. Wölbung (Kurtosis)

Mit der Wölbung (Kurtosis) möchte man die Krümmungsform einer Verteilung messen: Ist die Verteilung eher spitz, flach oder normal? Wie bei den Schiefemasszahlen gibt es auch für die Wölbungsmasszahlen verschiedene Konstruktionsprinzipien.

**Def. 11.17 Der Momentenkoeffizient der Kurtosis** (nach R.A. Fisher) ist das normierte 4. Moment $\mu_4$ einer Verteilung:

$$\gamma_2 = \frac{\mu_4}{\sigma^4} - 3.$$

Der Momentenkoeffizient liegt im Intervall $-2 < \gamma_2 < \infty$. Die Zahl 3 wird subtrahiert, um den Vergleich mit der Normalverteilung (vgl. Abschnitt 1.10) zu erleichtern. Für $\gamma_2 > 0$ ist die Verteilung lepto-kurtisch (spitz), für $\gamma_2 = 0$ meso-kurtisch (wie die Normalverteilung), und für $\gamma_2 < 0$ platy-kurtisch (flach).

**Def. 11.18 Die $\alpha$-getrimmte Kurtosis (Wölbung)** $\gamma_{2,\alpha}$ ist definiert als standardisiertes viertes $\alpha$-getrimmtes zentrales Moment

$$\gamma_{2,\alpha} = \mu_{4,\alpha} / \sigma_\alpha^4 - 3$$

und wird daher auch $\alpha$-getrimmter Momentenkoeffizient der Kurtosis genannt. Dabei ist $\sigma^4_\alpha$ das Quadrat der $\alpha$-getrimmte Varianz $\sigma^4_\alpha$ und $\mu_{4,\alpha}$ das $\alpha$-getrimmte 4. Moment, das aus dem Verschiebungssatz für Momente berechnet werden kann (vgl. die Momentenformel in Def. 11.11):

$$\mu_{4,\alpha} = \mu'_{4,\alpha} - 4\,\overline{x}_\alpha \mu'_{3,\alpha} - 6\,\overline{x}_\alpha^2 \mu'_{2,\alpha} - 3\,\overline{x}_\alpha^4$$

**Figur 11.2 Wölbung (Kurtosis):** Die Verteilungen von 'oben nach unten' heissen
a) leptokurtisch (spitz)    b) mesokurtisch (normal)    c) platykurtisch (flach)

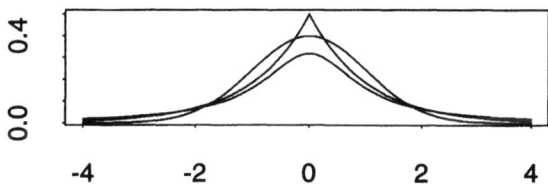

Bem.: Man kann Kurtosis lediglich als Momentenquotient definieren. In diesem Fall wird die Abweichung von der Normalverteilung, wie das obige Mass, als Exzess bezeichnet, da er quasi den "Krümmungsüberschuss" angibt.

## 11.9. Aufgaben

1) Man berechne die Varianz für klassierte Daten und die Sheppard'sche Korrektur für die Weinqualität (Beispiel 15.1) und vergleiche sie mit der Berechnung aus den unklassierten Daten.
2) Berechne die Standardabweichung für die klassierten Daten a) BIP b) Konsum der Gruppeneinteilung in Tab. 7.3 und vergleiche sie mit den unklassierten Berechnungen.
3) Man berechne die Quartilsmasse der Schiefe für die Abstimmungsdaten aus Tab. 7.1.
4) Vergleiche die EDA-Schiefemasse, d.h. die Bi-Quantilsmittel und den p-quantilen Schiefemass $Sk_p$ mit den deskriptiven Schiefemassen der Erdbebenopfer in Tab. 5.2.
5) Berechne das Gini-Mass für die Kontrollmessungen der Fabrik.
6) Berechne das Gini-Mass für die Chevrolet Gebrauchtwagenpreise (Beispiel 2.8).
7) a) Zeige die Neutralitätseigenschaft bei Paardifferenzen des Gini-Masses.
   b) Zeige, dass das Gini-Mass ein gewogenes Mittel der Rangliste ist.
   c) Zeige, dass das Gini-Mass proportional zur Varianz ist.
8) Berechne die Varianz der Rangzahlen 1, 2, ... , n, d.h. zeige dass die Var(i) = $(n^2 - 1)/12$ beträgt. Hinweis: $1^2 + 2^2 + ... + n^2 = [n(n+1)/2](2n+1)/3$.

# 12. KORRELATION

12.1. Gemischte Momente
12.2. Momente und Korrelation
12.3. Spearman'sche Rangkorrelation
12.4. Kendall'sche Rangkorrelation
12.5. Die Fechner'sche Korrelation
12.6. Korrelation zwischen quantitativen und qualitativen Merkmalen
12.7. Autokorrelation
12.8. Partielle Korrelation
12.9. Korrelation und Kausalität
12.10. Programmpakete
12.11. Aufgaben

> *"Beides ist aus der unmittelbaren Erfahrung nicht gegeben: Dass wir einer Ursache niemals direkt ansehen können, dass sie Ursache ist, und einer Wirkung nicht, dass sie Wirkung ist."*
> (Hartmann, 1988)

Korrelation befasst sich mit der Messung der Stärke des Zusammenhanges zweier Merkmale. Die Formeln zur Messung der Korrelation hängen stark vom Merkmalstyp ab. Wie das Eingangszitat treffend andeutet, sind die Messung der Stärke eines Zusammenhanges, den wir statistisch als Korrelation bezeichnen, und das Konzept der Kausalität oder Ursache-Wirkung Beziehungen zwei verschiedene Sachverhalte. Viele Autoren bevorzugen daher den Begriff 'Assoziation', wenn allgemein über den losen Zusammenhang von Merkmalen oder Variablen die Rede ist. Das gesamte Verhältnis von Gesetz-Empirie-Korrelation fällt in den Bereich der Wissenschaftstheorie und ist für den heutigen Stand der empirischen Wissenschaften noch nicht befriedigend erklärt.
In Kapitel 7.2 haben wir bereits den resistenten Korrelationskoeffizienten kennengelernt, dieses Kapitel ist den klassischen Korrelationsmassen gewidmet. Zunächst wird nach der Definition von gemischten Momenten für bivariate Zufallsgrössen der Momentenkoeffizient der Korrelation (nach Bravais-Pearson) definiert. Danach werden die beiden Rangkorrelationskonzepte nach Spearman und Kendall dargestellt. Schliesslich wird die Anwendung auf Autokorrelationen kurz besprochen. Die Punkt-biserielle und die partielle Korrelation werden ebenfalls kurz vorgestellt.

## 12.1. Gemischte Momente

Bei zwei- und mehrdimensionalen Verteilungen ist es möglich, neben den einfachen eindimensionalen Momenten (vgl. Abschnitt 11.5) die gemischten, zweidimensionalen Momente zu berechnen.

**Def. 12.1.a) Die zentrierten gemischten Momente** der Ordnung (r,s) eines zweidimensionalen Merkmals (X,Y) mit den n Merkmalsausprägungen $(x_i, y_i)$, $i = 1, ..., n$, sind

$$m_{X,Y}^{r,s} = \frac{1}{n} \sum_{i=1}^{n} (x_i - \overline{x})^r (y_i - \overline{y})^s$$

**b) Die gewöhnlichen gemischten Momente** der Ordnung (r,s) lauten

$$m_{X,Y}^{r,s} = \frac{1}{n} \sum_{i=1}^{n} x_i^r y_i^s .$$

Ein wichtiger Spezialfall ist das gemischte (r = 1, s = 1) Moment, die Kovarianz:

$$m'_{X,Y} = Cov(X,Y) = \frac{1}{n} \sum_{i=1}^{n} (x_i - \overline{x})(y_i - \overline{y})$$

$$= \frac{1}{n} \sum_{i=1}^{n} x_i y_i - \overline{x}\,\overline{y}$$

Für die Kovarianz gilt wieder der Steiner'sche Verschiebungssatz (vgl. dazu Def. 11.2). Bei zentrierten Merkmalen, d.h. wenn die Mittelwerte null sind, ist die Kovarianz das gewöhnliche (r = 1, s = 1) Moment:

$$m'_{X,Y} = Cov(X,Y) = \frac{1}{n} \sum_{i=1}^{n} x_i y_i \qquad \text{für } \overline{x} = 0,\ \overline{y} = 0.$$

Bem.: Für klassierte Merkmale geht die Summation von k = 1, ..., K, und die Klassenmitten werden mit den Häufigkeiten $f_k$ gewichtet. Ferner hat die Kovarianz folgende Skaleneigenschaft

$$Cov(aX,bY) = ab\, Cov(X,Y).$$

Für die Berechnung der höheren gemischten Momente gelten kompliziertere Verschiebungssätze, die aber kaum Verwendung finden. Mit einer einfachen Umformung lassen sich Kovarianzen (die einfachsten gemischte Momente) auf Varianzen zurückführen. Betrachten wir die Varianz von der Summe zweier Merkmale:

$$Var(X+Y) = \frac{1}{n} \sum_{i=1}^{n} (x_i + y_i - \overline{x+y})^2 = \frac{1}{n} \sum_{i=1}^{n} (x_i - \overline{x} + y_i - \overline{y})^2$$

$$= Var(X) + Var(Y) + 2\, Cov(X,Y).$$

Damit ergibt sich $Cov(X,Y) = \frac{1}{2}(Var(X+Y) - Var(X) - Var(Y))$.

**Def. 12.2 Die α-getrimmte Kovarianz von X und Y**

$$Cov_\alpha(X,Y) = \frac{1}{2}(Var_\alpha(X+Y) - Var_\alpha(X) - Var_\alpha(Y)),$$

wird über die getrimmten Varianzen der Einzelmerkmale X und Y und deren Summen X + Y (nach obiger Umformung) berechnet.

## 12.2. Momente und Korrelation

Der einfache Korrelationskoeffizient wird oft mit der Zusatzbezeichnung "Produkt-Moment" oder "Bravais-Pearson" geführt, um ihn von den anderen Korrelationskoeffizienten zu unterscheiden.

**Def. 12.3 Der Produkt-Moment Korrelationskoeffizient** (auch Bravais-Pearson Korrelation genannt) eines zweidimensionalen Merkmals (X,Y) mit den Merkmalsausprägungen $(x_i, y_i)$, i = 1, ..., n, lautet:

$$r_{X,Y} = \frac{\text{Cov}(X,Y)}{\sigma_X \sigma_Y} = \frac{\frac{1}{n}\sum_{i=1}^{n}(x_i - \overline{x})(y_i - \overline{y})}{\sqrt{\frac{1}{n}\sum_{i=1}^{n}(x_i - \overline{x})^2}\sqrt{\frac{1}{n}\sum_{i=1}^{n}(y_i - \overline{y})^2}}$$

Nach dem Steiner'schen Verschiebungssatz für die Varianzen und für die Kovarianz kann man den (einfachen) Korrelationskoeffizienten folgendermassen berechnen:

$$r_{X,Y} = \frac{\left(\frac{1}{n}\sum_{i=1}^{n}x_i y_i\right) - \overline{x}\,\overline{y}}{\sqrt{\left(\frac{1}{n}\sum_{i=1}^{n}x_i^2\right) - \overline{x}^2}\sqrt{\left(\frac{1}{n}\sum_{i=1}^{n}y_i^2\right) - \overline{y}^2}}$$

$$= \frac{\sum_{i=1}^{n}x_i y_i - n\overline{x}\,\overline{y}}{\sqrt{\left(\sum_{i=1}^{n}x_i^2 - n\overline{x}^2\right)\left(\sum_{i=1}^{n}y_i^2 - n\overline{y}^2\right)}}.$$

Es gilt $-1 \leq r_{X,Y} \leq 1$, und das Vorzeichen des Korrelationskoeffizienten stammt von der Kovarianz. Erstreckt sich die Punktwolke entlang einer Geraden im ersten und dritten Quadranten (d.h. SW-NO-Richtung, vgl. Figur 12.1), dann ist die Korrelation positiv, erstreckt sie sich aber in NW-SO-Richtung, so ist sie negativ. Diese Veranschaulichung gilt nur für zweidimensionale Merkmale und kann nicht für mehrdimensionale Merkmale verallgemeinert werden.

Bem.: Der quadrierte Korrelationskoeffizient $r^2_{X,Y}$ wird auch Bestimmtheitsmass genannt. Der Vorteil des Bestimmtheitsmasses liegt in der Verallgemeinerbarkeit für mehrdimensionale Merkmale, denn es gilt $0 \leq r^2_{X,Y} \leq 1$. Wenn die Merkmale nicht verwechselt werden können, so wird der Index meist weggelassen: $r^2_{X,Y} = r^2$. Das Bestimmtheitsmass in der Regressionsrechnung wird auch mit $R^2$ bezeichnet

$$r^2_{X,Y} = \frac{\left(\sum_{i=1}^{n}(x_i - \overline{x})(y_i - \overline{y})\right)^2}{\sum_{i=1}^{n}(x_i - \overline{x})^2 \sum_{i=1}^{n}(y_i - \overline{y})^2} = \frac{\text{Cov}(X,Y)^2}{\sigma_X^2 \sigma_Y^2}.$$

Interpretation: Der Korrelationskoeffizient $r_{X,Y}$ kann als standardisiertes Mass der Stärke eines Zusammenhanges zweier Merkmale X und Y angesehen werden. Zu jedem Punkt in einem Streudiagramm werden die zugehörigen Rechtecksflächen addiert, wie man aus Figur 12.1 ersieht. Dabei zählen Flächen im ersten und dritten Quadranten positiv, im zweiten und vierten Quadranten negativ. Gibt es etwa gleichviele (und gleichgrosse) Punkte (genau Rechtecksflächen) in allen Quadranten, dann heben sich die Beiträge gegeneinander auf, und die Korrelation ist 0. Jede Rechtecksfläche $F_i = x_i \ast y_i$ wird durch die aufgespannte Fläche der Standardabweichungen "standardisiert", daher kann man für zentrierte Merkmale den Korrelationskoeffizienten folgendermassen anschreiben:

$$r_{X,Y} = \frac{1}{n}\sum_{i=1}^{n}\frac{F_i}{F_0} = \frac{1}{n}\sum_{i=1}^{n}\frac{x_i y_i}{\sigma_X \sigma_Y} \qquad \text{falls } \overline{x} = 0, \overline{y} = 0,$$

wobei $F_0 = \sigma_X \sigma_Y$ die aus den Standardabweichungen gebildete Referenzfläche ist. $r_{X,Y}$ kann als einfacher Durchschnitt von Standardflächen eines bivariaten Merkmals:

$$r_{X,Y} = \text{Ave}\{\tilde{x}_i * \tilde{y}_i\} \quad \text{mit} \quad \tilde{x}_i = \frac{(x_i - \overline{x})}{\sigma_X} \quad \text{und} \quad \tilde{y}_i = \frac{(y_i - \overline{y})}{\sigma_Y}.$$

**Figur 12.1 Zur Interpretation des Korrelationskoeffizienten**

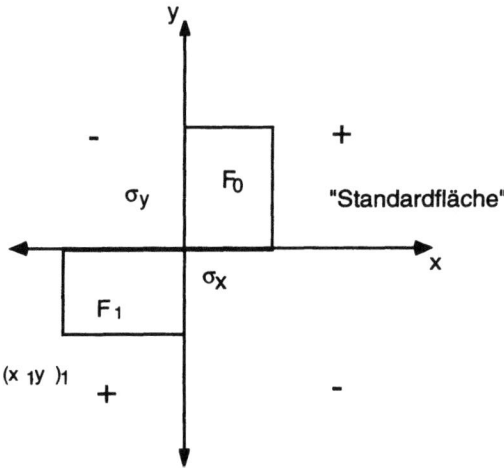

**Beispiel 12.1 Berechnung des Korrelationskoeffizienten**

Man berechne den Korrelationskoeffizienten der beiden (bivariaten) Merkmale X und Y.

| i | $y_i$ | $x_i$ | $x_i y_i$ | $y_i^2$ | $x_i^2$ |
|---|---|---|---|---|---|
| 1 | 37 | 28 | 1036 | 1369 | 784 |
| 2 | 36 | 25 | 900 | 1296 | 625 |
| 3 | 44 | 25 | 1100 | 1936 | 625 |
| 4 | 59 | 29 | 1711 | 3481 | 841 |
| 5 | 70 | 31 | 2170 | 4900 | 961 |
| 6 | 74 | 34 | 2516 | 5476 | 1156 |
| Summe | 320 | 172 | 9433 | 18458 | 4992 |

Die Mittelwerte sind $\overline{y} = 53.3$ und $\overline{x} = 28.6$. Die Berechnung des Korrelationskoeffizienten erfolgt durch Einsetzen in die Formel b) nach Def. 12.3:

$$r_{X,Y} = \frac{9433 - 6*53.3*28.6}{\sqrt{(18458 - 17045.34)(4992 - 4907.76)}}$$

$$= \frac{9433 - 9146.3}{\sqrt{1412.7*84.24}} = \frac{286.72}{37.59*9.18} = \frac{286.72}{345.1} = 0.831$$

## 12.2.1. Die getrimmte Korrelation

Analog der getrimmten Mittelwerte und Standardabweichungen kann man auch die α-getrimmte Korrelation berechnen. Dazu führen wir 2 Möglichkeiten an.

**Def. 12.4.a) Die α-getrimmte Korrelation** wird mit Hilfe der getrimmten Varianzen und Kovarianzen zweier Merkmale X und Y folgendermassen definiert:

$$\text{Corr}_\alpha(X,Y) = \frac{\text{Cov}_\alpha(X,Y)}{\sigma_{X,\alpha}\sigma_{Y,\alpha}}.$$

Es gibt eine weitere Möglichkeit, die α-getrimmte Korrelation zu berechnen, die nicht die Berechnung jeder getrimmten Varianz der beiden Merkmale benötigt. Diese verwendet die Varianz der Differenz zweier Merkmale:

$$\text{Var}(X-Y) = \frac{1}{n}\sum_{i=1}^{n}(x_i - y_i - \overline{x-y})^2 = \frac{1}{n}\sum_{i=1}^{n}(x_i - \overline{x} - y_i + \overline{y})^2$$

$$= \text{Var}(X) + \text{Var}(Y) - 2\,\text{Cov}(X,Y).$$

Nun sieht man leicht, dass folgende Beziehung zwischen den Varianzen besteht:

$$\text{Var}(X+Y) + \text{Var}(X-Y) = 2(\text{Var}(X) + \text{Var}(Y))$$

und

$$\text{Var}(X+Y) - \text{Var}(X-Y) = 4\,\text{Cov}(X,Y).$$

Werden nun die standardisierten Variablen $\tilde{x}_i = (x_i - \overline{x})/\sigma_X$ und $\tilde{y}_i = (y_i - \overline{y})/\sigma_Y$ verwendet, so kann man den Korrelationskoeffizienten auch durch

$$r_{X,Y} = \frac{\text{Var}(\tilde{X}+\tilde{Y}) - \text{Var}(\tilde{X}-\tilde{Y})}{[\text{Var}(\tilde{X}+\tilde{Y}) + \text{Var}(\tilde{X}-\tilde{Y})]} = \text{Cov}(\tilde{X},\tilde{Y})$$

berechnen. Damit ergibt sich die alternative Berechnung der α-getrimmte Korrelation.

**Def. 12.4.b) Die α-getrimmte Korrelation** zweier beliebiger metrischer Merkmale X und Y, ist aus den α-getrimmten Varianzen der Hilfsvariablen "Summe von X und Y" und "Differenz von X und Y" berechenbar:

$$\text{Corr}_\alpha(X,Y) = \frac{\text{Var}_\alpha(\tilde{X}+\tilde{Y}) - \text{Var}_\alpha(\tilde{X}-\tilde{Y})}{[\text{Var}_\alpha(\tilde{X}+\tilde{Y}) + \text{Var}_\alpha(\tilde{X}-\tilde{Y})]}.$$

## 12.3. Spearman'sche Rangkorrelation

Berechnet man den Korrelationskoeffizient nicht für die Originaldaten, sondern für deren (individuellen) Ränge, dann erhält man den einfachen Rang-Korrelationskoeffizienten: Dabei werden die (aufsteigenden) Rangzahlen wie nach Abschnitt 2.4 berechnet.

Gegeben sei ein bivariates Merkmal (X,Y) mit den Ausprägungen ($x_i$, $y_i$), i = 1, ... n, und jedes Merkmal werde einzeln nach dem aufsteigenden Rang geordnet, wie in Tab. 12.1:

Tab. 12.1 Rangzahlenzuordnung (Zuordnung über die Rangliste)

| für das Merkmal X | | für das Merkmal Y | |
|---|---|---|---|
| $x_{(1)} \rightarrow$ | Rang( $x_{(1)}$ ) = 1 | $y_{(1)} \rightarrow$ | Rang( $y_{(1)}$ ) = 1 |
| ...... | | ...... | |
| $x_{(i)} \rightarrow$ | Rang( $x_{(i)}$ ) = i | $y_{(i)} \rightarrow$ | Rang( $y_{(i)}$ ) = i |
| ...... | | ...... | |
| $x_{(n)} \rightarrow$ | Rang( $x_{(n)}$ ) = n | $y_{(n)} \rightarrow$ | Rang( $y_{(n)}$ ) = n |

Bem.: Die Rangzuordnung bei Bindungen (Rangaufteilung): Treten innerhalb eines Merkmals gleiche Merkmalswerte auf, man nennt sie auch Bindungen (engl.: ties), so werden die darauf entfallenden Rangzahlen gleichmässig aufgeteilt, wie im nächsten Beispiel 12.2.

**Beispiel 12.2 Restaurantbewertung**

Zwei Testpersonen bewerten 4 Restaurants auf einer diskreten Skala 1-10. Die $x_i$ sind die Bewertungen von Person X für das i-te Restaurant und die $y_i$ sind die Bewertungen von Person Y. Wir erstellen eine Rangliste der beiden Bewertungen.

| i | $x_{(i)}$ | Rang($x_i$) vorläufig | endgültig | $y_{(i)}$ | Rang($y_i$) vorläufig | endgültig |
|---|---|---|---|---|---|---|
| 1 | 2 | 1    | 1   | 3} | 1 | 2 |
| 2 | 5 | 2}   | 2.5 | 3} | 2 | 2 |
| 3 | 5 | 3}   | 2.5 | 3} | 3 | 2 |
| 4 | 6 | 4    | 4   | 7  | 4 | 4 |

Die Klammer } zeigt an, wo die Rangaufteilung über diejenigen Beobachtungen erfolgt, die gleiche Merkmalsausprägungen besitzen, z.B. (2+3)/2 + 2.5. und (1+2+3)/3 = 3. Die 4 Punkte sind im folgenden Streudiagramm aufgetragen. Man kann zeigen (vgl. Aufgabe 6), dass die Rangaufteilung zwischen dem m-ten und den n-ten Wert, mit n > m und n = m + c, gerade der Durchschnitt von m und n ist, d.h. es gilt Mitttelrang = (m + (m + c))/2. Diese Formel ist besonders bei (klassierten) diskreten Daten von Vorteil.

**Figur 12.2 Streudiagramm der Restaurantbewertung**

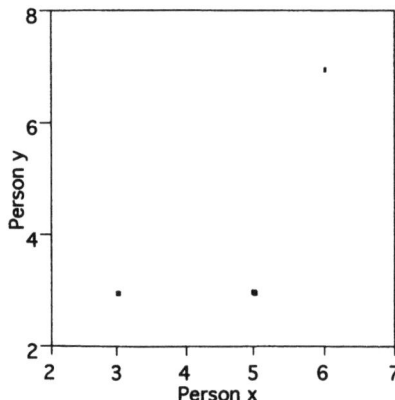

**Def. 12.5 Der Spearman'sche Rangkorrelationkoeffizient** ist der Produktmoment-Korrelationskoeffizient der Rangzahlen der beiden Merkmale X und Y. Seien (Rang($x_i$), Rang($y_i$) ), i = 1, ... n, (kurz: ( $R(x_i)$, $R(y_i)$ ) ) die Rangzahlen von n Merkmalsausprägungen eines bivariaten Merkmals (X,Y), so ist der Spearman'sche Rangkorrelationskoeffizient definiert:

$$r_{SP} = \frac{\sum_{i=1}^{n} R(x_i)R(y_i) - n \overline{R(x_i)} \; \overline{R(y_i)}}{\sqrt{\left(\sum_{i=1}^{n} R(x_i)^2 - \overline{R(x_i)}^2\right)\left(\sum_{i=1}^{n} R(y_i)^2 - \overline{R(y_i)}^2\right)}}.$$

Eine wesentliche Vereinfachung erhält man für die Berechnung von $r_{SP}$, wenn man die Differenzen der entsprechenden Rangzahlen (für denselben Merkmalsträger) bildet:

$$d_i = R(x_i) - R(y_i), \qquad i = 1, ...., n.$$

Mit diesen Rangdifferenzen $d_i$ kann der Spearman'sche Rangkorrelationskoeffizient einfacher berechnet werden:

$$r_{SP} = 1 - \frac{6}{n(n^2-1)} \sum_{i=1}^{n} d_i^2.$$

Es gilt analog zum obigen Produktmoment-Korrelationskoeffizienten die Ungleichheitsrelation $-1 \leq r_{SP} \leq 1$. Der Wert 0 zeigt keine Korrelation, -1 eine perfekte negative und +1 eine perfekte positive, wenn nur die Ordnung der Merkmale berücksichtigt wird und nicht deren Abstand. Wenn in einem Zusammenhang zweier metrischer Merkmale mit grossen Abständen bzw. Ausreissern gerechnet wird, so sollte man eine Rangkorrelation verwenden. Unterscheiden sich die Rangkorrelations- und die Produktmoment-Korrelationskoeffizienten für metrische Merkmale stark, so ist dies ein Zeichen des Einflusses von extremen Beobachtungen.

Bem.: Rangkorrelationskoeffizienten eignen sich besonders zur Berechnung der Stärke des Zusammenhanges von ordinalen Merkmalen oder eines metrischen Merkmals mit einem Rangmerkmal. Beim Auftreten von Bindungen muss der Nenner (d.h. die Varianz der Rangzahlen) in der Korrelationsformel korrigiert werden. Von $n(n^2-1)$ wird die überschüssige Varianz abgezogen:

$$n(n^2-1) \quad \rightarrow \quad n(n^2-1) - C \qquad \text{mit} \qquad C = C_x + C_y.$$

Sei K die Anzahl der Bindungen im Merkmal X, wobei $m_1$ bis $m_K$ die Anzahl von Bindungen angibt, und J die Anzahl im Merkmal Y (mit $m_1$ bis $m_J$ als Anzahl von Bindungen), dann ist

$$C_x = \frac{1}{2} \sum_{k=1}^{K} m_k (m_k^2 - 1), \qquad C_y = \frac{1}{2} \sum_{j=1}^{J} m_j (m_j^2 - 1).$$

Die Berechnung der Spearman'schen Korrelation wird im nächsten Beispiel gezeigt.

**Beispiel 12.3 Spearman'sche Korrelation der Restaurantbewertungen**

| $x_i$ | $y_i$ | Rang $R(x_i)$ | Rang $R(y_i)$ | Differenz $d_i$ | $d_i^2$ |
|---|---|---|---|---|---|
| 2 | 3 | 1 | 2 | -1 | 1 |
| 5 | 3 | 2.5 | 2 | 0.5 | 0.25 |
| 5 | 3 | 2.5 | 2 | 0.5 | 0.25 |
| 6 | 7 | 4 | 4 | 0 | 0 |
| | | | | | 1.5 |

Der Spearman'sche Rangkorrelationskoeffizient beträgt

$$r_{SP} = 1 - \frac{6 * 1.5}{4(16-1)} = 1 - \frac{3}{20} = 0.85.$$

Im Merkmal X gibt es eine Bindung der Länge 2 und im Merkmal Y gibt es eine Bindung der Länge 3. Daher ist $C_x = \frac{1}{2} 2(4-1) = 3$ und $C_y = \frac{1}{2} 3(9-1) = 12$. Daher beträgt der korrigierte Spearman'sche Rangkorrelationskoeffizient

$$r_{SP} = 1 - \frac{6 * 1.5}{4(16-1) - 3 - 12} = 1 - \frac{3}{15} = 0.80,$$

d.h. er verringert sich durch die Anzahl der Bindungen.
In Beispiel 12.4 berechnen wir den Rangkorrelationskoeffizienten für den Zusammenhang von Geburts- und Scheidungsraten in der BRD 1974.

**Beispiel 12.4 Geburts- und Scheidungsraten in der BRD 1974** (nach Ferschl 1978)

| Bundesland | Code | Ehescheidungen je 1000 Einw. | Rang | Lebendgeburten je 1000 Einw. | Rang | Differenz der Ränge |
|---|---|---|---|---|---|---|
| Schleswig-Holstein | SH | 1.78 | 4 | 9.98 | 4 | 0 |
| Hamburg | HH | 3.27 | 2 | 7.77 | 11 | -9 |
| Niedersachsen | NS | 1.45 | 7 | 10.51 | 3 | 4 |
| Bremen | HB | 2.93 | 3 | 9.07 | 8 | -5 |
| Nordrhein-Westfalen | NW | 1.41 | 10 | 9.81 | 6 | 4 |
| Hessen | H | 1.63 | 5 | 9.87 | 5 | 0 |
| Rheinland-Pfalz | RP | 1.47 | 6 | 9.71 | 7 | -1 |
| Baden-Württemberg | BW | 1.44 | 8 | 11.07 | 1 | 7 |
| Bayern | BY | 1.43 | 9 | 10.51 | 2 | 7 |
| Saarland | S | 0.79 | 11 | 8.91 | 10 | 1 |
| Westberlin | B | 3.50 | 1 | 8.97 | 9 | -8 |

Die Quadratsumme der Rangdifferenzen $d_i$ (letzte Spalte der Tabelle) beträgt:

$$\sum_{i=1}^{n} d_i^2 = 0 + 81 + 16 + 25 + 16 + 0 + 1 + 49 + 49 + 1 + 64 = 302.$$

Daher lautet der Spearman'sche Korrelationskoeffizient

$$r_{SP} = 1 - \frac{6*302}{11(121-1)} = 1 - \frac{1812}{1320} = 1 - 1.37 = -0.37$$

Wie man sieht, ist der Zusammenhang negativ, aber nicht zu gross: Je mehr Geburten (pro Bundesland in der BRD), desto weniger Ehescheidungen gibt es, oder umgekehrt: Je mehr Ehescheidungen, desto weniger Babys gibt es. Die Kausalrichtung kann aus keinem Streudiagramm, und keiner statistischen Methode bestimmt werden.

## 12.4. Kendall'sche Rangkorrelation

Den Kendall'schen Rangkorrelationskoeffizienten erhält man nach einem anderem Prinzip, dem sogenannten paarweisen Kordanzprinzip, das folgendermassen mit konkordanten, diskordanten und akordanten Paaren eines bivariaten Rang-Merkmals definiert wird.

**Def. 12.6 Das Konkordanzprinzip** für ein quantitatives bivariates Merkmal $(x_i, y_i)$, $i = 1, ...., n$, mit n Beobachtungen. Dazu wird das erste Merkmal geordnet, d.h. eine Rangliste wird erstellt: $x_{(1)} < x_{(2)} \leq x_{(3)} \leq ..... \leq x_{(n)}$. Das zugehörige Y-Merkmal (desselben Merkmalsträger) wird entsprechend dem ersten mitgeordnet, wie dies in Tab. 12.2 gezeigt wird:

Tab. 12.2 Geordnete Merkmalspaare

| Merkmal | 1 | 2 | 3 | .... | n |
|---|---|---|---|---|---|
| X | $x_{(1)}$ | $x_{(2)}$ | $x_{(3)}$ | .... | $x_{(n)}$ |
| Y | $y_1$ | $y_2$ | $y_3$ | .... | $y_n$ |

Aus dieser Tabelle wird nun beliebig ein Merkmalspaar $\left[\binom{x_i}{y_i}, \binom{x_j}{y_j}\right]$ herausgegriffen.

a) Ein Merkmalspaar heisst *konkordant* (bzw. besitzt positiven Anstieg), wenn für $j > i$ gilt, dass auch die Rangziffern von Merkmal Y in derselben Richtung geordnet werden können, d.h. falls $R(y_j) > R(y_i)$ gilt. Beachte, dass dabei die $x_i$ schon geordnet sind.
b) Ein Merkmalspaar heisst *diskordant* (bzw. besitzt negativen Anstieg), wenn für $j > i$ gilt, dass $R(y_j) < R(y_i)$ ist.
c) Ein Merkmalspaar heisst *akordant* (oder gleich, bzw. besitzt Anstieg 0), wenn für $j > i$ gilt, dass die Ränge von Y gleich sind, d.h. es gilt $R(y_j) = R(y_i)$.

Z.B. gilt für die Daten aus Beispiel 12.2, dass der Vergleich der ersten mit dem zweiten Beobachtung akordant ist, wegen

$$\left[\binom{x_1}{y_1} = \binom{2}{3} ; \binom{x_2}{y_2} = \binom{5}{3}\right] \quad \text{und} \quad R(y_1) = R(y_2),$$

und der Vergleich der ersten mit der vierten Beobachtung konkordant ist, wegen

$$\left[\binom{x_1}{y_1} = \binom{2}{3} ; \binom{x_4}{y_4} = \binom{6}{7}\right] \quad \text{und} \quad R(y_1) > R(y_4).$$

Man beachte, dass es keine diskordanten Paare in Beispiel 12.2 gibt. Die Gesamtanzahl der konkordanten, diskordanten und akordanten Beobachtungspaare ist gleich der Anzahl aller möglichen Paare (wobei #(...) eine Abkürzung für "die Anzahl von ..." ist):

$$\#(KON) + \#(DIS) + \#(A) = \frac{n(n-1)}{2} = \#(Paare).$$

Mit dieser "Konkordanzgleichung" für Rangpaarungen können wir nun den Kendall'-schen Korrelationskoeffizienten definieren.

**Def. 12.7 Der Kendall'sche Korrelationskoeffizient** eines quantitativen, bivariaten Merkmals (X,Y) wird über die Anzahl der konkordanten Paare berechnet. Mit $\#_i(KON)$ bezeichnen wir die Anzahl der konkordanten Paare der i-ten geordneten Merkmalsausprägung, die für jedes i = 1, ..., n, mit

$$\#_i(KON) = \#\{R(y_j) > R(y_i), j = i+1, \ldots, n\}$$

berechnet wird. In Worten ausgedrückt beschreibt dieses Abzählen den folgenden Vorgang: Man beginnt mit dem ersten Merkmalspaar der Rangliste (i = 1) und vergleicht es mit allen nachfolgenden n-1 Merkmalspaaren und zählt die Anzahl der Konkordanzen. Dann nimmt man das zweite Merkmalspaar (i = 2), vergleicht es mit allen nachfolgenden n - 2 Merkmalspaaren und zählt die Anzahl der Konkordanzen. Dies wird solange fortgesetzt, bis die gesamte Rangliste ausgeschöpft ist. Mit diesen n Konkordanzzahlen (i = 1, ..., n) wird nun Kendalls $\tau$ definiert:

$$\tau = \frac{\#(KON) - \#(DIS)}{\#(Paare)} = \frac{2}{n(n-1)}(\#(KON) - \#(DIS))$$

Dabei ist die Anzahl der Paare durch den Binomialkoeffizienten $\#(Paare) = \binom{n}{2}$ gegeben, und es gilt:

$$\#(KON) = \sum_{i=1}^{n} \#_i(KON); \quad \#(DIS) = \sum_{i=1}^{n} \#_i(DIS); \quad \text{und} \quad \frac{1}{\binom{n}{2}} = \frac{2}{n(n-1)}$$

Zur Berechnung verwendet man die einfachere Formel

$$\tau = \frac{4}{n(n-1)} \sum_{i=1}^{n} \#_i(KON) - 1,$$

die sich aus dem Einsetzen der "Konkordanzgleichung" für Rangpaarungen ergibt. Sei K = #(KON), dann ist

$$\tau = \frac{K - \frac{n(n-1)}{2}}{\frac{n(n-1)}{2}} = \frac{4K}{n(n-1)} - 1.$$

Wie zuvor kann man zeigen, dass der Kendall'sche Korrelationskoeffizient im Intervall $-1 \leq \tau \leq 1$ liegt. Im Beispiel 12.5 wird die Berechnung von Kendall's $\tau$ vorgeführt.
Bem.: Das Kordanzprinzip wird auch in der Betriebswirtschaftslehre für "multikriterielle" Entscheidungsverfahren verwendet.
Für kleine und unterscheidbare Punkte in Streudiagrammen kann man die Anzahl der Konkordanzen der Kendall'schen Korrelation grafisch bestimmen. Sie ist einfach die Anzahl der positiven Anstiege aller Merkmalspaare in einem Streudiagramm. Dies wird in Figur 12.4.b) gezeigt, wobei man auch die praktischen Grenzen diesen einfachen Konzepts erkennt.

**Beispiel 12.5 Kendall'scher Korrelationskoeffizient der Geburts- und Scheidungsraten** in der BRD

| a) Nach Geburten geordnet | | | | b) Nach Scheidungen geordnet | | | |
|---|---|---|---|---|---|---|---|
| Code | $R(x_i)$ | $R(y_i)$ | $\#_i$ (KON) | Code | $R(x_i)$ | $R(y_i)$ | $\#_i$ (KON) |
| BW | 8 | 1 | 3 | B | 1 | 9 | 2 |
| BY | 9 | 2 | 2 | HH | 2 | 11 | 0 |
| NS | 7 | 3 | 2 | HB | 3 | 8 | 1 |
| SH | 4 | 4 | 4 | SH | 4 | 4 | 4 |
| H | 5 | 5 | 3 | H | 5 | 5 | 3 |
| NW | 10 | 6 | 1 | RP | 6 | 7 | 1 |
| RP | 6 | 7 | 1 | NS | 7 | 3 | 2 |
| HB | 3 | 8 | 1 | BW | 8 | 1 | 3 |
| B | 1 | 9 | 2 | BY | 9 | 2 | 2 |
| S | 11 | 10 | 0 | NW | 10 | 6 | 1 |
| HH | 2 | 11 | 0 | S | 11 | 10 | 0 |
| Summe | | | 19 | | | | 19 |

**Figur 12.3 Streudiagramm und grafische Konkordanzbestimmung**

a) Streudiagramm der Rangzahlen  b) Geburten und Scheidungen: Paarweise positive Anstiege

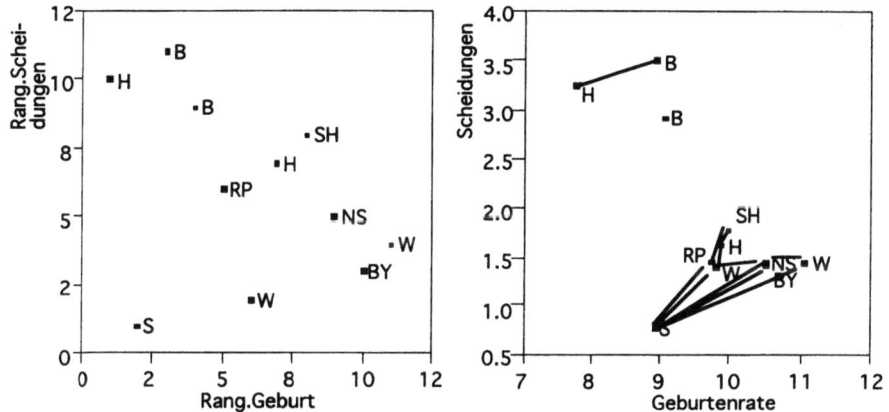

Eine überraschend einfache grafische Methode zur Kendall'schen Korrelation stammt von Ostermann (1992). Zunächst weist man den aufsteigenden Ordnungszahlen den absteigenden Rang zu und lässt die zweite Rangzahl unverändert. Man verbindet nun gleiche Rangzahlen und zählt die Summe aller Kreuzungen der Verbindungsstrecken. Dies ist 19 = #(KON), die Summe aller konkordanten Paare. (Bildet man die Summe der Kreuzungen bei aufsteigenden Rang, so erhält man die Summe aller diskordanten Paare.)

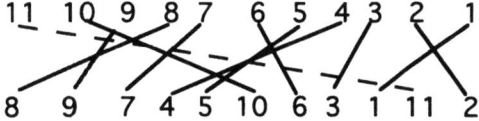

Das folgendes Beispiel 12.6 zeigt ein übersichtliches Berechnungsschema für den paarweisen Vergleich der Kendall'schen Korrelation.

**Beispiel 12.6 Kendall'sche Korrelation der Restaurantbewertungen**

| i | $x_i$ | $y_i$ | Vergleiche j > i | | | Zeilensumme |
|---|---|---|---|---|---|---|
| | | | > 1 | > 2 | > 3 | |
| 1 | 2 | 3 | | | | |
| 2 | 5 | 3 | 0 | | | 0 |
| 3 | 5 | 3 | 0 | 0 | | 0 |
| 4 | 6 | 7 | + | + | + | 3 |
| | | | | | Gesamtsumme = 3 | |

Mit '+' werden die konkordanten, mit '-' die diskordanten und mit '0' die akordanten Paare bezeichnet. Die Vergleichstabelle enthält damit für die $\binom{4}{2} = 6$ Paarvergleiche die Symbole ( +, -, 0). (Aus Figur 12.3 ist die Anzahl der konkordanten Merkmale auch leicht graphisch zu bestimmen: Es gibt 3 positive Anstiege, da man die Doppelbeobachtung zweimal zählen muss.) Der Kendall'sche Korrelationskoeffizient ist daher

$$r = \frac{2 \, \#(KON)}{\#(Paar)} - 1 = \frac{4 \cdot 3}{4 \cdot 3} - 1 = 0.$$

Man beachte, dass sich bei kleinen Gesamtheiten (kleinem n) die Korrelationskoeffizienten nach verschiedenen Konstruktionsprinzipien stark unterscheiden können. Das etwas erstaunliche Resultat von r = 0 kann in diesem Beispiel auf die akordanten Paare, die die Hälfte aller Paarvergleiche ausmachen, zurückgeführt werden.
In Beispiel 12.5 wurde zuerst das bivariate Merkmal (Ehescheidung, Geburtenrate), mit Merkmalsträger "Bundesland der BRD", dessen Code in der ersten Spalte angegeben ist, nach den Geburten (Y-Merkmal) geordnet, was man auch an den ansteigenden Rangzahlen erkennt. Die zweite Spalte gibt den Rang des X-Merkmals wieder, und die vierte Spalte die Anzahl der konkordanten Paare. Z.B. erklärt sich der erste Wert 3 der $\#_i(KON)$-Spalte dadurch, dass noch 3 Werte in der Rangliste folgen, die eine grössere Rangzahl als 8 haben. Die zweite Konkordanzzahl ist 2, weil es 2 Merkmalsausprägungen gibt, die grösser als Rang 9 sind. Jedoch ist die dritte Konkordanzanzahl ebenfalls 2, obwohl sie die Ränge mit grösseren Wert als 7 zählt, weil 2 Ränge (Rang 8 und 9) vorher bereits in der Rangliste vorgekommen sind. Daher werden die Konkordanzzahlen gegen Ende der Liste immer kleiner.
Man beachte, dass die Summen der Konkordanzzahlen immer 19 ist, ganz gleich, ob das bivariate Merkmal zuerst nach dem Y-Merkmal oder nach dem X-Merkmal geordnet wurde. Der Kendall'sche Korrelationskoeffizient beträgt somit

$$\tau = \frac{4}{n(n-1)} \sum_{i=1}^{n} \#_i(KON) - 1 = \frac{4*19}{110} - 1 = -0.309$$

Damit ist der Kendall'sche Korrelationskoeffizient ist mit $\tau = -0.31$ nur etwas (betragsmässig) kleiner als der Spearman'sche mit $r_{SP} = -0.37$.

Bem: Das Kontingenzmass nach Goodman und Kruskal ist eine Variante der Kendall'schen Korrelation:

$$\tau_{GK} = \frac{\#(KON) - \#(DIS)}{\#(KON) + \#(DIS)}.$$

Dieses Mass lässt die akordanten Paare weg, d.h. es ist ein Kendall'sches $\tau$ ohne ranggleiche Paare. Gibt es keine akordanten Paare, dann ist das Kendall'sche $\tau$ gleich dem Goodman-Kruskal Koeffizienten $\tau_{GK}$, d.h. $\tau = \tau_{GK}$. Es ist fraglich, ob man im Falle von Bindungen Korrekturen zu verwenden hat; besonders bei kleinen n können dabei ungewollte Verzerrungen eintreten. Dies sei an unserem Restaurantbeispiel verdeutlicht. Von den 6 Paarvergleichen sind 3 konkordant und 3 akordant. Da beim Kontingenzmass nach Goodman und Kruskal die akordanten Paarungen nicht berücksichtigt werden, erhalten wir, da es keine diskordanten Paarungen gibt ein $\tau_{GK} = 3/3 = 1$. Dies ist numerisch korrekt, aber entspricht nicht der Intuition, wenn man das Streudiagramm in Figur 12.3 betrachtet.

Bei Bindungen berechnet man die korrigierte Kendall'sche Korrelation (vgl. Sixtl 1993)

$$\tau = \frac{2}{C} \sum_{i=1}^{n} \sum_{j=i}^{n} \text{sign}[R(x_i) - R(x_j)] \, \text{sign}[R(y_i) - R(y_j)]$$

mit der korrigierten Varianz

$$C = \sqrt{(n^2 - n - C_x)(n^2 - n - C_y)}$$

und den Bindungskorrekturen $C_x$, $C_y$ wie beim Spearman'schen Rangkorrelationskoeffizienten.

## 12.5. Die Fechner'sche Korrelation

Gelegentlich wird für ordinale Merkmale auch noch der sogenannte Fechnersche Korrelationskoeffizient verwendet. Die Fechner'sche Korrelation ist ein Mass, das auf einer Klassifikation der Merkmale in einem Streudiagramm mit 4 Bereichen beruht, analog zum resistenten Korrelationskoeffizienten. Die Fechner'sche Korrelation ist die Produkt-Moment Korrelation der Vorzeichenwerte, die entweder auf die Mittelwertabstände oder die Medianabstände zweier Merkmale bezogen ist:

a) Für metrische Merkmale wird die Fechner'sche Korrelation bezüglich den Mittelwerten ($\bar{x}$, $\bar{y}$) gebildet:

$$r_F = \frac{1}{n} \sum_{i=1}^{n} \text{sign}[(x_i - \bar{x})(y_i - \bar{y})],$$

wobei 'sign' für die Vorzeichen-(Signum)-Funktion steht.

b) Die Fechner'sche Korrelation bezüglich (MedX, MedY) eignet sich für ordinale Merkmale und lautet:

$$r_F = \frac{2Z}{n} - 1,$$

mit

$$Z = \sum_{i=1}^{n} \text{count}[(x_i - \tilde{x})(y_i - \tilde{y})] \quad \text{und} \quad \tilde{x} = \text{Med}(X), \tilde{y} = \text{Med}(Y),$$

wobei 'count' die folgende Zählfunktion (vgl. Hartung S. 78) ist:

$$\text{sign}(x) = \begin{cases} -1 & \text{für } x < 0 \\ 0 & \text{für } x = 0 \\ 1 & \text{für } x > 0 \end{cases} \quad ; \quad \text{count}(x) = \begin{cases} 0 & \text{für } x < 0 \\ 0.5 & \text{für } x = 0 \\ 1 & \text{für } x > 0 \end{cases}.$$

Die beiden Zählfunktionen sind in Figur 12.5 abgebildet. Wählt man bei der Fechner'-schen Korrelation die Mediane und den Sinus als Transformation der Zählfunktion 'count', so erhält man den resistenten Korrelationskoeffizienten $r_{rst}$ (vgl. Kapitel 7).

**Figur 12.4 Die Vorzeichenfunktion sign(x) und die Funktion count(x)**

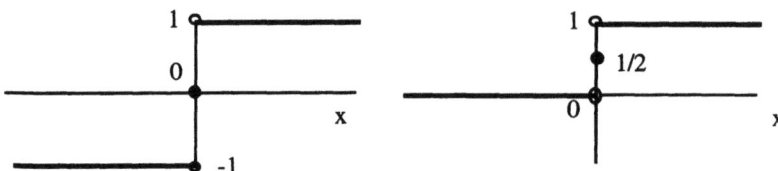

Für eine Diskussion und Anwendung des Fechner'schen Korrelationskoeffizienten, siehe Wehrt (1984).

**Beispiel 12.7 Fechner'scher Korrelationskoeffizient**

Für die Restaurant-Daten aus Beispiel 12.1 berechnen wir den Fechner'schen Korrelationskoeffizienten bezüglich Median. Dabei bezeichnen wir mit den $q_i = (x_i - Med(X))(y_i - Med(Y))$ die Differenzenprodukte.

Tab. 12.3 Fechner'sche Korrelation

| Beobachtung | | Medianabweichung | | Produkt | Vorzeichen |
|---|---|---|---|---|---|
| $x_i$ | $y_i$ | $x_i - Med(X)$ | $y_i - Med(Y)$ | $q_i$ | $sign(q_i)$ |
| 2 | 3 | -3 | 0 | 0 | 0 |
| 5 | 3 | 0 | 0 | 0 | 0 |
| 5 | 3 | 0 | 0 | 0 | 0 |
| 6 | 7 | 1 | 4 | 4 | 1 |
| Med(X) = 5 | Med(Y) = 3 | | | | Summe = 1 |

Der Fechner'sche Korrelationskoeffizient beträgt $r_F = \frac{1}{4} \cdot 1 = 0.25$.

Bem.: Da es verschiedene Konzepte der Rangkorrelation gibt, ist es zweckmässig, bestimmte Anforderungen an einen Rang-Korrelationskoeffizienten zu stellen. Die dabei wesentlichsten sind:

1) Normierung: $-1 \leq r \leq 1$.
2) Gleiche Rangordnung: Ist Rang (X) = Rang(Y), dann folgt r = 1.
3) Inverse Rangordnung: Ist Rang (X) = Rang(-Y), dann folgt r = -1.
4) Unabhängigkeit: Sind X und Y unabhängig, dann ist r = 0.
5) Invarianz: r ist invariant gegenüber monotonen Transformationen.

**12.6. Korrelation zwischen quantitativen und qualitativen Merkmalen**

Die bisherigen Korrelationskoeffizienten waren für quantitative Merkmale (metrische oder ordinale) definiert. Dabei sind Rangkorrelationen in erster Linie für ordinale Merkmale zu empfehlen. Hat man es mit 'ungewöhnlichen erhobenen' metrischen Merkmalen zu tun, die möglicherweise mit Ausreissern behaftet sind, dann ist ebenfalls eine Rangkorrelation von Vorteil. Was macht man aber, wenn man Korrelationskoeffizienten für Merkmale mit unterschiedlichen Skalen berechnen will? Eine gute Übersicht über die möglichen Korrelationstypen gibt die nächste Tabelle 12.3.

Tab. 12.4 Korrelationsübersicht

| Messung der Variablen (Skala) Y \ X | dichotom ("echt") | dichotomisiert, ("künstlich" dichotom) | ordinal | metrisch |
|---|---|---|---|---|
| **dichotom** ("echt") | Phi-Koeffizient $\phi$ | | | |
| **dichotomisiert,** ("künstlich" dichotom) | | $r_{xy}$ | tetrachorischer Koeffizient: $r_{tet}$; | |
| **ordinal** | Rang-biserialer Koeffizient $r_{rbis}$ | | Rangkorrelationskoeffizient $r_{sp}$; Kendall's $\tau$ | |
| **metrisch** | Punkt-biserialer Koeffizient $r_{pbis}$ | Biserialer Koeffizient $r_{bis}$ | | Produkt-Moment-Korrelation: $r_{xy}$ |

Bei einem Korrelationsproblem zwischen einem metrischen und einem ordinalen Merkmal kann man immer die Rangkorrelation verwenden.
Welche Korrelation kann man zwischen einem metrischen und einem qualitativen Merkmal definieren? Bei qualitativen Merkmalen (mit einer Nominalskala) gibt es wieder dichotome und polytome Merkmale. Dichotome oder binäre Merkmale haben nur 2 Ausprägungen, wie 0 oder 1, ja oder nein. Dichotome Merkmale werden nach ihrem Entstehungscharakter weiter eingeteilt: a) in 'echt dichotome' Merkmale, die z.B. immer dann erhoben, wenn festgestellt wird, ob eine bestimmte Eigenschaft vorhanden ist oder nicht (ohne Rangskala), und b) in dichotomisierte Merkmale, d.h. 'künstlich dichotome' Merkmale, bei denen eigentlich ein metrisches Merkmal zu Grunde liegt, das aber nur in 2 Kategorien erhoben wird.
Gelegentlich unterscheidet man noch einen dritten Typ von dichotomen Merkmal, nämlich dann, wenn die Einteilung mit einer Rangskala verbunden ist, wie z.B. gut oder schlecht, laut oder leise. Das sind eigentlich dichotome Rangmerkmale. Dagegen verteilen polytome Merkmale die Ausprägungen über K Klassen.
Für den Korrelationskoeffizienten zwischen einem quantitativen (metrischen oder ordinalen) und einem binären (dichotomen) Merkmal verwendet man die sogenannten biserielle Korrelation.

### 12.6.1. Die Punkt- und Rang-biseriellen Korrelation

**Def. 12.8 Punkt-biserielle Korrelation** (point biserial correlation)
Für den Korrelationskoeffizienten zwischen einem ordinalen (bzw. Rangzahlen eines metrischen) und einem binären Merkmal verwendet man die sogenannten biserielle, bzw. biseriale Korrelation. Seien $(x_i, y_i)$, $i = 1, ...., n$, die Merkmalsausprägungen eines gemischten bivariaten Merkmals (X,Y). Davon sei X das binäre Merkmal, das die beiden Ausprägungen 0 und 1 besitzt, und Y das metrisch. Dies entspricht einer Klassifikation des Y-Merkmals in 2 Gruppen, für die getrennt der Mittelwert berechnet wird: $\bar{y}_{11}$ und $\bar{y}_0$. Der Punkt-biseriale Korrelationskoeffizient lautet

$$r_{pbis} = (\bar{y}_1 - \bar{y}_0) \frac{s_x}{s_y}.$$

Dabei ist $s_x = \sqrt{pq}$, wobei $q = 1 - p = n_1/n$, mit $n = n_0 + n_1$ gilt. $p = n_0/n$ ist der Anteil der Merkmalsträger, bei denen $X = 0$ ist; die Anzahl $n_0$ lässt sich auch schreiben als $n_0 = \#(i \mid x_i = 0)$. Einsetzen der Standardabweichung $s_x$ ergibt

$$r_{pbis} = (\bar{y}_1 - \bar{y}_0) \frac{\sqrt{n_0 n_1}}{n \, s_y}.$$

**Beispiel 12.8 Punkt-biseriale Korrelation: West- und Deutsch-Schweiz**

Gibt es eine Korrelation in der Arbeitslosenquote zwischen der Westschweiz und der deutschsprachigen Schweiz? Die ökonomischen Kenngrössen sind aus der Tab. 12.5 zu entnehmen. Dabei wird das Tessin für die Korrelationsberechnung ausgeklammert. Die letzte Spalte der Tab. 12.5 gibt die Zugehörigkeit zur West-Schweiz an (Punkt bedeutet fehlender, d.h. nicht berücksichtigter Wert).

Tabelle 12.5 Wirtschaftliche Kenngrössen der Schweizer Kantone 1991 (aus dem Jahrbuch der Schweiz)

| Kanton | VE90/Kopf in 1000 | AL.Quote 1991 in % | Gesamt.Steuerb. 1991 Index, CH = 100 | West-CH |
|---|---|---|---|---|
| Nidwalden | 38.9 | 0.5 | 84.6 | 0 |
| Zug | 67.7 | 0.9 | 60.4 | 0 |
| Zürich | 53.1 | 0.8 | 82.9 | 0 |
| Basel-Land | 40.3 | 1.2 | 82.6 | 0 |
| Aargau | 38.3 | 0.7 | 100.1 | 0 |
| Schwyz | 34.5 | 0.5 | 86.9 | 0 |
| Glarus | 44.3 | 0.5 | 111.9 | 0 |
| Basel-Stadt | 57.6 | 1.9 | 105.1 | 0 |
| Graubünden | 35.7 | 0.5 | 106.4 | 0 |
| St. Gallen | 35.1 | 0.9 | 85.2 | 0 |
| Thurgau | 32.4 | 0.6 | 99.3 | 0 |
| Solothurn | 36.7 | 0.8 | 106.3 | 0 |
| App. Auss. | 34.0 | 0.6 | 106.1 | 0 |
| Bern | 36.3 | 0.7 | 117.8 | 0 |
| Schaffhausen | 35.4 | 1.4 | 105.5 | 0 |
| Luzern | 33.8 | 0.8 | 106.1 | 0 |
| App. Inn. | 29.8 | 0.3 | 107.7 | 0 |
| Uri | 32.1 | 0.2 | 134.4 | 0 |
| Genf | 53.4 | 3.1 | 111.3 | 1 |
| Obwalden | 30.7 | 0.3 | 126.9 | 0 |
| Waadt | 38.1 | 2.2 | 107.6 | 1 |
| Freiburg | 35.6 | 1.4 | 124.7 | 1 |
| Tessin | 33.1 | 3.0 | 104.8 | . |
| Neuenburg | 34.4 | 2.7 | 129.6 | 1 |
| Jura | 30.6 | 2.7 | 137.4 | 1 |
| Wallis | 30.1 | 2.1 | 147.6 | 1 |

Die zur Berechnung der Punkt-biserialen Korrelation notwendigen Grössen können wie folgt zusammengestellt werden:

Tab. 12.6 Kennzahlen zur Punkt-biserialen Korrelation

| Klasse | dichotom | Anzahl | Mittel | Std. Abweichung |
|---|---|---|---|---|
| Deutsch-CH | 0 | 19 | 0.74 | 0.1037 |
| West-CH | 1 | 6 | 2.27 | 0.1845 |
| CH | alle | 25 | 1.11 | 0.789 |

$$r_{pbis}(\text{West-CH, AL}) = (\bar{y}_1 - \bar{y}_0)\frac{\sqrt{n_0 n_1}}{n\, s_y} =$$

$$= (2.27 - 0.74)\frac{\sqrt{19*6}}{25*0.789} = 1.53*0.54 = 0.826 .$$

Die Punkt-biserialen Korrelationen mit den beiden anderen Merkmalen sind $r_{pbis}$ (West-CH, Steuer) = 0.557 und $r_{pbis}$(West-CH, VE/Kopf) = 0.000. Einen parallelen Boxplot Vergleich zeigt Figur 12.6.

**Figur 12.5 Boxplot Vergleich West-Schweiz (1) und Deutsch-Schweiz (0)**

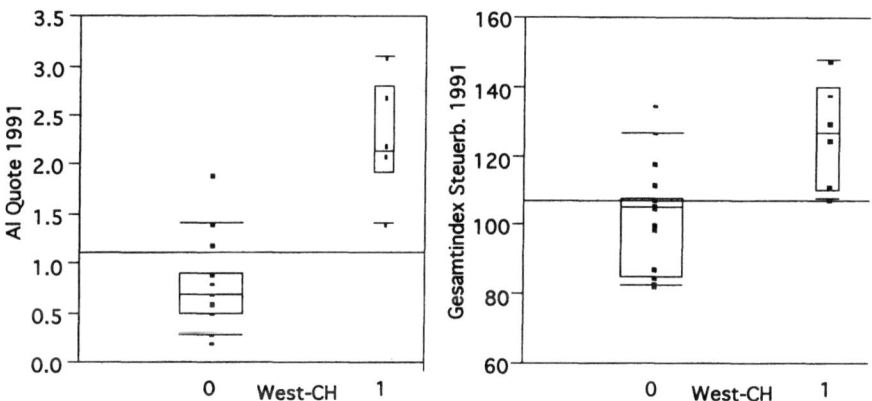

Quantile werden bei 90%,75%,50%,25%,10% markiert.

Bei der biseriellen Korrelation unterscheidet man zwei weitere Spezialfälle, je nachdem ob das qualitative Merkmal der biseriellen Korrelation *ordinal* oder *künstlich dichotom* ist.

**Def. 12.9 Bei der Rang-biseriellen Korrelation** (rank biserial correlation) ist das qualitative Merkmal der biseriellen Korrelation *ordinal* (bzw. es werden aus einem bestimmten Grund Rangzahlen gebildet), und der sogenannte "Rang-biserielle" Korrelationskoeffizient lautet:

$$r_{rbis} = \frac{2}{n}\left(\overline{R_1(x)} - \overline{R_0(x)}\right)$$

bzw. $r_{rbis}$ = Corr(Y, R(X)), wobei Y das dichotome 0/1-Merkmal ist.

**Beispiel 12.9 Ist der soziale Status mit dem Geschlecht korreliert ?**

| Rang(X) | 1 | 2 | 3 | 4 | 5 | 6 | 7 | 8 | 9 | 10 | 11 | 12 |
|---|---|---|---|---|---|---|---|---|---|---|---|---|
| $y_i$ | 1 | 1 | 1 | 0 | 0 | 1 | 1 | 0 | 1 | 0 | 0 | 0 |

Die Durchschnitte der Rangzahlen für die beiden dichotomen Ausprägungen (Männer 0 und Frauen 1) sind

$$\overline{R_1(x)} = \frac{1}{6}(1+2+3+6+7+9) = \frac{28}{6} = 4.67;$$

$$\overline{R_2(x)} = \frac{1}{6}(4+5+8+10+11+12) = \frac{50}{6} = 8.33;$$

Der Rang-biserielle Korrelationskoeffizient ist daher

$$r_{rbis} = \frac{1}{12}(4.67 - 8.33) = -0.61.$$

Bem.: a) Es gibt auch eine "korrigierte" biserielle Korrelation. Dabei geht man von der Annahme aus, dass das binäre Merkmal in Wirklichkeit ein metrisches Merkmal ist, das aber nur in Form von 2 Punkten erhoben werden kann (man nennt das nicht-erhebbare metrische Merkmal auch latente Variable). Kennt man die Dichtefunktion dieses Merkmals, so korrigiert man den Punkt-biseriellen Koeffizienten durch die Dichte an der Stelle des Trennpunktes des latenten Merkmals, falls dieser bekannt ist. Bei unbekannter Dichte ist diese Korrektur nicht zu empfehlen.

**\*12.6.2. Die biserielle Korrelation**

Die biserielle Korrelation ist ein Korrelationsmass für den Zusammenhang zweier quantitativer (metrischer) Merkmale, bei denen eines "künstlich dichotomisiert" werden musste. Künstliche Dichotomisierungen sollten eher vermieden werden. Sie treten jedoch in der Praxis auf, weil die Erhebung des vollständigen metrischen Merkmals oft zu teuer kommt. Beispiele sind billig/teuer, jung/alt, hohes/niedriges Einkommen, usw. Die Idee der biseriellen Korrelation bei künstlich dichotomisierten Merkmalen besteht nun in der Korrektur des einfachen Punkt-biseriellen Korrelationskoeffizienten, da ja die zugrundeliegende stetige Verteilung des dichotomisierten Merkmals bekannt ist (oder als bekannt angenommen wird)

$$r_{dbis} = Corr(Y,X) = \frac{\overline{x_1} - \overline{x_2}}{s_x} \frac{p \cdot q}{f(z)}.$$

Dabei ist Y das künstlich dichotomisierte Merkmal mit der Dichte f(y), das wie in Figur 12.7 an der Stelle z geteilt wird.
p und q sind die Anteile der Verteilung unterhalb bzw. oberhalb des Teilungspunktes z, d.h. die Verteilung f(y) wird im Verhältnis p:q geteilt. Die Annahme einer Verteilung zur Berechnung eines Korrelationskoeffizienten setzt bereits die Kenntnis der Wahrscheinlichkeitsrechnung voraus, daher gehört die Berechnung dieser Art von biseriellen Korrelationen aufgrund künstlicher Dichotomisierung nicht mehr in den Bereich der EDA, d.h. diese Korrelation berührt Fragen der induktiven Statistik.

**Figur 12.6 Künstlich dichotomisiertes Merkmal mit der Dichte f(y)**

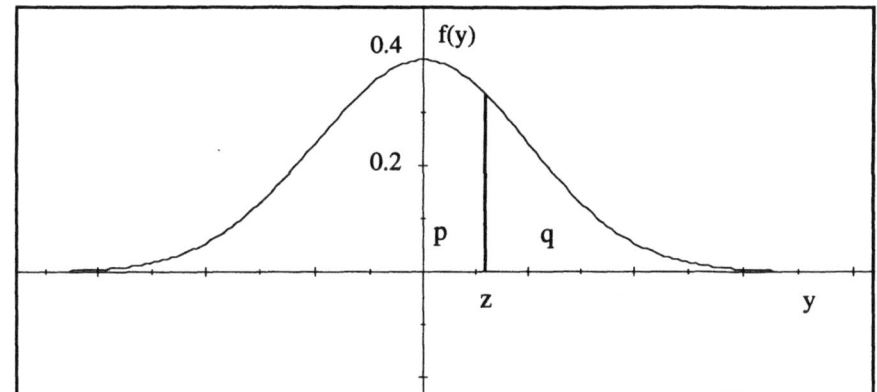

## 12.6.3. Die tetrachorische Korrelation

Die Korrelation zwischen zwei künstlich dichotomisierten Merkmalen, von denen angenommen wird, dass sie beide einer (bivariaten) Normalverteilung folgen, nennt man "tetrachorische Korrelation". Sie geht auf K. Pearson (1813) zurück. Gegeben ist das bivariate Merkmal, die beide wie in Figur 12.6 (künstlich) dichotomisiert wurden. Dann lautet die daraus abgeleitete Vierfeldertafel wie in Tab. 12.7:

Tab. 12.7 Bivariates dichotomes Merkmal

| X\Y | Y=10 | Y=1 | |
|---|---|---|---|
| X=0 | $n_{00}$ | $n_{01}$ | $x_0$ |
| X=1 | $n_{10}$ | $n_{11}$ | $x_1$ |
| | $y_0$ | $y_1$ | |

**Def. 12.10 Der tetrachorische Korrelationskoeffizient** eines bivariaten dichotomen (bzw. dichotomisierten) Merkmals lautet

$$r_{tet} = \cos\left(\frac{180°}{1 + \sqrt{\frac{n_{01} n_{10}}{n_{00} n_{11}}}}\right),$$

wenn der Cosinus in 360° gemessen wird.
Bem.: Wie die biserielle Korrelation ist auch die tetrachorische Korrelation stark durch konfirmatorische Überlegungen geprägt und verlässt damit den eigentlichen Bereich der EDA.

### 12.6.4. Die dichotome Korrelation (φ-Korrelation, phi-Koeffizient)

Den Spezialfall der Produkt-Moment (Bravais-Pearson) Korrelation, Koeffizienten für dichotome Merkmale X und Y, nennt man auch φ-Koeffizient oder φ-Korrelation. Die n 0/1-Merkmalsausprägungen der beiden Variablen X und Y können dabei einfach als folgende Vierfelder-Tafel angeschrieben werden:

**Def. 12.11 Die φ-Korrelation, bzw. der phi-Koeffizient** wird aus den Häufigkeiten einer Vierfelder-Tafel in Tab. 12.7 berechnet. Die φ-Korrelation ist definiert als

$$\text{Corr}(X,Y) = \phi = \frac{n_{00}n_{11} - n_{01}n_{10}}{\sqrt{x_0 x_1 y_0 y_1}},$$

wobei alle Zahlen im Zähler und Nenner die Häufigkeiten der obigen Vierfelder-Tafel sind: Die $n_{ij}$ sind die 4 Klassen des bivariaten dichotomen Merkmals, und die 4 Randsummen werden mit $x_i$ und $y_j$ bezeichnet. Es gilt: $-1 \leq \phi \leq 1$, und die extremen Korrelationen -1 und 1 können nur dann angenommen werden, wenn die 0 und 1 Werte in den beiden Merkmalen ausgewogen sind, d.h. $x_0 = x_1$ und $y_0 = y_1$.

**Beispiel 12.10** $\phi$-Korrelation: Wirkt ein bestimmtes Schlafmittel bei Männern und Frauen gleich ?

| X \ Y | 0: wirkt nicht | 1: wirkt | |
|---|---|---|---|
| 0: Männer | 4 | 6 | 10 |
| 1: Frauen | 2 | 8 | 10 |
| | 6 | 14 | 20 |

Aus der obigen Tabelle setzt man die entsprechenden Werte in die Formel der $\phi$-Korrelation ein und erhält

$$\phi = \frac{32 - 12}{\sqrt{14 \cdot 6 \cdot 10 \cdot 10}} = \frac{-20}{91.65} = 0.22 .$$

Die Korrelation ist gering, daher wirkt das Schlafmittel bei Männern und Frauen in etwa gleich. Die Korrelation ist leicht positiv (d.h. in Richtung der Frauen), da den Frauen der Wert 1 und der Wirkung der Wert 1 zugewiesen wurde.

## 12.7. Autokorrelation

Von Autokorrelation spricht man dann, wenn man eine Zeitreihe mit ihren Lags (vgl. Kapitel 8) korreliert. Ein Autokorrelationskoeffizient 1. Ordnung ist daher ein Korrelationskoeffizient einer Zeitreihe mit Lag 1. Genauso kann man Autokorrelationskoeffizienten höherer Ordnung (Korrelation mit Lag 2, 3, ... usw.) definieren. Die Zuordnung

Lag k $\to$ $r_k$ = Autokorrelationskoeffizient k-ter Ordnung

nennt man auch Autokorrelationsfunktion und bezeichnet sie mit $r_k$. Diese ist ein wichtiges Instrument in der Zeitreihenanalyse zur Spezifikation von Zeitreihenmodellen, wie etwa bei ARMA (autoregressive moving average) Modellen.
Ferner ist der Autokorrelationskoeffizient ein wichtiges Diagnoseinstrument zum Modellbau mit Hilfe von Zeitreihen, bzw. Trenddaten. Die Frage nach der Zufälligkeit oder Unsystematik von Residuen kann dadurch leichter geklärt werden. Es gibt keine verbesserbare Skizze mehr, wenn die Residuendiagnose in einem Trenddiagramm negativ ausfällt, d.h. keine Systematik mehr erkennbar ist. Daher berechnet man oft den Autokorrelationskoeffizienten 1. Ordnung (bzw. in der klassischen Statistik den sogenannten Durbin-Watson Test, der identisch ist mit Prüfung eines Autokorrelationskoeffizienten auf Wert 0).

**Def. 12.12 Die Autokorrelation 1. Ordnung einer Zeitreihe $\{x_t\}$.**
Sei X das Merkmal 'Zeitreihe der Länge n' und $X_{-1}$ das Merkmal verzögerte 'Zeitreihe der Länge n', dann kann zwischen den so definierten Merkmalen die sogenannte Autokorrelation 1. Ordnung

$$r_1 = \frac{\sum_{i=2}^{n}(x_i - \overline{x})(x_{i-1} - \overline{x})}{\sum_{i=1}^{n}(x_i - \overline{x})^2} = \frac{\text{Cov}(X, X_{-1})}{\sigma_X^2}.$$

definiert werden.
Bem.: Der so definierte Autokorrelationskoeffizient gehorcht nicht genau der Definition des Korrelationskoeffizienten in Def. 12.1. Nach dieser Definition müsste man ihn genau genommen als

$$r_1 = \frac{\text{Cov}(x_t, x_{t-1})}{\sqrt{\text{Var}(x_t)\,\text{Var}(x_{t-1})}}$$

definieren. Eine noch bessere Alternative ist die Berechnung der gesamten Autokorrelationsfunktion. Die Varianz der Autokorrelationsfunktion ist sehr leicht zu berechnen, wenn man Residuendiagnosen durchführt. Sie ist (asymptotisch für alle Lags k) Var($r_k$) = 1/n, wobei n die Länge der Zeitreihe ist. Mit diesen Hilfsmitteln ist es auch deskriptiv möglich, recht gute (autoregressive) Zeitreihenmodelle, sogar nicht-lineare (mit Autoregressogrammen) zu berechnen. Ein Vorteil von Zeitreihenmodellen ist deren einfache Prognose. Man beachte, dass mit zunehmender Laglänge die Autokovarianz mit immer weniger Beobachtungen geschätzt werden kann, während die Varianz mit n Beobachtungen gleich gut geschätzt wird.

**Beispiel 12.11 Autokorrelation des realen BIP in der Schweiz**

Gegeben sei die folgende Zeitreihe von Wachstumsraten des Schweizer realen BIP in den 80er Jahren: $\{y_t, t = 1980,...,1987\} = \{2.5, 4.6, 1.5, -1.1, 0.7, 1.8, 4.1, 2.7\}$. Die um einen Lag verzögerte Zeitreihe bezeichnen wir mit $x_t$

| BIP% | BIP%$_{-1}$ | Jahr | Differenzen | | Quadrate | | Kreuz-Produkte |
|---|---|---|---|---|---|---|---|
| $y_t$ | $x_t$ | t | $y_t - \bar{y}$ | $x_t - \bar{x}$ | $(y_t - \bar{y})^2$ | $(x_t - \bar{x})^2$ | $(y_t - \bar{y})(x_t - \bar{x})$ |
| 4.6 | 2.5 | 80 | 2.56 | 0.49 | 6.54 | 0.24 | 1.24 |
| 1.5 | 4.6 | 81 | -0.54 | 2.59 | 0.29 | 6.69 | -1.40 |
| -1.1 | 1.5 | 82 | -3.14 | -0.51 | 9.88 | 0.26 | 1.62 |
| 0.7 | -1.1 | 83 | -1.34 | -3.11 | 1.80 | 9.70 | 4.18 |
| 1.8 | 0.7 | 84 | -0.24 | -1.31 | 0.06 | 1.73 | 0.32 |
| 4.1 | 1.8 | 85 | 2.06 | -0.21 | 4.23 | 0.05 | -0.44 |
| 2.7 | 4.1 | 86 | 0.66 | 2.09 | 0.43 | 4.35 | 1.37 |
|  | 2.7 |  |  |  |  |  |  |
| Summen | | | | | | | |
| 14.3 | 14.1 | | | | 23.24 | 23.01 | 6.89 |
| Durchschnitte | | | | | | | |
| 2.04 | 2.01 | | | | 3.32 | 3.29 | 0.98 |

Der Korrelationskoeffizient beträgt quadriert $r_1^2 = 6.89 / (3.32 \cdot 3.29) = 0.63$ und daher ist r = 0.79. Überprüfen wir nun die Annahme gleicher Varianzen, so finden wir als Varianz für die BIP und die verzögerte BIP Zeitreihe Var($x_t$) = 3.32 und Var($x_{t-1}$) = 3.29. Man sieht, dass sie gerechtfertigt ist. Und es ist auch der Durchschnitt der Wachstumsraten (der bei der exakten Varianzberechnung eingeht) mit 2.04 und 2.01 fast gleich.
Das Streudiagramm der Autoregression mit der Regressionsgerade ist in der nächsten Figur 12.8 zu sehen.

**Figur 12.7 Autokorrelation des realen BIP in der Schweiz**

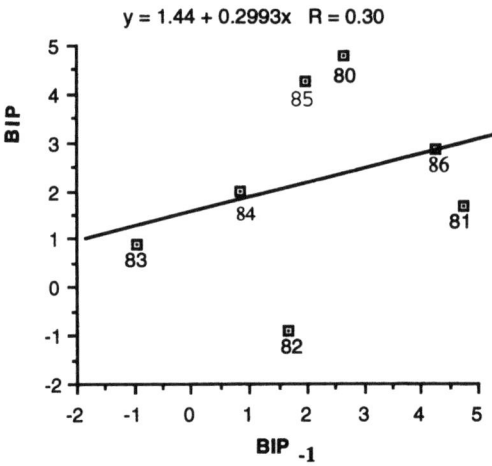

Analog zu zuvor kann man die getrimmte Autokorrelation berechnen (vgl. Polasek und Mertl 1990).

**Def. 12.13 Die α-getrimmte Autokorrelation** $r_{k,\alpha}$ einer Zeitreihe $\{y_t, t = 1, ..., n\}$ wird aus den α-getrimmten Varianzen der Hilfsvariablen "Summe von $y_t$ und $y_{t+k}$" und "Differenz von $y_t$ und $y_{t+k}$" berechnet:

$$r_{k,\alpha} = \text{Corr}_\alpha(y_t, y_{t+k}) = \frac{\text{Var}_\alpha(y_t + y_{t+k}) - \text{Var}_\alpha(y_t - y_{t+k})}{\text{Var}_\alpha(y_t + y_{t+k}) + \text{Var}_\alpha(y_t - y_{t+k})}$$

Die Folge der Autokorrelationskoeffizienten, d.h. Lag $k \to r_{k,\alpha}$, $k = 1, 2, ...$ heisst die α-getrimmte Autokorrelationsfunktion. Im Unterschied zu Def. 12.4 ist in diesem Fall keine Standardisierung der Zeitreihe notwendig, da für kleine k (und stationäre Zeitreihen) angenommen werden kann, dass $\text{Var}(y_t) = \text{Var}(y_{t+k})$ ist (vgl. Polasek und Mertl 1990).

## 12.8. Partielle Korrelation

Für mehrdimensionale Merkmale, wie auch in der Zeitreihenanalyse, spielt die partielle (oder bedingte) Korrelation eine grosse Rolle.

**Def. 12.14 Partielle Korrelation** von 3 Merkmalen $X_1$, $X_2$ und $X_3$. Der partielle Korrelationskoeffizient $r_{12|3}$ von $X_1$ und $X_2$, bei gegebenen $X_3$, ist der einfache Korrelationskoeffizient von $X_1$ und $X_2$, nachdem der Einfluss von $X_3$ auf die Merkmal $X_1$ und $X_2$ ausgeschaltet wurde:

$$r_{12|3} = \frac{r_{12} - r_{13}r_{23}}{\sqrt{1 - r_{13}^2}\sqrt{1 - r_{23}^2}}$$

Dabei ist $r_{ij}$ der einfache Korrelationskoeffizient der Merkmale i und j, $i = 1,2,3$, und $j = 1,2,3$. Durch Vergleich des einfachen Korrelationskoeffizienten mit dem partiellen Korrelationskoeffizienten gewinnt man folgendes Interpretationsmuster:

a) Teilweiser Einfluss:
Ist $|r_{12}| > |r_{12|3}|$, so spricht man von einem teilweisen Einfluss des Merkmals $X_3$ auf die Merkmal $X_1$ und $X_2$, da die einfache Korrelation von $X_1$ und $X_2$ zumindest teilweise auf den Einfluss von $X_3$ zurückgeht.

b) Scheinkorrelation:
Ist $|r_{12}| \gg |r_{12|3}|$ ($\sim 0$), so spricht man von einer Scheinkorrelation, da der Zusammenhang der Merkmale $X_1$ und $X_2$ auf den alleinigen Einfluss von $X_3$ zurückgeht. ($\gg$ bedeutet sehr viel grösser)

c) Maskierte, oder unterdrückte Korrelation (masked or suppressed correlation, vgl. Kendall und Stuart 1968, Johnson et al. 1985):
Gilt $|r_{12}| < |r_{12|3}|$ ($\sim 0$), so spricht man von einer maskierten Korrelation, da das dritte Merkmal $X_3$ den Zusammenhang der Merkmale $X_1$ und $X_2$ stört.

Damit können wir folgende Fallunterscheidungen treffen:

**Def. 12.15 Unterdrückte und Schein-Korrelation.**
a) Sind 2 Merkmale nur deshalb (absolut) hoch korreliert, weil sie von einem dritten Merkmal abhängig sind, so kann eine **Schein-Korrelation** vorliegen.
b) Sind 2 Merkmale nur deshalb (absolut) wenig korreliert, weil sie von einem dritten Merkmal abhängig sind, so kann eine maskierte oder **unterdrückte Korrelation** vorliegen.

Für einfache numerische Werte sind diese 3 Fälle in Tab. 12.8 zusammengefasst:

Tab. 12.8 Partielle Korrelation

| Korrelation $X \leftrightarrow Y$ | 3. Variable $Z \searquad \swarrow$ X   Y | | bedingt $X, Y \mid Z$ | |
|---|---|---|---|---|
| $\rho_{XY}$ | $\rho_{XZ}$ | $\rho_{YZ}$ | $\rho_{XY.Z}$ | |
| $\frac{1}{2}$ | $\pm\frac{1}{2}$ | $\pm\frac{1}{2}$ | $\frac{1}{3}$ | } gleichmässig |
| $-\frac{1}{2}$ | $\pm\frac{1}{2}$ | $\mp\frac{1}{2}$ | $-\frac{1}{3}$ | |
| $\frac{1}{2}$ | $\pm\sqrt{\frac{1}{2}}$ | $\pm\sqrt{\frac{1}{2}}$ | $0$ | } Schein-Korrelation |
| $-\frac{1}{2}$ | $\pm\sqrt{\frac{1}{2}}$ | $\mp\sqrt{\frac{1}{2}}$ | $0$ | |
| $\frac{1}{2}$ | $\pm\frac{1}{2}$ | $\mp\frac{1}{2}$ | $1$ | } Maskierte Korrelation |
| $-\frac{1}{2}$ | $\pm\frac{1}{2}$ | $\pm\frac{1}{2}$ | $-1$ | |

**Figur 12.8 Graphische Analyse der partiellen Korrelation**

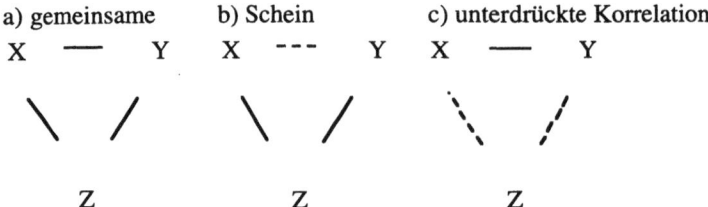

**Beispiel 12.12 Partielle Korrelation - Scheinkorrelation?** (nach Ferschl 1978)

An Schulkindern zwischen 6-10 Jahren werden drei Variable erhoben: $X_1$ Körpergewicht, $X_2$ Geschicklichkeit, und $X_3$ Alter. Der einfache Korrelationskoeffizient zwischen Körpergewicht und Geschicklichkeit beträgt $r_{12} = 0.45$ und entspricht nicht der Empirie. Kontrolliert man aber diesen Zusammenhang durch den Faktor Alter (mit den weiteren Korrelationskoeffizienten $r_{12} = 0.60$ und $r_{23} = 0.85$), so ergibt sich ein partieller Korrelationskoeffizient von

$$r_{12|3} = \frac{0.45 - 0.60 * 0.85}{\sqrt{1 - 0.60^2} \sqrt{1 - 0.85^2}} = -0.14 .$$

Da der Korrelationskoeffizient leicht negativ, aber in der Nähe von 0 ist, so entspricht dies eher unserem Fall b), der Scheinkorrelation: Körpergewicht und Geschicklichkeit sind nicht korreliert, besonders wenn man den Faktor Alter berücksichtigt.
Hier noch kurz einige Bemerkungen für den interessierten Leser:

a) Der partiellen Korrelationskoeffizient für z.B. 3 Merkmale ist so definiert, dass er den Korrelationsparameter einer bedingten 2-dimensionalen Normalverteilung entspricht, wenn eine 3-dimensionale Normalverteilung vorliegt. Daher kann die Formel der partiellen Korrelationskoeffizienten auch für die Berechnung von robusten, resistenten oder Rangkorrelationskoeffizienten herangezogen werden. Man sollte sich nur der abgeleiteten Herkunft des Koeffizienten bewusst sein.
b) Der partielle Korrelationskoeffizient kann natürlich für mehr als 3 Mekmale definiert werden. Dann werden die Korrelationskoeffizienten von K Merkmalen in einer Korrelationsmatrix zusammengefasst und die partiellen Korrelationskoeffizienten werden nach obigen Prinzip, aber doch erheblich komplizierter berechnet (vgl. Kendall und Stuart 1968).
c) Die partiellen Korrelationskoeffizienten werden häufig in der Soziologie, Psychologie und in der Zeitreihenanalyse verwendet. Die sogenannte partielle Autokorrelationsfunktion (PACF) wird neben der gewöhnlichen Autokorrelationsfunktion (ACF) zur Erkennung von autoregressiven (AR) Prozessen verwendet, die eine wichtige Modellklasse bei Zeitreihen und ökonometrischen Prognosen darstellen.

### 12.9. Korrelation und Kausalität

Statistische Verfahren können eine ganze Vielfalt von Korrelationskoeffizienten liefern, wobei der Statistiker dabei nur methodischer Experte sein kann, ob die Annahmen eines Verfahrens auch wirklich zutreffen. Auch damit ist ein eliminatives Verfahren zur Bestimmung der alleinig zutreffenden Methode nicht gewährleistet. Korrelation wird ein Primat der Substanzwissenschaften bleiben, d.h. eine Sache der Interpretation.
Auf jeden Fall kann man rein methodisch die Frage nach explanativer Korrelation stellen. Das sind solche Korrelationen, die mit einer hohen Wahrscheinlichkeit von 0 verschieden sind, und die durch Ausreisser nicht mehr stark in ihrer Grössenordnung beeinflussbar sind. Diese Eigenschaft tritt am ehesten bei grossen Gesamtheiten auf, bei klei-

ner Anzahl von Beobachtungen ist die methodische Variation wie auch die Sensitivität jeder einzelnen Methode erheblich. Kleine Anzahlen von Beobachtungen erlauben keine zuverlässigen Explorationen. Leider wird nur in seltenen Fällen die Gesamtheit vergrösserbar sein.

Die Frage nach Korrelation und Kausalität ist einer der schwierigsten in der Wissenschaft und erhitzt nach wie vor die Gemüter. Einige Autoren schlagen vor, den Begriff von Assoziation über Korrelation zu Kausalität laufen zu lassen. Assoziation wäre damit der schwächste Begriff, der einer blossen Tatsachenfeststellung gleichkommt, während die Kausalität der strengste Begriff wäre, der nur in Zusammenhang mit einem substanzwissenschaftlichen Gesetz zutrifft. Der folgende Auszug aus einem Zeitungsartikel beleuchtet die Problematik.

---

**Fallbeispiel 12.13 Scheinkorrelation** oder 'Blutgier macht den Affen nicht zum Menschen' (Tagesanzeiger, Zürich 22.10.1993)

Der amerikanische Anthropologe Matt Cartmill (1993) untersucht in einer Kulturgeschichte der menschlichen Jagd die 'Jagdhypothese' für die Etwicklung des Menschen:

"Raymond Dart wog in seiner Hand den Schädel einer ausgestorbenen Menschenaffenart. Dann betrachtet der Wissenschafter den Schädel eines Pavians, aus dem oben ein rundes Stück säuberlich herausgebrochen war. Beide Fossilien waren von Bergarbeitern nebeneinander gefunden worden, in der Kalksteingrube von Taung, 400 km südöstlich von Johannesburg. Dart war so aufgeregt, dass er seine Entdeckung sofort der ganzen Welt mitteilte: Dieser Menschenaffe musste den Pavian erschlagen und ihm anschliessend das Hirn aus dem Schädel gesaugt haben. Und das konnte nichts anderes bedeuten als den Ursprung, die Genesis des Menschen. Mit Darts Entdeckung in den 20erJahren sollte bald eine Theorie ihren Siegeszug antreten, mit der sich die ganze Grausamkeit des Menschen, seine Morde und seine Kriegsgreuel erklären liessen: die sogenannte 'Jagdhypothese'.
Raymond Dart hatte sich nämlich getäuscht. Als er den Pavianschädel in seiner Hand betrachtete, als er mit dem Blick dem sauberen runden Loch in der Schädeldecke nachfuhr, da liess offenbar sein Weltbild nur eine einzige Idee zu: Der Affenmensch, dessen Reste er in seiner anderen Hand wog, musste dem Pavian das Loch beigebracht haben.
Aber Dart irrte. Das Loch stammte höchstwahrscheinlich von einem Leoparden. Nach gegenwärtigem wissenschaftlichen Konsens hatte diese Raubkatze nicht nur den Pavian in seine Höhle geschleppt, sondern auch den Affenmenschen - der Australopithecus war nicht Räuber, sondern Opfer. Sogar seine grösseren und intelligenteren Nachfahren in der Stammesgeschichte schienen noch keine Räuber, sondern Aasfresser gewesen zu sein.
Wenn also nicht das Jagen die menschliche Entwicklung eingeleitet hat,was war es dann? Glaubt man M. Cartmill, so werden wir das wohl nicht bald herausfinden."

---

## 12.10. Programmpakete

Korrelationsmasse sind in allen grösseren und kleineren Programmpaketen vorhanden, darunter auch Rangkorrelationen. Sie gehören mit der Regression (und Varianzanalyse) zu den meist angewandten statistischen Massen. Punkt-biseriale und tetrachorische Koeffizienten sind (noch) selten zu finden. Viele Programmpakete legen weniger Wert auf die deskriptiven Korrelationsmasse, sondern haben z.B. die Punkt-biseriale Korrelation als Testproblem aufbereitet (z.B. JMP als "Mean fit", bzw. Wilcoxon Test).

## 12.11. Aufgaben

1) Berechne einen Autokorrelationskoeffizienten für die Schweizer Makrozeitreihen in Tab. 2.4.b. a) BSP, b) Inflationsrate, c) Lohnveränderung.

2) Berechne einen Autokorrelationskoeffizienten für die Residuen der Trendanpassung in Tab. 6.3.
3) Zeige, dass der Spearmansche Koeffizient die Eigenschaften 4 und 5 der Rangkorrelation nicht erfüllt.
4) Zeige, dass die Rangaufteilung zwischen dem m-ten und den n-ten Wert, mit n > m und n = m + c, gerade der Durchschnitt der von m und n ist: Mitttelrang = (m + (m + c))/2. Hinweis: Verwende die Formel $1 + 2 + \ldots + n = n(n+1)/2$.
5) Man beweise, dass Cov $(aX, bY) = ab$ Cov $(X, Y)$.
6) Berechne den Spearmanschen und Kendallschen Rangkorrelationskoeffizienten für die Beliebtheit von Obstsorten in Ost und Westdeutschland in Tab. 12.9.

Tab. 12.9 Lieblingsfrüchte in Ost und Westdeutschland (Allensbach 1993)

*a) Histliste West*        *b) Histliste Ost*

Frage: "Hier ist eine Liste mit verschiedenen Obstsorten. Was essen Sie besonders gern, was mögen Sie besonders?" (Resultate in Prozent)

|     |              |    |              |    |
|-----|--------------|----|--------------|----|
| 1.  | Erdbeeren    | 74 | Erdbeeren    | 74 |
| 2.  | Äpfel        | 68 | Weintrauben  | 73 |
| 3.  | Weintrauben  | 66 | Pfirsiche    | 71 |
| 4.  | Kirschen     | 66 | Orangen      | 65 |
| 5.  | Orangen      | 65 | Äpfel        | 64 |
| 6.  | Bananen      | 63 | Mandarinen   | 64 |
| 7.  | Pfirsiche    | 55 | Kirschen     | 63 |
| 8.  | Mandarinen   | 52 | Bananen      | 61 |
| 9.  | Birnen       | 51 | Heidelbeeren | 55 |
| 10. | Kiwis        | 47 | Ananas       | 49 |
| 11. | Himbeeren    | 45 | Kiwis        | 49 |
| 12. | Zwetschgen   | 41 | Himbeeren    | 48 |
| 13. | Ananas       | 36 | Birnen       | 46 |
| 14. | Heidelbeeren | 30 | Aprikosen    | 37 |
| 15. | Aprikosen    | 30 | Zwetschgen   | 32 |

7) Man vergleiche den resistenten Korrelationskoeffizienten für die Tab. 12.10 (Ehescheidung-Geburtszahlen) in der Schweiz und Österreich.

Tab. 12.10 Geburten und Ehescheidungen auf 1000 Einwohner

*a) In der Schweiz*        *b) in Österreich 1985*

| Kanton | Ehescheid. /1000 | Geburten /1000 | Bundesland | Ehescheid. | Geburten |
|---|---|---|---|---|---|
| Aargau | 1.44 | 12.34 | Burgenland | 10.9 | 1.1 |
| Appenzell AR | 1.24 | 13.22 | Kärnten | 12.2 | 1.5 |
| Appenzell IR | 0.76 | 15.76 | Niederösterreich | 10.8 | 1.8 |
| Basel-Stadt | 2.17 | 7.86 | Oberösterreich | 12.6 | 1.5 |
| Basel-Land | 1.84 | 10.80 | Salzburg | 13.3 | 1.8 |
| Bern | 1.60 | 10.58 | Steiermark | 11.5 | 1.6 |
| Fribourg | 1.30 | 11.80 | Tirol | 13.3 | 1.4 |
| Genève | 2.61 | 9.45 | Vorarlberg | .0 | 1.8 |
| Glarus | 1.47 | 13.80 | Wien | 9.6 | 3.8 |
| Graubünden | 1.09 | 11.87 | | | |
| Jura | 1.22 | 11.17 | | | |
| Luzern | 1.21 | 12.63 | | | |
| Neuchâtel | 2.20 | 9.31 | | | |
| Nidwalden | 0.82 | 14.18 | | | |

| | | |
|---|---|---|
| Obwalden | 0.72 | 13.77 |
| Schaffhausen | 1.79 | 10.39 |
| Schwyz | 1.28 | 13.46 |
| Solothurn | 1.81 | 11.04 |
| St. Gallen | 1.52 | 12.47 |
| Thurgau | 1.47 | 12.96 |
| Ticino | 1.49 | 7.92 |
| Uri | 0.41 | 13.24 |
| Valais | 0.96 | 11.67 |
| Vaud | 2.01 | 9.64 |
| Zug | 1.28 | 11.88 |
| Zürich | 2.20 | 10.17 |

**Figur 12.9 Kodiertes Streudiagramm der Geburten und Ehescheidungen in**
   **a) Österreich 1985    b) Schweiz**

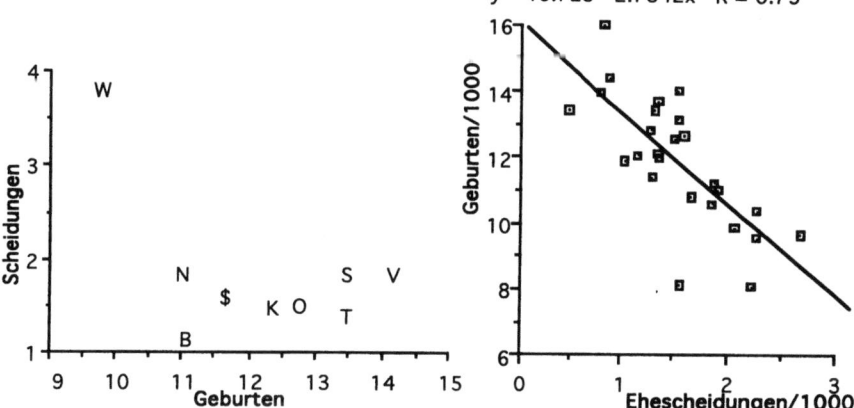

8) Gibt es einen Zusammenhang (=Korrelation) zwischen der Anzahl der gekauften Produkte und der benötigten Kaufzeit in einer Apotheke? Erklären Sie den Unterschied zwischen dem graphischen Eindruck in der nächsten Figur und dem dem Korrelationskoeffizienten von 0.06!

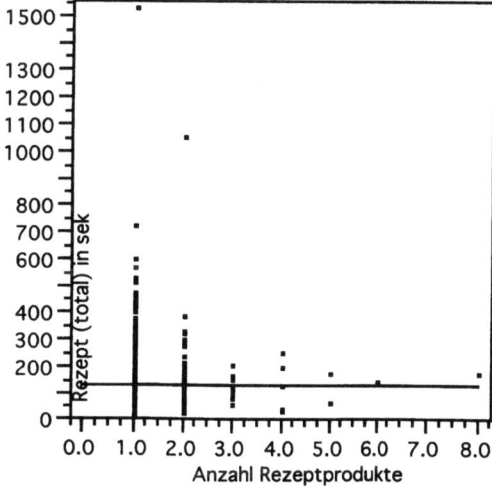

# 13. UNGLEICHHEIT UND KONZENTRATION

**13.1.** Streuungsmasse als Konzentrationsmasse
**13.2.** Das Herfindahlmass
**13.3.** Die Lorenzkurve
**13.4.** Der Konzentrationskoeffizient
**13.5.** Soziale Ungleichheitsmasse
**13.6.** Relative Einkommenspositionen
**\*13.7.** Die Sensitivität von Konzentrationsmassen
**13.8.** Explorative Konzentrationsmasse
**13.9.** Konzentro-Boxen

> *"Das menschliche Gehirn ist die unglaublichste virtuelle Realitätsmaschine, die jemals entdeckt wurde."*
> Howard Rheingold in seiner Einführung zum Buch "Stereogram"

Die Messung der Konzentration und die Streuung einer Verteilung hängen eng miteinander zusammen, die Beziehung ist jedoch eine umgekehrte: Hohe Konzentration bedeutet geringe Streuung und grosse Streuung tritt bei der Gleichverteilung, d.h. bei der kleinsten Konzentration auf. Die Fragestellung bei der Konzentrationsmessung ist die folgende: Ist die Verteilung eines Merkmals auf wenige Merkmalsträger konzentriert, oder teilt sie sich gleichmässig auf alle Merkmalsträger auf? Da die Anzahl der Merkmale, auf die sich die Konzentrationsmessung beziehen soll, in der Praxis wichtig ist, unterscheidet man zwischen relativer und absoluter Konzentration.
a) Relative Konzentration liegt dann vor, wenn sich die Verteilung auf einen kleinen *Anteil* (z.B. 1%, 5%, 10%) der Merkmalsträger konzentriert.
b) Absolute Konzentration liegt dann vor, wenn sich ein Merkmal (genauer die Merkmalssumme) auf eine kleine Anzahl der Merkmalsträger (1, 2, 3, ...) bezieht.

## 13.1. Streuungsmasse als Konzentrationsmasse

Konzentrationsmasse sind inverse Streuungsmasse für positive Merkmale. Zusätzlich fordert man von Konzentrationsmassen, dass sie 1.) normiert sein sollen und von affinen Transformationen abhängig sind. Wie wir bei Streuungsmassen gesehen haben, gilt für lineare Transformationen Var $(a + bX) = b^2$ Var$(X)$, und dies bedeutet, dass es nicht darauf ankommen soll, in welchen Währungs- oder Geldeinheiten die Einkommen gemessen wurden. Bei Konzentrationsmassen fordern wir 2.) die Skalenunabhängigkeit, d.h. Konz$(X)$ = Konz$(bX)$. Ferner sind Streuungsmasse invariant gegenüber Verschiebungen (Translationen), d.h. Var $(a + X)$ = Var$(X)$, eine Eigenschaft, die aber nicht bei Konzentrationsmassen gelten muss. Im Gegenteil, es wäre sogar wünschenswert wenn 3.) folgende Eigenschaft der Translationsabhängigkeit gilt: Konz$(a + X)$ < Konz$(X)$ für $a > 0$. Jeder Franken mehr, den alle (Einkommensbezieher, bzw. Merkmalsträger) bekommen, soll die Konzentration verringern. Diese dritte Eigenschaft unterscheidet die eigentlichen Konzentrationsmasse von den Streuungsmassen, während in der Anwendung von Konzentrationsmassen noch Aspekte der Sensitivität der Konzentrationsmasse bei Umverteilungen eine wichtige Rolle spielen.

### 13.1.1. Der Variationskoeffizient

Das einfachste Mass zur relativen Konzentration ist der Variationskoeffizient, ein dimensionsloses Streuungsmass. Wie man sich leicht überlegt, hängen Konzentration und Streuung invers voneinander ab. Die grösste Konzentration ist bei einer 1-Punkt Verteilung gegeben, ein Fall, bei dem die Streuung 0 ist. (Bezüglich der Merkmalsverteilung liegt keine Unsicherheit vor: Einer bekommt alles). Die kleinste

Konzentration tritt bei einer Gleichverteilung auf, dann ist auch die Streuung am grössten.

**Beispiel 13.1 Der Variationskoeffizient als Konzentrationsmass**

Betrachten wir das Einkommen dreier Beteiligter einer Firma: 1000, 3000 und 8000 Franken. Eine Gewinnbeteiligung von 12.000.- Franken soll auf die 3 Beteiligten verteilt werden. 2 Varianten stehen zur Wahl: a) eine proportionale Aufteilung und b) eine gleichmässige Aufteilung. Welche Variante verändert die Konzentration? Bei einer proportionalen Aufteilung ist die gesamte Einkommensverteilung

$$(1000, 3000, 8000) + (1000, 3000, 8000) = (2000, 6000, 16000).$$

Bei der gleichmässigen Aufteilung ist das neue Einkommen

$$(1000, 3000, 8000) + (4000, 4000, 4000) = (5000, 7000, 12000).$$

Der Mittelwert der neuen Einkommen ist jedesmal 8000 Franken, im zweiten Fall bleibt die Varianz = $26'000/3 = 2944^2$ gleich, während im ersten Fall die Standardabweichung sich verdoppelt: $\sigma = 2*2944 = 5888$ Franken. Der Variationskoeffizient v ist im ersten Fall

$$v = \frac{\sigma}{\bar{x}} = \frac{2944}{4000} = \frac{5888}{8000} = 0.736,$$

d.h. gleich geblieben (trotz Verdoppelung der ursprünglichen Einkommen), während er im zweiten Fall um die Hälfte abgenommen hat: $v = \frac{2944}{8000} = 0.368$.

Bem.: Die log-Varianz der Konzentration ist ein Varianzmass der relativen Einkommenspositionen und wird im Abschnitt 13.7 behandelt.

### 13.1.2. Die Konzentrationskorrelation (kurz: die Konzentrelation)

**Def. 13.1 Die Konzentrelation** geht von einem einfachen Varianzverhältnis von Merkmalsrationen aus. Als Merkmalsration $\pi_i$ definieren wir denjenigen Anteil, den jeder Merkmalsträger an der Merkmalssumme X hält. Die Merkmalsrationen nennen wir auch Merkmlasanteile oder kurz 'Rationen'. Ist $\sigma_F^2$ die Varianz der Merkmalsrationen und $\sigma_{equ}^2$ die Varianz der Merkmalsrationen bei Gleichverteilung, dann ist die Konzentrelation definiert als

$$\sigma_{equ}^2 = \frac{1 - \sigma_F^2}{\sigma_{equ}^2} = 1 - v_{equ},$$

wobei wir $v_{equ} = \sigma_F^2 / \sigma_{equ}^2$ als Egalitätsverhältnis bezeichnen können. Als $\pi_i = \frac{X_{(i)}}{X}$ definieren wir die Merkmalsrationen, wobei die $X_{(i)} = x_{(1)} + x_{(2)} + ... + x_{(i)}$ die kumulierten Merkmale der Rangliste sind, dann ist der Mittelwert $\bar{F} = \sum_{i=1}^{n} i\pi_i = \frac{1}{X}\sum_{i=1}^{n} iX_{(i)}$ und die Varianz $\sigma_F^2$ der Merkmalsrationen gegeben durch

$$\sigma_F^2 = \sum_{i=1}^{n} (i - \bar{F})^2 \pi_i = \sum_{i=1}^{n} i^2\pi_i - \bar{F}^2 = \frac{1}{X}\sum_{i=1}^{n} i^2 X_{(i)} - \bar{F}^2.$$

**Beispiel 13.2 Der Konzentrelationskoeffizient**

In Beispiel 13.1 waren zu den gegebenen Verteilung der Gewinne, nämlich (1000, 3000, 8000) = (1, 3, 8) x 1000 Franken, weitere 12000 Franken an die 3 Beteiligten gleich zu verteilen. Wie verändert sich die Konznetration dadurch?

a) vor der Aufteilung

| i | x(i) | i(X(i)) | $i^2$ | $i^2 X_{(i)}$ |
|---|------|---------|-------|---------------|
| 1 | 1    | 1       | 1     | 1             |
| 2 | 3    | 6       | 4     | 12            |
| 3 | 8    | 24      | 9     | 72            |
| Summe | X = 12 | 31 |   | 85 |

$\overline{F} = \frac{31}{12} = 2.58,$

$\sigma_F^2 = \frac{85}{12} - 2.58^2 = 7.08 - 6.67 = 0.41,$

b) nach der Aufteilung

| i | x(i) | i(X(i)) | $i^2 X_{(i)}$ |
|---|------|---------|---------------|
| 1 | 5    | 5       | 5             |
| 2 | 7    | 14      | 28            |
| 3 | 12   | 36      | 108           |
| Summe | 24 | 55   | 141           |

$\overline{Q} = \frac{55}{24} = 2.29;$

$\sigma_Q^2 = \frac{141}{24} - 2.29^2 = 0.62.$

Die maximale Varianz beträgt $\sigma_{equ}^2 = \frac{(n-1)^2}{12} = \frac{4}{12} = \frac{2}{3} = 0.66$. Daher sind die beiden Egalitätsverhältnisse $v_{equ}$ vorher und nachher

$$v_{equ}^{vor} = \frac{0.41}{0.66} = 0.62 \quad \text{und} \quad v_{equ}^{nach} = \frac{0.62}{0.66} = 0.93.$$

Die Konzentrationskorrelation (kurz: Konzentrelation) $\kappa_{Korr} = 1 - v_{equ}$, d.h. die Konzentrelation verringert sich von $1 - 0.62 = 0.38$ auf $1 - 0.93 = 0.07$ bei der Aufteilung der zusätzlichen SFr 12'000., während der Variationskoeffizient von $v = 0.25$ auf $v = 0.34$ ansteigt.

Für klassierte Merkmale benötigen wir zur Berechnung die folgenden Momente:

$$\overline{F} = \frac{1}{X} \sum_{k=1}^{\kappa} f_k X_{(k)}^*, \qquad \sigma_F^2 = \frac{1}{X} \sum_{i=1}^{k} f_k^2 X_{(k)}^*.$$

Die maximale Varianz ist $\max \sigma_F^2 = \frac{(n-1)^2}{12}$ und die Konzentrelation beträgt

$$\kappa_{Korr} = 1 - \frac{12\sigma_F^2}{(n-1)^2}.$$

Die Konzentrelation ist komplementär zum Egalitätsverhältnis, d.i. das Varianzverhältnis der tatsächlichen Varianz der Einkommensbezieher, die mit ihren Einkommensanteilen gewogen werden, mit der grösstmöglichen Varianz, die bei einer Einkommensgleichverteilung besteht. Die Konzentrelation kann als "inverses" oder "vertauschtes" Varianzmass angesehen werden. Die relativen Häufigkeiten $p_i = \frac{f_i}{n}$ und die Merkmalsanteile $\pi_i = \frac{x_i}{X}$ (Rationen) tauschen in der Varianzberechnung die Plätze.

Bem.: Die Varianz einer Gleichverteilung der Merkmale von a bis b (der sogenannten Rechtecksverteilung von a bis b) ist $\sigma^2 = \frac{(b-a)^2}{12}$.

### 13.1.3. Das Entropiemass

Das normierte Entropiemass, das wir bereits als Streuungsmass in Abschnitt 11 kennengelernt haben, eignet sich bei diskreten und klassierten Verteilungen als 'Gleichverteilungsmass', bzw. als 'inverses' Konzentrationsmass (Mass zur 'Egalität'): Geringe Konzentration (d.h. hohe Entropie oder 'Egalität') zeigt eine Gleichverteilung an, während grosse Konzentration (d.h. eine kleine Entropie) Ungleichheit etwa in Form einer 1-Punkt Verteilung bedeutet.

**Def. 13.1.a) Die gewöhnliche Entropie:** Gegeben seien die positiven Merkmalsausprägungen $x_1 > 0, ..., x_n > 0$ einer Verteilung $X$, und $X = x_1 + ... + x_n$ sei die Merkmalssumme. Ferner seien die $\pi_i = x_i/X$, $i = 1,...,n$, die Anteile der i-ten Merkmalsausprägung an der Merkmalssumme X; dann ist die gewöhnliche (einfache) Entropie gegeben durch

$$H = -\sum_{i=1}^{n} \pi_i \log(\pi_i) \quad \text{bzw.} \quad H = -\sum_{i=1}^{n} \frac{x_i}{X} \log\left(\frac{x_i}{X}\right).$$

Die Entropie H (H steht für den griechischen Buchstaben E) liegt für n diskrete Werte im Intervall (0, log n): Der Wert 0 wird bei einer 1-Punkt Verteilung ($\pi_1 = 1$) angenommen und der Wert log n bei der Gleichverteilung, d.h. für n diskrete Werte $\pi_i = 1/n$:

$$H_{max} = -\sum_{i=1}^{n} \frac{1}{n} \log\left(\frac{1}{n}\right) = -\frac{n}{n} \log\left(\frac{1}{n}\right) = \log(n).$$

Für klassierte Daten lautet die Entropie:

$$H = -\sum_{k=1}^{K} f_k \pi_k \log(\pi_k) \quad \text{wobei} \quad X = \sum_{k=1}^{K} f_k x_k \quad \text{und} \quad \pi_k = \frac{x_k}{X}.$$

Bem.: Da wir bei Gleichheits- oder Konzentrationsmassen auf normierte Masse abzielen, ist die Basis des Logarithmus zur Berechnung der Entropie nicht von Bedeutung.

**Def. 13.1.b) Der Exponentialindex:** Der negative exponierte Wert der Entropie heisst auch Exponentialindex (vgl. Wehrt 1984) und lautet $H_E = 10^{-H}$ bei dekadischem Logarithmus bzw. $H_E = e^{-H}$ bei natürlichen Logarithmus. Es ergibt sich

$$e^{-H} = \prod_{i=1}^{n} \pi_i^{\pi_i}.$$

Wie man aus dem Wertebereich der Entropie leicht erkennt, liegt der Wertebereich des Exponentialindexes zwischen ($\frac{1}{n}$ und 1) und ist damit ("fast automatisch") ein normiertes Konzentrationsmass: Der Wert $1 = e^0$ (bzw. $10^0$ bei dekadischem Logarithmus) wird bei grösstmöglicher Konzentration angenommen, der Wert $1/n = \exp(-\log n)$ bei kleinstmöglicher Konzentration. Ist n gross, wie dies bei vielen Einkommensverteilungen der

Fall ist, so ist die untere Grenze praktisch 0 und der Exponentialindex muss nicht weiter normiert werden. Die genaue Formel für den normierten Exponentialindex lautet

$$H_E^* = \frac{ne^{-H} - 1}{n - 1} = \frac{\exp(H^c) - 1}{n - 1},$$

wobei $H^c$ die komplementäre Entropie ist, die in Def. 13.1.d) definiert wird.

**Def. 13.1.c) Die normierte Entropie** $H_0$ ist ein Mass, das im Intervall (0,1) liegt. Da die (gewöhnliche) Entropie zwischen 0 und log n liegt, ist es möglich, sie durch log n zu dividieren, und man erhält:

$$H_0 = \frac{H}{\log(n)} \qquad \text{bzw.} \qquad H_0 = \frac{-1}{\log(n)} \sum_{i=1}^{n} \pi_i \log(\pi_i).$$

Für klassierte Daten lautet die normierte Entropie $H_0$:

$$H_0 = \frac{-1}{\log(K)} \sum_{k=1}^{K} f_k \pi_k \log(\pi_k).$$

**Def. 13.1.d) Normierte komplementäre Entropie (No-kom-Ent):** Da die Entropie die Gleichheit misst, hat Theil vorgeschlagen, das komplementäre Entropiemass als Mass zur Messung der Konzentration zu verwenden:

$$H^c = \log(n) - H, \text{ bzw. } H_0^c = 1 - H_0.$$

Die gewöhnliche Entropie H liegt zwischen 0 und log n, daher liegt die komplementäre Entropie $H^c$ ebenfalls zwischen 0 und log n. Der Wert 0 zeigt keine Konzentration an, log n die höchste. Analog liegt die normierte komplementäre Entropie H im Intervall (0,1).

Bem.: In der Konzentrationsrechnung nennt man die Entropie auch Prädiktivität (Bruckmann 1969).

**Figur 13.1 Die Funktion log(1/x) = - log(x) als Informationsmass im Intervall (0,1)**

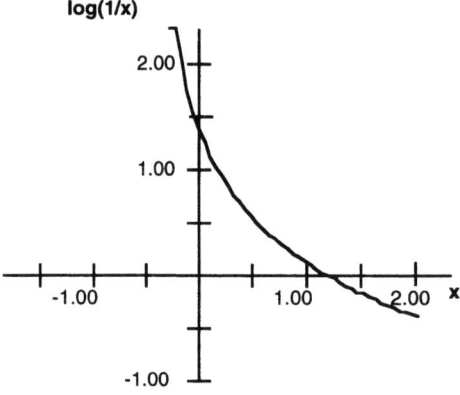

Je sicherer das Ereignis, desto weniger Information bietet sein Eintreten. Je geringer der Anteil, desto informativer ist ein eingetretener Wert. An Hand von 4 Beispielverteilungen soll das Entropiemass (und später weitere Konzentrationsmasse) erklärt werden.

237

**Beispiel 13.3 Entropie und Exponentialindex von Beispielverteilungen**

Bei den folgenden 4 Beispielverteilungen A,B,C und D wird die Merkmalssumme von SFr 2000. jeweils auf 5 Merkmalsträger aufgeteilt:

$x_A$ = (400, 400, 400, 400, 400);    $x_B$ = (200, 200, 400, 400, 800);
$x_C$ = (100, 100, 200, 400, 1200);   $x_D$ = (200, 300, 400, 500, 600).

|  | Verteilung A | | | | | Verteilung B | | | |
|---|---|---|---|---|---|---|---|---|---|
| i | $x_i$ | $\pi_i$ | $\log(\pi_i)$ | $\pi_i \cdot \log(\pi_i)$ | kum | $x_i$ | $\pi_i$ | $\log(\pi_i)$ | $\pi_i \cdot \log(\pi_i)$ | kum |
| 1 | 400 | 0.2 | -1.61 | -0.32 | 0.2 | 200 | 0.1 | -2.30 | -0.23 | 0.1 |
| 2 | 400 | 0.2 | -1.61 | -0.32 | 0.4 | 200 | 0.1 | -2.30 | -0.23 | 0.2 |
| 3 | 400 | 0.2 | -1.61 | -0.32 | 0.6 | 400 | 0.2 | -1.61 | -0.32 | 0.4 |
| 4 | 400 | 0.2 | -1.61 | -0.32 | 0.8 | 400 | 0.2 | -1.61 | -0.32 | 0.6 |
| 5 | 400 | 0.2 | -1.61 | -0.32 | 1.0 | 800 | 0.4 | -0.92 | -0.37 | 1.0 |
| $\Sigma$ | 2000 | 1.0 | | | V = 3.0 | 2000 | 1.0 | | | V = 2.3 |

Die gewöhnliche Entropie:    H = -(-1.61)    und    H = -(-1.47),

die normierte        $H_0 = 1$    und    $H_0 = 0.914$.
Entropie

Das komplementäre Entropiemass beträgt für die Verteilung A $H^c{}_0 = 0$, und für die Verteilung B $H^c{}_0 = 0.086$. Der Exponentialindex ist $H_E = e^{-1.61} = 0.2 = 1/5$, $H_E^* = (5e^{-H} - 1)/4 = 0$, und $H_E = e^{-1.47} = 0.23$, bzw. $H_E^* = (5e^{-H} - 1)/4 = 0.037$.

|  | Verteilung C | | | | | Verteilung D | | | |
|---|---|---|---|---|---|---|---|---|---|
| i | $x_i$ | $\pi_i$ | $\log(\pi_i)$ | $\pi_i \cdot \log(\pi_i)$ | kum | $x_i$ | $\pi_i$ | $\log(\pi_i)$ | $\pi_i \cdot \log(\pi_i)$ | kum |
| 1 | 100 | 0.05 | -2.996 | -0.15 | 0.05 | 200 | 0.10 | -2.30 | -0.230 | 0.10 |
| 2 | 100 | 0.05 | -2.996 | -0.15 | 0.10 | 300 | 0.15 | -1.90 | -0.285 | 0.25 |
| 3 | 200 | 0.10 | -2.303 | -0.23 | 0.20 | 400 | 0.20 | -1.61 | -0.322 | 0.45 |
| 4 | 400 | 0.20 | -1.609 | -0.32 | 0.40 | 500 | 0.25 | -1.39 | -0.347 | 0.70 |
| 5 | 1200 | 0.60 | -0.511 | -0.31 | 1.0 | 600 | 0.30 | -1.20 | -0.361 | 1.0 |
| $\Sigma$ | 2000 | 1.0 | | | V = 1.75 | 2000 | 1.0 | | | V = 2.5 |

Die gewöhnliche    H = +1.158,    H = +1.544,
Entropie:

normierte    $H_0 = 0.72$,    $H_0 = 0.96$.
Entropie

Das komplentäre Entropiemass beträgt für die Verteilung C $H^c{}_0 = 0.28$, und für die Verteilung D $H^c{}_0 = 0.04$. Der Exponentialindex ist $H_E = e^{-1.158} = 0.31$, $H_E^* = (5e^{-H} - 1)/4 = 0.14$, und $H_E = e^{-1.544} = 0.21$, bzw. $H_E^* = (5e^{-H} - 1)/4 = 0.02$.
Das nächste Beispiel zeigt eine Anwendung aus den Halbkantonen BS und BL, wobei die Entropie verglichen wird.

**Beispiel 13.4 Entropie und Konzentration der Einkommen in den Kantonen Basel-Stadt und Basel-Land**

| | Basel-Stadt | | | | Basel-Land | | |
|---|---|---|---|---|---|---|---|
| Klasse | $\pi_k$ | $\ln(\pi_k)$ | $\pi_k * \ln(\pi_k)$ | Klasse | $\pi_k$ | $\ln(\pi_k)$ | $\pi_k * \ln(\pi_k)$ |
| 0-10 | 0.016 | -4.14 | -0.066 | 0-10 | 0.012 | -4.42 | -0.052 |
| 10-50 | 0.337 | -1.09 | -0.367 | 10-50 | 0.245 | -1.41 | -0.345 |
| 50-100 | 0.326 | -1.12 | -0.365 | 50-100 | 0.360 | -1.02 | -0.368 |
| 100-500 | 0.284 | -1.26 | -0.358 | 100-500 | 0.347 | -1.06 | -0.367 |
| 500-1000 | 0.018 | -4.02 | -0.072 | 500+ | 0.037 | -3.30 | -0.121 |
| 1000+ | 0.019 | -3.96 | -0.075 | | | | |
| Summe | 1.0 | | -1.303 | Summe | 1.0 | | -1.253 |
| | Entropie = 1.303, | | | | Entropie = 1.253, | | |

normierte Entropie:  $H_0 = 1$,  $H_0 = 0.914$.

## 13.2. Das Herfindahlmass

Als Mass für die absolute Konzentration, obwohl eher selten in der Praxis zu finden, hat sich das Herfindahlmass durchgesetzt (vgl. Herfindahl 1950).

**Def. 13.2 Das Herfindahlmass** einer Verteilung X mit positiven Merkmalsausprägungen $x_1 > 0, ..., x_n > 0$ und der Merkmalssumme $X = x_1 + ... + x_n$. Mit $\pi_i = x_i/X$, $i = 1,...,n$, den Anteilen der i-ten Merkmalsausprägung an der Merkmalssumme X, lautet das Herfindahlmass He

$$He = \sum_{i=1}^{n} \pi_i^2 = \sum_{i=1}^{n} \frac{x_i^2}{X^2}.$$

Das Herfindahlmass genügt der Ungleichung $\frac{1}{n} \leq He \leq 1$ und daraus kann man den normierten Herfindahl-Index konstruieren:

$$He^* = \frac{He - 1/n}{1 - 1/n}$$

Der normierte Herfindahl-Index He* liegt nun zwischen 0 und 1 und ist proportional dem quadrierten Variationskoeffizienten v:

$$He^* = \frac{v^2}{n-1} = \frac{\sigma^2}{\bar{x}^2 (n-1)} \qquad \text{wobei} \qquad v = \frac{\sigma}{\bar{x}}.$$

**Figur 13.2 Graphische Darstellung des Herfindahl Masses**

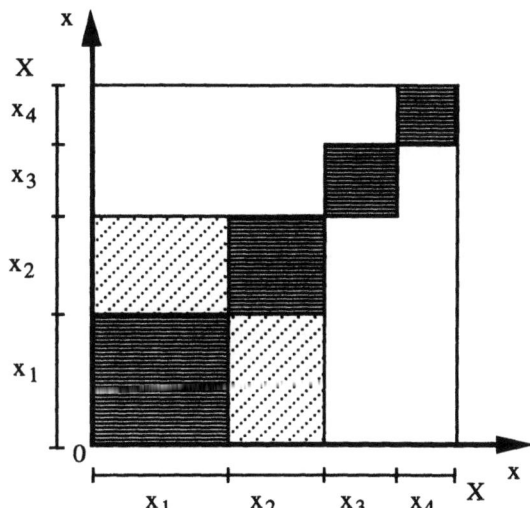

Eine grafische Interpretation des Herfindahl Masses gibt Figur 13.2 für n = 4 Beobachtungen. Die Merkmalswerte werden zugleich auf der x- und der y-Ache abgetragen. Dadurch entstehen die Quadrate entlang der Winkelhalbierenden. Die Summe der Quadrate der Merkmalswerte ($x_1^2 + ... + x_4^2$) wird durch das Quadrat der Merkmalssumme X = $x_1 + ... + x_4$ (d.h. das äussere Quadrat) dividiert und ergibt das Herfindahlmass.

**Beispiel 13.5 Absolute Konzentration bei Firmenfusionen**

4 Video-Unternehmen haben in einer bestimmten Region folgende Umsatzanteile: 0.5, 0.3, 0.1, 0.1. Wie verändert sich damit die Konzentration, wenn sich a) die beiden kleinen Unternehmen, b) die beiden grossen Unternehmen entschliessen zu fusionieren? Eine einfache Formel zur Berechnung des Herfindahlindexes bei Fusion von 2 Firmen ist:

$$(\pi_1 + \pi_2)^2 + ... + \pi_n^2 = \pi_1^2 + ... + \pi_n^2 + 2\pi_1\pi_2,$$

bzw.

$$He^{nach} = He^{vor} + 2\pi_1\pi_2.$$

a) Der Herfindahlindex der 4 Unternehmen lautet vor der Fusionierung:

$$He = 0.5^2 + 0.3^2 + 0.1^2 + 0.1^2 = 0.25 + 0.09 + 0.01 + 0.01 = 0.36.$$

Der normierte Herfindahl-Index ist He* = 0.14. Nach der Fusionierung lautet das Herfindahlmass:

$$He = 0.5^2 + 0.3^2 + 0.2^2 = 0.25 + 0.09 + 0.04 = 0.38.$$

Der normierte Herfindahl-Index ist He* = 0.075. Die absolute Konzentration scheint sich geringfügig vergrössert zu haben, tatsächlich ist sie aber - normiert - zurückgegangen.

b) Hätten die beiden grössten Unternehmen fusioniert, so hätte sich die absolute Konzentration fast verdoppelt:

$$He = 0.8^2 + 0.1^2 + 0.1^2 = 0.64 + 0.02 = 0.66$$

Auch der normierte Herfindahl-Index ist hier bedeutend grösser: He* = 0.36.

### 13.3. Die Lorenzkurve

Der anschaulichste Zugang zur Konzentration ist zugleich der älteste, und stammt von Lorenz (1905):

**Def. 13.3 Die Lorenzkurve der Konzentration (für unklassierte Daten)** eines positiven Merkmals $X$ ist die Verbindungsstrecke der kumulierten Punkte $(P_i, Q_i)$, $i = 0, 1, ...., n$, (mit $P_0 = 0$ und $Q_0 = 0$). Dabei werden

a) **die kumulierten relativen Häufigkeiten** der Merkmalsträger durch

$$P_i = \frac{i}{n}, \qquad i = 1, ...., n,$$

berechnet, und

b) **die kumulierten relativen Merkmalssummen** (bzw. kumulierten Rationen) durch

$$Q_i = \frac{x_{(1)} + x_{(2)} + ... + x_{(i)}}{\sum_{i=1}^{n} x_i} = \sum_{j=1}^{i} \frac{x_{(j)}}{X} = \sum_{j=1}^{i} \pi_j \,.$$

Die Merkmalsanteile $\pi_i = x_i/X$, $i = 1, ...., n$, an der Merkmalssumme $X = x_1 + ... + x_n$ nennen wir auch Merkmalsrationen oder nur kurz Rationen.

Sei $(x^*_k, f_k)$, $k = 1, ..., K$, ein klassiertes Merkmal mit den Klassenmitten $x^*_k$, den die absoluten Häufigkeiten $f_k$ und K, der Anzahl der Klassen. Sei $n = f_1 + ... + f_K$ die Gesamtzahl der Merkmalsträger und $F_j = f_1 + ... + f_j$ die kumulierten Häufigkeiten.

### 13.3.1. Die Lorenzkurve für klassierte Daten

**Def. 13.4 Die Lorenzkurve** der Konzentration (**für klassierte Daten**) ist der Streckenzug der kumulierten Anteilspunkte $(P_k, Q_k)$, $k = 1, ..., K$, mit

a) **den kumulierten Häufigkeiten $P_k$** (mit $P_0 = 0$)

$$P_1 = \frac{f_1}{n}; \quad P_2 = \frac{(f_1 + f_2)}{n};$$

$$...$$

$$P_k = \frac{(f_1 + f_2 + ... + f_k)}{n}, \quad k = 1, ..., K;$$

$$...$$

$$P_K = 1; \qquad \text{und}$$

b) **die kumulierten relativen Merkmalssummen** $\pi_k$ (mit $\pi_0 = 0$)

$$Q_k = \sum_{j=1}^{k} \frac{f_j x^*_j}{X}, \quad k = 1, \ldots, K \quad \text{mit} \quad X = \sum_{k=1}^{K} f_k x^*_k.$$

Die Merkmalsanteile $\pi_i = f_i x^*_i / X$, $i = 1, \ldots, n$, bezeichnen wir wieder als Merkmalsrationen oder nur kurz als Rationen.

**Figur 13.3 Lorenzkurven der Verteilungen A,B,C und D** (vgl. Beispiel 13.3)

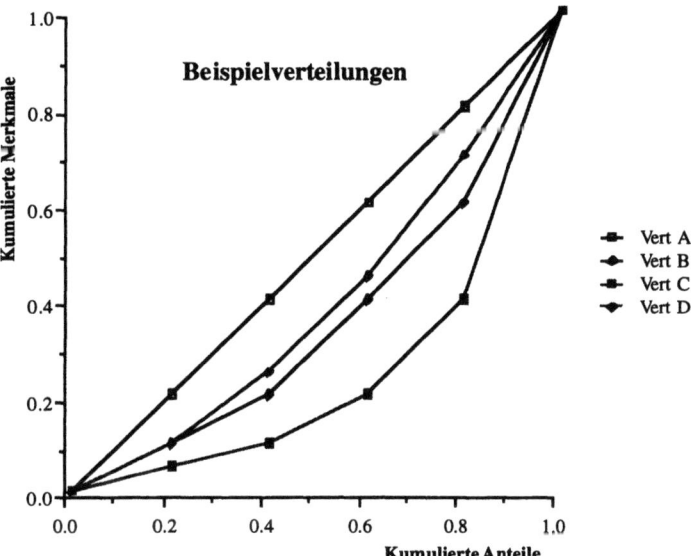

Die Figur 13.3 zeigt einen typischen Vergleich von Lorenzkurven aufgrund der Beispielverteilungen aus Beispiel 13.3.

### 13.4. Der Konzentrationskoeffizient

Die Fläche des Einheitsquadrates, die von der Lorenzkurve herausgeschnitten wird, kann man zur Definition des Lorenz-Münzner'schen Konzentrationskoeffizienten verwenden.

**Def. 13.5 Der Lorenz-Münznersche Konzentrationskoeffizienten** $\kappa$ (auch Gini-Koeffizient genannt) ist definiert als

$$\kappa = \frac{\text{Fläche zwischen der Diagonale und Lorenzkurve}}{\text{maximale Fläche zwischen der Diagonale und Lorenzkurve}}.$$

Satz 13.5: Der Lorenz-Münznersche Konzentrationskoeffizient $\kappa$ ist ein normiertes Gini-Mass des Merkmals X:

$$\kappa = \frac{n-1}{2} \frac{\sigma_{Gini}}{X} = \frac{n-1}{2n} \frac{\sigma_{Gini}}{\bar{x}}$$

$$= \sum_{i=1}^{n} \frac{2i - n - 1}{n} \frac{x_{(i)}}{n\bar{x}},$$

wegen $X = n\bar{x}$. Für grosse n gilt: $2\kappa \doteq \frac{\sigma_{Gini}}{\bar{x}}$, d.h. der doppelte Konzentrationskoeffizient entspricht dem Variationskoeffizienten des Gini-Masses bezogen auf den Mittelwert. Umgekehrt gilt die Beziehung $\sigma_{Gini} = \frac{2\kappa X}{n-1}$, wobei $\sigma_{Gini}$ das Gini-Mass nach Def. 11.5.a ist:

$$\sigma_{Gini} = \frac{1}{n^2} \sum_{i=1}^{n} \sum_{j=1}^{n} |x_i - x_j| = \frac{2}{n(n-1)} \sum_{i=1}^{n} (2i - n - 1) x_{(i)}$$

Daher ist der Name Gini-Koeffizient als Bezeichnung des Konzentrationskoeffizienten gerechtfertigt, der Gini-Koeffizient sollte aber nicht mit dem Gini-Mass verwechselt werden. Bei der Berechnung des Konzentrationskoeffizienten sind wieder klassierte und unklassierte Merkmale zu unterscheiden.

**a) Für unklassierte Daten** lautet der Lorenz-Münzner'sche Konzentrationskoeffizient:

$$\kappa = \frac{n + 1 - 2V}{n - 1} \quad \text{mit} \quad V = \sum_{j=1}^{n} \pi_j,$$

wobei die maximale Fläche bei n Datenpunkten als

$$\frac{1}{2} - \frac{1}{2n} = \frac{1}{2}\left(\frac{n-1}{n}\right)$$

gegeben ist. Das gesamte Dreieck tritt nie ganz als Fläche auf, weil auch im Extremfall einer Einpunktverteilung bei n Möglichkeiten das letzte Dreieck durch die Verbindungsstrecke herausgeschnitten wird.

Bem.: Für grosse n ist $\kappa$ annähernd $\kappa = 1 - 2V/n$. Eine alternative Berechnung von $\kappa$ ist (vgl. Bol 1993)

$$\kappa = \frac{1}{nX}\left[2\sum_{i=1}^{n} i\, x_{(i)} - (n+1) X\right].$$

Mit Hilfe dieser Berechnungsformel lässt sich Satz 13.5, d.h. die Beziehung zum Gini-Mass einfach beweisen.

**b) Für klassierte Daten** erfolgt die Berechnung des Konzentrationskoeffizienten näherungsweise: Man approximiert die maximale Fläche mit der halben Fläche des Einheitsquadrates, womit sich die Berechnung von $\kappa$ auf die doppelte Fläche zwischen Diagonale und Lorenzkurve reduziert. Der dabei entstehende Polygonzug wird mit Dreiecksflächen approximiert und man erhält

$$\kappa = 1 - \frac{2}{n} \sum_{k=1}^{K} f_k\, \bar{v}_k,$$

wobei die $\bar{v}_k = \pi_k - \pi_{k-1}$, $k = 1, ..., K$ Hilfsgrössen sind (mit $\bar{v}_k = 0$).

**Beispiel 13.6 Einkommenskonzentration im Kanton Basel (Stadt und Land)**

a) **Einkommensstufen und Steuerpflichtige in Basel-Stadt 1990 mit berechneten Klassenmitten ($x_k$)**

|  | ($x_k$) | $f_k$ | $f_k x_k$ | kum($f_k x_k$) | $\pi_k$ | Hilfsgr. | $f_k$ Hilfsgr. | kum. |
|---|---|---|---|---|---|---|---|---|
| 0-10 | 3.37 | 21358 | 72081 | 72081 | 0.0138 | 0.0069 | 146.87 | 0.1616 |
| 10-50 | 28.69 | 75161 | 2156106 | 2228187 | 0.4251 | 0.2194 | 16493.52 | 0.7301 |
| 50-100 | 63.67 | 29103 | 1853057 | 4081244 | 0.7787 | 0.6019 | 17517.43 | 0.9502 |
| 100-500 | 149.38 | 6345 | 947840 | 5029084 | 0.9595 | 0.8691 | 5514.52 | 0.9982 |
| 500-1000 | 590.23 | 159 | 93846 | 5122930 | 0.9774 | 0.9685 | 153.99 | 0.9994 |
| 1000+ | 1496.62 | 79 | 118233 | 5241163 | 1 | 0.9887 | 78.11 | 1 |
| Summe |  | 132205 | 5241163 |  |  | 3.6546 | 39904.43 |  |

Die normierte Entropie beträgt H = 0.703 und der Konzentrationskoeffizient

$$\kappa = \frac{1 - 2 \cdot 39904.43}{132205} = 0.396.$$

b) **Einkommensstufen und Steuerpflichtige in Basel-Land 1989 mit berechneten Klassenmitten ($x_k$)**

|  | ($x_k$) | $f_k$ | $f_k x_k$ | kum($f_k x_k$) | $\pi_k$ | Hilfsgr. | $f_k$·Hilfsgr. | kum. |
|---|---|---|---|---|---|---|---|---|
| 0-10 | 3.09 | 18345 | 56673 | 56673 | 0.0099 | 0.0050 | 91.22 | 0.1426 |
| 10-50 | 30.32 | 63671 | 1930675 | 1987348 | 0.3488 | 0.1794 | 11419.47 | 0.6374 |
| 50-100 | 64.68 | 37368 | 2417128 | 4404476 | 0.7729 | 0.5608 | 20957.70 | 0.9278 |
| 100-500 | 127.51 | 9012 | 1149087 | 5553563 | 0.9746 | 0.8738 | 7874.34 | 0.9979 |
| 500+ | 526.59 | 275 | 144811 | 5698374 | 1 | 0.9873 | 271.51 | 1 |
| Summe |  | 128671 | 5698374 |  |  | 2.6062 | 40614.25 |  |

Die normierte Entropie beträgt H = 0.741 und der Konzentrationskoeffizient

$$\kappa = \frac{1 - 2 \cdot 40614.25}{128671} = 0.369.$$

c) **Einkommensstufen und Steuerpflichtige in Basel-Stadt 1990 mit den mittleren Klassenmitten ($x_k$)**

|  | $x_k$ | $f_k$ | $f_k x_k$ | kum($f_k x_k$) | $\pi_k$ | Hilfsgr. | $f_k$·Hilfsgr. | kum. |
|---|---|---|---|---|---|---|---|---|
| 0-10 | 5 | 21358 | 106790 | 106790 | 0.0160 | 0.008 | 170.38 | 0.1616 |
| 10-50 | 30 | 75161 | 2254830 | 2361620 | 0.3528 | 0.1844 | 13858.84 | 0.7301 |
| 50-100 | 75 | 29103 | 2182725 | 4544345 | 0.6789 | 0.5159 | 15013.40 | 0.9502 |
| 100-500 | 300 | 6345 | 1903500 | 6447845 | 0.9633 | 0.8211 | 5209.94 | 0.9982 |
| 500-1000 | 750 | 159 | 119250 | 6567095 | 0.9811 | 0.9722 | 154.58 | 0.9994 |
| 1000+ | 1600 | 79 | 126400 | 6693495 | 1 | 0.9906 | 78.25 | 1 |
| Summe |  | 132205 | 6693495 |  |  | 3.4921 | 34485.40 |  |

Die normierte Entropie beträgt H = 0.727 und der Konzentrationskoeffizient

$$\kappa = \frac{1 - 2 \cdot 34485.40}{132205} = 0.478.$$

d) **Einkommensstufen und Steuerpflichtige in Basel-Land 1989 mit den mittleren Klassenmitten ($x_k$)**

|        | $x_k$ | $f_k$  | $f_k x_k$ | $\text{kum}(f_k x_k)$ | $\pi_k$ | Hilfsgr. | $f_k$·Hilfsgr. | kum. |
|--------|-------|--------|-----------|-----------------------|---------|----------|----------------|--------|
| 0-10   | 5     | 18345  | 91725     | 91725                 | 0.0118  | 0.0059   | 107.95         | 0.1426 |
| 10-50  | 30    | 63671  | 1910130   | 2001855               | 0.2568  | 0.1343   | 8551.41        | 0.6374 |
| 50-100 | 75    | 37368  | 2802600   | 4804455               | 0.6164  | 0.4366   | 16316.17       | 0.9278 |
| 100-500| 300   | 9012   | 2703600   | 7508055               | 0.9633  | 0.7899   | 7118.27        | 0.9979 |
| 500+   | 1040  | 275    | 286000    | 7794055               | 1       | 0.9817   | 269.95         | 1      |
| Summe  |       | 128671 | 7794055   |                       |         | 2.3483   | 32363.75       |        |

Die normierte Entropie beträgt H = 0.779 und der Konzentrationskoeffizient

$$\kappa = \frac{1 - 2 \cdot 32363.7}{128671} = 0.497.$$

**Figur 13.4 Vergleich der Lorenzkurven in Basel-Stadt und Basel-Land**

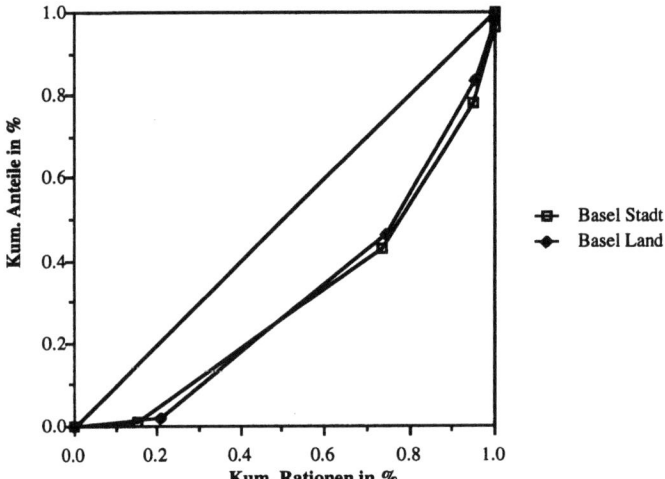

Die Lorenzkurve ist im allgemeinen informativer als ein einzelnes Konzentrationsmass, dies zeigt das nächste Beispiel 13.7.

**Beispiel 13.7 Lorenzkurven bei gleichem $\kappa$**

Wir berechnen die Lorenzkurve und das Konzentrationsmass für die folgenden beiden Verteilungen. Sei X die Merkmalssumme, die sich bei Verteilung 1 völlig auf die zweite Hälfte der Merkmalsträger konzentriert, während die Merkmalssumme bei Verteilung 2 sich zur Hälfte auf die letzte Beobachtung konzentriert bei gleicher Ausbreitung über die restlichen n-1 Merkmalsträger.

Verteilung 1:
$$x_i = \begin{cases} 0 & \text{für } i < \frac{n}{2} \\ \frac{2X}{n} & \text{für } i > \frac{n}{2} \end{cases}$$

und

Verteilung 2:
$$x_i = \begin{cases} \frac{X}{2(n-1)} & \text{für } i = 1, \ldots, n-1 \\ \frac{X}{2} & \text{für } i = n \end{cases}$$

Die dazugehörigen Lorenzkurven sind in Figur 13.5 abgebildet.

**Figur 13.5 Lorenzkurven bei gleichem κ**

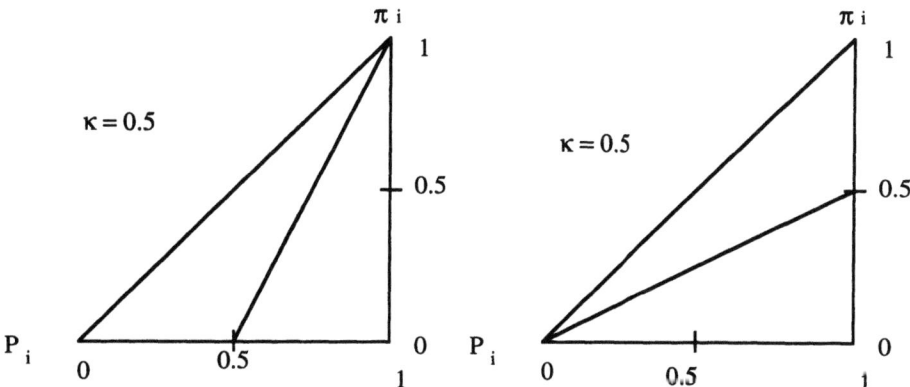

Wie man sieht, schneiden beide Kurven die Hälfte des Dreiecks ab, und liefern einen Konzentrationskoeffizienten von 1/2, aber mit völlig unterschiedlicher Interpretation.

### 13.5. Soziale Ungleichheitsmasse

Sei $y = (y_1, ..., y_n)$ ein Vektor von Einkommen $y_i > 0$, $i = 1, ..., n$ von n Einkommensbeziehern. Eine soziale Wohlfahrtsfunktion $W(y)$ kann unter axiomatischen Bedingungen (vgl. Lüthi 1981) als additives Mass von konvexen Funktionen U definiert werden:

$$W(y) = \sum_{i=1}^{n} U(y_i).$$

Die $U(y_i)$ werden als sozialer Nutzen oder als Wohlfahrtsindex der Person i bezeichnet. Der soziale Nutzen $U(y_i)$ soll eine strikt konkave Funktion sein, d.h. der soziale Grenznutzen sinkt mit zunehmendem $y_j$. Eine soziale Nutzenfunktion besitzt "konstante Abneigung gegenüber (relativer) Ungleichheit", wenn sie eine Potenzfunktion von folgender Form ist:

$$U(y) = \frac{1}{r} y^r \qquad \text{für } r < 1.$$

Für $r = 1$ ist $U(y)$ eine (homogen) lineare Funktion, alle Potenzen von r unter 1 bilden die strikt konkaven Funktionen (vgl. die Potenztransformationen in Kapitel 5). Der soziale Grenznutzen, d.h. die Ableitung der "sozialen Potenz-Nutzenfunktion" ist:

$$U'(y) = y^{r-1}.$$

### 13.5.1. Das Atkinson-Mass zur Konzentrationsmessung

Bei einer sozialen Potenz-Nutzenfunktion für vorgegebenes $r < 1$ kann das Gleichverteilungsäquivalent bei einer gegebenen Einkommensverteilung $y = (y_1, ..., y_n)$ berechnet werden. Wir bezeichnen mit $\overline{y}_r$ das Gleichverteilungsäquivalent für gegebenes r, d.h. jenes mittlere Einkommen von y, das dasselbe soziale Nutzenniveau erzielt wie $W(y)$. Damit kann man folgende Ableitung für das mittlere Einkommen $\overline{y}_r$ bei Erhaltung des sozialen Gesamtnutzens geben:

$$W(\overline{y}_r, \ldots, \overline{y}_r) = W(y_1, \ldots, y_n)$$

$$U(\overline{y}_r) + \ldots + U(\overline{y}_r) = U(y_1) + \ldots + U(y_n)$$

$$\frac{n}{r}(\overline{y}_r)^r = \frac{1}{r} \sum_{i=1}^{n} y_i^r$$

bzw. $\quad \overline{y}_r = \left[\frac{1}{n} \sum_{i=1}^{n} y_i^r\right]^{\frac{1}{r}}.$

Damit ist der Potenzmittelwert $\overline{y}_r$ als mittlerer Einkommensnutzen bei einer "sozialen Potenz-Nutzenfunktion" U hergeleitet worden. Atkinson (1970) schlägt daher als Ungleichheitsmass bzw. Konzentrationsmass das folgende Vergleichsmass zwischen dem Mittelwert der Einkommen und dem Mittelwert des Einkommensnutzen (bei vorgegebener sozialer Potenznutzenfunktion U(y)) vor:

$$\kappa_r^{Atk} = 1 - \frac{\overline{y}_r}{\overline{y}} \qquad \text{für} \qquad r < 1,$$

wobei $\overline{y}_r$ das Potenzmittel der Verteilung $y = (y_1, \ldots, y_n)$ ist. Aus der Ungleichungsrestriktion für Potenzmittel, d.h. $y_{min} < \ldots < \overline{y}_{-1} < \overline{y}_{geom} < \overline{y}$ folgt, dass das Konzentrationsmass nach Atkinson normiert ist:

$$0 < \kappa_r^{Atk} < 1.$$

Für r = 1 wird der Wert 0 angenommen, für $y_{min} = 0 + \varepsilon$ und $r \to -\infty$ der Wert 1, die grösste Ungleichheit (Konzentration). Für r = 0 wird der Logarithmus als stetige Fortsetzung der Potenztransformation gewählt. Das Potenzmittel ist dann das geometrische Mittel

$$\overline{y}_{geom} = \left(\prod_{i=1}^{n} y_i\right)^{\frac{1}{n}}$$

Der zugehörige Konzentrationskoeffizient $\kappa_0^{Atk}$ wird auch als Mass von Champernowne (1974) bezeichnet. Es entspricht der Forderung von Daniel Bernoulli, dass der Grenznutzen des Einkommens umgekehrt proportional zur Einkommenshöhe sein soll.

### 13.5.2. Das Dalton'sche Konzentrations- (bzw. Ungleichheits-)Mass

Dalton (1825) vergleicht den tatsächlichen durchschnittlichen sozialen Nutzen

$$\overline{U} = \frac{1}{n} \sum_{i=1}^{n} U(y_i) = \frac{1}{nr} \sum_{i=1}^{n} y_i^r$$

mit dem durchschnittlichen sozialen Nutzen des Potenzmittelwertes unter Annahme der sozialen Potenznutzenfunktion

$$\overline{U}_r = \frac{1}{n}\sum_{i=1}^{n} U(\overline{y}_r) = \frac{1}{r}(\overline{y}_r)^r.$$

Damit lautet der Dalton'sche Konzentrationskoeffizient

$$\kappa_r^{Dal} = 1 - \frac{\overline{U}}{\overline{U}_r} = 1 - \frac{\frac{1}{n}\sum_{i=1}^{n} y_i^r}{(\overline{x}_r)^r}$$

und es gilt $0 < \kappa_r^{Dal} < 1$. Es besteht folgende einfache Beziehung zwischen dem Konzentrationsmass von Dalton und Atkinson:

$$1 - \kappa_r^{Dal} = \left(1 - \kappa_r^{Atk}\right)^r.$$

$\kappa_r^{Atk}$ und $\kappa_r^{Dal}$ ordnen Verteilungen in derselben Reihenfolge der Konzentration, solange r zwischen 1 und 0 liegt. Für r < 0 strebt das Dalton Mass bei vollständiger Ungleichheit gegen $-\infty$, und die Dalton-Masse sind negativ.

Das Atkinson Mass $\kappa_r^{Atk}$ wird um so grösser, je kleiner r wird. Dies gilt nicht für das Dalton-Mass, das sowohl für r = 1 und r -> 0 gegen Null strebt.

**Beispiel 13.8 Atkinson-Mass für die Beispielverteilungen A - D**

Für den Fall r = 0, d.h. unter der Annahme eines inversen sozialen Grenznutzens, ergeben sich folgende geometrische Mittel für die Verteilungen aus Beispiel 13.3:

$$\overline{x}_{geom}^A = 400, \quad \overline{x}_{geom}^B = 249.1, \quad \overline{x}_{geom}^C = 348.2, \quad \overline{x}_{geom}^D = 372.8.$$

Das Atkinson-Mass $\kappa_0 = 1 - \frac{\overline{x}_{geom}}{\overline{x}}$ ist dann

$$\kappa_0^A = 1, \quad \kappa_0^B = 0.130, \quad \kappa_0^C = 0.377, \quad \kappa_0^D = 0.073.$$

### 13.6. Relative Einkommenspositionen

Zwei Konzentrationsmasse werden in der Literatur mit Hilfe von relativen Einkommenspositionen vorgeschlagen: Die logarithmische Varianz (kurz: log-Varianz) und das Kuznetmass. Seien $x_1 > 0, ..., x_n > 0$ die positiven Merkmalsausprägungen einer Verteilung X, und $X = x_1 + ... + x_n$ die Merkmalssumme. Ferner seien $v_i = x_i / \overline{x}$, i = 1,..., n die Position der i-ten Merkmalsausprägung am Mittelwert $\overline{x}$. Dann lautet die logarithmische Varianz

$$\sigma_v^2 = \frac{1}{n}\sum_{i=1}^{n}(\log x_i - \log \overline{x})^2 = \frac{1}{n}\sum_{i=1}^{n}(\log v_i)^2.$$

Die relativen Positionen $v_i$ können entweder auf das arithmetische oder das geometrische Mittel bezogen sein. Der Unterschied ist meistens nicht so gross, wie das nächste Beispiel zeigt.

**Beispiel 13.9 Die Log-Varianz (bzw. die Varianz der Einkommens-positionen) der Beispielverteilungen**

a) Die relativen Positionen $v_i = \dfrac{x_i}{\overline{x}}$ bezogen auf das arithmetische Mittel $\overline{x} = 400$

| $x^A$ | $v_i = \dfrac{x_i}{\overline{x}}$ | $\ln v_i$ | $(\ln v_i)^2$ | $x^C$ | $v_i$ | $\ln v_i$ | $(\ln v_i)^2$ |
|---|---|---|---|---|---|---|---|
| 400 | 1 | 0 | 0 | 100 | 0.25 | -1.386 | 1.92 |
| 400 | 1 | 0 | 0 | 100 | 0.25 | -1.386 | 1.92 |
| 400 | 1 | 0 | 0 | 200 | 0.5 | -0.693 | 0.48 |
| 400 | 1 | 0 | 0 | 400 | 1 | 0 | 0 |
| 400 | 1 | 0 | 0 | 1200 | 3 | 1.099 | 1.21 |
|  |  |  | 0 |  |  |  | 5.53 |

Die Log-Varianzen (bezogen auf das arithmetische Mittel) sind daher

$$\sigma^2_{v,A} = 0, \qquad \sigma^2_{v,C} = 1.106.$$

| $x^B$ | $v_i$ | $\ln v_i$ | $(\ln v_i)^2$ | $x^D$ | $v_i$ | $\ln v_i$ | $(\ln v_i)^2$ |
|---|---|---|---|---|---|---|---|
| 200 | 0.5 | -0.693 | 0.48 | 200 | 0.5 | -0.693 | 0.48 |
| 200 | 0.5 | -0.693 | 0.48 | 300 | 0.75 | -0.288 | 0.08 |
| 400 | 1 | 0 | 0 | 400 | 1 | 0 | 0 |
| 400 | 1 | 0 | 0 | 500 | 1.25 | 0.223 | 0.05 |
| 800 | 2 | 0.693 | 0.48 | 600 | 1.5 | 0.405 | 0.16 |
|  |  |  | 1.44 |  |  |  | 0.77 |

$$\sigma^2_{v,B} = 0.288, \qquad \sigma^2_{v,D} = 0.154$$

b) Die relativen Positionen $\tilde{v}_i = \dfrac{x_i}{\overline{x}_{geom}}$, bezogen auf das geometrische Mittel $\overline{x}_{geom}$

| $x^A$ | $\tilde{v}_i = \dfrac{x_i}{400}$ | $\ln \tilde{v}_i$ | $(\ln \tilde{v}_i)^2$ | $x^C$ | $\tilde{v}_i = \dfrac{x_i}{249.1}$ | $\ln \tilde{v}_i$ | $(\ln \tilde{v}_i)^2$ |
|---|---|---|---|---|---|---|---|
| 400 | 1 | 0 | 0 | 100 | 0.401 | -0.914 | 0.835 |
| 400 | 1 | 0 | 0 | 100 | 0.401 | -0.914 | 0.835 |
| 400 | 1 | 0 | 0 | 200 | 0.803 | -0.219 | 0.048 |
| 400 | 1 | 0 | 0 | 400 | 1.606 | 0.474 | 0.224 |
| 400 | 1 | 0 | 0 | 1200 | 4.817 | 1.572 | 2.472 |
|  |  |  | 0 |  |  |  | 4.414 |

$$\tilde{\sigma}^2_{v,A} = 0, \qquad \tilde{\sigma}^2_{v,C} = 0.883.$$

| $x^B$ | $\tilde{v}_i = \dfrac{x_i}{348.2}$ | $\ln \tilde{v}_i$ | $(\ln \tilde{v}_i)^2$ | $x^D$ | $\tilde{v}_i = \dfrac{x_i}{372.8}$ | $\ln \tilde{v}_i$ | $(\ln \tilde{v}_i)^2$ |
|---|---|---|---|---|---|---|---|
| 200 | 0.574 | -0.554 | 0.307 | 200 | 0.536 | -0.623 | 0.388 |
| 200 | 0.574 | -0.554 | 0.307 | 300 | 0.805 | -0.217 | 0.047 |
| 400 | 1.149 | 0.139 | 0.019 | 400 | 1.073 | 0.070 | 0.005 |
| 400 | 1.149 | 0.139 | 0.019 | 500 | 1.341 | 0.294 | 0.086 |
| 800 | 2.298 | 0.832 | 0.692 | 600 | 1.609 | 0.476 | 0.226 |
|  |  |  | 1.344 |  |  |  | 0.752 |

Die Log-Varianzen (bezogen auf das geometische Mittel) sind daher

$$\tilde{\sigma}_{v,B}^2 = 0.269, \qquad \tilde{\sigma}_{v,D}^2 = 0.150.$$

Das Kuznetmass kann in Anlehnung an zweistufige Streuungsmasse als ein zweistufiges Konzentrationsmass angesehen werden. Es ist auch eine Ähnlichkeit zum Ginimass, bzw. zum Lorenz-Münzner'schen Konzentrationskoeffizienten festzustellen. Insgesamt hat aber das Kuznetmass mehr Nachteile als Vorteile (vgl. Lüthi 1981). Daher wird es in der Praxis nicht verwendet. Das Kuznetmass ist die normierte relative Differenz zum Mittelwert des Merkmals X.

$$\kappa^{Kuz} = \frac{1}{2n\,\overline{x}} \sum_{i=1}^{n} |x_i - \overline{x}| = \frac{AAD}{2\,\overline{x}},$$

wobei AAD die durchschnittliche Absolutabweichung (vom Mittelwert) bedeutet.

### *13.7 Die Sensitivität von Konzentrationsmassen

Dieser Abschnitt ist für die Einführung in die Konzentrationsmessung weniger geeignet, sondern richtet sich bereits an den interessierten Anwender. Da es wenig Literatur auf diesem Gebiet gibt, ist es hier kurz angeführt.

### *13.7.1. Die Sensitivität des Konzentrationskoeffizienten $\kappa$

Unter der Sensitivität des Lorenz-Münzner'schen Konzentrationskoeffizienten $\kappa$ verstehen wir die erste Ableitung $\partial\kappa/\partial x_i$ nach einer beliebigen Beobachtung $x_i$. Wir schreiben dazu $V = S/X$ mit $S = \sum_{j=1}^{n} \sum_{i=1}^{j} x_{(i)}$ und $X = \sum_{i=1}^{n} x_i$ und setzen in die Formel für unklassierte Daten (Def. 13.5.a)) ein. Dann gilt:

$$\frac{\partial\kappa}{\partial x_i} = \frac{\partial\left[\frac{1}{n-1}\left(n + 1 - 2\frac{S}{X}\right)\right]}{\partial x_i} = \frac{-2}{n-1} \frac{\partial\left(\frac{S}{X}\right)}{\partial x_i}$$

Nun sind die 1. Ableitungen $\partial S/\partial x_i = \sum_{j=1}^{n} 1 = n$ und $\partial X/\partial x_i = 1$ und daher gilt:

$$\frac{\partial\kappa}{\partial x_i} = \frac{-2}{(n-1)} \cdot \frac{nX - 1\cdot S}{X^2} = \frac{-2}{(n-1)} \cdot \frac{(n-V)}{X} =$$

$$= \frac{-(n - 1 + 1 + n - 2V)}{(n-1)X} = \frac{-1}{X}(1 + \kappa).$$

Wir verwenden die 1. Ableitung, um das Differential zu bilden:

$$(\Delta\kappa) = -(1 + \kappa)\frac{(\Delta x_i)}{X}.$$

Das Bemerkenswerte daran ist, dass die Veränderung von $\kappa$ unabhängig vom jeweiligen $x_i$ ist. D.h. ganz gleich welches $x_i$ betrachtet wird, eine Veränderung in $\kappa$ bleibt gleich gross, und man kann die umzuverteilenden Grössen beliebig auf die anderen $x_i$

aufteilen. Setzen wir für $(\Delta x_i) = -pX$, d.h. einen bestimmten Prozentsatz p $(0 < p < 1)$ der Gesamtsumme X ein, dann erhalten wir als (approximative) Veränderung der Konzentration $\kappa$

$$(\Delta \kappa) = - (1 + \kappa) p.$$

Die Konzentration verändert sich um die p% mal dem Faktor $(1+ \kappa)$, der als "Wachstums- oder Verstärkungsfaktor" angesehen werden kann. D.h. nimmt man p% der Merkmalssumme X von der Beobachtung $x_i$ weg und verteilt sie beliebig auf die restlichen, so verändert sich das $\kappa$ um $(1 + \kappa)p$. Ist z.B. $\kappa = 0$, d.h. liegt eine Gleichverteilung vor, und die Menge pX wird von einem Merkmalsträger beliebig auf die anderen verteilt, so ändert sich das $\kappa$ ebenfalls um etwa p%.

## *13.7.2. Die Sensitivität des Entropiemasses

Zunächst berechnen wir die Ableitung der Entropie H nach $\pi_i = \frac{x_i}{X}$:

$$\frac{\partial H}{\partial \pi_i} = \frac{\partial \sum_{i=1}^{n} \pi_i \cdot \ln(\pi_i)}{\partial \pi_i} = \left[1 \cdot \ln(\pi_i) + \pi_i \cdot \frac{1}{\pi_i}\right] = [\ln(\pi_i) + 1] .$$

Ferner ist die Ableitung der Anteile

$$\frac{\partial \pi_i}{\partial x_i} = \frac{\partial \frac{x_i}{X}}{\partial x_i} = \frac{X - x_i}{X^2} = (1 - \pi_i)/X .$$

Daraus ergibt sich die endgültige Ableitung

$$\frac{\partial H}{\partial x_i} = \frac{\partial H_i}{\partial \pi_i} \frac{\partial \pi_i}{\partial x_i} = ((\ln(\pi_i) + 1) (1 - \pi_i) /X .$$

Das Vorzeichen der Ableitung wird aus zwei Funktionen bestimmt, die in Figur 13.6 zu sehen sind.

**Figur 13.6 Sensitivität der Entropie**

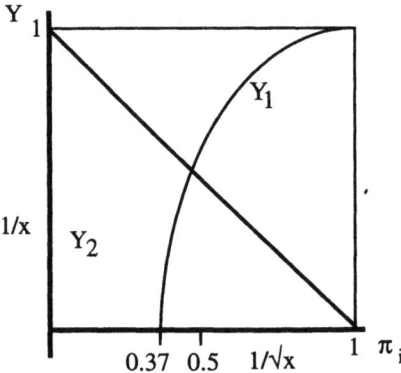

Die Funktion $Y_1(\pi_i) = \ln(\pi_i) + 1 = 0$ hat die Nullstelle bei $\frac{1}{e} = 0.37$. Die zweite Funktion $Y_2(\pi) = (1 - \pi_i)$ ist im Einheitsintervall immer positiv, daher wird das Vorzeichen nur durch die erste Funktion bestimmt. Die Sensitivität der Entropie hat bei Veränderungen von Merkmalsanteilen unterhalb von 0.37 eine negative, oberhalb eine positive Auswirkung.

Ein spezielles Mass für die Sensitivität von Konzentrationsmassen stammt von Schmid (1983) und wird mit $S(j,i)$ bezeichnet. Es misst die Veränderung des Konzentrationsmasses, wenn eine Einheit von Position i auf Position j in der Einkommenspyramide wechselt. Diese Sensitivitäten haben für die wichtigsten Konzentrationsmasse die folgende Form:

Tab. 13.1 Sensitivität von Konzentrationsmassen im diskreten Fall mit $v_k = \frac{x_k}{\bar{x}}$

| Konzentrationsmass | Formel | $S(j,i)$ |
|---|---|---|
| Gini, bzw. Lorenz-Münzner | $\sum_{k=1}^{n} \frac{2k-n-1}{n} \frac{x_k}{n\bar{x}}$ | $\frac{2}{n\bar{x}} \frac{j-i}{n}$ |
| Variations-koeffizient | $\frac{\sigma}{\bar{x}}$ | $\frac{1}{n\bar{x}} \left( \frac{x_j - x_i}{\sigma} \right)$ |
| Verallgemeinertes Theil'sches Mass mit $\lambda \in R$, $\lambda \neq 0, -1$ | $\frac{1}{\lambda(\lambda+1)} \frac{1}{n} \sum_{k=1}^{n} \left[ \left( \frac{x_k}{\bar{x}} \right)^{\lambda+1} - 1 \right]$ | $\frac{1}{n\bar{x}} \frac{\left(\frac{x_j}{\bar{x}}\right)^\lambda - \left(\frac{x_i}{\bar{x}}\right)^\lambda}{\lambda}$ |
| $\lambda = 0$ | $\frac{1}{n} \sum_{k=1}^{n} \left( \frac{x_k}{\bar{x}} \right) \ln \left( \frac{x_k}{\bar{x}} \right)$ | $\frac{1}{n\bar{x}} (\ln x_j - \ln x_i)$ |
| $\lambda = 1$ | $-\frac{1}{n} \sum_{k=1}^{n} \ln \left( \frac{x_k}{\bar{x}} \right)$ | $\frac{1}{n} \left( \frac{1}{x_i} - \frac{1}{x_j} \right)$ |
| Atkinson'sches Mass $\varepsilon > 0, \varepsilon \neq 1$ | $A_\varepsilon = 1 - \left( \frac{1}{n} \sum_{k=1}^{n} \left( \frac{x_k}{\bar{x}} \right)^{1-\varepsilon} \right)^{\frac{1}{1-\varepsilon}}$ | $\frac{(1-A_\varepsilon)^\varepsilon}{n\bar{x}^{1-\varepsilon}} (x_i^{-\varepsilon} - x_j^{-\varepsilon})$ |
| $\varepsilon = 1$ | $A_1 = 1 - \frac{\exp\left(\frac{1}{n}\sum \ln x_k\right)}{\bar{x}}$ | |
| logarithmische Varianz | $\frac{1}{n} \sum_{k=1}^{n} \left[ \ln \left( \frac{x_k}{\bar{x}} \right) \right]^2$ | $\frac{2}{n} \left( \ln\left(\frac{x_j}{\bar{x}}\right) \frac{1}{x_j} - \ln\left(\frac{x_i}{\bar{x}}\right) \frac{1}{x_i} \right)$ |
| Durchschnittliche Abweichung (Kuznetmass) | $\frac{1}{2n} \sum_{k=1}^{n} \left\lvert \frac{x_k - \bar{x}}{\bar{x}} \right\rvert$ | $0 \begin{cases} \text{falls } \bar{x} \leq x_i \leq x_j \\ \text{oder } x_i < x_j \leq \bar{x} \end{cases}$ |
| Kolmsches Mass | $K_\varepsilon = \frac{1}{\varepsilon\bar{x}} \ln \left( \frac{1}{n} \sum_{k=1}^{n} e^{-\varepsilon(x_k - \bar{x})} \right)$ | $\frac{e^{\varepsilon\bar{x}(1-K_\varepsilon)}}{n\bar{x}} \left( e^{-\varepsilon x_i} - e^{-\varepsilon x_j} \right)$ |

## 13.8. Explorative Konzentrationsmasse

Dieser Abschnitt diskutiert neue explorative Ansätze zur Konzentrationsmessung, die aus den Quantigrammen abgeleiteten Konzentrogramme und eine originelle graphische Darstellung der Konzentration, die sogenannten Pen-Parade.

### 13.8.1. Konzentrogramme

In Anlehnung an Pentagramme (bzw. an die allgemeinen n-Zahlenmasse) der EDA können wir für die Zwecke der Konzentrationsmessung aus einer Verteilung ein "Konzentrogramm" bestimmen. Dabei können wir zwischen einem direkten und einem indirekten Konzentrogramm (auch Zähl- und Mengenschnitt genannt) unterscheiden, sowie Verhältnis-Konzentrogrammen unterscheiden.

a) Das direkte Konzentrogramm:
Bei einem Zählschnitt wird die Verteilung entlang der Quantile der Merkmalsträger (kumulierte Anzahl $F_i$ bzw. Anteil $P_i = F_i/n$) aufgeschnitten, um die zugehörigen Anteile der Merkmalssumme (Merkmalsration $Q_i = \sum_{j=1}^{i} x_{(j)}/X$) zu bestimmen. Wenn die Verteilung in klassifizierter Form vorliegt, dann werden die Quantile nach Def. 10.5 interpoliert. Wir zeigen die Berechnung anhand der Einkommensverteilung 1990 in Basel-Stadt.

**Beispiel 13.10 Das direkte Konzentrogramm für Basel-Stadt 1990**

Da bei einem Konzentrogramm der untere und der obere Extremwert mit 0 und 1 immer festliegen, müssen nur die 3 Quartile bestimmt werden. Das mittlere Quartil ist der Median, den wir mit $X(0.5) = \text{Med}(X) = 0.2$ bezeichnen, das untere Quartil ist $X(0.25) = 0.04$ und das obere Quartil berechnet sich als

$$X(0.75) = "Q^4" = 0.44 + \frac{0.54 - 0.44}{0.81 - 0.74} \cdot 0.01 = 0.44 + \frac{0.1}{0.07} \cdot 0.01 = 0.44.$$

Das direkte Konzentrogramm kann als Projektion der P-Quantile über die Lorenzkurve auf die Merkmalsrationen $X(P_4)$, $X(P2) = X(P_{\text{Med}})$, $X(P^4)$ (bzw. in etwas kürzerer Notation $X(0.25)$, $X(0.5)$, $X(0.75)$) angesehen werden.

**Figur 13.7 Konzentrogramm für Basel-Stadt 1990**
a) **Direktes Konzentrogramm**   b) **Schematische Herleitung**

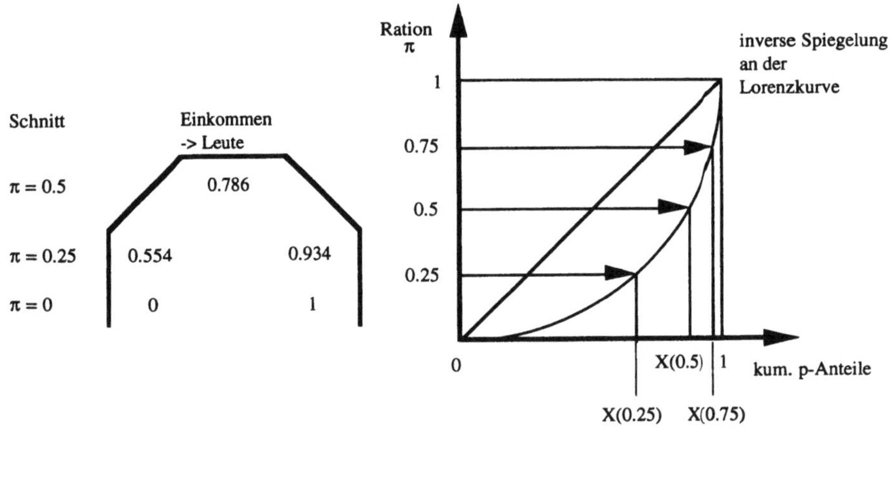

b) Das indirekte Konzentrogramm:
Bei einem indirekten Konzentrogramm (Mengenschnitt) wird die Verteilung eines Merkmals entlang der Quantile der Merkmalssumme (kumulierte Merkmalssumme $Q_i$ bzw. Merkmalsrationen $\pi_i = x_{(i)} / X$ aufgeschnitten, um die zugehörigen Anteile (der Merkmalsträger $P_i = F_i / n$) zu bestimmen. Wenn die Verteilung in klassifizierter Form vorliegt, dann müssen die Quantile interpoliert berechnet werden. Wir zeigen die Berechnung des indirekten (Mengenschnitt-) Konzentrogramms anhand der Einkommensverteilung in Basel-Stadt 1990.

**Beispiel 13.11 Das indirekte Konzentrogramm für Basel-Stadt 1990**

Analog zum direkten Konzentrogramm berechnen wir die 3 Quartile:

$$P(Med) = 0.74 + \frac{0.81 - 0.74}{0.54 - 0.44} \cdot 0.06 = 0.782;$$

$$P(X_4) = 0.50 + \frac{0.63 - 0.5}{0.32 - 0.2} \cdot 0.05 = 0.554;$$

$$P(X^4) = 0.92 + \frac{0.97 - 0.92}{0.83 - 0.72} \cdot 0.03 = 0.934.$$

**Figur 13.8 Das indirekte Konzentrogramm für Basel-Stadt 1990**
**a) Indirektes Konzentrogramm    b) Schematische Herleitung**

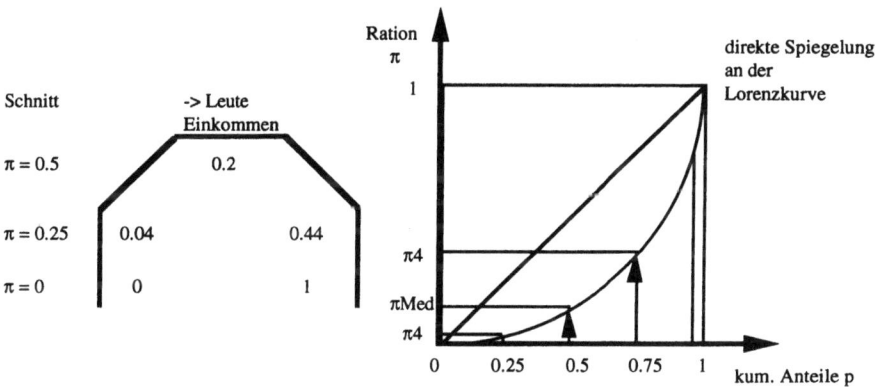

Das indirekte Konzentrogramm kann als Abbildung der Merkmalsrationen (Anteile an der Merkmalssumme $X_4$, Med = $X_2$ und $X^4$) in die Menge der P-Quantile angesehen werden.

### 13.8.2. Die Pen-Parade

Neben der Lorenzkurve ist die Pen-Parade (vgl. Pen 1971, 48 ff. und Atkinson 1973) eine weitere Möglichkeit zur graphischen Darstellung der Konzentration. Man kann sie über die inverse Verteilungsfunktion oder die relativen Einkommenspositionen berechnen. Aus Einfachheitsgründen sei die Berechnung mit Hilfe der relativen Einkommenspositionen gezeigt. Die Idee der Pen-Parade ist es, die kumulierten Häufigkeiten als Teilnehmer eine 1-stündigen Parade darzustellen, bei dem ihre fiktive Grösse durch ihre Einkommenshöhe gegeben ist. In der einfachsten Form braucht man daher die kumulierten Anteile $P_i$ nur mit den 60 Minuten einer Stunde zu multiplizieren und die $v_i$

mit der (angenommenen) Durchschnittsgrösse eines Menschen, d.h. 1.75 Meter. In der nächsten Tabelle ist die Berechnung der Klassenmitten $x^*_i$ wiedergegeben.

Tab. 13.2 Pen-Parade des Steuerertrags in Basel-Land 1989/90 (Stat. Jahrbuch S.188) (mit berechneten Klassenmitten)

| Klassen-grenze (untere) | Häufig-keiten | Ration klassiert | Klass.-mitten | | | Pen-Transformation | | |
|---|---|---|---|---|---|---|---|---|
| | | | | Anteil | Ration | Position | Minuten | Grösse |
| $c_i$ | $f_i$ | $f_i x_i$ | $\frac{f_i x_i}{f_i} = x^*_i$ | $P_i$ | $Q_i$ | $v_i = \frac{x_i}{x}$ | $P_i * 60$ | $v_i * 1.75$ |
| 0 | 20591 | 48919 | 2.4 | 0.16 | 0.008 | 0.05 | 9.33 | 0.09 |
| 10 | 12660 | 186902 | 14.8 | 0.25 | 0.041 | 0.34 | 15.07 | 0.59 |
| 20 | 15824 | 389686 | 24.6 | 0.37 | 0.108 | 0.56 | 22.25 | 0.98 |
| 30 | 18674 | 638540 | 34.2 | 0.51 | 0.218 | 0.78 | 30.71 | 1.36 |
| 40 | 16519 | 720389 | 43.6 | 0.64 | 0.342 | 0.99 | 38.20 | 1.74 |
| 50 | 13413 | 710683 | 53.0 | 0.74 | 0.464 | 1.21 | 44.28 | 2.11 |
| 60 | 10167 | 629849 | 62.0 | 0.81 | 0.573 | 1.41 | 48.89 | 2.47 |
| 70 | 7071 | 503783 | 71.2 | 0.87 | 0.660 | 1.62 | 52.09 | 2.84 |
| 80 | 4661 | 368101 | 79.0 | 0.90 | 0.723 | 1.80 | 54.20 | 3.15 |
| 90 | 3078 | 267946 | 87.1 | 0.93 | 0.769 | 1.98 | 55.60 | 3.47 |
| 100 | 6249 | 662885 | 106.1 | 0.97 | 0.883 | 2.42 | 58.43 | 4.23 |
| 150 | 1643 | 227758 | 138.6 | 0.99 | 0.923 | 3.16 | 59.18 | 5.53 |
| 200 | 663 | 109625 | 165.3 | 0.99 | 0.941 | 3.77 | 59.48 | 6.60 |
| 250 | 361 | 71177 | 197.2 | 0.99 | 0.954 | 4.50 | 59.64 | 7.87 |
| 300 | 340 | 76455 | 224.9 | 1.00 | 0.967 | 5.13 | 59.80 | 8.97 |
| 400 | 157 | 44041 | 280.5 | 1.00 | 0.974 | 6.40 | 59.87 | 11.19 |
| 500 offen | 295 | 148335 | 502.8 | 1.00 | 1.000 | 11.47 | 60.00 | 20.06 |
| Summe | 132366 | 5805074 | | | | | | |

Tab. 13.3 Berechnung der Pen-Parade (der Einkommen 1990 im Kanton Basel-Stadt)

| Steuertrag (u. Klassgrenzen) | Anzahl | kum. Anteil | Klass.-mitten | | Ration | | Pen-Transformation | |
|---|---|---|---|---|---|---|---|---|
| $c_i$ | $f_i$ | $P_i$ | $x_i$ | $f_i x_i$ | $Q_i$ | $v_i$ | $P_i * 60$ | $v_i * 1.75$ |
| | 10292 | 0.074 | 0.0 | 6 | 0.000 | 0.00 | 0.00 | 0.00 |
| 0 | 9665 | 0.143 | 6.1 | 58885 | 0.009 | 0.13 | 0.56 | 0.24 |
| 10 | 6636 | 0.191 | 11.5 | 76455 | 0.021 | 0.25 | 1.29 | 0.45 |
| 14 | 8599 | 0.253 | 16.1 | 138580 | 0.043 | 0.36 | 2.61 | 0.62 |
| 20 | 16273 | 0.370 | 23.6 | 383511 | 0.104 | 0.52 | 6.26 | 0.91 |
| 30 | 18510 | 0.502 | 33.0 | 610356 | 0.201 | 0.73 | 12.07 | 1.27 |
| 40 | 18367 | 0.634 | 42.3 | 776357 | 0.324 | 0.93 | 19.46 | 1.63 |
| 50 | 14407 | 0.738 | 51.4 | 740152 | 0.442 | 1.14 | 26.50 | 1.99 |
| 60 | 10127 | 0.810 | 60.7 | 614773 | 0.539 | 1.34 | 32.35 | 2.35 |
| 70 | 6850 | 0.860 | 69.4 | 475385 | 0.615 | 1.53 | 36.88 | 2.68 |
| 80 | 4811 | 0.894 | 77.9 | 374862 | 0.674 | 1.72 | 40.44 | 3.01 |
| 90 | 3351 | 0.918 | 85.7 | 287242 | 0.720 | 1.89 | 43.18 | 3.31 |
| 100 | 6760 | 0.967 | 102.7 | 694384 | 0.830 | 2.27 | 49.79 | 3.97 |
| 150 | 2019 | 0.981 | 135.1 | 272852 | 0.873 | 2.99 | 52.38 | 5.22 |

| | | | | | | | | |
|---|---|---|---|---|---|---|---|---|
| 200 | 1362 | 0.991 | 183.4 | 249768 | 0.913 | 4.05 | 54.76 | 7.09 |
| 300 | 497 | 0.995 | 249.1 | 123793 | 0.932 | 5.50 | 55.94 | 9.63 |
| 400 | 246 | 0.996 | 330.2 | 81232 | 0.945 | 7.30 | 56.71 | 12.77 |
| 500 | 129 | 0.997 | 359.3 | 46345 | 0.953 | 7.94 | 57.15 | 13.89 |
| 600 | 137 | 0.998 | 480.0 | 65759 | 0.963 | 10.60 | 57.78 | 18.56 |
| 800 | 64 | 0.999 | 486.9 | 31164 | 0.968 | 10.76 | 58.08 | 18.83 |
| 1000 offen | 173 | 1.000 | 1168.6 | 202164 | 1.000 | 25.82 | 60.00 | 45.18 |
| Summe | 139275 | | | 6304025 | | 45.3 | | |

Wie man aus den Tabellen 13.2, 13.3 und der Figur 13.9 gut erkennen kann, dominieren in den ersten 40 Minuten der Parade die Zwerge, während die Riesen der Parade in den letzten Sekunden der ganzen Paradestunde zu sehen sind. Der kleinste Einkommensbezieher aus Baselland ist 9cm gross, der grösste 20.06 Meter. Der Durchschnitts-"Baselbieter" (175cm) erscheint nach 38 Minuten und 20 Sekunden. Man beachte das qualitative ähnliche Verhalten in Basel-Stadt und Basel-Land, aber auch, dass die Skala in Basel-Stadt genau doppelt so gross ist.

**Figur 13.9 Die Pen-Parade der Einkommen in den Halbkantonen Basel 1990**
a) im Kanton Basel-Land         b) im Kanton Basel-Stadt

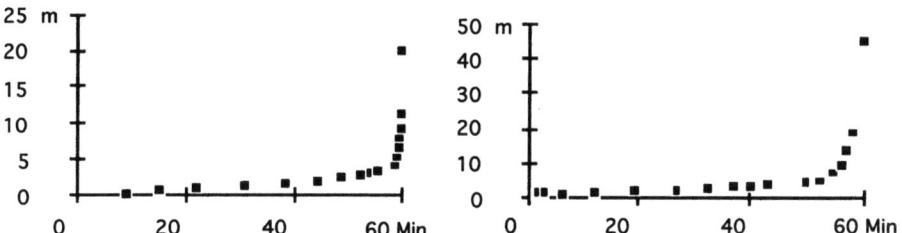

### 13.8.3. Die Interpretation des Konzentrogramms

Das direkte Konzentrogramm (der Zählschnitt $P(X_4*^4)$) zeigt, wie der Kuchen der Merkmalssumme X auf die Bevölkerungsschichten aufgeteilt wird. Die unterste Quartilsschicht (quartile Klasse) erhält 4% des Gesamteinkommens von Baselstadt im Jahr 1990. Die untere quartile Mittelschicht erhält weitere 16%, sodass auf die Hälfte der Steuerpflichtigen 20% des Gesamteinkommens entfällt. Die obere quartile Klasse bekommt weitere 24% des Gesamteinkommens, die obere Quartilsschicht ("die oberen 25%") erhalten 56% des Gesamteinkommens. Zum Vergleich sei das klassierte Pentagramm der Einkommen von Basel-Stadt 1990 in Figur 13.10 aufgeführt:

**Figur 13.10 (Klassiertes) Pentagramm der Einkommen in BS 1990**

n = 139225

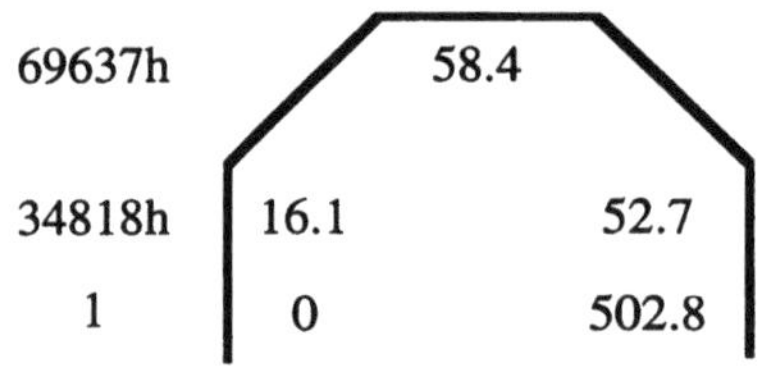

```
                        _____
69637h             /    58.4       \
                  /                  \
34818h           |  16.1      52.7   |
                 |                    |
    1            |   0        502.8  |
```

Der Median bestimmt sich dabei mit den Zahlen aus Tab. 13.3: Die Medianklasse ist aus der Spalte 'Rationen' eruierbar als diejenige die die 50% Ration enthält, und liegt mit 51.4 in der Klasse von sFr. 50 - 60.000. Nach der quantilen Interpolationsformel (Def. 10.5) lautet der Median der Merkmalsanteile

$$\text{Median}(X) = 51.4 + \frac{60.7 + 51.4}{0.442 - 0.324} \cdot (0.5 - 0.44) = 51.4 + 7.0 = 58.4 \, .$$

Die Bezeichnung 'klassiertes Pentagramm' bedeutet nun, dass alle Rangmasszahlen des Pentagramms durch Interpolation klassierter Daten erhalten werden (und daher keine Masszahlenselektoren sein können).

Das indirekte Konzentrogramm dagegen zeigt, wieviele Prozent der Leute sich die vier Viertel des Einkommenskuchens (die wir als Merkmalsrationen oder kurz als 'Rationen' bezeichnen wollen) teilen müssen. Das unterste Einkommensviertel müssen sich 55.4% der Basler (Einkommenssteuerpflichtigen) teilen, die untere Einkommenshälfte 78.2%. Das bedeutet, dass sich 21.8 % die "obere" Einkommenshälfte teilen. Davon erhalten (1 - 0.934) = 6.6% der Leute das obere Einkommensviertel. Diese Prozentzahlen - pro Viertel Ration - sind auch in der Konzentro-Box abzulesen. Dabei sind die Quartilsklassen, d.h. die vier Rationen, in jeder Box nach dem Schema $\begin{pmatrix} 3 & 4 \\ 1 & 2 \end{pmatrix}$ angeordnet (von unten nach oben in Form eines Koordinatensystems), und die zugehörigen prozentualen Werte der Quartilsklassen des Konzentrogramms sind in Prozent in jeder Unterteilung der Konzentro-Box zu finden.

### 13.9. Konzentro-Boxen

Konzentroboxen sind graphische Darstellungsmittel von direkten und indirekten Konzentrogrammen. Das Konzentrogramm unterteilt eine Verteilung in vier Intervalle, die insgesamt die Länge 1 haben. Dies kann im 2-Dimensionalem auch als Partition einer Fläche angesehen werden, deren quadratische Teilflächen sich auf 1 summierten. Der Median jedes Konzentrogrammes unterteilt die Konzentrobox in zwei Rechtecke, deren Fläche sich nach den Medianlängen richten. Für die Konzentrobox des direkten Konzentrogramms (Zählschnitts), der in Figur 13.11.a) wiedergegeben ist, sind dies die Flächen 0.2 ∗ 1 und 0.8 ∗ 1.

**Figur 13.11 Konzentro-Box der Einkommen in Basel-Stadt 1990**

a) Direktes Konzentrogramm
   (Kuchen pro Bev.-Quartil)

b) Indirektes Konzentrogramm
   (Leute pro Viertel Kuchen)

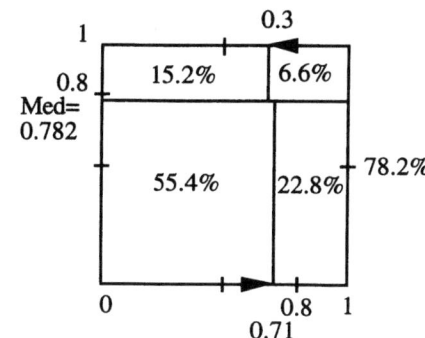

Die Unterteilung der beiden Rechtecke (unter- und oberhalb des Medians) muss nun so erfolgen, dass die Fläche gleich dem unteren oder oberen Quartil ist. D.h. die Seitenlängen s und S bestimmen sich für das direkte Konzentrogramm als

$$0.2\,s = 0.04 \quad \Rightarrow \quad s = \frac{0.04}{0.2} = 0.2$$

$$(1 - 0.2)\,S = (1 - 0.44) \quad \Rightarrow \quad S = \frac{0.56}{0.8} = 0.7$$

Für das indirekte Konzentrogramm ergibt sich analog:

$$0.782\,s = 0.554 \quad \Rightarrow \quad s = \frac{0.554}{0.782} = 0.71;$$

$$(1 - 0.782)\,S = (1 - 0.934) \quad \Rightarrow \quad S = \frac{0.066}{0.218} = 0.30\,.$$

Das direkte Konzentrogramm zeigt an, wie sich der "Kuchen" auf die Merkmalsträger aufteilt, das indirekte Konzentrogramm (Mengenschnitt), wie viele Leute sich auf die jeweiligen Einkommensviertel konzentrieren. Zwei weitere Varianten von Konzentrogrammen sind noch erwähnenswert, sie beziehen sich auf Verhältniszahlen der (Einkommens-) Verteilung. Das Pentagramm der klassierten Einkommenspositionen $v^*_i = x^*_i / \overline{x}$ der Basler Einkommen 1990 hat die folgende Form:

**Figur 13.12 Pentagramm der Einkommenspositionen $v^*_i$**

n = 139225

| 69637h | | 0.77 | |
| 34818h | 0.34 | | 1.22 |
| 1 | 0.05 | | 11.47 |

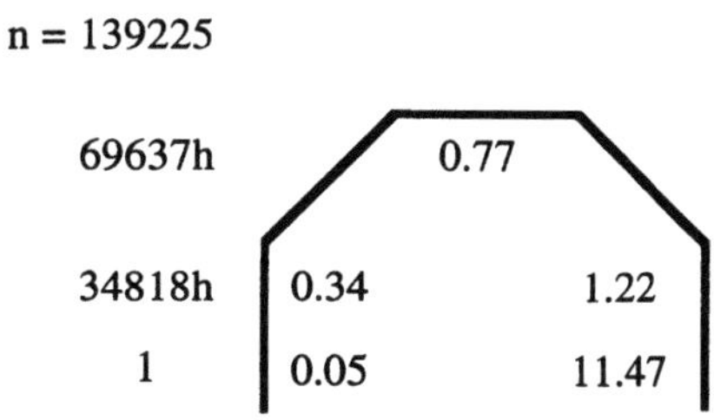

Auch hier wurden die Klassenmitten $x_i^*$ anstatt der nicht verfügbaren $x_i$ verwendet. Man sieht auf den zweiten Blick deutlich den Unterschied zwischen oberem und unterem Einkommensbezieher. Das geringste Einkommen beträgt 5% des Mittelwertes, während das grösste Einkommen das 11.47-fache des Mittelwertes beträgt. Genauso kann das untere Quartil als etwa 1/3 des Mittelwertes und das obere Quartil als 22% über dem Mittelwert liegend abgelesen werden. Der Median beträgt 77% des Mittelwertes, was eine typische Eigenschaft einer rechtsschiefen Verteilung ist.

Die zweite Form der Pentagrammdarstellung von Verhältniszahlen ist das "Pen-Konzentrogramm". Der Name Pen verrät, dass es sich dabei um die transformierten Daten handelt. Für die Einkommen in Basel-Stadt 1990 ergibt sich die folgende kodierte Konzentrobox (wobei die Kodierungen die Einkommensklassen bezeichnen).

**Figur 13.13 Pentagramm der Pen-Paradestunde**

a) Kodierung mit den Klassenmitten      b) Kodierung mit der Pen-Stunde

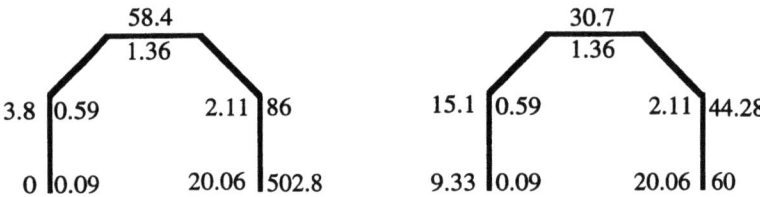

Die resistente Standardabweichung beträgt $\sigma^* = 2.055$ und die explanativen Einkommenspositionen beginnen bei der doppelten resistenten Standardabweichung, d.h. bei $2\sigma^* = 4.11$. In Minuten der Pen-Paradestunde enstpricht dies $60*4.11/20.6 = $ Minuten. Der innere Pentagrammkreis bezieht sich auf die $v_i^*$ und der äussere Kreis auf $v_i^* * 60$ Minuten. Eine alternative Kodierung des Konzentrogramms mit der Stundeneinteilung der Pen-Parade zeigt Figur 13.13.b). Auffallend dabei ist wieder die Asymmetrie zwischen unterer und oberer Verteilungshälfte.

Bem.: In analoger Weise - aber mit mehr Berechnungsaufwand - kann man weitere Biquantile in der Konzentro-Box graphisch darstellen. Dabei werden die Flächen, die die Eckpunkte (0,0) und (1,1) beinhalten, weiter geteilt.

### 13.9.1. Explanative Konzentrogramme

Wie bei der einfachen explorativen Darstellung einer Verteilung können auch für Einkommensverteilungen die Ausreisser bestimmt werden. Die resistente Standardabweichung ist $\sigma^* = 27.45$, und die Zonengrösse der Einkommen in Basel-Stadt 1990 beträgt daher Zone = $2\sigma^* = 54.9$ Sfr.. Damit ergibt sich das folgende 'Zonogramm' der explorativen Konzentrationsrechnung, das nun statt der absoluten Anzahl der Aussen- und Fernpunkte deren relativen Anteil enthält. Als 'Kodierung' der Aussen- und Fernpunkte im 'Zonogramm' kann man die Quantilsposition verwenden.

## Figur 13.14 'Zonogramm' der Einkommen in Basel-Stadt 1990

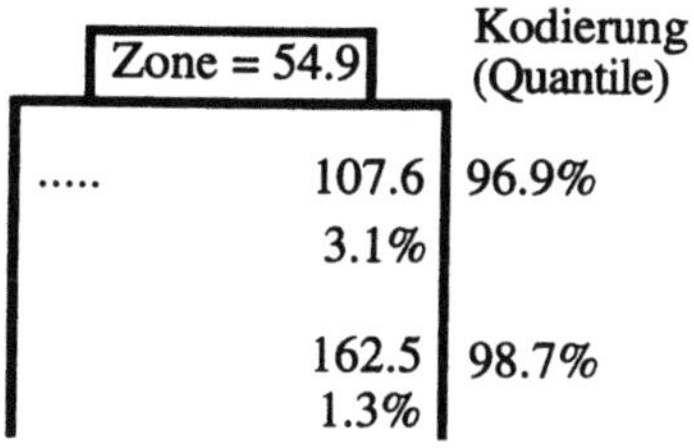

```
              ┌─Zone = 54.9─┐    Kodierung
              │             │    (Quantile)
    .....     │      107.6  │    96.9%
              │       3.1%  │
              │             │
              │      162.5  │    98.7%
              │       1.3%  │
              └─────────────┘
```

Die Berechnung der Aussen- und Fernpunkte benötigt die Berechnung (in unserem Fall nur) des oberen Quartils:

$$Q^4 = 51.4 + \frac{60.7 - 51.4}{0.81 - 0.74} \; 0.01 = 52.7 \; .$$

Das obere Quartil plus einer Zone ergibt 52.7 + 54.9 = 107.6, den inneren Zaun, dazu eine weitere Zone addiert ergibt den äusseren Zaun 162.5. Man beachte, dass es bei klassierten Daten genau genommen keine Anrainer gibt, sondern nur eine "Klassenmitte der Anrainerklasse". Statt der Anzahl von Aussen- und Fernpunkten kann der Anteil berechnet werden. Wir müssen nun berechnen, wieviele Prozent der Einkommensbezieher ausserhalb des Aussenpunktes von $f^0 = 107.6$ und des Fernpunktes $F^0 = 162.5$ liegen. Dazu muss die Quartils-Interpolationsformel umgekehrt gelöst werden:

$$f^0 = c_{m-1} + \frac{b_m}{f_m}(\tilde{p}_0 - P_{m-1}),$$

d.h.

$$\tilde{p}_0 = P_{m-1} + \frac{f_m}{b_m}(f^0 - c_{m-1}) \quad \text{und} \quad \tilde{P}_0 = P_{m-1} + \frac{f_m}{b_m}(F^0 - c_{m-1}).$$

Für die Basler Einkommensverteilung (1990) sind dies die Werte

$$\tilde{p}_0 = 0.967 + \frac{0.981 - 0.967}{135.1 - 102.7}(107.6 - 102.7) = 0.967 + \frac{0.014}{32.7} \; 4.9 = 0.969 \; ;$$

$$\tilde{P}_0 = 0.981 + \frac{0.991 - 0.981}{183.4 - 135.1}(162.5 - 135.1) = 0.981 + \frac{0.01}{48.3} \; 27.4 = 0.987$$

## 13.10. Computerprogramme

Konzentrationsmasse werden allgemein nur schlecht durch Programmpakete unterstützt. Am einfachsten ist oft das Entropiemass erhältlich. Die Berechnungen müssen daher selbst gemacht werden, z.B. als Makros oder in einem Tabellen-Kalkulationsprogramm.

## 13.11. Aufgaben

1) Berechne folgende Konzentrationsmasse für die Umsatzzahlen aus Beispiel 5.1 a) Herfindahlmass, b) Lorenzkurve und $\kappa$, c) die Entropie.
2) Wie ändern sich die Konzentrationsmasse für die Umsatzzahlen aus Beispiel 5.1, wenn die ersten 3 Betriebe fusionieren?

3) Man zeige, dass die komplementäre Entropie wie folgt berechnet werden kann:

a) $$H_0^c = \frac{1}{n} \sum_{i=1}^{n} v_i \log v_i, \text{ mit } v_i = x_i / \overline{x}.$$

b) $$H_0^c = \sum_{i=1}^{n} \pi_i \log n\pi_i, \text{ mit } \pi_i = x_i / X.$$

4) Man berechne die Entropie und den Konzentrationskoeffizienten für die Erdoberfläche nach Höhen- und Tiefenmetern:

| Tiefe | Flächenanteil | Höhe | Flächenanteil |
|---|---|---|---|
| -7 / -6 | 1 | 0 / 1 | 20.8 |
| -6 / -5 | 16.4 | 1 / 2 | 4.5 |
| -5 / -4 | 23.3 | 2 / 3 | 2.2 |
| -4 / -3 | 13.9 | 3 / 4 | 1.1 |
| -3 / -2 | 4.8 | 4 / 5 | 0.4 |
| -2 / -1 | 3 | 5 / 6 | 0.1 |
| -1 / 0 | 8.5 | | |

4) Man berechne die Konzentration der Medaillienstände der Winterolympiade 1994:

Tab. 13.4 Medaillenspiegel 1994 in Lillehammer (nach 61 Entscheidungen)

| | Gold | Silber | Bronze |
|---|---|---|---|
| 1. Russland | 11 | 8 | 4 |
| 2. Norwegen | 10 | 11 | 5 |
| 3. Deutschland | 9 | 7 | 8 |
| 4. Italien | 7 | 5 | 8 |
| 5. USA | 6 | 5 | 2 |
| 6. Südkorea | 4 | 1 | 1 |
| 7. Kanada | 3 | 6 | 4 |
| 8. Schweiz | 3 | 4 | 2 |
| 9. Österreich | 2 | 3 | 4 |
| 10. Schweden | 2 | 1 | |
| 11. Japan | 1 | 2 | 2 |
| 12. Kasachstan | 1 | 2 | |
| 13. Ukraine | 1 | | 1 |
| 14. Usbekistan | 1 | | |
| 15. Weissrussland | | 2 | |
| 16. Finnland | | 1 | 5 |
| 17. Frankreich | | 1 | 4 |
| 18. Niederlande | | 1 | 3 |
| 19. China | | 1 | 2 |
| 20. Slowenien | | | 3 |
| 21. Grossbritannien | | | 2 |
| 22. Australien | | | 1 |

# 14. INDEXZAHLEN

14.1. Verhältniszahlen
14.2. Gliederungszahlen
14.3. Beziehungszahlen
14.4. Indexzahlen
14.5. Zusammengesetzte Indexzahlen
14.6. Berechnung von Laspeyres und Paasche-Index
14.7. Spezielle Themen
14.8. Der Preisindex in der Praxis

> *Die Inflation ist wie eine Zahnpasta. Einmal heraus, ist sie schwer wieder hinein zu bekommen.*
> *(Karl Otto Pöhl)*

Eine der wichtigsten Indexzahlen unseres Wirtschaftslebens ist der Preisindex, der die Inflationsrate misst. Indizes sind in der Makroökonomie und Wirtschaftsstatistik weit verbreitet, und so einfach und selbstverständlich oft die Zahlen erscheinen, so komplex und umfangreich ist deren Erfassung. So kann der bekannte Konsumentenpreisindex als Spitze eines Eisberges betrachtet werden, der aus Masszahlen und Daten besteht, deren Mehrheit (zeitlich geordnete Merkmale) man nicht sieht. In diesem Kapitel werden die verschiedenen Möglichkeiten, statistische Masszahlen zu generieren, diskutiert. Obwohl die Bezeichnung "Verhältniszahlen" der richtige statistische Oberbegriff wäre, haben wir den Titel "Indexzahlen" gewählt, da sie die bekannteste Form von Verhältniszahlen darstellen.

**Figur 14.1 Einteilung der Verhältniszahlen**

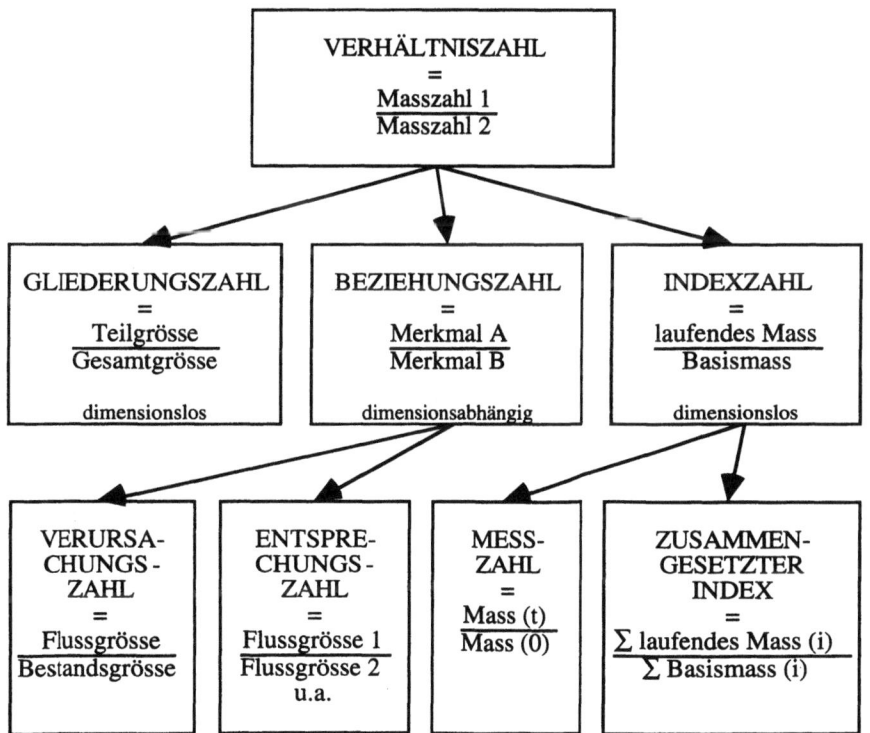

## 14.1. Verhältniszahlen

Für den Vergleich eines oder mehrerer statistischer Sachverhalte (d.h. bestimmten Merkmalsausprägungen von Merkmalen) verwendet man generell in der Statistik Verhältniszahlen, die wie folgt definiert sind:

**Def. 14.1 Verhältniszahlen** sind Quotienten zweier statistischer Masszahlen:

$$\text{Verhältniszahl} = \frac{\text{Masszahl 1}}{\text{Masszahl 2}} = \frac{\text{Zielgrösse}}{\text{Standardisierung}}$$

Die Masszahl 1 ist dabei immer durch das zielsetzende Untersuchungsobjekt vorgegeben, während die Masszahl 2 die Standardisierungsaufgabe übernimmt.

**Def. 14.2 Statistische Masszahlen** sind alle Masszahlen, die die Verteilung eines Merkmals kennzeichnen, wie z.B. die Lagemasszahlen (Mittelwert, Median, Quantile, ...) oder Streuungsmasszahlen (Varianz, MAD, Interquartilsdistanz, ...). Es gibt sehr viele statistische Masszahlen, sie sind auch Ursache für viele statistische Konfusionen - und damit verantwortlich für das schlechte Image mancher Statistiken. Daher ist es wichtig, eine Einteilung und Systematik für diese Plethora von Masszahlen zu haben.
Aus der inhaltlichen Bedeutung der Merkmale, die in einer Verhältniszahl miteinander in Verbindung gebracht werden, kann man nun folgende Einteilung der Verhältniszahlen, wie in Figur 14.1 treffen (vgl. Hartung S. 55). Die einzelnen Typen von Verhältniszahlen werden in den folgenden Abschnitten genauer behandelt.

## 14.2. Gliederungszahlen

**Def. 14.3 Gliederungszahlen oder Anteile** beziehen Teilgrössen auf Gesamtgrössen. Von einem Merkmal X mit n Beobachtungen $\{x_1, x_2, ... , x_n\}$, stehe von jeder Merkmalsausprägung fest, ob sie zur gesuchten Untergruppe gehört oder nicht. Dann lautet die Gliederungszahl:

Gliederungszahl = Teilmasszahl / Gesamtmasszahl,

bzw.

$$\text{Anteil} = \frac{\text{Teilanzahl}}{\text{Gesamtanzahl}}.$$

Gliederungszahlen sind dimensionslos, und die Angabe von Gliederungszahlen erfolgt daher meistens in Prozent, dem mit 100 multiplizierten Anteil.
Bem.: Durch ein dichotomes Merkmal X wird die Gesamtheit in 2 Teile gegliedert, nämlich in eine solche, die das gesuchte (qualitative) Merkmal besitzt ($x_i = 1$), und in eine, die es nicht besitzt ($x_i = 0$). Dann kann der Anteil folgendermassen geschrieben werden:

$$p_X = \sum_{i=1}^{n} \frac{x_i}{n} = \text{Ave}\{x_i\}.$$

**Beispiel 14.1 Gliederungszahlen**

a) **Ausschussanteil einer Produktion:** Das Teil-Merkmal ist die Anzahl der Ausschussstücke pro Zeiteinheit (Tag, Monat, ...) und das Gesamt-Merkmal ist die Gesamtanzahl der produzierten Stücke. Daher lautet die spezielle Gliederungszahl:

$$\text{Ausschussanteil} = \frac{\text{Ausschussanzahl}}{\text{Produktionsanzahl}}$$

b) **Die relativen Häufigkeiten** $p_k$ sind der Anteil der absoluten Häufigkeiten der k-ten Klasse an der Gesamtanzahl n. Dabei ist die Teilanzahl die Anzahl der Merkmalsausprägungen $f_k$ pro Klasse k, k = 1,..., K, und die Gesamtanzahl die Anzahl n der Beobachtungen. Der Anteil 'relative Häufigkeit' ist daher $p_k = f_k / n$, wobei $n = f_1 + f_2 + ... + f_K$.

c) **Insolvenzen in einer Branche:** Bei einigen Sachverhalten kann es Abgrenzungsschwierigkeiten geben: Dann taucht die Frage auf, was ist ein Teil von welcher Gesamtheit? (vgl. auch Stegmüller 1972 zum Thema statistische Paradoxien und Dilemmas). Im Lebensmittelhandel gab es in einem bestimmten Jahr 164 Insolvenzen. Insgesamt gab es in diesem Jahr 785 Insolvenzen. Daher erscheint folgende Gliederungszahl sinnvoll:

$$\frac{\text{Insolvenzen des Lebensmittelhandels}}{\text{Gesamtinsolvenzen}} = \frac{164}{785} = 21\%.$$

Im selben Jahr gab es aber in der Branche Lebensmittelhandel nur 325 Betriebe. Daher kann man auch folgende Gliederungszahl bilden:

$$\frac{\text{Insolvenzen des Lebensmittelhandels}}{\text{Anzahl der Betriebe im Lebensmittelhandel}} = \frac{164}{325} = 51\%.$$

Sind also 21% oder 51% der Betriebe in Konkurs gegangen? Die bessere Masszahl hängt wieder vom Kontext ab, jedenfalls war dieses Jahr sicherlich ein schlechtes Jahr für die Betriebe im Lebensmittelhandel. Kontext in diesem Zusammenhang bedeutet die Wahl der richtigen Gesamtheit.

Bem.: Anteile sind dann ambivalent, wenn die Abgrenzung der Gesamtheit nicht eindeutig ist. Dies ist z.B. bei Anteilen von zwei- oder höherdimensionalen Merkmalen der Fall: $\{x_{ij}, i = 1, ..., n, j = 1, ..., m\}$, wobei die $x_{ij}$ Ausprägungen eines dichotomen Merkmals sind, das die Werte 0 oder 1 annimmt. Unterschiedliche Anteile ergeben sich dann, wenn über unterschiedliche Dimensionen aggregiert wird.

---

Ein aktuelles Beispiel für die Abgrenzungs- und Erhebungsproblematik für statistische Gesamtheiten ist die Erhebung von Arbeits- und Erwerbslosigkeit in der Schweiz.

**Fallbeispiel 14.2 Die Arbeitslosenstatistik und die Erwerbslosenstatistik in der Schweiz: Ist arbeitslos gleich erwerbslos?** (vgl. SAKE-News, 3/93)

"Zwei Statistiken erfassen in der Schweiz das Phänomen der Arbeitslosigkeit: Die Statistik der eingeschriebenen Arbeitslosen des BIGA (Bundesamt für Industrie, Gewerbe und Arbeit) und die Statistik der Erwerbslosen gemäss SAKE (Schweizerische Arbeitskräfteerhebung, durchgeführt vom Bundesamt für Statistik). Beide Zahlenreihen stellen zwei sich ergänzende Indikatoren dar. Je nach Fragestellung ist die eine oder andere Statistik der geeignete Indikator. Im 2. Quartal 1993 wies die SAKE 145'000 erwerbslose Personen aus, von denen 90'000 gleichzeitig beim Arbeitsamt eingeschrieben waren. Im gleichen Zeitraum erfasste die BIGA-Arbeitslosenstatistik 152'766 eingeschriebene Arbeitslose (Schweizer, Niedergelassene und Jahresaufenthalter).

Vollständig ist eine Überführung der beiden Statistiken ineinander zwar nicht möglich, die Differenzen können jedoch zu einem grossen Teil mit den definitorischen Unterschieden erklärt werden. Während die in enger Verbindung mit dem Vollzug der Arbeitslosenversicherung stehende BIGA-Statistik nur das Eingeschriebensein als Kriterium für die Arbeitssuche zulässt, akzeptiert die den internationalen Empfehlungen entsprechende SAKE-Definition auch andere Kriterien.

> So zählen Personen, die in der Referenzwoche einem Gelegenheitsjob nachgingen oder ein Beschäftigungsprogramm absolvierten, in der SAKE nicht zu den Erwerbslosen, sondern zu den Erwerbstätigen, auch wenn sie in dieser Zeit beim Arbeitsamt eingeschrieben sind. Diese Personen (26'000 im 2. Quartal 1993) sind in den eingeschriebenen Erwerbslosen gemäss SAKE (90'000) nicht enthalten.
> Auch nicht als erwerbslos eingestuft werden in der SAKE arbeitsuchende Personen, die nicht innerhalb der folgenden vier Wochen für eine Arbeit zur Verfügung stehen (diese Zahl belief sich 1993 auf 35'000 Personen). Ein Teil dieser Personen ist möglicherweise dennoch beim Arbeitsamt eingeschrieben.
>
> Das Verhältnis zwischen den Erwerbslosen gemäss SAKE und den Arbeitslosen gemäss BIGA ist umso grösser, je höher der Anteil der nicht eingeschriebenen Erwerbslosen ist. Die dreijährige Erfahrung der SAKE zeigt, dass dieser Anteil sehr konjunktursensibel reagiert und dass das Verhältnis der Erwerbslosen gemäss SAKE zu den Arbeitslosen gemäss BIGA entsprechend der Konjunkturlage schwankt. 1991 lag der Quotient aus den beiden Statistiken noch bei 2, reduzierte sich 1992 auf 1.35 und liegt 1993 bei 0.95.

## 14.3. Beziehungszahlen

**Def. 14.4 Beziehungszahlen** sind Quotienten zweier sachlich in Beziehung stehender Masszahlen. Sie hängen daher von der Dimension des Zählers und des Nenners ab.

$$\text{Beziehungszahl} = \frac{\text{Merkmal A}}{\text{Merkmal B}}$$

Nach dem Typ "Flussgrösse" oder "Bestandsgrösse" des Merkmals B im Nenner unterscheidet man zwei Untergruppen:
**Def. 14.5.a) Eine Flussgrösse** (auch Bewegungs- oder Stromgrösse genannt) liegt dann vor, wenn die Erhebung des Fluss-Merkmals nur während eines *Zeitraumes* möglich ist. Beispiele für Flussgrössen sind: Geburten (pro Jahr), Konsum, Produktion.
**Def. 14.5.b) Von einer Bestandsgrösse** spricht man dann, wenn sich die Erhebung eines Merkmals auf einen *Zeitpunkt* bezieht. Beispiele für Bestandsgrössen sind: Bevölkerung (zum Stichtag), Spareinlagen, Beschäftigte.
**Def. 14.6 Eine Verursachungszahl** ist dann gegeben, wenn eine Flussgrösse auf eine Bestandsgrösse bezogen wird:

$$\text{Verursachungszahl} = \frac{\text{Flussgrösse}}{\text{Bestandsgrösse}}$$

**Beispiel 14.3 Verursachungszahlen sind:**

a) Konkursziffer = Anzahl der Konkurse / Anzahl der Betriebe;
b) Hektarertrag = Ernte in Tonnen / Anbaufläche in $km^2$;
c) Produktivität = Nettoproduktion / Beschäftigte.
d) Geburtenziffer = Lebendgeborene*1000 / Durchschnittsbevölkerung;
e) Sterbeziffer = Gestorbene*1000/ Durchschnittsbevölkerung;
f) Fruchtbarkeitsrate = Lebendgeborene*1000 / Frauen zwischen 15 - 45.

Dazu ein numerischer Vergleich: Welche Stadt ist reproduktiver, A oder B?

| Stadt | Bevölkerung | Geburten | Geburten-ziffer | Frauen 15 - 45 | Fruchtbarkeitsrate |
|---|---|---|---|---|---|
| A | 178'500 | 1'800 | 10.05 | 34'500 | 52.03 |
| B | 288'500 | 3'050 | 10.60 | 62'700 | 48.69 |

Natürlich kommen in Stadt B mehr Babys auf die Welt, weil es mehr Einwohner gibt. Bezogen auf die Einwohner ist die Geburtenziffer leicht höher, bezogen auf die gebärfähigen Frauen aber ist Stadt B nicht so reproduktiv wie Stadt A.

**Def. 14.7 Entsprechungszahlen** sind alle sonstigen Beziehungszahlen vom Typ

$$\frac{\text{Flussgrösse 1}}{\text{Flussgrösse 2}} \quad \text{oder} \quad \frac{\text{Bestandsgrösse 1}}{\text{Bestandsgrösse 2}},$$

wenn Zähler und Nenner in sinnvoller sachlicher Beziehung stehen.

**Beispiel 14.4 Entsprechungszahlen**

a) **Fluss / Flussgrössen sind:**
   Exportanteil = Exporte (pro Jahr) / BIP (pro Jahr);
   Marktanteil = Umsatz einer Firma / gesamter Branchenumsatz
b) **Bestands- / Bestandsgrössen sind:**
   Bevölkerungsdichte = Bevölkerung / $km^2$ eines Landes;

### 14.4. Indexzahlen

Werden Masszahlen desselben Merkmals, nun aber zu verschiedenen Zeitpunkten miteinander in Beziehung gesetzt, so spricht man von Indexzahlen. Indexzahlen sind immer dimensionslos.

**Def. 14.8 Indexzahlen**

$$\text{Indexzahl (t)} = \frac{\text{laufende Masszahl (t)}}{\text{Basis-Masszahl (0)}}, \quad t = 0, 1, ..., T$$

Die laufenden Masszahlen bilden eine Zeitreihe eines Merkmals, d.h. die laufende Masszahl hängt vom jeweiligen Zeitpunkt t ab, während die Basis-Masszahl entweder a) die Merkmalsausprägung des Merkmals zum Basiszeitpunkt 0 ist oder b) eine durchschnittliche Masszahl der gesamten Zeitreihe (der laufenden Masszahl).
Man nennt den (Anfangs- oder Ursprungs-) Zeitpunkt 0 auch das Basisjahr (oder kurz Basis) und den laufenden Zeitpunkt t das Berichtsjahr. Die Basis ist also ein ausgezeichneter Zeitpunkt des Index, die daher immer angegeben werden muss. Dabei hat sich die Konvention herausgebildet, den Zeitpunkt t = 0 als 'Basisjahr = 100' zu bezeichnen oder Index (0) = 100 zu schreiben. Anstatt in Dezimalzahlen von 1 gibt man einen Index meistens 'in 100' = Prozent an.
Nach der Anzahl der Merkmale in einem Index unterscheiden wir **Messzahlen** (oder einfache Indizes) und **zusammengesetzte Indizes**: Messzahlen beziehen sich nur auf eine Zeitreihe (univariates Merkmal), während zusammengesetzte Indizes meist ein gewogener Durchschnitt von mehreren Zeitreihen sind.

### 14.4.1. Messzahlen

**Def. 14.9 Eine Messzahl (bzw. ein einfacher Index)** bezieht sich auf ein Merkmal, das im Zeitablauf erhoben wird:

$$\text{Messzahl} = \frac{\text{Masszahl zum Zeitpunkt t}}{\text{Vergleichsmasszahl}}.$$

Die Masszahl zum Zeitpunkt t ist ein beliebiges Merkmal im Zeitablauf, während die Vergleichsmasszahl unterschiedlichen Charakter haben kann. Entweder ist es eine weitere Masszahl zum Zeitpunkt t (wobei ein Basisjahr t = 0 gewählt werden kann) oder es ist eine Durchschnittsgrösse der Masszahl im Zähler oder einer anderen Masszahl. Werden mehrere Messzahlen im Zeitablauf betrachtet, dann spricht man auch von einfachen Indizes, und die Messzahlen werden mit dem laufenden Zeitindex versehen.

**Beispiel 14.5 Preisindizes als Messzahlen**

Einfache Messzahlen bilden die Preisindizes der volkswirtschaftlichen Gesamtrechnung, die nach folgendem Prinzip gebildet werden:

$$\text{Preisindex (Deflator)} = \frac{\text{nomineller Wert}}{\text{realer Wert}}.$$

Tab. 14.1 Deflatoren österreichischer Makrozeitreihen, Basis 1976 = 100

| Jahr | Öffentlicher Konsum | Privater Konsum | Invest. | Exporte | Importe | BIP |
|---|---|---|---|---|---|---|
| 1976 | 100 | 100 | 100 | 100 | 100 | 100 |
| 1977 | 105.4 | 104.8 | 107.2 | 104.0 | 104.2 | 105.3 |
| 1978 | 109.9 | 112.1 | 112.7 | 107.1 | 106.3 | 110.8 |
| 1979 | 114.7 | 116.9 | 116.7 | 112.8 | 112.5 | 115.4 |
| 1980 | 122.1 | 122.9 | 123.9 | 119.1 | 123.0 | 121.3 |
| 1981 | 131.2 | 131.6 | 132.7 | 126.7 | 135.5 | 129.0 |
| 1982 | 139.6 | 141.3 | 140.4 | 132.4 | 138.1 | 137.6 |
| 1983 | 144.0 | 146.1 | 145.5 | 133.4 | 137.3 | 142.7 |

In diesem Beispiel wird die Masszahl im Zähler des Deflators zum Zeitpunkt t aus der nominellen Reihe gebildet, während die Vergleichsmasszahl aus der realen Reihe besteht. Aus der Tabelle der Deflatoren sieht man, dass die Preise des privaten Konsums im Zeitraum 1976 bis 1983 am stärksten gestiegen sind, während die Preise für die Exporte am geringsten gestiegen sind.

Tab. 14.2 Bereinigte Sterbeindizes für Österreich 1983 (nach Ferschl 1976)

| Monat | Gestorbene | Prozent | Jahresdurchschnitt = 100 | Korrekturfaktor | Korrigierte Messzahl (Index) |
|---|---|---|---|---|---|
| 1 | 9133 | 9.8 | 117.8 | 0.981 | 115.6 |
| 2 | 8637 | 9.3 | 111.4 | 1.086 | 121.0 |
| 3 | 8815 | 9.5 | 113.7 | 0.981 | 111.5 |
| 4 | 7775 | 8.4 | 100.3 | 1.014 | 101.7 |
| 5 | 7434 | 8.0 | 95.9 | 0.981 | 94.1 |
| 6 | 7065 | 7.6 | 91.1 | 1.014 | 92.4 |
| 7 | 7554 | 8.1 | 97.4 | 0.981 | 95.6 |
| 8 | 7045 | 7.6 | 90.9 | 0.981 | 89.1 |
| 9 | 6598 | 7.1 | 85.1 | 1.014 | 86.3 |
| 10 | 7337 | 7.9 | 94.6 | 0.981 | 92.8 |
| 11 | 7514 | 8.1 | 96.9 | 1.014 | 98.3 |
| 12 | 8134 | 8.7 | 104.9 | 0.981 | 102.9 |
| Summe | 93041 | | => Durchschnitt: 7753. | | |

Die einfache (unkorrigierte) Messzahl berechnet man, indem man die Gestorbenen pro Monat auf den Jahresdurchschnitt 7753 bezieht. Daher lautet der Tabellenkopf in diesen Fällen oft "Jahresdurchschnitt = 100".

Der korrigierte Index besteht aus der Bereinigung der einfachen Messzahlen nach den Kalendertagen jedes Monats, um das Sterberisiko pro Tag besser in den Griff zu bekommen. Die Korrekturfaktoren lauten: Februar: 365 / (28*12) = 1.086, kurzer Monat: 365 / (30* 12) = 1.014, langer Monat 365 / (31*12) = 0.981. Die letzte Spalte der Tab. 14.2 ist die korrigierte Messzahl, die jeweils mit diesen Monatsfaktoren multipliziert wurde. Durch den bereinigten Index sieht man, dass nicht mehr der Januar die meisten Gestorbenen pro Tag aufweist, sondern der Februar, dessen Korrekturfaktor 8.6% beträgt.

**14.4.2. Umbasierung**

Werden verschiedene Indizes miteinander verglichen, so ist es günstig, wenn alle die gleiche Basis aufweisen. Liegen die Indizes in verschiedenen Basen vor, so muss man diese umbasieren.

**Def. 14.11 Die Umbasierung** einer Indexreihe zur Basis 0, d.h. $I_{0|1}, ... , I_{0|s}, ..., I_{0|T}$ auf eine Indexreihe zur Basis s, d.h. $I_{s|1}, ... , I_{s|s}, .. , I_{s|T}$, erfolgt durch Standardisieren der alten Indexreihe mit dem Index des neuen Basisjahres:

$$I_{s|t} = \frac{I_{0|t}}{I_{0|s}}, \qquad t = 0,1, ..., T.$$

Dabei bedeutet 0 die alte Basis und s die neue Basis.
*Beweis:* Die Indexreihe wurde durch eine Masszahlenreihe gewonnen, die wir mit

$$\text{Mass}(0), \text{Mass}(1),...., \text{Mass}(T)$$

bezeichnen. Dann lauten die beiden Indexreihen:

Alter Index: $\qquad I_{0|t} = \frac{\text{Mass}(t)}{\text{Mass}(0)} \qquad t = 0,1, ..., T.$

Neuer Index: $\qquad I_{s|t} = \frac{\text{Mass}(t)}{\text{Mass}(s)} \qquad t = 0,1, ..., T.$

Durch Erweitern des neuen Index mit Mass(0) erhält man schliesslich:

$$I_{s|t} = \frac{\text{Mass}(t)}{\text{Mass}(s)} = \frac{\text{Mass}(t)}{\text{Mass}(0)} \frac{\text{Mass}(0)}{\text{Mass}(s)} = \frac{I_{0|t}}{I_{0|s}} ; \qquad t = 0,1, ..., T..$$

**Beispiel 14.6 Umbasierung eines Index**

Wir wollen aus der Zeitreihe der Preise für Emmentaler

| Jahr  | 79   | 80   | 81   | 82    | 83    |
|-------|------|------|------|-------|-------|
| Preis | 80.0 | 84.6 | 95.6 | 105.0 | 113.0 |

einen Index auf Basis 1979 = 100 erstellen, und diesen auf Basis 1980 = 100 umbasieren.

| Index     | $I_{79|79}$ | $I_{79|80}$ | $I_{79|81}$ | $I_{79|82}$ | $I_{79|83}$ |
|-----------|-------------|-------------|-------------|-------------|-------------|
| Indexwert | 100         | 105.8       | 119.5       | 131.2       | 141.2       |

Dazu wird die ursprüngliche Indexreihe durch den Index $I_{79|80}$ dividiert und mit 100 multipliziert:

$$(I79|79, I79|80, I79|81, I79|82, I79|83) \frac{100}{I79|80} = ( I80|79, I80|80, I80|81, I80|82, I80|83)$$

bzw.

$$(100, 105.8, 119.5, 131.2, 141.2) \frac{100}{105.8} = (94.5, 100, 112.9, 124.0, 133.5).$$

### 14.4.3. Verkettung

Eine Verkettung wird notwendig, wenn ein Merkmal im Zeitablauf nicht gleichartig erhoben werden kann. Dies ist dann oft der Fall, wenn Definitionsänderungen erfolgen, oder neue Erhebungstechniken notwendig oder eingeführt werden (z.B. der Preis des 'Standard'-VW-Käfers; Einstellung der alten Produktion, Übergang auf einen 'Standard'-VW-Golf). Dennoch möchte man für Vergleichszwecke einen Index für beide Perioden berechnen. Dies geschieht mit der sogenannten Verkettung von Indizes, die nur dann möglich ist, wenn sich die Einzelreihen überlappen.

**Def. 14.10 Verkettung von Indizes.** Gegeben seien zwei Indexreihen $I_{0|t}$ von 0 bis T, und $I^*_{s|t}$ von s bis T´, wobei T' der neuen Reihe grösse als der alte Zeitpunkt liegt, d.h. T' > T (wobei ein Verkettungszeitpunkt im Intervall $0 \leq s \leq T$ liegen kann).

Alter Index: $I_{0|1}, ...., I_{0|s}, ... , I_{0|T}$ ;
Neuer Index: $I^*_{s|1}, I^*_{s|2}, ... , I^*_{s|T'}$ .

Dann lautet der verkettete Index $I^V$ mit Verkettungszeitpunkt s:

$$I^V_{0|t} = I_{0|s} \cdot I^*_{s|t} , \qquad t = s, ..., T´.$$

Eine Verkettung ist dann nicht eindeutig durchführbar, wenn sich die beiden Indexreihen an mehreren Zeitpunkten überlappen. In diesem Fall muss auch der Verkettungszeitpunkt angegeben werden. Man kann einen Index bei mehreren (Unter-) Brüchen natürlich auch mehrmals verketten.

**Beispiel 14.7 Preisindex des Emmentalers in Österreich**

Im Jahre 1982 wurde die Preiserhebung von 1kg offen verkauftem Emmentaler in Österreich aufgegeben. Seither werden nur noch die Preise von verpacktem Emmentaler erhoben (vgl. österreichisches statistisches Jahrbuch). Wie haben sich die Emmentaler-Preise entwickelt?

| *Emmentaler I/ Jahr* | 79 | 80 | 81 | 82 | 83 |
|---|---|---|---|---|---|
| **a) Preisreihen** | | | | | |
| offen (in S) | 74.2 | 90.2 | 91.0 | . | . |
| verpackt (in S) | 80.0 | 84.6 | 95.6 | 105.0 | 113.0 |
| **b) Messziffernreihe** | | | | | |
| offen $I_{79|t}$ | 100 | 121.6 | 122.6 | . | . |
| verpackt $I^*_{79|t}$ | 100 | 105.8 | 119.2 | 131.2 | 141.2 |
| **c) Verketteter Index** | $I^V$ (Verkettung 1981) | | | | |
| $I^V_{79|t}$ : | 100 | 121.6 | 122.6 | 134.7 | 144.9 |

Da die zweite Indexreihe $I^*_{79|t}$ auch zur Basis 1979 gegeben ist, muss zur Berechnung des verketteten Index $I^*_{79|t}$ auf Basis 1981, dem Verkettungszeitpunkt, umbasiert werden:

$$I^v_{79|82} = I_{79|81} \cdot I^*_{81|82} = 122.6 \, \frac{131.2}{119.2} = 122.6 * 1.1 = 134.7.$$

Ist statt der Indexreihe die Zeitreihe der neuen Preise gegeben, dann kann der verkettete Index $I^*_{79|t}$ auch folgendermassen werden: $I^v_{0|t} = I_{0|s} \, \frac{p^*_t}{p^*_s}$, $t = s, ..., T'$. Für den nächsten Wert des Index ist dies

$$I^v_{79|83} = I_{79|81} \cdot I^*_{81|83} = 122.6 \, \frac{113.0}{95.6} = 122.6 \cdot 1.182 = 144.9.$$

Der verkettete Index $I^v$ zeigt einen höheren Wert an, da in den ersten 3 Jahren (1979-1981) der Preis für offenen Emmentaler stärker gestiegen ist.

## 14.5. Zusammengesetzte Indexzahlen

Soll die zeitliche Entwicklung von mehreren Merkmalen zu einer Masszahl zusammengefasst werden, so spricht man von einer zusammengesetzten Indexzahl.

$$\text{INDEX}(t) = I_{0|t} = \frac{\sum_{i=1}^{n} \alpha_i(t) \, \text{Mass}_i(t)}{\sum_{i=1}^{n} \alpha_i(0) \, \text{Mass}_i(0)}$$

Möchte man eine durchgehende Indexreihe für T Zeitpunkte aufstellen, dann benötigt man eine Txn Datenmatrix von Messzahlen $\{I^m_{0|t}\}$ und eine Matrix von Gewichten $\{\alpha^m_{(t)}\}$.

$$\{I^m_{0|t}\} = \begin{bmatrix} I^1_{0|1} & \cdots & I^i_{0|1} & \cdots & I^n_{0|1} \\ \cdots & \cdots & \cdots & \cdots & \cdots \\ I^1_{0|T} & \cdots & I^i_{0|T} & \cdots & I^n_{0|T} \end{bmatrix}, \quad \{\alpha^m_{(t)}\} = \begin{bmatrix} \alpha^1_0 & \cdots & \alpha^i_0 & \cdots & \alpha^n_0 \\ \cdots & \cdots & \cdots & \cdots & \cdots \\ \alpha^1_T & \cdots & \alpha^i_T & \cdots & \alpha^n_T \end{bmatrix}.$$

Das heisst, jeder Zeitpunkt t hat einen eigenen Gewichtungsvektor $\alpha_t$:

$$\alpha_t = (\alpha^1_t, ..., \alpha^n_t).$$

Die zusammengesetzte (gewogene) Messzahl aus den Preisen $\{p_{ti}\}$ lautet daher

$$\tilde{I}_{0|t} = \sum_{i=1}^{n} \alpha^i_0 \, I^i_{0|t} \quad \text{wobei } I^i_{0|t} = \frac{p_{ti}}{p_{0i}}, \quad i = 1, ..., n.$$

### 14.5.1. Indexreihen

Die Berechnung von Indexreihen beruht auf grossen Datenmatrizen. Gibt es n Zeitreihen mit T+1 Beobachtungen, aus denen eine zusammengesetzte Indexreihe berechnet werden soll, dann benötigt man eine (T+1) x n Preismatrix **P** und eine (T+1) x n Mengenmatrix **Q**:

$$\mathbf{P} = \begin{pmatrix} p_{01} & p_{02} & \cdots & p_{0n} \\ \cdots & \cdots & \cdots & \cdots \\ p_{T1} & p_{T2} & \cdots & p_{Tn} \end{pmatrix} = \begin{pmatrix} \mathbf{p}_0 \\ \cdots \\ \mathbf{p}_T \end{pmatrix} \quad \text{und} \quad \mathbf{Q} = \begin{pmatrix} q_{01} & q_{02} & \cdots & q_{0n} \\ \cdots & \cdots & \cdots & \cdots \\ q_{T1} & q_{T2} & \cdots & q_{Tn} \end{pmatrix} = \begin{pmatrix} \mathbf{q}_0 \\ \cdots \\ \mathbf{q}_T \end{pmatrix}.$$

Mit den Zeilenvektoren dieser Preis- und Mengenmatrizen kann man die drei wichtigsten zusammengesetzten Indizes berechnen, wobei man je nach Gewichtung 2 Arten von Indizes definieren kann: einen Preisindex oder einen Volums-, bzw. Mengen-Index. Dabei ist der Preisindex der in der Praxis wichtigere. Alle Indizes sind gewogene Mittelwerte der Zielgrössen, d.h. entweder der Preise oder der Mengen. Nach den verschiedenen Gewichtungsschemata unterscheiden wir 4 Typen von Indizes.

**Def. 14.12.a) Der Laspeyres-Index** verwendet als Gewichte die jeweiligen Werte der Basisperiode 0: Der Preisindex gewichtet mit dem Mengenvektor, der Mengenindex mit dem Preisvektor. Wir bezeichnen mit $\mathbf{q}_0 = (q_{01}, ..., q_{0n})$ die Mengen des Warenkorbes zum Zeitpunkt 0, der aus n Gütern besteht, und mit $\mathbf{p}_0 = (p_{01}, ..., p_{0n})$ den zugehörigen Preisvektor. Dann war der Preis des Warenkorbes in der Basisperiode $\mathbf{p}_0'\mathbf{q}_0$ (kurz Basiskorb) und der Preis dieses Basiswarenkorbes heute (im Zeitpunkt t) ist $\mathbf{p}_t'\mathbf{q}_0$. Der Preisindex nach Laspeyres lautet dann

$$I^L_{0|t} = \frac{\text{Preis des Basis-Korbes in t}}{\text{Preis des Basis-Korbes in 0}} = \frac{\mathbf{p}_t'\mathbf{q}_0}{\mathbf{p}_0'\mathbf{q}_0}, \quad t = 1, ..., T.$$

Bem.: Der etwas selten zu findende Volumsindex nach Laspeyres lautet:

$$\tilde{I}^L_{0|t} = \frac{\text{Preis des heutigen Korbes zu Basis-Preisen}}{\text{Preis des Basis-Korbes in 0}} = \frac{\mathbf{q}_t'\mathbf{p}_0}{\mathbf{q}_0'\mathbf{p}_0}, \quad t = 1, ..., T.$$

D.h. im Preisindex nach Laspeyres tauschen **p** und **q** die Plätze. Damit ist die Mengenänderung mit alten Preisen gewichtet; ein Mass, bei dem die Mengenpositionen über die Zeit vergleichbar sein müssen.

**Def. 14.12.b) Der Paasche-Index:** Der Preisindex nach Paasche verwendet die Gewichte die Mengen der Berichtsperiode t:

$$I^P_{0|t} = \frac{\text{Preis des heutigen Korbes in t}}{\text{Preis des heutigen Korbes in 0}} = \frac{\mathbf{p}_t'\mathbf{q}_t}{\mathbf{p}_0'\mathbf{q}_t}, \quad t = 1, ..., T.$$

Der Mengenindex nach Paasche gewichtet mit den Preisen der Berichtsperiode t:

$$\tilde{I}^P_{0|t} = \frac{\text{Preis des heutigen Korbes zu heutigen Preisen}}{\text{Preis des Basis-Korbes zu heutigen Preisen}} = \frac{\mathbf{q}_t'\mathbf{p}_t}{\mathbf{q}_0'\mathbf{p}_t}, \quad t = 1, ..., T.$$

**Def. 14.12.c) Der Lowe-Index** verwendet als Gewichte den Durchschnitt der Gewichte zwischen Basis- und Berichtsperiode:

$$I^{Lo}_{0/t} = \frac{\mathbf{p}_t'\overline{\mathbf{q}}}{\mathbf{p}_0'\overline{\mathbf{q}}} \qquad \tilde{I}^{Lo}_{0/t} = \frac{\mathbf{q}_t'\overline{\mathbf{p}}}{\mathbf{q}_0'\overline{\mathbf{p}}} \quad t = 1, ..., T.$$

Der Preisindex nach Lowe verwendet als Gewichte die Durchschnittsmengen $\overline{\mathbf{q}}$ (d.h. es wird ein Durchschnittswarenkorb gebildet) und der Mengen-Index nach Lowe verwendet die (konstanten) Durchschnittspreise $\overline{\mathbf{p}}$:

$$\bar{p} = \frac{1}{T}\sum_{t=1}^{T} p_t' \quad \text{und} \quad \bar{q} = \frac{1}{T}\sum_{t=1}^{T} q_t'$$

Welcher Index in der Praxis verwendet wird, hängt ganz von der Datenlage und der Aufgabenstellung ab. Bei Preisindizes sind die Mengendaten (die Konsumanteile bestimmter Warengruppen für einen Haushalt) nur sehr aufwendig zu erheben. Deshalb werden Konsumerhebungen nur alle 10 Jahre durchgeführt, und die Preisindizes werden alle nach der Laspeyresformel berechnet. Diese hat nun den Nachteil, dass bei veränderten Konsumstrukturen die Preisentwicklung durch den Index nicht richtig wiedergegeben wird.

Als Börsenindizes werden trotz hohen Aufwandes immer Paasche-Indizes berechnet. Neben den Preisen kommt es im Börsengeschäft sehr auf die Umsätze an, die sich laufend ändern. Daher ist z.B. der FAZ-Index (Börsenindex der Frankfurter Allgemeinen Zeitung) ein korrigierter Paasche-Index, der auch die Korrekturfakoren für Neuemissionen von Aktien enthält, und so die von diesen hervorgerufenen Preisänderungen berücksichtigt (dies entspricht einer Verkettung).

Der Lowe-Index empfiehlt sich dann, wenn das Basis- und/oder Berichtsjahr in den Gewichten eines Index grossen Schwankungen ausgesetzt ist (etwa durch Saison, Konjunktur, oder sonstige Sondereinflüsse). Durch Bildung von Durchschnitten der jeweiligen Gewichte über die Zeitperiode können diese Schwankungen ausgeschaltet werden.

Bem.: Einen Kompromiss zwischen Laspeyres- und Paasche-Index gibt der Fisher-Index (benannt nach Irving Fisher) oder auch "Idealindex" an, der als geometrisches Mittel dieser beiden Indizes gebildet wird. Als geometrisches Mittel liegt dieser Fisher-Index immer zwischen dem Laspeyres und dem Paasche-Index:

$$I^F = \sqrt{I^L I^P} \quad \Longrightarrow \quad I^L \leq I^F \leq I^P.$$

## 14.6. Berechnung von Laspeyres und Paasche-Index

Indexformeln sind relativ aufwendig zu berechnen, daher gibt es einige kürzere Verfahren zu deren Berechnung. Für einen Preisindex nach Laspeyres werden in einem Abstand von 10 Jahren Konsumerhebungen durchgeführt, d.h. die Mengenvektoren ändern sich in diesem Zeitraum nicht. Wird ein derartiger Index auf monatlicher Basis berechnet, so kann man sich einiges an Rechenaufwand sparen, wenn man folgende Berechnung mit Hilfe des gewogenen Mittels der Preismesszahlen durchführt:

$$I^L_{0/t} = \frac{p_t' q_0}{p_0' q_0} = \sum_{i=1}^{n} \frac{p_{ti} q_{0i}}{p_0' q_0} \frac{}{p_{0i} q_{0i}}$$

$$= \sum_{i=1}^{n} g_{0i} \frac{p_{ti}}{p_{0i}} = \sum_{i=1}^{n} g_{0i} I^i_{0/t} \quad \text{mit} \quad g_{0i} = \frac{p_{0i} q_{0i}}{p_0' q_0} \quad i = 1,\ldots,n.$$

Die Gewichte $g_{0i}$ werden einmal für alle $i = 1, \ldots, n$ Messreihen berechnet, und mit den laufenden Preismessziffern $I^i_{0t}$ zum Laspeyres Index "zusammengesetzt". Der Preisindex nach Laspeyres ist ein gewogenes Mittel der (Zeit-) Reihe der Preismessziffern:

$$I^L_{0t} = \text{Ave}_{\text{gew}}\{\frac{p_{ti}}{p_{0i}}\} = \text{Ave}_{\text{gew}}\{I^i_{0t}\}.$$

Ganz analog kann man den Mengenindex nach Laspeyres zum gewogenen Mittel der Mengenmesszahlen vereinfachen.
Für den Paasche-Index gibt es ebenfalls eine Vereinfachung: Der Preisindex nach Paasche kann als gewogenes harmonisches Mittel der Preismesszahlen dargestellt werden. Damit gilt für den inversen Paasche-Index:

$$\frac{1}{I_{0/t}^P} = \frac{p_0 q_t}{p_t q_t} = \sum_{i=1}^{n} \frac{p_{0i} q_{ti}}{p_t q_t} \cdot \frac{p_{ti} q_{ti}}{p_{ti} q_{ti}}$$

$$= \sum_{i=1}^{n} g_{ti} \frac{p_{0i}}{p_{ti}} = \sum_{i=1}^{n} g_{ti} \frac{1}{I_{0/t}^i} \quad \text{mit} \quad g_{ti} = \frac{p_{ti} q_{ti}}{p_t q_t} \quad i=1,\ldots,n.$$

Der Index $I^i_{t|0} = 1/I^i_{0|t}$ kann als inverse oder 'retrospektive' Preismessziffer angesehen werden. Im Unterschied zum Laspeyres-Index müssen nun die Gewichte $g_{ti}$ für die jeweilige Berichtsperiode t zusammen mit den Preismesszahlen immer neu berechnet werden. Die Ersparnis an Rechenaufwand ist also wesentlich geringer.

**Beispiel 14.8 Laspeyres-Index von Obstpreisen**

Wir betrachten ein einfaches Beispiel, um die Problematik von Laspeyres-, Paasche-, und Fisher-Index zu demonstrieren. Wir wählen 2 beliebige Obstsorten und berechnen die Indizes nach den obigen Formeln mit Hilfe der Preismesszahlen, wobei wir gleiche Anteilsgewichte $g_{0i}$ bzw. $g_{ti}$ am Warenkorb unterstellen.

Tab. 14.3 a) Obstpreise dieses und letztes Jahr

| i Jahr | Obst-"Gut" | $p_0$ Vorjahr | $p_1$ dieses Jahr |
|---|---|---|---|
| 1 | Erdbeeren | 5 | 10 |
| 2 | Kirschen | 20 | 10 |
| | Summe | 25 | 20 |

b) Die Reihe der Preismessziffern $I^i_{0|1}$ der Obstpreise

| | Vorjahr | dieses Jahr | i | $I^i_{0|1}$ |
|---|---|---|---|---|
| Erdbeeren | 100% | 200% | 1 | 2 |
| Kirschen | 100% | 50% | 2 | 0.5 |
| Summe | | 250% | | 2.5 |

**a) Der Laspeyres-Index** oder wähle als Basis das Vorjahr

Der Durchschnitt, bzw. der Laspeyres-Index beträgt (für n = 2):

$$I^L_{0t} = \sum_{i=1}^{n} g_{0i} \frac{p_{ti}}{p_{0i}} = \sum_{i=1}^{n} \frac{1}{2} I^i_{0t} = 100 \, (2 + 0.5)/2 = 125.$$

bzw.

$$IL_{0|t} = \frac{\text{Preis des Obst-Korbes heute}}{\text{Preis des Obst-Korbes im Vorjahr}} = \frac{p_t'q_0}{p_0'q_0}.$$

Nach dem Laspeyres-Index sind die Preise im Durchschnitt um 25% gestiegen. Graphisch ist dies in Figur 14.2.a) dargestellt.

Bem.: Gleiche Anteile $g_{0i}$ implizieren nicht, dass die Mengen $q_{0i}$ im Laspeyres-Index gleich sind. Setzen wir den Basiswarenkorb mit gleichen Mengen q an, d.h. $q_0 = (q, q)$, so erhalten wir als Index:

$$I_{0|t}^L = \frac{p_t' q_0}{p_0' q_0} = \frac{10*q + 10*q}{5*q + 20*q} = \frac{20q}{25q} = 80\ !$$

Daher stellen wir uns die Frage, wie wir den Mengenvektor der Basisperiode, bzw. zumindest die Mengenanteile am Warenkorb berechnen können. Dazu müssen wir auf die Gewichtsdefinition zurückgehen.

Man kann zeigen (vgl. Beispiel 14.11), dass die Mengenverhältnisse 4:1 betragen müssen um gleiche Anteilsgewichte zu erzeugen.

**Beispiel 14.9 Paasche-Index von Obstpreisen**

Nun wollen wir aus den Obstpreisen der Tabelle 14.3.a) den Paasche Index berechnen.

Tab. 14.4 Die "retrospektiven" Preismessziffern $I^i_{t|0}$ der Obstpreise

|  | Vorjahr | dieses Jahr |
|---|---|---|
| Erdbeeren | 50% | 100% |
| Kirschen | 200% | 100% |
| Summe | 250% |  |
| Durchschnitt: | 125% |  |

Wir berechnen den Paasche-Index mittels Preismessziffern, d.h. wir wählen als Basis das laufende Jahr. Bezeichnen wir die $I^i_{t|0}$ als die "retrospektiven" Preismessziffern und setzen wir $g_{ti} = 1/2$, so erhalten wir als Durchschnitt:

$$\frac{1}{I^P_{t/0}} = \sum_{i=1}^n g_{ti} \frac{p_{0i}}{p_{ti}} = \sum_{i=1}^n g_{ti} I^i_{t/0} = (50 + 200)/2 = 125 \text{ bzw. } I^P_{t/0} = \frac{1}{125} = 80.$$

Es wäre nicht notwendig gewesen, die retrospektiven Preismessziffern in Tab. 14.4 zu berechnen, der Paasche-Index kann auch mit den 'normalen' Preismessziffern aus Tab. 14.3.b) ermittelt werden, und zwar wie folgt:

$$\frac{1}{I^P_{t/0}} = \sum_{i=1}^n g_{ti} \frac{p_{0i}}{p_{ti}} = \sum_{i=1}^n g_{ti} \frac{1}{I^i_{0/t}} = (\frac{1}{200} + \frac{1}{50})/2 = (50 + 200)/2 = 125$$

Wir erhalten als Ergebnis, dass die Preise im Durchschnitt im Vorjahr um 25% höher waren. Grafisch ist dies in Figur 14.2.b) dargestellt. Um die retrospektive Preissteigerung mit dem Laspeyres-Index vergleichbar zu machen, muss man den Paasche-Index umbasieren: im Vorjahr betrug der Index 100, heute 100/125 = 80. Die Preise sind also um 20% (-Punkte) gesunken.

**Figur 14.2 Obstpreisindizes grafisch veranschaulicht**
a) Laspeyres-Index     b) Paasche-Index

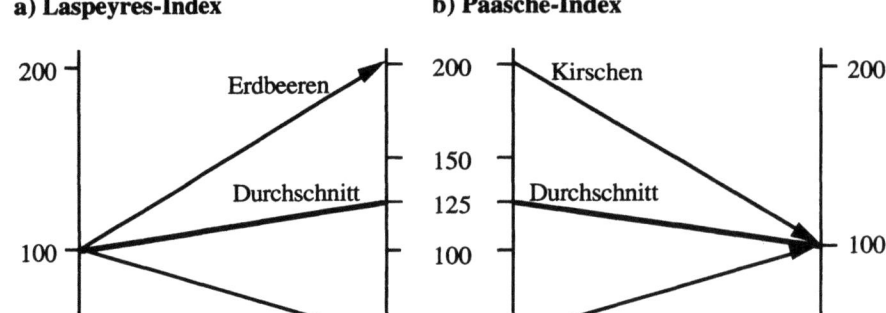

Beispiel 14.10 Steigen oder fallen die Obstpreise?
oder: Mit Statistik kann man alles beweisen! (vgl. Huff 1954)

In der Figur 14.2 sind die Ergebnisse der Indexberechnungen der Obstpreise nach Laspeyres und Paasche aus den Beispielen 14.8 und 14.9 wiedergegeben. Nach Laspeyres steigen die Obstpreise, nach Paasche fallen sie, welchem Index soll man nun trauen? Daher suchen wir Rat bei einem zusätzlichen, als neutral bekannten Index, dem Fisher-Index.
Der Fisher-Index ist das geometrische Mittel von Laspeyres- und Paasche-Index, und daher gibt es keine explizite Basis, sondern es wird durch das geometrische Mittel implizit eine "mittlere Basis" definiert. Der Fischer-Index für die Obstpreise lautet:

$$I^F = \sqrt{I^L I^P} = \sqrt{125 \cdot 80} = \sqrt{10\,000} = 100$$

Wir erhalten also als Ergebnis, dass die Preise gleich geblieben sind. Nicht jede weitere Masszahl oder jeder weiterer Index muss daher zur besseren Entscheidung beitragen. Statistisch ist in diesem Fall nicht entscheidbar, welche Entwicklung die Obstpreise genommen haben. Es hängt vom Blickpunkt ab, besonders bei kleiner Datenanzahl. Bessere Entscheidungen sind möglich, wenn man mehrere Obstsorten in den Index aufnimmt.
Bem.: Den Fisher-Index für die Obstpreise kann man auch direkt aus der Tabelle der Preismessziffern berechnen:

Tab. 14.5 Vergleich der Preismesszahlen

|           | Vorjahr  | dieses Jahr |
|-----------|----------|-------------|
| Erdbeeren | 100%     | 200%        |
| Kirschen  | 100%     | 50%         |
| Produkt   | 10'000%  | 10'000%     |

Das geometrische Mittel der Preismessziffern beträgt daher $\sqrt{10.000} = 100\%$.

### 14.6.1. Die Berechnung von Gewichtsanteilen

**a) Für den Laspeyres-Index:** Wir stellen uns nun die Frage, wie wir aus gewogenen Preismessziffern im Laspeyres-Index die Mengenanteile im Basiskorb berechnen können. Das Gewicht der i-ten Preismessziffer im Laspeyres-Index ist

$$g_{0i} = \frac{\text{Wert des i-ten Gutes in 0}}{\text{Preis des Warenkorbes in 0}}.$$

Der Preis des Basiswarenkorbes beträgt bei zwei Gütern (wobei wir den Index 0 für den Augenblick unterdrücken)

$$P_0^+ = p_1 q_1 + p_2 q_2.$$

Die Anteile werden als gleich angenommen, d.h. $g_1 = g_2$

$$\frac{1}{2} = \frac{p_1 q_1}{p_1 q_1 + p_2 q_2} \quad \Rightarrow \quad 2 p_1 q_1 = p_1 q_1 + p_2 q_2.$$

Es folgt nun für das Beispiel mit den Obstpreisen, dass

$$p_1 q_1 = p_2 q_2 \quad \text{oder} \quad \frac{q_1}{q_2} = \frac{p_2}{p_1} = \frac{20}{5} = 4 : 1.$$

**b) Für den Paasche-Index:** Das Gewicht der i-ten retrospektiven Preismessziffer im Paasche Index ist

$$g_{ti} = \frac{\text{Wert des i-ten Gutes heute}}{\text{Preis des Warenkorbes heute}}.$$

Der Preis des heutigen Warenkorbes ist $p_{t1} q_1 + p_{t2} q_2$. Bei der Berechnung des Paasche-Indexes mit gewogenen retrospektiven Preismessziffern waren wir von $g_{t1} = g_{t2} = \frac{1}{2}$ ausgegangen. Daher muss nun folgende Beziehung erfüllt sein

$$\frac{p_{t1} q_1}{p_{t1} q_1 + p_{t2} q_2} = \frac{1}{2}.$$

Daraus folgt, dass $p_{t1} q_1 = p_{t2} q_2$, bzw. den Zahlen aus der Tab. 14.3.a

$$\frac{q_1}{q_2} = \frac{p_{t2}}{p_{t1}} = \frac{10}{10}$$

erfüllt sein muss, oder dass sich die heutigen Warenkorbanteile wie $q_1 : q_2 = 1 : 1$ verhalten müssen. Damit kann man nun den Paasche-Index durch die Aggregatsformel berechnen:

$$I_{0|1}^P = \frac{q_1 p_{t1} + q_2 p_{t2}}{q_1 p_{01} + q_2 p_{02}} = \frac{10 + 10}{5 + 20} = \frac{20}{25} = \frac{80}{100}.$$

Nach Paasche sind damit die Preise um 20% gefallen, aber die Verbrauchsanteile sind auch von 4 : 1 auf 1 : 1 zurückgegangen.

### Beispiel 14.11 Mengenindizes

Aus dem Beispiel für Obstpreise und deren implizierten Verbrauchsanteilen (vgl. Beispiel 14.8 und 14.9) wollen wir die beiden Mengenindizes berechnen.

$$\tilde{I}^L_{0/t} = \frac{q_{t1}p_{01} + q_{t2}p_{02}}{q_{01}p_{01} + q_{02}p_{02}} = \frac{1 \times 5 + 1 \times 20}{4 \times 5 + 1 \times 20} = \frac{25}{40} = \frac{62.5}{100},$$

$$\tilde{I}^P_{0/t} = \frac{q_{t1}p_{11} + q_{t2}p_{22}}{q_{01}p_{11} + q_{02}p_{22}} = \frac{1 \times 10 + 1 \times 10}{4 \times 10 + 1 \times 10} = \frac{20}{50} = \frac{40}{100}.$$

Beide Indizes zeigen an, dass der Mengenverbrauch drastisch zurückgegangen ist. Bei Laspeyres sinkt die Obstmenge ("Obstkonsum") um 62.5%, bei Paasche um 40%.
Bemerkung: Der Lowe-Index ist

$$\tilde{I}^{Lo}_{0/1} = \frac{10 \times (1+4) + 10 \times (1+4)}{5 \times (1+4) + 20 \times (1+1)} = \frac{50 + 20}{25 + 40} = \frac{70}{65} = \frac{107.7}{100},$$

$$\tilde{I}^{Lo}_{0/1} = \frac{1 \times (5+10) + 1 \times (20+10)}{4 \times (5+10) + 1 \times (20+10)} = \frac{15 + 30}{60 + 30} = \frac{45}{90} = \frac{50}{100}.$$

Wie man erwartet, nimmt der Lowe-Index durch seine Mittelung einen Wert zwischen dem Laspeyres- und dem Paasche-Index an.

**Beispiel 14.12 Die Indexwirkung einer einzelnen Preiserhöhung**
In der Schweiz wurde 1993 der Benzinpreis durch Volksentscheid um 25 Rappen von 0.90 auf 1.15 Franken erhöht. Im selben Jahr wurde der Preis mit 100 neu festgesetzt. Nehmen wir an, dass alle anderen Preise gleich geblieben sind. Um wieviel ändert sich der Grosshandelspreisindex (Landesindex der Konsumentenpreise), wenn das Gewicht von Benzin im Index 9.5% ist? (vgl. Figur 14.3)
Der Preisanstieg des Benzins beträgt 25 / 90 x 100 = 27.7%. Wir müssen nur 2 Güter unterscheiden: "Mineralölprodukte und Koks" und "Rest". Deren Anteil sind 9.5% und 90.5%. Daher beträgt der Laspeyres-Index als gewogene Preismessziffer berechnet

$$\tilde{I}^L_{0l1} = g_1 I^1_{0lt} + g_2 I^2_{0lt} = 0.905 \times 100 + 0.095 \times 127.7 = 90.5 + 12.13 = 102.63.$$

## 14.7. Spezielle Themen

### 14.7.1. Kaufkraftvergleiche

Möchte man die Lebenshaltungskosten verschiedener Länder vergleichen, dann kann man mittels zusammengesetzter Indizes (Laspeyres oder Paasche) Kaufkraftvergleiche durchführen, wenn dieselben Güter vorhanden sind. Bei n Gütern habe das Land A (das Ausland) die Verbraucherstruktur (als Mengenvektor) $q_A$ und Land B $q_B$. Die Preise in Land A sind (in den Landeswährungen) gegeben als $p_A$ und in Land B als $p_B$.
Dann ist bei Zugrundelegen der Verbraucherstruktur A (Auslandsgewichtung) der Kaufkraftvergleich:

$$I_{A|B} = \frac{p_B' q_A}{p_A' q_A},$$

und bei Zugrundelegen der Verbraucherstruktur B (Inlandsgewichtung) der Kaufkraftvergleich:

$$I_{B|A} = \frac{p_B' q_B}{p_A' q_B}.$$

### 14.7.2. Axiome für Indexzahlen

Indexzahlen werden seit etwa 100 Jahren theoretisch untersucht, und daher verwundert es nicht, dass es dazu einige axiomatische Überlegungen gibt (vgl. dazu Krämer 1992

und Fisher 1922). Die ersten 4 Axiome sind - wie Axiome sein sollen - unmittelbar evident oder fast 'selbstverständlich':
1) *Beschränktheit*: Der Index soll zwischen der kleinsten und grössten Preismessziffer liegen.
   Dies ist z.B. bei allen Indizes der Fall, die gewogene Mittel der Preismessziffern sind.
2) *Konstanz*: Wenn alle Preismessziffern konstant bleiben, dann soll sich auch der Index nicht ändern.
3) *Monotonie*: Ist der laufende Index 100 und steigen alle Preismessziffern, dann soll auch der Index steigen, d.h. über 100 liegen. Fallen alle Preismessziffern, dann soll auch der Index fallen, d.h. unter 100 liegen.
4) *Preis-Proportionalität:* Steigen alle Preismessziffern um das k-fache, dann soll auch der Index um das k-fache steigen.
   Es ist klar, dass Paasche- und Laspeyres-Index diese Forderungen erfüllen. Das nächste Axiom ist ein selektives:
5) *Ausgaben-Proportionalität:* Preis * zugehöriger Mengenindex = Quotient der Gesamtausgaben. Wenn sich z.B. der Preisindex verdoppelt und der Mengenindex verdreifacht, dann sollen die Gesamtausgaben um das sechsfache steigen.
   Leider erfüllen der Paasche- und der Laspeyres-Index dieses Axiom nicht. Aber der Fisher'sche Idealindex erfüllt es, und daher erklärt sich auch der Name.
6) *Verkettung*: Jeder Index muss als Produkt seiner Teilindizes darstellbar sein:

$$I_{0/T} = I_{0/s} * I_{s/T}, \quad \text{für} \quad 0 < s < T.$$

In der Indextheorie gibt es einige weitere Aussagen über Eigenschaften von Indizes, die aber auch die Begrenztheit der Konstruierbarkeit von Indexzahlen aufzeigen.

## 14.8. Der Preisindex in der Praxis

Im folgenden wollen wir auf die Erhebung des Preisindexes und den damit verbundenen Problemen näher eingehen. Für den Verbraucherpreisindex (VPI) der Schweiz, auch Landesindex der Konsumentenpreise genannt, stützen wir uns auf die Beschreibung 'Revision der schweizerischen Preisstatistik' (in: Die Volkswirtschaft 6/93).

Merkmale des neuen VPI der Schweiz sind:
- Der neue Landesindex der Konsumentenpreise hat Basis Mai 1993 = 100.
- Der neue Warenkorb enthält 276 gewichtete Positionen von Waren und Dienstleistungen und spiegelt die Konsumgewohnheiten der gesamten in der Schweiz ansässigen Wohnbevölkerung wider.
- Ausgaben, die nicht direkt dem Kauf von Konsumgütern dienen, bleiben unberücksichtigt. In diese Kategorie gehören namentlich direkte Steuern und Versicherungsprämien.
- Die Zahl der Indexgemeinden wird von bisher 48 auf 24 halbiert. In Zukunft liefern sie nicht nur die Preise für Nahrungsmittel, Heizöl und Benzin, sondern auch die Preise für die übrigen Positionen mit ausgeprägt lokaler Preisbildung oder regional unterschiedlicher Preisentwicklung.
- Massgebend sind die vom Konsumenten 'über den Ladentisch' bar bezahlten Transaktionspreise ohne Kreditkosten oder Zinsen.
- Der Mietpreisindex wurde vollkommen überarbeitet. Er misst die gesamte schweizerische Mietpreisentwicklung nicht mehr halbjährlich, sondern vierteljährlich per Anfang Februar, Mai, August und November.
- Die Hauptergebnisse des Landesindexes sollen ungefähr eine Woche früher als bisher, d.h. jeweils am Ende des Berichtsmonats, mit einer Pressemitteilung zur Verfügung gestellt werden.
- Erstmals sind sämtliche Bevölkerungskreise. d.h. neben den Unselbständigerwerbenden nun auch die Selbständigerwerbenden inkl. Landwirtschaft und die Rentner in statistisch repräsentativer Weise in der Indexbevölkerung vertreten.

Obwohl der Landesindex jeden Monat neu berechnet wird, erfolgen die Preiserhebungen für Produkte mit kurzfristigen Preisschwankungen in einem monatlichen Rhythmus, namentlich für Nahrungsmittel, Heizöl und Benzin. Für Produkte mit weniger kurzfristigen Schwankungen finden die Erhebungen vierteljährlich, halbjährlich oder jährlich statt, und zwar jeweils in den ersten 8 Tagen eines Berichtsmonats. Die Preise für Heizöl und Benzin werden an bestimmten Stichtagen erhoben. Diese Erhebungsmethode hat den Vorteil, dass die Resultate der Indexberechnung noch im gleichen Monat veröffentlicht werden können.

**Figur 14.3 Vergleich des bisherigen mit dem neuen Warenkorb des Landesindexes der Schweiz (in %)**

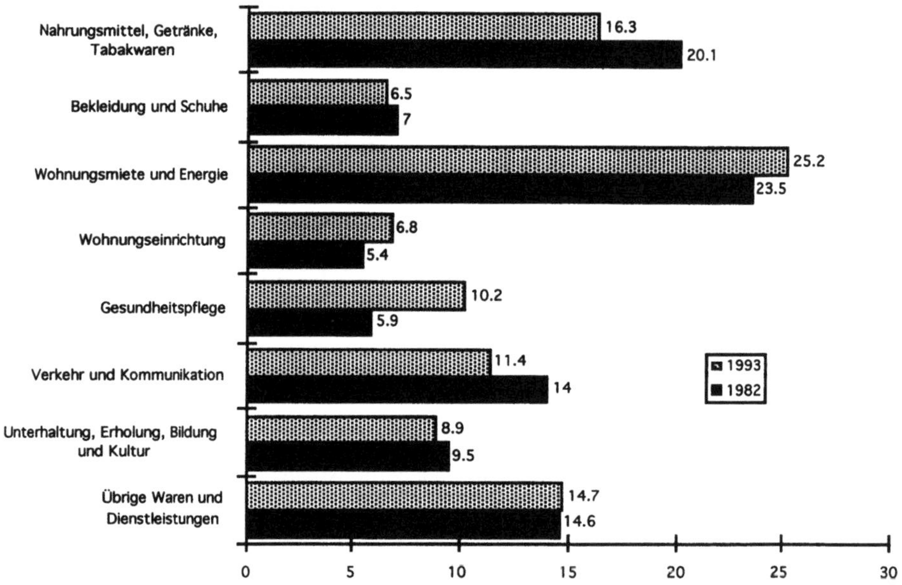

| Kategorie | 1993 | 1982 |
|---|---|---|
| Nahrungsmittel, Getränke, Tabakwaren | 16.3 | 20.1 |
| Bekleidung und Schuhe | 6.5 | 7 |
| Wohnungsmiete und Energie | 25.2 | 23.5 |
| Wohnungseinrichtung | 6.8 | 5.4 |
| Gesundheitspflege | 10.2 | 5.9 |
| Verkehr und Kommunikation | 11.4 | 14 |
| Unterhaltung, Erholung, Bildung und Kultur | 8.9 | 9.5 |
| Übrige Waren und Dienstleistungen | 14.7 | 14.6 |

Quelle: Bundesamt für Statistik (BfS, Die Volkswirtschaft 93/6).

Im Vergleich zum alten Warenkorb haben die Gruppen 'Nahrungsmittel', 'Getränke', 'Tabakwaren' und 'Verkehr und Kommunikation' zugunsten von 'Wohnen und Energie', 'Wohnungseinrichtung' und 'Gesundheitspflege' an Bedeutung verloren (vgl. Fig. 14.3). Entsprechend internationaler Vereinbarungen bleiben Ausgaben, die nicht direkt dem Kauf von Konsumgütern dienen, unberücksichtigt. Dazu gehören direkte Steuern und Versicherungsprämien, z.B. Krankenkassenbeiträge. So sind die bisher miteinbezogenen Autohaftpflichtprämien nicht mehr im Warenkorb enthalten. Deshalb plant das Bundesamt für Statistik ab 1996 einen eigenen Versicherungsindex zu publizieren.
Der Preisindex misst die Inflationsrate einer Wirtschaft und wird daher im internatiür gutes Wirtschaften angesehen. So ist der Preisindex wichtige Kenngrösse bei Entscheidungen in der Geld- und Währungspolitik. Auch Fragen der importierten oder hausgemachten Inflation sind bei einem Vergleich von Regierungen und deren Wirtschaftspolitik wichtig. Auch der Einbezug von Osteuropa in das westliche Wirtschaftssystem in den 90er Jahren ist mit einem Aufbau der Wirtschaftsstatistik und damit einer guten Preisstatistik verbunden

**Fallbeispiel 14.13 Was geschieht mit der Inflation?** (nach Economist 30, Oktober 1993)

Die durchschnittliche Inflationsrate der Konsumentenpreise unter den 7 reichsten Volkswirtschaften (G7-Staaten) ist auf 2.5% gedrückt worden, die niedrigste in 30 Jahren. Das ist an sich ausgezeichnet. Jedoch, die wahre Inflationsrate könnte noch niedriger sein.
Kein ökonomischer Indikator spielt bei Firmenentscheidungen eine grössere Rolle als der Verbraucherpreisindex (VPI). Oder bei Lohnverhandlungen, oder in der Wirtschaftspolitik ...
Warum ist die Inflation so schwer zu messen?
- Ein Grund ist, dass der VPI nicht voll die Qualitätsverbesserung der Produkte wiedergibt. Ein Fernsehgerät kann heute mehr kosten als vor 10 Jahren, aber teilweise deshalb, weil es heute ein besseres Produkt ist.
- Ein weiterer Grund ist, dass die Gewichte der verschiedenen Verbrauchskategorien nicht mehr zutreffen, wenn die Preise für den Index zusammengesetzt werden. Z.B. beruht der VPI für die USA auf dem Warenkorb für die Jahre 1982-1984. Personalcomputer sind z.B. darin nicht enthalten, da sie damals weniger verbreitet waren.
(Hinweis: dies ist der Nachteil jedes Laspeyres-Index. Ein Paasche-Index könnte das laufende Verbrauchsmuster besser erfassen, doch eine jährliche Konsumerhebung würde die Messung der Inflationsrate erheblich verteuern.)
- Seit neuestem gibt es einen weiteren Faktor: Der Kauf von Waren verschiebt sich von den traditionellen Kleinhändlern zu den Diskontmärkten, von grossen, bekannten Markenartikel zu billigeren Gebrauchsgütern. (Dies nicht nur in den USA und Westeuropa, sondern nun auch in Japan). Diese Kauftrends verbilligen den Einkauf, sind aber nicht im VPI enthalten.
Die Folgen sind: Die Inflationsrate in Japan und den USA ist etwa um 1-2% Punkte höher. Daher ist z.B. die reale Zinsrate (= nominelle Zinsrate - Inflationsrate) höher als man bisher dachte. Unter diesem Gesichtspunkt ist die Zielsetzung einer 0% Inflationsrate nicht unbedingt erstrebenswert, da die Gefahren der übermässigen Inflationsbekämpfung schliesslich zu stark fallende Preise, d.h. eine Deflation wäre. Aber deflationäre Tendenzen können eine grössere Gefahr für die Volkswirtschaft sein als inflationäre. Daher setzen einige Zentralbanken, wie z.B. die deutsche Bundesbank, Intervalle für ihre Inflationsziele, wie 0-2%.
Was kann man besser machen? Sicher verbessern Sparmassnahmen bei den statistischen Ämtern, wie sie von manchen Regierungen in den letzten Jahren versucht wurden, nicht die Voraussetzungen für eine bessere Inflationsmessung. Der VPI der USA soll z.B. nicht vor 1997 neu erhoben werden. Daher wird dieser Index zunehmend die Inflation falsch messen. 'Diese Lösung ist in etwa so vernünftig wie der Bau eines Jumbo-Jets und das Einsparen einer neuen Navigationseinheit, zum Preis einiger weniger Dollar.'

### 14.8.1. Explorative Preis-Indizes

Zusammengesetzte Indizes verwenden immer den Durchschnitt der Preismessziffern, um so aus einem repräsentativen Warenkorb ein 'mittleres' Lagemass der einzelnen Indexkomponenten zu erstellen. Dass dies nicht immer zum gewünschten Erfolg in der Modellierung von wirtschaftspolitischen Beziehungen führt, zeigt das nächste aktuelle Beispiel.

**Fallbeispiel 14.14 Der Median-VPI:** Änderungen der Median-Preise sind ein besseres Mass zur Inflation als der Verbraucherpreisindex (VPI).

Obwohl der VPI allgemein als Indikator für die Lebenshaltungskosten verwendet wird, ist er nicht ein ideales Mass um die Inflation zu messen. Z.B., wenn schlechtes Wetter den Ernteertrag sinken lässt, dann steigen die Preise für Nahrung, und damit der VPI. In solchen Fällen zeigt das Steigen der Preise für Nahrung nicht die wahre zugrundeliegende Inflation an, denn sie wird nach dem vorübergehenden Ausschlag der Nahrungspreise nicht anhalten. Damit zeigt der VPI im Falle von temporären Preisschwankungen die 'Kern-Inflation' (core-inflation) falsch an.

Einige Ökonomen messen die Inflation dadurch, dass sie Energie- und Nahrungspreise vom VPI abziehen. Aber eine neue NBER Studie (Bryan und Cecchetti 1991) schlägt ein besseres Mass zur Messung der Kern-Inflation vor: den Median VPI. Da der VPI als (gewogener) arithmetischer Durchschnitt von Preisänderungen für temporäre Schocks und Störungen durchlässig ist, eignet er sich nicht gut für die monatliche Messung der Kern-Inflation, und bildet daher ein schlechtes Instrument für Politikentscheidungen. Bryan und Cecchetti verwenden daher den Median (oder Zentralwert) der Verteilung der Preisveränderungen: Die Hälfte der Güter haben Preisänderungen über, die andere Hälfte unter dem Median. Der Median ist somit unempfindlicher (resistenter) gegenüber temporäre Schocks von Preisänderungen, und deren Grösse nicht noch eruiert werden muss. Die Autoren fanden, dass ein 15% getrimmter Mittelwert genügte um den VPI als brauchbaren Index zur Messung der Kern-Inflation auszuweisen. Die Resultate der Studie sind
- Der Median VPI ist ein besseres Mass für die Erfassung von Geldmengen-induzierter Inflation für die USA als andere Alternativen. (Dabei wurde die Korrelation zwischen den vergangenen Erhöhungen der Geldmenge und dem 'Median VPI' und 'getrimmten VPI' berechnet: Je höher die Korrelation desto besser ist das Mass.)
- Der Median VPI ist ein besseres Prognoseinstrument für die zukünftige Inflation als traditionelle Masse zur Erfassung der Kern-Inflation (ausgehend von der Geldmenge M2).
- Die Prognosegenauigkeit der Kern-Inflation ist trotz Reduktion noch recht ungenau und man muss mit einzelnen grösseren Fehlern rechnen. Für die USA wurde für die Inflation bis Mitte 1994 mit 3% prognostiziert, die sich auf 2% bis Mitte 1996 reduzieren.

## 14.9. Aufgaben

1) Erstelle einen einfachen zusammengesetzten Index für die österreichischen Makrodeflatoren in Tab. 14.1.
2) Ein Preisindex nach Laspeyres stehe bei genau 100. Der Benzinpreis steigt über Nacht um 8% und alle restliche Preise bleiben unverändert. In einer Wirtschaftsanalyse wird berichtet, dass damit der Preisindex um 4 Zehntelpunkte auf 100.4 angestiegen ist. Mit welchem Gewicht ist der Benzinpreis im Preisindex enthalten?
3) Berechne Geburten- und Sterbeziffern bezogen auf die mittlere ständige Bevölkerung in Tab. 14.6.

Tab. 14.6 Bevölkerungsbewegung ausgewählter Schweizer Städte im Jahre 1992

| Stadt | Wohnbevölkerung | Geburten (1992) | Todesfälle (1992) |
|---|---|---|---|
| Zürich | 344094 | 3553 | 4690 |
| Basel | 174976 | 1716 | 2352 |
| Genf | 169503 | 2154 | 1449 |
| Bern | 130390 | 1317 | 1842 |
| Lausanne | 117485 | 1407 | 1280 |
| Winterthur | 86553 | 1014 | 927 |
| St. Gallen | 71810 | 865 | 739 |
| Luzern | 59134 | 675 | 786 |
| Biel | 51133 | 559 | 590 |
| Thun | 38503 | 425 | 419 |
| La Chaux-de-Fonds | 36770 | 469 | 413 |
| Köniz | 36741 | 430 | 308 |
| Schaffhausen | 33862 | 383 | 353 |
| Freiburg | 32646 | 451 | 373 |
| Neuenburg | 31727 | 364 | 349 |
| Chur | 30546 | 371 | 295 |
| gesamt | 1445873 | 16153 | 17165 |

# TEIL III

# GRAFISCHE TECHNIKEN

# 15. 2-DIMENSIONALE GRAFIK
## - Darstellungen univariater Verteilungen

15.1. **Darstellungen von Verteilungen**
15.2. **Histogramme**
15.3. **Stabdiagramme**
15.4. **Polygonzüge**
15.5. **Kreisdiagramme**
15.6. **Säulendiagramme**
15.7. **Die Verteilungsfunktion**
15.8. **Mehrdimensionale Techniken**
15.9. **2-D Säulendiagramme und 2-D Polygonzug**
15.10. **Gitternetze und Konturlinien**
15.11. **Statistische Caveats: Länge, Fläche und Volumen**

*Ein Bild sagt - oder lügt - mehr als tausend Zahlen.*
*(Swoboda, 1971)*

### 15.1. Darstellungen von Verteilungen

In diesem Kapitel werden die gängigen grafischen Darstellungen von Verteilungen im 1- und 2-dimensionalen vorgestellt, wie sie in der deskriptiven Statistik verwendet werden. Die explorative Datenanalyse hat für univariate Merkmale die Neuerung der semi-grafischen Darstellung gebracht, d.h. einer vereinfachten grafischen Darstellung mit Hilfe von Symbolen, Buchstaben und Zahlen in Form von 'Grafikbausteinen'. Diese Techniken wurden im ersten Teil des Buches bei den EDA Methoden erklärt, da sie integraler Bestandteil des EDA Zuganges sind. Für 3-D Grafik kann man zwar Elemente der EDA gebrauchen, sie baut aber auf dem klassischen Konzept der grafischen Darstellungsformen auf.

#### 15.1.1. 1-dimensionale Darstellung univariater Verteilungen

Univariate quantitative Merkmale können als Punktmenge auf einer Zahlengeraden grafisch abgebildet werden. Ohne weitere statistische Informationen sind diese Darstellungen wenig informativ, da sie bloss die Spannweite der Verteilung leicht erkennen lassen. Es empfiehlt sich daher, Mittelwert, Standardabweichung, Median oder Quartile als Symbole in dieser Darstellung zu verwenden. Diese Darstellungsform ist dann gut, wenn viele Verteilungen miteinander verglichen werden sollen und die Extremwerte von Interesse sind. Ein gutes Beispiel dafür sind die Tagesvergleiche von Börsen- oder Wechselkursnotierungen: Der Höchstwert und der Tiefstwert zusammen mit dem Mittelwert lassen dann Rückschlüsse auf den Trend und die Volatilität (der Veränderung der Streuung, wie z.B. die Spannweite) zu.
Man beachte, dass Kursnotierungen bereits ein 2-D Merkmal sind: Der Kurs wird in kleinen zeitlichen Perioden erhoben (Minute, Viertelstunden), aber pro Tag gruppiert. Die Zeit kann hier, wie bei Saisonen, als 2-D Phänomen aufgefasst werden.
Eine spezielle Technik bei der 1-D Darstellung ist das Jittering (für quantitative Merkmale). In dieselbe Kategorie von Techniken fällt die 'Verfliessung einer Glättung' durch den Blurr (vgl. Abschnitt 8.6. im Zeitreihenkapitel).
Bem.: Qualitative Merkmale können im 1-dimensionalen nicht dargestellt werden.

#### 15.1.2. 2-dimensionale Darstellung univariater Verteilungen

Das Prinzip der 2-dimensionalen Darstellung univariater Verteilungen ist die der Klassierung. Die Klassierungsform des Merkmals wird auf der x-Achse aufgetragen, die Häufigkeit, mit der jede Merkmalsausprägung in eine Klasse fällt, wird auf der y-Achse aufgetragen. Bei der 2-D grafischen Darstellung von (univariaten) Verteilungen muss man zwischen stetigen und diskreten Merkmalen unterscheiden.

a) Unter den diskreten Merkmale fassen wir qualitative, unklassierte ordinale (Rangmerkmale) und klassierte metrische Merkmale $\{(I_k, f_k), k = 1, ..., K\}$ zusammen (vgl. Kapitel 10). Sie werden grafisch durch die Paare $\{(x_k, f_k), k = 1, ..., K\}$ dargestellt. Dabei sind $x_k$ die qualitativen oder ordinalen Merkmalsausprägungen, bzw. die K Klassenmitten $x^*_k$ eines klassierten Merkmals, und $f_k$ die dazugehörigen Häufigkeiten jeder Merkmalsausprägung. Die Anzahl der Beobachtungen erhält man durch

$$n = f_1 + f_2 + ... + f_K.$$

b) Die 'klassische Form' der grafischen Darstellung stetiger Merkmale geht über die Klassenbildung der Paare $(I_k, f_k)$, $k = 1, ..., K$. Dabei ist $I_k$ das k-te Intervall und $f_k$ die (absoluten) Häufigkeiten der k-ten Klasse, d.h. die Anzahl der Merkmalsausprägungen, die in diese Klasse fallen. K ist die Anzahl der Klassen. Stetige Merkmale werden durch Gruppenbildung in Klassen zusammengefasst, wobei jeweils die Klassenmitte alle Merkmalsausprägungen einer Klasse repräsentiert.
Die grafische Darstellung von Verteilungen erfolgt über verschiedene grafische Darstellungsmittel für die Häufigkeiten $f_k$. Die wichtigsten davon sind Länge, Fläche, Inhalt und Symbole. Anhand des Beispiels 15.1 über Qualitätsstufen von Wein werden die derzeit gängigen Darstellungen miteinander verglichen.

### 15.2. Histogramme

Das grafische Darstellungsmittel für Histogramme sind die (zweidimensionalen) Rechtecksflächen. Jeder (absoluten) Häufigkeit $f_k$ wird eine vergleichbare Fläche zugeordnet:

$$f_k \rightarrow Fl(f_k) = L(I_k) * L(f_k)$$

bzw. jeder relativen Häufigkeit $p_k = f_k / n$ wird eine ebenfalls vergleichbare Fläche zugeordnet:

$$p_k \rightarrow Fl(p_k) = L(I_k) * L(p_k).$$

Dabei steht Fl für Fläche und L für Länge. Der Flächeninhalt setzt sich zusammen aus der Länge des Intervalls $I_k$ und der Höhe der Häufigkeit $f_k$. Sind die Intervalle in der Form $\{I_k = (c_{k-1}, c_k), k = 1, ..., K\}$ gegeben, wobei die $\{c_0, ..., c_K\}$ die Klassengrenzen sind, dann ist die Länge die Klassenbreite $b_k$

$$L(I_k) = c_k - c_{k-1} = b_k, \qquad k = 1, ..., K.$$

Das Histogramm ist das universelle grafische Darstellungsmittel für Verteilungen in der Statistik schlechthin. Es wird in den verschiedensten Anordnungen verwendet, wie z.B. bei Bevölkerungspyramiden. In Figur 15.1 ist das Histogramm für die Qualitätsstufen der 24 Weine wiedergeben: In Teil a) sind die unzentrierten Balken (Histogramm-Flächchen) abgebildet, wie sie nur für metrische Variable zu empfehlen sind. In Teil b) ist das Histogramm für zentrierte Balken wiedergegeben, wie sie nur für diskrete Merkmale verwendet werden sollten. Da über die Qualitätsmessung des Weines nichts weiter bekannt ist, konnte die Qualität entweder a) nach Graden gemessen, oder b) nach Qualitätsstufen eingeteilt worden sein. Im Fall a) soll die stetige Intervalldarstellungen angewandt werde, im Fall b) die zentrierte Balkendarstellung. Viele Grafikpakete unterscheiden jedoch nicht bei den Histogrammen zwischen metrischen und diskreten Merkmalen, daher ist ein jeweiliges Überprüfen der Grafiken angebracht.
Beachte, dass durch die Zentrierung von Histogrammen fiktive Klassengrenzen eingeführt werden. Diese sind bei diskreten Merkmalen eher von hypothetischer Natur, bei metrischen Merkmalen entsprechen sie den Urlistenintervallen (vgl. Abschnitt 2.2). Bei metrischen Merkmalen und ordinalen Merkmalen sollten die Rechtecksflächen eines

Histogramms aneinanderstossen. Bei qualitativen Merkmalen, wie Histogramme von Zeitreihen (Merkmale im Zeitablauf, vgl. Kapitel 8), sollten die Rechtecksflächen nicht aneinanderstossen, sondern einen kleinen Zwischenraum zeigen.
Beispiel 15.1 zeigt die Unterschiede von elementaren Darstellungstechniken für Histogramme bei ordinalen und metrischen Merkmalen.

**Beispiel 15.1 Qualitätsstufen von 24 Weinen**

Bei einer Weinmesse wurden die Weine eines bestimmten Gebietes und Jahrganges folgendermassen nach Qualität klassifiziert:

| Qualität $x_i$ | 11 | 12 | 13 | 14 | 15 | 16 | 17 | 18 |
|---|---|---|---|---|---|---|---|---|
| Anzahl $f_i$ | 5 | 2 | 1 | 3 | 5 | 4 | 3 | 1 |

Bei einer grafischen Darstellung dieser Verteilung ist zu berücksichtigen, ob es sich bei Merkmal "Qualität" um ein stetiges oder ein ordinales (und damit auch diskretes) Merkmal handelt. Die grafische Darstellung mit einem einfachen Histogramm ist für diese beiden Fälle leicht unterschiedlich. Beim stetigen Merkmal wird das Histogramm über den Klassengrenzen errichtet, im ordinalen Fall zentriert über den diskreten Merkmalsausprägungen, wie in Figur 15.1. zu sehen ist.

**Figur 15.1 Histogramme für stetige und diskrete Merkmale**

a) **Unzentrierte Rechtecksflächen**
(Intervalldarstellung für stetige Merkmale)

b) **Zentrierte Rechtecksflächen**
(für diskrete Merkmale)

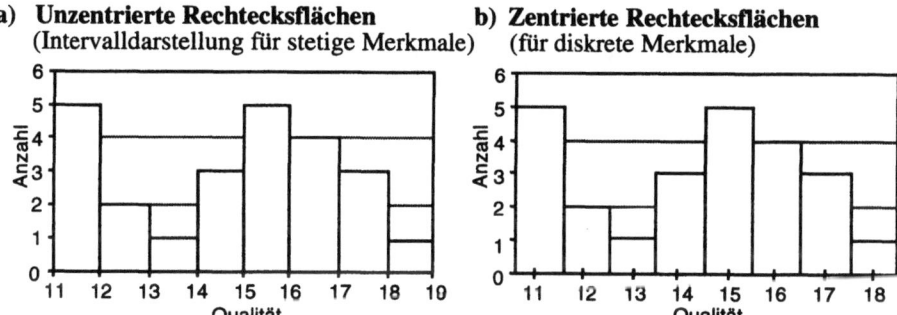

Bem.: Unterscheidet man bei Rangmerkmalen zwischen Intervallskalen, d.h. Rangmerkmale wo Differenzen zwischen den Ausprägungen interpretierbar sind (z.B. Temperatur) und 'nicht Intervallskalen', dann könnte man die Histogrammbalken im ersten Fall aneinanderstossen lassen, im zweiten Fall nicht.

### 15.2.1. Allgemeine Histogramme

Einfache Histogramme haben alle gleiche Klassenbreite, daher ist die grafische Darstellung unproblematisch. Wird jedoch die Verteilung eines Merkmals in Klassen mit unterschiedlicher Klassenbreite grafisch dargestellt, so benötigt man korrigierte Häufigkeiten $f_k'$. Diese erhält man dadurch, dass man eine Klassenbreite als Einheit festlegt (z.B. b = 1), und alle anderen Häufigkeiten dazu proportional darstellt, damit die Fläche des Histogramms für unterschiedliche Klassenbreiten vergleichbar wird:

$$f_k \rightarrow = f_k' * L(I_k).$$

Die Ausgangsüberlegung ist, dass man jedem der n Merkmalswerte $x_i$, (i = 1, ..., n), eine gleiche Flächeneinheit A zuordnet, die im Prinzip frei gewählt werden kann. Diese Fläche ist der Grundbaustein eines Histogramms und kann etwa A = b·1 sein, wobei b die

Breite der grafischen Einheit ist (z.B. eine gleiche Klassenbreite), und 1 steht für die Anzahl, d.h. 1 Merkmalswert. Formal heisst das

$$x_i \longrightarrow A = b \cdot 1, \qquad i = 1, ..., n.$$

Für ein klassiertes Merkmal muss nun statt einer Merkmalsausprägung dem Intervall $I_k$ eine Fläche zugeordnet werden. Das ist die Grundfläche A multipliziert mit der absoluten Häufigkeit $f_k$:

$$I_k \longrightarrow f_k A = b f_k.$$

Das Produkt $b f_k$ steht nun für die Histogrammfläche des Intervalls $I_k$: b ist die Breite und $f_k$ die Länge. Mit diesen Überlegungen kann man einfache Histogramme, d.h. klassierte Merkmale mit gleicher Klassenbreite b, leicht konstruieren.

Bei allgemeinen Histogrammen mit ungleicher Klassenbreite

$$b_k = c_k - c_{k-1}, \qquad k = 1, ..., K,$$

eines klassierten Merkmals $\{I_k = (c_{k-1}, c_k), \; k = 1,.., K\}$, wobei die $(c_0, ..., c_K)$ die Klassengrenzen sind, muss man eine Restriktion der Gesamtfläche berücksichtigen. Da es n Beobachtungen gibt, ist die Gesamtfläche des Histogramms nA = nb. Bei absoluten Häufigkeiten $f_k$ und Einheitsklassenbreite b = 1 ist die Gesamtfläche genau n, gleich der Anzahl der Beobachtungen, bei relativen Häufigkeiten $p_k$ wählt man $b = \frac{1}{n}$, und damit wird die Gesamtfläche gleich 1. Das grafische Bild des Histogramms ist in beiden Fällen das gleiche. Die x-Achseneinteilung ist gleich, lediglich die Skalierung auf der Ordinate ändert sich. Die Gesamtfläche bei einem Histogramm muss daher die Flächenrestriktion

$$f_1 b_1 + ... + f_K b_K \equiv nA = nb$$

erfüllen. Dies ist bei gleicher Klassenbreite $b_k$ = b immer der Fall, da

$$\sum_{k=1}^{K} f_k b_k = b \sum_{k=1}^{K} f_k = bn$$

gilt. Bei ungleichen Klassenbreiten muss man eine gemeinsame Klassenbreite b wählen, auf die man alle Klassenbreiten $b_k$ bezieht und, um die Fläche pro Klasse konstant zu halten, korrigierte Häufigkeiten $f_k'$ definieren. Für die korrigierten Häufigkeiten $f_k' = bf_k / b_k$ gilt:

$$f_1' b_1 + ... + f_K' b_K = nA = nb.$$

Dies sieht man durch Einsetzen

$$\sum_{k=1}^{K} f_k' b_k = \sum_{k=1}^{K} b \frac{f_k}{b_k} b_k = b \sum_{k=1}^{K} f_k = b_n.$$

Die einfachsten korrigierten Häufigkeiten erhält man, wenn man b = 1 setzt:

$$f_k' = \text{KORR. HÄUFIGKEIT} = \text{HÄUFIGKEIT / KLASSENBREITE}.$$

**Beispiel 15.2 Flächenbausteine im Histogramm**

Die Urliste {3.5, 4.2, 4.7, 5.1, 5.3} soll als Histogramm dargestellt werden:

a)   St&Bl           3 Klassen           Histogramm

```
              Klasse | f_k
3 | 4          3-4   | 1
4 | 27         4-5   | 2
5 | 13         5-6   | 2
```

b)   2 Klassen           falsch              korrigiert

```
Klasse | f_k
 3-4   | 1
 4-6   | 4
```

**Beispiel 15.3 Klassierte Weinqualitäten**

Bilden wir aus den Weinqualitäten aus Beispiel 15.1 drei qualitative Klassen: gut, sehr gut und ausgezeichnet. Da nun die Klassenbreiten ungleich gross sind, berechnen wir die korrigierte Häufigkeiten $f_k'$ als Quotient von Häufigkeiten und Klassenbreite.

| Klasse $[c_{k-1}, c_k)$ | Bezeichnung | Häufigkeiten $f_k$ | Kl.Breite $b_k$ | korr. Häufigkeiten $f_k' = f_k / b_k$ |
|---|---|---|---|---|
| [10 - 14) | gut         | 8  | 4 | 2 |
| [14 - 17) | sehr gut    | 12 | 3 | 4 |
| [17 - 19) | ausgezeichnet | 4 | 2 | 2 |

Die Figur 15.2 vergleicht die Verteilung der Weinqualität für die neue Klasseneinteilung: a) falsch (mit tatsächlichen Häufigkeiten) und b) richtig (mit korrigierten Häufigkeiten).

**Figur 15.2. Histogramme mit korrigierten Häufigkeiten**
a) Falsch: tatsächliche Häufigkeiten     b) Richtig: korrigierte Häufigkeiten

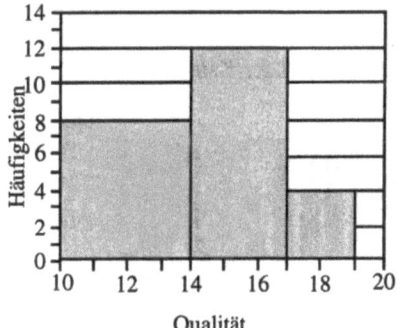
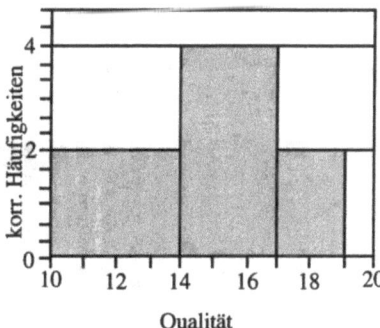

### 15.2.2. Gestapelte Histogramme

In Tab. 15.1 werden die Einwohner der Schweiz nach verschiedenen Kategorien aufgespalten. Gesucht wird eine grafische Darstellung der Zahlenmatrix, die wir am Beispiel gestapelter Histogramme diskutieren wollen.

Tab. 15.1 Einwohnerkategorien in Schweizer Kantonen 1990 (Quelle: Bundesamt f. Statistik)

| Kanton | Wohnbe-völkerung (WB) | Andere Gemeinde (AG) | Anderer Kanton (AK) | Ausland (AL) | Ohne Angabe (OA) |
|---|---|---|---|---|---|
| Zürich | 311841 | 284214 | 307437 | 267921 | 7631 |
| Bern | 304254 | 353989 | 165002 | 116782 | 18165 |
| Luzern | 110768 | 100293 | 67976 | 44299 | 2932 |
| Uri | 61769 | 9015 | 5536 | 2710 | 178 |
| Schwyz | 64699 | 17849 | 31514 | 14963 | 939 |
| Obwalden | 14424 | 4015 | 7547 | 2868 | 171 |
| Nidwalden | 12473 | 5172 | 11839 | 3274 | 286 |
| Glarus | 12993 | 8244 | 9699 | 7285 | 287 |
| Zug | 24200 | 12637 | 32239 | 15891 | 579 |
| Freiburg | 73272 | 72255 | 37897 | 29870 | 277 |
| Solothurn | 72991 | 55196 | 66394 | 35332 | 1833 |
| Basel-Stadt | 73161 | 7791 | 61326 | 56399 | 734 |
| Basel-Land | 54742 | 39746 | 91931 | 44834 | 2235 |
| Schaffhaus | 23686 | 11159 | 21211 | 15424 | 680 |
| App. Auss. | 15993 | 6278 | 20591 | 8446 | 921 |
| App. Inn. | 7072 | 2260 | 2998 | 1493 | 47 |
| St. Gallen | 142664 | 102310 | 100900 | 76418 | 1573 |
| Graubünden | 67099 | 45577 | 32995 | 26646 | 1573 |
| Aargau | 139167 | 134500 | 133636 | 93449 | 6756 |
| Thurgau | 55700 | 44300 | 65074 | 40223 | 4065 |
| Tessin | 81056 | 80413 | 37351 | 81391 | 1970 |
| Waadt | 134477 | 173206 | 123684 | 165522 | 4927 |
| Wallis | 116750 | 65405 | 25325 | 39554 | 2783 |
| Neuenburg | 45432 | 39507 | 38430 | 39095 | 1521 |
| Genf | 74617 | 70688 | 76826 | 152864 | 4195 |
| Jura | 26212 | 20361 | 9767 | 9329 | 494 |

**Figur 15.3.a) (Gleich) Gestapeltes Histogramm:** Einwohner-Kategorien in Schweizer Kantonen 1990 (Codes der Merkmale in Tab. 15.1)

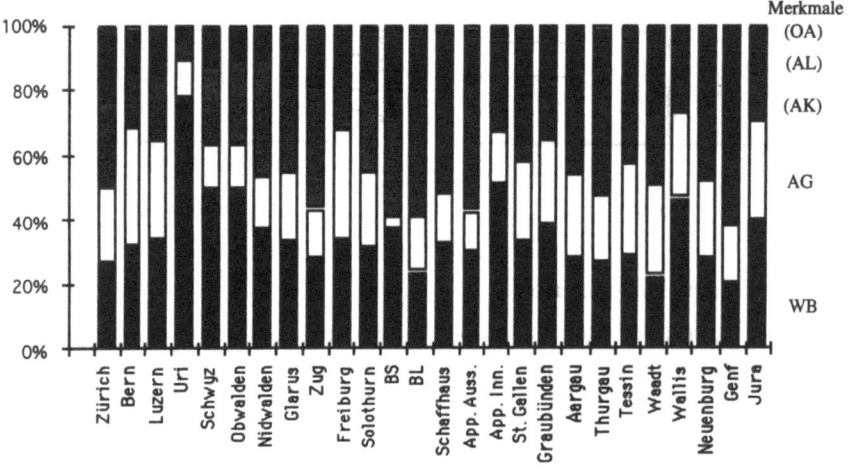

Diese Darstellungsform wird in neueren Programmpaketen angeboten (z.B. Excel), ist aber nicht optimal. Zunächst einmal sind alle Balken gleich breit und gross und lassen keinen Vergleich zu. Ein proportionales Histogramm wäre besser. Nur die beiden Endkategorien, d.h. die erste und die letzte Spalte der Tabelle lassen einen leichten Vergleich zwischen den Kantonen zu. Die mittleren Spalten sind durch ihre sich ändernde Basis schlechter ablesbar. (Eine alternative, aber wenig platzsparende Form für diesen Zahlenvergleich sind die Kreisdiagramme.) Daher sollte man bei dieser Darstellung eher wenige Kategorien stapeln, und die wichtigste Vergleichskategorie als erste Spalte auch gleich ordnen. Dann hat die Darstellung die folgende Form:

**Figur 15.3.b) (Rang-) Gestapelte Histogramme** (Variablenordnung wie oben)

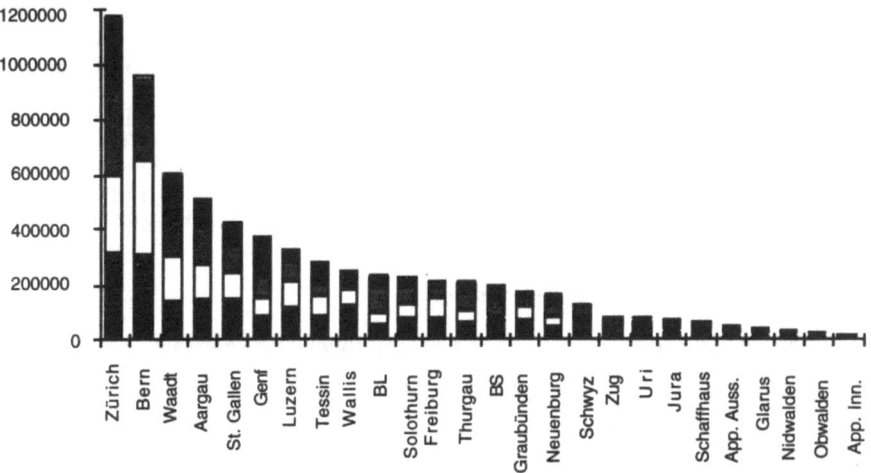

### 15.3. Stabdiagramme

Wird die Verteilung eines Merkmals mit Hilfe eines Stabdiagrammes dargestellt, dann ist das grafische Darstellungsmittel die Länge der Häufigkeiten:

$$f_k \rightarrow L(I_k)$$

**Figur 15.4 Stabdiagramm der Weinqualitäten**

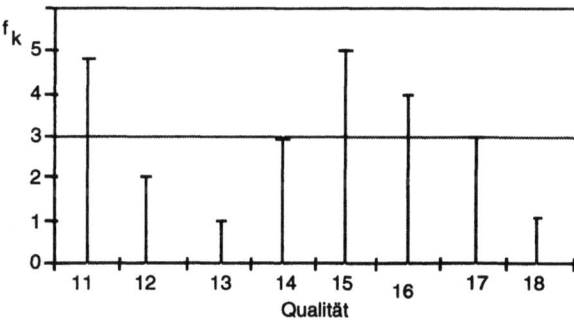

Man kann Stabdiagramme als den "kleinen Bruder" von Histogrammen ansehen, sie werden oft zur Darstellung von diskreten Merkmalen verwendet, wie etwa in Figur 15.4 für die Weinqualität. Besonders wenn verschiedene Merkmalstypen miteinander verglichen werden, ist es vorteilhaft, wenn man diskrete Merkmale mit Stabdiagrammen und stetige Merkmale mit Histogrammen darstellt. Analog den Windrosen für Histogramme, kann man Stabdiagramme für zyklische Daten am Kreis darstellen. Dies ist jedoch eher selten.

### 15.4. Polygonzüge

Der einfache Polygonzug ist die Verbindungsstrecke des Stabdiagramms von Häufigkeiten. Durch diese Vorgangsweise kommt das grafische Darstellungsmittel eines Polygonzuges nicht zu sehr zum Ausdruck: Es ist die Fläche unter dem Polygonzug. Daher muss man den Polygonzug in erster Linie aus dem Histogramm abgeleitet sehen, und nicht aus dem Stabdiagramm. Aus diesem Grund eignet sich der Polygonzug besser zur Darstellung von metrischen Merkmalen. Verbindet man nur die Häufigkeiten, wie in Figur 15.5.a), so ist der Flächeninhalt nicht gleich 1 (oder n). Diese Tatsache ändert sich auch nicht, wenn man die Fläche unter einem Polygonzug färbt, wie in Figur 15.5.c), oder die Tiefe dazugibt, wie in Figur 15.5.d).

Der gebundene Polygonzug beginnt mit der unteren Klassengrenze $c_0$ einer Verteilung und hört mit oberen Klassengrenze $c_K$ auf. Durch die gleichmässige Verbindung der Klassengrenzen wird der Eindruck vermittelt, dass die Merkmalsausprägungen in jeder Klasse gleich verteilt wären. Aus diesem Grund sollte man Polygonzug-Darstellungen eher vermeiden, weil sie das grafische Bild, besonders am Rand und bei grossen Unterschieden in den Häufigkeiten verzerren können.

**Figur 15.5 Darstellungen von Polygonzügen**

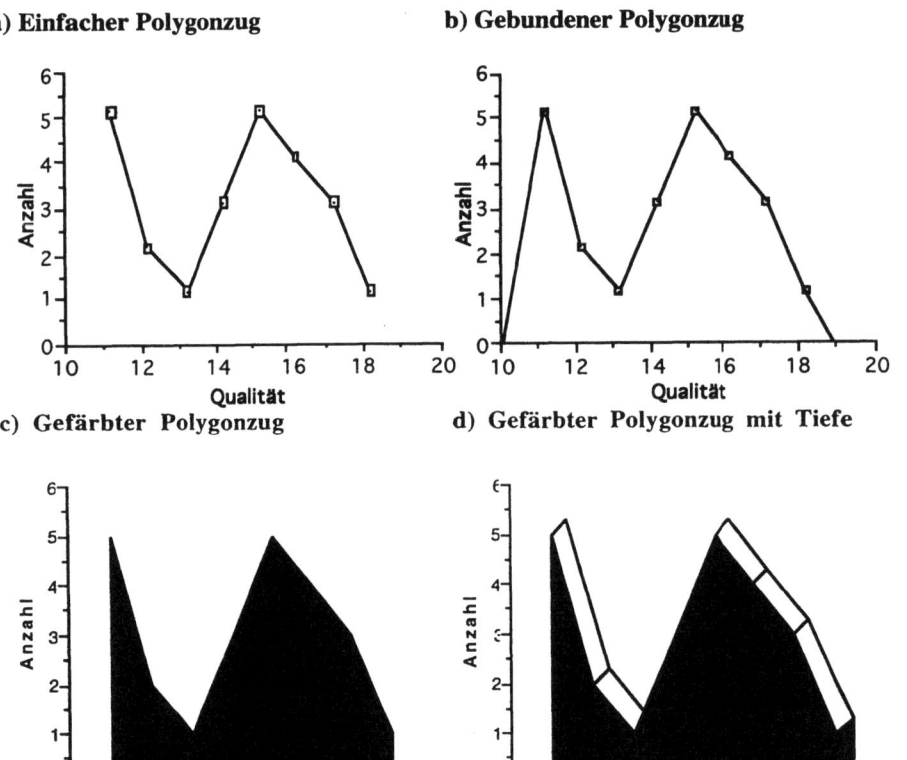

### 15.4.1. Gebundener Polygonzug

Um die Fläche 1 unter dem Polygonzug zumindest approximativ darzustellen, benötigt man an beiden Enden der Verteilung jeweils eine halbe Klassenbreite mehr. Der Grund dafür ist aus Figur 15.6 zu ersehen, wo der 3-klassige Polygonzug für Weinqualitäten gebildet wurde. Leitet man den Polygonzug aus dem Histogramm ab, so verbindet man einfach die Klassenmitten. Dabei wird jeweils ein Dreieck der Rechtecksflächen des Histogramms abgeschnitten, die ungefähr gleichen Inhalt haben, wenn die Häufigkeiten nicht zu sehr verschieden sind. Damit löst man aber nicht das Flächenproblem der beiden Endklassen. Denkt man sich zusätzliche weitere Klassen an beiden Enden dazu (wobei die Klassenbreite den anliegenden Endklassen entspricht), dann ist der fiktive Mittelpunkt der neuen Klasse mit der anschliessenden verbindbar, wie mit den gestrichelten Linien in Figur 15.6 angedeutet wurde. Der Nachteil ist, dass diese fiktiven Klassen kaum zu interpretieren sind, und damit die gesamte Verteilung künstlich gestreckt wird, wodurch der grafische Eindruck verzerrt wird.

**Figur 15.6 Konstruktion eines gebundenen Polygonzuges** (mit 3 Klassen von Weinqualitäten)

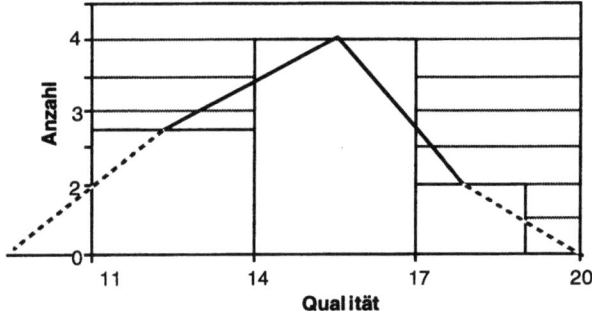

### 15.4.2. Darstellungen am Kreis

Eine spezielle Darstellung eines Histogramms (oder einem daraus abgeleiteten Polygonzug) gibt es am Kreis. Als Beispiel für eine bekannte und typische Anwendung denke man dabei an Windrosen, und folgerichtig empfiehlt sich diese Darstellung bei zyklischen, saisonalen oder geografischen Merkmalen. Der Hauptnachteil dieser Darstellung ist die gekrümmte Basislinie, und daher sollte man zur besseren Vergleichbarkeit die Histogramme mit einem konzentrischen Hintergrundraster unterlegen. In Figur 15.7 ist die Verteilung der Bodennutzung nach Himmelsrichtungen in Kreisform wiedergegeben.

**Figur 15.7 Verteilung der Bodennutzung** in der Schweiz (Quelle: Bundesamt für Statistik, Bern)

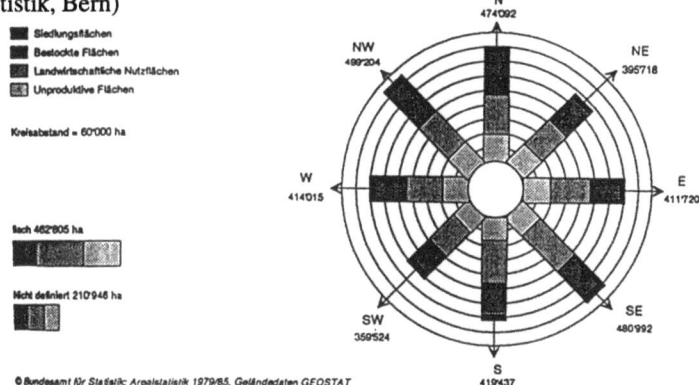

## 15.5. Kreisdiagramme (pie charts)

Kreisdiagramme stellen eine Verteilung als Fläche von Kreissektoren am Kreis dar. Das grafische Darstellungsmittel ist daher die Fläche eines Kreisausschnittes. Bei einem Kreisdiagramm mit Tiefe repräsentiert das Volumen der Kreisscheibe die Häufigkeiten. Kreisdiagramme werden gerne beim Vergleich von relativen Häufigkeiten (Prozentzahlen) verwendet.

Cleveland (1983) verweist zurecht darauf, dass Kreisdiagramme äusserst ungünstige grafische Darstellungsmittel sind, da Winkel viel schwieriger vergleichbar sind als Längen (oder Rechtecksflächen). Nur wenn im Kreisdiagramm die einzelnen Sektoren mit den Häufigkeiten bezeichnet werden, kann der Vergleich einfacher ausfallen. So z.B. versuche man im Kreisdiagramm in Figur 15.8 die Sektoren 11, 15 und 16 rein grafisch zu ordnen!

**Figur 15.8 Kreisdiagramm der Weinqualität**

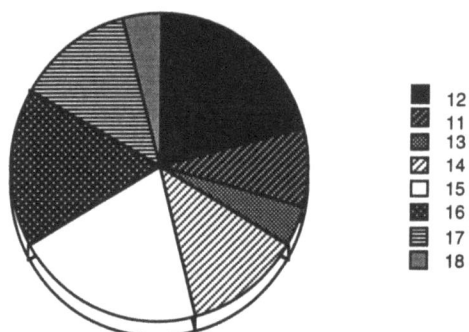

## 15.6. Säulendiagramme (column charts)

Das grafische Darstellungsmittel für Säulendiagramme ist der 3-dimensionale Inhalt. Die Säulendiagramme sind allgemein sehr beliebt, da sie einen schönen räumlichen Eindruck vermitteln. Man gewinnt sie aus Histogrammen, denen eine Tiefe angefügt wird. Für eindimensionale Verteilungen sind Säulendiagramme jedoch keine effiziente grafische Darstellung, da sie zuviel "chart-junk" enthalten, d.h. zuviel Druckerschwärze pro wiedergegebener Information. Säulendiagramme sind daher besser zur Wiedergabe von 2-dimensionalen Verteilungen geeignet (vgl. auch Kap 16). Ein einfaches Säulendiagramm für die Weinqualität ist in Figur 15.9 wiedergegeben. Die verschiedene Färbung der 3 Flächen ist nicht notwendig, sie kann auch weggelassen werden.

**Figur 15.9 Säulendiagramm** (Weinqualität)

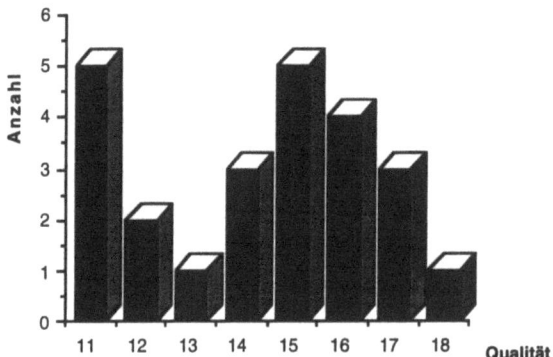

## 15.7. Die Verteilungsfunktion

Dieser Abschnitt beschreibt die empirische Verteilungsfunktion, die eine wichtige Schnittstelle zu Methoden der Wahrscheinlichkeitsrechnung bildet. Die Verteilungsfunktion ist nur sinnvoll um ordinale und metrische Merkmale zu bilden. Für klassierte Merkmale ist sie eine stetige Funktion, für metrische und ordinale Merkmale eine Treppenfunktion.

**Def. 15.1 Summenhäufigkeiten (kumulierte Häufigkeiten)**
Sei X ein ordinales oder unklassiertes metrisches Merkmal mit Rangliste $x_{(1)}, \ldots , x_{(n)}$. Falls mehrere Merkmalsausprägungen gleich sind, schreiben wir sie in der Form ( $x_{(k)}$, $f_{(k)}$ ), k = 1, ..., K.

**a) Die absoluten Summenhäufigkeiten** $F_j$ der j-ten Merkmalsausprägung $x_j$ sind:

$$F_j(x_j) = \sum_{k=1}^{j} f_k(x_k) .$$

**b) Die relativen Summenhäufigkeiten** $P_j$ der j-ten Merkmalsausprägung sind:

$$P_j(x_j) = \sum_{k=1}^{j} p_k = \frac{1}{N} \sum_{k=1}^{j} f_k \quad \text{für} \quad p_k = f_k/N \quad \text{und} \quad N = \sum_{k=1}^{K} f_k .$$

Werden die Summenhäufigkeiten eines Merkmals in die reellen Zahlen eingebettet, so spricht man von der empirischen Verteilungsfunktion.

**Def. 15.2 Die empirische Verteilungsfunktion** eines quantitativen Merkmals X wird über die Rangliste, d.h. die geordnete Urliste $\{x_{(1)}, \ldots , x_{(n)}\}$ definiert. Die empirische Verteilungsfunktion F(x) wird für alle $x \in \mathbb{R}$ als die relative Häufigkeit aller Merkmalsausprägungen in der Urliste, die kleiner oder gleich x sind, dargestellt:

$$F(x) = \sum_{x_k < x} f_k(x_k), \quad x \in \mathbb{R} .$$

Dabei ist $f_k(x_k)$ die stetige Fortsetzung der diskreten Zählfunktion $f_k$, d.h. die $f_k$ werden als kontinuierliche Funktion in die rellen Zahlen $\mathbb{R}$ eingebettet und bilden jetzt eine Treppenfunktion, die an den diskreten Stellen $x_k$ um $f_k$ springt. Die Summation über die Menge $\{x_k < x\}$ bedeutet nun, dass nur bis zu denjenigen Klassenindex k summiert wird, für die die Ungleichung $x_k < x$ erfüllt ist. x ist das über $\mathbb{R}$ laufende Argument der Verteilungsfunktion.

**Def. 15.3 Die empirische Verteilungsfunktion** für diskrete Merkmale ( $x_k, f_k$ ), k = 1, ..., K ist eine Sprungfunktion von der Form

$$F(x) = \begin{cases} 0 & \text{für} & x < x_{(i)} \\ F_i & \text{für} & x_{(i)} \leq x < x_{(i+1)} \\ 1 & \text{für} & x \geq x_{(n)} \end{cases}$$

Dabei ist $x_{(i)}$ das i-te Element der Rangliste und $F_i$ ist die kumulierte absolute Häufigkeit, d.h. der Wertebereich liegt zwischen 0 und n. Wählt man statt $F_i$ die $P_i = F_i/n$, so erhält man die normierte Verteilungsfunktion mit kumulierten relativen Häufigkeiten $P_i$ und den Wertebereich zwischen 0 und 1.

**Bem.:** Die empirische F(x) ist rechtsstetig, denn es gilt (wobei das Pfeilsymbol ↓ Annäherung von rechts bedeutet):

$$\lim_{x \downarrow x_i} F(x) = F(x_i)$$

**Bem.:** In der Wahrscheinlichkeitsrechnung definiert man auch linksstetige Verteilungsfunktionen, die wir wegen der EDA Konvention der links abgeschlossenen und rechts offenen 'natürlichen' Klassenbildung im St&Bl nicht empfehlen wollen.

**Beispiel 15.4 Diskrete Verteilungsfunktionen der 4 Beispielverteilungen** (vgl. Beispiel 13.1)

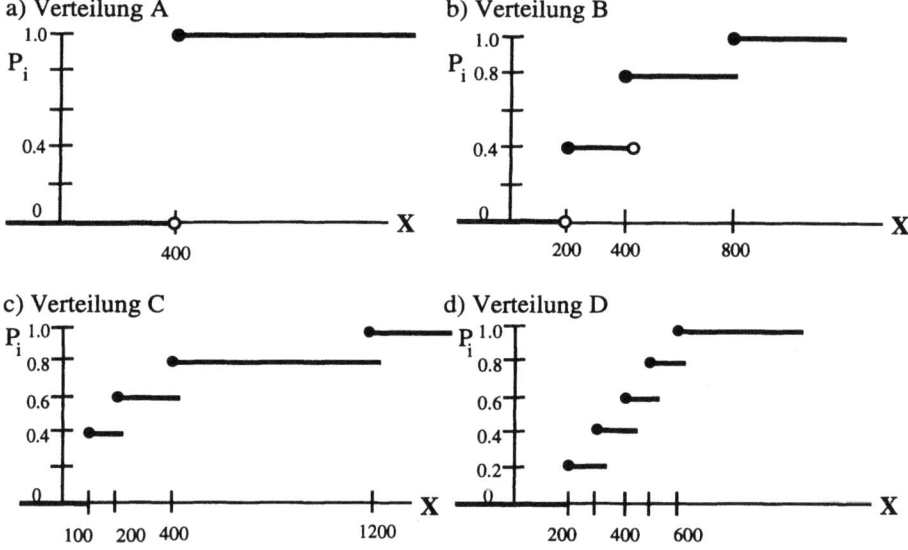

**Def. 15.4 Die empirische Verteilungsfunktion bei klassierten Merkmalen**
Bei klassierten Merkmalen ist die empirische Verteilungsfunktion der Polygonzug der Häufigkeiten, bzw. die Verbindungsstrecke der Punkte $(c_k, P_k)$, $k = 0, 1, ..., K$, wobei die $c_k$ die Klassengrenzen sind.

$$F(x) = \begin{cases} 0 & \text{für } x < c_0 \\ c_{k-1} + \dfrac{f_k}{c_k - c_{k-1}}(x - c_{k-1}) & \text{für } x \in I_k = (c_{k-1}, c_k] \\ 1 & \text{für } x > c_n \end{cases}$$

Dabei ist $c_0 = 0$, $P_0 = 0$ und $I_k$ bezeichnet das k-te Intervall des klassifizierten Merkmals. Diese Formel kann als eine Approximation der unbeobachtbaren stetigen Verteilungsfunktion eines metrischen Merkmals aufgefasst werden, oder auch als eine stetige Approximation an eine unbekannte Treppenfunktion bei einem klassierten diskreten Merkmal. Ist die Urliste abrufbereit, dann kann man bei Computerverarbeitung die

Treppenfunktion darstellen, bei klassierten Merkmalen ist nur die Darstellung als Polygonzug möglich. (Frage: Gibt es Verteilungsfunktionen für qualitative Daten?)
Im Beispiel 15.5 wird diese Approximation an die Verteilungsfunktion von Geburtsgewichten implizit durchgeführt. Die stückweise linearen Funktionen ergeben sich aus der Verbindungslinie der kumulierten relativen Häufigkeiten.

**Beispiel 15.5 20 Grazer Geburtsgewichte**

Die Verteilung der Geburtsgewichte von 20 Babies in der Grazer Universitätsklinik (vgl. Ferschl 1978) kann durch ein St&Bl 'natürlich' klassifiziert werden oder durch Vorgabe eines Klassifikations- oder Intervallschemas 'künstlich'. Teil a) zeigt das St&Bl und Teil c) die 'natürliche' Klassifizierung, da die Gewichte auf Zehntelkilogramm genau erhoben wurden und das Bild eines diskreten Merkmals vermitteln. Teil b) zeigt eine Klassifizierung in gleichlangen 0.3 kg Intervallen, wobei der Anfangspunkt willkürlich mit 2.7 kg gewählt wurde.

| a) St&Bl | | b) 0.3kg-Klassierte Verteilung | | | | | c) "diskrete" Klassierung | |
|---|---|---|---|---|---|---|---|---|
| 2 | 8 = 2.8 kg | Klasse | $f_k$ | $F_k$ | $p_k$ | $P_k$ | 2.8 | 1 |
|  |  |  |  |  |  |  | 2.9 | 2 |
| 2. | 899 | 2.7 - 3.0 | 4 | 4 | 0.2 | 0.2 | 3.0 | 2 |
| 3* | 001111 | 3.0 - 3.3 | 8 | 12 | 0.4 | 0.6 | 3.1 | 4 |
| 3t | 222 | 3.3 - 3.6 | 6 | 18 | 0.3 | 0.9 | 3.2 | 3 |
| 3f | 444555 | 3.6 - 3.9 | 2 | 20 | 0.1 | 1.0 | 3.4 | 3 |
| 3s | 6 | ---- | | | | | 3.5 | 3 |
| 3. | 8 | Summe | 20 | . | 1.0 | . | 3.6 | 1 |
|  |  |  |  |  |  |  | 3.8 | 1 |

Das Histogramm und die dazugehörige Verteilungsfunktion für die "diskrete" Gruppierung c), die aus dem St&Bl direkt gewonnen wurde, ist in Figur 15.10 abgebildet. Jeder Punkt auf der Verteilungsfunktion ist gleich der aufsummierten Histogrammfläche bis zur Ordinate dieses Punktes (z.B. 3.25 als punktierte Linie). Daher ist es wichtig, dass man bei ungleicher Klassenbreite das korrigierte Histogramm verwendet, da sonst die Flächen und Ordinatenhöhe nicht übereinstimmen. Man beachte, dass die Verteilungsfunktion mit dem Beginn des ersten Urlistenintervalls anfängt, da auch die Histogramme über den Urlistenintervallen zentriert sind.
Ein mit kommerziellen Grafikpaketen einfach herzustellendes, aber visuell verzerrendes Bild gibt Figur 15.10.b). Anstatt dem verbundenen Histogramm wird ein abgesetztes (unverbundenes) Histogramm wie für qualitative Daten verwendet.

**Figur 15.10.a) Histogramm und Verteilungsfunktion der Grazer Geburtsgewichte**

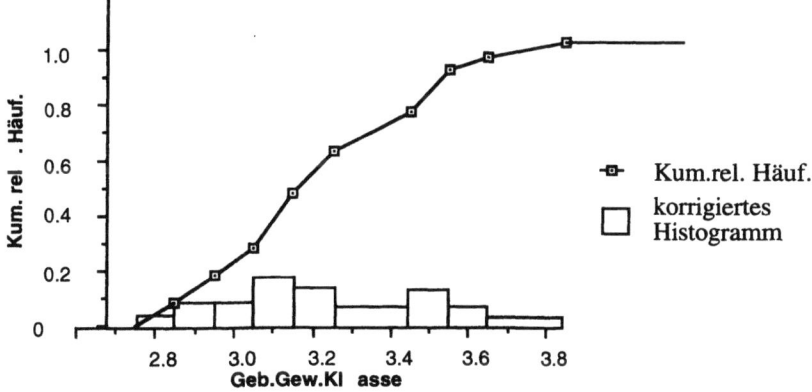

**Figur 15.10.b)** **Verzerrtes Histogramm und Verteilungsfunktion** der Grazer Geburtsgewichte

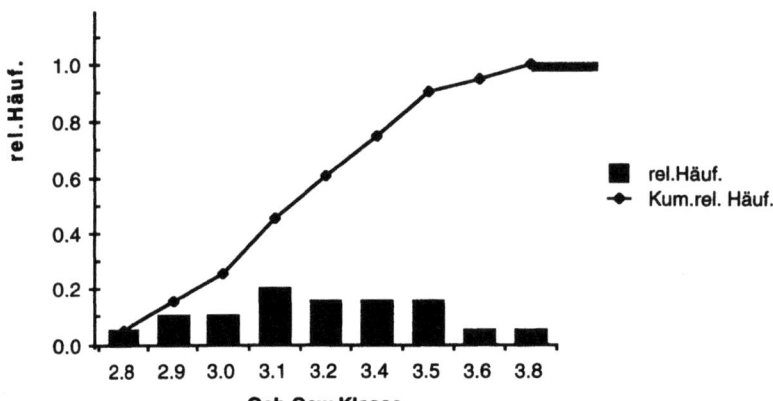

### 15.8. Mehrdimensionale Techniken

Eindimensionale Verteilungen benötigen zur grafischen Darstellung von $(I_k, f_k)$, $k = 1$, ..., K die Fläche, d.h. den 2-dimensionalen Raum. Daher benötigt man zur Darstellung von zweidimensionalen Verteilungen den dreidimensionalen Raum. Zweidimensionale Verteilungen bestehen aus den bivariaten Merkmalspunkten $(x_i, y_j)$, $i = 1, ..., N$, $j = 1, ...$ , M, und dessen zugehörige Häufigkeit $f_{ij}$. Es müssen also wie zuvor die Paare (Merkmalspunkt, Häufigkeit) dargestellt werden, nur ist der Merkmalspunkt bereits ein Punkt im 2-dimensionalen Raum, und daher benötigt die gesamte Darstellung einer bivariaten Dichte den 3-dimensionalen Raum:

$$((x_i, y_j), f_{ij}), \quad i = 1, ..., N, \ j = 1, ..., M.$$

Diese klassierte Darstellung kann als bivariates Histogramm oder Stabdiagramm wiedergegeben werden. Sind beide Merkmale von (X,Y) qualitativ, dann sollte entweder ein Stabdiagramm oder ein zentriertes Säulendiagramm mit Abstand verwendet werden. Ist eines der Merkmale stetig, dann kann in Richtung des stetigen Merkmals das Säulendiagramm in Intervallform verbunden werden, während in der disketen Richtung abgesetzte und zentrierte Säulen errichtet werden sollen.
Beispiele für 2-dimensionale Verteilungen sind:
a) Die Anzahl der Menschen $f_{ij}$ mit einer bestimmten Kombination von Blutgruppe $(x_i)$ und Rhesusfaktor $(y_j)$.
b) Die Anzahl der Gebäude $f_{ij}$ pro Quadratkilometer: Planquadrate mit Länge $(x_i)$ und Breite $(y_j)$.

### 15.9. 2-D Säulendiagramme und 2-D Polygonzug

Einfache 2-D Säulendiagramme sind leicht für bivariate diskrete Merkmale oder stetige Merkmale mit gleicher Klassenbreite zu erstellen. Als Höhe der Säule kann dann die absolute Häufigkeit verwendet werden. Sind die Klassenbreiten ungleich, dann müssen wieder korrigierte Häufigkeiten verwendet werden. Am einfachsten werden sie wieder nach der Formel

KORR. HÄUFIGKEIT = HÄUFIGKEIT / KLASSENFLÄCHE

berechnet, wobei die Klassenfläche Fl($x_i$, $y_j$) die Grundfläche der Säule bildet: Fl($x_i$, $y_j$) = L ($x_i$) * L ($y_j$). (Es steht Fl (.) für Fläche und L(.) für Länge.)
In Figur 15.11.a) ist ein 2-D Säulendiagramm für die Anzahl der Gebäude pro Viertel-Quadratmeile in Seattle 1950 (vgl. Schmid 1973) wiedergegeben. Dieses 2-D Säulendiagramm ist etwas untypisch, da es versetzte Klassen verwendet. Zur besseren Identifizierung der interessanten Klassen wurde das 2-D Säulendiagramm auf eine Landkarte gestellt und ein Massstab in Form von markierten Höhenschichtlinien gebildet.
Der 2-D Polygonzug wird wieder direkt aus dem 2-D Histogramm abgeleitet: Die oberen Mittelpunkte jeder Säule werden mit den Mittelpunkten der Säulen der benachbarten Klassen zu einer Gitteroberfläche verbunden. Es entsteht somit eine 3-D Netzstruktur, die auch verdeckte Linien enthalten kann. Figur 15.11.b) zeigt den 2-D Polygonzug für das 2-D Säulendiagramm aus Figur 15.11.a). Da die Klassen versetzt sind, gibt es 6 benachbarte Klassen, und daher gehen 6 Gitterlinien von jedem Klassenmittelpunkt aus. Man beachte, dass dies ein gestutzter 2-D Polygonzug ist, da man analog zu eindimensionalen Verteilungen die fiktiven Randklassen zu einem gebundenen 2-D Polygonzug verbinden müsste, um das Volumen unter dem 2-D Polygonzug auf 1 (zumindest approximativ) zu normieren.

**Figur 15.11.a) 2-D Säulendiagramm**
Anzahl der Gebäude pro Viertelmeilen-Quadrat in Seattle 1950 (nach Schmid 1973)

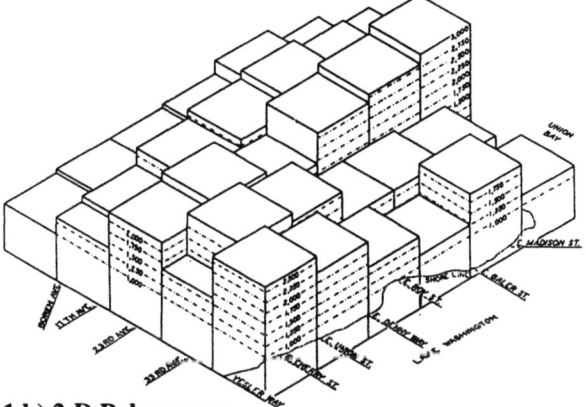

**Figur 15.11.b) 2-D Polygonzug**
Anzahl der Gebäude pro Viertelmeilen-Quadrat in Seattle 1950 (nach Schmid 1973)

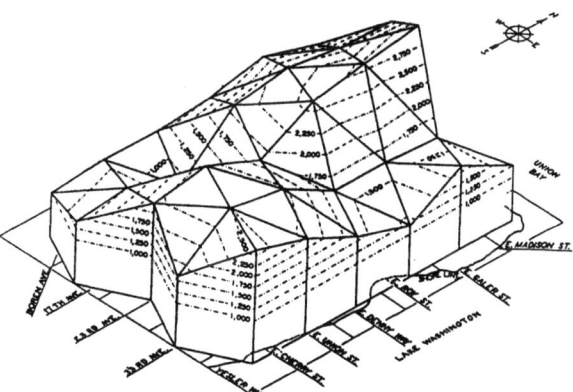

## 15.10. Gitternetze und Konturlinien

Einen 2-D Polygonzug kann man sich aus einem flexiblen Netz entstanden vorstellen. Jedem Knoten in diesem Netz entspricht eine 2-D diskrete Klasse. Entsprechend der Häufigkeit der Klasse wird der Knoten aus der Gitterfläche "herausgezogen". Gitternetze sind also gebundene 2-D Polygonzüge für gleiche Klassenbreiten. Das Problem der verlängerten Polygonzüge wurde bereits bei den univariaten Polygonzügen diskutiert.

Ein Nachteil der Polygonnetze ist der Umstand, dass je nach Sichtwinkel die jeweils hinteren Häufigkeiten verdeckt werden. Daher empfiehlt es sich, 2-D Polygonzüge jeweils aus zwei Blickwinkel darzustellen, wobei die Achsen jeweils um 90 Grad gedreht wurden. Diese Darstellungstechnik wird in Figur 15.12 für die Lag-1-Verteilungen für die kanadischen Luchs-Felle gezeigt. Eine weitere Darstellungsmöglichkeit für 2-D Polygonzüge sind Stereogramme (vgl. Kapitel 16).

**Figur 15.12 Polygonnetz für kanadische Luchs-Abschüsse** (nach Tong 1985)
**a) bivariate Verteilung für Lag 1:** $(x_t, x_{t-1})$, 90 Grad gedrehte Achsen

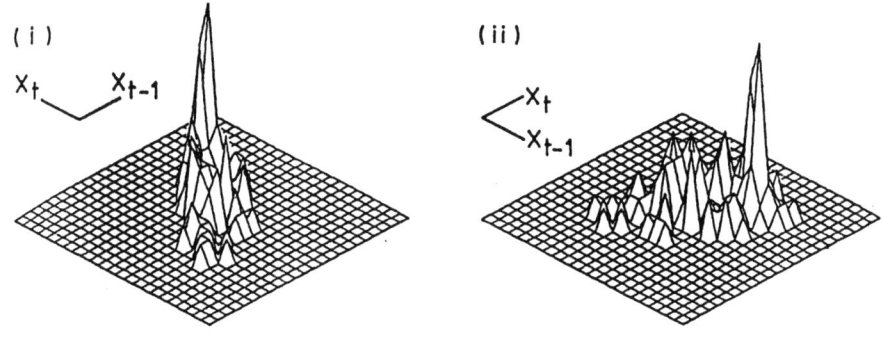

Daten von 1821 - 1934

**b) bivariate Verteilung für Lag 2:** $(x_t, x_{t-2})$ und 90 Grad gedrehte Achsen

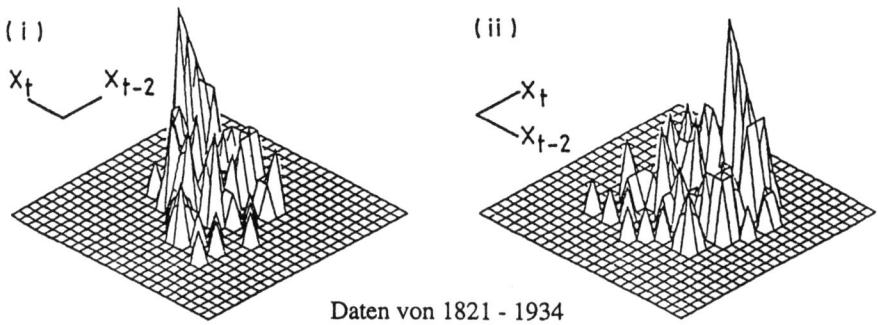

Daten von 1821 - 1934

Gibt es ringförmige Strukturen, so ist dies auch durch Darstellungen aus 2 Blickwinkeln schwer zu erkennen. Für diesen Fall eignet sich besser ein Konturdiagramm. Konturdiagramme sind Folgen von Höhenschichtlinien, die gleiche 2-D Häufigkeiten verbinden. Dabei kann man Anzahl oder Höhe der Konturlinien bestimmen. Wenn zu wenige gleiche Häufigkeiten vorkommen, muss (linear) interpoliert werden.

301

In Figur 15.13 ist für die logarithmierten kanadischen Luchs-Abschüsse ein Konturdiagramm für Lag 2 gebildet worden. Da die Häufigkeiten klein sind, benötigt man keine Interpolation, und man kann leicht die Konturlinien einzeichnen. In dieser Darstellung erkennt man nun gut die ringförmige Struktur.

**Figur 15.13 Konturdiagramm für kanadische Luchs-Abschüsse** (Logs und Lag 2)

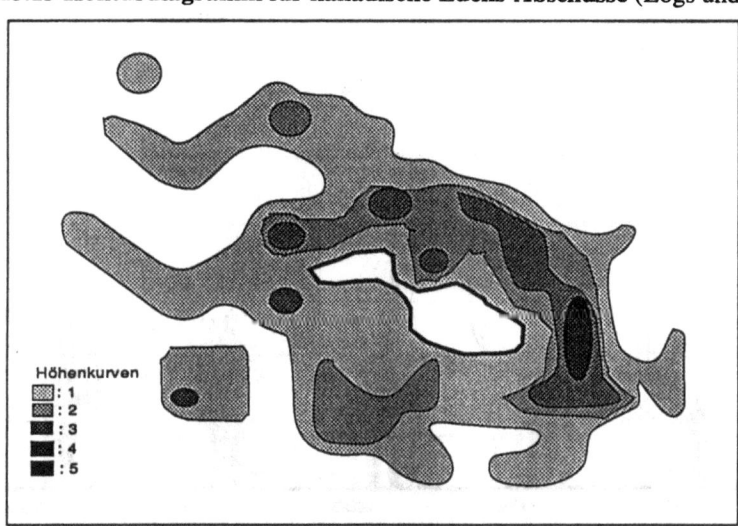

### 15.11. Statistische Caveats: Länge, Fläche und Volumen

Stab-, Histo-, und Säulendiagramm sind in einfacher Form 'grafisch neutrale' Darstellungstechniken von 1- und 2-dimensionalen Verteilungen. In vielen Anwendungen möchte man derartig "trockene" Darstellungen schöner machen, indem man Symbole oder Figuren verwendet. Dies sieht auf den ersten Blick vernünftig aus, ist jedoch nur mit Vorsicht zu geniessen, da der menschliche visuelle Eindruck sehr verzerren kann. Ein gutes Beispiel dafür ist eine grafische Darstellung der Entwicklung von dem Verhältnis Arbeitskräfte und Bevölkerung der USA (vgl. Schmid 1973) nach einem Artikel in Scientific American 1951. Welche der 3 Bilder in Figur 15.14.a)-c) gibt den richtigen Eindruck des Verhältnisses wieder?
Figur 15.14.a) gibt die Zahlen als Stabdiagramm, jedoch in Form von menschlichen Figuren wieder. Die Grösse der Figuren dient als Vergleichsmassstab. Jedoch der grafische Eindruck wird verzerrt: Da grössere Figuren grössere Flächen beanspruchen erscheinen grosse Figuren ungleich grösser als kleine. Das Problem bei dieser Darstellung ist, dass die Höhe zwar richtig wiedergegeben wurde, aber die Basis mit grösseren Figuren proportional vergrössert wurde. Daher entsteht ein zu grosser Flächeneindruck.
Figur 15.14.b) zeigt daher dieselbe Grafik als Histogramm. Die Fläche dient als grafisches Darstellungsmittel, und daher werden die Längen der menschlichen Figuren drastisch reduziert.
Schliesslich ist noch die Darstellung als Säulendiagramm möglich, wie in Figur 15.14.c). Nun dient das Volumen der Figuren als grafisches Darstellungsmittel, denn man kann argumentieren, dass mit dem Bild einer menschlichen Figur immer eine dreidimensionaler Eindruck vermittelt wird. Die dreidimensionale Korrektur fällt aber nicht mehr so stark aus, sodass die Verzerrung zwischen Histogramm und Säulendiagramm weniger stark ins Gewicht fällt, als die Verzerrung zwischen Stabdiagramm und Histogramm. Zum Vergleich haben wir die gleiche Grafik mit einem einfachen, aber gestuften, Histogramm und Säulendiagramm in Figur 15.15 erstellt. Man sieht, dass die Zahlenentwicklung viel besser mit Darstellung in Figur 15.15.b) und c) zusammenpasst.

**Figur 15.14 Entwicklung der Arbeitskräfte und Bevölkerung der USA**
**a) Stabdiagramm**

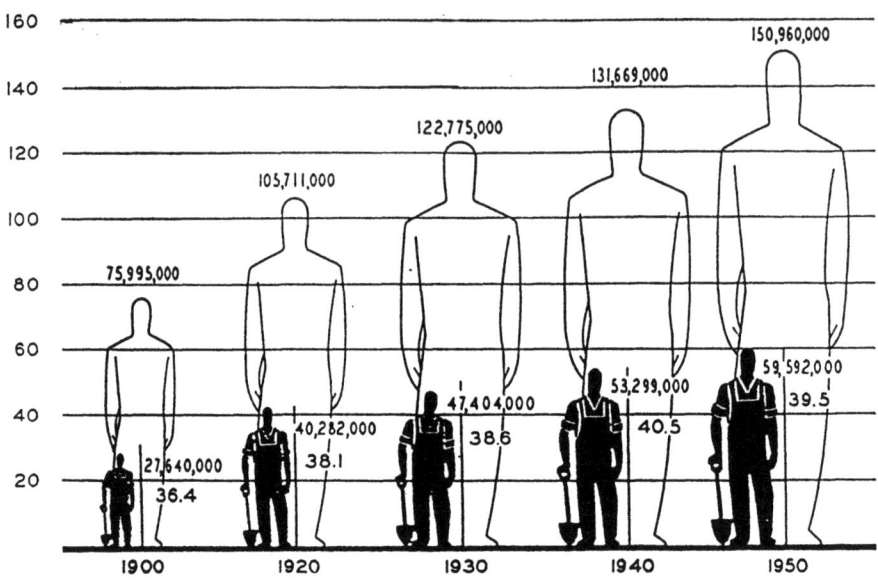

**b) Histogramm**: Die Fläche als Einheit

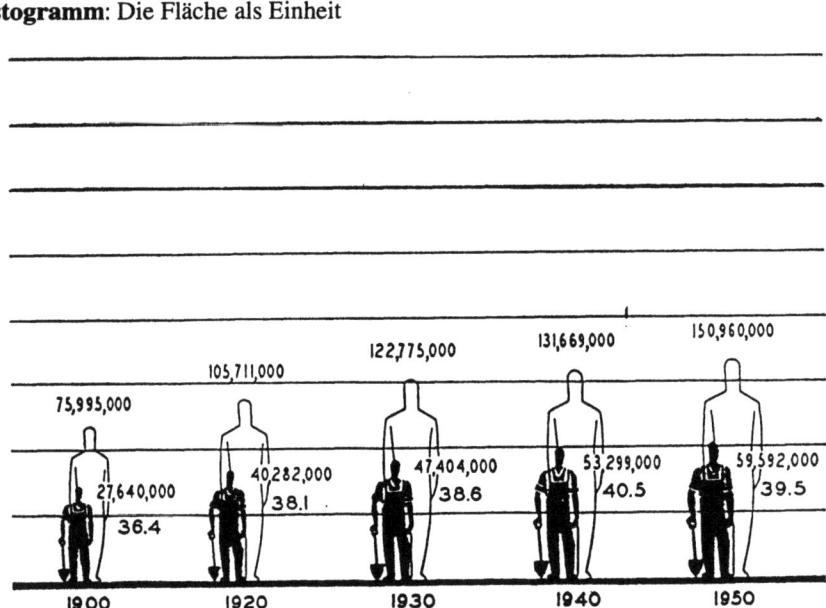

c) **Säulendiagramm**: Das Volumen als Einheit

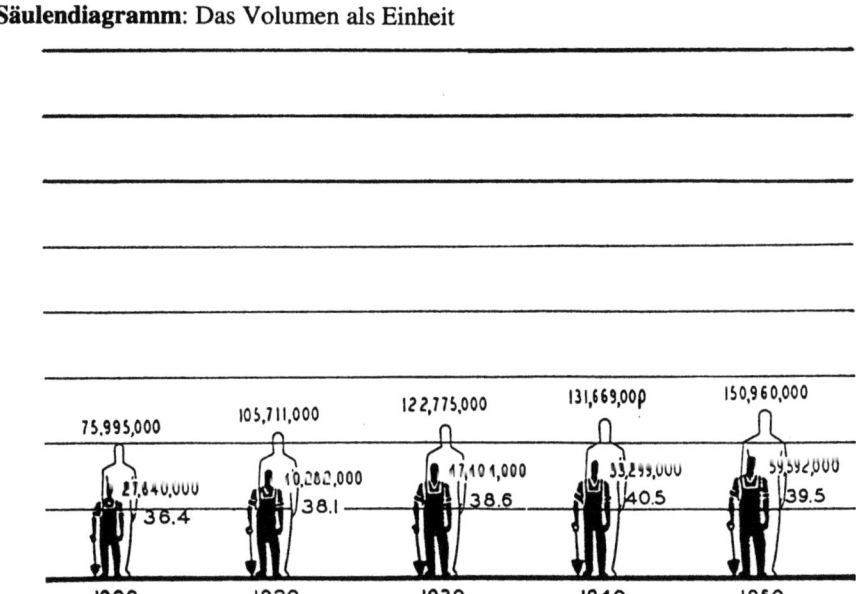

Die Berechnung der Korrekturfaktoren erfolgt folgendermassen:
1) Im Histogramm wird die Fläche durch Höhe mal Breite bestimmt. Werden Höhe und Breite zugleich verändert, dann muss man mit der Quadratwurzel beide Dimensionen korrigieren.
2) Im Säulendiagramm wird das Volumen durch Höhe mal Breite mal Tiefe bestimmt. Werden daher Tiefe, Höhe und Breite zugleich verändert, dann muss man mit der Kubikwurzel alle drei Dimensionen korrigieren.

**Figur 15.15 Einfaches Histogramm und Säulendiagramm**

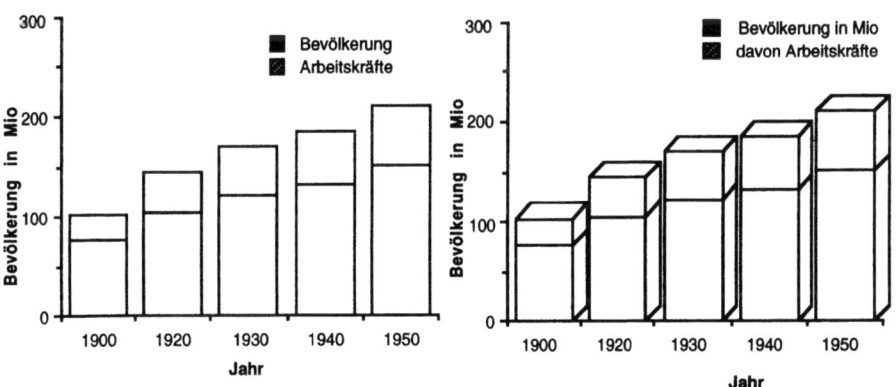

### 15.12. Programmpakete

Trotz vieler alter und neuer Grafikpakete gibt es keines, dass den hohen Ansprüchen genauer statistischer Details für alle Varianten genügt. Meist gibt es einfache Linien-, Histogramm- und Streudiagrammroutinen, die man zur geeigneten Grafik zusammensetzen kann. Viele 3-D und Färbmöglichkeiten beeindrucken an der Oberfläche den Laien, ver-

ärgern aber oft Statistiker, die ohne "chart-junk" diese Techniken gezielt einsetzen wollen.
Dabei stehen der chart-junk und das Tinten-Daten-Verhältnis nach Tufte (1983) folgendermassen folgendermassen in Beziehung:

$$\text{Tinten-Daten-Verhältnis} = \frac{\text{Gesamte Tintenfläche der Grafik}}{\text{Tintenfläche der Daten}}$$

Setzt man nun

$$\text{Gesamte Tintenfläche der Grafik} = \text{Tintenfläche der Daten} + \text{chart-junk}$$

in die obige Formel ein, so erhält man

$$\text{Tinten-Daten-Verhältnis} = 1 - \frac{\text{chart-junk}}{\text{Tintenfläche der Daten}}$$

$$= 1 - \text{Redundanzkator}$$

Dabei gibt der Redundanzfaktor an, wieviele nicht relevante Dateninformation in einer Grafik, bezogen auf die notwendige Tintenfläche um Daten darzustellen, vorhanden ist. Die meisten Programme unterscheiden auch nicht im grafischen Output zwischen diskreten und stetigen Merkmalen, daher gibt es in diesem Bereich viele Verzerrungen. Besonders fehlen fast in jedem Programm geeignete Optionen zum Vergleich von Histogrammen, oder auch nur korrigierte Histogramme. Das korrigierte Histogramm in Figur 15.2 musste in einem Zeichenprogramm erstellt werden. Für spezielle Graphiken (vgl. etwa Tufte 1983) wird meistens ein Nacharbeiten mit einem Zeichenprogramm notwendig sein.

### 15.13. Aufgaben

1) Man erstelle ein Stab-, Histo- und Säulendiagramm für die Erdbebenstärke aus Tabelle 5.2.
2) a) Welches weiteres Faktum sollte man in der grafischen Darstellung der Arbeitskräfteentwicklung der USA in den Figuren 15.10 und 15.11 noch berücksichtigen?
   b) Man stelle die Arbeitskräfteentwicklung mit Hilfe von b) Quadraten, c) Würfeln dar.
3) Man vergleiche die Studenten an Schweizer (Beispiel 2.3) und österreichischen Universitäten mit Hilfe von Kreisdiagrammen.
4) Man vergleiche die Sterblichkeit der in der USA und der nicht in den USA geborenen Bevölkerung in Tab. 15.2 (nach Mosteller et. al. 1973, S. 44-46).

Tab. 15.2 Sterbewahrscheinlichkeiten von in den USA und nicht-USA Geborener

| Alter in Jahren | Anteil in % USA | Anteil in % nicht USA Geborener | Sterbewahrscheinlichkeit USA | Sterbewahrscheinlichkeit nicht USA Geborener |
|---|---|---|---|---|
| - 1   | 2.4   | 0.1  | 23.4  | 17.2  |
| 1- 5  | 9.2   | 0.9  | 0.9   | 2.2   |
| 5-15  | 20.3  | 4.0  | 0.4   | 0.6   |
| 15-25 | 13.8  | 5.0  | 1.0   | 1.0   |
| 25-35 | 13.0  | 8.3  | 1.2   | 1.1   |
| 35-45 | 13.8  | 10.4 | 2.6   | 2.1   |
| 45-65 | 19.6  | 37.7 | 10.6  | 12.8  |
| 65-75 | 5.3   | 22.1 | 36.1  | 43.7  |
| 75-85 | 2.2   | 9.7  | 87.2  | 102.3 |
| 85-   | 0.4   | 1.7  | 210.6 | 244.3 |
| Gesamt | 100.  | 100. | 8.2   | 29.0  |

5) Man erstelle eine Verteilungsfunktion für die Gruppierung b) aus Beispiel 15.1 und vergleiche sie mit der diskreten Klassierung.
6) Man erstelle eine Verteilungsfunktion für die ersten beiden Merkmale aus Tab. 15.2.
7) Vergleiche die Lieblingsfarben von Frauen (erste Zahl) und Männern (zweite Zahl) graphisch (vgl. Heller 1989):
Blau (36%, 40%), Rot (20%,20%), Grün (12%,12%), Rosa (8%,2%), Schwarz (8%,5%), Violett (5%,1%), Gelb (4%,5%), Weiss (3%,3%), Braun (2%,1%), Gold (1%,2%), Orange(1%, 0%), Grau (0%,3%), Silber (0%,1%).
8) Warum ist die folgende Figur 15.16 ein schlechtes Beispiel für eine grafische Darstellung?

**Figur 15.16 Einwohner nach Kategorien in Schweizer Kantonen 1990**

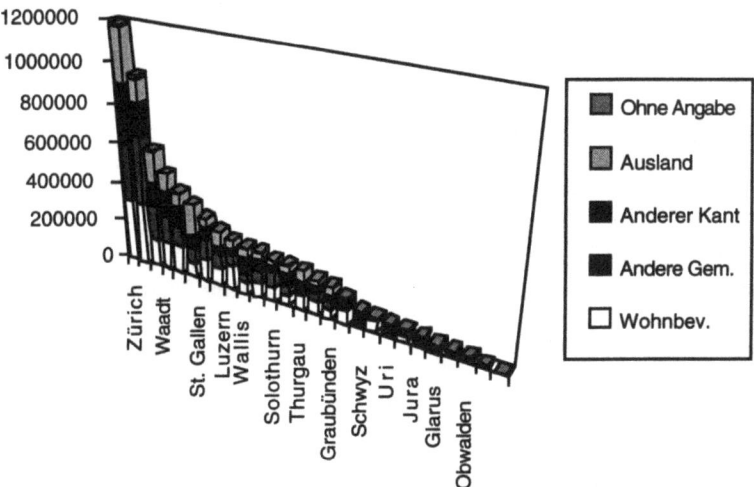

9) Man berechne approximativ das Tinten-Daten-Verhältnis der 3 Darstellungen in Figur 15.14 und vergleiche sie mit den Bildern in Figur 15.14. Dabei ist das Tinten-Daten-Verhältnis nach Tufte (1983) in Abschnitt 15.12 definiert:

# 16. 3-DIMENSIONALE GRAFIK
## - Darstellungen bivariater Verteilungen

16.1. 3-Dimensionale Punktwolken
16.2. Streudiagramm-Matrizen
16.3. Stereogramme
16.4. Symbolische Streudiagramme
16.5. Chernoff-Gesichter

3-dimensionale Grafiken sind derzeit ein intensives Forschungsgebiet. Nicht zuletzt durch den enormen Fortschritt der rechenintensiven und grafischen Datenverarbeitung werden immer leichter kompliziertere mehrdimensionale Zusammenhänge darstellbarer. Dasselbe gilt für viele Datenpunkte in realer Zeit, d.h. man kann vor dem Computer interaktiv die statistisch deskriptiven Analysen durchführen.

### 16.1. 3-Dimensionale Punktwolken

3-dimensionale Merkmale sind als Punktwolken im $R^3$ darstellbar. Historisch gesehen, waren die Hauptproponenten 3-dimensionaler Grafiken nicht zu sehr Statistiker, sondern Astronomen, Physiker, Geologen und Chemiker. Hier war die Aufgabe, die Sternverteilung im Universum, unterirdische geologische Formationen oder die Atom- und Molekülstrukturen 3-dimensional abzubilden.

**Figur 16.1 3-dimensionale Zufallszahlen**
a) Allgemeine Projektion          b) Spezielle Projektion

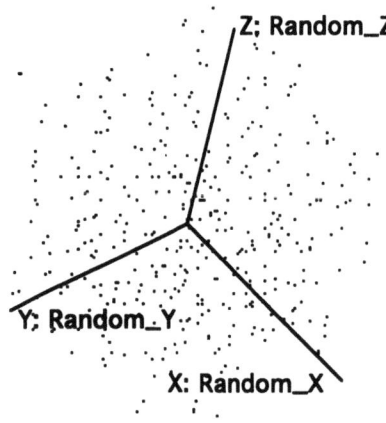 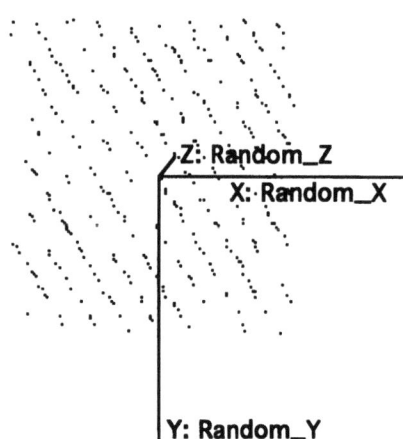

Ein berühmt gewordenes Beispiel für die Vorteile dieser Art von Darstellung sind die 3-dimensionalen Zufallszahlen, die mit den SSP- (scientific subroutine programs) System RANDU, einem beliebten Zufallszahlengenerator der 60er Jahre, hergestellt werden.
Figur 16.1.a) zeigt die Projektion dieser Zufallszahlen auf eine Koordinatenebene, und Figur 16.1.b) dies nach einer nur geringfügigen Rotation der Punktwolke. Man sieht schön, dass die sogenannten Zufallszahlen auf 16 parallelen Ebenen liegen. (Dieses Resultat war analytisch schon 1969 gezeigt worden).
Man beachte, dass die Angabe des Achsenkreuzes die Interpretation der jeweiligen Projektion sehr erleichtert. Auch während des interaktiven Rotationsvorganges dient das

sich mitdrehende Achsenkreuz zur Kontrolle und Übersicht des jeweiligen Projektionswinkels.

Zur Geschichte: Für viele Beobachtungen sind 3-dimensionale Grafiken ohne Computer nur sehr aufwendig darzustellen, daher waren bis in die 80er Jahre Anwendungen sehr selten. Denn Ziel einer 3-dimensionalen Darstellung ist nicht deren einfache Wiedergabe, sondern man erwartet sich durch das 3-dimensionale Bild bessere Einsichten und Interpretierbarkeit der Punktwolke. Daher sind meist mehrere Darstellungen von verschiedenen Gesichtswinkel notwendig, um die Vorteile der 3-dimensionalen Darstellung auszunutzen. Auch die ersten Computergenerationen waren diesbezüglich nur von geringer Hilfe, da Grafikbildschirme und Grafikausgabe (z.B. Plotter) sehr teuer waren, und für viele Datenpunkte war die Übertragungsrate auch sehr langsam. Mit den Computergenerationen der 70er Jahre war dies langsam besser geworden, mit den neuen Generationen von Personalcomputern und Workstations ab Mitte der 80er Jahren ist das technische Problem weitgehend gelöst.

### 16.1.1. Die Entwicklung der "kinematischen" Statistik

Ein kleiner geschichtlicher Abriss, soll die Entwicklung der "kinematischen" Statistik beleuchten. Die ersten Computerprogramme für 3-dimensionale Grafiken wurden 1972-1974 am SLAC (Stanford Linear Accelerator Center) von M.A. Fisherkeller, J.H. Friedman und J.W. Tukey entwickelt. Das System wurde PRIM-9 genannt (weil es bis zu 9 Dimensionen darstellen konnte), und sollte nach den Anfangsbuchstabencode folgende Aufgaben erfüllen: Projektion (projecton), Rotation (rotation), Isolierung (isolation) und Maskierung (masking). Im einzelnen bedeutet dabei:

*Projektion*: Beliebige 2-dimensionale Randverteilungen einer mehrdimensionalen Punktwolke erstellen,
*Rotation*: Drehung von 3-dimensionalen Punktwolken um jede ihrer Achsen,
*Isolierung*: Beschränkung auf Teilmengen der Punktwolke,
*Maskierung*: Maskierte Darstellungen um eine vierte Dimension darzustellen (auch Animation genannt);

Schliesslich sollten noch einige einfache Datenmanipulationen möglich sein, wie Transformationen, Vereinigung und Durchschnittsbildung von Teilmengen von Punktwolken. Das PRIM-9 System war auf einem der besten und schnellsten Computer zu dieser Zeit implementiert (IBM 360/91), trotzdem waren die Berechnung und die grafischen Erstellungskosten exorbitant hoch ($100.000.- und mehr). Nachfolge-Programme für PRIM-9 gab es unter der Leitung von P. Huber an der ETH-Zürich (PRIM-ETH) und später an der Harvard Universität (PRIM-H). Die heutigen Generationen von Workstations erlauben unter dem Unix-Betriebssystem 3-dimensionale Analysen mit einer Reihe von Programmpaketen, wie z.B. dem ISP-, JMP-, oder S-plus-System zu einem Bruchteil der Kosten der 70er Jahre. Das MacSpin-Programm (Donoho et al. 1985) war das erste Programm, das am PC die eindruckvolle Punktwolkenrotation durchführen konnte. Heute ist dies fast Bestandteil jedes grösseren Statistikpaketes.

### 16.1.1. Kodierte Punktwolken

Kodierte Streudiagramme sind bereits in Kapitel 6 behandelt worden, und es stellt sich die Frage, wie Kodierungen auch in 3-dimensionalen Grafiken einzusetzen sind. Dabei wollen wir uns auf die Darstellung ökonomischer Daten beschränken, da in diesem Bereich Anwendungen noch selten sind. Aus den (drei) Merkmalen der Tab. 16.1 erstelle man eine Phillipskurve für Österreich 1960-1984.

Tab. 16.1 Preisindex (VPI) und Arbeitslosenrate (Al) in Österreich.

| Jahr | VPI | Al-Rate | Jahr | VPI | Al-Rate | Jahr | VPI | Al-Rate |
|---|---|---|---|---|---|---|---|---|
| 60 | 1.9 | 3.6 | 61 | 3.6 | 2.7 | 62 | 4.4 | 2.7 |
| 63 | 2.7 | 2.9 | 64 | 3.8 | 2.7 | 65 | 5.0 | 2.7 |
| 66 | 2.2 | 2.5 | 67 | 4.0 | 2.6 | 68 | 2.8 | 2.9 |
| 69 | 3.1 | 2.8 | 70 | 4.4 | 2.4 | 71 | 4.7 | 2.1 |
| 72 | 6.3 | 1.9 | 73 | 7.6 | 1.6 | 74 | 9.5 | 1.5 |
| 75 | 8.4 | 2.0 | 76 | 7.3 | 2.0 | 77 | 5.5 | 1.8 |
| 78 | 3.6 | 2.1 | 79 | 3.7 | 2.0 | 80 | 6.4 | 1.9 |
| 81 | 6.8 | 2.4 | 82 | 5.4 | 3.7 | 83 | 3.3 | 4.5 |
| 84 | 5.6 | 4.5 | | | | | | |

Das bivariate Streudiagramm der Inflationsrate und der Arbeitslosenrate in Figur 16.2.a) ist die grafische Darstellung der Phillipskurve, wobei man gerne die Zeit als Kodierung nimmt, da die unterstellte negative Beziehung oft nur abschnittsweise klar zu sehen ist. Ungewohnter ist bereits die Darstellung als 3-dimensionale Punktwolke wie in Figur 16.2.a).

**Figur 16.2 Österreichische Phillipskurve 1960 -1984**
a) **Bivariates Streudiagramm**  b) **trivariates 3D-Bild mit Zeit**

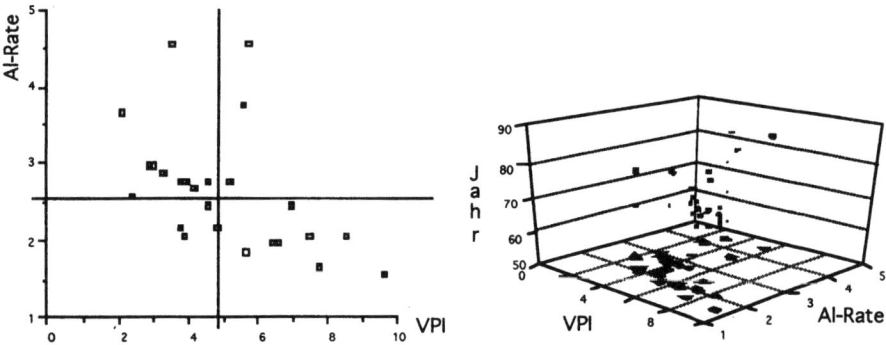

Auf der z-Achse ist zusätzlich die Zeit aufgetragen. Kodierte Streudiagramme können als Projektion von 3-dimensionalen Punktwolken auf eine Ebene interpretiert werden. In Figur 16.12.b) sieht man die "Schatten" der Punktwolke auf der x-y-Ebene eingezeichnet. Werden diese Punkte mit den Werten der z-Achse (Jahre) bezeichnet, so erhält man das kodierte Streudiagramm.

Kodierte Punktwolken sind in 3-dimensionalen Streudiagrammen mit mehr Vorsicht anzuwenden als in 2-dimensionalen Streudiagrammen. Schon bei kleinen Datenmengen kann die Kodierung durch verdeckte Projektionen mehr zur Unübersichtlichkeit beitragen, anstatt relevante Informationen wiederzugeben. Dies wird in Figur 16.3 an Hand einer erweiterten 3-dimensionalen österreichischen Phillipskurve demonstriert. Im ersten Bild wird als dritte Variable der Phillipskurve das BIP-Wachstum verwendet und zusätzlich mit der Zeit kodiert. Das entspricht bereits einer Kodierung mit einer vierten Variablen. Im zweiten Bild wird eine reine Zeitreihenbetrachtung der Arbeitslosenrate gezeigt. Man sieht hier deutlich, dass die drei extremen Beobachtungen, die schon in Bild 16.3.a) zu sehen sind, auch bei der reinen 'autoregressiven' Darstellung mit 2 Lags extrem liegen.

Einige Punkte sind durch die Kodierung leicht ablesbar, während andere unlesbar werden. Für einige Fälle empfiehlt sich eine partielle Kodierung, d.h. man markiert nur interessante Extremalpunkte. Figur 16.3.b) zeigt dies an Hand eines 3-dimensionalen autoregressiven Streudiagramms. Nur die 3 'extremen' Jahre 1982, 1983 und 1984, die von der restlichen Punktwolke getrennt liegen, wurden markiert.

**Figur 16.3 3-dimensionale Darstellungen der österreichischen Phillipskurve**

**a) 3D-Phillipskurve:** Arbeitslosenrate, Inflationsrate und BIP-Wachstum

**b) 3D-Phillipskurve:** Arbeitslosenrate (U), Arbeitslosenrate Lag1, Arbeitslosenrate Lag2

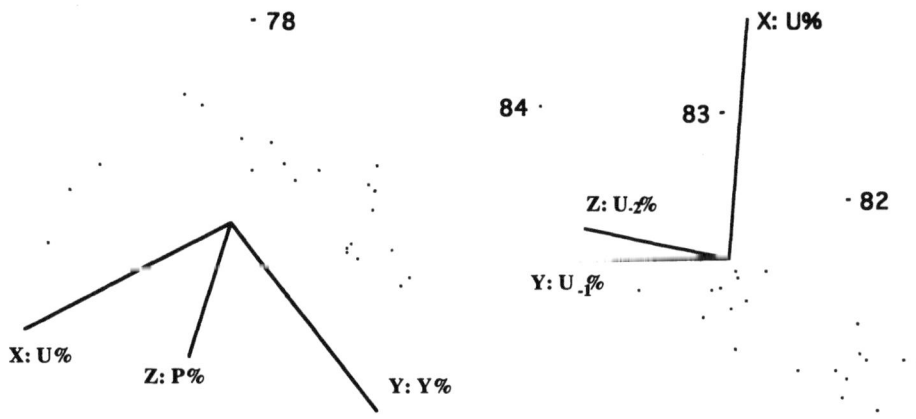

Wie man an der Stellung des Achsenkreuzes erkennt, ist die Punktwolke in Figur 16.3.a) nach vorne gedreht, und es entsteht eine 3-D gekrümmte räumliche Phillipskurve, wobei die extremen Jahre 1982, 1983 und 1984 nun gut in die räumliche Struktur hineinpassen. Projiziert man diese Konfiguration wieder in eine Ebene und kodiert die Punkte, so kann man von dieser ('Bananen'-)Struktur nichts mehr erkennen.

Die Kodierung kann aber bei nicht zu grosser Datenanzahl trotz Überdrucken bei Stereogrammen verwendet werden. Im 3-dimensionalen Bild lösen sich die Überlagerung wieder auf, vgl. Figur 16.5.

### 16.2. Streudiagramm-Matrizen (scatterplot matrices)

Ein einfaches, aber wirkungsvolles Mittel zur Darstellung einer mehrdimensionalen Punktwolke (eines multivariaten Merkmals) sind Streudiagramm-Matrizen (engl.: draftmen's display genannt). Dabei werden, wie der Name schon sagt, Streudiagramme in Matrixanordnung wiedergegeben. Da eine Streudiagramm-Matrix symmetrisch ist, kann man eine Hälfte weglassen. Einige Autoren bevorzugen trotzdem die Wiedergabe der gesamten Matrix, da die vertauschten Achsen in der oberen und unteren Hälfte der Streudiagramm-Matrix einen leichteren Überblick über die kausalen Beziehungen in entweder der einen oder der anderen Richtung erlauben.

**Beispiel 16.1 Vergleich von Personenautos**

Der österreichische Automobilclub (ÖAMTC) gibt jährlich eine Übersicht über die zum Verkauf angebotenen Personenautos in Österreich. Der Vergleich von Automobilen ist ein typisches multivariates Problem und die erhobenen Merkmale für das Jahr 1985 lauten:

**Figur 16.4 Streudiagramm-Matrix**

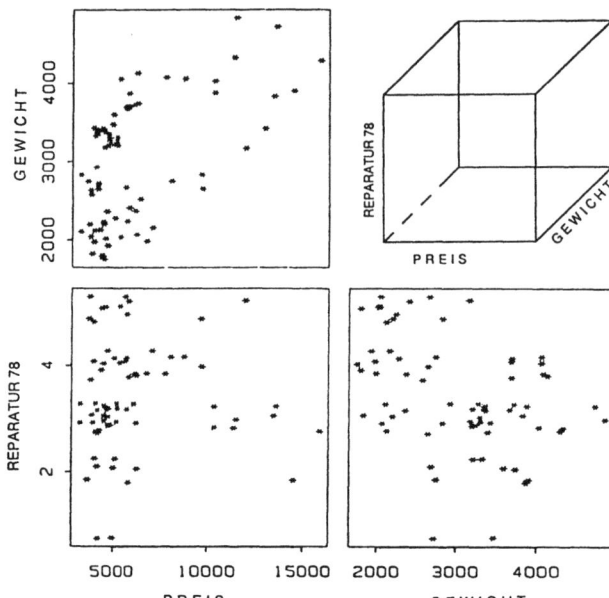

### 16.2.1. Färben von Streudiagramm-Matrizen (brushing of scatterplot matrices)

Färben von Streudiagramm-Matrizen nennt man das Markieren von bestimmten interessanten Punkten in einem Streudiagramm der Streudiagramm-Matrix, wobei zugleich die Punkte mit demselben Merkmalsträger in anderen Teilen der Streudiagramm-Matrix aufleuchten. Damit kann man erkennen, ob bestimmte Punkte nur in bestimmten Merkmalskombinationen z.B. extremal sind, oder in allen.
Ein spezieller Färbeprozess dabei ist das unsichtbar machen von Punkten. Damit kann man sich auf bestimmte Untermengen der Punktwolke konzentrieren. Manche Programme erlauben auch einen Zoom, d.h. man kann die ausgewählten Punkte in vergrösserter Darstellung studieren. Das Unsichtbarmachen ist dabei eine ähnliche Technik wie Animation. Bei der Animation kontrolliert man eine 4. Dimension durch Schwellen-Ausblendung oder Streifen-Auswahl.
Bei der Schwellen-Ausblendung hat man die Möglichkeit über den gesamten Wertebereich mit einem Zeiger zu fahren, und dabei alle Punkte, die hinter diese Ebene, die durch das Überstreichen definiert wird, auszublenden. Figur 16.5 zeigt eine 3-D Punktwolke, bei der in einem Streudiagramm mit einer 'Bürste' bestimmte Punkte markiert werden, die in anderen Streudiagrammen ebenfalls gefärbt aufleuchten. Man beachte, dass dies die gleiche Punktwolke ist, die in Beispiel 16.3 als Stereogramm dargestellt ist.
Bei der Streifen-Auswahl (engl.: window-slicing) wird ein bestimmter Sektor der 4. (oder auch der 3. Dimension herausgeschnitten) und in einer Dimension tiefer dargestellt. In Figur 16.6 sind die Autopreise in drei Klassen aufgeteilt worden, und für diesen Bereich wurden Hubraum und Beschleunigung dargestellt.

**Figur 16.5 Gefärbte Streudiagramm-Matrix**

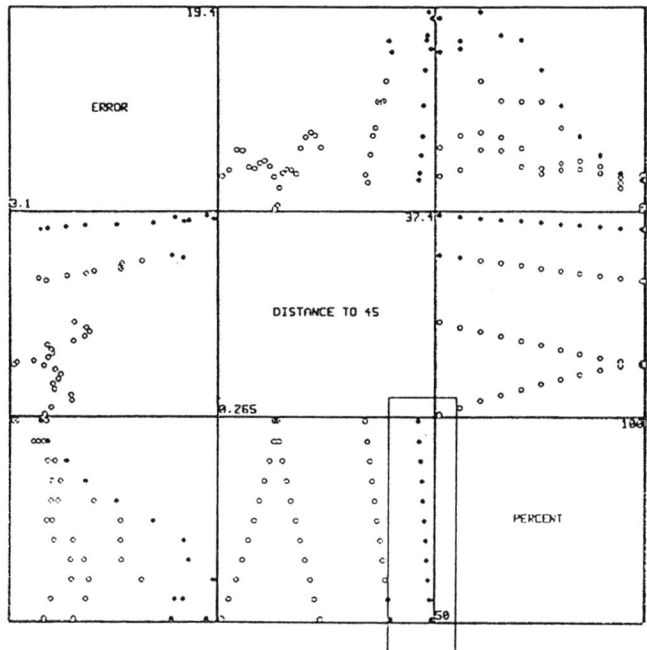

**Figur 16.6.a) Streifen-Auswahl in 3-dimensionalen Streudiagrammen**

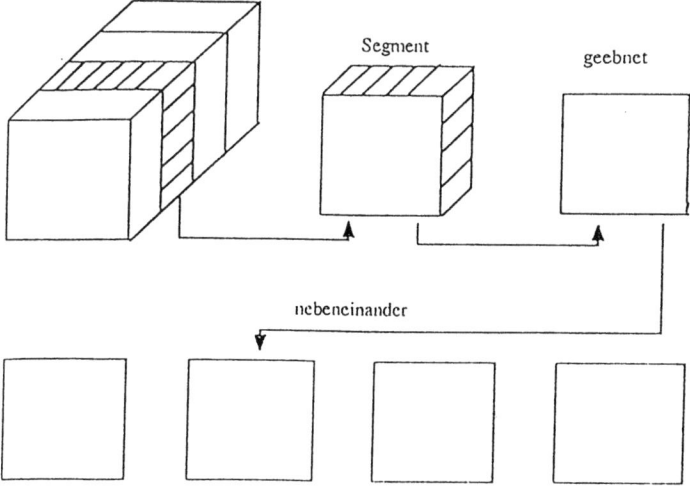

**Figur 16.6.b) Streifen-Auswahl bei Autopreisen**

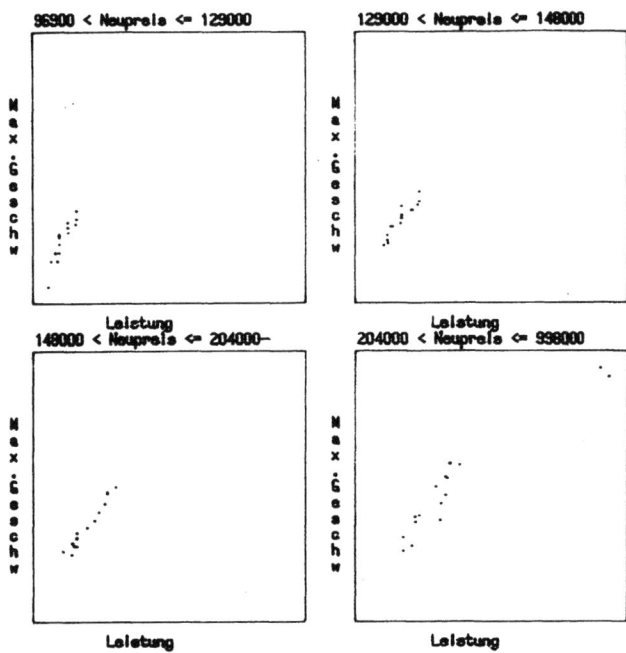

## 16.3. Stereogramme

Stereogramme sind in der Geografie und in den Naturwissenschaften eher anzufinden als in der Statistik. In letzter Zeit vermehren sich aber die Anwendungen in der Statistik (vgl. Huber 1987 oder Chambers 1987). Die Idee und Konstruktion ist sehr einfach: Man bildet einen dreidimensionalen Gegenstand von zwei verschiedenen, aber doch nahe genug liegenden Fluchtpunkten perspektivisch ab, und betrachtet mit jedem Auge nur jeweils ein Bild, damit im Gehirn ein dreidimensionaler Eindruck erzeugt werden kann. Neben Anwendungen in der Wissenschaft sind Stereobilder auch als Kunstform publiziert worden (vgl. Knuchel 1990, Stereogram 1994 oder 'Das magische Auge' 1994).

**Beispiel 16.2 Punktwolke** (aus Becker et al. 1987)

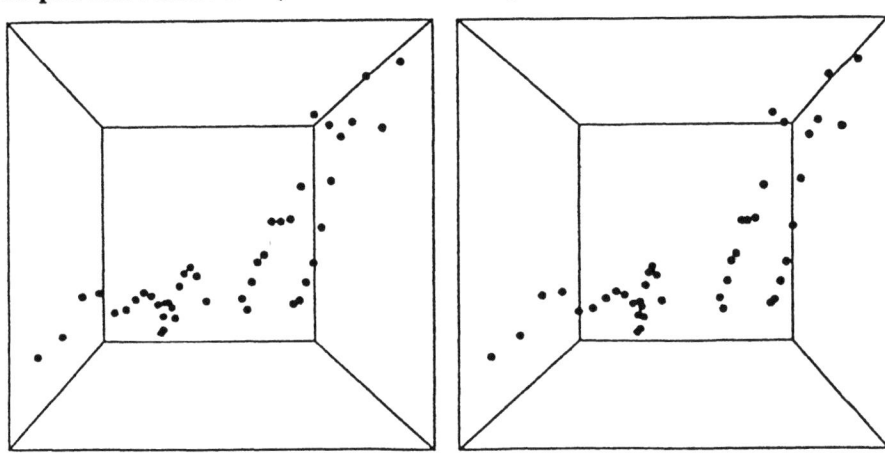

Der Nachteil von Stereogrammen ist der, dass man einiges Geschick benötigt, um den dreidimensionalen Eindruck auch zu sehen. Es gibt zwei Hilfsmittel zum Erreichen des Seheffekts. Der einfachere Weg ist die Verwendung eines Stücks Karton, das man zwischen die beiden Bilder hält, sodass nur ein Auge jeweils ein Bild sieht, solange bis sich der dreidimensionalen Eindruck einstellt. Der aufwendigere Weg besteht in der Herstellung der beiden Darstellungen in den Farben grün und rot. Sodann verwendet man eine rot-grün gefärbte Brille, sodass ein Auge das grüne und das andere Auge das rote Bild sieht. Durch dieses Ausblenden des jeweils andersfarbigen Bildes kann man ebenfalls den dreidimensionalen Eindruck erzielen.

Mit einiger Übung kann man auch ohne Hilfsmittel diesen dreidimensionalen Eindruck sehen: Man entspannt sich dazu und schaut mit beiden Augen in die Ferne. Sodann bewegt man das Bild solange auf die Augen zu, bis man etwa parallel hindurchsieht und merkt, dass sich der dreidimensionale Eindruck einstellt. (Brillenträger müssen zumeist die Brille abnehmen.) Im Buch von Knuchel (1990) ist eine Sehvorrichtung eingebaut, womit "nur 6% der Menschen in der Lage sein sollen, das 3-dimensionale Bild nicht zu erkennen".

**Beispiel 16.3 Buchstabencode von Hauptkomponenten** (aus Huber 1987)

Frage: Welcher der 3 "r" Buchstaben im linken oberen Eck in Beispiel 16.3 liegt vorne, hinten und in der Mitte?

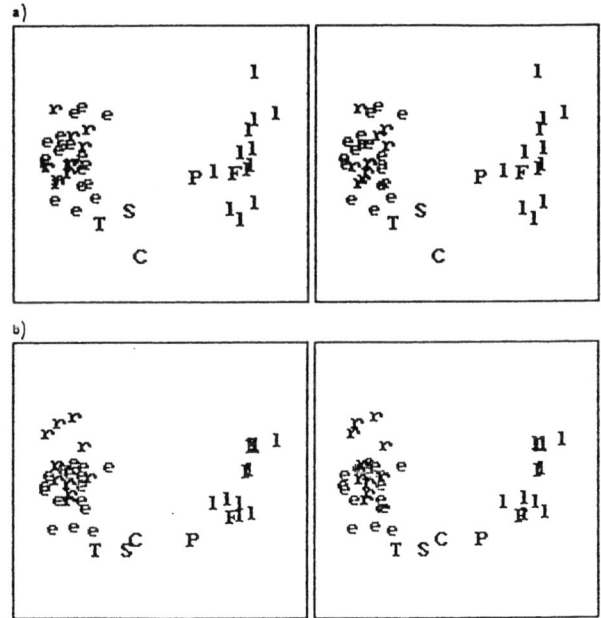

## 16.4. Symbolische Streudiagramme

Eine weitere Technik zur Darstellung höherdimensionaler Verteilungen in 2-dimensionalen Streudiagrammen sind symbolische Streudiagramme. Das einfachste symbolische Streudiagramm haben wir bereits in Kapitel 6 kennengelernt: die kodierten Streudiagramme. Dabei wird die 3. Dimension, in diesem Fall der Name des Merkmalsträger mit einem Symbol belegt und zur Markierung des 2-dimensionalen Merkmals verwendet. Weitere Möglichkeiten zur symbolischen Darstellung sind: Kreis- und Sternensymbole, Profile, gestreckt oder am Kreis. Figur 16.7 zeigt eine Kreisfläche, um Diesel und Benzinmotoren zu unterscheiden. Figur 16.8 zeigt eine Profildarstellung von zwei Automobilen aus Beispiel 16.3.

**Figur 16.7 Kodiertes Streudiagramm mit Kreissymbolen**

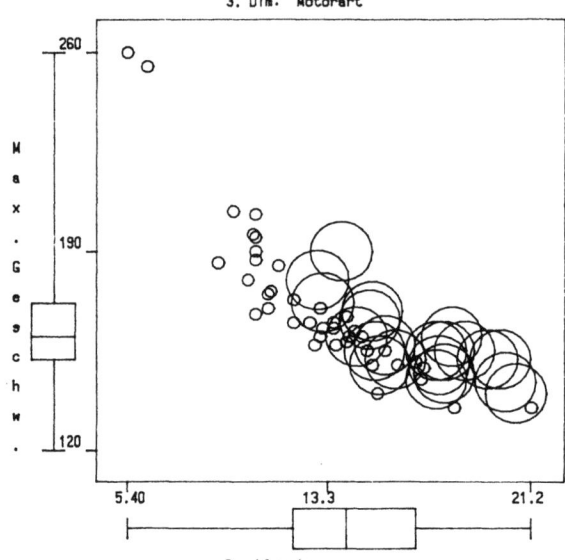

**Figur 16.8 Profildarstellungen**
a) Gestreckt           b) Am Kreis

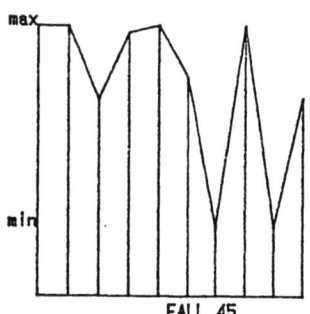
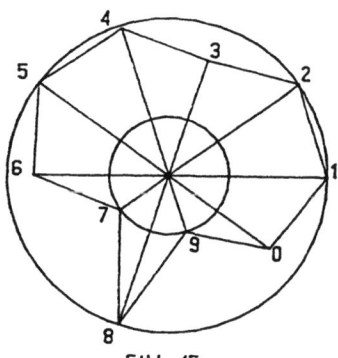

## 16.5. Chernoff-Gesichter

Eine sehr antropomorphe Darstellung von mehrdimensionalen Punktwolken ist die durch Chernoff-Gesichter (vgl. Chernoff 1973 oder auch Flury und Riedwyl 1982). Dabei geht man so vor, dass man ein schematisches Gesicht konstruiert und den einzelnen Gesichtsteilen Merkmale zuordnet. Dabei ist man in der Zuordnung relativ frei, was aber in der Praxis nicht bedeutet, dass alle Zuordnungen gleich gut grafisch wahrgenommen werden. Daher ist der visuelle Eindruck eines Chernoff-Gesichtes schwer intersubjektiv nachvollziehbar. Die beste Anwendung von Chernoff-Gesichtern ist die leichte Erkennbarkeit von ungewöhnlichen Beobachtungen (Merkmalsträger). Chernoff-Gesichter eignen sich weniger leicht zum genauen Unterscheiden von Details in einem mehrdimensionalen Merkmal, da die Gefahr besteht, auf Grund persönlicher Präferenzen einzelne Gesichtspartien unterschiedlich zu bewerten.

**Beispiel 16.4 Chernoffgesichter ausgewählter Länder betreffend makroökonomischer Wohlstandsindikatoren**

Tabelle 16.2 listet sechs makroökonomischen Kenngrössen ausgewählter OECD Staaten der Periode 1978 - 1988 auf (vgl. Polasek 1994). Die 6 Merkmale sind 1) Arb.lose = Arbeitslosenrate, 2) Export-Import Verhältnis, 3) Patentanmeldungen pro BIP 4) BIP pro eingesetzter Energie 5) Leistungsbilanz, 6) Wachstumsrate des BIP's.

Tab. 16.2 Wohlstandsindikatoren ausgewählter Industriestaaten

| Land | Arb.lose. | Exp./Imp. | Pat/BIP | BIP/En. | Lst.bil. | BIP% |
|---|---|---|---|---|---|---|
| Belgien | 10.13 | 0.985 | 11.8 | 2.38 | 0.26 | 2.30 |
| Dänemark | 8.62 | 1.004 | 18.2 | 4.01 | 2.33 | 1.80 |
| USA | 6.83 | 0.841 | 16.5 | 2.97 | 1.59 | 2.65 |
| Kanada | 8.96 | 1.052 | 6.1 | 2.29 | 1.24 | 3.02 |
| Italien | 9.18 | 0.974 | 19.9 | 3.98 | 0.46 | 2.55 |
| Frankreich | 8.49 | 0.958 | 22.3 | 3.80 | 0.38 | 2.32 |
| Schweden | 2.35 | 1.005 | 40.4 | 2.91 | 1.71 | 1.87 |
| GB | 9.05 | 1.017 | 43.8 | 3.24 | 0.16 | 2.21 |
| Österreich | 2.94 | 0.985 | 36.5 | 3.24 | 0.05 | 2.38 |
| Schweiz | 0.55 | 0.969 | 44.4 | 5.12 | 3.91 | 2.18 |
| BRD | 5.48 | 1.040 | 51.1 | 3.20 | 1.79 | 2.36 |
| Japan | 2.41 | 1.040 | 175.4 | 5.20 | 1.75 | 4.45 |

**Figur 16.9 Chernoff-Gesichter von Wohlstandsindikatoren ausgewählter Länder**

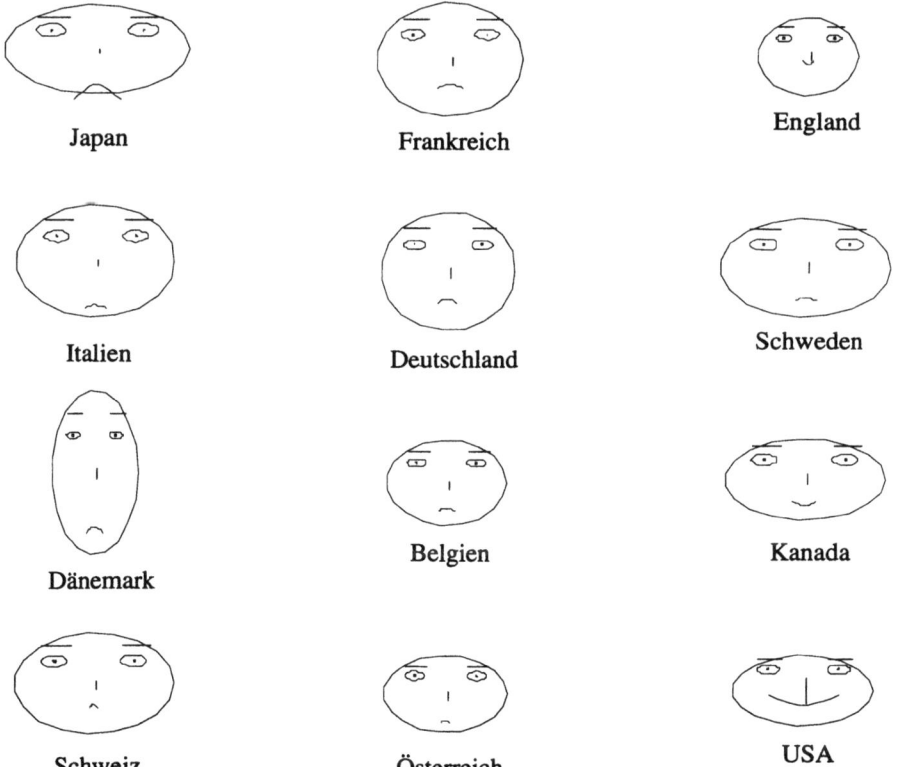

In Figur 16.9 ist das sechs-dimensionalen Merkmal als Chernoff-Gesicht für jede Merkmalsausprägung, d.h für jedes OECD Land dargestellt. In folgender Reihenfolge erfolgte die Zuordnung der Merkmale zu den 'Gesichtsvariablen' (vgl. S-plus-Manual):

- 1) Gesichtsfläche
- 2) Form des Gesichts
- 3) Nasenlänge
- 4) Mundposition
- 5) Krümmung des Mundes (Lächelns)
- 6) Mundbreite
- 7) Augenposition
- 8) Augenabstand
- 9) Augenwinkel
- 10) Augenform
- 11) Augenweite
- 12) Pupillenposition
- 13) Position der Augenbrauen
- 14) Augenbrauenwinkel
- 15) Länge der Augenbrauen

Da nur 6 Merkmale erhoben wurden die Variablenzuweisungen 7-15 nicht verwendet. Die Zuordnung von Variablen ist bei Chernoff Gesichtern ganz entscheidend. Werden statt den bereits aufbereiteten Werten der Tab. 16.2 die Originaldaten verwendet, d.h. 1) Arbeitslosenrate, 2) Exporte, 3) Importe, 3) Patentanmeldungen, 4) Eingesetzte Energie, 5) Leistungsbilanz, 6) BIP, so ergibt sich das Bild in Figur 16.10.

**Figur 16.10 Chernoff-Gesichter der Wohlstandsindikatoren ausgewählter Länder**

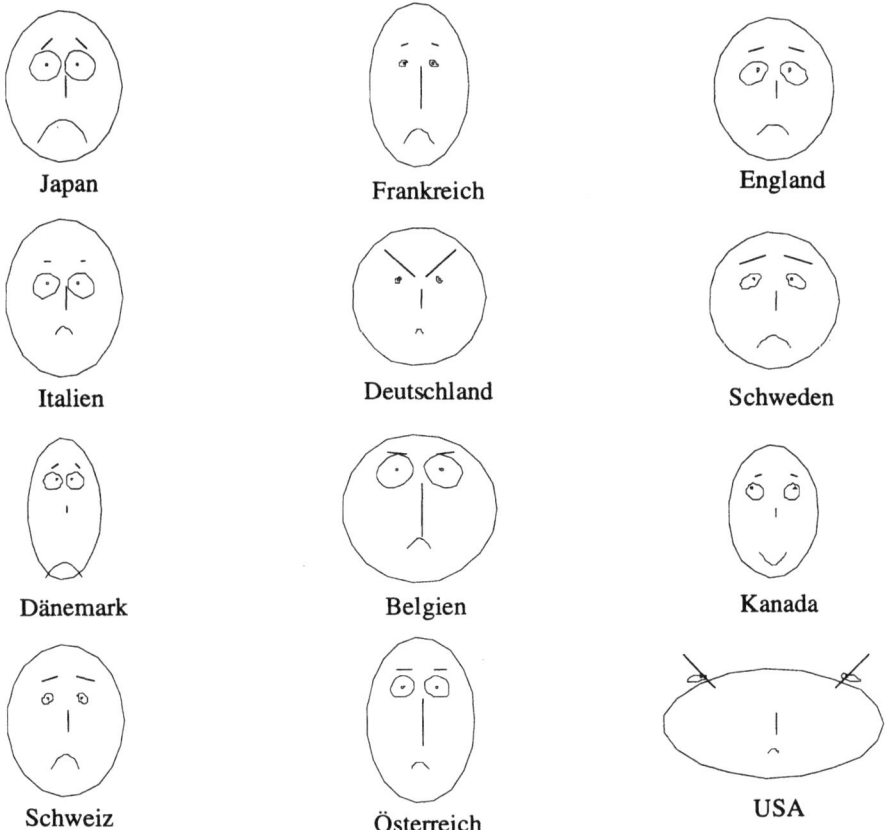

Bem.: Weitere Möglichkeiten von anthropomorphen Darstellungen sind asymmetrische oder nur halbe Gesichter (vgl. Flury und Riedwyl 1981), aber auch ganze Menschendarstellungen (Wakimoto, pers. Kommunikation).

Eine originelle Anwendung von Kopfgrafiken findet sich in Tufte (1982) aus einer medizinischen Untersuchung von Wiskmann (1974) und ist in Figur 16.11 zu sehen.

**Figur 16.11 Verteilung von 269 primären Melanomen auf Kopf und Hals**

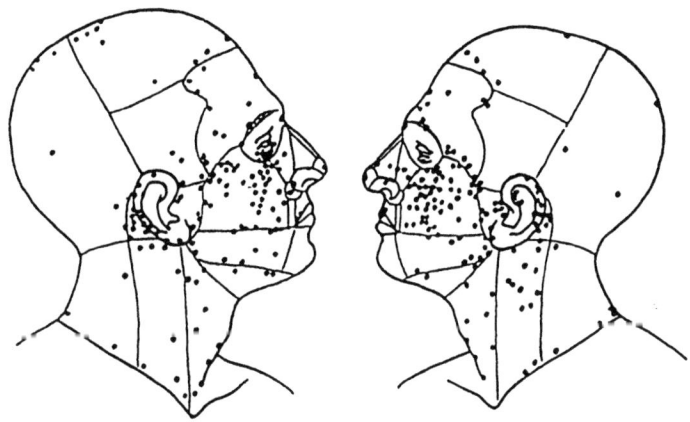

### 16.6. Aufgaben

1) Man stelle die Geburten, Sterbe- und Scheidungsziffern 3-dimensional als Streudiagramm-Matrix dar.
2) Schweizer Fruchtbarkeit und sozioökonomische Indikatoren: Welche Indikatoren erklären am besten die Fruchtbarkeitsrate?

$I_g$ ... Fertilitätsrate
$x_1$ ... Bevölkerungsabteil in der Land und Forstwirtschaft
$x_2$ ... Anteil der Rekruten mit dem besten Tauglichkeitsgrad
$x_3$ ... Anteil der Bevölkerung mit höherer als Volksschulbildung
$x_4$ ... Katholischer Bevölkerungsanteil
$x_5$ ... Kindersterblichkeit im ersten Lebensjahr

Tab. 16.3 Schweizer Fruchtbarkeit und sozioökonomische Indikatoren

| Region | $I_g$ | $x_1$ | $x_2$ | $x_3$ | $x_4$ | $x_5$ |
|---|---|---|---|---|---|---|
| 1 | .802 | .170 | .15 | .12 | 9.96 | .222 |
| 2 | .831 | .451 | .06 | .09 | 84.84 | .222 |
| 3 | .925 | .397 | .05 | .05 | 94.40 | .202 |
| 4 | .858 | .365 | .12 | .07 | 33.77 | .203 |
| 5 | .769 | .435 | .17 | .15 | 5.16 | .206 |
| 6 | .761 | .353 | .09 | .07 | 90.57 | .266 |
| 7 | .838 | .702 | .16 | .07 | 92.85 | .236 |
| 8 | .924 | .678 | .14 | .08 | 97.16 | .249 |
| 9 | .824 | .533 | .12 | .07 | 97.67 | .210 |
| 10 | .829 | .452 | .16 | .13 | 91.38 | .244 |
| 11 | .871 | .645 | .14 | .06 | 98.61 | .245 |
| 12 | .641 | .620 | .21 | .12 | 8.52 | .165 |
| 13 | .669 | .675 | .14 | .07 | 2.27 | .191 |
| 14 | .689 | .607 | .19 | .12 | 4.43 | .227 |
| 15 | .617 | .693 | .22 | .05 | 2.82 | .187 |
| 16 | .683 | .726 | .18 | .02 | 24.20 | .212 |
| 17 | .717 | .340 | .17 | .08 | 3.30 | .200 |

| 18 | .557 | .194 | .26 | .28 | 12.11 | .202 |
| 19 | .543 | .152 | .31 | .20 | 2.15 | .108 |
| 20 | .651 | .730 | .19 | .09 | 2.84 | .200 |
| 21 | .655 | .598 | .22 | .10 | 5.23 | .180 |
| 22 | .650 | .551 | .14 | .03 | 4.52 | .224 |
| 23 | .566 | .509 | .22 | .12 | 15.14 | .167 |
| 24 | .574 | .541 | .20 | .06 | 4.20 | .153 |
| 25 | .725 | .712 | .12 | .01 | 2.40 | .210 |
| 26 | .742 | .581 | .14 | .08 | 5.23 | .238 |
| 27 | .720 | .635 | .06 | .03 | 2.56 | .180 |
| 28 | .605 | .608 | .16 | .10 | 7.72 | .163 |
| 29 | .583 | .268 | .25 | .19 | 18.46 | .209 |
| 30 | .654 | .495 | .15 | .08 | 6.10 | .255 |
| 31 | .755 | .859 | .03 | .02 | 99.71 | .151 |
| 32 | .693 | .849 | .07 | .06 | 99.68 | .198 |
| 33 | .773 | .897 | .05 | .02 | 100.00 | .183 |
| 34 | .705 | .782 | .12 | .06 | 98.96 | .194 |
| 35 | .794 | .649 | .07 | .03 | 98.22 | .202 |
| 36 | .650 | .759 | .09 | .09 | 99.06 | .178 |
| 37 | .922 | .846 | .03 | .03 | 99.46 | .163 |
| 38 | .793 | .631 | .13 | .13 | 96.83 | .181 |
| 39 | .704 | .384 | .26 | .12 | 5.62 | .203 |
| 40 | .657 | .077 | .29 | .11 | 13.79 | .205 |
| 41 | .727 | .167 | .22 | .13 | 11.22 | .189 |
| 42 | .644 | .176 | .35 | .32 | 16.92 | .230 |
| 43 | .776 | .376 | .15 | .07 | 4.97 | .200 |
| 44 | .676 | .187 | .25 | .07 | 8.65 | .195 |
| 45 | .350 | .012 | .37 | .53 | 42.34 | .180 |
| 46 | .447 | .466 | .16 | .29 | 50.43 | .182 |
| 47 | .428 | .277 | .22 | .29 | 58.33 | .193 |

3) Mit Arbeitslosenrate aus Tab. 16.3 und der Inflationsrate bilde man eine einfache Phillipskurve für die Schweiz Wie kann man diese Darstellung verbessern?

Tab. 16.4 Vierteljährliche Arbeitslosenrate in der Schweiz (BAK-Daten)

| Jahr | Q1 | Q2 | Q3 | Q4 |
|---|---|---|---|---|
| 1981: | 0.00 | 0.00 | 0.00 | 0.00 |
| 1982: | 0.00 | 0.00 | 0.00 | 0.01 |
| 1983: | 0.01 | 0.01 | 0.01 | 0.01 |
| 1984: | 0.01 | 0.01 | 0.01 | 0.01 |
| 1985: | 0.01 | 0.01 | 0.01 | 0.01 |
| 1986: | 0.01 | 0.01 | 0.01 | 0.01 |
| 1987: | 0.01 | 0.01 | 0.01 | 0.01 |
| 1988: | 0.01 | 0.01 | 0.01 | 0.01 |
| 1989: | 0.01 | 0.01 | 0.01 | 0.00 |
| 1990: | 0.41 | 0.45 | 0.52 | 0.62 |
| 1991: | 0.76 | 0.96 | 1.17 | 1.45 |
| 1992: | 1.89 | 2.27 | 2.72 | 3.32 |
| 1993: | 3.95 | 4.36 | 4.70 | 5.00 |

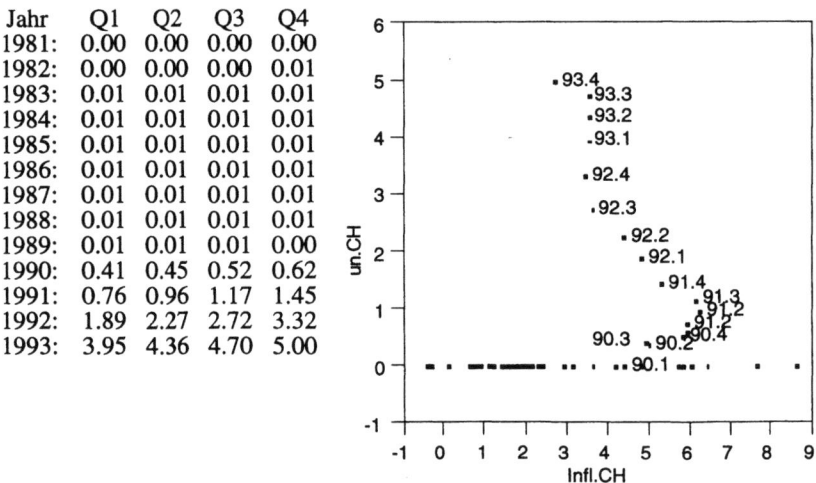

# 17. PROJEKTIONSTECHNIKEN

17.1. **Grundbegriffe**
17.2. **Axionometrische Projektionen**
17.3. **Schrägprojektionen**
17.4. **Perspektivische Projektionen oder Zentralprojektion**
17.5. **Warnungen vor Missbrauch**
17.6. **Grafische Tips**

> *Grafische Eleganz findet man oft in*
> *der Einfachheit des Designs und*
> *der Komplexität der Daten*
> *(Tufte, 1982)*

Dieses Kapitel erläutert die Grundbegriffe von Projektionen und beschreibt die drei wichtigsten Typen von Projektionen: axionometrische, Schräg- und perspektivische Projektionen.

## 17.1. Grundbegriffe

Computergrafiken werden mit zunehmender Computerentwicklung immer wichtiger, doch scheint die statistische Praxis etwas zurück zu sein. Die folgenden kurzen Ausführungen sind aus Schmid und Schmid (1979) entnommen und sollen den nötigen Background für die immer mehr sich verbreitenden Grafik- und Computertechniken liefern. Jede Projektion besteht aus einer Projektionsebene, den Projektoren, und der Projektion. Diese sind wie folgt charakterisiert:

> a) **Projektionsebene:** Ist die Ebene (oder Oberfläche), auf die verschiedene Blickwinkel eines Objektes projiziert (gezeichnet) werden. Rotiert diese Ebene um das abzubildende Objekt, so werden verschiedene Blickwinkel wiedergegeben.

> b) **Projektion:** Die Projektion eines Objekts besteht aus der punktweisen Übertragung von bestimmten Konturen des Objektes auf die Projektionsebene.

> c) **Projektoren:** Als Projektoren werden die Strahlen bezeichnet, die die Projektion mit ihrem Objekt (unsichtbar) verbinden. Die Projektoren sind parallel für axionometrische und Schrägprojektion, und konvergierend für die perspektivische (Zentral-) Projektion.

## 17.2. Axionometrische Projektionen

Figur 17.1 zeigt die axionometrische oder orthografische Projektion. Hält man die Projektionsebene fest, so wird bei der axionometrische Projektion das Objekt (in unseren Fall der Würfel) gedreht und vorwärtsgeneigt. Die Projektoren verlaufen dabei senkrecht zur Bildebene. Die axionometrische Projektion wird in 3 Gruppen unterschieden: Isometrische, dimetrische, und trimetrische Projektion.

**a) Isometrische Projektion:** Der Würfel wird um 45° gedreht, sodass kein Winkel der Projektionsbilder 90° beträgt. Die isometrischen Achsen haben dann das Aussehen wie in Figur 17.2.

**Figur 17.1 Axionometrische Projektionen (Drehen und Vorwärtsneigen)**
a) Isometrische Projektion  b) Dimetrische Projektion

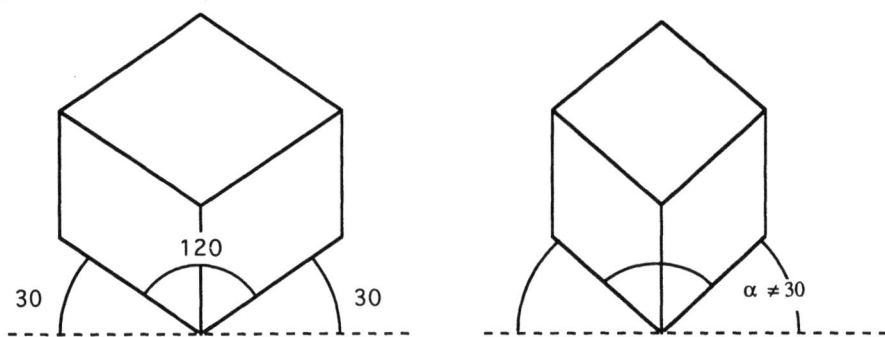

**Figur 17.2 Isometrischen Achsen und Skalenverkürzung**
a) Achsenanordnung  b) Skalenverkürzung

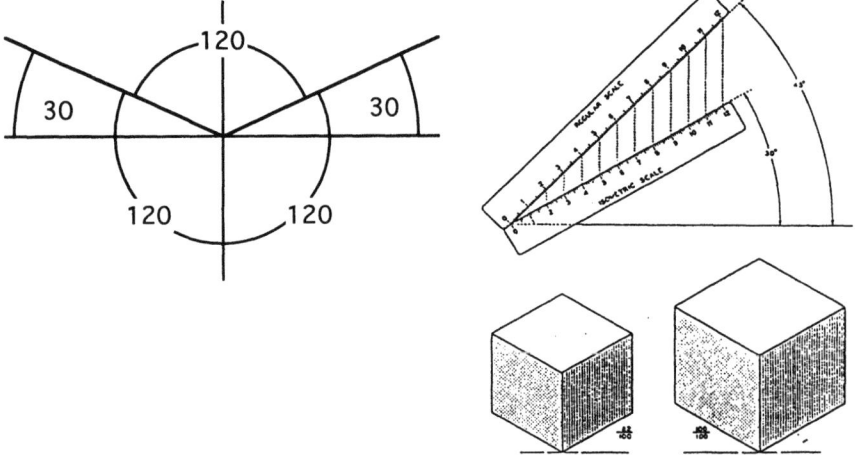

Der 45° Winkel wird in der isometrischen Projektion auf 30° verringert, und daher empfiehlt sich eine Verkürzung der Skala auf 82%. Dieser Prozentsatz wird in Figur 17.3.b) durch den Vergleich einer 45° und 30° geneigten Skala verständlich gemacht.

**b) Dimetrische Projektion:** Bei der dimetrischen Projektion werden 2 Flächen des Würfels gleich zur Projektionsebene geneigt, während die dritte beliebig geneigt sein kann. Dies hat zur Folge, dass bei einer dimetrischen Projektion 2 Achsen jeweils um 82% verkürzt werden, während die dritte beliebig verkürzt werden kann. Daher sind prinzipiell unendlich viele dimetrische Projektionen möglich, sie ist auch am häufigsten anzutreffen: Die frei verkürzbare Achse ist die Senkrechte, während die beiden anderen Achsen gleich zur Basislinie (aber nicht 30°) geneigt sind.

**c) Trimetrische Projektion:** Der Würfel wird so gedreht, dass jede Fläche anders zur Projektionsebene geneigt ist. Daher wird jede Achse in einem anderen Verhältnis gekürzt. Damit ist die trimetrische Projektion die allgemeinste aller axionometrischen Projektionen. In Figur 17.3 werden die Anzahl der Studenten pro Jahrgang in isometrischer und trimetrischer Projektion gezeigt.

**Figur 17.3 Anzahl der Studenten pro Jahrgang**
a) isometrischer Projektion  b) trimetrischer Projektion

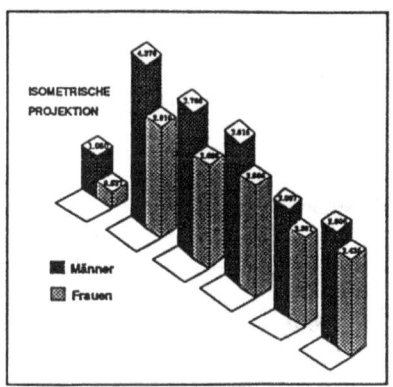
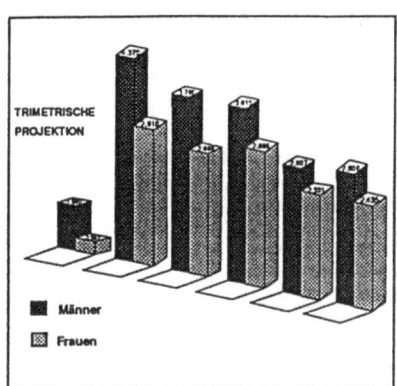

## 17.3. Schrägprojektionen

Bei der Schrägprojektion sind ebenfalls alle 3 Seiten eines Würfels sichtbar, aber nun ist eine Fläche des Würfels parallel zur Projektionsebene, wie man aus Figur 17.4 erkennt. Im Unterschied zur axionometrischen Projektion verlaufen die Projektoren zwar parallel, aber nicht mehr senkrecht zur Projektionsebene. Wie man aus Figur 17.5.a erkennt, verschiebt sich das Objekt dabei seitlich, wie in der Höhe auf der Projektionsebene.
Bei einer Schrägprojektion sind daher immer zwei Achsen im rechten Winkel und die dritte Achse nimmt dabei meist einen der folgenden 3 Winkel ein: 30°, 45°, und 60°, und diese Achse bleibt gleich oder wird um die Hälfte verkürzt. Man unterscheidet dabei die beiden Fälle:

a) Kavaliersprojektion: Die dritte Achse wird um 45° gedreht und der Massstab wird nicht verkürzt.

b) Kabinett-Projektion: Die dritte Achse wird (meist um 45°) gedreht und der Massstab wird um die Hälfte verkürzt.

Die Vorteile der Schrägprojektionen sind:
1) Kreise und andere interessante Details können original abgebildet werden
2) Verkürzungen brauchen nur auf der 3. Achse vorgenommen werden
3) Man hat mehrere Möglichkeiten der Achsenstellung.

**Figur 17.4 Schrägprojektionen (Frontfläche bleibt unverändert)**
a) Regulär-Projektion  b) Kabinett-Projektion

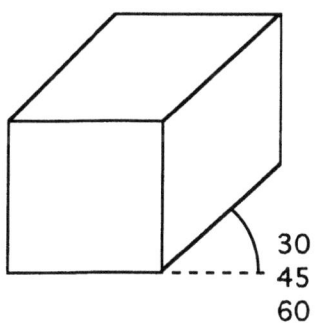
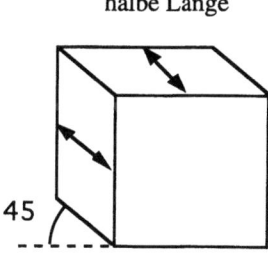

## 17.4. Perspektivische Projektionen oder Zentralprojektion

Bei einer perspektivischen Projektion wird ein Objekt von einem Fluchtpunkt aus gesehen. Im Unterschied zur axionometrischen und Schrägprojektion verlaufen die Projektoren ( Projektionsstrahlen) nicht parallel. Die Projektionsebene steht senkrecht auf der Horizontebene, und sie liegt zwischen Fluchtpunkt und Objekt. Figur 17.5.b) zeigt einen schematischen Aufbau einer Zentralprojektion, wobei das Auge den Fluchtpunkt bildet.

**Figur 17.5 Projektionsanordnungen**

a) Schrägprojektion            b) Perspektivische Projektion

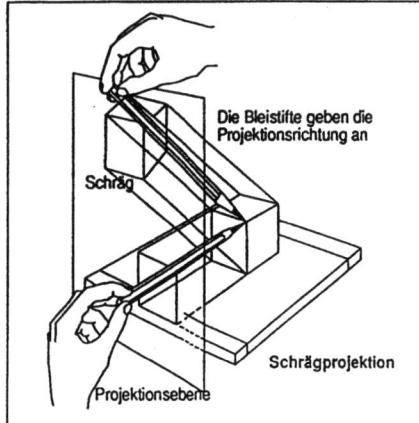
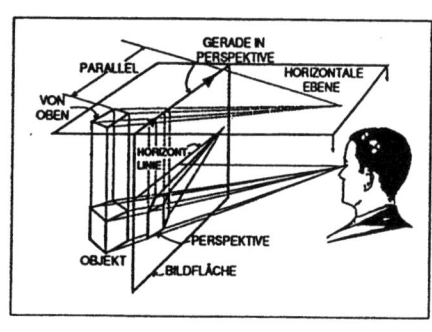

**Figur 17.6 Perspektivische Projektionen**

a) Winkel-Projektion      b) Parallel-Projektion

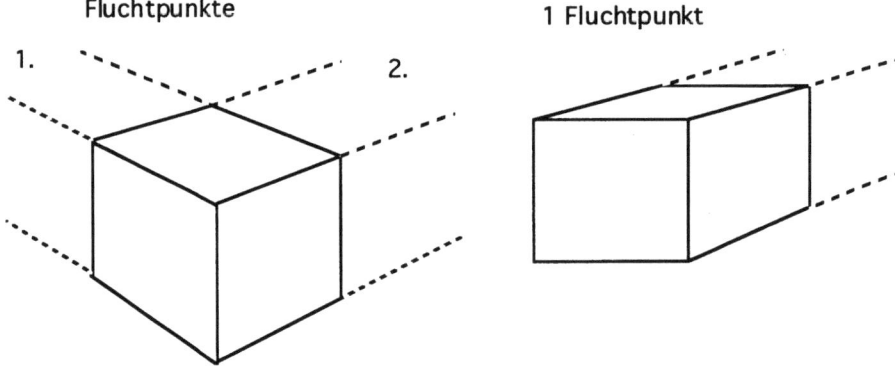

## 17.5. Warnungen vor Missbrauch

Statistische Graphen in Perspektive sind im allgemeinen verzerrt. Sie stellen Distanz, Form und Grösse für den visuellen Eindruck oft verzerrt, und damit unexakt dar. Weiters ist durch die aufwendige Konstruktion derartiger Grafiken deren Überprüfung nicht leicht möglich. Da das Erkennen von Fehlern schwierig ist, stimuliert es die Möglichkeit von bewussten und unbewussten Manipulationen. Missbräuchliche Perspektiven werden oft bei Trenddaten verwendet, wenn es darum geht, die eigenen Erfolge der letzten Zeit

möglichst günstig im Vergleich zu den niedrigen Zahlen der Anfangsjahre darzustellen (vgl. Figur 17.6). Entsprechend ungünstig sieht dann die negative Entwicklung einiger Konkurrenten aus.
Daher sollte man prinzipiell perspektivische Grafiken *vermeiden*. Falls eine Perspektive erwünscht oder notwendig ist, dann minimiere man das Ausmass der perspektivischen Verzerrung.

**Beispiel 17.1. Sprachkenntnissen von Studenten**

Gefragt wurden 19 Studenten nach der Beherrschung von Fremdsprachen in Wort und Schrift. Dabei ergab sich folgende Verteilung der Sprachen:

| Englisch/Französisch | nein | ja |
|---|---|---|
| nein | 3 | 4 |
| ja | 6 | 6 |

Figur 17.7.a) zeigt eine perspektivische Grafik des zweidimensionalen Merkmals Sprachkenntnis. Die Perspektive erkennt man daran, dass die senkrechten Geraden nicht vertikal auf der Grundfläche stehen. Daher liegt zumindest 1 Fluchtpunkt unter der Grundfläche. Man beachte, dass die beiden hinteren Häufigkeiten gleich sind. Doch durch den verschiedenen Abstand der Skalierung an den rückwärtigen Flächen entsteht der Eindruck, als wären sie verschieden gross.
Figur 17.7.b) zeigt dasselbe Säulendiagramm aber mit gedrehten Achsen. Durch die Perspektive sehen die beiden gleichhohen Säulen im Vordergrund kaum gleichgross aus, noch dazu könnte man glauben, dass die verdeckte Säule gleichgross wie eine der vorderen ist.
Bem: Massstäbe in 3-D Grafik. Normalerweise erleichtert das Vorliegen von Massstäben in einer Garfik deren Lesbarkeit und Verständnis. Dies muss bei 3-D Grafiken nicht immer der Fall sein. Durch die mehreren Möglichkeiten Massstäbe anzubringen, wie es in Figur 17.6 gezeigt wird, kann es wegen der schwierigen Vergleichbarkeit trotzdem zu verzerrten Effekten kommen.

**Figur 17.7 Täuschung durch perspektivische Grafik**

**a) Erste Darstellung**  **b) Darstellung mit vertauschten Achsen**

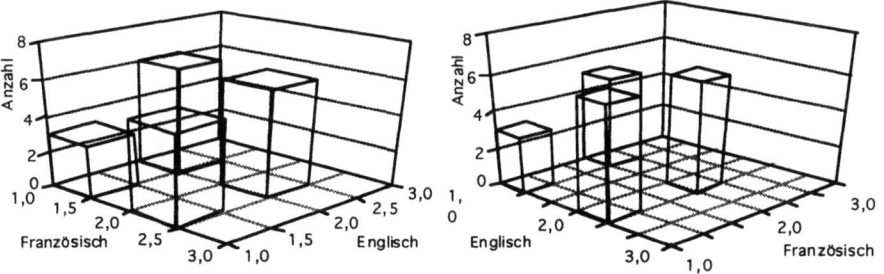

**Figur 17.8 Massstäbe und perspektivische Grafik (aus Schmid 1983)**

a) Massstabsanordnungen    b) Verzerrungen durch Perspektive

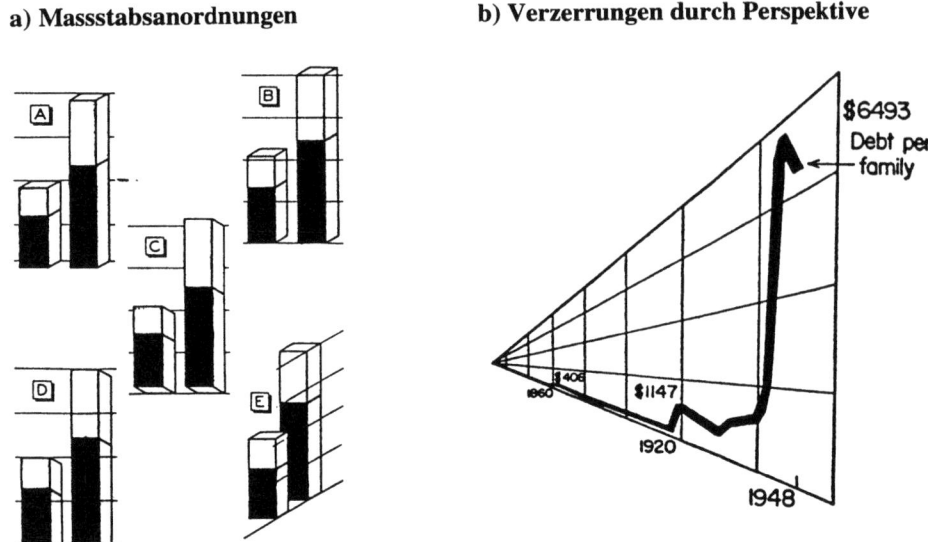

Figur 17.8 zeigt ein 3-D Bild der Schweizer Zinsstruktur, wobei die 6 monatlichen Zeitreihen des 1, 2-, 3- 6- und 12 monatigen Zinsatzes geglättet wurden. Man erhält einen guten Gesamteindruck aber Details sind schlecht zu erkennen.

**Figur 17.8  Die monatlich geglättete Zinsstruktur der Schweiz, 1974-1988**

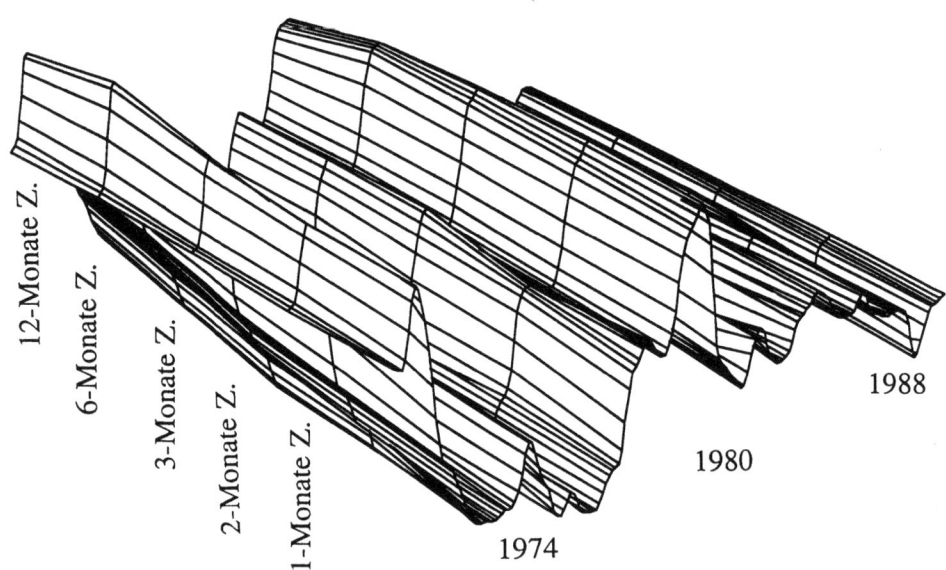

Figur 17.8 zeigt ein 3-D Bild der Schweizer Zinsstruktur, wobei die 6 monatlichen Zeitreihen des 1, 2-, 3- 6- und 12 monatigen Zinsatzes geglättet wurden. Man erhält einen guten Gesamteindruck aber Details sind schlecht zu erkennen.

### 17.6. Grafische Tips nach Eduard R. Tufte (1982)

Tuftes Prinzipien für grafische Exzellenz (vgl. Tufte 1982, S. 51) lauten folgendermassen.

1. Grafische Exzellenz ist eine gut entworfene Präsentation von interessanten Daten - eine Frage der Substanz, der Statistik und des Designs.
2. Grafische Exzellenz besteht aus komplexen Ideen, die mit Klarheit, Präzision und Effizienz vermittelt werden.
3. Grafische Exzellenz ist etwas, was dem Betrachter die meissten Ideen in der kürzesten Zeit gibt, bei minimalstem Tintenverbrauch, am kleinsten Platz.
4. Grafische Exzellenz ist fast immer multivariat.
5. Grafische Exzellenz muss die Wahrheit aus den Daten hervorbringen.

Weiters gibt Tufte folgende Gegenüberstellungen von "Do's and Don't's" von benutzerfreundlichen Grafiken:

**Tabelle 17.1. Die freundliche Datengrafik: eine Gegenüberstellung** (nach Tufte 1982)

| *Freundlich* | *Unfreundlich* |
|---|---|
| Wörter werden ausgeschrieben, mysteriöse und aufwendige Kodierung wird vermieden. | Unzählige Abkürzungen, die den Leser zwingen, den Text nach den Dekodierungen abzusuchen. |
| Die Wörter werden von rechts nach links geschrieben. | Wörter werden vertikal geschrieben oder in verschiedenen Richtungen. |
| Wenig Text hilft die Grafik zu erklären. | Die Grafik ist kryptisch und erfordert viele verstreute Erklärungen. |
| Wenig Legende ist notwendig. | Viele Legenden. |
| Schatten, Schraffierungen und Farbe werden vermieden. | Schlechte Kodierungen machen ein häufiges Springen von Grafik zu Text notwendig. |
| Die Grafik zieht den Betrachter an, sie erweckt Neugier. | Die Grafik stösst ab, sie ist voll 'Chartjunk'. |
| Die Beschriftung ist klar, präzise und bescheiden (auch von Hand). | Die Beschriftung ist klobig und überladen. |
| Die Beschriftung benutzt Gross- und Kleinschreibung. | Nur Grossbuchstaben werden verwendet, oder es gibt z.B. eine zeronnene Schrift. |
| Bei Farben: Vermeide rot-grün Kontraste, da i.A. 5-10% der Leser farbblind sind; blau kann aber gut unterschieden werden. | Die Farbgrafik wird ohne Rücksicht auf die Leserlichkeit erstellt. |

Zuletzt wollen wir noch einige Hinweise zur Erstellung von interessanten Grafiken geben.

Was macht eine Darstellung von statistischen Informationen attraktiv und interessant? (Tufte, S. 177)

- Eine gute statistische Grafik hat ein geeignetes, gut gewähltes Design.
- Wörter, Zahlen und Zeichnungen werden miteinander verwendet.
- Die Grafik ist balanciert und ausgewogen, und sie gibt die relevante Skala wieder.
- Details werden in verständlicher Komplexität dargestellt.
- Die Grafik ist informativ und besitzt eine 'erzählende Qualität', d.h. sie kann eine Geschichte über die Daten erzählen.
- Die Zeichnung ist von professioneller Qualität, die technische Wiedergabe ist sorgfältig bis ins Detail.
- Vermeide inhaltsfreie Dekorationen, insbesondere 'Chartjunk'.

## 17.7. Programmpakete

Fast alle grossen und kleinen Computer haben heute Grafik-Pakete anzubieten. Unter MS-DOS laufen viele Programme, die zwar schönen Output liefern wollen, aber selten das Wissen von statistischen Experten zu diesem Thema integriert haben. Zur einzigen Entschuldigung kann man anführen, dass es derzeit wenige Lehrbücher gibt, die auf Probleme der modernen statistischen Grafik eingehen. Weiters ist, wie Cleveland (1985) richtig bemerkt, die statistische grafische Darstellung noch weit vom Status einer Theorie entfernt.

# 18. POSTSKRIPTUM

18.1. Theorien der Datenanalyse
18.2. Rechtfertigung explorativer Methoden
18.3. Die Theorie der Datenanalyse nach E. Leamer
18.4. Deskriptive und kausative Methoden
18.5. Epilog

> *"So bleibe denn nichts unversucht; denn 'automatisch' kommt nichts, sondern erst durch den Versuch, durch das Wagnis kommt uns Menschen alles zu."*
> (Herodot)

## 18.1. Theorien der Datenanalyse

Diaconis (1985) gibt einen Überblick über die bisherigen Versuche die Datenanalyse theoretisch zu begründen. Finch (1979) und Mallows (1983) begannen Theorien der Datenbeschreibung zu entwickeln, die nicht auf Annahmen einer Zufallsstichprobe und zufälligen Fehlern beruht.

Mallows (1983, S. 139) gibt folgende Einteilung von statistischen Tätigkeiten (der Box-Jenkins 1970 Methode einer Spezifikation-Schätzung-Diagnose Einteilung folgend) und deskriptiv/explorativen und Wahrscheinlichkeits/Inferenz bezogenen Techniken an.

Tab. 18.1 Mallows Einteilung von statistischen Tätigkeiten

| Techniken | *Deskriptiv* | *Inferenz* |
|---|---|---|
| Spezifikationsphase | Streudigramme | Spezifikationstests (Verteilung, Unabhängigkeit) |
| Anpassung | Glättung | Schätzung (Likelihood, Asymptotik, Bayes) |
| Diagnose/ Adäquatheit | Diagnoseplots | Signifikanztests, Sensitivitätsanalysen |

## 18.2. Rechtfertigung explorativer Methoden

Mallows (1983) schlägt 6 Kriterien zur Rechtfertigung explorativer Methoden vor:

1) Angemessenheit
2) Effektivität
3) Genauigkeit
4) Vollständigkeit
5) Resistenz
6) Standardisierung

ad 1) **Angemessenheit:** Jeder statistischen Untersuchung liegt eine Fragestellung zugrunde. Liefert das explorative (statistische) Resultat die geeignete Antwort? Ist der Kondensierungsprozess von der Urliste zur Zusammenfassung der Verteilung adäquat?

ad 2) **Effizienz:** Die statistischen Resultate, hauptsächlich die (semi-)grafischen Methoden liefern eine effiziente Umsetzung der kondensierten Information. Dies ist abhängig von visuellen Geschmack, psychologischen Erkenntnissen, oder einfachen

Prinzipien wie z.B. die Vermeidung von Schnörkeln ("Chartjunk") oder zu grossem "ink/data-ratio", d.h. Tinte-pro-Daten-Verhältnis (vgl. Tufte 1983).

ad 3) **Genauigkeit:** Ist die Beschreibung der Daten möglichst eindeutig, oder treffen auf die gelieferte (EDA-) Beschreibung mehrere, sehr verschiedene Datensätze zu. So z.B. liefert die Beschreibung einer Verteilung mit dem Median (bzw. Mittelwert) allein eine sehr grosse Klasse von möglichen Datensätzen. Mit Hilfe von Quantigrammen der EDA, bzw. den Momenten der deskriptiven Statistik, wird die Beschreibung genauer. Ein St&Bl liefert ein grafisch vollständiges Bild im Eindimensionalen, d.h. von univariaten Verteilungen, doch was gilt für multivariate Daten? Eine Beschreibung durch Randverteilungen alleine wird sicher dem Charakter der multivariaten Beobachtung nicht gerecht.

ad 4) **Vollständigkeit:** Haben wir mit den Resultaten alle interessanten Details zusammengefasst, sind noch unbeschriebene Strukturen vorhanden? Eine Diagnose der Residuen hilft in vielen Fällen Hinweise auf weitere Modelle zu erhalten. Eine endgültige Antwort auf dieses Problem wird es kaum geben. Der gesamte Bereich der Modelldiagnose fällt in diesen Bereich: Vollständigkeit einer Beschreibung kann dann erreicht sein, wenn die Residuen möglichst wenig informativ sind.

ad 5) **Resistenz:** Die Resistenz (oder die Robustheit) von statistischen Masszahlen ist ein wesentlicher Beweggrund der modernen EDA. Sind die Beschreibungen der Daten von kleinen Änderungen stark abhängig oder möglichst "resistent" gegen Störungen? Eine extreme Beobachtung beim Mittelwert alleine genügt um ihn beliebig zu verschieben. Ein hoher "Bruchpunkt" (break-down point) wird von EDA Methoden i.A. erwartet.

ad 6) **Standardisierung:** Für die Akzeptanz neuer Methoden ist es notwendig eine minimale Standardisierung zu haben. Gerade die populärsten EDA Methoden zeigen eine erstaunliche Mutationsrate: Quantile werden nach unterschiedlichen Definitionen berechnet und geben mit verschiedenen Programmen gezeichnet einen anderen grafischen Eindruck. Die Länge von den äusseren Strecken der Box-Plots geben die Endpunkte unterschiedlicher Ausreisserdefinitionen an. So z.B. sollten Box-Plots tatsächlich immer auf Rangmasszahlen beruhen, und nicht eine Standardabweichung darstellen. Gekerbte Box-Plots können derartigen Erweiterungen dienen. Nicht zuletzt ist eine erfolgreiche Standardisierung ein Ausdruck erfolgreich angewandter Methoden. Ein Hinweis zur Standardisierung soll nicht gleichartige Resultate liefern, sondern den gleichartigen Zugang betonen und Abweichungen davon hervorheben.

## 18.3. Die Theorie der Datenanalyse nach E. Leamer

E. Leamer (1988) hat sich in einigen 'Vorbemerkungen' zu einer ökonometrischen Arbeit, die sich mit einer 'Bayesschen Analyse' der Arbeitslosenrate der USA befasst, zu der Rolle der Datenanalyse in den Wirtschaftswissenschaften geäussert. Einige der Überlegungen betreffen die klassische 'Bayes'sche Inferenz, d.h. die heutigen zwei wichtigsten Paradigmen beim Schluss von der Stichprobe auf die Grundgesamtheit. Diese Teile werden in der folgenden Beschreibung der "Theorie der Datenanalyse" nach Leamer weggelassen, bzw. in modifizierter Version verwendet. Ausgangspunkt der Überlegungen ist eine 'relative vollständige Charakterisierung personalistisch quantifizierbarer Information' nach Figur 18.1. Der Rest des Abschnitts hält sich so gut als möglich wörtlich an die Ausführungen von Leamer (1988).

Eine horizontale Linie trennt die beiden grossen Kästchen in Figur 18.1, die mit zwei grundverschiedenen Schlussweisen bei einer Analyse eines Datensatzes zu tun haben. Über der Linie befinden sich alle Schlussfolgerungen, die durch die Inspektion eines Datensatzes entdeckt werden. Traditionelle statistische Theorie spielt sich fast zur Gänze im Bereich 'über der Linie' ab. Sie hat viel mit der Planung von hypothetischen Schlussfolgerungen zu tun, aber sagt nur wenig über die Entdeckungen von Schlussfolgerungen. (Z.B. können Stichprobeneigenschaften von Schlussfolgerungen nur dann berechnet werden, wenn eine bestimmte Menge von geplanten Antworten auf jeden nur erdenklichen Datensatz anwendbar ist.)

Figur 18.1 Das Schema der Datenanalyse nach E. Leamer

|  | PLANUNG | |
|---|---|---|
|  | Präzise Antworten | Unpräzise Antworten |
| Urteile, Aktionen | Schätzung, Vereinfachung | Konfusion, Unentscheidbarkeit |

| KRITIK REVISION |
|---|

Dies Planungs-Kästchen in Figur 18.1 enthält vier verschiedene Arten von geplanten Antworten, je nachdem ob diese Antworten präzise oder unpräzise, bzw. ob die Antwort ein Urteil oder eine Aktion ist. Jede dieser 4 Kategorien erfordert eine andere Behandlung. Die Quantifizierung eines präzisen Urteils bezeichnet eine 'Schätzung', die Quantifizierung einer präzisen Aktion eine 'Vereinfachung'. Falls eine Datenanalyse auf 'Entscheidungsprobleme' oder 'Verlustfunktionen' Bezug nimmt, dann fällt sie eigentlich mehr in die Kategorie der präzisen Aktionen. Viele der traditionellen Verlustfunktionen scheinen für praktische Belange nicht sehr brauchbar zu sein. Die meisten der datenabhängigen Entscheidungen, die Ökonomen vornehmen, sind Vereinfachungen von komplexen Modellen (daher die Bezeichnung 'Vereinfachung' dieser Kategorie). Ausser Lindley (1968) und Leamer (1978) gibt es in der theoretischen Literatur wenig zum Thema 'Vereinfachungen'.

Meistens befasst sich die Theorie der statistischen Schlüsse (= Schlussfolgerungen) mit präzisen Urteilen und Aktionen. Aber tatsächliche Antworten sind selten präzise: Man ist sich selten sicher, welche Schlüsse aus einem Datensatz gezogen werden können, bzw. welche Aktionen angemessen sind. Oft befindet man sich in der Situation, dass die Wahl der Methode einen grossen Spielraum von Resultaten zulässt. (Z.B. die Berechnung eines resistenten Streuungsmasses, etwa der resistenten Standardabweichung, kann je nach 'Typ' sehr unterschiedlich ausfallen.) Die Variationsbreite der Methoden stellt dabei die Grösse der 'Konfusion' dar. Ist die Konfusion zu gross, dann kann der Zustand der Unentscheidbarkeit eintreten. (Ist mit der Berechnung der Standardabweichung der Entscheid für oder gegen eine neue Behandlung verbunden, so können Argumente für oder gegen die beiden Möglichkeiten gefunden werden.)

Anders ausgedrückt heisst dies: Um (statistische) Schlüsse ziehen zu können, müssen Annahmen getroffen werden. Reagieren die Schlussfolgerungen zu sensitiv auf die Wahl der Annahmen, dann sind die Daten 'verwirrend = konfus' und lassen uns im Zustand der Unentscheidbarkeit zurück. Eine Sensitivitätsanalyse hilft die Menge zu Konfusion und Unentscheidbarkeit festzustellen, nachdem die Daten beobachtet wurden. (Leider sind 'Konfusion' und 'Unentscheidbarkeit' keine Standardbegriffe der statistischen Theorie und Praxis.)

Nun bewegen wir uns unter die Linie in Figur 18.1. Nicht alle Antworten können oder sollen geplant werden. Das tatsächliche Antwortverhalten aufgrund beobachteter Daten kann erheblich vom ursprünglichen Antwortverhalten, das mit Blick auf hypothetische (unbeobachtete) Datensätze geplant war, abweichen.

Die nun etablierte Sprachregelung um die Verfahren 'über der Linie' von der 'unter der Linie' zu unterscheiden, sind die Bezeichnungen 'konfirmativ' und 'explorativ'. Konfirmative Datenanalyse zeichnet sich durch ein substantielles Engagement zum ursprünglichen Antwortverhalten aus. Explorative Datenanalyse hat, wenn überhaupt, nur schwa-

che Pläne für Antworten. Die EDA versucht mit Hilfe von Diagrammen und 'Diagnosen' ein Modell vorzuschlagen, auf Grund dessen eine Antwort formuliert werden kann. Steven Jay Gould (1989) beschreibt die Schwierigkeiten mit der eine 'soft science' wie Paläontologie kämpft, um unter den 'hard sciences' wie Physik und Chemie akzeptiert zu werden. 'Soft' in diesem Zusammenhang ist nur ein Platzhalter und steht für 'rein deskriptiv' im Unterschied zu 'rigoros experimentell'. 'Soft' heisst in der Sprache der Figur 18.1, dass es sich um Methoden handelt, die 'unter der Linie' liegen. Um einen rhetorischen Ausgleich bemüht, schlägt Leamer vor, den Begriff 'soft' mit 'kreativ' gleichzusetzen, anstatt 'rein deskriptiv'.
Die konfirmative Datenanalyse - Methoden 'über der Linie' in Figur 18.1 - können eigentlich vollständig durch den Computer ausgeführt werden. Es kann dabei ein kreatives Moment (Element) in der Formulierung eines geplanten Antwortverhaltens geben, aber, nachdem der Plan gefasst wurde, gibt es keinen Grund mehr für der menschlichen Verfasser, weiterhin involviert zu sein. Alles was von einem Datensatz gelernt werden kann, ist von Anfang an bekannt. Aus diesem Grund finden alle richtigen Entdeckungen unterhalb der Linie statt. Anstatt diese Fälle mit emotionellen Begriffen zu belegen, scheint es besser zu sein, die Unterteilung der Fächer an der Harvard Universität zu benützen: "experimentell-prädiktiv" (Science A: experimental-predictive), und "historisch" (Science B: historical). Die experimentell-prädiktiven Wissenschaften besitzen entscheidbare Experimente (wie etwa die Geständnisse für Sherlock Holmes), die alle Bedenken bezüglich Legitimität und Überzeugungskraft ausschliessen, die sonst explorativen Methoden anhaften. Im Unterschied zu den historischen Wissenschaften, wie etwa Ökonomie, müssen sich diese mit den verzwickten philosophischen Grundlagen der explorativen Methoden herumschlagen.

Tab. 18.2 Methoden der Datenanalyse

|  |  | Kosten des Experiments | |
|---|---|---|---|
|  |  | billig | teuer |
| Zustand der Theorie | vage | Sherlock Holmes Schlüsse | Explorative Daten Analyse |
|  | klar | normale Wissenschaft | Konfirmatorische Daten Analyse |

Die Wichtigkeit von Kritik und Revision variiert von Gegenstand zu Gegenstand und hängt von den Kosten des Experiments und der Klarheit der Theorie ab. Die 4 Möglichkeiten sind in Figur 18.2 wiedergegeben.
Der Gegenstand, der den Statistiker am meisten Zeit kostet, ist die konfirmatorische Datenanalyse, und betrifft diejenige Konstellation, bei der die Theorie klar ist, aber die Experimente teuer sind. Wie oft ist dies der Fall?
Wir waren Zeugen vieler Jahrhunderte wissenschaftlichen Fortschritts ohne den Früchten der Entwicklungen des 20. Jahrhunderts, wie z.B. den formalen Methoden des statistischen Schliessen (der induktiven Statistik). Falls die Theorie klar ist und die Experimente billig sind, dann kann man die komplizierten Überlegungen der unsicheren Schlüsse wegen der Begrenztheit von Daten einfach vermeiden, in dem man einfach genug Experimente durchführt, ein Vorgang, den man 'normale Wissenschaft' nennen kann. Details von unsicheren Schlüssen in explorativen Vorgehen können ebenso vermieden werden, wenn die Experimente billig sind, d.h. dass letztendlich die Daten (ihre theoretische Struktur) bekennen. Daher hat dieser Typ der datenanalytischen Methoden den Namen "Sherlock Holmes Schlüsse" erhalten. Das spezifische Merkmal der explorativen Datenanalyse entsteht, wenn die Theorie unklar (in ihren Aussagen) ist und die Experimente teuer sind. Dieser Sachverhalt scheint adäquat die Makroökonomie zu beschreiben. Aber dies sollte uns nicht zu der voreiligen Schlussfolgerung führen, dass Kritik und Revision nur dann wichtig sind, wenn schlampige Methoden verwendet werden um Daten zu analysieren. Der Unterschied zwischen geplanten und ungeplanten

Antwortverhalten ist nicht so klar. Antworten, die voraussagbar aber nicht explizit und voll bewusst geplant wurden, können als 'implizite Pläne' bezeichnet werden. Man möge sich nicht durch die Fülle von Modell-Diagnosen und diagnostischen Tests täuschen lassen. Die meisten dieser sogenannten Diagnosen sind nicht Kritik im Sinne der Figur 18.1, d.h. sie stellen kein ungeplantes, nicht voraussagbares Antwortverhalten in der Datenanalyse dar. Sie sind eigentlich "pretest"-Diagnosen, die eine bestimmte Rolle in einem komplexen mehrstufigen Schätzprozess in einem sehr allgemeinen Modell spielen. (Die eigentliche Evaluation von "Pre-Test"-Diagnosen involviert die Studie von Stichprobeneigenschaften dieser komplexen Prozeduren oder die Suche von a priori Verteilungen die sie teilweise rechtfertigen können).

Falls Kritik und Revision eine wichtige Rolle in der Datenanalyse spielen sollen, dann müssen wir uns fragen, welche Arten der explorativen Methoden wir überzeugend finden und welche wir überzeugend finden sollen. Um die zweite Frage beantworten zu können, müssen wir zwei andere Fragen klären: Erstens, welche Form soll eine (Methoden-) Kritik haben? Zweitens, welche Revisionen des ursprünglichen Antwortplans sind zulässig? Die geeignete Form von (Methoden-) Kritik zu finden ist an sich schon ein unlösbares Problem, da die Lösung eine Aktion, d.h. ein Korrekturverhalten voraussetzt, das sich in einer erfolgreichen Kritik niederschlagen sollte. Wäre jedoch die Korrektur (bzw. das Korrekturverhalten) bekannt, dann könnte die Antwort (d.h. das gesamte Antwortverhalten) so geplant werden, dass keine Kritik stattfinden müsste.

So können kleine (resistente) Korrelationen schlechtes Residuenverhalten dazu anregen, über ein besseres Modell nachzudenken. Hill (1968) vertritt die Meinung: "Ich kenne keine Theorie, die versucht die Frage zu beantworten, welche formellen Wege (bzw. formale Methoden) es gibt, um die wissenschaftliche Kreativität zu erleichtern". Daher sei Vorsicht geboten, wenn automatische Methoden der Modell- und Methodenkritik oder Hypothesenformulierung angefeindet werden: Caveat emptor.

Da es keine geeignete Theorie der Kritik und Revision gibt, müssen Anpassungen im statistischen Prozess des Schliessens grösstenteils ad hoc bleiben. (Das schliesst sowohl erfolgreiche wie auch nicht bestätigte Kritik an Modellen und Methoden ein.) Das Phänomen der Kritik, auch wenn es nicht zu einer Revision des Modells (bzw. Skizze) führt, zeigt, dass es ein vollständiges Engagement (ein volles Zutrauen) zu einem ursprünglich gefassten Plan (und dessen Annahmen) nicht gibt. Dieser Mangel an vollständiger Zusage (Vertrauen) erfordert immer einige Änderungen von Plänen.

Falls die Kritik erfolgreich ist, dann existiert ein Doppelzählungsproblem. Die Daten werden einmal verwendet um die Annahmen zu verändern und dann ein zweites Mal, wenn es darum geht, die neuen Parameter zu schätzen, als wären es die Annahmen von vornherein gewesen. Leamer (1974, 1978) schlägt eine Methode vor, um das Doppelzählungsproblem von Kritik und Revision zu kontrollieren, indem man diese als Lösungen eines sequentiellen Modellierungsproblems "über der Linie" betrachtet: Eine Variable wurde anfangs in einem Modellierungsprozess weggelassen, weil sie teuer zu beobachten war und weil man nicht erwartet hatte, dass sie einen grossen Effekt besitzt. Nachdem man die anderen Variablen gesehen hat, möchte man diese anfängliche Entscheidung überdenken und die weggelassene Variable beobachten. (Aber die a priori Verteilung, auf der die anfängliche Entscheidung beruhte, sollte nicht verändert werden. Die neue Variable sollte weiterhin als "zweifelhaft" betrachtet werden.) Dieses Vorgehen verbindet formell zulässige Revisionen mit den ursprünglichen Plänen. Falls der ursprüngliche Plan potentielle Missspezifikationen vorgesehen hat, dann sind auch grosse Revisionen zulässig. Andererseits, wenn geringe Abweichungen vorgesehen waren, dann sind nur kleine Revisionen zulässig - ausser die Datenlage ist eindeutig. Dies ist zwar eine gute Idee, aber sie stellt eine grosse Belastung an eine tatsächliche Datenanalyse (Stichwort: 'spanische Stiefel' der Inferenz).

Damit wäre eine solche (philosophische) Basis für das Ziehen von statistischen Schlüssen gegeben, wenn Kritik und Revision vorkommen. Die beste Lösung ist es, den Planungsprozess so sorgfältig durchzuführen, dass Planung und Revision nur eine geringe Rolle im Datenanalyse-Prozess spielen, d.h. die ursprüngliche Modellklasse muss gross genug sein, damit es unwahrscheinlich wird, dass man die anfängliche Entscheidung bedauert. Was damit implizit ausgedrückt wird, ist die Tatsache, dass Daten relativ knapp sind, und dass die Zeit eines Wissenschaftlers (z.B. Ökonomen) eher im Überfluss zur

Verfügung steht. Es wäre besser, daraus die Konsequenzen zu ziehen und mehr Zeit in den Planungsprozess zu investieren, bevor man die Daten analysiert.

## 18.4. Deskriptive und kausative Methoden

Nicht jede EDA Methode ist eine rein deskriptive Beschreibung von Sachverhalten (uni- oder multivariater Merkmale). Einige EDA Methoden können als einfache kausale, oder besser gesagt als 'kausative' Methoden angesehen werden. Kausativ bedeutet dabei nur, dass sie die Fähigkeit für kausale Aussagen besitzen. Da aber EDA Methoden nur intrinsische Strukturen der Zahlen einer Verteilung ausnutzen, kann über die Kausalität im substanzwissenschaftlichen Sinne nichts ausgesagt werden. Erst wenn diese einen kausativen Sachverhalt bestätigen, kann man von einem kausalem Befund sprechen. Die nächste Tabelle ist ein grobes Raster um die in diesem Buch behandelten Methoden in deskriptive und kausale einzuteilen.
Dabei gibt es einen engen Zusammenhang zwischen kausalen Methoden und explanativen Resultaten. Es ist klar, dass die Bestimmung von Ausreissern bereits zu den kausalen Methoden gerechnet werden muss, da ein internes (robustes) Streuungsmass verwendet wird, um die Distanz der Beobachtungen von einem Verteilungszentrum zu quantifizieren. Ob das Attribut Ausreisser zu Recht besteht, muss in jedem Einzelfall abgeklärt werden. Auf jeden Fall sind Ausreisserfeststellungen explanative Sachverhalte, die einer Erklärung bedürfen.
Ebenfalls sind die Begriffe Skizze und Schärfe bereits der Toolbox der kausalen EDA Methoden entnommen, da sie mithelfen zwischen verschiedenen Methoden zu entscheiden. Ebenso sind viele Streudiagrammtechniken kausal. Am besten sieht man dies bei der 3-Schnitt-Median Geraden, die Quantilstreifen senkrecht zur x-Achse benötigt, und damit die Kausalrichtung x -> y vorgibt. Die x-Achse ist traditioneller Weise in der Statistik die Achse des kausalen Ursprungs, bei der Zeitreihe übernimmt die Zeitachse dieses Privileg.
Ebenso ist die Medianpolierung eine kausale Methode, da die beiden Dimensionen des 2-dimensionalem Merkmals als Einflussmerkmale gelten. Die klassische deskriptive Statistik hat es da leichter. Ausser der deskriptiven Zeitreihenanalyse und der Regression, gibt es keine kausalen Methoden. Es verwundert daher nicht, dass im 2. Teil des Buches wenig Kausales zu finden ist. Lediglich explorative Masse der Konzentrationsrechnung erlauben eine explanative Ergebnisdarstellung (in Bezug auf Ausreisser) und damit rudimentäre kausale Interpretationen.

Tab. 18.3 Ein deskriptiver und kausaler Rückblick

| Thema | deskriptiv | kausal |
|---|---|---|
| St&Bl | allgemein<br>kodiertes<br>qualitatives<br>bivariates | punktierte St&Bl |
| Rangmasszahlen | Quantile<br>Schiefemasse<br>Faltungen | punktierte Faltungen |
| Box-Plots | einfache<br>Zäune<br>Anrainer<br>parallele Box-Plots | punktierte<br>Aussen- und Fernpunkte<br>gekerbte Box-Plots |
| Transformationen | Potenzleiter<br>Bruchpunkt<br>Begradigungen | Skizze<br>Schärfe<br>Vergleich |
| Trend | | Trendgerade<br>stückweise Trends<br>Polynome |
| Regressogramme | (resistente) Korrelation | resistente Gerade<br>Regressogramme<br>Autoregressogramme<br>3-Schnitt-Median Gerade |
| Zeitreihen | kodierte Reihen<br>symmetrische Glätter<br>Mäandertabellen | einseitige Glätter |
| Thema | deskriptiv | kausal |
| Zweiwegtafeln | Vergleich mit<br>parallelen Box-Plots | Medianpolierung: additives,<br>multiplikatives Modell |
| Lagemasse | Potenz-Mittelwert | |
| Streuungsmasse | alle | |
| Korrelation | alle | |
| Konzentration | Koeffizienten<br>grafische Methoden | Konzentro-Boxen |
| Indexzahlen | alles | |
| Grafik | alles: Histogramme, Profile,<br>Streudiagrammmatrizen, etc. | |

### 18.5. Epilog: Statistische Ermittlung (Ein Krimi von Dietmar Füssel)

Kommissar Korn von der Mordkommission fieberte dem Feierabend entgegen, denn heute abend wurde im Fernsehen das Finalspiel des Fussballcups übertragen - ein Spiel, das er als begeisterter Fussballfan keinesfalls versäumen wollte. "Hoffentlich passiert heute kein Mord mehr. Das wäre schlimm", dachte er im stillen. Es war 17.50 Uhr. In zehn Minuten hatte er Feierabend. Nur noch zehn Minuten. Da klingelte das Telefon. Kommissar Korn hob ab und nannte missmutig seinen Namen. "Mord!" sagte eine Stimme am anderen Ende der Leitung. Korn stöhnte auf. So ein verdammtes Pech! "Wer?" fragte er. "Dragan Adamic, ein jugoslawischer Gastarbeiter. Todesursache Messerstich. Tatort: vor dem Gasthaus 'Blauer Adler' ". "Schön. Schaffen Sie die Leiche weg." "Wollen Sie nicht den Tatort besichtigen?" "Nicht nötig", brummte Korn und legte auf. Er hatte nämlich soeben beschlossen, den Fall mit Hilfe moderner Methoden, mit Hilfe der Statistik, in zehn Minuten zu lösen. Auf diese Weise brauchte er dann nicht auf den Match zu verzichten. Er bat seinen Assistenten, Inspektor Gross, zu sich. "Was gibt's, Chef?" fragte dieser. "Hör zu, da ist gerade ein Gastarbeiter namens Adamic ermordet worden, und ich möchte, dass du den Täter verhaftest." "Kennt man ihn denn schon?" "Noch nicht. Aber mit Hilfe einer exakten Analyse werde ich dir genug über ihn verraten können, so dass du ihn identifizieren kannst." "Da bin ich aber gespannt." "Also gut. Der Ermordete ist ein Gastarbeiter. In 75% der Fälle ist der Mörder eines Gastarbeiters ebenfalls ein Gastarbeiter. Wenn der Mörder eines Gastarbeiters ebenfalls Gastarbeiter ist, so stammt er in 81% der Fälle aus demselben Land. 70% der Mörder sind zwischen 18 und 35 Jahre alt. Fast alle Jugoslawen haben schwarze Haare. Ausserdem sind die meisten Mörder männlichen Geschlechts. Jugoslawen sind im Schnitt etwas kleiner als Schweizer, also kann man sagen, dass 60% von ihnen zwischen 1 m 66 und 1 m 78 sind. Wenn wir weiterhin feststellen, dass der Mörder sicher zum Bekanntenkreis des Ermordeten zählte - auch das lässt sich statistisch nachweisen -, so haben wir, glaube ich, schon genug Anhaltspunkte, um eine Verhaftung vornehmen zu können. Ach ja: 80% der europäischen Bevölkerung haben entweder Blutgruppe 0 oder A, die meisten davon Rhesus positiv. Dies nur als zusätzliche Hilfe. Fahr' also rüber und verhafte einen schwarzhaarigen Jugoslawen, der zwischen 18 und 35 Jahre alt, zwischen 1 m 66 und 1 m 78 gross ist, Blutgruppe 0 oder A positiv hat und der den Ermordeten kannte. Alles klar?" "Klar, Boss. Aber was, wenn die Statistik irrt?" "In 64% aller Fälle stimmt die Statistik. Also dann, bis morgen, ich geh' jetzt heim. Gute Nacht." "Gute Nacht, Chef. Viel Spass beim Fussballspiel."

# LITERATURVERZEICHNIS

ACHENWALL Gottfried (1781) Staatsverfassung der heutigen vornehmsten europäischen Reiche und Völker im Grundrisse, Göttingen.
ATKINSON A.B. (1975) The economics of inequality, Clarendon Press, Oxford.
ANDREWS D.F. und TUKEY J.W. (1973) Teletypewriter Plots for Data Analysis can be Fast: 6-Line Plots, Including Probability Plots, Applied Statistics, 22, 192-202.
ANGELL I.0. (1983) Graphische Datenverarbeitung, Hanser Studien Bücher, Hanser Verlag, München.
ANSCOMBE F.J. (1973) Graphs in Statistical Analysis, *American Statistician* 27, 17-21.
BECKETTI S. und W. GOULD (1987) Rangefinder Boxplot, *American Statistician* 41, 149.
BECKER R.A., CHAMBERS J.M. und WILKS A.R. (1988) The New S Language. A Programming Environment for Data Analysis and Graphics, Chapman and Hall, NY.
BECKER R.A., CHAMBERS J.M. und WEIL G. (1987) The Use of Brushing and Rotation for Data Analysis, in Proc. of the First IASC World Conference on Computational Statistics and Data Analysis, ISI, 114-147.
BECKER R.A. and CLEVELAND W.S. (1987) Brushing Scatterplots, *Technometrics* 29, 127-142.
BECKER R.A., CLEVELAND W.S. und WILKS A.R. (1987) Dynamic Graphics for Data Analysis, *Statistical Science* 2, 355-395.
BECKER R.A. und CLEVELAND W.S. (1991) Take a Broader View of Scientific Visualisation, *Pixel* 2, 42-44.
BERTIN J. (1973) Semiologie Graphic, (2nd ed.), Paris: Gauthier-Villars (1st ed. 1967); English Translation: Semiology of Graphics (1983), Univ. of Wisconsin Press.
BERTIN J. (1982) Graphische Darstellungen und die graphische Weiterverarbeitung der Information, Walter de Gruyter, Berlin.
BLOMQUIST N. (1950) On a Measure of Dependence Between Two Random Variables, *Ann. Math. Statistics* 21, 593-600.
BOL G. (1993) Deskriptive Statistik, 2. Auflage, Oldenburg, München.
BORGATTA E.F. und BOHRNSTEDT G.W. (1980) Level of Measurement, *Sociological Methods and Research*, 9, 147-160.
BOX G.E.P. und JENKINS G. (1970) Time Series Analysis, Forecasting and Control, Holden Day, San Francisco.
BOX G.E.P. (1980) Sampling and Bayes´ Inference in Scientific Modelling and Robustness, *J. of the Roy. Statistical Soc. A* 143, 383-404, with discussion.
BOX G.E.P. und COX D.R. (1964) An Analysis of Transformations, *J. of the Roy. Statistical Soc. B*, 26, 211-243.
BOX G.E.P., LEONHARD T. und WU C.-F., eds.(1983) Scientific Inference, Data Analysis, and Robustness, New York: Academic Press.
BRUCKMANN G. (1969) Einige Bemerkungen zur statistischen Messung der Konzentration, *Metrika* 14, 183-213.
BRYAN M. und CECCHETTI St. (1993) Measuring Core Inflation, NBER working paper No. 4303.
CARR D. (1994) Color perception, the importance of gray and residuals, on a choropleth map, Statistical Computing&Graphics 5, 16-20.
CARR D.B., LITTLEFIELD R.J., NICHOLSON W.L. und LITTLEFIELD J.S. (1987) Scatterplot Techniques for Large N, *J. of the Am. Statistical Assoc.* 82, 424-436.
CARTMILL M. (1993) Tod im Morgengrauen. Das Verhältnis des Menschen zur Natur und Jagd. Artemis und Winkler Zürich.
CHAMBERS J.M., CLEVELAND W.S., KLEINER B. und TUKEY P.A. (1983) Graphical Methods for Data Analysis, Wadsworth, Belmont CA.
CHAMPERNOWNE D.G. (1974) A comparison of measures of inequality of income distribution, *Economic Journal* 84, 787-816.

CHATILLON G. (1984) The Balloon Rules for a Rough Estimate of the Correlation Coefficient, *The American Statistician* 38, 58-60.
CHEN S. und FARNSWORTH D. (1990) Median Polish and a Modified Procedure, *Stat. & Prob. Letters 9*, 51-57.
CHERNOFF H. (1973) Using Faces to Represent Points in k-dimensional Spaces, *J. of the Am. Statistical Assoc.* 68, 361-368.
CLEVELAND W.S. (1985) The Elements of Graphing Data, Monterey, CA: Wadsworth.
CLEVELAND W.S. (1987) Research in Statistical Graphics, *J. of the Am. Statistical Assoc.* 82, 419-423.
CLEVELAND W.S. (1993) A Model for Studying Display Methods of Statistical Graphics, *J. of Computational and Graphical Statistics* 4, 323-364, with discussion.
CLEVELAND W.S. (1994) *Visualizing Data*, Hobart Press, Summit NJ.
CLEVELAND W.S. und MCGILL R. (1984) The Many Faces of a Scatterplot, *J. of the Am. Statistical Assoc.* 79, 807-822.
CLEVELAND W.S. und McGILL M.E. (1987) Dynamic Graphics for Statistics, Monterey, CA: Wadsworth.
CLEVELAND W.S., McGILL M.E. und McGILL R. (1988) The Shape parameter of a Two-Variable Graph, *J. of the Am. Statistical Assoc.* 83, 289-300.
CLEVELAND W.S., DIACONIS P. und MCGILL R. (1982) Variables on Scatterplots look more Highly Correlated when the Scales are Increased, *Science* 216, 1138-1141.
COX D.R. (1981) Theory and General Principle in Statistics, *J. R. Statistical Soc. A*, 144, 289 - 297.
DALTON H. (1925) *Inequality of incomes*, London.
DEMPSTER A.P. (1983) Purpose and Limitations of Data Analysis; in G.E.P. Box et al. (eds.) Scientific Inference, Data Analysis, and Robustness, New York: Academic Press, 117-133.
DEMPSTER A.P. und RUBIN D.B. (1983) Rounding Error in Regression: The Appropriateness of Sheppard's Corrections; *J. R. Statistical Society B* 45, 51-59.
DIEHL J.M. und KOHR H.U. (1989) Deskriptive Statistik, 8.Auflage, Verlag Dietmar Klotz.
DONOHO D.L. und HUBER P.J. (1983) The Notion of Breakdown Point, in P.J. Bickel, Doksum K.A. und Hodges jr. J.L. (eds.) A Festschrift for Erich L. Lehmann, Belmont CA: Wadsworth Int. Group, 157-184.
DONOHO A.W., DONOHO D.L., GASKO M. und OLSON C.W. (1985) MACSPIN, Graphical Data Analysis Software, D2 Software Inc.
du TOIT S.H.C., STEYN A.G.W. und STUMPF R.H. (1986) Graphical Exploratory Data Analysis, Springer Verlag, NY.
EMERSON D.J. und STOTO M.A. (1982) Exploratory Methods for Choosing Power Transformations, *J. of the Am. Statistical Assoc.* 77, 103-108.
FERSCHL F. (1978) Deskriptive Statistik, Physica Verlag, Würzburg, 3. Auflage 1985.
FINCH P.D. (1979) Description and Analogy in the Practice of Statistics, *Biometrika* 66, 195-208 (with discussion).
FIENBERG S.E. (1979) Graphical Methods in Statistics, *The Am. Statistician* 33, 165-178.
FISHER I. (1967) The Making of Index Numbers, 3. Auflage, New York.
FLURY B. und RIEDWYL H. (1983) Angewandte Multivariate Statistik; Computerunterstützte Analyse mehrdimensionaler Daten, G. Fischer, Stuttgart.
FLURY B. und RIEDWYL H. (1981) Graphical Representation of Multivariate Data by Means of Asymmetrical Faces, *J. of the Am. Statistical Assoc.* 76, 757- 765.
FREEDMAN D. A. und LANE D. (1983) A Nonstochastic Interpretation of Reported Significance Levels, *J. of Bus. & Ec. Statistics 1*, 292-298.
FRIGGE M., D.C. HOAGLIN, und B. IGLEWICZ (1989) Some Implementation of Boxplots, *Am. Statistician* 43, 50-54.
GESSLER J.R. (1993) Statistische Graphik, Birkhäuser, Basel.

GNANADESIKAN R. (1977) Methods for Statistical Data Analysis of Multivariate Observations, John Wiley, New York.
GOOD I.J. (1983) The Philosophy of Exploratory Data Analysis, *Philosophy of Science* 50, 283-295.
GOULD S.J. (1989) Wonderful Live: The Burgess Shale and the Nature of History, W.W. Norton NY; deutsch 1991: Zufall Mensch, Hanser Verlag.
HAMPEL F.R. (1974) The Influence Curve and Its Role in Robust Estimation, *J. of the Am. Statistical Assoc.* 69, 383 -393.
HARTIGAN J.A. (1975) Printer Graphics for Clustering, *J. of Stat. Comp. Sim.* 4, 187-213.
HARTIGAN J.A. und KLEINER B. (1981) Mosaics for Contingency Tables, Computer Science and Statistics: Proc. of the 13th Symp. on the Interface, Springer Verlag Heidelberg, 268-273.
HARTMANN N. (1988) Philospohie und Natur, De Gruyter, Berlin.
HERFINDAHL O. (1950) Concentration in Steel Industry, Columbia University, NY, Dissertation.
HELLER Eva (1989) Wie Farben wirken, Farbpsychologie, Farbsymbolik, kreative Frabgestaltung, Rowohlt, Hamburg.
HINKLEY D.V. und RUNGER G. (1984) The Analysis of Transformed Data, *J. of the Am. Statistical Assoc.* 79, 302-320, (with discussion).
HOAGLIN D.C., MOSTELLER F. und TUKEY J.W. eds.(1983a) Understanding Robust and Exploratory Data Analysis, John Wiley, NY.
HOAGLIN D.C., MOSTELLER F. und TUKEY J.W. eds.(1983b) Exploring Data Tables, Trends, and Shapes, John Wiley, NY.
HOAGLIN D.C.und IGLEWICZ B. (1987) Fine-Tuning Some Resistant Rules for Outlier Labeling. *J. OF THE AM. STATISTICAL ASSOC.* 82, 1147-1149.
HSU J.S und M. PERUGGIA (1994) Graphical Representations of Tukey's Multiple Comparison Method, J. of Graph. Statistics 3, 143-161.
HUBER P.J. (1981) Robust Statistics, John Wiley, NY.
HUBER P.J. (1983) Experience with Three-Dimensional Scatterplots, *J. of the Am. Statistical Assoc.* 82, 448-453.
JMP (1989) JMP User Guide, SAS Inst. Inc. Cary, NC 27513.
JOHNSON S., KOTZ N.L. und READ C.B. (1985) *Encyclopedia of Statistical Sciences,* John Wiley NY.
KALMAN R. (1982) Identification from Real Data, in HAZEWINKEL M. und A.H.G. RINNOY KAN (eds.) Current Developments in the Interface Economics, Econometrics, and Mathematics, Reidl, 161-196.
KLAY M., MAIBACH R., METZ I. und RIEDWYL H. (1987) Alstat PC, Birkhäuser Basel.
KNUCHEL H. (1990) Stereo, Verlag Lars Müller.
KRIZ J. (1981) Methodenkritik empirischer Sozialforschung, Teubner, Stuttgart.
KRÄMER W. (1991) So lügt man mit Statistik, Campus, Frankfurt.
KRÄMER W. (1992) Statistik verstehen, eine Gebrauchsanweisung, Campus, Frankfurt.
KUCKENBURG M. (1989) Die Entstehung von Sprache und Schrift, DuMont Taschenbücher.
LAUNER R.L. und A.F. SIEGEL eds. (1982) Modern Data Analysis, Academic Press, London.
LEAMER E.E. (1991) A Bayesian Perspective on Inference in Macroeconomic Data; in New Approaches to Empirical Macroeconomics, (S. Hylleberg and M. Paldam ed.), Blackwell Publishers, Oxford, 97-120.
LIPPE P.v.d. (1993) Deskriptive Statistik, Gustav Fischer, Stuttgart.
LINDLEY D.V. (1968) The choice of variables in multiple regression, *J. of Royal Stat. Soc.* B 31, 31-66.
LINHART H.und ZUCCHINI W. (1980) Statistik Eins, Birkhäuser UTB, Basel.
LOISTL O. und BETZ I. (1993) Chaostheorie, Oldenburg Verlag, München.
LORENZ M.O. (1905) Methods of Measuring the Concentration of Wealth, *J. of the Am. Statistical Assoc.* 9, 209-219.

LÜTHI A.P. (1981) Messung wirtschaftlicher Ungleichheit, Lecture Notes in Economics and Mathematical Systems 189, Springer Verlag Berlin.
MALLOWS C.L (1983) Data Description in G.E.P. Box et al. (eds.) Scientific Inference, Data Analysis, and Robustness, New York: Academic Press, 135-151.
MALLOWS C.L. und WALLEY P. (1981) A Theory of Data Analysis, in 1980 Proc. of the Bus. and Ec. Statistics Section, Washington D.C., Am. Stat. Ass., 8-14.
MARSAGLIA G. (1968) Random Numbers Fall Mainly in the Planes, Proc. of the Nat. Academy of Sciences 61, 25-28.
MARSH C. (1988) Exploring Data, Polity Press, Camebridge..
McGILL R., TUKEY J.W. und LARSEN W.A. (1978) Variation of Box-Plots, *Am. Statistician* 32, 12-16.
McNEIL D.R. (1977) Interactive Data Analysis, John Wiley, NY.
MENGES G. (1982) Die Statistik. Zwölf Stationen des statistischen Arbeitens, Gabler, Wiesbaden.
MOLENAAR I.W. (1988) Formal Statistics and Informal Data Analysis, or Why Laziness should be Discouraged, *Statistica Neerlandica* 42, 83 - 90.
MOSTELLER F., FIENBERG S.E. und ROURKE R.E.K. (1983) Beginning Statistics with Data Analysis, Addison-Wesley, Reading, Mass.
MOSTELLER F. und TUKEY J.W. (1977) Data Analysis and Regression, Addison-Wesley, Reading, Mass.
MULLET G. M. (1976) Why Regression Coefficients Have the Wrong Sign, *J. of Quality Technology* 8, 121-126.
OSTERMANN R. (1992) Nichtparametrische Korrelationskoeffizienten - Historie und Moderne, in S. Schach und G. Trenkler (eds) Data Analysis and Statistical Inference, Verlag Josef Eul, Köln.
PEN J. (1971) Income Distributions, Facts, Theories, Policies, New York.
PHILLIPS A.W. (1958) The Relation Between Unemployment and the Rate of Change of Money Wage Rates in the UK, 1861-1957, *Economica*,Vol. 25, No 100, 283 - 299.
POLASEK W. (1984) Regression Diagnostics in General Linear Regression Models, *J. of the Am. Statistical Assoc.* 79, 336-340.
POLASEK W. (1987a) Explorative Wahlanalyse am Beispiel der Bundespräsidenten-Wahlen 1986, *Z. f. Statistik und Informatik* 17, 3-26, Wien.
POLASEK W. (1987b) Statistische Paradigmen in ökonometrischer Theorie und Praxis, *Quartalsheft der Girozentrale* I-II/87, 149-160, Wien.
POLASEK W. und Mertl R. (1990) Robust and jackknife estimators of the autocorrelation-function, *Z. f. Statistik und Informatik* 20, 351-365, Wien.
POPPER K. R. (1971) Conjectural Knowledge: My Solution of the Problem of Induction, Revenue Internationale de Philosophie, 167 - 197; deutsch in K.R. POPPER (1973) Objektive Erkenntnis, Hamburg.
QUENOUILLE M.H. (1972) Rapid Statistical Calculations (2nd ed.) Charles Griffin, London.
RAVEH A. und G. SCHWARZ (1985) Comment, *Am. Statistician* 39/3, 239.
RIEDWYL H. (1979) Graphische Gestaltung von Zahlenmaterial, Haupt, Bern und Stuttgart.
RIEDWYL H. (1990) Zahlenlotto. Wie man mehr Gewinnt, Bern und Stuttgart.
ROSENBAUM P.R. (1989) Exploratory Plots for Paired Data, *The Am. Statistician* 39/3, 108-109.
ROUSSEEUW P. J. (1984) Least Median of Squares in Regression, *J. of the Am. Statistical Assoc.* 79, 871 - 880.
RUBIN D.B.(1987) Multiple Imputation for Nonresponse in Surveys, John Wiley NY.
RUBIN D.B. und SCHENKER N. (1986) Multiple Imputation for Interval Estimation from Simple Random Samples with Ignorable Nonresponse, *J. of the Am. Statistical Assoc.* 81, 366-374.
SCHMID C.F. (1983) Statistical Graphics, Design Principles and Practices, John Wiley & Sons.
SCOTT D.W. (1979) On Optimal Data Based Histograms, *Biometrika* 66, 605-610.

SHEPPARD W.F. (1898) On the Calculation of the Most Probable Values of the Frequency Constants for Data Arranged to Equidistant Division of a Scale; Proc. London Math. Soc. 29, 353-380.
SIXTL F. (1993) Der Mythos des Mittelwertes. Neue Methodenlehre der Statistik, Oldenburg, München.
SNEE R.D. (1974) Graphical Display of Two-way Contingency Tables, *The American Statistican* 28, 9-12.
STEREOGRAM (1994) Cadena Book, San Francisco; ISBN 0-929279-85-9
STURGES H.A. (1926) The Choice of a Class Interval, *J. of the Am. Statistical Assoc.*, 21, 65-66.
STUETZLE W. (1987) Plot Windows, *J. of the Am. Statistical Assoc.* 82, 466-475.
SWOBODA H. (1971) Knaurs Buch der Modernen Statistik, Droemer, München.
TONG H. (1983) Treshold-Models in Non-Linear Time Series Analysis, Springer Verlag NY.
TUKEY J.W. (1977) Exploratory Data Analysis, Addison-Wesley, Reading, Mass.
TUKEY J.W. (1987) The Collected Works of John W. Tukey: Graphics (Vol. 5), ed. by Cleveland W.S., Monterey, CA: Wadsworth.
TUKEY J.W. und TUKEY P.A. (1983) Some Graphics for Studying 4-dimensional Tables, in K.W. Heiner et al. (eds.) Computer Science and Statistics, 14th Symposium of the Interface, Springer NY, 60-66.
TUKEY J.W. (1990) Data-Based Graphics: Visual Display in the Decades to Come, *Statistical Science* 5, 327-339.
TUKEY J.W. (1993) Graphical comparisons of several linked aspects: Alternatives and Suggested Principles, *J. of Computational and Graphical Statistics* 2, 1-33, with discussion 35-48.
TUFTE E.R. (1983) The Visual Display of Quantitative Information, Graphics Press, Cheshire, Connecticut.
VELLEMAN P.F. und HOAGLIN D.C. (1981) Applications, Basics and Computing (ABC) of Exploratory Data Analysis (EDA), Duxburry Press, North Situate, Mass.
VENTRIS M. und CHADWICK J. (1959) Documents in Mycenaean Greek, Cambridge.
WAINER H. (1984) How to Display Data Badly, *The Am. Statistician* 38, 137-147.
WEHRT K. (1984) Beschreibende Statistik, Campus Studium Verlag, Frankfurt.
WISKEMANN A. (1974) Zur Melanomentstehung durch chronische Lichteinwirkung, *Der Hausarzt* 25, 21.
YOUNG F.W., KENT D.P. und KUHFELD W.F. (1988) Dynamic Graphics for Exploring Multivariate Data, 391-424; in W.S. Cleveland und M.E. McGill (eds.) Dynamic Graphics for Statistics, Wadsworth.
ZÖFEL P. (1988) Statistik in der Praxis, 2. Aufl., Gustav Fischer, Stuttgart.

# STICHWORTVERZEICHNIS

## Sach- und Namensindex

*Es gibt keine Antworten,
nur Querverweise
(anonym)*

2-Weg-Tafel 137
3-Schnitt Median-Gerade 104
3R 122
5-number summary 43
5-Zahlenmass 43
Abschneiden 21
Absolutabstände 192
Absolutabweichung 196
adjacent values 53
akordant 213
Allensbach 230
Animation 310
Anpassungsgüte 80
Anrainer 41, 43, 259
arithmetisches Mittel 163
    allgemeine Gewichte 164
    gewogen 164
ARMA 224
Assoziation 205, 229
Atkinson 246
aufrauhen 133
Ausreisser 80, 127, 258
Aussenpunkt 53
Autokorrelation 228
Autokorrelationskoeffizient 225
Autoregression 225
Autoregressogramm 116
Becker 16, 313
Becketti 60
Bestandsgrösse 15, 264
Bestimmtheitsmass 207
Bewegungsgrösse 15
Beziehungszahlen 264
Bi-Quantile 46, 47, 62
BIP 123
Biquantile 258
biquantile Klassen 114
Biseketion 50
Black-Box 120
Blomquist 108
Blurr 129
Boltzmann 197
Box 99
box-and-whisker plot 52
Box-Plot 52
    gekerbt 58, 329
    gekreuzte 60
    parallele 110, 137
    parallel und proportional 112
    proportionale 56

punktiert 55
Bruchpunkt 164, 190, 193, 329
    getrimmtes Mittel 168
Bruckmann 236
Bryan 280
Buchstabenwerte 45
Cartmill 229
Cauchy-Ungleichung 197
Cecchetti 280
central tendency 182
Chambers 25, 59, 312
chart-junk 294, 304, 326, 328
Chernoff 314
Cleveland 78, 294, 325
Codes 56
column charts 294
core-inflation 280
Cox 4
data/ink-ratio 328
Daten
    klassiert 197
Datenglätter
    lineare 119
de l'Hopital 74
Diagnose
    Additivitäts- 152
Diagnose-Plot 154
diagnostic plot 154
dichotomisierten 223
diskordant 213
Dispersion 186
Donoho 80, 81, 307
Durbin-Watson 224
Durchschnitt 66, 82
    einfacher 163
Economist 279
EDA
    Kriterien 328
Einweg-Tafeln 136
Endwerteregel 133
Entropie 197
    klassiert 197, 235
    normiert 236
Entsprechungszahlen 265
Experiment 331
explanativ 5, 258, 228
Extremmittel 47
Extremwerte
    klassiert 177
Exzess 203
Faltung
    kodiert 40
    proportional 42
far out 53
fences 53
fenced letter values 53
Fernpunkte 53, 42
Ferschl 2, 9, 212, 228, 297

Filter 119
  kausale 119
  symmetrisch 119
Finch 328
Fisher 203
Fisher I. 271, 274
Fisher-Index 271
FIT 80, 133
Fluchtpunkt 324
Flury 314, 317
Flussgrösse 264
folded form 40
Fraktile 44
Frigge 56
geometric mean 170
geometrisches Mittel 170
  gewogen 170
Gesamtheit 9, 136
Gini-Koeffizient 241
Gitternetze 300
Glatte 119, 133
Glätter
  in Serie 120
  kausale 119
gleitende Durchschnitte 119
gleitender Median
  Resistenz 127
  Verschiebungseffekt 128
Gould 60, 331
grafische Exzellenz 326
Grubbs 65
h-Schrumpfung 114
h-spread 48
Hall 74
Hampel 80
Hanning 130, 133
harmonic mean 179
harmonisches Mittel 74
  gewogen 180
Hartung 262
Häufigkeit
  absolut 165
  korrigiert 287
  kumuliert 295
  relativ 165
Helmert 192
Herfindahl 238
Histogramm 302, 303
  allgemeine 286
  einfaches 29
  korrigiert 289
  zentriert 287
Hoaglin 4, 16, 24, 30, 50, 64, 104, 154
Holmes, Sherlock 331
Huber 58, 80, 81, 307, 312
Hume 8
imputation models 11

Indexzahlen 265
Inferenz 13
Inflation 279
Interquantilsdistanz 63
Interquartilsdistanz 53
Intervallskalen 287
Invarianz 197
Jenkins 99
Jittering 285
JMP 102, 229
Johnson 227
Jordan 192
Kalman 6
Kästchenliste 30
Kausalität 99, 228
Kendall 23, 228
Kern-Inflation 280
Knuchel 312
Kodierung 55
Kommunikationsform 20, 97, 101
konfirmatorische 223
konkordant 213
Konkretisierung 13
Konturdiagramm 300
Konzentrationskoeffizient 241
Konzentrationsmass 82
Konzentroboxen 256
Konzentrogramm
  direktes 252, 255
  indirektes 253
Korrelation
  Bravais-Pearson 206
  Fechnersche 217
  getrimmt 209
  partiell 98, 228
  Produkt-Moment 206
  Punkt-biserial 219
  quantitativ mit qualitativ 218
  Spearman 211
  Spearman'sche 209
Kovarianz 206
Kreisdiagramm 294
Kreuzentropie 198
Kriz 99
Kullback-Leibler 198
Kurtosis 203
  getrimmt 203
Kuznet 249
Kuznetmass 247
ladder of powers 67
Lagemass 82, 189
Leamer 332
lepto-kurtisch 203
letter values 46
Lindley 330
Lippe 197, 218
Log-Regeln 72

log-Varianz 247
Logarithmus, Log 70, 72
Lorenkurve
   einfach 240
Lorenz 240
Lorenz-Münzner 241
Lüthi 245, 249
Mäandertabelle 123
MacSpin 307
MAD 129, 196
Mallows 328
Maskierung 307
Masszahlenselektoren 256
Maximum 182
McGill 78
mean
   trimmed 168
mediale Klasse 175
Median 38, 67, 83, 201, 256, 280
   gleitender 121
   klassiert 175
   laufender 114, 122
   Standardabweichung 176
Medianglätter 121
Medianpolierung 143
Mehrgipfeligkeit 31
Menges 6, 13
Merkmal 9
   2-dimensional 137
   diskret 286
   Definition 9
   dichotom 219
   Erfassung 10
   klassiert 165, 188, 206, 286
   mehrdimensional 10
   multivariat 10
   polytom 219
   qualitativ 179, 285
   quantitativ 10, 186
   sicheres 9, 186
Merkmalsausprägungen 9
Merkmalsrationen 253
Mertl 226
Messzahlen 265
Metastatistik 9
Midi-Mass
   klassiert 195
midrange 47
Minimum 182
Mises v. 13
Mittel
   geometrisch 271
   gewogen 192
   quadratisch 188
Mittelpunkt 47
Mittelwert 201
   Eigenschaften 167

getrimmt 82, 168
gewogen 164
klassiert 165
Modalwert 67, 178
mode 178
Modus 178, 201
Momente 199, 203, 329
   gemischt 205
   getrimmt 200
   gewöhnliche 199
   zentrale 199
Mosteller 304
n-Zahlenmass 45, 70, 114, 252,
NBER 280
Normalverteilung 58, 62, 190, 228
OECD 314
Ostermann 215
out 53
p-Quantil 177
p-quantile Klasse 177
Parsimonie 100, 101, 102, 103
Passwege 51
Pearson 201
Pen-Konzentrogramm 258
Pentagramm 43, 52, 257
Phillips 117
Phillipskurve 116
pie-charts 294
Plateau 127
platy-kurtisch 203
Platzhalter 22
point biserial correlation 219
Polasek 6, 226, 314
Polygonnetze 300
Polygonzug 293
   2-D 299
   einfach 292
   gebunden 293
   gefärbt 292
Popper 9
Potenzleiter 67
Potenzmittelwerte 181
   gewogen 181
Potenztransformation 154
Prädiktivität 236
pretest 332
Projektion
   Kavaliers- 322
   perspektivisch 324
   Schräg- 322
quadratische Mittel 183
   gewogen 183
Qualitätssicherung 186
Quantigramme 45, 329
Quantile 44, 201
   klassiert 45
Quantilsdistanz 48, 195

Quantilsmittel 47
Quartile 39
Quartilsdistanz 195
Quartilskoeffizient 202
Quartilsmittel 70
Quennouille 104
RANDU 306
range 196
Rangliste 36, 168, 169, 213, 295
Rangmaßzahlen 36
rank biserial correlation 221
Rationen 240
Rauhe 119, 133
Raveh 108
re-expressions 66
re-roughening 133
Regression
    semi-log 173
Reporting-Problem 102
Residuen
    absolute 82
Residuendiagnose 80, 88
Residuensumme
    absolute 146
Resistenz 38, 80, 329
Riedl 9
Riedwyl 314, 317
Rousseeuw 85
Rubin 11
Runden 21
Rundungsfehler 189
S-plus 16, 30, 102, 154, 307
SAKE 14, 263
SAR 146
SAS 49
Säulendiagramm 303
Schärfe 129
Scheinkorrelation 227
Schiefe 200
    getrimmt 201
    Momentenkoeffizient 200
Schmid 299, 301, 320
Schwarz 108
semi-grafisch 123
Sensitivität von Konzentrationsmassen 249
Septagramm 70
Sheppard´sche Korrektur 189
Simpson 59
Simpson Paradox 164
Skizze 20, 80, 119
    manuell 83
    resistente 80
Sm
    smoother 119
Spannweite 43, 48, 195, 197
    klassiert 196
splitting-Prozedur SS 132

SPSS 49
SSP 306
St&Bl
    bivariates 30
    gestutztes 24
    kahles 29
    parallele 74
    qualitatives 26
    vergleichbares 25
Stabdiagramm 291, 302
Stammsymbol 22
Standardabweichung 183, 196
    resistente 58, 63, 258
Statistik
    Definition 5
    deskriptive 5
    induktive 5, 99
    konfirmativ 331
    Planung 333
Stegmüller 9
Steiner 206, 207
step 53
Stichprobenvarianz 187
Streudiagramm
    symbolisch 313
Streuung 48
Streuungsmass 189
    zweistufig 196
Strichliste 30
Stromgrösse 264
Sturges 27
Stützle 102
Summenhäufigkeiten 295
Symmetrie 70
Tagesanzeiger 229
Terassen 123
Tiefe 44
ties 210
to look at display 24
Tong 300
Transformationen 66
Trenddiagramm 118
Trigramm 43
Tufte 304, 305, 326, 328
Tukey 16, 20, 22, 23, 24, 25, 26, 30, 40, 48, 50, 56, 58, 74, 80, 87, 90, 95, 96, 114, 121, 129, 131, 132, 307
Tukey's h-Kalkül 114
Tukey's h-Notation 44
twice 134
Two-way-tables 137
Umbasierung 267
Urliste 10
    gefaltete 40
Urlistenintervall 22, 114
Varianz 187
    getrimmt 203

klassiert 188
Variationskoeffizient 189, 238
Velleman 16, 24, 64, 121
Vellemann 30
Ventris und Chadwick 7
Verdoppeln 134
Verfliessung 129, 285
Verkettung 268
Verteilung 5, 136
    2-dimensional 298
    bedingte 110
Verteilungsfunktion 177, 253, 295
    diskret 295
    klassiert 296
Verursachungszahl 264
Vierfeldertafel 223
Volkszählung 14
Vorzeichen- (Signum)-Funktion 217
VPI 279, 280
Wahrscheinlichkeit 9, 62
Wainer 26
Wakimoto 317
Wehrt 218
Wendepunkte 126
window-slicing 310
Zaun
    äusserer 63
    innerer 63
Zaun-o-gramm 53, 55
Zeitreihe 116, 173, 224, 265
    kodiert 118
zentrale Tendenz 182
zick-zacks 123
Zone 53
Zonogramm 258
Zufallszahlen 306

# 3-dimensionale Statistik:
## Exploration, Deskription, Analyse

(C o m p u t e r g r a p h i k  von R. Polasek)

B. Felderer, S. Homburg

## Makroökonomik und neue Makroökonomik

6., verb. Aufl. 1994. XV, 455 S. 97 Abb. (Springer-Lehrbuch) Brosch. **DM 39,80**; öS 310,50; sFr. 39,80 ISBN 3-540-57553-7

Dieses Buch kann als ein Standardwerk bezeichnet werden. Anlaß für seinen Aufbau gab die Vielzahl konkurrierender Theorien auf dem Felde der Makroökonomik; deshalb unterscheidet sich das Buch von den gängigen Darstellungen durch seine doktrinenbezogene Orientierung.

B. Felderer, S. Homburg

## Übungsbuch Makroökonomik

3., verb. Aufl. 1993. VIII, 145 S. 38 Abb. 11 Tab. (Springer-Lehrbuch) Brosch. **DM 19,80**; öS 154,50; sFr. 19.80 ISBN 3-540-56701-1

Das Übungsbuch behandelt in enger Anlehnung an das obige Lehrbuch den gesamten Stoff der makroökonomischen Theorie für das Grund- und Hauptstudium. Der Text besteht aus Quizfragen, die durch Ankreuzen beantwortbar sind, Aufgaben und Fragen mittlerer Komplexität sowie Kurzklausuren mit Problemen höherer Komplexität. Besonderen Wert wurde dabei auf ausführliche Lösungen und Antworten gelegt, so daß nicht nur das bereits Gelernte eingeübt und erweitert wird, sondern das Buch auch zum Selbststudium gut geeignet ist.

G. Dieckheuer

## Makroökonomik
### Theorie und Politik

1993. XVI, 454 S. 123 Abb. 24 Tab. (Springer-Lehrbuch) Brosch. **DM 45,-**; öS 351,-; sFr. 45.00. ISBN 3-540-56962-6

Dieses Buch ist sowohl eine Einführung in die Makroökonomik für das wirtschaftswissenschaftliche Grundstudium als auch geeignet zur Erweiterung und Vertiefung der makroökonomischen Teilgebiete im Hauptstudium.

G. Schmitt-Rink, D. Bender

## Makroökonomie geschlossener und offener Volkswirtschaften

2., vollst. überarb. u. erw. Aufl. 1992. XII, 407 S. 128 Abb. (Springer-Lehrbuch) Brosch. **DM 36,-**; öS 280.80; sFr 36.00 ISBN 3-540-55905-1

Das Buch bietet eine systematische Darstellung der neoklassischen und keynesianischen Makrotheorie und der Ansätze zur Verknüpfung von neoklassischer und keynesianischer Theorie. Gegenüber der ersten Auflage ist das Buch um die außenwirtschaftlichen Beziehungen einer Volkswirtschaft erweitert.

J. Schumann
## Grundzüge der mikroökonomischen Theorie
6., überarb. u. erw. Aufl. 1992. XVII, 486 S. 217 Abb. (Springer-Lehrbuch)
Brosch. **DM 36,-**; öS 280.80; sFr 36.00.
ISBN 3-540-55600-1

Dieses im deutschen Sprachgebiet weit verbreitete Buch ist für das wirtschaftswissenschaftliche Grund- und Hauptstudium gedacht. Es vermittelt solide Kenntnisse der mikroökonomischen Theorie und schafft Verständnis für das Funktionieren einer Marktwirtschaft.

A. Stobbe
## Mikroökonomik
2., rev. Aufl. 1991. XV, 598 S. 100 Abb. 12 Tab. (Springer-Lehrbuch)
Brosch. **DM 39,80**; öS 310.50; sFr 39.80.
ISBN 3-540-54136-5

Das Buch liefert die Grundzüge der Theorie des privaten Haushaltes, des Produktionsunternehmens und des Marktes. Weiterführende Überlegungen über Grenzen und Mängel des marktwirtschaftlichen Systems sowie staatliche Eingriffe auf einzelwirtschaftlicher Ebene sind ebenfalls enthalten.

W. Lachmann
## Volkswirtschaftslehre
### Band 1: Grundlagen
2., verb. Aufl. 1993. X, 284 S. 95 Abb. 6 Tab. (Springer-Lehrbuch) Brosch. **DM 29,80**; öS 232,50; sFr. 29.80 ISBN 3-540-56933-2

In diesem Buch werden sowohl wirtschaftstheoretische Grundlagen gelegt als auch wirtschaftspolitische Probleme eingehend diskutiert. Ebenso sind neuere Entwicklungen, wie die der Wirtschaftsethik, in dieses Buch aufgenommen worden. Die volkswirtschaftlichen Fragestellungen und Ergebnisse werden unter besonderer Beachtung des geschichtlichen Kontextes dargestellt.

A. Heertje, H.-D. Wenzel
## Grundlagen der Volkswirtschaftslehre
4., durchges. u. aktualisierte Aufl. 1993. XVI, 423 S. 119 Abb. 34 Tab. (Springer-Lehrbuch)
Brosch. **DM 39,80**; öS 310,50; sFr. 39.80
ISBN 3-540-57147-7

Dieses Lehrbuch ist eine kompakte und verständliche Darstellung der Volkswirtschaftslehre. Es eignet sich als einführender Lehrtext ebenso wie als Nachschlagewerk für Studenten der Nachbardisziplinen und interessierte Praktiker.

If you have any concerns about our products,
you can contact us on
**ProductSafety@springernature.com**

In case Publisher is established outside the EU,
the EU authorized representative is:
**Springer Nature Customer Service Center GmbH
Europaplatz 3, 69115 Heidelberg, Germany**

Printed by Libri Plureos GmbH
in Hamburg, Germany